《纯粹数学与应用数学专著》丛书

主　编：张恭庆

副主编：（以姓氏笔画为序）

马志明　王　元　石钟慈

李大潜　杨　乐　姜伯驹

中国科学院科学出版基金资助出版

纯粹数学与应用数学专著　第 38 号

C^n 中的齐性有界域理论

许以超　著

科学出版社

2000

内 容 简 介

本书介绍了国际上许多研究工作者在齐性 Siegel 域方面的工作，并且详细介绍了作者多年来在齐性 Siegel 域方面的研究成果，同时提出了若干尚未解决的问题.

本书主要内容包括：Siegel 域，齐性 Siegel 域，正规 Siegel 域，对称正规 Siegel 域等的性质，以及典型 Siegel 域的全纯自同构群，典型 Siegel 域的 Cauchy-Szegö 核和形式 Poisson 核，齐性有界域的其它实现，方型域及对偶方型域的分类.

本书可供高等院校数学系教师、研究生，数学研究工作者阅读.

图书在版编目(CIP)数据

C^n中的齐性有界域理论/许以超著. —北京：科学出版社，2000
(纯粹数学与应用数学专著丛书；38)

ISBN 978-7-03-006527-8

Ⅰ.①C… Ⅱ.①许… Ⅲ.①多复变函数论 Ⅳ.①O174.56

中国版本图书馆 CIP 数据核字 (1999) 第 02461 号

责任编辑：李静科／责任校对：赵彦超
责任印制：张　伟／封面设计：陈　敬

科 学 出 版 社 出版
北京东黄城根北街 16 号
邮政编码：100717
http://www.sciencep.com

北京建宏印刷有限公司 印刷
科学出版社发行　各地新华书店经销
*
2000 年 1 月第一版　开本：720×1000　1/16
2019 年 2 月 印 刷 印张：27 1/4
字数：355 000
定价：228.00元
(如有印装质量问题，我社负责调换)

序

从历史上看，$n(\geq 2)$ 维复欧氏空间 $\mathbb{C}^n$ 中的有界域在全纯同构下的分类是一个很复杂的问题. 这问题首先是由 Poincaré 在 1907 年提出来的. 他指出了双圆柱 $\{(z_1, z_2) \in \mathbb{C}^2 \mid |z_1| < 1, |z_2| < 1\}$ 不全纯同构于超球 $\{(z_1, z_2) \in \mathbb{C}^2 \mid |z_1|^2 + |z_2|^2 < 1\}$，然而这两个域都是单连通的. 这说明了单复变数函数论的著名的 Riemann 定理不能推广到 $n \geq 2$ 个复变数的情形. 直到 1935 年，É.Cartan 利用他给出的实 Riemann 对称空间的分类结果，给出了对称有界域的分类，且除了 $\mathbb{C}^{16}$ 中的域 $E_{6(-14)}/\mathrm{SO}\,(10) \times T$ 和 $\mathbb{C}^{27}$ 中的域 $E_{7(-25)}/E_6 \times T$ 外，给出了所有不可分解对称有界域的实现. 这些域的实现被华罗庚教授称为典型域. 同时，H.Cartan 在 1935 年证明了当 $\mathbb{C}^n, n = 1, 2, 3$ 时，齐性有界域必对称. 这使得 É.Cartan 在同年提出如下的猜想：$\mathbb{C}^n$ 中的齐性有界域必对称. 但是 Piatetski-Shapiro 在 1959 年举出了两个反例，从而否定了 Cartan 猜想. 另一方面，利用 Siegel 在 1943 年给出的典型域的无界域实现，从而在 1961 年引进了 Siegel 域的概念. 接着在 1963 年 Vinberg, Gindikin 和 Piatetski-Shapiro 利用强 J 李代数的代数结构，证明了齐性有界域必全纯同构于齐性 Siegel 域. 这样一来，齐性有界域在全纯同构下的分类问题，便化为齐性 Siegel 域在仿射同构下的分类.

进一步的问题是实现齐性 Siegel 域. 由于齐性 Siegel 域是利用一种仿射齐性锥构造的. 所以首先要解决齐性锥的实现. 在 1963 年，Vinberg 将齐性锥实现为一类非结合代数（称为 T 代数）的子集. 由于秩为 N 的第二类齐性 Siegel 域是另一个秩为 $N+1$ 的第一类齐性 Siegel 域的截面，在 1975 年，Takauchi 将齐性 Siegel 域实现为一种特殊的 T 代数的子集. 从上面这些实现方法出发，出现了大量工作.

但是从多复变数函数论的观点，在 n 维复欧氏空间 $\mathbb{C}^n$ 中实现齐性有界域是很重要的. 从 É.Cartan 在 $\mathbb{C}^n$ 中实现的四大类典型域出发，华罗庚给出了它们的最大全纯自同构群，Bergman 核函数，Bergman 度量，Cauchy-Szegö 核以及 Poisson 核的明显表达式，决定了平方可积全纯函数类的一组标准正交基. 另一方面，Siegel 和 Piatetski-Shapiro 利用 Siegel 给出的典型域的无界域实现，研究了它上面的全纯自同构群的离散子群及自守函数. 这一切都依赖于域为 $\mathbb{C}^n$ 的一个可明显表达的点集，它的全纯自同构群是一类有理分式构成的实李群.

正因为如此，我们需要寻找 $\mathbb{C}^n$ 的可明显表达的点集来实现齐性 Siegel 域. 特别包括具体实现一直困惑人们的两个例外典型域 $E_{6(-14)}/SO(10) \times T$ 及 $E_{7(-25)}/E_6 \times T$.

本书的目的是介绍齐性 Siegel 域的理论. 我们利用一种新的实现方式，即构造一类特殊的齐性 Siegel 域，称为正规 Siegel 域(旧名称为 N Siegel 域). 它由一组特定的矩阵，按照确定的方式来定义. 我们证明任意齐性 Siegel 域仿射同构于正规 Siegel 域，从而将齐性 Siegel 域的仿射分类问题化为正规 Siegel 域在一种特定的仿射同构下的分类，进而将问题化为定义正规 Siegel 域的矩阵组的一种特定的等价关系下的分类. 因此，一方面，我们可以对一类正规 Siegel 域 (称为方型域) 作出完全分类，它包含了 É.Cartan 定义的不可分解对称有界域，特别，给出了长期未能实现的例外典型域，它也包含了 Satake 引进的不可分解拟对称有界域. 另一方面，由于正规 Siegel 域的定义具体，所以给出了正规 Siegel 域的全纯自同构群的生成元集的明显表达式，以及 Bergman 核函数，Bergman 度量及其 Riemann 曲率，双全纯截曲率和 Cauchy-Szegö 核的明显表达式，从而利用一般公式，很容易得出例外典型域的各种核，Bergman 度量和曲率的明显表达式，并且证明了华罗庚引进的形式 Poisson 核是 Poisson 核的必要充分条件为齐性有界域是对称有界域. 这些结果进一步展示了可以利用正规 Siegel 域的实现来研究齐性有界域的函数论性质和几何性质.

本书共分八章. 第一章介绍 Siegel 域的定义和基本性质, 以及它的全纯自同构群. 第二章介绍齐性 Siegel 域的定义和基本性质. 第三章给出正规 Siegel 域是如何从齐性有界域的全纯自同构群的李代数构造出来的, 且证明了齐性 Siegel 域必仿射等价于正规 Siegel 域, 进而将正规 Siegel 域的仿射等价分类问题化为定义正规 Siegel 域的矩阵组的一种等价关系. 第四章证明正规 Siegel 域上的 Bergman 映射为全纯同构, 映像为可明显表达的齐性有界域, 从而给出了齐性有界域的有界域实现. 另一方面, 导出 Vinberg 的齐性锥的实现以及 Takeuchi 的齐性 Siegel 域的实现的定义, 第五章给出正规锥的最大线性自同构群, 以及正规 Siegel 域的最大全纯自同构群的无穷小变换群的明显表达式和最大全纯自同构群的一组生成元的明显表达式, 并且给出了有界域实现的原点迷向子群的明显表达式. 第六章从 E.Cartan 的对称有界域的定义出发, 利用前五章的结果, 从正规 Siegel 域的角度, 而不是利用 Riemann 对称空间分类, 给出了对称有界域的完全分类及典型域的实现. 这包括了 $\mathbb{C}^{16}$ 及 $\mathbb{C}^{27}$ 中的例外典型域. 第七章给出了正规 Siegel 域的 Cauchy-Szegö 核以及形式 Poisson 核, 且证明了形式 Poisson 核为 Poisson 核当且仅当正规 Siegel 域对称. 第八章则给出方型域的分类以及第一类对偶方型域的分类. 这指出了互不全纯等价的标准域有连续统个. 由此说明, 要给出所有互不全纯等价的齐性有界域的具体分类是一个极困难及复杂的问题.

本书使用了一些符号, 请读者注意符号约定, 特别是向量符号. 我们用 $1 \times n$ 矩阵表示向量, 而不是习惯上用 $n \times 1$ 矩阵表示向量. 另外, $n \times m$ 矩阵 A 的第 i 行, 第 j 列交叉元素, 我们用矩阵乘积 $e_i A e_j'$ 表示, 其中 $e_k = (0, \cdots, 0, 1, 0, \cdots, 0)$, 1 为第 k 个分量.

本书所需的基础知识为李群及其李代数, 微分几何和多复变数函数论.

这本书一方面包含了国际上许多研究工作者在齐性 Siegel 域方面的工作. 另一方面, 详细介绍了作者多年来在齐性 Siegel 域方面的系统工作，也包含了一些尚未发表的工作. 同时提出了若干尚未解决的问题.

本书的出版,得到中国自然科学基金委员会重点项目的资助,也得到中国科学院科学出版基金的资助以及中国科学院数学研究所的支持和鼓励. 另一方面，科学出版社毕颖女士的辛勤劳动，使本书得以早日问世，在此表示衷心的感谢. 最后，必须指出，书中难免出现各种错误，欢迎读者批评指正.

许以超

中国科学院数学研究所

1998 年 6 月 30 日

目 录

符号约定

在本书中使用下面统一的符号，且一般不再加以说明.

(1) $\mathbb{R}^n$ 记 n 维实 Euclid 空间，$\mathbb{C}^m$ 记 m 维复 Euclid 空间. 任取 $a = (a_1, \cdots, a_m) \in \mathbb{C}^m$，则 $\mathrm{Re}\,(a)$ 记 a 的实部，$\mathrm{Im}\,(a)$ 记 a 的虚部.

(2) $\mathbb{C}^m$ 的向量为 $1 \times m$ 复矩阵. 特别 e_i 为 $1 \times m$ 矩阵，它的第 i 个坐标为 1, 其余坐标为零. 一般在使用 e_i 时，我们不标明它是多少维向量，其维数由 i 所取的最大正整数来决定.

(3) d 表示关于点的复坐标 $z = (z_1, \cdots, z_n) \in \mathbb{C}^n$ 的全微分，$\bar{d}$ 为 d 的共轭，又记

$$\frac{\partial}{\partial z} = \mathrm{grad}\,_z = (\frac{\partial}{\partial z_1}, \cdots, \frac{\partial}{\partial z_n}).$$

在实的情形，d 表示通常的全微分.

(4) 记 $\mathfrak{L}$ 为线性空间. $\mathfrak{L}$ 的元素 $l_1, l_2, \cdots, l_t$ 线性生成的子空间记作 $< l_1, l_2, \cdots, l_t >$.

(5) 记 D 为 $\mathbb{C}^n$ 中的域 (连通开集)，D 上全纯自同构全体组成 D 上的连续变换群，记作 $\mathrm{Aut}\,(D)$. 在 D 中取定一点 p, 则

$$\mathrm{Iso}\,_p(D) = \{\sigma \in \mathrm{Aut}\,(D) \quad | \quad \sigma(p) = p\}$$

为 $\mathrm{Aut}\,(D)$ 的闭拓扑子群，称为点 p 的迷向子群. 当 $\mathrm{Aut}\,(D)$ 为 D 上的实李变换群时，$\mathrm{Iso}\,_p(D)$ 为 $\mathrm{Aut}\,(D)$ 的闭李子群. 记 $\mathrm{aut}(D)$ 和 $\mathrm{iso}\,_p(D)$ 分别为李群 $\mathrm{Aut}\,(D)$ 和 $\mathrm{Iso}\,_p(D)$ 的李代数.

(6) $\mathrm{GL}\,(n, \mathbb{C})$ 和 $\mathrm{GL}\,(n, \mathbb{R})$ 分别记作复数域和实数域上的一般线性群. $\mathrm{U}\,(n)$ 为 n 阶酉群，$\mathrm{O}\,(n)$ 为 n 阶实正交群. 它们的李代数分别记作 $\mathrm{gl}(n, \mathbb{C}), \mathrm{gl}(n, \mathbb{R}), u(n), o(n)$.

(7) 记 Aff (D) 为 $\mathbb{C}^n$ 中的域 D 上的所有仿射自同构构成的群. 所以 Aff $(D) \subset$ Aut (D). 当 Aut (D) 为实李群时, Aff (D) 为闭李子群. 这时; aff (D) 记作李群 Aff (D) 的李代数.

(8) 设 A 为 $n \times m$ 复矩阵, 记 $\overline{A}$ 为 A 的共轭矩阵, A' 为 A 的转置矩阵. 为了标明 A 的阶, 有时, 也记作 $A^{(n,m)}$. 当 $m = n$ 时, 也记作 $A^{(n)}$. I 或 $I^{(n)}$ 记 $n \times n$ 单位方阵.

(9) 当 A 为 $n \times n$ 实对称方阵或为 $n \times n$ Hermite 方阵时, 分别记 $A > 0, A \geq 0, A < 0, A \leq 0$ 为正定、半正定、负定、半负定的.

(10) A_{ij}^{tk} 为 $n_{ik} \times n_{jk}$ 实矩阵, 集合

$$\mathfrak{S} = \{A_{ij}^{tk}, \quad t = 1, 2, \cdots, n_{ij}, \quad 1 \leq i < j < k \leq N\}$$

为所有 A_{ij}^{tk} 构成的实矩阵组.

$n_{ik} \times n_{jk}$ 实矩阵 A_{ij}^{tk} 的第 p 行、第 q 列交叉元素为如下三个矩阵的乘积:

$$e_p A_{ij}^{tk} e_q',$$

其中 $e_p \in \mathbb{R}^{n_{ik}}, e_q \in \mathbb{R}^{n_{jk}}$.

集合

$$\{Q_{ij}^{(t)}, t = 1, 2, \cdots, n_{ij}, 1 \leq i < j \leq N\}$$

为 n_{ij} 个 $m_i \times m_j$ 复矩阵, $1 \leq i < j \leq N$ 构成的复矩阵组. 这里 $Q_{ij}^{(t)}$ 的指标 t 不是方幂.

$m_i \times m_j$ 复矩阵 $Q_{ij}^{(t)}$ 的第 p 行、第 q 列交叉元素为如下三个矩阵的乘积:

$$e_p Q_{ij}^{(t)} e_q',$$

其中 $e_p \in \mathbb{C}^{m_i}, e_q \in \mathbb{C}^{m_j}$.

(11) $\mathbb{R}^n$ 或 $\mathbb{C}^n$ 中的域 D 上的解析或全纯向量场

$$X = \sum_{i=1}^{n} \xi_i(x) \frac{\partial}{\partial x_i} \in \text{aut}(D)$$

决定的单参数子群为域 D 上的解析或全纯自同构

$$y = f(x, t), \quad \forall\, t \in \mathbb{R}.$$

它是常微分方程组

$$\frac{dy(t)}{dt} = \xi(y(t))$$

的适合初值

$$y(0) = x$$

的唯一解析解，其中 $\xi(x) = (\xi_1(x), \cdots, \xi_n(x))$.

给定 $n \times n$ 矩阵 A，则向量场 $xA\dfrac{\partial'}{\partial x}$ 决定了李群 $\mathrm{GL}(n, \mathbb{R})$ 的单参数子群

$$y = x \exp tA, \quad \forall \in \mathbb{R}.$$

(12) 给定非负整数 $n_{ij}, 1 \le i \le j \le N$，其中 $n_{ii} = 1, 1 \le i \le N$，记 $n = \sum\limits_{1 \le i \le j \le N} n_{ij}$. 给定非负整数 $m_i, 1 \le i \le N$，记 $m = \sum\limits_{i=1}^{N} m_i$. $\mathbb{C}^n$ 的点 z 的坐标排为

$$z = (s_1, z_2, s_2, \cdots, z_N, s_N), \quad z_j = (z_{1j}, z_{2j}, \cdots, z_{j-1,j}),$$

其中

$$s_i \in \mathbb{C}, \quad z_{ij} \in \mathbb{C}^{n_{ij}}, \quad z_{ij} = (z_{ij}^{(1)}, \cdots, z_{ij}^{(n_{ij})}).$$

记 $e_{jj} = z$，其中 $s_j = 1$，其余坐标全为零. 记 $e_{ij}^{(t)} = z$，其中 $z_{ij}^{(t)} = 1$，其余坐标全为零. $\mathbb{C}^m$ 的点 u 的坐标排为

$$u = (u_1, \cdots, u_N), \quad u_j \in \mathbb{C}^{m_j}, \quad 1 \le j \le N.$$

又 $u_j = (u_j^{(1)}, \cdots, u_j^{(m_j)})$. 记 $e_j^{(t)} = u$，其中 $u_j^{(t)} = 1$，其余坐标全为零. 本书常取固定点 $(z, u) = (\sqrt{-1}\, v_0, 0)$，其中

$$v_0 = (1, 0, 1, \cdots, 0, 1) = \sum_{i=1}^{N} e_{ii}.$$

第一章　Siegel 域

在这一章，我们引进 Siegel 域和它的 Silov 边界. 讨论它及有界域的 Bergman 核函数和 Bergman 度量，以及它的全纯自同构群的无穷小变换群.

§1.1　Siegel 域

定义 1.1.1　$\mathbb{R}^n$ 的子集 V 称为以原点为顶点的锥，如果任取 $x \in V, \lambda > 0$, 则 $\lambda x \in V$. 锥 V 称为凸锥，如果任取 $x, y \in V, 0 \le \lambda \le 1$, 有

$$\lambda x + (1 - \lambda)y \in V.$$

定义 1.1.2　设 V 为 $\mathbb{R}$ 的以原点为顶点，且不包含整条直线的开凸锥[1]. $\mathbb{C}^n$ 的点集

$$\{z \in \mathbb{C}^n \mid \text{Im}\,(z) \in V\} \tag{1.1.1}$$

称为锥 V 上的第一类 Siegel 域，或称为 $\mathbb{C}^n$ 的锥 V 上的管状域.

引理 1.1.3　设 $D(V)$ 为 $\mathbb{C}^n$ 的锥 V 上的第一类 Siegel 域，则 $D(V)$ 全纯同构于 $\mathbb{C}^n$ 的有界域.

证　由于锥 V 不包含整条直线，所以易证 V 线性同构于开凸锥 V_1，其中 V_1 在 $\mathbb{R}^n$ 的第一卦限中，即

$$V_1 \subset V_0 = \{x = (x_1, \cdots, x_n) \in \mathbb{R}^n | x_1 > 0, \cdots, x_n > 0\}. \tag{1.1.2}$$

---

[1] 本书今后凡是提到开凸锥，都是指 $\mathbb{R}^n$ 中以原点为顶点，且不包含整条直线的开凸锥.

· 4 ·

因此 Siegel 域 $D(V)$ 在相同的线性同构下同构于第一类 Siegel 域 $D(V_1)$. 由第一类 Siegel 域的定义可知 $D(V_1) \subset D(V_0)$, 且 $D(V_0)$ 为 n 个上半平面的拓扑积, 所以 $D(V_0)$ 全纯同构于 $\mathbb{C}^n$ 中的有界域. 因此第一类 Siegel 域 $D(V)$ 全纯同构于 $\mathbb{C}^n$ 中的有界域. 证完.

定义 1.1.4 设 V 为 $\mathbb{R}^n$ 中以原点为顶点, 且不包含整条直线的开凸锥. 设 $H_1, \cdots, H_n$ 为 n 个 $m \times n$ Hermite 矩阵. 记

$$F(u,u) = (u H_1 \overline{u}', \cdots, u H_n \overline{u}') \in \mathbb{R}^n, \quad \forall\, u \in \mathbb{C}^m. \tag{1.1.3}$$

设 $F(u,u)$ 适合条件

(1) $F(u,u) = 0$ 当且仅当 $u = 0$,

(2) $F(u,u) \in \overline{V}, \ \forall\, u \in \mathbb{C}^m$,

其中 $\overline{V}$ 记作锥 V 的闭包. $\mathbb{C}^{n+m}$ 的点集

$$D(V,F) = \{(z,u) \in \mathbb{C}^n \times \mathbb{C}^m \mid \operatorname{Im}(z) - F(u,u) \in V\} \tag{1.1.4}$$

称为关于锥 V 及向量函数 F 的第二类 Siegel 域.

显然, 当 $F = 0$ 时, 第二类 Siegel 域就是第一类 Siegel 域, 所以我们统称第一类及第二类 Siegel 域为 Siegel 域.

引理 1.1.5 设 $D(V,F)$ 为 $\mathbb{C}^n \times \mathbb{C}^m$ 中关于锥 V 及向量函数 F 的 Siegel 域, 则 $D(V,F)$ 全纯同构于有界域.

证 在 $\mathbb{R}^n$ 中任给线性同构 $x \to xA$, 则开凸锥 V 映为开凸锥

$$V_1 = \{xA \mid \forall\, x \in V\}.$$

记 $F_1(u,u) = F(u,u) A, \ \forall\, u \in \mathbb{C}^m$. 易证 $D(V_1, F_1)$ 仍为 Siegel 域, 且 Siegel 域 $D(V,F)$ 在线性同构 $z \to zA, u \to u$ 下映为 Siegel 域 $D(V_1, F_1)$. 所以我们无妨假设开凸锥 V 包含在由式 (1.1.2) 定义的开凸锥 V_0 中. 由 Siegel 域的定义可知, 当 $(z,u) \in D(V,F)$ 时, 有

$$\operatorname{Im}(z_i) - u H_i \overline{u}' > 0, \quad i = 1, 2, \cdots, n.$$

熟知在 $\mathbb{C}^m$ 上存在线性函数 $f_i^{(1)}(u), f_i^{(2)}(u), \cdots, f_i^{(s_i)}(u)$, 使得

$$uH_i\bar{u}' = \sum_{j=1}^{s_i} \mid f_i^{(j)}(u) \mid^2, \quad i = 1, 2, \cdots, n.$$

记 $\{f_i^{(j)}(u), 1 \leq j \leq t_i, 1 \leq i \leq n\}$ 为向量集 $\{f_i^{(j)}(u), 1 \leq j \leq s_i, 1 \leq i \leq n\}$ 的极大线性无关部分组. 由 Siegel 域的定义条件又可知, 线性方程组 $f_i^{(j)}(u) = 0, 1 \leq j \leq t_i, 1 \leq i \leq n$ 在 $\mathbb{C}^m$ 中只有零解, 所以 $\sum\limits_{i=1}^{n} t_i = m$. 另一方面

$$\mathrm{Im}\,(z_i) - \sum_{j=1}^{t_i} |f_i^{(j)}(u)|^2 \geq \mathrm{Im}\,(z_i) - \sum_{j=1}^{s_i} |f_i^{(j)}(u)|^2$$

$$= \mathrm{Im}\,(z_i) - uH_i\bar{u}' > 0, \ 1 \leq i \leq N.$$

引进映射 σ:
$$Z_i = (z_i - \sqrt{-1})(z_i + \sqrt{-1})^{-1},$$
$$U_i^{(j)} = 2f_i^{(j)}(u)(z_i + \sqrt{-1})^{-1},$$

其中 $1 \leq j \leq t_i, 1 \leq i \leq n$. 易证 σ 给出 Siegel 域

$$\{(z, u) \in \mathbb{C}^n \times \mathbb{C}^m \mid \mathrm{Im}\,(z_i) - \sum_{j=1}^{t_i} |f_i^{(j)}(u)|^2 > 0, \ 1 \leq i \leq n\}$$

到单位超球

$$D_i = \{(Z_i, U_i^{(1)}, \cdots, U_i^{(t_i)}) \in \mathbb{C}^{1+t_i} \Big| |Z_i|^2 + \sum_{j=1}^{t_i} |U_i^{(j)}|^2 < 1\},$$

其中 $i = 1, 2, \cdots, n$ 的拓扑积 $D_1 \times D_2 \times \cdots \times D_n$ 上的全纯同构. 因此证明了 $\sigma(D(V, F)) \subset D_1 \times D_2 \times \cdots \times D_n$, 即 $D(V, F)$ 在 σ 下全纯同构于有界域. 证完.

引理 1.1.6 设 V 为 $\mathbb{R}^n$ 中以原点为顶点的开锥, $F(u, u) \in \mathbb{R}^n, \forall u \in \mathbb{C}^m$ 由定义 1.1.4 给出. 记点集

$$D(V, F) = \{(z, u) \in \mathbb{C}^n \times \mathbb{C}^m \mid \mathrm{Im}\,(z) - F(u, u) \in V\},$$

则 $D(V, F)$ 为 $\mathbb{R}^{2(n+m)}$ 中的开凸集当且仅当 V 为 $\mathbb{R}^n$ 中的凸集. 又 $D(V, F)$ 单连通当且仅当 V 单连通.

证 先证第一个断言. 在 $D(V, F)$ 中任取两点 (z_i, u_i), $i = 1, 2$ 及 $t \in [0, 1]$, 则

$$v_i = \operatorname{Im}(z_i) - F(u_i, u_i) \in V, \ i = 1, 2,$$
$$\operatorname{Im}(tz_1 + (1-t)z_2) - F(tu_1 + (1-t)u_2, tu_1 + (1-t)u_2) = v + v_0,$$

其中

$$v = tv_1 + (1-t)v_2$$
$$= t(\operatorname{Im}(z_1) - F(u_1, u_1)) + (1-t)(\operatorname{Im} z_2 - F(u_2, u_2)),$$
$$v_0 = t(1-t)F(u_1 - u_2, u_1 - u_2).$$

由向量函数 F 的条件 2 可知 $F(u_1 - u_2, u_1 - u_2) \in \overline{V}$, 这里 $\overline{V}$ 为 V 的闭包. 由 $0 \leq t \leq 1$ 可知 $v_0 \in \overline{V}$, 所以 $D(V, F)$ 为凸集当且仅当 $v + v_0 \in V$, 即 $v \in V - v_0$. 这里

$$V - v_0 = \{v \in \mathbb{R}^n \mid v + v_0 \in V\}$$

为 V 在平移变换 $y = x - v_0$ 下的像. 由 $v_i = \operatorname{Im}(z_i) - F(u_i, u_i) \in V, v = tv_1 + (1-t)v_2$ 可知 $D(V, F)$ 为凸集当且仅当 V 为凸集. 这证明了断言.

再证第二个断言. 任取 $D(V, F)$ 中的点 (z, u), 于是 $v = \operatorname{Im}(z) - F(u, u) \in V$. 因此有 $D(V, F)$ 到 $\mathbb{R}^n \times V \times \mathbb{C}^m$ 上的映射 σ, 它定义为

$$\sigma(z, u) = (\operatorname{Re}(z), \operatorname{Im}(z) - F(u, u), u) = (\operatorname{Re}(z), v, u),$$

其逆 σ^{-1} 为

$$(x, v, u) \to (x + \sqrt{-1}(v + F(u, u)), u).$$

这证明了 σ 为 $D(V, F)$ 到 $\mathbb{R}^n \times V \times \mathbb{C}^m$ 上的同胚映射. 所以 $D(V, F)$ 单连通当且仅当 V 单连通. 证完.

熟知 $\mathbb{R}^n$ 中的开凸锥为单连通的, 所以上面引理有如下推论:

推论 设 $D(V,F)$ 为 $\mathbb{C}^n \times \mathbb{C}^m$ 中的 Siegel 域, 则 $D(V,F)$ 为单连通的开凸集.

熟知有下面四个引理:

引理 1.1.7 (H.Cartan) 记 Aut (D) 为 $\mathbb{C}^n$ 中有界域 D 上的全纯自同构群,

$$\text{Iso}_p(D) = \{\sigma \in \text{Aut}(D) \mid \sigma(p) = p\}$$

为 D 中固定点 p 的迷向子群, 则 Aut (D) 为作用于 D 上的实李变换群, Iso $_p(D)$ 为 Aut (D) 的紧子群.

引理 1.1.8(H.Cartan) 记 p 为 $\mathbb{C}^n$ 中有界域 D 的固定点. 设域 D 的点 p 的迷向子群 Iso $_p(D)$ 中任两元素 σ,τ 在点 p 的 Taylor 展开式为

$$\sigma : w = p + (z-p)A + (z-p) \text{ 的高次项},$$

$$\tau : w = p + (z-p)B + (z-p) \text{ 的高次项},$$

其中 A 和 B 为 $n \times n$ 非异复方阵, 则 $\sigma = \tau$ 当且仅当 $A = B$.

引理 1.1.9 (H.Cartan) 记 p 为 $\mathbb{C}^n$ 中有界域 D 的固定点. 记 aut (D) 及 iso $_p(D)$ 分别为实李群 Aut (D) 及 Iso $_p(D)$ 的李代数. 设 iso $_p(D)$ 中任两元素 X,Y 在点 p 的 Taylor 展开式为

$$X = (z-p)A\frac{\partial'}{\partial z} + (z-p) \text{ 的高次项},$$

$$Y = (z-p)B\frac{\partial'}{\partial z} + (z-p) \text{ 的高次项},$$

其中 A 和 B 为 $n \times n$ 复方阵, 则 $X = Y$ 当且仅且 $A = B$. 特别当 $A = 0$ 时, 有 $X = 0$.

引理 1.1.10 (H.Cartan) 记 Aut (D) 为 $\mathbb{C}^n$ 中有界域 D 的全纯自同构群, Iso $_p(D)$ 为 D 中固定点 p 的迷向子群. 记 aut (D) 及 iso $_p(D)$ 分别为李群 Aut (D) 及 Iso $_p(D)$ 的李代数, 则 $X, \sqrt{-1}X \in$ aut (D) 当且仅当 $X = 0$. 又 $X = \xi(z)\frac{\partial'}{\partial z} \in$ aut (D), 其中 $\xi(z) = (\xi_1(z), \cdots, \xi_n(z))$, 则 $X \in$ iso $_p(D)$ 当且仅当 $\xi(p) = 0$.

现在回到 Siegel 域 $D(V,F)$. 记 $\text{Aut}\,(D(V,F))$ 为 Siegel 域 $D(V,F)$ 的全纯自同构群. 记

$$\text{Aff}\,(D(V,F)) = \{\sigma \in \text{Aut}\,(D(V,F))\,|\,\sigma:\,(z,u) \to (z,u)A + (a,b)\},$$

其中 $A \in \text{GL}\,(n+m,\mathbb{C}), (a,b) \in \mathbb{C}^n \times \mathbb{C}^m$. 显然，$\text{Aff}\,(D(V,F))$ 为李群 $\text{Aut}\,(D(V,F))$ 的闭普通子群，所以是李子群，称为 Siegel 域 $D(V,F)$ 的仿射自同构群. 它的李代数记作 $\text{aff}\,(D(V,F))$. 这里 $\text{aff}\,(D(V,F)) \subset \text{aut}\,(D(V,F))$. 由直接计算，我们有

引理 1.1.11 记 $D(V,F)$ 为 $\mathbb{C}^n \times \mathbb{C}^m$ 中的 Siegel 域. 任取 $a \in \mathbb{R}^n, b \in \mathbb{C}^m$, 则映射

$$P_{(a,b)}:\begin{cases} y = z - 2\sqrt{-1}F(u,b) + \sqrt{-1}F(b,b) - a, \\ v = u - b \end{cases} \tag{1.1.5}$$

属于仿射自同构群 $\text{Aff}\,(D(V,F))$. 又任取 $t,\theta \in \mathbb{R}$, 则映射

$$y = e^{2t}z, \qquad v = e^{t+\sqrt{-1}\theta}u \tag{1.1.6}$$

也属于 $\text{Aff}\,(D(V,F))$.

由引理 1.1.11 可知，在 Siegel 域 $D(V,F)$ 中任取一点 (z_0,u_0), 则 $v = \text{Im}\,(z_0) - F(u_0,u_0) \in V$, 又

$$P_{(\text{Re}\,(z_0),u_0)}(z_0,u_0) = (\sqrt{-1}v,0) \in D(V,F). \tag{1.1.7}$$

另一方面，由于 Siegel 域 $D(V,F)$ 有线性自同构：$z \to z, u \to ue^{\sqrt{-1}\theta}, \forall\theta \in \mathbb{R}$. 所以 Siegel 域关于坐标 u 而言是圆型的，即 Siegel 域为无界半圆型域.

记 $\overline{D}$ 为 $\mathbb{C}^n$ 中域 D 的闭包. 记所有在 $\overline{D}$ 上的全纯函数全体构成的集合为 $H(\overline{D})$. 记 $B(\overline{D})$ 为 $H(\overline{D})$ 中所有有界函数构成的集合. 我们有

定义 1.1.12 $\mathbb{C}^n$ 中域 D 的边界 ∂D 的子集 $S(D)$ 称为域 D 的 Silov 边界，如果它适合条件

(1) 任取 $f \in B(\overline{D})$, 则 f 必在 $S(D)$ 中某一点上达到最大模;

(2) 任取点 $z_0 \in S(D)$, 则在 $B(\overline{D})$ 中存在函数 f, 使得 f 在且只在点 z_0 达到最大模.

由 Silov 边界的定义立即可得

引理 1.1.13　记 S_i 为 $\mathbb{C}^n$ 中域 D_i 的 Silov 边界, $i = 1, 2$. 设 σ 为域 D_1 到 D_2 上的全纯同构, 使得 σ 为闭域 $\overline{D}_1$ 到闭域 $\overline{D}_2$ 上的同胚, 则有

$$\sigma(S(D_1)) = S(D_2).$$

定理 1.1.14　记 $S(D(V, F))$ 为 $\mathbb{C}^n \times \mathbb{C}^m$ 中 Siegel 域 $D(V, F)$ 的 Silov 边界, 则

$$S(D(V, F)) = \{(z, u) \in \mathbb{C}^n \times \mathbb{C}^m \mid \mathrm{Im}\,(z) = F(u, u)\}. \tag{1.1.8}$$

证　用引理 1.1.5 的证明可知, 存在 $n \times n$ 非异实方阵 A, 使得 $V_1 = VA \subset V_0$, 其中 V_0 由式 (1.1.2) 定义, 符号 VA 定义为 $VA = \{x = vA \mid \forall v \in V\}$, 仍是以原点为顶点的开凸锥. 由向量函数 F 的定义关系 2 有 $F(u, u) \in \overline{V}, \forall u \in \mathbb{C}^m$, 所以向量函数

$$F_1(u, u) = F(u, u)A \in \overline{V}A = \overline{(VA)} = \overline{V}_1,$$

又 $F_1(u, u) = 0$ 当且仅当 $F(u, u) = 0$, 当且仅当 $u = 0$. 所以

$$D(V_1, F_1) = \{(z, u) \in \mathbb{C}^n \times \mathbb{C}^m \mid \mathrm{Im}\,(z) - F_1(u, u) \in V_1\}$$

仍为 Siegel 域, 且线性同构 $\sigma: z \to zA, u \to u$ 将 Siegel 域 $D(V, F)$ 映为 $D(V_1, F_1)$.

如果 Siegel 域 $D(V_1, F_1)$ 的 Silov 边界为

$$S(D(V_1, F_1)) = \{(z, u) \in \mathbb{C}^n \times \mathbb{C}^m \mid \mathrm{Im}\,(z) = F_1(u, u)\},$$

那么由引理 1.1.13 有 $\sigma(S(D(V, F))) = S(D(V_1, F_1))$. 所以 Siegel 域 $D(V, F)$ 的 Silov 边界

$$S(D(V, F)) = \{\,(z, u) \in \mathbb{C}^n \times \mathbb{C}^m \mid \mathrm{Im}\,(z) = F(u, u)\,\}.$$

这样一来，问题化为在条件

$$V \subset V_0 = \{x \in \mathbb{R}^n \mid x = (x_1, \cdots, x_n), \, x_i > 0, 1 \le i \le n\}$$

下证明定理.

为此构造函数

$$\psi(z, u) = \prod_{i=1}^{n} (z_i + \sqrt{-1})^{-1}.$$

显然，$\psi(z, u)$ 在 $\mathrm{Im}(z_i) + 1 > 0, 1 \le i \le n$ 时全纯. 设 $(z, u) \in \overline{D(V, F)}$，这里 $\overline{D(V, F)}$ 为 Siegel 域 $D(V, F)$ 的闭包，则 $\mathrm{Im}(z) - F(u, u) \in \overline{V} \subset \overline{V}_0$，即 $\mathrm{Im}(z_i) \ge 0$. 这推出 $\mathrm{Im}(z_i) + 1 > 0, 1 \le i \le n$. 所以 $\psi(z, u) \in H(\overline{D(V, F)})$. 且由 $|z_i + \sqrt{-1}| \ge 1$ 可知 $|\psi(z, u)| \le 1$，即 $\psi(z, u) \in B(\overline{D(V, F)})$.

今 $|\psi(z, u)| = 1$ 当且仅当 $|z_i + \sqrt{-1}| = 1$, $1 \le i \le n$，即 $z = 0$. 由 $z \in \overline{D(V, F)}$ 可知 $\mathrm{Im}(z) - F(u, u) \in \overline{V}$. 这证明了 $F(u, u) = 0$，即 $u = 0$. 所以 $\psi(z, u)$ 在 Siegel 域 $D(V, F)$ 的边界 $\partial D(V, F)$ 上唯一的点 $(z, u) = 0$ 上达到最大模.

任取 $(z_0, u_0) \in \mathbb{C}^n \times \mathbb{C}^m$，使得 $\mathrm{Im}(z_0) = F(u_0, u_0)$. 令 $f(z, u) = \psi(P_{(\mathrm{Re}(z_0), u_0)}(z, u))$. 由式 (1.1.5) 有

$$f(z, u) = \psi(z - 2\sqrt{-1}F(u, u_0) + \sqrt{-1}F(u_0, u_0) - \mathrm{Re}(z_0), u - u_0),$$

所以 $f(z, u) \in B(\overline{D(V, F)})$. 而 $f(z_0, u_0) = \psi(0, 0)$. 因此证明了对 $S(D(V, F))$ 中任意点 (z_0, u_0)，则在 $B(\overline{D(V, F)})$ 中存在函数 f，它在且仅在点 (z_0, u_0) 达到最大模.

所以为了证明集合 $S(D(V, F))$ 为 Siegel 域 $D(V, F)$ 的 Silov 边界，只要证明任取 $g \in B(\overline{D(V, F)})$，则存在 $S(D(V, F))$ 中点 (z_0, u_0)，使得 g 在点 (z_0, u_0) 达到最大模.

今 g 在 Siegel 域 $D(V, F)$ 的边界 $\partial(D(V, F))$ 中一点 (z_1, u_1) 达到最大模，即有 $|g(z_1, u_1)| \ge |g(z, u)|, \, \forall \, (z, u) \in \overline{D(V, F)}$. 令

$$h(z, u) = g(P_{(-\mathrm{Re}(z_1), -u_1)}(z, u))$$
$$= g(z + 2\sqrt{-1}F(u, u_1) + \sqrt{-1}F(u_1, u_1) + \mathrm{Re}(z_1), u + u_1),$$

其中 $h(z,u) \in B(\overline{D(V,F)})$. 记 $v_1 = \mathrm{Im}\,(z_1) - F(u_1, u_1) \in \partial(V)$, 其中 $\partial(V)$ 为锥 V 的边界, 则 $(\sqrt{-1}v_1, 0) \in \partial(D(V,F))$. 又 $h(\sqrt{-1}v_1, 0) = g(z_1, u_1)$, 所以证明了

$$|h(\sqrt{-1}v_1, 0)| \geq |h(z,u)|, \forall\, (z,u) \in \overline{D(V,F)}.$$

今任取 $t \in \mathbb{C}, \mathrm{Im}\,(t) \geq 0$, 则 $(tv_1, 0) \in \partial D(V,F)$. 因此在 $\mathbb{C}$ 中闭上半平面上有全纯函数 $h(tv_1, 0)$. 由最大模原理可知, 存在实数 t_0, 使得 $|h(t_0 v_1, 0)| \geq |h(tv_1, 0)|, \forall\, t \in \mathbb{C}, \mathrm{Im}\,(t) \geq 0$. 因此 $|h(t_0 v_1, 0)| \geq |h(\sqrt{-1}v_1, 0)| \geq |h(z,u)|, \forall\, (z,u) \in \overline{D(V,F)}$. 这证明了 $h(z,u)$ 在点 $(t_0 v_1, 0) \in S(D(V,F))$ 达到最大模. 所以函数 g 在 $S(D(V,F))$ 中点 $(t_0 v_1 + \sqrt{-1}F(u_1, u_1) + \mathrm{Re}\,(z_1), u_1)$ 达到最大模. 至此证明了 $S(D(V,F))$ 为 Siegel 域 $D(V,F)$ 的 Silov 边界. 证完.

由引理 1.1.3 及引理 1.1.5, 我们证明了 Siegel 域全纯等价于有界域. 下面举出一个例子来说明有许多有界域不全纯等价于 Siegel 域.

记 $0 < p < 1$, $\mathbb{C}^2$ 中 Reinhardt 域

$$D_p = \{\, (z_1, z_2) \in \mathbb{C}^2 \mid |z_1|^2 + |z_2|^{2/p} < 1 \,\}$$

不全纯等价于 Siegel 域. 事实上, 由定理 1.1.14 可知, Siegel 域的 Silov 边界是 Siegel 域的边界的一个低维子集. 然而 Reinhardt 域 D_p 的 Silov 边界 $S(D_p) = \partial D_p = \{(z_1, z_2) \in \mathbb{C}^2 \mid |z_1|^2 + |z_2|^{2/p} = 1\}$. 我们简单地证明如下: 熟知 Thullen 和 H.Cartan[2] 利用李群技巧证明了域 D_p 的全纯自同构群为

$$w_1 = e^{\sqrt{-1}\theta} \frac{z_1 - a}{1 - z_1 \overline{a}}, \quad w_2 = e^{\sqrt{-1}\psi} z_2 \left(\frac{\sqrt{1 - |a|^2}}{1 - z_1 \overline{a}} \right)^p,$$

其中 $0 \leq \theta, \psi < 2\pi, a \in \mathbb{C}, |a| < 1$. 它们在 D_p 的边界 ∂D_p 上也全纯. 在 ∂D_p 上任取一点 (a, b), 则有 $|a|^2 + |b|^{2/p} = 1$. 设 $|a| < 1$, 作全纯自同构 $w_1 = \frac{z_1 - a}{1 - z_1 \overline{a}}, w_2 = z_2 \left(\frac{\sqrt{1 - |a|^2}}{1 - z_1 \overline{a}} \right)^p$, 则点 (a, b)

映为点 $(0, c)$, 其中 $c = b/|b|$. 再作全纯自同构 $w_1 = z_1, w_2 = -(|b|/b)z_2$, 便映为点 $(0, -1)$. 设 $|a| = 1$, 则 $b = 0$, 作全纯自同构 $w_1 = -(1/a)z_1, w_2 = z_2$, 则点 $(a, 0)$ 映为点 $(-1, 0)$. 所以在 D_p 的全纯自同构群作用下有两个轨道, 它们分别包含点 $(-1, 0)$ 及 $(0, -1)$. 含点 $(-1, 0)$ 的轨道为单位圆周, 这时, $\overline{D_p}$ 上的有界全纯函数 $f(z_1, z_2) = (z_1 + 2)^{-1}$ 在且只在点 $(-1, 0)$ 上达到最大模. 含点 $(0, -1)$ 的轨道由边界中除去点集 $\{(e^{\sqrt{-1}\theta}, 0) | \forall \theta \in \mathbb{R}\}$ 构成, 这时, $\overline{D_p}$ 上的有界全纯函数 $f(z_1, z_2) = (z_2 + 2)^{-1}$ 在且只在点 $(0, -1)$ 上达到最大模. 用定理 1.1.14 的证明办法立即可证 ∂D_p 为 D_p 的 Silov 边界.

用上面证明办法, 很容易证明取定 $0 < p < 1, 1 \leq r < n$, 则 Reinhardt 域

$$|z_1|^2 + \cdots + |z_r|^2 + (|z_{r+1}|^2 + \cdots + |z_n|^2)^{2/p} < 1$$

和 Siegel 域不全纯等价, 其全纯自同构群很易用 H.Cartan 的办法求得.

利用定理 1.1.14, 可以证明下面引理

引理 1.1.15 给定两个 Siegel 域 $D(V, F)$ 和 $D(V_0, F_0)$. 设 σ 为 $D(V, F)$ 到 $D(V_0, F_0)$ 上的仿射同构, 则

$$\begin{aligned}
&\dim(V) = \dim(V_0) = n, \\
&\dim(D(V, F)) = \dim(D(V_0, F_0)) = n + m,
\end{aligned} \tag{1.1.9}$$

且存在矩阵 $A \in \mathrm{GL}(n, \mathbb{R})$ 和 $B \in \mathrm{GL}(m, \mathbb{C})$ 使得 $x \to xA$ 为锥 V 到锥 V_0 上的线性同构. 又

$$z \to zA, \qquad u \to uB \tag{1.1.10}$$

为 Siegel 域 $D(V, F)$ 到 Siegel 域 $D(V_0, F_0)$ 上的线性同构, 其中

$$F(u, u)A = F_0(uB, uB), \quad \forall u \in \mathbb{C}^m. \tag{1.1.11}$$

证 由 σ 为仿射同构, 即有

$$\dim(D(V, F)) = \dim(D(V_0, F_0)).$$

记 $\dim(V) = n, \dim(V_0) = n_0$, 则 σ 可表为

$$w = zA + uB + a, \quad v = zC + uD + b,$$

其中 $a \in \mathbb{C}^n, b \in \mathbb{C}^m$. 又 $\dim(D(V,F)) = n + m = n_0 + m_0$,

$$\begin{pmatrix} A^{(n,n_0)} & C^{(n,m_0)} \\ B^{(m,n_0)} & D^{(m,m_0)} \end{pmatrix} \in \mathrm{GL}(n+m, \mathbb{C}).$$

用引理 1.1.13 及定理 1.1.14, 我们有

$$\mathrm{Im}(zA + uB + a) = F_0(zC + uD + b, zC + uD + b),$$

其中 $(z,u) \in S(D(V,F))$, 即有 $\mathrm{Im}(z) = F(u,u)$. 记 $x = \mathrm{Re}(z)$, 则 $z = x + \sqrt{-1}F(u,u)$, 所以有

$$\mathrm{Im}(xA + \sqrt{-1}F(u,u)A + uB + a)$$
$$= F_0(xC + \sqrt{-1}F(u,u)C + uD + b, xC + \sqrt{-1}F(u,u)C + uD + b),$$

其中 $x \in \mathbb{R}^n, u \in \mathbb{C}^m$. 比较 x 的二次项, 有 $F(xC, xC) = 0$. 由向量函数 F 的定义关系 2, 有 $xC = 0, \forall x \in \mathbb{R}^n$, 所以 $C = 0$. 比较 x 的一次项, 有 $\mathrm{Im}(xA) = 0$. 这证明了 A 为实矩阵. 又

$$F(u,u)A + \frac{1}{2\sqrt{-1}}(uB - \overline{u}\overline{B}) + \mathrm{Im}(a) = F_0(uD + b, uD + b).$$

即有

$$F_0(b,b) = \mathrm{Im}(a), \quad 2\sqrt{-1}F_0(uD, b) = uB,$$
$$F_0(uD, uD) = F(u,u)A.$$

另一方面, 由

$$C = 0, \qquad \begin{pmatrix} A & 0 \\ B & D \end{pmatrix} \in \mathrm{GL}(n+m, \mathbb{C})$$

可知 $n_0 \leq n$. 考虑仿射同构 σ 的逆 σ^{-1}, 同理可证 $n \leq n_0$. 因此有 $n = n_0, m = m_0$.

上面讨论实际上证明了 $A \in \mathrm{GL}\,(n,\mathbb{R}), D \in \mathrm{GL}\,(m,\mathbb{C})$, 又 σ 可写为

$$w = zA + 2\sqrt{-1}F_0(uD, b) + \sqrt{-1}F_0(b, b) + \mathrm{Re}\,(a),$$
$$v = uD + b.$$

对 Siegel 域 $D(V_0, F_0)$ 作仿射自同构 σ_0

$$\tilde{w} = w - 2\sqrt{-1}F_0(v, b) + \sqrt{-1}F_0(b, b) - \mathrm{Re}\,(a),$$
$$\tilde{v} = v - b,$$

则 Siegel 域 $D(V, F)$ 到 Siegel 域 $D(V_0, F_0)$ 上的仿射同构 $\sigma_0 \circ \sigma$ 为

$$\tilde{w} = zA, \qquad \tilde{v} = uD,$$

且矩阵 A, D 适合条件 $A \in \mathrm{GL}\,(n,\mathbb{R}), D \in \mathrm{GL}\,(m,\mathbb{C})$,

$$F_0(uD, uD) = F(u, u)A.$$

最后, 我们来证明 $x \to xA$ 为锥 V 到锥 V_0 上的线性同构. 事实上, 任取 $x \in V$, 则点 $(\sqrt{-1}x, 0) \in D(V, F)$. 因此 $\sigma_0(\sigma(\sqrt{-1}x, 0)) = (\sqrt{-1}xA, 0) \in D(V_0, F_0)$. 由 $A \in \mathrm{GL}\,(n,\mathbb{R})$, 这证明了 $xA \in V_0$, 即 $VA \subset V_0$. 考虑 $\sigma_0 \circ \sigma$ 的逆映射, 同理可证 $V_0(A^{-1}) \subset V$. 所以 $VA = V_0$, 即 $x \to xA$ 为锥 V 到锥 V_0 上的线性同构. 证完.

利用上面引理, 很容易证明下面定理.

定理 1.1.16 记 $D(V, F)$ 为 $\mathbb{C}^n \times \mathbb{C}^m$ 中的 Siegel 域, 则 $2z\dfrac{\partial'}{\partial z} + u\dfrac{\partial'}{\partial u} \in \mathrm{aff}\,(D(V, F))$, 且 $\mathrm{aff}\,(D(V, F))$ 关于 $\mathrm{ad}\,(2z\dfrac{\partial'}{\partial z} + u\dfrac{\partial'}{\partial u})$ 的根子空间直接和分解为

$$\mathrm{aff}\,(D(V, F)) = L_{-2} + L_{-1} + L_0, \tag{1.1.12}$$

其中

$$L_{-2} = \{a\frac{\partial'}{\partial z} \mid \forall\, a \in \mathbb{R}^n\}, \tag{1.1.13}$$

$$L_{-1} = \{b\frac{\partial'}{\partial u} + 2\sqrt{-1}F(u, b)\frac{\partial'}{\partial z} \mid \forall\, b \in \mathbb{C}^m\}, \tag{1.1.14}$$

$$L_0 = \{\; zP\frac{\partial'}{\partial z} + uQ\frac{\partial'}{\partial u} \mid xP\frac{\partial'}{\partial x} \in \mathrm{aff}\,(V),$$

$$F(uQ,u) + F(u,uQ) = F(u,u)P, \forall u \in \mathbb{C}^m\}. \qquad (1.1.15)$$

这里 P 为 $n \times n$ 实方阵，Q 为 $m \times m$ 复方阵，又 Aff (V) 为 V 的所有线性自同构构成的李群，aff (V) 为李群 Aff (V) 的李代数.

由定理 1.1.16, 立即有

定理 1.1.17 记 $D(V,F)$ 为 $\mathbb{C}^n \times \mathbb{C}^m$ 中的 Siegel 域, 则 $D(V,F)$ 的仿射自同构群 Aff $(D(V,F))$ 由下面仿射自同构生成, 它们构成三个子集:

$$G_{-2} = \{w = z - \alpha, v = u, \forall \alpha \in \mathbb{R}^n\}, \qquad (1.1.16)$$
$$G_{-1} = \{w = z - 2\sqrt{-1}F(u,\beta) + \sqrt{-1}F(\beta,\beta),$$
$$\qquad v = u - \beta, \quad \forall \beta \in \mathbb{C}^m\}, \qquad (1.1.17)$$
$$G_{-2} = \{w = zA, v = uB\}, \qquad (1.1.18)$$

其中 $A \in \mathrm{GL}\,(n,\mathbb{R}), \sigma: x \to xA$ 有 $\sigma \in \mathrm{Aff}\,(V)$, 又 $B \in \mathrm{GL}\,(m,\mathbb{C})$,

$$F(uB,uB) = F(u,u)A.$$

换句话说，Aff $(D(V,F))$ 为

$$w = zA - 2\sqrt{-1}F(uB,\beta) + \sqrt{-1}F(\beta,\beta) - \alpha,$$
$$v = uB - \beta, \qquad\qquad (1.1.19)$$

其中 $\alpha \in \mathbb{R}^n$, $\beta \in \mathbb{C}^m$, $x \to xA$ 属于 Aff (V), 又 $B \in \mathrm{GL}\,(m,\mathbb{C})$, 有

$$F(uB,uB) = F(u,u)A, \quad \forall u \in \mathbb{C}^m. \qquad (1.1.20)$$

注 这一节中很多结果, 都是属于 Piatetski – Shapiro[2] 的. 在 Piatetski-Shapiro 的书中, 第一次引进了 Siegel 域的概念. 讨论了 Siegel 域的基本性质, 因此给出了很多非对称有界域的例子.

§1.2 有界域的 Bergman 核函数

在这一节, 引进 Bergman 核函数以及由 Bergman 核函数导出的微分几何性质.

设 $\mathfrak{M}$ 为 $2n$ 维实解析流形. 记 $T(\mathfrak{M})$ 为 $\mathfrak{M}$ 上的解析向量场全体构成的线性空间. Newlander 和 Nirenberg 证明了 $\mathfrak{M}$ 成为复流形的必要且充分条件是在线性空间 $T(\mathfrak{M})$ 上存在线性算子 I, 称为复结构. 它适合条件

$$I^2 = -id, \tag{1.2.1}$$

$$[X, Y] + I[I(X), Y] + I[X, I(Y)] = [I(X), I(Y)], \tag{1.2.2}$$

其中 $\forall X, Y \in T(\mathfrak{M})$. 引进复坐标的方式为: 存在 $\mathfrak{M}$ 的标架覆盖 $\{(U, \psi)\}$, 使得在 $\psi(U)$ 上 I 可表为 $2n \times 2n$ 矩阵

$$J_0 = \begin{pmatrix} 0 & I^{(n)} \\ -I^{(n)} & 0 \end{pmatrix}. \tag{1.2.3}$$

对实坐标 $u = (x, y)$, 令 $x = (u_1, \cdots, u_n), y = (u_{n+1}, \cdots, u_{2n})$, 则 $z = x + \sqrt{-1}y$ 为复坐标. 从而 $\{(U, \psi_c)\}$ 为 $\mathfrak{M}$ 的复标架覆盖. 这里坐标系 ψ 和 ψ_c 的关系为

$$U \ni p \xrightarrow{\psi} u = (x, y) \longleftrightarrow z = x + \sqrt{-1}y \xleftarrow{\psi_c} p \in U. \tag{1.2.4}$$

而 $\mathfrak{M}$ 为 n 维复流形, 因此

$$\frac{\partial}{\partial z_i} = \frac{1}{2}\left(\frac{\partial}{\partial u_i} - \sqrt{-1}\frac{\partial}{\partial u_{n+i}}\right), \quad \frac{\partial}{\partial \overline{z_i}} = \frac{1}{2}\left(\frac{\partial}{\partial u_i} + \sqrt{-1}\frac{\partial}{\partial u_{n+i}}\right), \tag{1.2.5}$$

$$dz_i = du_i + \sqrt{-1}du_{n+i}, \quad \overline{dz_i} = du_i - \sqrt{-1}du_{n+i}. \tag{1.2.6}$$

又有

$$I(\frac{\partial}{\partial u_i}) = \frac{\partial}{\partial u_{n+i}}, \quad I(\frac{\partial}{\partial u_{n+i}}) = -\frac{\partial}{\partial u_i}, \tag{1.2.7}$$

因此

$$I\left(\frac{\partial}{\partial z_i}\right) = \sqrt{-1}\frac{\partial}{\partial z_i}, \quad I\left(\frac{\partial}{\partial \overline{z}_i}\right) = -\sqrt{-1}\frac{\partial}{\partial z_i}. \tag{1.2.8}$$

今任取实解析流形 $\mathfrak{M}$ 上的实解析向量场

$$X_0 = \sum_{i=1}^{2n} \xi_i(u)\frac{\partial}{\partial u_i} = \sum_{i=1}^{n} \eta_i(z,\overline{z})\frac{\partial}{\partial z_i} + \sum_{i=1}^{n} \overline{\eta_i(z,\overline{z})}\frac{\partial}{\partial \overline{z}_i}, \tag{1.2.9}$$

其中

$$\eta_i(z,\overline{z}) = \xi_i(u) + \sqrt{-1}\xi_{n+i}(u), \quad 1 \leq i \leq n. \tag{1.2.10}$$

所以记

$$X = \sum_{i=1}^{n} \eta_i(z,\overline{z})\frac{\partial}{\partial z_i}, \tag{1.2.11}$$

则有

$$X_0 = X + \overline{X}. \tag{1.2.12}$$

设 $2n$ 维实解析流形 $\mathfrak{M}$ 为 Riemann 流形, 即有 Riemann 度量

$$g = ds^2 = \sum_{i,j=1}^{2n} g_{ij}(u)du_i \otimes du_j = duG(u)du', \tag{1.2.13}$$

其中 $G(u)$ 为 $2n \times 2n$ 实正定对称方阵.

设实解析流形 $\mathfrak{M}$ 上有复结构 I, 且 Riemann 度量 $g = ds^2$ 关于复结构 I 是不变的, 即有

$$g(I(X_0), I(Y_0)) = g(X_0, Y_0), \ \forall X_0, Y_0 \in T_R(\mathfrak{M}).$$

这等价于 $J_0 G(u)J_0' = G(u)$. 即将 $G(u)$ 和 $2n \times 2n$ 矩阵 J_0(见式 (1.2.3)) 一样分块, 则有

$$G(u) = \begin{pmatrix} S(u) & K(u) \\ -K(u) & S(u) \end{pmatrix}, \tag{1.2.14}$$

其中

$$H(z, \overline{z}) = S(u) + \sqrt{-1}\, K(u) \tag{1.2.15}$$

为正定 Hermite 方阵. 这时, Riemann 度量 $g = ds^2$ 可表为

$$g = ds^2 = \mathrm{Re}\,(dz H(z, \overline{z})\overline{dz}'). \tag{1.2.16}$$

我们来证这一断言. 事实上, 由式 (1.2.6) 有 $dz = dx + \sqrt{-1}dy$, $\overline{dz} = dx - \sqrt{-1}dy$, 所以 $dx = \frac{1}{2}(dz + \overline{dz})$, $dy = \frac{1}{2\sqrt{-1}}(dz - \overline{dz})$. 今由式 (1.2.13) 和式 (1.2.14) 有

$$
\begin{aligned}
g\;\; &= du\, G(u)\, du' = (dx, dy) G(u) (dx, dy)' \\
&= \frac{1}{4}(dz, \overline{dz}) \begin{pmatrix} I & -\sqrt{-1}I \\ I & \sqrt{-1}I \end{pmatrix} G \begin{pmatrix} I & -\sqrt{-1}I \\ I & \sqrt{-1}I \end{pmatrix}' (dz, \overline{dz})' \\
&= \mathrm{Re}\,(dz H(z, \overline{z})\overline{dz}'),
\end{aligned}
$$

这证明了断言.

我们称

$$h = dz H(z, \overline{z})\overline{dz}'$$

为复流形 $\mathfrak{M}$ 的 Hermite 度量. 这时, 复流形 $\mathfrak{M}$ 称为 Hermite 流形. Hermite 度量 h 的实部 $\mathrm{Re}\,(h) = g$ 是 Riemann 度量, 称为相伴与 Hermite 度量 h 的 Riemann 度量. h 的虚部

$$\Omega = \mathrm{Im}\,(h) = \mathrm{Im}\,(dz H(z, \overline{z})\overline{dz}') = -\sqrt{-1} \sum_{i,j} h_{ij} dz_i \wedge \overline{dz_j} \tag{1.2.17}$$

是 $(1, 1)$ 形式, 称为相伴与 Hermite 度量 h 的 Kähler 形式, 所以

$$h = g + \sqrt{-1}\Omega.$$

Hermite 度量 h 称为完备的, 如果它的实部 $\mathrm{Re}\,(h)$ 为完备 Riemann 度量.

n 维复流形 $\mathfrak{M}$ 上的 Hermite 度量 h 称为 Kähler 度量, 如果与 Hermite 度量 h 相伴的 Kähler 形式是闭的, 即有 $d\Omega = 0$. 这时, 复流形 $\mathfrak{M}$ 称为 Kähler 流形.

设 $\mathfrak{M}$ 为 n 维 Hermite 流形，则等度量变换 $\sigma : w = f(z)$ 必须全纯，且有 $dwH(w,\overline{w})\overline{dw}' = dzH(z,\overline{z})\overline{dz}'$. 所以记全纯自同构 σ 的 Jacobian 为

$$\frac{\partial w}{\partial z} = \begin{pmatrix} \dfrac{\partial w_1}{\partial z_1} & \cdots & \dfrac{\partial w_n}{\partial z_1} \\ \vdots & & \vdots \\ \dfrac{\partial w_1}{\partial z_n} & \cdots & \dfrac{\partial w_n}{\partial z_n} \end{pmatrix}, \tag{1.2.18}$$

则有

$$\frac{\partial w}{\partial z} H(w,\overline{w}) \left(\overline{\frac{\partial w}{\partial z}}\right)' = H(z,\overline{z}). \tag{1.2.19}$$

显然，n 维 Hermite 流形 $\mathfrak{M}$ 的等度量变换也是 $\mathfrak{M}$ 作为 $2n$ 维 Riemann 流形的等度量变换. 反之不一定. 熟知 Riemann 流形的等度量变换群 $\mathrm{Aut}_R(\mathfrak{M})$ 为实李群，关于固定点 p 不动的迷向李子群 $\mathrm{Iso}_R(\mathfrak{M})$ 为实紧子群. 又 $\mathfrak{M}$ 作为 Hermite 流形的等度量变换群 $\mathrm{Aut}(\mathfrak{M})$ 为 $\mathrm{Aut}_R(\mathfrak{M})$ 的闭普通子群，所以是李子群，即 Hermite 流形的等度量变换群 $\mathrm{Aut}(\mathfrak{M})$ 仍为实李群，关于固定点 p 不动的迷向子群 $\mathrm{Iso}_p(\mathfrak{M})$ 为实紧李子群. 分别记 $\mathrm{aut}(\mathfrak{M})$ 及 $\mathrm{iso}_p(\mathfrak{M})$ 为李群 $\mathrm{Aut}(\mathfrak{M})$ 及 $\mathrm{Iso}_p(\mathfrak{M})$ 的李代数. 又 $\mathrm{aut}_R(\mathfrak{M})$ 及 $\mathrm{iso}_R(\mathfrak{M})$ 分别记作实李群 $\mathrm{Aut}_R(\mathfrak{M})$ 及 $\mathrm{Iso}_R(\mathfrak{M})$ 的李代数.

这里要注意，$\mathrm{Aut}(\mathfrak{M}) \subset \mathrm{Aut}_R(\mathfrak{M})$. 但是李代数 $\mathrm{aut}(\mathfrak{M})$ 和 $\mathrm{aut}_R(\mathfrak{M})$ 中元素的表达方式是不同的. 事实上，任取 $X \in \mathrm{aut}(\mathfrak{M})$，则在可容许标架下，$X$ 表为全纯向量场

$$X = \sum_{i=1}^{n} \xi_i(z) \frac{\partial}{\partial z_i} = \xi(z) \frac{\partial'}{\partial z}, \tag{1.2.20}$$

其中 $\xi(z) = (\xi_1(z), \cdots, \xi_n(z))$ 为全纯向量函数. 由全纯向量场 $X = \xi(z) \dfrac{\partial'}{\partial z}$ 决定的等度量变换群 $\mathrm{Aut}(\mathfrak{M})$ 中单参数子群由常微分方程

组

$$\frac{dw_i(t)}{dt} = \xi_i(w(t)), \qquad 1 \le i \le n \qquad (1.2.21)$$

的适合初值

$$w(0) = z \qquad (1.2.22)$$

的唯一解析解给出. 这里 $|t| < \varepsilon$, 且可开拓到 $t \in \mathbb{R}$, 但超出了局部坐标邻域.

由于 Hermite 流形 $\mathfrak{M}$ 的等度量变换群 Aut$(\mathfrak{M})$ 是 $\mathfrak{M}$ 作为 Riemann 流形的等度量变换群 Aut$_R(\mathfrak{M})$ 的子群, 所以记 Aut$(\mathfrak{M})$ 中单参数子群 $\exp tX$ 的坐标表达式为

$$w_i = f_i(z,t), \qquad 1 \le i \le n. \qquad (1.2.23)$$

将它写成实的形式, 则为

$$\begin{cases} p_i = \operatorname{Re}(w_i) = \operatorname{Re}(f_i(z,t)), \\ q_i = \operatorname{Im}(w_i) = \operatorname{Im}(f_i(z,t)), \end{cases} \qquad (1.2.24)$$

其中 $1 \le i \le n$. 记

$$z = x + \sqrt{-1}\, y, \ u = (x,y), \quad x = \operatorname{Re}(z), \ y = \operatorname{Im}(z),$$
$$w = p + \sqrt{-1}\, q, \ v = (p,q), \quad p = \operatorname{Re}(w), \ q = \operatorname{Im}(w).$$

所以 (p,q) 为

$$\frac{dp_i}{dt} = \frac{1}{2}(\xi_i + \overline{\xi}_i), \quad \frac{dq_i}{dt} = \frac{1}{2\sqrt{-1}}(\xi_i - \overline{\xi}_i), \quad 1 \le i \le n$$

的适合初值 $p_i(0) = x_i, q_i(0) = y_i, 1 \le i \le n$ 的唯一实解析解. 这证明了单参数子群 $\exp tX$ 的实坐标表达式对应的 Riemann 流形 $\mathfrak{M}$ 上的实解析向量场为

$$X_0 = \frac{1}{2}\sum_{i=1}^{n}(\xi_i + \overline{\xi}_i)\frac{\partial}{\partial x_i} + \frac{1}{2\sqrt{-1}}\sum_{i=1}^{n}(\xi_i - \overline{\xi}_i)\frac{\partial}{\partial y_i}.$$

由式 (1.2.5) 及 $u = (x, y)$ 可知

$$X_0 = X + \overline{X} = \sum_{i=1}^{n} \xi_i(z) \frac{\partial}{\partial z_i} + \sum_{i=1}^{n} \overline{\xi_i(z)} \frac{\partial}{\partial \overline{z_i}}. \tag{1.2.25}$$

因此证明了 $\mathfrak{M}$ 作为 Hermite 流形的等度量变换群 Aut$(\mathfrak{M})$ 的李代数 aut$(\mathfrak{M})$ 中元素若为 $X = \sum_{i=1}^{n} \xi_i(z) \frac{\partial}{\partial z_i}$，则 $\mathfrak{M}$ 作为实 Riemann 流形的等度量变换群 Aut$_R(\mathfrak{M})$ 的李代数 aut$_R(\mathfrak{M})$ 中元素为 $X_0 = X + \overline{X}$. 易证

$$\rho: \quad X \to X_0 = X + \overline{X} \tag{1.2.26}$$

给出实李代数 aut$(\mathfrak{M})$ 到实李代数 aut$_R(\mathfrak{M})$ 内的同构映射. 事实上，任取 $X, Y \in$ aut$(\mathfrak{M})$，则

$$[\rho(X), \rho(Y)] = [X + \overline{X}, Y + \overline{Y}] = [X, Y] + \overline{[X, Y]} = \rho([X, Y]).$$

任取 $\mathbb{C}^n$ 中有界域 D. 记 $H(D)$ 为 D 上的所有全纯函数构成的函数空间，$L^2(D)$ 为 D 上的所有平方可积（关于复 Euclid 空间 $\mathbb{C}^n$ 的通常的复 Euclid 度量及其体积元素）函数构成的函数空间. Bergman 证明了函数空间 $L^2(D) \cap H(D)$ 在内积

$$(f, g) = \int_D f(z) \overline{g(z)} \tag{1.2.27}$$

下为 Hilbert 空间，且具有可数基. 任取标准正交基

$$\phi_1(z), \phi_2(z), \cdots,$$

则

$$K(z, \overline{w}) = \sum_{i=1}^{\infty} \phi_i(z) \overline{\phi_i(w)} \tag{1.2.28}$$

为 $D \times D_0$ 上的全纯函数，其中 $D_0 = \{z \in \mathbb{C}^n \mid \overline{z} \in D\}$. 正值函数

$$K(z, \overline{z}) = \sum_{i=1}^{\infty} |\phi_i(z)|^2 \tag{1.2.29}$$

称为域 D 的 Bergman 核函数. 它有性质

$$f(z) = \int_D K(z, \overline{w}) \overline{f(w)}, \ \forall z \in D \qquad (1.2.30)$$

对一切 $f \in H(D) \cap L^2(D)$ 成立.

进一步 Bergman 证明了 $n \times n$ Hermite 方阵

$$T(z, \overline{z}) = \left(\frac{\partial^2 \log K(z, \overline{z})}{\partial z_i \overline{\partial z_j}} \right) \qquad (1.2.31)$$

是正定的, 称为 Bergman 度量方阵. 因此

$$h = ds^2 = d\, \overline{d} \log K(z, \overline{z})$$

$$= dz T(z, \overline{z}) \overline{dz}'$$

$$= \sum_{i,j=1}^{n} \frac{\partial^2 \log K(z, \overline{z})}{\partial z_i \overline{\partial z_j}} dz_i(x) \otimes \overline{dz_j} \qquad (1.2.32)$$

为有界域 D 的 Hermite 度量, 称为 Bergman 度量. 又相伴与此度量的 Riemann 度量为

$$g = \mathrm{Re}\,(h) = \frac{1}{2} \sum_{i,j=1}^{n} \frac{\partial^2 \log K(z, \overline{z})}{\partial z_i \overline{\partial z_j}} (dz_i \otimes \overline{dz_j} + \overline{dz_j} \otimes dz_i).$$

相伴与 Bergman 度量 (1.2.32) 的 Kähler 形式为

$$\Omega = \mathrm{Im}\, h = -\sqrt{-1} \sum_{i,j=1}^{n} \frac{\partial^2 \log K(z, \overline{z})}{\partial z_i \partial \overline{z_j}} dz_i \wedge \overline{dz_j}. \qquad (1.2.33)$$

显然, 有

$$d\Omega = -\sqrt{-1} \sum_{i,j,k=1}^{n} \left(\frac{\partial^3 \log K(z, \overline{z})}{\partial z_i \partial z_k \partial \overline{z_j}} dz_k \wedge dz_i \wedge \overline{dz_j} \right.$$

$$\left. + \frac{\partial^3 \log K(z, \overline{z})}{\partial z_i \partial \overline{z_k} \partial \overline{z_j}} \overline{dz_k} \wedge dz_i \wedge \overline{dz_j} \right) = 0,$$

即 Bergman 度量为 Kähler 度量.

显然, 任取有界域 D 上的全纯向量场

$$X = \sum_{i=1}^{n} \xi_i(z)\frac{\partial}{\partial z_i}, \quad Y = \sum_{i=1}^{n} \eta_i(z)\frac{\partial}{\partial z_i}, \tag{1.2.34}$$

相应有实向量场

$$X_0 = X + \overline{X} = \sum_{i=1}^{n} \xi_i(z)\frac{\partial}{\partial z_i} + \sum_{i=1}^{n} \overline{\xi_i(z)}\frac{\partial}{\partial \overline{z_i}},$$

$$Y_0 = Y + \overline{Y} = \sum_{i=1}^{n} \eta_i(z)\frac{\partial}{\partial z_i} + \sum_{i=1}^{n} \overline{\eta_i(z)}\frac{\partial}{\partial \overline{z_i}}. \tag{1.2.35}$$

因此

$$g(X_0, Y_0) = \frac{1}{2}\sum_{i,j=1}^{n}(\xi_i(z)\overline{\eta_j(z)} + \overline{\xi_j(z)}\eta_i(z))\frac{\partial^2 \log K(z,\overline{z})}{\partial z_i \partial \overline{z_j}}, \tag{1.2.36}$$

$$\Omega(X_0, Y_0) = \frac{1}{2\sqrt{-1}}\sum_{i,j=1}^{n}(\xi_i(z)\overline{\eta_j(z)} - \overline{\xi_j(z)}\eta_i(z))\frac{\partial^2 \log K(z,\overline{z})}{\partial z_i \partial \overline{z_j}}. \tag{1.2.37}$$

所以 Ω 为实斜对称双线性函数, 又有

$$g(X_0, IY_0) = \Omega(X_0, Y_0), \tag{1.2.38}$$

$$\Omega(IX_0, IY_0) = \Omega(X_0, Y_0). \tag{1.2.39}$$

今任取有界域 D 的全纯自同构 $\sigma: w = f(z)$. 由于

$$\phi_1(z), \phi_2(z), \cdots$$

为 Hilbert 空间 $H(D) \cap L^2(D)$ 的一组标准正交基, 所以

$$\widetilde{\phi_1}(z) = \phi_1(f(z))(\det \frac{\partial f(z)}{\partial z}), \ \widetilde{\phi_2}(z) = \phi_2(f(z))(\det \frac{\partial f(z)}{\partial z}), \cdots,$$

仍为 $H(D) \cap L^2(D)$ 的标准正交基. 另一方面, 显然, Bergman 核函数 $K(z, \overline{z})$ 与标准正交基选取无关, 而且 Bergman 证明了 Bergman 核函数 $K(z, \overline{z})$ 有关系

$$K(z, \overline{z}) = \left| \det \frac{\partial w}{\partial z} \right|^2 K(w, \overline{w}). \qquad (1.2.40)$$

因此 Bergman 度量方阵 $T(z, \overline{z})$ 有关系

$$T(z, \overline{z}) = \frac{\partial w}{\partial z} T(w, \overline{w}) \overline{\frac{\partial w}{\partial z}}'. \qquad (1.2.41)$$

这也证明了有界域 D 关于 Bergman 度量的等度量变换群 $\mathrm{Aut}(D)$ 为 D 上的全纯自同构群.

显然, $\mathrm{Aut}(D)$ 不变体积元素为

$$v = (\frac{\sqrt{-1}}{2})^n K(z, \overline{z}) Z \wedge \overline{Z}, \qquad (1.2.42)$$

或者差一个正常数因子, 其中 $Z = Z_{1, \cdots, n} = dz_1 \wedge \cdots \wedge dz_n, \overline{Z} = \overline{Z_{1, \cdots, n}} = \overline{dz_1} \wedge \cdots \wedge \overline{dz_n}$.

定义 1.2.1 设 $\mathfrak{M}$ 为 m 维实解析流形, $T_R(\mathfrak{M})$ 为 $\mathfrak{M}$ 上的实解析向量场全体构成的线性空间. 任取 $X_0 \in T_R(\mathfrak{M})$, 记作

$$X_0 = \sum_{i=1}^{m} a_i(u) \frac{\partial}{\partial u_i} = a(u) \frac{\partial'}{\partial u},$$

其中 $a(u) = (a_1(u), \cdots, a_m(u))$. 则 $\mathfrak{M}$ 上的张量代数的微分算子 L_{X_0} 称为李导数, 如果有

(1) $L_{X_0}(f) = X_0 f$, $\forall \mathfrak{M}$ 上的光滑函数 f;

(2) $L_{X_0}(Y_0) = [X_0, Y_0]$, $\forall X_0, Y_0 \in T_R(\mathfrak{M})$;

(3) $L_{X_0}(du_i) = da_i(u)$.

引理 1.2.2 若 $\mathfrak{M}$ 为 $2n$ 维实解析流形，$\mathfrak{M}$ 上有复结构 I 使得 $\mathfrak{M}$ 构成 n 维复流形. 任取全纯向量场

$$X = \sum_{i=1}^{n} \xi_i(z) \frac{\partial}{\partial z_i} = \xi(z) \frac{\partial'}{\partial z}, Y = \sum_{i=1}^{n} \eta_i(z) \frac{\partial}{\partial z_i} = \eta(z) \frac{\partial'}{\partial z},$$

其中 $\xi(z) = (\xi_1(z), \cdots, \xi_n(z)), \eta(z) = (\eta_1(z), \cdots, \eta_n(z))$. 记 $X_0 = X + \overline{X}, Y_0 = Y + \overline{Y} \in T_R(\mathfrak{M})$, 则李导数 L_{X_0} 有性质

(1) $L_{X_0} f = Xf$, $\forall \mathfrak{M}$ 上的全纯函数 f;

(2) $L_{X_0}(Y_0) = [X_0, Y_0] = [X, Y] + [\overline{X}, \overline{Y}]$, 其中 $X, Y \in T(\mathfrak{M})$;

(3) $L_{X_0}(dz_i) = d\xi_i(z)$, $\qquad 1 \leq i \leq n$;

(4) $L_{X_0}(\overline{dz_i}) = \overline{d\xi_i(z)}$, $\qquad 1 \leq i \leq n$;

(5) $\overline{L_X(\psi)} = L_{\overline{X}}(\overline{\psi})$, 其中 ψ 为张量场.

证 今

$$2X_0 = \sum(\xi_i(z) + \overline{\xi_i(z)}) \frac{\partial}{\partial u_i} - \sqrt{-1} \sum(\xi_i(z) - \overline{\xi_i(z)}) \frac{\partial}{\partial u_{n+i}},$$

所以

$$L_{X_0}(dz_i) = L_{X_0}(du_i + \sqrt{-1}\, du_{n+i}) = d\xi_i(z),$$
$$L_{X_0}(\overline{dz_i}) = L_{X_0}(du_i - \sqrt{-1}\, du_{n+i}) = \overline{d\xi_i(z)}.$$

证完.

定义 1.2.3 记 $K(z, \overline{z})$ 为 $\mathbb{C}^n$ 中有界域 D 的 Bergman 核函数，D 上的全纯向量场 X 称为 Killing 向量场，如果对有界域 D 的 Bergman 度量 $h = d\overline{d} \log K(z, \overline{z})$ 有

$$\dot{L}_{X_0}(h) = 0, \tag{1.2.43}$$

其中 $X_0 = X + \overline{X}$.

由定义 1.2.1,1.2.3 及引理 1.2.2 立即有

引理 1.2.4 记 $K(z,\bar{z})$ 为 $\mathbb{C}^n$ 中有界域 D 的 Bergman 核函数. D 上的全纯向量场 X 为 Killing 向量场当且仅当

$$\frac{\partial^2}{\partial z_i \partial \bar{z}_j}\mathrm{Re}\,(X\log K(z,\bar{z})) = 0,\ 1 \le i,j \le n. \tag{1.2.44}$$

下面给出 Killing 向量场的等价定义. 为此先给出

引理 1.2.5 记 $K(z,\bar{z})$ 为 $\mathbb{C}^n$ 中有界域 D 的 Bergman 核函数. 任取 D 上的全纯向量场 $X = \sum\limits_{i=1}^{n}\xi_i(z)\frac{\partial}{\partial z_i}$, 则有

$$L_{X_0}(v) = 2(\frac{\sqrt{-1}}{2})^n K(z,\bar{z})\mathrm{Re}\,(X\log K(z,\bar{z}) + \sum_{i=1}^{n}\frac{\partial \xi_i(z)}{\partial z_i})Z \wedge \overline{Z},$$

$$\tag{1.2.45}$$

其中 v 为由式 (1.2.42) 定义的有界域 D 上的 $\mathrm{Aut}\,(D)$ 不变体积元素, 又 $X_0 = X + \overline{X}$.

证 今

$$\begin{aligned}
(\frac{\sqrt{-1}}{2})^{-n}L_{X_0}(v) &= (X_0 K(z,\bar{z}))Z \wedge \overline{Z} \\
&+ \sum_{j=1}^{n}K(z,\bar{z})Z_{1,\cdots,j-1} \wedge (X_0(dz_j)) \wedge Z_{j+1,\cdots,n} \wedge \overline{Z} \\
&+ \sum_{j=1}^{n}K(z,\bar{z})Z \wedge \overline{Z_{1,\cdots,j-1}} \wedge \overline{(X_0(\overline{dz_j}))} \wedge \overline{Z_{j+1,\cdots,n}} \\
&= 2K(z,\bar{z})(\mathrm{Re}\,[X\log K(z,\bar{z}) + \sum_{j=1}^{n}\frac{\partial \xi_j(z)}{\partial z_j}])Z \wedge \overline{Z}.
\end{aligned}$$

证完.

引理 1.2.6 记 $K(z,\bar{z})$ 为 $\mathbb{C}^n$ 中有界域 D 的 Bergman 核函数. 设有界域 D 的 Bergman 度量是完备的. 则全纯向量场 $X \in$

aut (D) 当且仅当 X 关于 Bergman 度量为 Killing 向量场, 当且仅当全纯向量场 X 有条件

$$L_{X_0}(v) = 0,$$

其中 v 为有界域 D 上关于 Bergman 度量的体积元素, $X_0 = X + \overline{X}$, 即有

$$\mathrm{Re}\,\Big(\sum \xi_l(z)\frac{\partial \log K(z,\overline{z})}{\partial z_l} + \sum_{l=1}^{n}\frac{\partial \xi_l(z)}{\partial z_l}\Big) = 0. \tag{1.2.46}$$

证 由假设, 有界域 D 的 Bergman 度量为完备 Hermite 度量. 由微分几何的熟知结果可知, 域 D 关于 Bergman 度量的等度量变换群 Aut (D) 的李代数 aut (D) 由有界域 D 上的所有 Killing 向量场构成, 这就是前一断言.

我们来证后一断言. 由引理 1.2.5 可知, $L_{X_0}(v) = 0$ 的坐标表达式就是式 (1.2.46). 因此问题化为证明有界域 D 上的全纯向量场 $X = \sum \xi_i(z)\dfrac{\partial}{\partial z_i}$ 适合式 (1.2.46) 当且仅当 X 为 Killing 向量场.

设式 (1.2.46) 成立, 作用算子 $\dfrac{\partial^2}{\partial z_i \partial \overline{z_j}}$ 于式 (1.2.46), 则由 $\xi_l(z)$ 在域 D 上全纯可知

$$\frac{\partial^2}{\partial z_i \partial \overline{z_j}}\Big(\sum \frac{\partial \xi_l(z)}{\partial z_l} + \sum \frac{\partial \overline{\xi_l(z)}}{\partial z_l}\Big) = 0.$$

这证明了

$$\frac{\partial^2 \mathrm{Re}\,(X \log K(z,\overline{z}))}{\partial z_i \partial \overline{z_j}} = 0.$$

由引理 1.2.4 可知, $X = \sum \dfrac{\partial \xi_i(z)}{\partial z_i}$ 为 Killing 向量场.

反之, 若 $X = \sum \xi_j(z)\dfrac{\partial}{\partial z_j} = \xi(z)\dfrac{\partial'}{\partial z}$ 为 Killing 向量场, 则由前一断言可知 $X \in$ aut (D). 因此 $\exp tX \in$ Aut (D), $|t| < \varepsilon$. 将

$w = (\exp t X)(z)$ 在 $t = 0$ 附近作 Taylor 展开，则有

$$w = z + t\xi(z) + o(t), \quad |t| < \varepsilon.$$

所以 Jacobian 矩阵在 $t = 0$ 附近有如下的 Taylor 展开：

$$\frac{\partial w}{\partial z} = I + t\frac{\partial \xi(z)}{\partial z} + o(t), \quad |t| < \varepsilon.$$

另一方面，由式 (1.2.40) 有

$$
\begin{aligned}
& K(z, \overline{z}) \\
= & |\det (I + t\frac{\partial \xi}{\partial z} + o(t))|^2 K(z + t\xi + o(t), \overline{z} + t\overline{\xi} + o(t)) \\
= & |1 + t\sum \frac{\partial \xi_i}{\partial z_i} + o(t)|^2 (K(z, \overline{z}) + 2\mathrm{Re}\,(tXK(z, \overline{z})) + o(t)) \\
= & (1 + 2\mathrm{Re}\,(t\sum \frac{\partial \xi_i}{\partial z_i}) + o(t))(K + tXK + t\overline{X}K + o(t)) \\
= & K(z, \overline{z})(1 + 2t\mathrm{Re}\,[X\log K(z, \overline{z}) + \sum \frac{\partial \xi_i}{\partial z_i}] + o(t)),
\end{aligned}
$$

其中 $|t| < \varepsilon$. 比较 t 的一次项，便证明了式 (1.2.46) 成立. 因此证明了引理. 证完.

由此可见，线性偏微分方程

$$
\begin{aligned}
& \sum \xi_i(z)\frac{\partial \log K(z, \overline{z})}{\partial z_i} + \sum \frac{\partial \xi_i(z)}{\partial z_i} \\
& + \sum \overline{\xi_i(z)}\frac{\partial \log K(z, \overline{z})}{\partial \overline{z}_i} + \sum \frac{\partial \overline{\xi_i(z)}}{\partial \overline{z}_i} = 0
\end{aligned}
\tag{1.2.47}
$$

的所有全纯解 $\xi(z) = (\xi_1(z), \cdots, \xi_n(z))$ 决定了完备有界域 D 上的全纯自同构群 $\mathrm{Aut}\,(D)$ 的李代数 $\mathrm{aut}\,(D)$.

记 $\mathrm{aut}_R(D) = \{X_0 = X + \overline{X} \mid \forall X \in \mathrm{aut}\,(D)\}$，则

$$X_0 = X + \overline{X} = \sum_{i=1}^{n} \xi_i(z)\frac{\partial}{\partial z_i} + \sum_{i=1}^{n} \overline{\xi_i(z)}\frac{\partial}{\partial \overline{z}_i}$$

为 $2n$ 维实 Euclid 空间中有界域 D 上的解析向量场. 显然 $\operatorname{aut}_R(D)$ 在换位运算 $[X_0, Y_0] = [X + \overline{X}, Y + \overline{Y}] = [X, Y] + \overline{[X, Y]}$ 下封闭, 即为实李代数, 它和李代数 $\operatorname{aut}(D)$ 在对应 $X \to X_0 = X + \overline{X}$ 下同构. 在线性空间 $\operatorname{aut}_R(D)$ 上引进对应 Ψ:

$$
\begin{aligned}
\Psi(X_0) &= \frac{\sqrt{-1}}{2}\left(\sum_{i=1}^{n} \xi_i(z) \frac{\partial \log K(z, \bar{z})}{\partial z_i} + \sum_{i=1}^{n} \frac{\partial \xi_i(z)}{\partial z_i}\right) \\
&= -\frac{\sqrt{-1}}{2}\left(\sum_{i=1}^{n} \overline{\xi_i(z)} \frac{\partial \log K(z, \bar{z})}{\partial \overline{z_i}} + \sum_{i=1}^{n} \frac{\partial \overline{\xi_i(z)}}{\partial \overline{z_i}}\right).
\end{aligned}
\tag{1.2.48}
$$

于是在实流形 D 上有

定理 1.2.7 设 $\mathbb{C}^n$ 中有界域 D 的 Bergman 度量为完备的, 则由式 (1.2.48) 定义的 $\operatorname{aut}_R(D)$ 上的线性函数 Ψ 为实值函数, 且有

$$
\begin{aligned}
2(d\Psi)(X + \overline{X}, Y + \overline{Y}) &= \Psi([X + \overline{X}, Y + \overline{Y}]) \\
&= \Omega(X + \overline{X}, Y + \overline{Y})
\end{aligned}
\tag{1.2.49}
$$

对一切 $X, Y \in \operatorname{aut}(D)$ 成立, 其中 Ω 为有界域 D 关于 Bergman 度量的 Kähler 形式.

证 任取 $X \in \operatorname{aut}(D)$, 由引理 1.2.6 有 $\operatorname{Im}(\Psi) = 0$. 这证明了 $\Psi(X + \overline{X}) \in \mathbb{R}$, 即 Ψ 为实李代数 $\operatorname{aut}_R(D)$ 上的线性函数.

今任取 $X, Y \in \operatorname{aut}(D)$, 则

$$
\begin{aligned}
&2(d\Psi)(X + \overline{X}, Y + \overline{Y}) \\
&= (X + \overline{X})\Psi(Y + \overline{Y}) - (Y + \overline{Y})\Psi(X + \overline{X}) - \Psi([X + \overline{X}, Y + \overline{Y}]).
\end{aligned}
$$

而

$$
\begin{aligned}
2\overline{Y}\Psi(X + \overline{X}) &= \sqrt{-1} \sum \xi_i \overline{\eta_j} \frac{\partial^2 \log K}{\partial z_i \partial \overline{z_j}} \\
&= -\sqrt{-1}\left(\sum \overline{\xi_i} \eta_j \frac{\partial^2 \log K}{\partial \overline{z_i} \partial z_j} + \sum \overline{\eta_i} \frac{\partial \overline{\xi_j}}{\partial \overline{z_i}} \frac{\partial \log K}{\partial \overline{z_j}} + \sum \overline{\eta_i} \frac{\partial^2 \overline{\xi_j}}{\partial \overline{z_i} \partial \overline{z_j}}\right),
\end{aligned}
$$

$$2X\Psi(Y + \overline{Y}) = -\sqrt{-1} \sum \xi_i \overline{\eta_j} \frac{\partial^2 \log K}{\partial z_i \partial \overline{z_j}}$$

$$= \sqrt{-1} \left(\sum \xi_i \eta_j \frac{\partial^2 \log K}{\partial z_i \partial z_j} + \sum \xi_i \frac{\partial \eta_j}{\partial z_i} \frac{\partial \log K}{\partial z_j} + \sum \xi_i \frac{\partial^2 \eta_j}{\partial z_i \partial z_j} \right),$$

又

$$2\Psi([X, Y] + [\overline{X}, \overline{Y}])$$

$$= -\sqrt{-1} \left(\sum \eta_i \left(\frac{\partial \xi_j}{\partial z_i} \frac{\partial \log K(z, \overline{z})}{\partial z_j} + \frac{\partial^2 \xi_j}{\partial z_i \partial z_j} \right) \right.$$

$$\left. - \sum \xi_i \left(\frac{\partial \eta_j}{\partial z_i} \frac{\partial \log K(z, \overline{z})}{\partial z_j} + \frac{\partial^2 \eta_j}{\partial z_i \partial z_j} \right) \right)$$

$$= 2X\Psi(Y + \overline{Y}) - 2Y\Psi(X + \overline{X}).$$

而且

$$\overline{Y}\Psi(X + \overline{X}) + X\Psi(Y + \overline{Y}) = 0;$$
$$Y\Psi(X + \overline{X}) + \overline{X}\Psi(Y + \overline{Y}) = 0.$$

这证明了

$$(X + \overline{X})\Psi(Y + \overline{Y}) - (Y + \overline{Y})\Psi(X + \overline{X})$$
$$= 2X\Psi(Y + \overline{Y}) - 2Y\Psi(X + \overline{X})$$
$$= 2\Psi([X, Y] + [\overline{X}, \overline{Y}]) = 2\Psi([X + \overline{X}, Y + \overline{Y}]).$$

因此

$$(2d\Psi)(X + \overline{X}, Y + \overline{Y}) = \Psi([X + \overline{X}, Y + \overline{Y}]).$$

另一方面, 由式 (1.2.17) 有

$$\Omega(X + \overline{X}, Y + \overline{Y})$$

$$= -\frac{\sqrt{-1}}{2} \sum h_{ij}(z, \overline{z})(dz_i \otimes \overline{dz_j} - \overline{dz_j} \otimes dz_i)(X + \overline{X}, Y + \overline{Y})$$

$$= -\frac{\sqrt{-1}}{2} \sum \frac{\partial^2 \log K(z, \overline{z})}{\partial z_i \partial \overline{z_j}} (\xi_i(z)\overline{\eta_j(z)} - \overline{\xi_j(z)}\eta_i(z))$$

$$= X\Psi(Y + \overline{Y}) - Y\Psi(X + \overline{X}) = \Psi([X + \overline{X}, Y + \overline{Y}]).$$

至此证明了式 (1.2.49) 成立. 证完.

引理 1.2.8　符号和条件同引理 1.2.7. 任取域 D 的全纯自同构 σ, 则有 $\sigma^*(\Psi) = \Psi$.

证　记 σ 为 $w = f(z)$. 任取 $X \in \mathrm{aut}\,(D)$, 记 $\sigma_*(X) = Y$, 于是

$$Y = \sum \eta_i(w)\frac{\partial}{\partial w_i} = \sum \eta_i(f(z))\frac{\partial z_j}{\partial w_i}\frac{\partial}{\partial z_j} = \sum \xi_j(z)\frac{\partial}{\partial z_j},$$

即有

$$\eta_i(w) = \sum_j \xi_j(z)\frac{\partial f_i(z)}{\partial z_j}.$$

又由 $K(w, \overline{w}) = K(z, \overline{z})|\det \frac{\partial z}{\partial w}|^2$, 所以

$$\sum_i \frac{\partial \eta_i(w)}{\partial w_i} = \sum_{i,j,l}\frac{\partial \xi_j(z)}{\partial z_l}\frac{\partial z_l}{\partial w_i}\frac{\partial w_i}{\partial z_j} + \sum_{i,j,k}\xi_j(z)\frac{\partial^2 w_i}{\partial z_j \partial z_k}\frac{\partial z_k}{\partial w_i}$$

$$= \sum \frac{\partial \xi_j(z)}{\partial z_j} + \sum_{i,j,k}\xi_j(z)\frac{\partial z_k}{\partial w_i}\frac{\partial^2 w_i}{\partial z_j \partial z_k}.$$

又

$$\sum \eta_i(w)\frac{\partial \log K(w, \overline{w})}{\partial w_i} = \sum \xi_j(z)\frac{\partial w_i}{\partial z_j}\frac{\partial \log K(w, \overline{w})}{\partial w_i}$$

$$= \sum \xi_j(z)[\frac{\partial \log K(z, \overline{z})}{\partial z_j} + \frac{\partial \log \det \frac{\partial z}{\partial w}}{\partial z_j}],$$

所以

$$\sum \eta_i(w)\frac{\partial \log K(w, \overline{w})}{\partial w_i} + \sum \frac{\partial \eta_i(w)}{\partial w_i}$$

$$= \sum \xi_j(z)\frac{\partial \log K(z, \overline{z})}{\partial z_j} + \sum \frac{\partial \xi_j(z)}{\partial z_j} + \delta,$$

其中

$$\delta = \sum_j \xi_j(z)[\sum_{i,k}\frac{\partial z_k}{\partial w_i}\frac{\partial^2 w_i}{\partial z_j \partial z_k} + \frac{\partial \log \det \frac{\partial z}{\partial w}}{\partial z_j}].$$

今

$$\frac{\partial \log \det \frac{\partial z}{\partial w}}{\partial z_j} = \frac{\partial \log (\det \frac{\partial w}{\partial z})^{-1}}{\partial z_j}$$

$$= -\operatorname{tr}\left(\frac{\partial w}{\partial z}\right)^{-1}\frac{\partial}{\partial z_j}\left(\frac{\partial w}{\partial z}\right) = -\sum \frac{\partial z_k}{\partial w_i}\frac{\partial}{\partial z_j}\left(\frac{\partial w_i}{\partial z_k}\right).$$

这证明了 $\delta = 0$. 引理证完.

§1.3 Siegel 域的全纯自同构群

将上两节的结果应用到 Siegel 域 $D(V, F)$. 由于 Kobayashi 证明了 Siegel 域的 Bergman 度量为完备 Riemann 度量, 所以引理 1.2.6 对 Siegel 域成立. 因此为了决定 Siegel 域 $D(V, F)$ 的全纯自同构群 Aut $(D(V, F))$ 的李代数 aut $(D(V, F))$, 我们需要决定所有 Killing 向量场.

引理 1.3.1 记 $K(z, u; \overline{z}, \overline{u})$ 为 $\mathbb{C}^n \times \mathbb{C}^m$ 中 Siegel 域 $D(V, F)$ 的 Bergman 核函数, 则

$$K(z, u; \overline{z}, \overline{u}) = K_V(\operatorname{Im}(z) - F(u, u)), \forall (z, u) \in D(V, F), \quad (1.3.1)$$

其中 $K_V(x)$ 为锥 V 上的正值解析函数.

证   任取 $(z_0, u_0) \in D(V, F)$, 则 Siegel 域上的仿射自同构

$$w = z - 2\sqrt{-1}F(u, u_0) + \sqrt{-1}F(u_0, u_0) - \operatorname{Re}(z_0),$$
$$v = u - u_0.$$

将点 (z_0, u_0) 映为点 $(\sqrt{-1}x_0, 0)$, 其中 $x_0 = \operatorname{Im}(z_0) - F(u_0, u_0)$. 由 Bergman 核函数的性质, 有

$$K(z_0, u_0; \overline{z_0}, \overline{u_0}) = K(\sqrt{-1}x_0, 0; -\sqrt{-1}x_0, 0).$$

今 $x_0 \in V$, 所以 $K(\sqrt{-1}x_0, 0; -\sqrt{-1}x_0, 0)$ 关于 x_0 为正值解析函数. 证完.

现在来决定李代数 $\operatorname{aut}(D(V,F))$.

引理 1.3.2 (Kaup,Matsushima,Ochiai) 设 $D(V,F)$ 为 $\mathbb{C}^n \times \mathbb{C}^m$ 中 Siegel 域，我们记

$$A = 2z\frac{\partial'}{\partial z} + u\frac{\partial'}{\partial u} \in \operatorname{aut}(D(V,F)).$$

则 $\operatorname{aut}(D(V,F))$ 关于 $\operatorname{ad}(A)$ 有根子空间分解

$$\operatorname{aut}(D(V,F)) = L_{-2} + L_{-1} + L_0 + L_1 + L_2, \tag{1.3.2}$$

其中

$$L_j = \{x \in \operatorname{aut}(D(V,F)) \mid \operatorname{ad}(A)x = jx, \}, \ \forall j \in \mathbb{Z}, \tag{1.3.3}$$

有 $L_j = 0, j \neq 0, \pm 1, \pm 2$, 且

$$[L_i, L_j] \subset L_{i+j}, \quad \forall i, j \in \mathbb{Z}. \tag{1.3.4}$$

另一方面，

$$\operatorname{aff}(D(V,F)) = L_{-2} + L_{-1} + L_0, \tag{1.3.5}$$

其中 L_{-2}, L_{-1}, L_0 分别由定理 1.1.16 定义. 又

$$L_1 \subset \Big\{ \sum_{i=1}^n (zA_iu')\frac{\partial}{\partial z_i} + zA\frac{\partial'}{\partial u} + \sum_{j=1}^n (uC_ju')\frac{\partial}{\partial u_j} \Big\}, \tag{1.3.6}$$

其中 $A, A_1, \cdots, A_n$ 为 $n \times m$ 复矩阵，$C_1, \cdots, C_m$ 为 $m \times m$ 复对称方阵，$z = (z_1, \cdots, z_n) \in \mathbb{C}^n, u = (u_1, \cdots, u_m) \in \mathbb{C}^m$.

$$L_2 = \Big\{ \sum_{i=1}^n (z_izB_i)\frac{\partial'}{\partial z} + \sum_{i=1}^n (z_iuD_i)\frac{\partial'}{\partial u} \Big\}, \tag{1.3.7}$$

其中 $B_1, \cdots, B_n$ 为 $n \times n$ 实矩阵，适合条件

$$e_iB_j = e_jB_i, \qquad 1 \le i, j \le n, \tag{1.3.8}$$

又 $D_1, \cdots, D_n$ 为 $m \times m$ 复矩阵.

证 下面分四步证明.

第一步 先证 $\mathrm{aut}\,(D(V,F))$ 中元素都是多项式向量场.

事实上, 由定理 1.1.16, $\mathrm{aut}\,(D(V,F))$ 中有线性无关元素

$$\frac{\partial}{\partial z_1}, \cdots, \frac{\partial}{\partial z_n},\ A = 2z\frac{\partial'}{\partial z} + u\frac{\partial'}{\partial u}.$$

它们线性生成 $n+1$ 维可解子代数 $\mathfrak{G}$, 又 $[\mathfrak{G}, \mathfrak{G}]$ 是以 $\dfrac{\partial}{\partial z_1}, \cdots, \dfrac{\partial}{\partial z_n}$ 为基的交换子代数. 由 Lie 定理可知, 在复李代数 $\mathrm{aut}\,(D(V,F))^C$ 中存在基, 使得 $\mathrm{ad}\,\mathfrak{G}$ 中元素对应上三角方阵, 于是 $\mathrm{ad}\,[\mathfrak{G},\,\mathfrak{G}]$ 中元素对应对角元素为零的上三角方阵. 这证明了 $(\mathrm{ad}\,\dfrac{\partial}{\partial z_i})^N = 0, 1 \le i \le n$, 其中 $N = \dim\,(\mathrm{aut}\,(D(V,F)))$.

任取 $X \in \mathrm{aut}\,(D(V,F))$, 今

$$X = \sum a_i(z,u)\frac{\partial}{\partial z_i} + \sum b_i(z,u)\frac{\partial}{\partial u_i} = a(z,u)\frac{\partial'}{\partial z} + b(z,u)\frac{\partial'}{\partial u}.$$

由 $(\mathrm{ad}\,\dfrac{\partial}{\partial z_i})^N X = 0$ 立即可以推出 $D(V,F)$ 上的所有全纯函数

$$a_1(z,u), \cdots, a_n(z,u), b_1(z,u), \cdots, b_m(z,u)$$

关于 z 为多项式.

今 $\sqrt{-1}u\dfrac{\partial'}{\partial u} \in \mathrm{aut}\,(D(V,F))$. 在 Siegel 域 $D(V,F)$ 中取定一点 $(\sqrt{-1}x_0, 0)$, 其中 x_0 为锥 V 中一固定点. 将 X 的系数在点 $(\sqrt{-1}x_0, 0)$ 关于 u 展成齐次多项式的和, 记作

$$a(z,u) = \sum_{p=0}^{\infty} a^{(p)}(z,u), \quad b(z,u) = \sum_{p=0}^{\infty} b^{(p)}(z,u),$$

其中 $a^{(p)}(z,u), b^{(p)}(z,u)$ 为 u 的 p 次齐性多项式的向量函数. 于是

在 aut $(D(V, F))$ 中有元素

$$Y = (\text{ad } \sqrt{-1}u\frac{\partial'}{\partial u})X + (\text{ad } \sqrt{-1}u\frac{\partial'}{\partial u})^3 X$$

$$= -\sqrt{-1}\sum_{p=2}^{\infty}(p-1)p(p+1)a^{(p)}(z,u)\frac{\partial'}{\partial z}$$

$$-\sqrt{-1}\sum_{p=2}^{\infty}p(p-2)(p-1)b^{(p)}(z,u)\frac{\partial'}{\partial u}.$$

取 $z = \sqrt{-1}x_0, u = 0$, 则 $Y = 0$. 所以 $Y \in \text{iso}_{(\sqrt{-1}x_0,0)}(D(V,F))$.
由引理 1.1.9 可知 $Y\cdot = 0$. 这证明了 $a(z,u)$ 关于 u 的次数不超过
$1, b(z,u)$ 关于 u 的次数不超过 2, 至此证明了 X 为多项式向量场.
实际上,

$$X = (a(z) + uA(z))\frac{\partial'}{\partial z} + (b(z) + uB(z))\frac{\partial'}{\partial u} + \sum_{j=1}^{m}(uC_j(z)u')\frac{\partial}{\partial u_j},$$

其中 $a(z)$ 为 $1 \times n$ 向量函数, $A(z)$ 为 $m \times n$ 矩阵函数, $b(z)$ 为
$1 \times m$ 向量函数, $B(z)$ 为 $m \times m$ 矩阵函数, 又 $C_j(z)$ 为 $m \times m$
对称矩阵函数, 且它们的元素都是 z 的多项式.

第二步 证明李代数 aut $(D(V,F))$ 关于 ad (A) 有根子空间分
解

$$\text{aut}\,(D(V,F)) = L_{-2} + L_{-1} + L_0 + L_1 + L_2 + \cdots, \tag{1.3.9}$$

其中

$$\text{ad}\,(A)(x) = kx, \quad \forall x \in L_k, k \in \mathbb{Z}.$$

而 $[L_j, L_k] \subset L_{j+k}, \forall j, k \in \mathbb{Z}$. 又

$$\text{aff}\,(D(V,F)) = L_{-2} + L_{-1} + L_0, \tag{1.3.10}$$

而

$$L_{2k} = \{Y_{2k} = a^{(k+1)}(z)\frac{\partial'}{\partial z} + uB^{(k)}(z)\frac{\partial'}{\partial u}\}, \ k = -1, 0, \cdots, \tag{1.3.11}$$

$$L_{2k-1} = \{ Y_{2k-1} = uA^{(k)}(z)\frac{\partial'}{\partial z} + b^{(k)}(z)\frac{\partial'}{\partial u}$$

$$+ \sum_{j=1}^{m}(uC_j^{(k-2)}(z)u')\frac{\partial}{\partial u_j} \}, \, k = 0, 1, \cdots, \quad (1.3.12)$$

其中上标 k 表示它是 z 的 k 次齐次多项式, 又

$$C_j^{(-2)}(z) = 0, \quad C_j^{(-1)}(z) = 0, \quad B^{(-1)}(z) = 0.$$

事实上, 由第一步可知, 记

$$X = \sum_{k=-2}^{\infty} Y_k \in \text{aut}\,(D(V, F)).$$

由直接计算有 $(\text{ad}\,(A))^p Y_k = k^p Y_k, \quad p = 0, 1, \cdots,$ 所以

$$(\text{ad}\,(A))^p X = \sum_{k=-1}^{\infty} k^p Y_k \in \text{aut}\,(D(V, F)), \, p = 0, 1, \cdots.$$

由于 X 为多项式向量场, 所以 $X = \sum\limits_{k=-2}^{\infty} Y_k$ 实际上是有限和. 用 Vandermode 矩阵技巧立即可以证明

$$Y_k \in \text{aut}\,(D(V, F)), k = -2, -1, \cdots.$$

这证明了式 (1.3.9) 成立. 且由定理 1.1.16 证明了式 (1.3.10) 成立. 由直接计算可知, 式 (1.3.11),(1.3.12) 成立.

第三步 证明李代数 $\text{aut}\,(D(V, F))$ 的根基 (即最大可解理想) S 有

$$S = (S \cap L_{-2}) + (S \cap L_{-1}) + (S \cap L_0) + \sum_{k=3}^{\infty} L_k. \quad (1.3.13)$$

事实上, 由于 S 为最大可解理想, 所以有 $[A, S] \subset S$. 因此

$$S = \sum_{j=-2}^{\infty} (L_j \cap S).$$

于是问题化为证明

$$L_1 \cap S = L_2 \cap S = 0, L_k \cap S = L_k, k > 2.$$

为此利用 Killing 型 $B(x, y) = \operatorname{tr} \operatorname{ad} x \operatorname{ad} y, \forall x, y \in \operatorname{aut}(D(V, F))$ 的核在 S 中这一事实. 今任取 $X_k \in L_k, k \geq 3, P_r, Q_r \in L_r, r \geq -2$, 于是有

$$(\operatorname{ad} X_k)(\operatorname{ad} P_r)Q_s \subset L_{k+r+s},$$

其中 $k + r \geq 1$, 所以 $\operatorname{tr} \operatorname{ad} X_k \operatorname{ad} P_r = 0$, 即 $B(X_k, \operatorname{aut}(D(V, F))) = 0$. 这证明了 $X_k \in S$, 所以 $L_k \subset S, k \geq 3$.

任取 $Y_p \in S \cap L_p, p = 1, 2$, 于是

$$Y_1 = \sum_{i=1}^{n} z_i u A_i \frac{\partial'}{\partial z} + z B \frac{\partial'}{\partial u},$$

$$Y_2 = \sum_{i=1}^{n} (z C_i z') \frac{\partial}{\partial z_i} + \sum_{i=1}^{n} z_i u D_i \frac{\partial'}{\partial u},$$

其中 A_i, B, C_i, D_i 为常数矩阵. 任取 $x_0 = (x_1, \cdots, x_n) \in V$,

$$Z_1 = [\sqrt{-1} u \frac{\partial'}{\partial u}, [x_0 \frac{\partial'}{\partial z}, Y_1]]$$

$$= -\sqrt{-1} x_0 B \frac{\partial'}{\partial u} + \sqrt{-1} \sum_{i=1}^{n} x_i u A_i \frac{\partial'}{\partial z} \in S \cap L_{-1},$$

$$Z_2 = \frac{1}{2} [x_0 \frac{\partial'}{\partial z}, [x_0 \frac{\partial'}{\partial z}, Y_2]] = \sum_{i=1}^{n} (x_0 C_i x_0') \frac{\partial}{\partial z_i} \in S \cap L_{-2},$$

因此

$$Y_p + Z_p \in S \cap \operatorname{iso}_{(\sqrt{-1} x_0, 0)}(D(V, F)).$$

注意到 $\operatorname{ad} S$ 为作用于 $\operatorname{aut}(D(V, F))$ 上的线性可解李代数. 由 Lie 定理可知, 在李代数 $\operatorname{aut}(D(V, F))^C$ 中存在基, 使得 $\operatorname{ad} S$ 中元素同时表为上三角方阵. 另一方面, $\operatorname{ad} Y_p, p = 1, 2$ 为幂零线性变换. 所以 $\operatorname{ad} Y_p, p = 1, 2$ 为上三角方阵, 对角元素为零. 同理 $\operatorname{ad} Z_p, p = 1, 2$ 也为上三角方阵, 对角元素为零. 所以 $\operatorname{ad}(Y_p + Z_p), p = 1, 2$ 也为幂

零上三角方阵. 但是 $\mathrm{ad}\,(\mathrm{iso}\,_{\sqrt{-1}x_0,0}(D(V,F)))$ 中元素半单, 这证明了 $\mathrm{ad}\,(Y_p+Z_p)=0, p=1,2,$ 即 $Y_p+Z_p\in C(\mathrm{aut}\,(D(V,F))), p=1,2.$ 于是 $[\dfrac{\partial}{\partial z_j},Y_p+Z_p]=0, 1\le j\le n.$ 这推出了 $Y_p+Z_p=0, p=1,2.$ 由 $Z_1\in S\cap L_{-1}, Z_2\in S\cap L_{-2}, Y_1\in S\cap L_1, Y_2\in S\cap L_2.$ 这证明了 $Y_1=Y_2=0,$ 即 $S\cap L_1=S\cap L_2=0.$ 至此证明了断言.

第四步 证明 $L_k=0, k\ge 3.$

事实上, 记

$$Z_{i_1 i_2\cdots i_t}=\mathrm{ad}\,\frac{\partial}{\partial z_{i_1}}\mathrm{ad}\,\frac{\partial}{\partial z_{i_2}}\cdots\mathrm{ad}\,\frac{\partial}{\partial z_{i_t}}, 1\le i_1,\cdots,i_t\le n.$$

任取 $Y_k\in L_k, k\ge 3,$ 则有

$$Z_{i_1 i_2\cdots i_{k-1}}(Y_{2k})\in S\cap L_2=0,\quad Z_{i_1,i_2\cdots i_{k-1}}(Y_{2k-1})\in S\cap L_1=0.$$

这推出 $Y_k=0, k\ge 3,$ 即 $L_p=0, p\ge 3.$ 至此完全证明了引理. 证完.

由上面引理 1.3.2 的证明中的第三步和第四步, 我们有

引理 1.3.3 (Kaup,Matsushima,Ochiai) 设 $D(V,F)$ 为 $\mathbb{C}^n\times\mathbb{C}^m$ 中 Siegel 域. 记

$$\mathrm{aut}\,(D(V,F))=L_{-2}+L_{-1}+L_0+L_1+L_2 \tag{1.3.14}$$

为李代数 $\mathrm{aut}\,(D(V,F))$ 关于 $\mathrm{ad}\,(A)$ 的根子空间分解, 则李代数 $\mathrm{aut}\,(D(V,F))$ 的根基

$$S=(S\cap L_{-2})+(S\cap L_{-1})+(S\cap L_0)\subset\mathrm{aff}\,(D(V,F)), \tag{1.3.15}$$

且

$$\dim\,(L_1)+\dim\,(S\cap L_{-1})=2m, \dim\,(L_2)+\dim\,(S\cap L_{-2})=n. \tag{1.3.16}$$

特别, 李代数 $\mathrm{aut}\,(D(V,F))$ 半单当且仅当

$$\dim L_1=2m, \dim L_2=n.$$

证　　我们只需证明
$$\dim(L_i/S) = \dim(L_{-i}/S), \qquad i = 1, 2$$
就够了. 由于
$$L = \operatorname{aut}(D(V,F))/S = \sum_{i=-2}^{2}(L_i/S)$$
是半单李代数, 所以它的 Killing 型 B_L 非退化..

今任取 $X_0 \in L_i/S, Y_0 \in L_j/S, i+j \neq 0$, 则 $\operatorname{ad}X_0 \operatorname{ad}Y_0$ 在李代数 L 上为幂零线性变换, 所以 L 的 Killing 型 B_L 有 $B_L(X_0, Y_0) = 0$, 即有 $B_L(L_i/S, L_j/S) = 0, i+j \neq 0$. 所以 Killing 型 B_L 在 $L_i/S \times L_{-i}/S$, $i = 0, 1, 2$ 上非退化. 这证明了 $\dim(L_i/S) = \dim(L_{-i}/S)$, $i = 1, 2$. 易证
$$L_1/S \cong L_1, \quad L_2/S \cong L_2,$$
$$L_{-1}/S \cong L_{-1}/(S \cap L_{-1}), \quad L_{-2}/S \cong L_{-2}/(S \cap L_{-2}).$$
又由定理 1.1.16 可知 $\dim L_{-2} = n, \dim L_{-1} = 2m$. 这证明了式 (1.3.16) 成立. 证完.

引理 1.3.4 (Murakami)　设 $D(V, F)$ 为 $\mathbb{C}^n \times \mathbb{C}^m$ 中 Siegel 域, 记 $\operatorname{aut}(D(V,F)) = \sum\limits_{i=-2}^{2} L_i$ 为李代数 $\operatorname{aut}(D(V,F))$ 关于 $\operatorname{ad}(A)$ 的根子空间分解, 于是式 (1.3.6) 给出的
$$Y_1 = \sum_{i=1}^{n}(zA_iu')\frac{\partial}{\partial z_i} + zA\frac{\partial'}{\partial u} + \sum_{j=1}^{m}(uC_ju')\frac{\partial}{\partial u_j} \in L_1$$
当且仅当 $[Y_1, L_{-i}] \subset L_{1-i}, i = 1, 2$. 式 (1.3.7) 给出的
$$Y_2 = \sum_{i=1}^{n} z_i z B_i \frac{\partial'}{\partial z} + \sum_{i=1}^{n} z_i u D_i \frac{\partial'}{\partial u} \in L_2$$
当且仅当 $[Y_2, L_{-i}] \subset L_{2-i}, i = 1, 2$, 且
$$\operatorname{Im}(\operatorname{tr}(D_j)) = 0, \qquad 1 \le j \le n,$$

其中 $B_1, \cdots, B_n$ 为 n 阶实方阵, 适合条件 $e_i B_j = e_j B_i, 1 \le i, j \le n$.

证 给定指标 $i \in \{1, 2\}$, 首先来证 $Y_i \in L_i$ 当且仅当

$$[Y_i, L_{-1} + L_{-2}] \subset L_{i-1} + L_{i-2}, \tag{1.3.17}$$

且

$$L_{Y_i + \overline{Y_i}}(v)|_{z = \sqrt{-1} x_0, u = 0} = 0, \ i = 1, 2, \tag{1.3.18}$$

其中 $x_0 = \mathrm{Im}(z_0) - F(u_0, u_0), \forall (z_0, u_0) \in D(V, F)$.

事实上, 由引理 1.2.6 有 $Y_i \in L_i$ 当且仅当 $L_{Y_i + \overline{Y_i}}(v) = 0$. 另一方面, 式 (1.3.17) 显然成立.

反之, 若条件 (1.3.17), (1.3.18) 成立. 下面来证 $L_{Y_i + \overline{Y_i}}(v) = 0$. 由条件 (1.3.17) 有 $L_{[Y_i, X] + \overline{[Y_i, X]}}(v) = 0, \forall X \in L_{-1} + L_{-2}$, 即 $L_{[Y_i + \overline{Y_i}, X + \overline{X}]}(v) = 0$. 然而已知 $L_{-1} + L_{-2}$ 中元素为 Killing 向量场, 所以 $L_{X + \overline{X}}(v) = 0$. 这证明了

$$L_{X + \overline{X}} L_{Y_i + \overline{Y_i}}(v) = L_{[X + \overline{X}, Y_i + \overline{Y_i}]}(v) = 0.$$

所以 $L_{Y_i + \overline{Y_i}}(v)$ 在 $\exp(L_{-1} + L_{-2})$ 下不变. 已知 $\exp(L_{-1} + L_{-2})$ 中元素可表示为

$$P_{(a, b)} : \begin{cases} w = z + 2\sqrt{-1} F(u, b) + \sqrt{-1} F(b, b) + a, \\ v = u + b, \end{cases}$$

其中 $a \in \mathbb{R}^n, b \in \mathbb{C}^m$. 任取 $(z_0, u_0) \in D(V, F)$, 则在 $P_{(a, b)}$ 中取 $a = -\mathrm{Re}(z_0)$, $b = -u_0$. 将 $P_{(-\mathrm{Re}(z_0), -u_0)}$ 作用于式 (1.3.18), 便证明了 $L_{Y_i + \overline{Y_i}}(v) = 0$.

其次, 我们将上面证明的充分且必要条件 (1.3.17) 和 (1.3.18) 变为 L_1 及 L_2 中元素的条件如下.

由引理 1.3.1 可知, Siegel 域 $D(V, F)$ 的 Bergman 核函数

$$K(z, u; \overline{z}, \overline{u}) = K_V(\mathrm{Im}(z) - F(u, u)), \quad \forall (z, u) \in D(V, F).$$

所以由式 (1.3.18) 可知, 记

$$f_1 = \mathrm{Re}\left(Y_1 \log K_V(\mathrm{Im}\,(z) - F(u,u))\right.$$

$$\left.+ \sum_{i=1}^{n} \frac{\partial z A_i u'}{\partial z_i} + \sum_{j=1}^{m} \frac{\partial(z A e_j' + u C_j u')}{\partial u_j}\right)\Big|.$$

$$= \mathrm{Re}\left(Y_1 \log K_V(\mathrm{Im}\,(z) - F(u,u))\right)\big|.,$$

其中 $|. = |_{z=\sqrt{-1}x_0, u=0}$. 今

$$Y_1\Big|. = \sqrt{-1}x_0 A \frac{\partial'}{\partial u}\Big|., \qquad \frac{\partial \log K_V(\mathrm{Im}\,(z) - F(u,u))}{\partial u}\Big|. = 0.$$

这证明了 $f_1 = 0$. 所以由式 (1.2.45) 可知, 式 (1.3.18) 成立. 因此 $Y_1 \in L_1$ 当且仅当 $[Y_1, L_{-1} + L_{-2}] \subset L_0 + L_{-1}$. 又由式 (1.3.18) 可知, 记

$$f_2 = \mathrm{Re}\left(Y_2 \log K_V(\mathrm{Im}\,(z) - F(u,u))\right.$$

$$\left.+ \sum_{i,j=1}^{n} \frac{\partial}{\partial z_j} z_i z B_i e_j' + \sum_{i=1}^{n}\sum_{j=1}^{m} \frac{\partial z_i u D_i e_j'}{\partial u_j}\right)\Big|.$$

$$= \mathrm{Re}\left(Y_2 \log K_V + 2 \sum_{i=1}^{n} z B_j e_i' + \sum_{j=1}^{m}\sum_{i=1}^{n} z_i e_j D_i e_j'\right)\Big|.$$

今

$$Y_2\Big|_{z=\sqrt{-1}x_0, u=0} = Y_2\Big|. = -\sum_{i=1}^{n} x_i x_0 B_i \frac{\partial'}{\partial z}\Big|.,$$

而

$$\frac{\partial}{\partial z_k} \log K_V\left(\frac{1}{2\sqrt{-1}}(z-\bar{z}) - F(u,u)\right)\Big|. = \frac{1}{2\sqrt{-1}K_V(x_0)} \frac{\partial K_V(x)}{\partial x_k}\Big|_{x=x_0}.$$

于是

$$f_2 = \mathrm{Re}\left(-\sum_{i=1}^{n} x_i x_0 B_i\right)\left(\frac{1}{2\sqrt{-1}K_V(x_0)} \frac{\partial K_V(x)}{\partial x}\right)'_{x=x_0}$$

$$+ \mathrm{Re}\left(2\sqrt{-1}\sum_{j=1}^{n} x_0 B_j e_j' + \sqrt{-1}\sum_{j=1}^{m}\sum_{i=1}^{n} x_i e_j D_i e_j'\right).$$

由于 B_i 为实阵，所以

$$f_2 = -\sum_{i=1}^{n} x_i \operatorname{tr}\left(\operatorname{Im}\left(D_i\right)\right).$$

由式 (1.2.45) 可知，式 (1.3.18) 等价于 $f_2 = 0$. 这证明了 Y_2 为 Killing 向量场当且仅当 $[Y_2, L_{-i}] = Y_{2-i}, i = 1, 2$, $f_2 = 0$, 即 $\operatorname{tr}\left(\operatorname{Im}\left(D_i\right)\right) = 0, 1 \le i \le n$. 至此证明了引理. 证完.

现在给出 $\mathbb{C}^n \times \mathbb{C}^m$ 中 Siegel 域 $D(V, F)$ 的 Killing 向量场的明显表达式如下：

定理 1.3.5 设 $D(V, F)$ 为 $\mathbb{C}^n \times \mathbb{C}^m$ 中 Siegel 域. 记

$$\operatorname{aut}\left(D(V, F)\right) = L_{-2} + L_{-1} + L_0 + L_1 + L_2$$

为李代数 $\operatorname{aut}\left(D(V, F)\right)$ 关于 $\operatorname{ad}\left(A\right) = 2z\dfrac{\partial'}{\partial z} + u\dfrac{\partial'}{\partial u} \in \operatorname{aut}\left(D(V, F)\right)$ 的根子空间分解，则李代数 $\operatorname{aff}\left(D(V, F)\right)$ 由定理 1.1.16 给出，而 L_1 及 L_2 分别给出如下：

(1) $Y_1 \in L_1$ 当且仅当

$$Y_1 = 2\sqrt{-1}F(u, \overline{z}A)\frac{\partial'}{\partial z} + zA\frac{\partial'}{\partial u} + \sum_{j=1}^{m}(uC_ju')\frac{\partial}{\partial u_j}, \qquad (1.3.19)$$

同时 L_1 中有

$$\widetilde{Y_1} = [Y, \sqrt{-1}u\frac{\partial'}{\partial u}]$$

$$= 2F(u, \overline{z}A)\frac{\partial'}{\partial z} + \sqrt{-1}zA\frac{\partial'}{\partial u} + \sqrt{-1}\sum_{j=1}^{m}(uC_ju')\frac{\partial'}{\partial u_j}, \quad (1.3.20)$$

其中 A 为 $n \times m$ 复常数矩阵，而 $C_1, \cdots, C_m$ 为 m 阶复对称常数方阵，使得

$$(F(zA, \alpha) + F(\alpha, \overline{z}A))\frac{\partial'}{\partial z} - F(u, \alpha)A\frac{\partial'}{\partial u}$$

$$-\sqrt{-1}\sum_{j=1}^{m}(\alpha C_j u')\frac{\partial}{\partial u_j}\in L_0,\ \forall\,\alpha\in\mathbb{C}^m, \tag{1.3.21}$$

即有

$$(F(xA,\alpha)+F(\alpha,xA))\frac{\partial'}{\partial x}\in\mathrm{aff}\,(V),$$

和

$$\begin{aligned}
&F(F(u,u)A,\alpha)+F(\alpha,F(u,u)A)\\
&\quad+F(F(u,\alpha)A,u)+F(u,F(u,\alpha)A)\\
&=\sqrt{-1}\sum_{j=1}^{m}\Big(F(u,(\alpha C_j u')e_j)-F((\alpha C_j u')e_j,u)\Big),
\end{aligned}$$

其中 $u,\alpha\in\mathbb{C}^m$.

(2) $Y_2\in L_2$ 当且仅当

$$Y_2=\sum_{i=1}^{n}z_i z B_i\frac{\partial'}{\partial z}+\sum_{i=1}^{n}z_i u D_i\frac{\partial'}{\partial u}, \tag{1.3.22}$$

其中 $B_1,\cdots,B_n$ 为 $n\times n$ 实常数方阵， $D_1,\cdots,D_n$ 为 $m\times m$ 复常数方阵，使得

$$e_i B_j=e_j B_i,\qquad 1\le i,j\le n, \tag{1.3.23}$$

$$\mathrm{tr}\,(\mathrm{Im}\,(D_j))=0,\qquad 1\le j\le n, \tag{1.3.24}$$

又有

$$2zB_i\frac{\partial'}{\partial z}+uD_i\frac{\partial'}{\partial u}\in L_0,\qquad 1\le i\le n, \tag{1.3.25}$$

且任取 $\alpha,\beta\in\mathbb{C}^m$, 有

$$\sum_{i=1}^{n}z_i(F(\alpha D_i,\beta)+F(\beta,\alpha D_i))\frac{\partial'}{\partial z}+(F(u,\alpha)\sum_{i=1}^{n}e_i'\beta D_i$$

$$-F(u,\beta)\sum_{i=1}^{n}e_i'\alpha D_i+F(\beta,\alpha)\sum_{i=1}^{n}e_i'uD_i)\frac{\partial}{\partial u}\in L_0, \tag{1.3.26}$$

即有

$$xB_i\frac{\partial'}{\partial x}, \quad \sum_{i=1}^{n} x_i\Big(F(\alpha D_i,\beta) + F(\beta,\alpha D_i)\Big)\frac{\partial'}{\partial x} \in \text{aff}\,(V),$$

其中 $1 \leq i \leq n$, $\alpha,\beta \in \mathbb{C}^m$,

$$F(uD_i,u) + F(u,uD_i) = 2F(u,u)B_i,$$

$$\sum_{i=1}^{n}\Big((F(u,u)e_i')(F(\alpha D_i,\beta) + F(\beta,\alpha D_i))\Big)$$

$$+ \sum_{i=1}^{n}\Big((F(u,\beta)e_i')F(\alpha D_i,u) + (F(\beta,u)e_i')F(u,\alpha D_i)\Big)$$

$$= \sum_{i=1}^{n}\Big((F(u,\alpha)e_i')F(\beta D_i,u) + (F(\alpha,u)e_i')F(u,\beta D_i)\Big)$$

$$+ \sum_{i=1}^{n}\Big((F(\alpha,\beta)e_i')F(u,uD_i) + (F(\beta,\alpha)e_i')F(uD_i,u)\Big),$$

其中 $i = 1,\cdots,n$, $u,\alpha,\beta \in \mathbb{C}^m$.

证 (1) 由引理 1.3.4, 我们只需对

$$Y_1 = \sum_{i=1}^{n}(zA_iu')\frac{\partial}{\partial z_i} + zA\frac{\partial'}{\partial u} + \sum_{j=1}^{m}(uC_ju')\frac{\partial}{\partial u_j}$$

验证 $[Y_1, L_i] \subset L_{1+i}, i = -1, -2$. 显然, $[Y_1, L_{-2}] \subset L_{-1}$ 当且仅当 $\sum_{i=1}^{n}(e_kA_iu')\frac{\partial}{\partial z_i} + e_kA\frac{\partial'}{\partial u} \in L_{-1}$. 因此 $zA_iu' = 2\sqrt{-1}F(u,\bar{z}A)$, 所以式 (1.3.19) 成立. 又显然式 (1.3.20) 成立. 再由 $[Y_1, L_{-1}] \subset L_0$ 可知, 除了式 (1.3.21) 成立外, 还有条件

$$2F(u,F(\alpha,u)A) + \sqrt{-1}F(\sum_{j=1}^{m}(uC_ju')e_j,\alpha) = 0, \qquad (1.3.27)$$

其中 $\alpha \in \mathbb{C}^m$.

我们来证明这个条件蕴含在条件 (1.3.21) 中. 事实上, 由条件 (1.3.21) 及式 (1.1.15), 我们有

$$F(F(u,u)A,\alpha) + F(\alpha, F(u,u)A)$$
$$+ F(F(u,\alpha)A,u) + F(u,F(u,\alpha)A)$$

$$+ F(\sqrt{-1}\sum_{j=1}^{m}(\alpha C_j u')e_j, u) + F(u, \sqrt{-1}\sum_{j=1}^{m}(\alpha C_j u')e_j) = 0.$$

取 α 为 u, 有

$$2F(F(u,u)A,u) + 2F(u,F(u,u)A)$$
$$+ \sqrt{-1}F(\sum_{j=1}^{m}(uC_j u')e_j, u) - \sqrt{-1}F(u, \sum_{j=1}^{m}(uC_j u')e_j) = 0.$$

双方比较 u 的二次项系数便证明了式 (1.3.27) 成立.

(2) 同理, 我们只需对

$$Y_2 = \sum_{i=1}^{n}(z_i z B_i)\frac{\partial'}{\partial z} + \sum_{i=1}^{n} z_i u D_i \frac{\partial'}{\partial u}$$

验证 $[Y_2, L_i] \subset L_{2+i}, i = -2, -1$ 以及加上条件 (1.3.24) 即可. 这里要注意, 条件 (1.3.23) 是为了 $\sum_{i=1}^{n} z_i z B_i \frac{\partial'}{\partial z}$ 的表达式唯一. 事实上,

$$\sum_{i=1}^{n} z_i z B_i = \sum_{i=1}^{n}\sum_{j=1}^{n} z_i z_j e_j B_i = \sum_{i=1}^{n}\sum_{j=1}^{n} z_i z_j e_i B_j.$$

所以当条件 (1.3.23) 成立时, $n \times n$ 方阵 $B_i, 1 \le i \le n$ 是唯一确定的. 因此我们只要证明 $[Y_2, L_{-2}] \subset L_0, [Y_2, L_{-1}] \subset L_1$ 当且仅当式 (1.3.25) 及式 (1.3.26) 成立.

今 $[Y_2, L_{-2}] \subset L_0$, 即 $2z B_i \frac{\partial'}{\partial z} + u D_i \frac{\partial'}{\partial u} \in L_0, 1 \le i \le n$. 所以

式 (1.3.25) 成立. 由 $[Y_2, L_{-1}] \subset L_1$ 及式 (1.1.14) 有

$$Y_1 = 2 \sum z_i(F(uD_i, \alpha) - 2F(u, \alpha)B_i)\frac{\partial'}{\partial z} - \sqrt{-1} \sum z_i\alpha D_i\frac{\partial'}{\partial u}$$
$$- 2 \sum F(u, \alpha)e_j' uD_j\frac{\partial'}{\partial u} \in L_1.$$

由式 (1.3.19) 和式 (1.3.21), 所以条件为: 令

$$A = -\sqrt{-1} \sum e_i'\alpha D_i, \quad C_j = - \sum F(e_k, \alpha)e_i'(D_ie_j'e_k + e_k'e_jD_i'),$$

则有式 (1.3.26) 成立, 且有 $F(\beta D_i, \alpha) + F(\beta, \alpha D_i) = 2F(\beta, \alpha)B_i$.
此即 $2zB_i\frac{\partial'}{\partial z} + uD_i\frac{\partial'}{\partial u} \in L_0$, 至此完全证明了定理. 证完.

定理 1.3.6 设 $D(V, F)$ 为 $\mathbb{C}^n \times \mathbb{C}^m$ 中 Siegel 域, x_0 为锥 V 中一固定点, 则

$$\mathrm{iso}_{(\sqrt{-1}x_0, 0)}(D(V, F)) = \widetilde{L_0} + \widetilde{L_1} + \widetilde{L_2}, \tag{1.3.28}$$

其中

$$\widetilde{L_0} = \{zA\frac{\partial'}{\partial z} + uB\frac{\partial'}{\partial u} \in L_0 \mid x_0A = 0\}, \tag{1.3.29}$$

$$\widetilde{L_1} = \{Y_1 + [\sqrt{-1}u\frac{\partial'}{\partial u}, [x_0\frac{\partial'}{\partial z}, Y_1]] \mid \forall Y_1 \in L_1\}, \tag{1.3.30}$$

$$\widetilde{L_2} = \{Y_2 + \frac{1}{2}[x_0\frac{\partial'}{\partial z}, [x_0\frac{\partial'}{\partial z}, Y_2]] \mid \forall Y_2 \in L_2\}. \tag{1.3.31}$$

且

$$\dim(\widetilde{L_i}) = \dim(L_i), \quad i = 1, 2, \tag{1.3.32}$$
$$\dim(L_2) \leq \dim(L_0) - \dim(\widetilde{L_0}) \leq n. \tag{1.3.33}$$

证 显然, $\mathrm{iso}_{(\sqrt{-1}x_0, 0)}(D(V, F)) \supset \sum_{i=0}^{2} \widetilde{L_i}$. 任取 $X = X_{-2} + X_{-1} + X_0 \in \mathrm{iso}_{(\sqrt{-1}x_0, 0)}(D(V, F))$, 其中 $X_i \in L_i, i = 0, -1, -2$. 则

$$X = a\frac{\partial'}{\partial z} + b\frac{\partial'}{\partial u} + 2\sqrt{-1}F(u, b)\frac{\partial'}{\partial z} + zA\frac{\partial'}{\partial z} + uB\frac{\partial'}{\partial u},$$

其中 $a \in \mathbb{R}^n, b \in \mathbb{C}^m, A$ 为 $n \times n$ 实矩阵，B 为 $m \times m$ 复矩阵. 取 $z = \sqrt{-1}x_0, u = 0$, 由 $X \in \mathrm{iso}_{(\sqrt{-1}x_0,0)}(D(V,F))$, 所以 $a = 0, b = 0, x_0 A = 0$, 即证明了 $X \in \widetilde{L_0}$. 所以证明了 $\mathrm{iso}_{(\sqrt{-1}x_0,0)}(D(V,F)) = \sum_{i=0}^{2} \widetilde{L_i}$.

由 $\widetilde{L_i}, i = 1, 2$ 的定义立即有 $\dim \widetilde{L_i} = \dim L_i, i = 1, 2$. 下面证 $\dim L_2 \leq \dim L_0 - \dim \widetilde{L_0} \leq n$.

事实上，任取 $zA\dfrac{\partial'}{\partial z} + uB\dfrac{\partial'}{\partial u} \in \widetilde{L_0}$, 则 $xA\dfrac{\partial'}{\partial x} \in \mathrm{aff}(V)$. 又 $x_0 A = 0$. 记 $\mathrm{aff}_{x_0}(V)$ 为 $\mathrm{Aff}(V)$ 中点 x_0 的迷向子群的李代数，则有 $\dim(\mathrm{aff}(V)/\mathrm{aff}_{x_0}(V)) \leq \dim V = n$. 显然，$\dim(L_0/\widetilde{L_0}) \leq \dim(\mathrm{aff}(V)/\mathrm{aff}_{x_0}(V))$. 这证明了 $\dim L_0 - \dim \widetilde{L_0} \leq n$.

令 $x_0\dfrac{\partial'}{\partial z} \in L_{-2}$, 所以 $(\mathrm{ad}\, x_0\dfrac{\partial'}{\partial z})L_2 \subset L_0$. 考虑线性映射 $\mathrm{ad}\, x_0\dfrac{\partial'}{\partial z} : L_2 \to L_0$. 在 L_2 中任取一元

$$Y_2 = \sum_{i=1}^{n} z_i z B_i \frac{\partial'}{\partial z} + \sum_{i=1}^{n} z_i u D_i \frac{\partial'}{\partial u}.$$

设

$$[x_0\frac{\partial'}{\partial z}, Y_2] = 2\sum_{i=1}^{n} z_i x_0 B_i \frac{\partial'}{\partial z} + x_0 \sum_{i=1}^{n} e_i' u D_i \frac{\partial'}{\partial u} \in \widetilde{L_0}.$$

因此 $\sum(x_0 e_i')x_0 B_i = 0$. 所以 $\left.[x_0\dfrac{\partial'}{\partial z}, Y_2]\right|_{z=\sqrt{-1}x_0,u=0} = 0$, 即 $Y_2 \in \mathrm{iso}_{(\sqrt{-1}x_0,0)}(D(V,F))$. 然而 $\mathrm{ad}\, Y_2$ 为幂零线性变换. 由 $\mathrm{ad}\, Y_2$ 半单可知 $\mathrm{ad}\, Y_2 = 0$, 即 Y_2 属于 $\mathrm{aut}(D(V,F))$ 的根基 S. 但是由引理 1.3.3 有 $S \cap L_2 = 0$, 这证明了 $Y_2 = 0$, 即 $\mathrm{ad}\, x_0\dfrac{\partial'}{\partial z} : L_2 \to L_0$ 为一一线性映射，且 $((\mathrm{ad}\, x_0\dfrac{\partial'}{\partial z})L_2) \cap \widetilde{L_0} = 0$. 因此 $\mathrm{ad}\, x_0\dfrac{\partial'}{\partial z} : L_2 \to L_0/\widetilde{L_0}$. 所以 $\dim(L_2) \leq \dim(L_0) - \dim(\widetilde{L_0})$. 引理证完.

Satake 给出了定理 1.3.5 的另一种表达式.

由定理 1.3.6 可知，为了决定 Siegel 域 $D(V,F)$ 的全纯自同构

群 $\mathrm{Aut}\,(D(V,F))$ 的李代数 $\mathrm{aut}\,(D(V,F)) = L_{-2}+L_{-1}+L_0+L_1+L_2$，问题化为首先求出子空间 L_0，然后才可以进一步求出子空间 L_1 和 L_2。而求出子空间 L_0，由式 (1.1.15) 可知，需要求锥 V 的仿射自同构群 $\mathrm{Aff}\,(V)$ 的李代数 $\mathrm{aff}\,(V)$ 的一组基。由于锥 V 的定义条件仅仅为不包含整条直线的开凸锥，因此决定 $\mathrm{aff}\,(V)$ 是很困难的，甚至连 $\mathrm{aff}\,(V)$ 的代数结构，所知道的结果也不多。只有在 V 是仿射齐性锥以及这种锥上的齐性 Siegel 域的情形，我们才完全解决了这个问题。这是第五章的内容。

关于第二类 Siegel 域的推广，到目前为此，从两个不同角度考虑。一是将 $F(u,u)$ 改为函数向量 $F(u)$，适合 $F(\lambda u) = |\lambda|^{1/c}F(u), \forall$ $\lambda \in \mathbb{C}, u \in \mathbb{C}^m$，其中 c 为正实常数。另一是将条件 $F(u,u) = 0$ 当且仅当 $u = 0$ 放弃，但是对锥 V 加上了条件：V 包含了点集 $\{F(u,u)|\forall\, u \in \mathbb{C}^m\}$ 全体的凸包，对 $F(u,u)$ 再加上很强的条件后，着眼在考虑 Silov 边界的自同构群 (参见 V.V.Ezov 及 G.Schmalz[1]).

第二章   齐性 Siegel 域

在这一章, 主要讨论齐性 Siegel 域的若干性质, 其目的在于给出齐性 Siegel 域的实现, 即给出正规 Siegel 域. 为此, 我们需要仔细讨论齐性有界域的全纯自同构群的李代数的代数结构, 即引进强 J 李代数, 从而进一步利用代数李群的结果, 证明齐性 Siegel 域在全纯自同构群的某个可解子群作用下单可递, 其李代数为正则 J 李代数. 仔细考察正则 J 李代数的 Piatetski-Shapiro 分解后, 给出正则 J 李代数在一组 J 基下的乘法和一些代数性质. 在下一章, 我们引进正规锥及正规 Siegel 域的概念, 且证明齐性 Siegel 域必仿射等价于正规 Siegel 域.

在这一章, 我们不加证明地引用 Vinberg, Gindikin, Piatetshi-Shapiro 的结果: $\mathbb{C}^n$ 中齐性有界域必全纯等价于齐性 Siegel 域.

§2.1   齐性有界域的全纯自同构群

在这一节给出齐性有界域的可递全纯自同构群的李代数所适合的条件, 即引进强 J 李代数.

设 $\mathfrak{M}$ 为实解析流形, $\text{Aut}\,(\mathfrak{M})$ 为 $\mathfrak{M}$ 上的所有解析自同构构成的变换群. 设 $\text{Aut}\,(\mathfrak{M})$ 为 $\mathfrak{M}$ 上的李变换群. 在 $\mathfrak{M}$ 中取定一点 p, 记点 p 的迷向子群

$$\text{Iso}_p(\mathfrak{M}) = \{\sigma \in \text{Aut}\,(\mathfrak{M}) \mid \sigma(p) = p\}, \tag{2.1.1}$$

则 $\text{Iso}_p(\mathfrak{M})$ 为李群 $\text{Aut}\,(\mathfrak{M})$ 中闭普通子群. 由 É.Cartan 定理可知, $\text{Iso}_p(\mathfrak{M})$ 为李群 $\text{Aut}\,(\mathfrak{M})$ 的闭李子群. 显然, $\text{Iso}_p(\mathfrak{M})$ 中关于 $\text{Aut}\,(\mathfrak{M})$ 的正规子群只有平凡子群, 即仅由单位元素构成, 这

时，Aut($\mathfrak{M}$) 也称为在 $\mathfrak{M}$ 上作用有效.

解析流形 $\mathfrak{M}$ 称为齐性解析流形, 如果任取 $\mathfrak{M}$ 中两点 p_1, p_2, 则存在 $\sigma \in$ Aut($\mathfrak{M}$), 使得 $\sigma(p_1) = p_2$. 这时, 我们称李群 Aut($\mathfrak{M}$) 在解析流形 $\mathfrak{M}$ 上可递.

在 Aut($\mathfrak{M}$) 中取定一个在 $\mathfrak{M}$ 上可递的连通子群 G. 记

$$H = \text{Iso}_p(\mathfrak{M}) \cap G. \tag{2.1.2}$$

显然, H 为连通李群 G 的闭子群. 今 G 为 $\mathfrak{M}$ 上的李变换群, G 的李群结构是由映射的连续作用以及在 G 上引进紧开拓扑 (即 Zariski 拓扑) 给出的. 所以有如下映射

$$G \xrightarrow{\pi} G/H \xrightarrow{\varphi} \mathfrak{M}, \tag{2.1.3}$$

它定义为

$$x \xrightarrow{\pi} xH \xrightarrow{\varphi} x(p), \ \forall\, x \in G, \tag{2.1.4}$$

其中 p 为固定点, H 为点 p 的迷向子群, 且 π 为 G 到 G/H 上的解析映射, φ 为 G/H 到 $\mathfrak{M}$ 上的双解析同构.

今 G 中元 g 是流形 $\mathfrak{M}$ 上的解析自同构, 所以 $\tilde{g} = \varphi^{-1} \circ g \circ \varphi$ 为流形 G/H 上的解析自同构, 它定义为

$$\tilde{g}(xH) = (gx)H, \quad \forall\, g, x \in G.$$

所以我们用符号 $\mathcal{A}_g$ 来表示 G/H 上的解析自同构 $\tilde{g}$, 即有

$$\mathcal{A}_g(xH) = (gx)H, \quad \forall\, g, x \in G. \tag{2.1.5}$$

我们来证子群 H 中 G 的正规子群只有平凡子群. 事实上, 显然, $\bigcap_{x \in G} xHx^{-1}$ 为李群 H 中 G 的最大正规子群. 任取 $a \in \bigcap_{x \in G} xHx^{-1}$, 则 $\mathcal{A}_a$ 为流形 G/H 上的解析自同构, 它定义为 $\mathcal{A}_a xH = axH$. 显然, $axH = x(x^{-1}ax)H = xH, \forall\, x \in G$, 于是 $\mathcal{A}_a = \text{id}$. 这证明了 $a = e$, 所以断言成立. 这时, 我们也称 G 在 G/H 上作用有效.

现在考虑齐性 Kähler 流形 $\mathfrak{M}$. 它定义为

(1) $2n$ 维实解析流形 $\mathfrak{M}$ 上有一批解析自同构构成的李变换群 G, 使得 G 在 $\mathfrak{M}$ 上作用可递, 即对 $\mathfrak{M}$ 中任两点, 存在 $\sigma \in G$, 将一点变为另一点;

(2) $\mathfrak{M}$ 上有 G 不变复结构 I, 使得 G 由复流形 $\mathfrak{M}$ 上的一批全纯自同构构成;

(3) $\mathfrak{M}$ 上有 G 不变 Kähler 度量 h, 于是 G 由复流形 $\mathfrak{M}$ 上的一批全纯等度量变换构成.

因此任取 $g \in G$, 有

$$(\mathcal{A}_g)_* \circ I = I \circ (\mathcal{A}_g)_*, \quad (\mathcal{A}_g)^*(h) = h, \tag{2.1.6}$$

其中 h 为 Kähler 度量, 且有

$$I^2 = -id, \tag{2.1.7}$$

$$[X, Y] + I[X, IY] + I[IX, Y] = [IX, IY], \quad \forall X, Y \in T(\mathfrak{M}). \tag{2.1.8}$$

记 $\mathfrak{M}$ 上的 Kähler 形式

$$\Omega(X, Y) = g(X, I(Y)), \quad \forall X, Y \in T(\mathfrak{M}), \tag{2.1.9}$$

则有

$$\Omega(Y, X) = -\Omega(X, Y), \quad \forall X, Y \in T(\mathfrak{M}), \tag{2.1.10}$$

$$\Omega(IX, IY) = \Omega(X, Y), \quad \forall X, Y \in T(\mathfrak{M}), \tag{2.1.11}$$

$$\Omega(IX, X) \geq 0, \quad \forall X \in T(\mathfrak{M}), \tag{2.1.12}$$

等号成立当且仅当 $X = 0$,

$$d\Omega = 0. \tag{2.1.13}$$

又在 $\mathfrak{M}$ 中取定点 p, 则连通李群 G 中闭子群

$$H = \{g \in G \mid g(p) = p\} \tag{2.1.14}$$

为点 p 的迷向子群. 它是 G 中紧子群.

由于式 (2.1.3) 给出的映射 φ 为双解析同构. 利用

$$\widetilde{I} = \varphi_*^{-1} \circ I \circ \varphi_*, \quad \widetilde{\Omega} = \varphi^* \circ \Omega \circ (\varphi^*)^{-1}, \tag{2.1.15}$$

便在商空间 G/H 上引进了 G 不变复结构和 G 不变 Kähler 度量.

所以我们不讨论一般的齐性 Kähler 流形, 我们只考虑连通李群 G 关于紧子群 H 的商空间 G/H, 使得 H 中 G 的正规子群只有平凡子群, 且在商空间 G/H 上有 G 不变复结构 I 和 G 不变 Kähler 形式 Ω. 它们适合式 (2.1.6)—(2.1.13).

下面利用自然映射 $\pi: G \to G/H$, 将式 (2.1.6)—(2.1.13) 给出的条件转移到李群 G 上. 为此先考查映射 π. 今任取 $x \in G$, 有 $\pi(x) = xH$. 记 $\mathfrak{F}(G)$ 及 $\mathfrak{F}(G/H)$ 分别为 G 及 G/H 上的实解析函数空间, 则 $\pi^*(\mathfrak{F}(G/H)) \subset \mathfrak{F}(G)$, 它定义为

$$(\pi^* f)(x) = f(\pi(x)) = f(xH), \quad \forall f \in \mathfrak{F}(G/H). \tag{2.1.16}$$

由此可见, 任取 $h \in H$, 则 $(\pi^* f)(xh) = (\pi^* f)(x), \forall x \in G$, 即 $\pi^* f$ 在 G 关于 H 的任一左旁集中取值相同.

任取李群 G 上的实解析向量场 $X \in T(G)$, 它是解析函数空间 $\mathfrak{F}(G)$ 上的线性算子. 假设

$$X(\pi^*(\mathfrak{F}(G/H))) \subset \pi^*(\mathfrak{F}(G/H)), \tag{2.1.17}$$

则可定义 $\pi_*(X) \in T(G/H)$ 如下:

任取 $f \in \mathfrak{F}(G/H)$, 则

$$((\pi_*(X))f)(\pi(x)) = (X(\pi^* f))(x), \forall x \in G. \tag{2.1.18}$$

由此可见, π_* 的定义域为 $T(G)$ 中子空间

$$T_\pi(G) = \{X \in T(G) \mid X(\pi^*(\mathfrak{F}(G/H))) \subset \pi^*(\mathfrak{F}(G/H))\}. \tag{2.1.19}$$

显然, $T_\pi(G)$ 为李代数 $T(G)$ 的子代数. $T_\pi(G)$ 中元素称为射影向量场. 记李群 G 上的所有右不变向量场构成的李代数为 $\mathfrak{G}_r$. 我们来证明 $\mathfrak{G}_r \subset T_\pi(G)$. 事实上, 记左平移为 L_g, 右平移为 $R_g, \forall g \in G$. 则有

$$\pi \circ L_g = \mathcal{A}_g \circ \pi, \ \forall g \in G, \quad \pi \circ R_h = \pi, \ \forall h \in \mathfrak{H}. \tag{2.1.20}$$

于是任取 $X \in \mathfrak{G}_r$ 则

$$(\pi_*)_{gh}(X_{gh}) = (\pi_*)_{gh}((R_h)_* X_g) = (\pi_*)_g(X_g), \ \forall h \in H, \ g \in G.$$
$$(2.1.21)$$

这证明了 $\pi_*(X) \in T(G)$，所以 $X \in T_\pi(G)$，即有

$$\mathfrak{G}_r \subset T_\pi(G), \quad \pi_*(T_\pi(G)) \subset T(G/H).$$

另一方面，记 e 为李群 G 的单位元素，$T_e(G)$ 为李群 G 上的点 e 的切空间. 由式 (2.1.3) 有

$$\mathfrak{G} = T_e(G) \xrightarrow{\pi_*} T_{eH}(G/H), \quad (\pi_*)^{-1}(0) = \mathfrak{H}, \qquad (2.1.22)$$

所以有

$$\mathfrak{G} \xrightarrow{\widetilde{\pi}} \mathfrak{G}/\mathfrak{H} \xrightarrow{\varphi} T_{eH}(G/H), \qquad (2.1.23)$$

其中 $\widetilde{\pi}$ 是到上的自然映射，φ 是到上的线性同构.

定义 2.1.1 设 $\mathfrak{H}$ 为实李代数 $\mathfrak{G}$ 的紧子代数. 设李代数 $\mathfrak{G}$ 上有线性变换 J 及斜对称双线性函数 F，它们适合

(1) $J(\mathfrak{H}) \subset \mathfrak{H}$;

(2) $(J^2 + \mathrm{id})(\mathfrak{G}) \subset \mathfrak{H}$;

(3) $[\operatorname{ad} X, J](\mathfrak{G}) \subset \mathfrak{H}, X \in \mathfrak{H}$;

(4) $[JX, JY] - [X, Y] - J[JX, Y] - J[X, JY] \in \mathfrak{H}, X, Y \in \mathfrak{G}$;

(5) $F(\mathfrak{H}, \mathfrak{G}) = 0$;

(6) $F(JX, JY) = F(X, Y), X, Y \in \mathfrak{G}$;

(7) $F(JX, X) \geq 0, X \in \mathfrak{G}$，且等号成立当且仅当 $X \in \mathfrak{H}$;

(8) $F(X, [Y, Z]) + F(Z, [X, Y]) + F(Y, [Z, X]) = 0, \ X, Y, Z \in \mathfrak{G}$.

则李代数 $\mathfrak{G}$，确切地说，$(\mathfrak{G}, \mathfrak{H}; J, F)$ 称为 K 李代数. 当 $\mathfrak{H}$ 中无 $\mathfrak{G}$ 的非零理想时，称为有效 K 李代数.

引理 2.1.2 设 G 为连通实李群, H 为其紧子群, 使得 H 中无 G 的非平凡正规子群. 记 $\mathfrak{G}$ 及 $\mathfrak{H}$ 分别为 G 及 H 的李代数, 则在左旁集空间 G/H 上有 G 不变复结构 I 及 G 不变 Kähler 2 形式 Ω 使得 G/H 为齐性 Kähler 流形当且仅当 $(\mathfrak{G}, \mathfrak{H}; J, F)$ 为有效 K 李代数, 其中

$$\pi_* \circ J = I \circ \pi_*, \quad F = \pi^*(\Omega), \tag{2.1.24}$$

其中 $\pi : G \to G/H$ 为自然映射, 它有条件:

(9) $[J, Ad(h)](\mathfrak{G}) \subset \mathfrak{H}, \quad \forall h \in H$;

(10) $F((\operatorname{Ad} h)X, (\operatorname{Ad} h)Y) = F(X, Y), \forall h \in H, X, Y \in \mathfrak{G}$.

证 设在左旁集空间 G/H 上有 G 不变复结构 I 及 G 不变 Kähler 2 形式 Ω 使得 G/H 为齐性 Kähler 流形, 由于式 (2.1.23), 记 $I_0 = \varphi^{-1} \circ I_{eH} \circ \varphi$, 则 I_0 是 $\mathfrak{G}/\mathfrak{H}$ 上的线性同构, 且有 (1) $I_0^2 = -\operatorname{id}$; (2) 任取 $h \in H, x \in G$, 由 $\pi_* \circ \operatorname{Ad} h = (\mathcal{A}_h)_* \circ \pi_*$ 及 $\operatorname{Ad}_{\mathfrak{G}/\mathfrak{H}} h = (\widetilde{\pi})_* \operatorname{Ad} h(\widetilde{\pi})_*^{-1}$, 但是 $\mathcal{A}_h$ 为商空间 G/H 上的全纯自同构, 即有 $I \circ (\mathcal{A}_h)_* = (\mathcal{A}_h)_* \circ I$, 所以

$$I_0 \circ \operatorname{Ad}_{\mathfrak{G}/\mathfrak{H}} h = \operatorname{Ad}_{\mathfrak{G}/\mathfrak{H}} h \circ I_0. \tag{2.1.25}$$

由于式 (2.1.24) 有 $J(\mathfrak{H}) \subset \mathfrak{H}, (J^2 + \operatorname{id})(\mathfrak{G}) \subset \mathfrak{H}$, 且

$$\pi_* \circ J \circ \operatorname{Ad} h = I \circ \pi_* \circ \operatorname{Ad} h = I \circ (\mathfrak{A}_h)_* \circ \pi_*$$
$$= (\mathfrak{A}_h)_* \circ I \circ \pi_* = (\mathfrak{A}_h)_* \circ \pi_* \circ J = \pi_* \circ \operatorname{Ad} h \circ J,$$

即有 $\pi_*[J, \operatorname{Ad} h]) = 0$. 这证明了条件 (9) 成立.

另一方面, 我们来证明 $J(T_\pi(G)) \subset T_\pi(G), \pi_*(JX) = I\pi_*(X)$. 事实上, 任取 $g \in G, X \in T_\pi(G)$, 则有

$$(\pi_g)_* \circ J_g(X_g) = (\pi_g)_* \circ (L_g)_* \circ J_e \circ (L_g)_*^{-1}(X_g)$$
$$= (\mathcal{A}_g)_* \circ I_{eH} \circ (\pi_e)_* \circ (L_g)_*^{-1}(X_g)$$
$$= (\mathcal{A}_g)_* \circ I_{eH} \circ (\mathcal{A}_g)_*^{-1} \circ (\pi_*)_g(X_g) = I_{gH} \circ (\pi_*)_g(X_g).$$

这证明了

$$(\pi_* \circ J)(X) = (I \circ \pi_*)(X), \ \forall X \in T_\pi(G). \tag{2.1.26}$$

即在 $T_\pi(G)$ 上有 $\pi_* \circ J = I \circ \pi_*$. 由此也可知 $I\pi_*(T_\pi(G)) \subset \pi_*(T_\pi(G))$, 且 $J(T_\pi(G)) \subset T_\pi(G)$. 这证明了断言.

今任取 $\widetilde{X}, \widetilde{Y} \in T(G/H)$. 由于 I 是 G 不变复结构, 即有

$$[\widetilde{X}, \widetilde{Y}] + I[I\widetilde{X}, \widetilde{Y}] + I[\widetilde{X}, I\widetilde{Y}] = [I\widetilde{X}, I\widetilde{Y}]. \tag{2.1.27}$$

由于 $\mathfrak{G}_r \subset T_\pi(G)$, 所以 $\pi_*(T_\pi(G)) = T(G/H)$. 因此存在 $X, Y \in T_\pi(G)$, 使得 $\pi_*(X) = \widetilde{X}, \pi_*(Y) = \widetilde{Y}$. 所以

$$[\pi_*(X), \pi_*(Y)] + I[I\pi_*(X), \pi_*(Y)] + I[\pi_*(X), I\pi_*(Y)]$$
$$= [I\pi_*(X), I\pi_*(Y)],$$

即

$$\pi_*[X, Y] + I[\pi_* J(X), \pi_*(Y)] + I[\pi_*(X), \pi_* J(Y)]$$
$$= [\pi_* J(X), \pi_* J(Y)].$$

所以

$$\pi_*[X, Y] + I\pi_*[J(X), Y] + I\pi_*[X, J(Y)] = \pi_*[J(X), J(Y)],$$

即

$$\pi_*([X, Y] + J[J(X), Y] + J[X, J(Y)] - [J(X), J(Y)]) = 0. \tag{2.1.28}$$

由于 $\pi_*^{-1}(0) = \mathfrak{H}$, 这证明了 $([X, Y] + J[J(X), Y] + J[X, J(Y)] - [J(X), J(Y)]) \subset \mathfrak{H}$. 再

$$(\pi^* \Omega)((\operatorname{Ad} h)X, (\operatorname{Ad} h)Y) = \Omega(\pi_*(\operatorname{Ad} h)X, \pi_*(\operatorname{Ad} h)Y)$$
$$= \Omega((\mathcal{A}_h)_* \circ \pi_*(X), (\mathcal{A}_h)_* \circ \pi_*(Y)) = (\mathcal{A}_h^* \Omega)(\pi_*(X), \pi_*(Y))$$

对所有右不变向量场 X, Y 成立, 若能证 $\mathcal{A}_h^* \Omega = \Omega, \forall h \in H$, 则有 $(\pi^* \Omega)((\operatorname{Ad} h)X, (\operatorname{Ad} h)Y) = (\pi^* \Omega)(X, Y)$. 在 e 点取值便证明了

$$F(\operatorname{Ad} h)X, (\operatorname{Ad} h)Y) = F(X, Y), \forall X, Y \in \mathfrak{G}, h \in H. \tag{2.1.29}$$

注意到 $\Omega(X,Y) = g(X,IY)$, 其中 g 为 Kähler 度量的实部, 而 $\mathcal{A}_h : xH \to hxH$ 使点 eH 不动. 由 H 为 G 中紧子群, 所以 $\mathcal{A}_H = \{\mathcal{A}_h | \forall h \in H\}$ 为 $\mathcal{A}_G = \{\mathcal{A}_x \mid \forall x \in G\}$ 中紧子群. 于是 $\mathcal{A}_h$ 的 Jacobian 在每点都相似于酉方阵, 因此证明了 $\mathcal{A}_h^* g = g$, 由 $\mathcal{A}_h^* \circ I = I \circ \mathcal{A}_h^*$, $\Omega(X,Y) = g(X,IY)$, 便证明了 $\mathcal{A}_h^*(\Omega) = \Omega, \forall h \in H$, 至此完全证明了充分性. 必要性的证明只要将前面的证明稍作修改, 并充分利用左平移和右平移便成. 引理证完.

注 当紧子群 H 连通, 则条件 (9) 和 (10) 可由 K 李代数的条件 (3) 及 (8),(5) 推出.

定义 2.1.3 K 李代数 $(\mathfrak{G}, \mathfrak{H}; J, F)$ 和 K 李代数 $(\mathfrak{G}, \mathfrak{H}; J_1, F)$ 称为相同, 如果线性变换 J 和 J_1 适合关系

$$(J - J_1)(\mathfrak{G}) \subset \mathfrak{H}.$$

由上述定义可知, 引理 2.1.2 中商空间 G/H 的复结构 I 按照式 (2.1.24) 导出的线性变换 J 不唯一 实际上, 取其他的线性变换 J_1, 得到的 K 李代数相同, 且与线性变换 J 有关的式 (9) 也相同.

定义 2.1.4 设 $(\mathfrak{G}, \mathfrak{H}; J, F)$ 为 K 李代数, $\mathfrak{G}_1$ 为 $\mathfrak{G}$ 的子代数 (理想), 记 $\mathfrak{H}_1 = \mathfrak{G}_1 \cap \mathfrak{H}$, 则 $(\mathfrak{G}_1, \mathfrak{H}_1; J, F)$ 仍为 K 李代数, 称为 K 李代数 $(\mathfrak{G}, \mathfrak{H}; J, F)$ 的 K 子代数 (K 理想).

定义 2.1.5 设 $(\mathfrak{G}, \mathfrak{H}; J, F)$ 和 $(\mathfrak{G}_1, \mathfrak{H}_1; J_1, F_1)$ 为两个 K 李代数. 若存在 $\mathfrak{G}$ 到 $\mathfrak{G}_1$ 上的李代数同构 ρ, 使得 $\rho(\mathfrak{H}) = \mathfrak{H}_1, \rho \circ J = J_1 \circ \rho, F_1(\rho(X), \rho(Y)) = F(X,Y), \forall X, Y \in \mathfrak{G}$, 则 ρ 称为 K 李代数的 K 同构.

现在回到齐性有界域, 即 D 为 $\mathbb{C}^n$ 中有界域. D 上的全纯自同构群 $\mathrm{Aut}\,(D)$ 在 D 上可递. 由 D 上的 Bergman 核的特性可知, $\mathbb{C}^n$ 中齐性有界域 D 关于 Bergman 度量为齐性 Kähler 流形. 由引理 2.1.1 可知分别记 $\mathrm{aut}\,(D)$ 及 $\mathrm{iso}_p(D)$ 为 D 的全纯自同构群及关于 D 中一固定点 p 的迷向子群 $\mathrm{Iso}_p(D)$ 的李代数, 则在 $\mathrm{aut}\,(D)$ 上存在线性算子 J 及斜对称双线性函数 F, 使得 $(\mathrm{aut}\,(D), \mathrm{iso}_p(D); J, F)$

为 K 李代数.

定义 2.1.6 K 李代数 $(\mathfrak{G}, \mathfrak{H}; J, F)$ 称为 J 李代数, 如果在 $\mathfrak{G}$ 上存在线性函数 ψ, 使得

$$F(X, Y) = \psi([X, Y]), \quad \forall X, Y \in \mathfrak{G}. \tag{2.1.30}$$

J 李代数也可以记作 $(\mathfrak{G}, \mathfrak{H}; J, \psi)$.

设 K 李代数为 J 李代数, 则它的 K 子代数, K 理想及 K 同构都可分别改称为 J 子代数, J 理想及 J 同构.

定义 2.1.7 有效 J 李代数 $(\mathfrak{G}, \mathfrak{H}; J, \psi)$ 称为强 J 李代数, 如果 $\mathfrak{G}$ 中任意紧 J 子代数必在 $\mathfrak{H}$ 中.

关于齐性有界域, 有

定理 2.1.8 设 D 为 $\mathbb{C}^n$ 中齐性有界域, 则 D 关于 Bergman 度量为齐性 Kähler 流形. 分别记 $\mathrm{Aut}\,(D), \mathrm{Iso}\,_p(D)$ 为域 D 上的全纯自同构群和 D 中固定点 p 的迷向子群. 记 $\mathrm{aut}\,(D), \mathrm{iso}\,_p(D)$ 分别为李群 $\mathrm{Aut}\,(D), \mathrm{Iso}\,_p(D)$ 的李代数. 记 I 为域 D 的 $\mathrm{Aut}\,(D)$ 不变复结构, Ω 为域 D 关于 Bergman 度量的 $\mathrm{Aut}\,(D)$ 不变 Kähler 形式, 则存在李代数 $\mathrm{aut}\,(D)$ 上的线性算子 J 及线性函数 ψ, 使得 $(\mathrm{aut}\,(D), \mathrm{iso}\,_p(D); J, \psi)$ 为强 J 李代数, 且有

$$[\mathrm{Ad}\,(\mathrm{Iso}\,_p(D)), J](\mathrm{aut}\,(D)) \subset \mathrm{iso}\,_p(D), \tag{2.1.31}$$

$$\psi([(\mathrm{Ad}\,h)X, (\mathrm{Ad}\,h)Y]) = \psi([X, Y]), \forall\, h \in \mathrm{Iso}\,_p(D), \tag{2.1.32}$$

其中 $X, Y \in \mathrm{aut}\,(D)$.

证 今域 D 在全纯自同构群 $\mathrm{Aut}\,(D)$ 下可递, 点 p 的迷向子群为 $\mathrm{Iso}\,_p(D)$. 于是有映射

$$\mathrm{Aut}\,(D) \xrightarrow{\pi} \mathrm{Aut}\,(D)/\mathrm{Iso}\,_p(D) \xrightarrow{\varphi} D, \tag{2.1.33}$$

其中 π 为自然映射, φ 为全纯同构, 而

$$\varphi(\pi \mathrm{Iso}\,_p(D)) = \pi(p). \tag{2.1.34}$$

记 $\rho = \varphi \circ \pi$, 则有

$$\rho_* \circ J = I \circ \rho_*, \quad (\rho^*\Omega)(X, Y) = \Psi([X, Y]), \tag{2.1.35}$$

其中 $X, Y \in \mathrm{aut}\,(D)$, 又

$$\Omega(X, Y) = g(X, IY), \quad g(X, Y) = \sum \frac{\partial^2 \log K(z, \bar{z})}{\partial z_i \partial \overline{z_j}} dz_i \otimes \overline{dz_j}.$$

$$(2.1.36)$$

事实上, 由定理 1.2.7, 任取 $X = \sum\limits_{i=1}^{n} \xi_i(z) \dfrac{\partial}{\partial z_i} \in \mathrm{aut}\,(D)$, 则

$$\Psi(X + \overline{X}) = \frac{\sqrt{-1}}{2} \Big(\sum_{i=1}^{n} \xi_i(z) \frac{\partial \log K(z, \bar{z})}{\partial z_i} + \sum_{i=1}^{n} \frac{\partial \xi_i(z)}{\partial z_i} \Big) \quad (2.1.37)$$

有

$$2(d\Psi)(X + \overline{X}, Y + \overline{Y}) = \Omega(X + \overline{X}, Y + \overline{Y}), \qquad (2.1.38)$$

其中

$$X = \sum_{i=1}^{n} \xi_i(z) \frac{\partial}{\partial z_i}, \quad Y = \sum_{j=1}^{n} \eta_j(z) \frac{\partial}{\partial z_j} \in \mathrm{aut}\,(D).$$

又

$$2(d\Psi)(X + \overline{X}, Y + \overline{Y}) = \Psi([X + \overline{X}, Y + \overline{Y}]). \qquad (2.1.39)$$

注意到引理 2.1.2 的证明中, 可递群 G 理解为由实解析自同构构成, 且其中元素 σ 适合

$$\sigma_* \circ I = I \circ \sigma_*,$$

所以现在的可递变换群 $\mathrm{Aut}\,(D)$ 也应理解为由实解析自同构构成. 因此它的李代数为

$$\mathrm{aut}\,_R(D) = \{\, X + \overline{X} \mid \forall\, X \in \mathrm{aut}\,(D) \,\}. \qquad (2.1.40)$$

然而 $X \to X + \overline{X}$ 给出李代数 $\mathrm{aut}\,(D)$ 到 $\mathrm{aut}\,_R(D)$ 上的同构映射. 所以我们证明了 $(\mathrm{aut}\,(D), \mathrm{iso}\,_p(D); J, \psi)$ 为有效 J 李代数, 其中 ψ 定义为

$$\psi([X, Y]) = \Psi([X + \overline{X}, Y + \overline{X}]). \qquad (2.1.41)$$

所以证明了断言.

由定义 2.1.7 可知, 余下要证 $\mathrm{aut}_R(D)$ 中任一紧 J 子代数 $\mathfrak{H}_0 \subset \mathrm{iso}_p(D)$. 记 H_0 为 $\mathrm{Aut}(D)$ 中由 $\mathrm{aut}(D)$ 的紧 J 子代数 $\mathfrak{H}_0$ 决定的唯一的连通李子群. 由 $\mathfrak{H}_0$ 紧可知, H_0 为连通紧子群, 且 $H_0 = \exp \mathfrak{H}_0$. 由 $\mathfrak{H}_0$ 为 J 子代数可知, 轨道 $H_0(p)$ 为域 D 的紧复子流形. 熟知紧复流形上的有界全纯函数只有常数. 考虑域 D 的坐标函数 z_i, 它在轨道 $H_0(p)$ 上为有界全纯函数, 因此 z_i 为常数. 这证明了 $H_0(p)$ 由一点构成. 由于 $e \in H_0$, 而 $e(p) = p$, 因此有 $H_0(p) = p$, 所以证明了 $H_0 \subset \mathrm{Iso}_p(D)$, 这也证明了 $\mathfrak{H} \subset \mathrm{iso}_p(D)$, 所以 $(\mathrm{aut}(D), \mathrm{iso}_p(D); J, \psi)$ 为强 J 李代数. 至此证明了定理. 证完.

仔细研究强 J 李代数的代数结构, 便可证明下面定理.

定理 2.1.9 (Vinberg,Gindikin,Piatetski-Shapiro) 对任一齐性有界域 $D \subset \mathbb{C}^n$, 则存在齐性 Siegel 域 $D(V, F)$, 使得 $D(V, F)$ 和 D 全纯等价.

定理的证明很长, 在此我们略去, 详细证明见作者的同名英文版书. 这个定理是齐性有界域分类理论的重要里程碑, 由此将齐性有界域在全纯等价下的分类问题化为齐性 Siegel 域在仿射等价下的分类问题.

§2.2 齐性 Siegel 域

在这一节给出齐性 Siegel 域的若干性质, 目的在于进一步实现齐性 Siegel 域. 由于齐性 Riemann 流形等度量同构于有限维实李群关于紧子群的左旁集空间, 这里紧子群中只有原来群的平凡正规子群. 由此可见, 可递李变换群及其李代数对齐性 Riemann 流形的结构起决定性作用. 同样在齐性 Siegel 域的情形, 我们需要对其最大全纯自同构群及其李代数作较为深入的考虑, 目的在于证明齐性 Siegel 域的最大全纯自同构群的迷向子群最大紧, 且齐性 Siegel 域在一个特殊的仿射自同构群下单可递.

定理 2.2.1 (Kaup, Matsushima, Ochiai) 设 $D(V, F)$ 为 $\mathbb{C}^{n+m}$ 中 Siegel 域, 则 $D(V, F)$ 齐性当且仅当仿射自同构群 $\mathrm{Aff}\,(D(V, F))$ 在 $D(V, F)$ 上可递, 即 Siegel 域 $D(V)$ 仿射齐性. 这时, 锥 V 也仿射齐性, 即锥 V 在 $\mathrm{Aff}\,(V)$ 下可递.

证 必要性显然. 下面证充分性. 事实上, 由于 $\mathrm{Aut}\,(D, F)$ 在 Siegel 域 $D(V, F)$ 上可递, 则

$$\dim\,(\mathrm{Aut}\,(D(V, F))) - \dim\,(\mathrm{Iso}\,_p(D(V, F))) = 2(n + m),$$

其中点 $p = (\sqrt{-1}x_0, 0), x_0$ 为锥 V 中一固定点. 由定理 1.3.6 的式 (1.3.28) 可知

$$\dim\,(\mathrm{iso}\,_{(\sqrt{-1}x_0, 0)}(D(V, F))) = \dim\,(\widetilde{L_0} + \widetilde{L_1} + \widetilde{L_2})$$
$$= \dim\,(\widetilde{L_0} + L_1 + L_2).$$

所以

$$2(n + m) = \dim L_{-2} + \dim L_{-1} + \dim L_0 - \dim \widetilde{L_0}$$
$$= \dim\,(\mathrm{Aff}\,(D(V, F)))$$
$$- \dim\,(\mathrm{Iso}\,_{(\sqrt{-1}x_0, 0)}(D(V, F))) \cap \mathrm{Aff}\,(D, (V, F)).$$

因此轨道 $M = \mathrm{Aff}\,(D(V, F))(\sqrt{-1}x_0, 0)$ 是 Siegel 域 $D(V, F)$ 的开子集. 然而 $\mathrm{Aff}\,(D(V, F))$ 为 $\mathrm{Aut}\,(D(V, F))$ 的闭李子群, 所以轨道 M 也是 Siegel 域 $D(V, F)$ 的闭子集. 由于 $D(V, F)$ 为 $\mathbb{C}^n \times \mathbb{C}^m$ 中连通集, 所以证明了轨道 $M = D(V, F)$, 即仿射自同构群 $\mathrm{Aff}\,(D(V, F))$ 在 Siegel 域 $D(V, F)$ 上可递.

最后证明当李群 $\mathrm{Aff}\,(D(V, F))$ 在 Siegel 域 $D(V, F)$ 上可递, 则 $\mathrm{Aff}\,(V)$ 在锥 V 上可递. 事实上, 由引理 1.3.2 的式 (1.3.5) 以及定理 1.1.17 可知, $\mathrm{Aff}\,(D(V, F))$ 中元可写为

$$\sigma: w = (z - 2\sqrt{-1}F(u, \beta) + \sqrt{-1}F(\beta, \beta) - \alpha)A, v = (u - \beta)B, \tag{2.2.1}$$

其中 $\alpha \in \mathbb{R}^n$, $\beta \in \mathbb{C}^m$, $A \in \mathrm{GL}\,(n, \mathbb{R})$, $B \in \mathrm{GL}\,(m, \mathbb{C})$ 使得

$$F(uB, uB) = F(u, u)A. \tag{2.2.2}$$

且映射 $\tau : x \to xA$ 属于 Aff (V). 今任取 $x, y \in V$, 则存在 $\sigma \in$ Aff $(D(V, F))$ 使得 $\sigma(\sqrt{-1}x, 0) = (\sqrt{-1}y, 0)$. 由式 (2.2.1) 有

$$\sqrt{-1}y = (\sqrt{-1}x + \sqrt{-1}F(\beta, \beta) - \alpha)A, \quad 0 = -\beta B.$$

于是 $\alpha A = 0$, 即 $\alpha = 0$. 再 $\beta B = 0$, 即 $\beta = 0$, 所以 $y = xA$. 由 x, y 为 V 中任两元, 这证明了锥 V 在 Aff (V) 下可递. 证完.

定理 2.2.2 设 $D(V, F)$ 为 $\mathbb{C}^n \times \mathbb{C}^m$ 中齐性 Siegel 域, 则全纯自同构群 Aut $(D(V, F))$ 的连通分支的代表元可在 $D(V, F)$ 中固定点 $p = (\sqrt{-1}x_0, 0)$ 的迷向子群 Iso $_p(D(V, F))$ 中选取, 且连通分支只有有限多个.

证 记 Aut $(D(V, F))^0$ 为实李群 Aut $(D(V, F))$ 的单位连通分支. 已知齐性 Siegel 域 $D(V, F)$ 在连通实李群 Aut $(D(V, F))^0$ 下可递. 在 Aut $(D(V, F))$ 的连通分支中任取一元 σ. 设 $\sigma(p) = q$, 则存在 $\tau \in$ Aut $(D(V, F))^0$, 使得 $\tau(q) = p$, 即 $\tau \circ \sigma \in$ Iso $_p(D(V, F))$. 今 σ 和 $\tau \circ \sigma$ 属于同一连通分支, 所以我们可取连通分支的代表元素为 $\tau \circ \sigma \in$ Iso $_p(D(V, F))$. 这证明了前一断言.

熟知 Aut $(D(V, F))/$Aut $(D(V, F))^0$ 为离散李群, 所以全纯自同构群 Aut $(D(V, F))$ 的分量代表元为紧李群 Iso $_p(D(V, F))$ 中离散子集. 这证明了 Aut $(D(V, F))$ 的连通分支只有有限多个. 证完.

作为定理 2.2.1 的应用我们有

定理 2.2.3 设 $D(V, F)$ 为 $\mathbb{C}^n \times \mathbb{C}^m$ 中齐性 Siegel 域. 任取点 $p \in D(V, F)$, 则固定点 p 的迷向子群 Iso $_p(D(V, F))$ 为全纯自同构群 Aut $(D(V, F))$ 的极大紧子群.

证 由于齐性流形的迷向子群互相共轭, 所以任意取定 $x_0 \in V$, $p = (\sqrt{-1}x_0, 0)$ 来证明定理就够了. 设 K 为包含 Iso $_p(D(V, F))$ 的极大紧子群, 记 $\mathfrak{K}$ 为 K 的李代数. 由定理 1.3.6 可知

$$\mathfrak{K} \supset \text{iso}_q(D(V, F)) = \widetilde{L_0} + \widetilde{L_1} + \widetilde{L_2},$$

其中 $\widetilde{L_0} \subset L_0$. 所以 $\mathfrak{K} = \mathfrak{K}_0 + \widetilde{L_1} + \widetilde{L_2}$, 其中 $\widetilde{L_0} \subset \mathfrak{K}_0 = \mathfrak{K} \cap$ aff $(D(V, F))$ 是 aff $(D(V, F))$ 的紧子代数. 由于 $\widetilde{L_0}$ 为 Aff $(D(V, F))$

中点 $p = (\sqrt{-1}x_0, 0)$ 的迷向子群的李代数, 所以问题化为证明 $\text{Aff}\,(D(V,F))$ 的包含点 p 的迷向子群的极大紧子群 K_0 就是点 p 的迷向子群.

任取含点 $p = (\sqrt{-1}x_0, 0)$ 的有界开子集 S. 今 $\text{Aff}\,(D(V,F))$ 有极大紧子群 K_0, 则轨道 $K_0(S)$ 仍为 $D(V,F)$ 中有界开子集. 记点 q 为 $K_0(S) = \cup_{k \in K_0} k(S)$ 的重心. 由于 $D(V,F)$ 为凸集, 所以 $q \in D(V,F)$. 今 $k' \in K_0$, $k'K_0(S) = K_0(S)$, 所以由 k' 为仿射变换, 它将直线段映为直线段, 这证明了 k' 将重心不动, 即 $k'(q) = q, \forall k' \in K_0$. 因此 K_0 在点 q 的迷向子群中.

记 $\widetilde{K_0} = \text{Iso}\,_p(D(V,F)) \cap \text{Aff}\,(D(V,F))$. 由定理 2.2.1, Siegel 域 $D(V,F)$ 在仿射自同构群 $\text{Aff}\,(D(V,F))$ 下可递, 因此 $D(V,F)$ 中任两点的迷向子群互相共轭. 所以证明了存在 $\sigma \in \text{Aff}\,(D(V,F))$, 使得 $\sigma^{-1} K_0 \sigma \subset \widetilde{K_0} \subset K_0$. 这证明了 $\sigma^{-1} K_0 \sigma = K_0$. 因此 $K_0 = \widetilde{K_0}$. 至此证明了 $K = \text{Iso}\,_p(D(V,F))$. 定理证完.

引理 2.2.4 设 $\mathfrak{M}$ 为连通且单连通流形, 它在连通李群 G 下可递. 记 H 为 $\mathfrak{M}$ 中一固定点 p 的迷向子群. 设 H 紧, 则 H 连通. 所以当李群 G 不连通, 记 H 为 $\mathfrak{M}$ 中一固定点 p 的迷向子群. 设 H 紧, 则 H 不连通. 而李群 G 的连通分支的代表元素就是紧子群 H 的连通分支的代表元素.

证 记 H^0 为 H 中单位连通分支. 由于 H 为紧李群, 所以商群 H/H^0 为有限群. 考虑左旁集空间 G/H^0 到 G/H 上的自然映射. 由 H/H^0 有限可知, 它是覆盖映射, 熟知连通且单连通流形 $\mathfrak{M}$ 和商空间 G/H 同胚, 所以 G/H 连通且单连通. 因此 G/H^0 到 G/H 上的自然映射为恒等映射, 所以 $H = H^0$, 即 H 连通. 证完.

定理 2.2.5 设 $D(V,F)$ 为 $\mathbb{C}^n \times \mathbb{C}^m$ 中齐性 Siegel 域, 记 $G = \text{Aff}\,(D(V,F))^0$ 为齐性 Siegel 域 $D(V,F)$ 上的仿射自同构群 $\text{Aff}\,(D(V,F))$ 的单位连通分支. 在 Siegel 域 $D(V,F)$ 中取定一点, 则 G 中点 p 的迷向子群 H 连通, 且为李变换群 G 的极大紧子群.

证 由引理 2.2.4 可知, 迷向子群 H 连通. 下面证群 H 在 G

中极大紧. 事实上, 定理 2.2.3 证明了全纯自同构群 $\text{Aut}\,(D(V, F'))$ 中点 p 的迷向子群 $\text{Iso}\,_p(D(V, F))$ 最大紧, 而

$$H = \text{Iso}\,_p(D(V, F)) \cap G, \tag{2.2.3}$$

所以 H 在李群 G 中极大紧. 证完.

由定理 2.2.2 可知, 全纯自同构群 $\text{Aut}\,(D(V, F))$ 的连通分支的代表元可取作迷向子群 $\text{Iso}\,_p(D(V, F))$ 的连通分支的代表元, 也可取作仿射自同构群 $\text{Aff}\,(D(V, F))$ 的连通分支的代表元, 也可取作李群 $\text{Aff}\,(D(V, F)) \cap \text{Iso}\,_p(D(V, F))$ 的连通分支的代表元.

下面的目的是证明齐性 Siegel 域 $D(V, F)$ 的最大连通仿射自同构群 $G = \text{Aff}\,(D(V, F))^0$ 为代数李群.

引理 2.2.6 设 $D(V, F)$ 为 $\mathbb{C}^n \times \mathbb{C}^m$ 中齐性 Siegel 域, 记 $G = \text{Aff}\,(D(V, F))^0$ 为 Siegel 域 $D(V, F)$ 中仿射自同构群 $\text{Aff}\,(D(V, F))$ 的单位连通分支, 则李群 G 在 $\text{Aff}\,(\mathbb{C}^{n+m})$ 中的正规化子 $N(G)$ 的单位连通分支 $N(G)^0 = G$.

证 熟知 $G \subset N(G)$, 且 $N(G)^0$ 为连通李群, 所以由任一单位邻域生成. 取定 $p \in D(V, F)$, 显然, 存在 $N(G)^0$ 的单位邻域 U 使得轨道 $U(p) = \{\sigma(p) \,|\, \forall\, \sigma \in U\} \subset D(V, F)$. 今 $\sigma \in U \subset N(G)^0 \subset N(G)$, 于是 $\sigma G \sigma^{-1} = G$. 因此 $\sigma G(p) = G\sigma(p) \subset D(V, F)$. 由定理 2.2.1 可知, G 在 Siegel 域 $D(V, F)$ 上可递, 所以 $G(p) = D(V, F)$. 这证明了 $\sigma \in \text{Aff}\,(D(V, F))$. 由 σ 任取便证明了 $U \subset \text{Aff}\,(D, F)^0 = G$. 但是 $N(G)^0$ 由 U 生成, 这证明了 $G \subset N(G)^0 \subset G$, 即有 $N(G)^0 = G$. 证完.

显然, $G = \text{Aff}\,(D(V, F))^0 \subset \text{Aff}\,(\mathbb{C}^n \times \mathbb{C}^m)$ 不是线性群. 然而对 $\text{Aff}\,(\mathbb{C}^n \times \mathbb{C}^m)$ 中任一元

$$w = zA + \alpha, \tag{2.2.4}$$

其中 $z, w \in \mathbb{C}^n \times \mathbb{C}^m$, $\alpha \in \mathbb{C}^n \times \mathbb{C}^m$, $A \in \text{GL}\,(n + m, \mathbb{C})$. 对应 $\text{GL}\,(\mathbb{C}^{n+m+1})$ 中一元

$$(w, w_0) = (z, z_0) \begin{pmatrix} A & 0 \\ \alpha & 1 \end{pmatrix}, \tag{2.2.5}$$

其中 $z_0, w_0 \in \mathbb{C}$. 在这意义下, $\mathrm{Aff}\,(\mathbb{C}^{n+m}) \subset \mathrm{GL}\,(n+m+1,\mathbb{C})$, 且为李子群. 所以在这意义下连通李群 G 为线性群.

引理 2.2.7 设 $D(V,F)$ 为 $\mathbb{C}^n \times \mathbb{C}^m$ 中齐性 Siegel 域, $G = \mathrm{Aff}\,(D(V,F))^0$ 为 Siegel 域 $D(V,F)$ 的仿射自同构群 $\mathrm{Aff}\,(D(V,F))$ 的单位连通分支, 则 G 只有平凡中心, 即 $C_G(G) = \{e\}$, 又 G 及 $\mathrm{Ad}\,G$ 是互相同构的实连通代数李群.

证 先证李群 G 只有平凡中心. 事实上, 在 G 中任取中心元素 σ. 由定理 1.1.17 可知, σ 可表为

$$w = zA - 2\sqrt{-1}F(uB,\beta) + \sqrt{-1}F(\beta,\beta) - \alpha, \quad v = uB - \beta,$$

其中 $\alpha \in \mathbb{R}^n, \beta \in \mathbb{C}^m, A \in \mathrm{GL}\,(V), B \in \mathrm{GL}\,(m,\mathbb{C})$, 这里 $\mathrm{GL}\,(V) = \{\sigma \in \mathrm{GL}\,(n,\mathbb{R})\,|\,\sigma(V) = V\}$. 又有

$$F(uB, uB) = F(u,u)A.$$

由式 (1.1.6) 可知, $G = \mathrm{Aff}\,(D(V,F))^0$ 中有元素

$$\tau: w = ze^{2t} + \xi, \quad v = ue^{t+\sqrt{-1}\theta},$$

其中 $t \in \mathbb{R}, \theta \in \mathbb{R}, \xi \in \mathbb{R}^n$. 由 $\sigma \circ \tau = \tau \circ \sigma$ 有

$$
\begin{aligned}
&\sigma(\tau(z,u)) = \sigma(ze^{2t} + \xi, ue^{t+\sqrt{-1}\theta}) \\
&= ((ze^{2t} + \xi)A - 2\sqrt{-1}F(uBe^{t+\sqrt{-1}\theta},\beta) + \sqrt{-1}F(\beta,\beta) - \alpha, \\
&\quad uBe^{t+\sqrt{-1}\theta} - \beta), \\
&\tau(\sigma(z,u)) \\
&= \tau(zA - 2\sqrt{-1}F(uB,\beta) + \sqrt{-1}F(\beta,\beta) - \alpha, uB - \beta) \\
&= ((zA - 2\sqrt{-1}F(uB,\beta) + \sqrt{-1}F(\beta,\beta) - \alpha)e^{2t} + \xi, \\
&\quad (uB - \beta)e^{t+\sqrt{-1}\theta}).
\end{aligned}
$$

所以有 $\beta = \beta e^{t+\sqrt{-1}\theta}, \forall\, t, \theta \in \mathbb{R}$. 这证明了 $\beta = 0$. 因此 $\xi A - \alpha = \xi - \alpha e^{2t}, \forall\, t \in \mathbb{R}, \xi \in \mathbb{R}^n$. 这证明了 $A = I, \alpha = 0$. 因此有

$$F(uB, uB) = F(u,u),$$

且 σ 为

$$w = z, \quad v = uB.$$

另一方面，任取 $\eta \in \mathbb{C}^m$，则 $G = \mathrm{Aff}\,(D,F))^0$ 中有元素

$$\tau : w = z - 2\sqrt{-1}F(u,\eta) + \sqrt{-1}F(\eta,\eta), \quad v = u - \eta.$$

由 $\tau \circ \sigma = \sigma \circ \tau$ 有

$$
\begin{aligned}
\tau(\sigma(z,u)) &= \tau(z,uB) \\
&= (z - 2\sqrt{-1}F(uB,\eta) + \sqrt{-1}F(\eta,\eta), uB - \eta), \\
\sigma(\tau(z,u)) &= \sigma(z - 2\sqrt{-1}F(u,\eta) + \sqrt{-1}F(\eta,\eta), u - \eta) \\
&= (z - 2\sqrt{-1}F(u,\eta) + \sqrt{-1}F(\eta,\eta), (u - \eta)B).
\end{aligned}
$$

这证明了 $\eta B = \eta$. 所以 $B = I$，即证明了 σ 为恒等映射，所以 $G = \mathrm{Aff}\,(D(V,F))^0$ 的中心为平凡中心. 作为推论，有 G 同构于 $\mathrm{Ad}\,G$.

再一方面，由引理 2.2.6 以及 Chevalley II.ch2,§1.2 可知，线性李群 $G = \mathrm{Aff}\,(D(V,F))^0$ 的正规化子 $N(G)$ 的单位连通分支 $N(G)^0$ 为代数李群，即 G 为代数李群. 所以 G 的李代数 $\mathrm{aff}\,(D(V,F))$ 为代数李代数. 由 Chevalley II,ch2,§1.4 可知，$\mathrm{aff}\,(D(V,F))^C$ 为复代数李代数. 由它决定的连通线性李群为复连通代数李群，记作 G_c. 由 Chevalley II, ch2,§1.9 可知，映射 $\mathrm{Ad} : G_c \to \mathrm{Ad}\,G_c$ 为有理映射. 由 Chevalley II, ch2,§1.7 可知，$\mathrm{Ad}\,G_c$ 为复连通代数李群. 因此它的李代数 $\mathrm{ad}\,(\mathrm{aff}\,(D(V,F))^C) = (\mathrm{ad}\,(\mathrm{aff}\,(D(V,F))))^C$ 为复代数李代数. 由 Chevalley II, ch2,§1.4 可知，$\mathrm{ad}\,(\mathrm{aff}\,(D(V,F)))$ 为实代数李代数. 因此 $\mathrm{Ad}\,G$ 为实连通代数李群. 引理证完.

为了给出实代数李群 $G = \mathrm{Aff}\,(D(V,F))^0$ 的半直乘积分解，引进如下的定义.

定义 2.2.8 设 W 为 n 维实线性空间，W 上的一般线性群 $\mathrm{GL}\,(W)$ 中子群 G(子代数 $\mathfrak{G}$) 称为三角的，如果在 W 中存在一组基，使得群 G(子代数 $\mathfrak{G}$) 中元同时表为上三角方阵.

显然，n 维实线性空间 W 上的实连通线性李群是三角的当且仅当它的李代数是三角的. 这时，李群必为可解李群，且实三

角线性李代数中元的特征根都是实数, 因此实连通三角线性李群中元的特征根都是正实数.

对实线性空间 W 上的紧线性李群, 在 W 上存在不变内积. 因此紧线性李群中任一元的特征根的模为 1, 所以由实连通三角线性群的特征根大于零, 可知, 最大紧子群中元的特征根为 1. 又因它由半单线性变换构成, 所以最大紧子群为平凡子群, 即证明了

引理 2.2.9 实线性空间 W 上的实连通三角线性李群的最大紧子群为平凡子群.

引理 2.2.10 (Vinberg) n 维实线性空间 W 上的实连通线性李群 G 是三角的当且仅当 G 中元素的特征根都是实数.

证 只需证必要性. 今若群 G 中元素的特征根都是实数, 我们来证它可解. 设若不然, 则有非平凡半单子群 S. 熟知 S 的最大紧子群不是平凡的. 这和引理 2.2.9 矛盾. 这证明了 G 为可解线性群. 由 Lie 定理, 便证明了 G 为三角群. 证完.

下面不加证明地引进 Vinberg 定理.

引理 2.2.11 (Vinberg) 设 W 为 n 维实线性空间. G 为一般线性群 GL(W) 中连通代数李子群, 则 G 中极大三角子群 T 为连通闭子群, 且 G 中任两极大三角子群互相共轭. 又存在 G 中极大紧连通子群 K, 使得 G 有半直乘积分解:

$$G = TK. \tag{2.2.6}$$

分别记李群 G 及李子群 T, K 的李代数为 $\mathfrak{G}$ 及 $\mathfrak{T}, \mathfrak{K}$, 则有空间直接和分解

$$\mathfrak{G} = \mathfrak{T} + \mathfrak{K}. \tag{2.2.7}$$

由引理 2.2.11 及 2.2.7 及定理 2.2.5, 我们有

定理 2.2.12 设 $D(V, F)$ 为 $\mathbb{C}^n \times \mathbb{C}^m$ 中齐性 Siegel 域. 分别记 Aut $(D(V, F))^0$ 及 Aff $(D(V, F))^0$ 为 $D(V, F)$ 上的全纯自同构群及仿射自同构群的单位连通分支. 记 Iso$_p(D(V, F))^0$ 为 $D(V, F)$ 中点 p 的迷向子群的单位连通分支. 则在 Aff $(D(V, F))^0$ 中存在连通闭子群 T_0, 使得它在 $D(V, F)$ 上单可递, 且 AdT_0 为单位连通分支

$\mathrm{Ad}\,(\mathrm{Aff}\,(D(V,F))^0$ 中极大三角线性子群. 又存在点 $p \in D(V,F)$, 使得

$$K_0 = \mathrm{Iso}_p(D(V,F)) \cap \mathrm{Aff}\,(D(V,F))^0$$

为极大紧子群. 再有如下半直乘积分解:

$$\mathrm{Aff}\,(D(V,F))^0 = T_0 K_0, \tag{2.2.8}$$
$$\mathrm{Aut}\,(D(V,F))^0 = T_0(\mathrm{Iso}_p(D(V,F)))^0. \tag{2.2.9}$$

且上述分解在李群 $\mathrm{Aff}\,(D(V,F))^0$ 的内自同构下唯一.

证　由定理 2.2.5 可知, $\mathrm{Aff}\,(D(V,F))^0$ 及 $\mathrm{Ad}\,(\mathrm{Aff}\,(D(V,F))^0)$ 是互相同构的连通线性代数李群. 由引理 2.2.11 可知, 在连通线性代数李群 $\mathrm{Ad}\,(\mathrm{Aff}\,(D(V,F))^0)$ 中存在极大连通紧子群 K_1 及极大三角子群 T_1, 使得 $\mathrm{Ad}\,(\mathrm{Aff}\,(D(V,F))^0)$ 有半直乘积分解

$$\mathrm{Ad}\,(\mathrm{Aff}\,(D(V,F))^0) = T_1 K_1, \quad T_1 \cap K_1 = \{\mathrm{Ad}\,e\}, \tag{2.2.10}$$

其中 e 为 $\mathrm{Aff}\,(D(V,F))$ 中单位元素, 且分解在 $\mathrm{Ad}\,(\mathrm{Aff}\,(D(V,F))^0)$ 的内自同构下唯一.

由引理 2.2.7 可知, $\mathrm{Aff}\,(D(V,F))^0$ 只有平凡中心, 所以伴随表示 Ad 为一一表示. 记

$$T_0 = \mathrm{Ad}^{-1}(T_1), \quad K_0 = \mathrm{Ad}^{-1}(K_1).$$

由 Ad 为李群同构可知, K_0 为李群 $\mathrm{Aff}\,(D(V,F))^0$ 中极大紧子群, 它连通. 又 T_0 为 $\mathrm{Aff}\,(D(V,F))^0$ 中闭连通可解李群, 且有半直乘积分解

$$\mathrm{Aff}\,(D(V,F))^0 = T_0 K_0, \quad T_0 \cap K_0 = \{e\}.$$

用定理 2.2.3 的证明可知, K_0 为 Siegel 域中某一点 p 的迷向子群. 显然, 相应李代数有分解

$$\mathrm{aff}\,(D(V,F)) = \mathfrak{T}_0 + \mathfrak{K}_0, \quad \mathfrak{T}_0 \cap \mathfrak{K}_0 = 0.$$

又 $\mathfrak{K}_0 = \mathrm{iso}_p(D(V,F)) \cap \mathrm{aff}\,(D(V,F)), \mathrm{Ad}\,T_0 = T_1$ 为作用于线性空间 $aff(D(V,F))$ 上的实连通三角线性李群.

由 $\mathrm{Ad}\,(\mathrm{Aff}\,(D(V,F))^0)$ 的分解 $T_1 K_1$ 在内自同构下互相互轭，且 $\mathrm{Aff}\,(D(V,F))^0$ 只有平凡中心，所以立即可推出分解式 (2.2.8) 在 $\mathrm{Aff}\,(D(V,F))^0$ 的内自同构下唯一.

下面，我们来证齐性 Siegel 域 $D(V,F)$ 在 $\mathrm{Aff}\,(D(V,F))^0$ 的连通闭子群 T_0 作用下单可递. 事实上，由于 $K_0 = \mathrm{Iso}_p(D(V,F)) \cap \mathrm{Aff}\,(D(V,F))^0$，所以齐性 Siegel 域 $D(V,F)$ 全纯等价于左旁集空间 $\mathrm{Aff}\,(D(V,F))^0/K_0$. 由于 $\mathrm{Aff}\,(D(V,F))^0 = T_0 K_0$ 为半直乘积分解，即有 $T_0 \cap K_0 = \{e\}$，所以

$$\mathrm{Aff}\,(D(V,F))^0/K_0 = T_0 K_0 /K_0 = T_0/(T_0 \cap K_0) = T_0.$$

这证明了齐性 Siegel 域 $D(V,F)$ 中轨道 $T_0(p) = \{\,\sigma(p)|\forall \sigma \in T_0\,\}$ 为 $D(V,F)$ 中又开又闭子集. 所以 $T_0(p) = D(V,F)$，即 T_0 中点 p 不动的变换只有恒等变换. 这证明了 $\mathrm{Aff}\,(D(V,F))^0$ 中连通李子群 T_0 在 $D(V,F)$ 上作用单可递.

最后，证明 $\mathrm{Aut}\,(D(V,F))^0$ 有分解式 (2.2.9). 事实上，由于齐性 Siegel 域 $D(V,F)$ 全纯同构于

$$\mathrm{Aut}\,(D(V,F))^0/(\mathrm{Iso}_p(D(V,F)) \cap \mathrm{Aut}\,(D(V,F))^0).$$

由引理 2.2.4 可知，紧子群 $\mathrm{Iso}_p(D(V,F)) \cap \mathrm{Aut}\,(D(V,F))^0$ 连通，即

$$\mathrm{Iso}_p(D(V,F)) \cap \mathrm{Aut}\,(D(V,F))^0 = \mathrm{Iso}_p(D(V,F))^0.$$

又证明了

$$\mathrm{Aut}\,(D(V,F))^0 = T_0 \mathrm{Iso}_p(D(V,F)),$$

显然，$T_0 \cap \mathrm{Iso}_p(D(V,F))^0 = \{e\}$. 所以证明了分解式 (2.2.9) 成立. 定理证完.

最后，我们给出 Vey 的两个结果.

定理 2.2.13 (Vey) 设 $\mathrm{Aut}\,(D(V,F))$ 为 $\mathbb{C}^n \times \mathbb{C}^m$ 中域 $D(V,F)$ 上的全纯自同构群. 若 $\mathrm{Aut}\,(D(V,F))$ 为实么模李群，则全纯自同构群 $\mathrm{Aut}\,(D(V,F))$ 为实半单李群，且 $D(V,F)$ 为对称 Siegel 域.

证　熟知 $\text{Aut}\,(D(V,F))$ 是实么模李群当且仅当 $\text{tr}\,(\text{ad}\,X) = 0, \forall X \in \text{aut}\,(D(V,F))$. 所以

$$\text{tr}\,\text{ad}\,(2z\frac{\partial'}{\partial z} + u\frac{\partial'}{\partial u})$$
$$= -2\dim L_{-2} - \dim L_{-1} + \dim L_1 + 2\dim L_2 = 0.$$

由引理 1.3.3 有 $\dim L_i = \dim L_{-i} - \dim (L_{-i} \cap S), i = 1, 2$, 这里 S 为李代数 $\text{aut}\,(D(V,F))$ 的根基. 因此 $\dim (L_{-i} \cap S) = 0, i = 1, 2$. 这证明了 $\dim (L_i \cap S) = 0, i = 1, 2$. 由引理 1.3.3, 推出 $S \subset L_0$. 任取 $X = zA\frac{\partial'}{\partial z} + uB\frac{\partial'}{\partial u} \in S$, 则 $[\frac{\partial}{\partial z_j}, X] = e_j A\frac{\partial'}{\partial z} \in S \cap L_{-2} = 0$, 这证明了 $A = 0, X = uB\frac{\partial'}{\partial u}$. 但是

$$[\frac{\partial}{\partial u_i} + 2\sqrt{-1}F(u, e_i)\frac{\partial'}{\partial z}, X]$$
$$= e_i B\frac{\partial'}{\partial u} - 2\sqrt{-1}F(uB, e_i)\frac{\partial'}{\partial z} \in S \cap L_{-1} = 0,$$

这推出 $B = 0$, 因此 $S = 0$. 所以 $\text{Aut}\,(D(V,F))$ 是实半单李群.

其次, 我们证 $D(V,F)$ 为齐性 Siegel 域. 事实上, 任取固定点 $x_0 \in V$, 则

$$\dim (\text{Aut}\,(D(V,F))) - \dim (\text{Iso}_{(\sqrt{-1}x_0, 0)}(D(V,F)))$$
$$= \dim L_{-2} + \dim L_{-1} + \dim L_0 - \dim \widetilde{L_0}.$$

由式 (1.3.16) 有 $n = \dim L_{-2} = \dim L_2 \leq \dim L_0 - \dim \widetilde{L_0} \leq n$, 因此 $\dim L_0 = n + \dim \widetilde{L_0}$. 所以

$$\dim \text{Aut}\,(D(V,F))/\text{Iso}_{(\sqrt{-1}x_0, 0)}(D(V,F)) = 2(n + m).$$

这证明了轨道 $\text{Aut}\,(D(V,F))(\sqrt{-1}x_0, 0)$ 是 $D(V,F)$ 中开子集. 然而它也是 $D(V,F)$ 中闭子集, 这证明了 $D(V,F)$ 为齐性 Siegel 域.

最后, 由于实半单李群 $\text{Aut}\,(F(V,F))$ 在 $D(V,F)$ 上可递, 由定理 2.2.3, 任一点 $p \in D(V,F)$ 的迷向子群 $\text{Iso}_p(D(V,F))$ 是

Aut $(D(V,F))$ 的极大紧子群, 熟知, 这时 $D(V,F)$ 为 Hermite 对称空间 (证明也可见第六章), 因此 $D(V,F)$ 为对称 Siegel 域. 证完.

定理 2.2.14 (Vey) 设 $D(V,F)$ 为 $\mathbb{C}^n \times \mathbb{C}^m$ 中 Siegel 域, Γ 为 Aut $(D(V,F))$ 中离散子群. 设若 Γ 为一致格, 即 $D(V,F)/\Gamma$ 是紧拓扑空间, 则 Aut $(D(V,F))$ 是实半单李群, 且 $D(V,F)$ 为对称 Siegel 域.

证 由 Γ 在 Aut $(D(V,F))$ 中离散, 故存在 Aut $(D(V,F))$ 中单位元素 e 的一个开邻域 U 使得 $U \cap \Gamma = \{e\}$, 且 U 的闭包紧. 在 Aut $(D(V,F))$ 上取右不变 Haar 测度 μ, 由 U 的闭包紧可知 $\mu(U) < +\infty$, 且

$$\mu(gU) = \rho(g)\mu(U), \quad \forall\, g \in \text{Aut}\,(D(V,F)),$$

其中 $g \to \rho(g)$ 为李群 Aut $(D(V,F))$ 的一维实表示.

考虑标准映射

$$\pi: \quad \text{Aut}\,(D(V,F)) \to \text{Aut}\,(D(V,F))/\Gamma,$$

则 Aut $(D(V,F))/\Gamma$ 有一个由 μ 出发按下面定义给出的测度

$$\mu_0: \quad \mu_0(\pi(gU)) = \mu(gU), \forall g \in \text{Aut}\,(D(V,F)).$$

但是 Aut $(D(V,F))/\Gamma$ 是紧拓扑空间, 所以

$$\mu(gU) = \mu_0(\pi(gU)) \leq \mu_0(\text{Aut}\,(D(V,F))/\Gamma) < +\infty.$$

这证明了 ρ 是 Aut $(D(V,F))$ 的有界表示, 即

$$\rho(g) = 1, \forall g \in \text{Aut}\,(D(V,F)).$$

因此 $\mu(U) = \mu(gU), \forall g \in \text{Aut}\,(D(V,F))$, 即 μ 为 Aut $(D(V,F))$ 上的左不变测度, 所以 Aut $(D(V,F))$ 为么模李群. 由定理 2.2.13 便完成了证明. 证完.

§2.3　正则 J 李代数

定义 2.3.1　$2n$ 维实李代数 $\mathfrak{G}$ 称为正则 J 李代数, 如果在李代数 $\mathfrak{G}$ 上存在线性自同构 J 及线性函数 ψ, 使得

(1)　$\mathrm{ad}\, X$ 的特征根都是实数, $\forall X \in \mathfrak{G}$;

(2)　$J^2 = -\mathrm{id}$;

(3)　$[J, \mathrm{ad}\, JX] = J[J, \mathrm{ad}\, X], \quad \forall X \in \mathfrak{G}$;

(4)　$\psi([JX, JY]) = \psi([X, Y]), \forall X, Y \in \mathfrak{G}$;

(5)　$\psi([JX, X]) \geq 0, \forall X \in \mathfrak{G}$, 且等号成立当且仅当 $X = 0$.

正则 J 李代数也可记作 $(\mathfrak{G}; J, \psi)$.

由定理 2.2.12, 我们有

定理 2.3.2　设 $D(V, F)$ 为 $\mathbb{C}^n \times \mathbb{C}^m$ 中齐性 Siegel 域. 李群 $\mathrm{Aff}\,(D(V, F))$ 为齐性 Siegel 域 $D(V, F)$ 上的仿射自同构群, 李代数 $\mathrm{aff}\,(D(V, F))$ 为李群 $\mathrm{Aff}\,(D(V, F))$ 的李代数. 则 $\mathrm{aff}\,(D(V, F))$ 为如下的子代数的空间直接和

$$\mathrm{aff}\,(D(V, F)) = \mathrm{iso}_p(D(V, F)) \cap \mathrm{aff}\,(D(V, F)) + \mathfrak{G}, \qquad (2.3.1)$$

且 $\mathfrak{G}$ 上有线性变换 J 及线性函数 ψ, 使得 $(\mathfrak{G}; J, \psi)$ 为正则 J 李代数.

证　记 $\mathrm{aut}\,(D(V, F))$ 为全纯自同构群 $\mathrm{Aut}\,(D(V, F))$ 的李代数. 由定理 2.1.8, 在 $\mathrm{aut}\,(D(V, F))$ 上存在线性变换 J 及线性函数 ψ 使得 $(\mathrm{aut}\,(D(V, F)), \mathrm{iso}_p(D(V, F)); J, \psi)$ 为强 J 李代数, 且有式 (2.1.31), (2.1.32) 成立. 由定理 2.2.12, 在 $\mathrm{aut}\,(D(V, F))$ 中存在实子代数 $\mathfrak{G}$ 使得有如下子代数直接和

$$\mathrm{aut}\,(D(V, F)) = \mathfrak{G} + \mathrm{iso}_p(D(V, F)), \qquad (2.3.2)$$

其中 $\mathfrak{G} \subset \mathrm{aff}\,(D(V,F))$. 于是无妨取 J 使得

$$J(\mathfrak{G}) = \mathfrak{G},$$

即 $(\mathfrak{G}, 0; J, \psi)$ 为 J 子代数. 由于 $\mathrm{ad}\,\mathfrak{G}$ 中元在 $\mathfrak{G}$ 上的特征根皆实,所以易证 $(\mathfrak{G}; J, \psi)$ 为正则李代数. 证完.

下面详细研究正则 J 李代数. 首先, 由定义可知, 正则 J 李代数的 J 不变子代数 (理想) 仍为正则 J 李代数, 称为正则 J 李代数的 J 子代数 (J 理想). 其次, 由正则 J 李代数的定义条件 4 及 5, 所以在正则 J 李代数 $\mathfrak{G}$ 上可引进内积

$$(x, y) = \psi([Jx, y]), \quad \forall\, x, y \in \mathfrak{G}. \tag{2.3.3}$$

它有性质

$$(Jx, Jy) = (x, y), \quad \forall\, x, y \in \mathfrak{G}. \tag{2.3.4}$$

设 $\dim \mathfrak{G} = 2p$. 在 $\mathfrak{G}$ 中取关于内积 (x, y) 的标准正交基. 对这组基, 线性变换 J 对应方阵表示仍记作 J, 则由条件 (2.3.4) 有 $JJ' = I$. 由正则 J 李代数的定义条件 (2) 又有 $J^2 = -I$, 所以存在正交方阵 O 使得 $OJO' = \begin{pmatrix} 0 & I \\ -I & 0 \end{pmatrix}$. 由于标准正交基在正交变换下仍变为标准正交基, 所以在正则 J 李代数 $\mathfrak{G}$ 中存在标准正交基

$$e_1, \cdots, e_p, f_1, \cdots, f_p, \tag{2.3.5}$$

使得 J 对应的方阵表示为

$$J = \begin{pmatrix} 0 & I \\ -I & 0 \end{pmatrix}, \tag{2.3.6}$$

即有

$$J(e_i) = f_i, \quad J(f_i) = -e_i. \tag{2.3.7}$$

标准正交基间的基变换, 若保持条件 (2.3.6) 不变, 则对应方阵表示为 P, 有

$$PP' = I, \quad PJP^{-1} = J. \tag{2.3.8}$$

将 P 和 J 一样分块, 则有

$$P = \begin{pmatrix} A & B \\ -B & A \end{pmatrix}, \tag{2.3.9}$$

其中

$$AA' + BB' = I, \quad AB' = BA'. \tag{2.3.10}$$

它等价于

$$A'A + B'B = I, \quad A'B = B'A. \tag{2.3.11}$$

条件 (2.3.10) 也等价于条件

$$U = A + \sqrt{-1}B \in U(p). \tag{2.3.12}$$

由此可知, 正则 J 李代数中任一单位向量都可以取作一个适合上述条件的标准正交基的第一个向量.

引理 2.3.3 (Piatetski-Shapiro) 正则 J 李代数为可解李代数, 它无非零中心, 且有一维理想.

证 由正则 J 李代数的条件 (5) 可知, $\mathfrak{G}$ 无非零中心. 下面证 $\mathfrak{G}$ 为可解李代数. 事实上, 由 Levi 分解可知, 若 $\mathfrak{G}$ 有非零半单子代数. 熟知实半单李代数有非零紧子代数. 所以正则 J 李代数有非零紧李代数 $\mathfrak{H}_0$. 熟知 $\mathrm{ad}\, X$ 的非零特征根纯虚, $\forall X \in \mathfrak{H}_0$, 由正则 J 李代数的条件 (1) 可知, $\mathrm{ad}\, X$ 的特征根都是零. 另一方面, 熟知 $\mathrm{ad}\, X, \forall X \in \mathfrak{H}_0$ 都是半单的. 这证明了 $\mathrm{ad}\, \mathfrak{H}_0 = 0$, 即 $\mathfrak{H}_0 \subset C(\mathfrak{G}) = 0$. 所以证明了正则 J 李代数为可解李代数.

最后, 我们证明正则 J 李代数有一维理想. 考虑 $\mathfrak{G}$ 的复化 $\mathfrak{G}^c$, 由 Lie 定理可知, 存在 $\mathrm{ad}\, \mathfrak{G}^c$ 的公共特征向量 ξ. 由正则李代数 $\mathfrak{G}$ 的条件 (1), 便证明了存在 $\mathrm{ad}\, \mathfrak{G}$ 的实的公共特征向量. 以它为基的一维子空间显然为一维理想. 证完.

在正则 J 李代数 $\mathfrak{G}$ 中取定一维理想 $\mathfrak{N}_1$. 在 $\mathfrak{N}_1$ 中取定单位向量 g_1; 于是存在 $\mathfrak{G}$ 中以 g_1 为第一个向量的标准正交基

$$g_1, g_2, \cdots, g_p, f_1, f_2, \cdots, f_p, \tag{2.3.13}$$

其中
$$Jg_i = f_i, \quad Jf_i = -g_i. \tag{2.3.14}$$
由 $(g_i, g_j) = (f_i, f_j) = \delta_{ij}$, $(g_i, f_j) = 0$ 有
$$\psi([f_i, g_j]) = \delta_{ij}, \quad \psi([g_i, g_j]) = \psi([f_i, f_j]) = 0. \tag{2.3.15}$$
由于 $\mathfrak{R}_1$ 为一维理想, 所以有
$$[f_1, g_1] = \lambda_1 g_1, \quad [f_i, g_1] = [g_i, g_1] = 0, \quad 2 \le i \le p, \tag{2.3.16}$$
其中
$$\lambda_1 = \psi(g_1)^{-1} \ne 0.$$

事实上, $\lambda_1 \psi(g_1) = \psi([f_1, g_1]) = \psi([Jg_1, g_1]) = (g_1, g_1) = 1$. 这证明了 $\psi(g_1) \ne 0$, 且 $\lambda_1 = \psi(g_1)^{-1}$. 由于 $[f_i, g_1] = \lambda_i g_1, [g_i, g_1] = \mu_i g_1$, 由式 (2.3.15) 便证明了式 (2.3.16) 成立.

今线性变换 $\mathrm{ad}\, g_1, \mathrm{ad}\, f_1$ 在标准正交基 (2.3.13) 下的方阵表示分别记作 A_{g_1} 及 A_{f_1}. 于是有
$$A_{g_1} = \begin{pmatrix} 0^{(p)} & 0 \\ \begin{pmatrix} -\lambda_1 & 0 \\ 0 & 0 \end{pmatrix} & 0 \end{pmatrix}, \quad A_{f_1} = \begin{pmatrix} A^{(p)} & B \\ C & D \end{pmatrix}.$$

由正则 J 李代数的条件 (3) 有 $J[f_1, f_i] = -[f_1, g_i], 2 \le i \le p$. 所以有
$$A_{f_1} = \begin{pmatrix} \begin{pmatrix} \lambda_1 & 0 \\ \alpha & A_1 \end{pmatrix} & \begin{pmatrix} 0 & 0 \\ \beta & B_1 \end{pmatrix} \\ \begin{pmatrix} 0 & 0 \\ -\beta & -B_1 \end{pmatrix} & \begin{pmatrix} 0 & 0 \\ -\alpha & A_1 \end{pmatrix} \end{pmatrix},$$
其中 α, β 为 $(p-1) \times 1$ 矩阵, A_1, B_1 为 $(p-1) \times (p-1)$ 矩阵. 由 $[f_1, e_1] = \lambda_1 e_1$ 有 $\lambda_1 \mathrm{ad}\, e_1 = \mathrm{ad}\, f_1 \mathrm{ad}\, e_1 - \mathrm{ad}\, e_1 \mathrm{ad}\, f_1$, 因此 $\lambda A_{e_1} = A_{e_1} A_{f_1} - A_{f_1} A_{e_1}$, 所以 $\alpha = 0, \beta = 0$, 即
$$A_{g_1} = \begin{pmatrix} 0 & 0 \\ \begin{pmatrix} -\lambda_1 & 0 \\ 0 & 0 \end{pmatrix} & 0 \end{pmatrix},$$

$$A_{f_1} = \begin{pmatrix} \begin{pmatrix} \lambda_1 & 0 \\ 0 & A_1 \end{pmatrix} & \begin{pmatrix} 0 & 0 \\ 0 & B_1 \end{pmatrix} \\ \begin{pmatrix} 0 & 0 \\ 0 & -B_1 \end{pmatrix} & \begin{pmatrix} 0 & 0 \\ 0 & A_1 \end{pmatrix} \end{pmatrix}. \tag{2.3.17}$$

记 $\mathfrak{M}$ 是以 $g_2, \cdots, g_p, f_2, \cdots, f_p$ 为基的 J 不变子空间. 由矩阵 A_{f_1} 的表达形式可知 $(\mathrm{ad}\, f_1)(\mathfrak{M}) \subset \mathfrak{M}$, 且 $\mathrm{ad}\, f_1$ 在上述基下对应的方阵记作

$$B = \begin{pmatrix} A_1 & B_1 \\ -B_1 & A_1 \end{pmatrix}. \tag{2.3.18}$$

由式 (2.3.16) 有 $C_{\mathfrak{G}}(g_1) = \mathfrak{R}_1 + \mathfrak{M}$. 任取 $x, y \in \mathfrak{M}$, 由 Jacobi 恒等式及 $J \circ \mathrm{ad}\, f_1 = \mathrm{ad}\, f_1 \circ J$ 在 $\mathfrak{M}$ 上成立, 所以有

$$\begin{aligned}
&\frac{d}{dt}((\exp t\,\mathrm{ad}\, f_1)x, (\exp t\,\mathrm{ad}\, f_1)y) \\
&= \frac{d}{dt}\psi([J(\exp t\,\mathrm{ad}\, f_1)x, (\exp t\,\mathrm{ad}\, f_1)y]) \\
&= \frac{d}{dt}\psi(\exp t\,\mathrm{ad}\, f_1[Jx, y]) \\
&= \psi((\mathrm{ad}\, f_1)(\exp t\,\mathrm{ad}\, f_1)[Jx, y]) \\
&= \psi([Jg_1, (\exp t\,\mathrm{ad}\, f_1)[Jx, y]]) \\
&= (g_1, (\exp t\,\mathrm{ad}\, f_1)[Jx, y]).
\end{aligned}$$

由 $[\mathfrak{M}, \mathfrak{M}] \subset \mathfrak{R}_1 + \mathfrak{M} = C_{\mathfrak{G}}(e_1)$, 记 $[Jx, y]$ 在 $\mathfrak{R}_1$ 的投影为 $a(x, y)g_1$, 在 $\mathfrak{M}$ 的投影为 $m(x, y)$, 即有

$$[Jx, y] = a(x, y)g_1 + m(x, y). \tag{2.3.19}$$

代入有

$$\frac{d}{dt}((\exp t\,\mathrm{ad}\, f_1)x, (\exp t\,\mathrm{ad}\, f_1)y) = (\exp t\lambda_1)a(x, y). \tag{2.3.20}$$

所以

$$\begin{aligned}
&\frac{d^2}{dt^2}((\exp t\,\mathrm{ad}\, f_1)x, (\exp t\,\mathrm{ad}\, f_1)y) \\
&= \lambda_1 \frac{d}{dt}((\exp t\,\mathrm{ad}\, f_1)x, (\exp, t\,\mathrm{ad}\, f_1)y), \forall t \in \mathbb{R}, x, y \in \mathfrak{M}.
\end{aligned}$$

写成坐标形式, 有

$$\frac{d^2}{dt^2}(e^{tB}e^{tB'}) = \lambda_1 \frac{d}{dt}(e^{tB}e^{tB'}).$$

这推出

$$B^2 + 2BB' + (B')^2 = \lambda_1(B + B').$$

记 $C_1 = A_1 + \sqrt{-1}B_1$, 所以等价于

$$\lambda_1(C_1 + \overline{C_1}') = C_1^2 + 2C_1\overline{C_1}' + (\overline{C_1}')^2 = (C_1 + \overline{C_1}')^2 + [C_1, C_1 + \overline{C_1}'].$$

由式 (2.3.8)—(2.3.12) 及 (2.3.17), (2.3.18) 可知, 当 g_1, f_1 不动, 对 $\mathfrak{M}$ 中标准正交基作基变换, 相应 $p-1$ 阶复方阵 C_1 作酉相似. 由于 $C_1 + \overline{C_1}'$ 为 Hermite 方阵, 所以存在酉方阵 U 使得

$$\overline{U}'(C_1 + \overline{C_1}')U = \operatorname{diag}(\rho_1 I_1, \cdots, \rho_s I_s),$$

其中 $\rho_1 > \rho_2 > \cdots > \rho_s$, 而 $I_1, \cdots, I_s$ 为单位方阵. 由

$$\lambda_1 \overline{U}'(C_1 + \overline{C_1}')U = (\overline{U}'(C_1 + \overline{C_1}')U)^2 + \overline{U}'[C_1, C_1 + \overline{C_1}']U,$$

比较对角元素, 便推出 $\lambda_1\rho_i = \rho_i^2$. 所以 $\rho_i = 0$ 或 $\rho_i = \lambda_1$, 即 $s \leq 2$. 这证明了

$$\overline{U}'(C_1 + \overline{C_1}')U = \begin{pmatrix} \lambda_1 I & 0 \\ 0 & 0 \end{pmatrix}.$$

所以在 $\mathfrak{M}$ 中可取标准正交基, 使得

$$C_1 = \begin{pmatrix} (\lambda_1/2)I & 0 \\ 0 & 0 \end{pmatrix} + \begin{pmatrix} K_1 & 0 \\ 0 & K_2 \end{pmatrix},$$

其中 K_1 及 K_2 为斜 Hermite 方阵. 因此记 $K_1 = K_3 + \sqrt{-1}S_1, K_2 = K_4 + \sqrt{-1}S_2$, 有

$$B = \begin{pmatrix} \begin{pmatrix} (\lambda_1/2)I_1 + K_3 & 0 \\ 0 & K_4 \end{pmatrix} & \begin{pmatrix} S_1 & 0 \\ 0 & S_2 \end{pmatrix} \\ \begin{pmatrix} S_1 & 0 \\ 0 & S_2 \end{pmatrix} & \begin{pmatrix} (\lambda_1/2)I_1 + K_3 & 0 \\ 0 & -K_4 \end{pmatrix} \end{pmatrix}.$$

由正则 J 李代数的条件 (1) 可知，B 的特征根都是实数，所以必须 $K_3 = S_1 = 0, K_4 = S_2 = 0$. 至此证明了在正则 J 李代数 $\mathfrak{G}$ 中存在标准正交基 $g_1, \cdots, g_p, f_1, \cdots, f_p$, 使得 $\lambda_1 = \psi(g_1)^{-1} \neq 0$,

$$
A_{g_1} = \begin{pmatrix} 0 & & 0 \\ \begin{pmatrix} -\lambda_1 & 0 \\ 0 & 0 \end{pmatrix} & & 0 \end{pmatrix},
$$

$$
A_{f_1} = \begin{pmatrix} \begin{pmatrix} \lambda_1 & 0 & 0 \\ 0 & (\lambda_1/2)I & 0 \\ 0 & 0 & 0 \end{pmatrix} & & 0 \\ & 0 & \begin{pmatrix} 0 & 0 & 0 \\ 0 & (\lambda_1/2)I & 0 \\ 0 & 0 & 0 \end{pmatrix} \end{pmatrix},
$$

$$(2.3.21)$$

于是由式 (2.3.20); 记 $x, y \in \mathfrak{M}$ 的关于标准正交基的坐标仍为 x, y, 则有

$$
a(x, y) = (\exp(-t\lambda_1))x, \quad Be^{tB}e^{tB'}B'y' = 2xBy'.
$$

这证明了 $[f_i, g_i]$ 在 $\mathfrak{R}_1$ 的投影为 $\lambda_1, 2 \leq i \leq q$, 其余

$$
[g_i, g_j], [f_i, f_j], [f_i, g_j] \in \mathfrak{M}, \quad 2 \leq i, j \leq q.
$$

于是记

$$
\begin{aligned}
\mathfrak{M}_1 &= <g_2, \cdots, g_q, f_2, \cdots, f_q>, \\
\mathfrak{G}_1 &= \mathfrak{R}_1 + J\mathfrak{R}_1 + \mathfrak{M}_1, \\
\mathfrak{G}_1^* &= <g_{q+1}, \cdots, g_p, f_{q+1}, \cdots, f_p>.
\end{aligned}
$$

则有 $[\mathfrak{G}_1^*, \mathfrak{M}] \subset \mathfrak{M} = \mathfrak{M}_1 + \mathfrak{G}_1^*$. 又任取 $x, y \in \mathfrak{M}_1$, 有 $[f_1, [Jx, y]] + [y, [f_1, Jx]] + [Jx, [y, f_1]] = 0$. 但是 $\mathrm{ad}\, f_1$ 在 $\mathfrak{M}_1$ 上的矩阵表达式为 $(\lambda_1/2)I$. 这证明了 $[f_1, [Jx, y]] = -(\lambda_1/2)[y, Jx] + (\lambda_1/2)[Jx, y] = \lambda_1[Jx, y]$. 由式 (2.3.19) 有 $[f_1, m(x, y)] = \lambda_1 m(x, y)$, 其中 $m(x, y) \in$

$\mathfrak{M}$. 而 $\mathrm{ad}\, f_1$ 在 $\mathfrak{M}_1, \mathfrak{G}_1^*$ 上的矩阵表达式分别为 $(\lambda_1/2)I, 0$. 由 $\lambda_1 \neq 0$ 便推出 $m(x, y) = 0$. 因此证明了任取 $x, y \in \mathfrak{M}_1$, 有

$$[Jx, y] = a(x, y)g_1 = (xy')g_1.$$

因此我们可证

引理 2.3.4 设 $(\mathfrak{G}; J, \psi)$ 为正则 J 李代数, 则在 $\mathfrak{G}$ 中存在标准正交基 $g_1, \cdots, g_p, f_1, \cdots, f_p$, 它有乘法关系

$$\begin{aligned}
&[f_1, g_1] = \lambda_1 g_1, \quad [g_1, g_i] = [g_1, f_i] = 0, \\
&[f_1, g_i] = (\lambda_1/2)g_i, \quad [f_1, f_i] = (\lambda_1/2)f_i, \\
&[g_i, g_j] = [f_i, f_j] = 0, \quad [g_i, f_j] = -\delta_{ij}\lambda_1 g_1,
\end{aligned} \tag{2.3.22}$$

其中 $2 \leq i, j \leq q$. 又

$$[g_1, g_j] = [q_1, f_j] = [f_1, g_j] = [f_1, f_j] = 0, \quad q+1 \leq j \leq p. \tag{2.3.23}$$

记

$$\begin{aligned}
&\mathfrak{R}_1 = <g_1>, \quad \mathfrak{M}_1 = <g_2, \cdots, g_q, f_2, \cdots, f_q>, \\
&\mathfrak{G}_1^* = <g_{q+1}, \cdots, g_p, f_{q+1}, \cdots, f_p>,
\end{aligned} \tag{2.3.24}$$

则

$$\mathfrak{G}_1 = \mathfrak{R}_1 + J\mathfrak{R}_1 + \mathfrak{M}_1 \tag{2.3.25}$$

为 J 理想. 称为初等 J 李代数, 它有唯一的一维理想 $\mathfrak{R}_1$. 又 $\mathfrak{G}_1^*$ 为 J 子代数.

证 我们只需证明 $\mathfrak{G}_1$ 为 J 理想, $\mathfrak{G}_1^*$ 为 J 子代数. 符号同上, 今 $\mathfrak{M} = \mathfrak{M}_1 + \mathfrak{G}_1^*$ 为 J 不变子空间直接和. 前面已证明了 $[\mathfrak{G}_1^*, \mathfrak{M}] \subset \mathfrak{M}$. 任取 $x \in \mathfrak{M}_1 + \mathfrak{G}_1^* = \mathfrak{M}, y \in \mathfrak{G}_1^*$, 则 $[f_1, [x, y]] = [[f_1, x], y] + [x, [f_1, y]] \doteq [[f_1, x], y]$. 当 $x \in \mathfrak{M}_1$, 有 $[f_1, x] = (1/2)x$, 所以 $[f_1, [x, y]] = (1/2)[x, y]$. 因此 $[x, y] \in \mathfrak{M}_1$, 这证明了 $[\mathfrak{M}_1, \mathfrak{G}_1^*] \subset \mathfrak{M}_1$. 当 $x \in \mathfrak{G}_1^*$, 有 $[f_1, x] = 0$, 所以 $[f_1, [x, y]] = 0$, 这证明了 $[x, y] \in \mathfrak{G}_1^*, [\mathfrak{G}_1^*, \mathfrak{G}_1^*] \subset \mathfrak{G}_1^*$. 证完.

反复利用引理 2.3.4, 因此得

定理 **2.3.5** (Piatetski-Shapiro 分解) 正规 J 李代数 $(\mathfrak{G}; J, \psi)$ 必为有限多个两两正交的初等 J 李代数 $\mathfrak{G}_1, \cdots, \mathfrak{G}_N$ 的空间直接和分解

$$\mathfrak{G} = \mathfrak{G}_1 + \cdots + \mathfrak{G}_N. \tag{2.3.26}$$

$\mathfrak{G}_i$ 分解为两两正交的子空间直接和

$$\mathfrak{G}_i = \mathfrak{R}_i + J\mathfrak{R}_i + \mathfrak{M}_i, \quad 1 \le i \le N, \tag{2.3.27}$$

其中 $\mathfrak{R}_i$ 为初等 J 李代数 $\mathfrak{G}_i$ 的唯一的一维理想,使得 $\mathfrak{G}_1 + \cdots + \mathfrak{G}_i$ 为 $\mathfrak{G}$ 的 J 理想, $\mathfrak{G}_i^* = \mathfrak{G}_{i+1} + \cdots + \mathfrak{G}_N$ 为 $\mathfrak{G}$ 的 J 子代数,它以 $\mathfrak{R}_{i+1}$ 为一维理想,有

$$[\mathfrak{R}_{i+1}, \mathfrak{G}_j^*] = [J\mathfrak{R}_{i+1}, \mathfrak{G}_j^*] = 0, \quad [\mathfrak{M}_i, \mathfrak{G}_j^*] \subset \mathfrak{M}_i, \tag{2.3.28}$$

其中 $1 \le i < j \le N$.

为了将齐性 Siegel 域实现为正规 Siegel 域,进一步的研究正规 J 李代数的分解是很重要的. 事实上,由于齐性 Siegel 域必有一个仿射自同构组成的连通李群 T,它在齐性 Siegel 域上作用单可递,且 T 的李代数为正则 J 李代数. 由齐性空间理论可知,连通李群 T 实际上已经给出了齐性 Siegel 域的一种抽象实现.

第三章　正规 Siegel 域

在这一章，我们引进正则 J 李代数的一组特殊的基，称为 J 基. 详细计算它的乘法表，进而利用引理 2.3.3，从齐性 Siegel 域出发，定义一种特殊的齐性 Siegel 域 (我们称为正规 Siegel 域). 证明齐性 Siegel 域必仿射等价于正规 Siegel 域. 从而在仿射等价意义下给出了齐性 Siegel 域在复 Euclid 空间中的一种实现.

§3.1　正则 J 李代数的 J 基

在 §2.3, 我们给出了 Piatetski-Shapiro 分解定理 (定理 2.3.5). 在附录的 §1 中, 我们给出了 N 矩阵组的定义.

定义 3.1.1　给定 N 矩阵组

$$A_{ij}^{tk}, \quad 1 \le t \le n_{ij}, \quad 1 \le i < j < k \le N+1,$$

其中 $A_{ij}^{t,N+1} = Q_{ij}^{(t)}$ 为 $m_i \times m_j$ 复矩阵, $1 \le t \le n_{ij}, 1 \le i < j \le N$. 正则 J 李代数 $(\mathfrak{G}; J, \psi)$ 的基

$$g_j', \quad f_j', \quad 1 \le j \le N,$$
$$g_{jkt}, \quad f_{jkt} = Jg_{jkt}, \quad 1 \le t \le n_{jk}, \quad 1 \le j < k \le N+1$$

称为 J 基, 若有乘法表

$$[f_j', g_j'] = \sqrt{2}g_j', \quad [f_j', f_{jkt}] = \frac{1}{\sqrt{2}}f_{jkt},$$

$$[g_j', g_{jkt}] = [g_j', f_{jkt}] = 0, \quad [f_j', g_{jkt}] = \frac{1}{\sqrt{2}}g_{jkt},$$

$$[g_{jks}, f_{jpt}] = -\delta_{kp}\delta_{st}\sqrt{2}\,g_j', \quad [g_{jks}, g_{jpt}] = [f_{jks}, f_{jpt}] = 0,$$

当 $q \neq j$ 时, 有

$$[g_j', g_q'] = [g_j', f_q'] = [f_j', g_q'] = [f_j', f_q'] = 0,$$

当 $j < q$ 时, 有

$$[g_j', g_{qrs}] = [g_j', f_{qrs}] = [f_j', g_{qrs}] = [f_j', f_{qrs}] = 0,$$

当 $q < j$ 时, 有

$$[g_j', g_{qrs}] = \delta_{rj}\sqrt{2}f_{qrs}, \quad [g_j', f_{qrs}] = 0,$$
$$[f_j', g_{qrs}] = -\delta_{rj}\frac{1}{\sqrt{2}}g_{qrs}, \quad [f_j', f_{qrs}] = \delta_{rj}\frac{1}{\sqrt{2}}f_{qrs},$$
$$[g_{jpt} + \sqrt{-1}f_{jpt}, g_{qrs}] = \delta_{rj}\sum_v (e_v\overline{(A_{qj}^{sp})}e_t')(g_{qpv} + \sqrt{-1}f_{qpv})$$
$$+ \sqrt{-1}\delta_{rp}\sum_v (e_s\overline{(A_{qj}^{vp})}e_t')f_{qjv},$$
$$[g_{jpt} + \sqrt{-1}f_{jpt}, f_{qrs}] = -\delta_{rp}\sum_v (e_s\overline{(A_{qj}^{vp})}e_t')f_{qjv}.$$

又

$$\psi(g_j') = \sqrt{2}, \ \psi(g_{jkt}) = \psi(f_{jkt}) = 0.$$

定理 3.1.2 设 $(\mathfrak{G}; J, \psi)$ 为正则 J 李代数, 则 $\mathfrak{G}$ 有 Piatetski-Shapiro 分解

$$\mathfrak{G} = \mathfrak{G}_1 + \cdots + \mathfrak{G}_N, \quad \mathfrak{G}_i = \mathfrak{R}_i + J\mathfrak{R}_i + \mathfrak{M}_i, \tag{3.1.1}$$

且子空间 $\mathfrak{M}_i$ 有子空间直接和分解

$$\mathfrak{M}_i = \mathfrak{M}_{i,i+1} + \cdots + \mathfrak{M}_{i,N+1}, \quad 1 \leq i \leq N, \tag{3.1.2}$$

使得在 $\mathfrak{R}_i$ 中有基 g_i', $J\mathfrak{R}_i$ 中有基 $f_i' = Jg_i', 1 \leq i \leq N, \mathfrak{M}_{ij}$ 中有基

$$g_{ij1}, g_{ij2}, \cdots, g_{ijn_{ij}}, f_{ij1}, f_{ij2}, \cdots, f_{ijn_{ij}},$$

且这组基为 J 基, 有 $f_{ijt} = Jg_{ijt}, 1 \leq t \leq n_{ij}, 1 \leq i < j \leq N+1.$

反之，若李代数 $\mathfrak{G}$ 有 J 基，则在 $\mathfrak{G}$ 上定义线性算子 J, 有 $J^2 = -\mathrm{id}, J(g_i') = f_i', J(g_{ijt}) = f_{ijt}$. 在 $\mathfrak{G}$ 上定义线性函数 ψ, 有 $\psi(g_i') = \sqrt{2}, \psi(g_{ijt}) = \psi(f_{ijt}) = 0, \forall\, i, j, t$, 则 $(\mathfrak{G}; J, \psi)$ 为正则 J 李代数.

证 由引理 2.3.4 可知，当 Piatetski-Shapiro 分解的 $N = 1$ 时，有 $[f_1, g_1] = \lambda_1 g_1$(见式 (2.3.22) 及 (2.3.23))，令

$$f_1' = \sqrt{2}\,\lambda_1^{-1} f_1, \quad g_1' = \sqrt{2}\lambda_1^{-1} g_1,$$
$$f_{12t} = \sqrt{2}\,\lambda_1^{-1} f_t, \quad g_{12t} = \sqrt{2}\lambda_1^{-1} g_t,$$

$t = 1, 2, \cdots, n_{12}$. 于是乘法表为

$$[f_1', g_1'] = \sqrt{2} g_1', \quad [f_1', g_{12t}] = \frac{1}{\sqrt{2}} g_{12t},$$

$$[f_1', f_{12t}] = \frac{1}{\sqrt{2}} f_{12t}, \quad [g_1', g_{12t}] = [g_1', f_{12t}] = 0,$$

$$[g_{12s}, g_{12t}] = [f_{12s}, f_{12t}] = 0, \quad [g_{12s}, f_{12t}] = -\sqrt{2}\,\delta_{st} g_1'.$$

而 $J^2 = -\mathrm{id}, Jg_1' = f_1', Jg_{12t} = f_{12t}$, 且 $\sqrt{2}\psi(g_1') = \psi([Jg_1', g_1']) = 2$, 所以 $\psi(g_1') = \sqrt{2}$, 再 $\psi(g_{12t}) = \psi(f_{12t}) = 0$. 这证明了当 $N = 1$ 时定理成立.

下面对 N 作归纳法. 确切地说，显然，

$$\mathfrak{G}_1^* = \mathfrak{G}_2 + \mathfrak{G}_3 + \cdots + \mathfrak{G}_N, \tag{3.1.3}$$

为正则 J 李代数 $\mathfrak{G} = \mathfrak{G}_1 + \mathfrak{G}_1^*$ 的 J 子代数. 对 $\mathfrak{G}_1^*$ 用归纳法假设，即在 $\mathfrak{G}_i$ 中存在基 $g_i', f_i', g_{ikt}, f_{ikt}, 1 \le t \le n_{ik}, 2 \le i < k \le N + 1$. 它们构成正则 J 李代数 $\mathfrak{G}_1^*$ 的 J 基. 于是有：当 $2 \le j \le N$,

(1) $\mathfrak{G}_j$ 为初等 J 李代数，即有乘法表

$$[f_j', g_j'] = \sqrt{2} g_j', \quad [g_j', g_{jkt} + \sqrt{-1} f_{jkt}] = 0,$$

$$[f_j', g_{jkt} + \sqrt{-1} f_{jkt}] = \frac{1}{\sqrt{2}}(g_{jkt} + \sqrt{-1} f_{jkt}),$$

$$[g_{jks} + \sqrt{-1} f_{jks}, f_{jpt}] = -\delta_{kp}\delta_{st}\sqrt{2} g_j', \quad [g_{jks}, g_{jpt}] = 0.$$

(2) $j \neq q$,

$$[g_j', g_q'] = [g_j', f_q'] = [f_j', f_q'] = 0.$$

(3) $q < j$,

$$[g_q', g_{jpt} + \sqrt{-1}f_{jpt}] = 0, \quad [f_q', g_{jpt} + \sqrt{-1}f_{jpt}] = 0,$$

$$[g_j', g_{qrt} + \sqrt{-1}f_{qrt}] = \delta_{rj}\sqrt{2}f_{qrt}, [f_j', g_{qrt} + \sqrt{-1}f_{qrt}]$$
$$= \frac{\delta_{rj}}{\sqrt{2}}(-g_{qrt} + \sqrt{-1}f_{qrt}).$$

(4) $q < j$,

$$[g_{jpt}, g_{qrs} + \sqrt{-1}f_{qrs}]$$
$$= \delta_{jr}\mathrm{Re}\sum(e_v A_{qj}^{sp} e_t')(g_{qpv} - \sqrt{-1}f_{qpv}) - \sqrt{-1}\delta_{pr}\sum_v(e_s A_{qj}^{vp} e_t')f_{qjv},$$

$$[f_{jpt}, g_{qrs} + \sqrt{-1}f_{qrs}]$$
$$= \delta_{pr}\sum(e_s A_{gj}^{vp} e_t')f_{qjv} - \delta_{jr}\mathrm{Im}\sum(e_v A_{qj}^{sp} e_t')(g_{qpv} - \sqrt{-1}f_{qpv}),$$

其中

$$\{A_{ij}^{tk}, 1 \leq t \leq n_{ij}, \quad 2 \leq i < j < k \leq N+1\} \tag{3.1.4}$$

为 $(N-1)$ 矩阵组. 这里当 $k \leq N$ 时, A_{ij}^{tk} 实, 当 $k = N+1$ 时, $A_{ij}^{t,N+1}$ 复.

为了在正则 J 李代数 $\mathfrak{G} = \mathfrak{G}_1 + \mathfrak{G}_1^*$ 中取 J 基, 我们需要在初等 J 代数 $\mathfrak{G}_1 = \mathfrak{R}_1 + J\mathfrak{R}_1 + \mathfrak{M}_1$ 中取 J 基, 使得合并 $\mathfrak{G}_1^*$ 中 J 基而成 $\mathfrak{G}$ 的 J 基, 由 Piatetski-Shapiro 分解定理可知

$$[\mathfrak{R}_1, \mathfrak{G}_1^*] = 0, \quad [J\mathfrak{R}_1, \mathfrak{G}_1^*] = 0, \quad [\mathfrak{G}_1^*, \mathfrak{M}_1] \subset \mathfrak{M}_1.$$

因此我们需要计算线性算子 $\mathrm{ad}\,\mathfrak{m}_1\mathfrak{G}_1^*$. 任取 $X \in \mathfrak{G}_1^*$, 记 $\mathrm{ad}\,\mathfrak{m}_1(X)$ 中关于 $\mathfrak{M}_1$ 的基 $g_{12}, \cdots, g_{1p}, f_{12}, \cdots, f_{1p}$ 的矩阵表示为 A_X, 这里 $Jg_{1t} = f_{1t}, Jf_{1t} = -g_{1t}$. 又它们关于 $\psi([Jx, y]) = (x, y)$ 为标准正交基, 且有

$$[g_{1s}, g_{1t}] = [f_{1s}, f_{1t}] = 0, \quad [g_{1s}, f_{1t}] = -\sqrt{2}\delta_{st}g_1', \tag{3.1.5}$$

所以线性算子 J 在这组基下对应方阵为

$$J = \begin{pmatrix} 0 & I \\ -I & 0 \end{pmatrix} \tag{3.1.6}$$

又 $\psi([x, y])$ 在这组基下的矩阵表达式为

$$\psi([x, y]) = xJy', \tag{3.1.7}$$

这里左式中 $x, y \in \mathfrak{M}_1$, 右式中 x, y 分别为向量 x, y 在上述基下的坐标.

今对 $\mathfrak{M}$ 的上述基作基变换, 使得在新的基下, 线性算子 J 及 $\psi([x, y])$ 仍有相同的方阵表示, 这时, 基变换对应的方阵必形如

$$\begin{pmatrix} P & Q \\ -Q & P \end{pmatrix} \longrightarrow \quad U = P + \sqrt{-1}Q \in U(p-1). \tag{3.1.8}$$

任取 $x \in \mathfrak{G}_1^*$, 则 $Jx \in \mathfrak{G}_1^*$. 由 $[\mathfrak{M}_1, \mathfrak{M}_1] \subset \mathfrak{R}_1$ 可知, 任取 $y, z \in \mathfrak{M}_1$, 有 $0 = [x, [y, z]] = [[x, y], z] + [y, [x, z]]$, 即有 $\psi([(\mathrm{ad}\,x)y, z]) + \psi([y, (\mathrm{ad}\,x)z]) = 0$. 所以有 $A_x J + J A_x' = 0$. 同理对 Jx 讨论, 则有

$$A_x J + J A_x' = 0, \quad A_{Jx} J + J A_{Jx}' = 0.$$

再任取 $y \in \mathfrak{M}_1$, 由 $[x, y] + J[Jx, y] + J[x, Jy] = [Jx, Jy]$ 有

$$A_x + A_{Jx} J + J A_x J = J A_{Jx}.$$

所以将 A_x 及 A_{Jx} 按前 p 行列分块, 有

$$A_x = \begin{pmatrix} A & B \\ -C - C' - B & -A' \end{pmatrix}, A_{Jx} = \begin{pmatrix} C & D \\ A + A' - D & -C' \end{pmatrix}, \tag{3.1.9}$$

其中 B, D 为实对称方阵, 即有

$$A_{x+\sqrt{-1}Jx} = \begin{pmatrix} E & S \\ \sqrt{-1}(E + E') - S & -E' \end{pmatrix}, \tag{3.1.10}$$

其中 $S = B + \sqrt{-1}D$ 为复对称方阵, $E = A + \sqrt{-1}C$ 为复方阵.

由于方阵 A_x 和 A_{Jx} 的条件在式 (3.1.8) 给出的基变换下不改变, 所以允许我们作如下变换:

$$\begin{pmatrix} \widetilde{E} & \widetilde{S} \\ \sqrt{-1}(\widetilde{E}+\widetilde{E}')-\widetilde{S} & -\widetilde{E}' \end{pmatrix}$$

$$= \begin{pmatrix} P & Q \\ -Q & P \end{pmatrix} \begin{pmatrix} E & S \\ \sqrt{-1}(E+E')-S & -E' \end{pmatrix} \begin{pmatrix} P' & -Q' \\ Q' & P' \end{pmatrix},$$

$$(3.1.11)$$

即

$$\widetilde{E} = UEP' + \sqrt{-1}QE'U' + PSQ' - QSP', \tag{3.1.12}$$

$$\widetilde{S} = PSP' + QSQ' - UEQ' - QE'U', \tag{3.1.13}$$

其中 $U = P + \sqrt{-1}Q$.

下面我们先来考虑 $x \in \mathfrak{G}_2$ 的情形. 记

$$A_{g_2'} = \begin{pmatrix} A & B \\ -C-C'-B & -A' \end{pmatrix}, \quad A_{f_2'} = \begin{pmatrix} C & D \\ A+A'-D & -C' \end{pmatrix},$$

其中 B, D 实对称. 令 $E = A + \sqrt{-1}C$. 由 $E + E'$ 复对称, 所以存在酉方阵 U, 使得

$$\widetilde{E} + \widetilde{E}' = U(E+E')U' = 2\Lambda = \mathrm{diag}\,(2\Lambda_0, 0),$$

其中

$$\Lambda_0 = \mathrm{diag}\,(\rho_1 I^{(l_1)}, \cdots, \rho_s I^{(l_s)}), \quad \rho_1 > \rho_2 > \cdots > \rho_s > 0. \tag{3.1.14}$$

因此在 $\mathfrak{M}_1$ 中可取标准正交基使得 $E + E' = 2\Lambda$, 即 $A + A' = 2\Lambda$, $C + C' = 0$. 于是可以取

$$A_{g_2'} = \begin{pmatrix} \Lambda+K & B \\ -B & -\Lambda+K \end{pmatrix}, \quad A_{f_2'} = \begin{pmatrix} C & \Lambda+D \\ \Lambda-D & C \end{pmatrix},$$

其中 B, D 对称, K, C 斜对称, 由于 $[\mathrm{ad}\,f_2', \mathrm{ad}\,g_2'] = \sqrt{2}\mathrm{ad}\,g_2'$, 所以 $[A_{g_2'}, A_{f_2'}] = \sqrt{2}A_{g_2'}$. 此即

$$[K, \Lambda] + \Lambda D + D\Lambda = 0, \quad [\Lambda, C] + \Lambda B + B\Lambda = \sqrt{2}\Lambda,$$

$$[K, C] + [D, B] = \sqrt{2}K, \quad [B, C] + [K, D] = \sqrt{2}B - 2\Lambda^2.$$

这等价于

$$T\Lambda + \Lambda T' = -\sqrt{2}\,\Lambda, \quad [T, \overline{T}'] = -\sqrt{2}(T + \overline{T}') - 4\Lambda^2, \quad (3.1.15)$$

其中 $T = -B + C + \sqrt{-1}(D + K)$. 将 T 和 $\Lambda = \operatorname{diag}(\Lambda_0, 0)$ 一样分块, 于是由 $T\Lambda + \Lambda T' = -\sqrt{2}\Lambda$ 推出

$$T = \begin{pmatrix} T_{11} & T_{12} \\ 0 & T_{22} \end{pmatrix}, \quad e_j T_{11} e_j' = -\frac{1}{\sqrt{2}}, \ 1 \le j \le \sum_{i=1}^{s} l_i.$$

又由 $[T, \overline{T}'] = -\sqrt{2}(T + \overline{T}') - 4\Lambda^2$ 推出

$$[T_{11}, \overline{T}_{11}'] + T_{12}\overline{T}_{12}' = -\sqrt{2}(T_{11} + \overline{T}_{11}') - 4\Lambda_0^2,$$

于是

$$\operatorname{tr}(T_{12}\overline{T}_{12}') = 2\sum_{i=1}^{s} l_i - 4\sum_{i=1}^{s} \rho_i^2 l_i.$$

另一方面, 由 $\operatorname{tr}(T + \overline{T}')[T, \overline{T}'] = 0$, 有

$$\operatorname{tr}(T + \overline{T}')^2 = -\frac{1}{\sqrt{2}}\operatorname{tr}([T, \overline{T}'] + 4\Lambda^2)(T + \overline{T}') = 4\sum l_i \rho_i^2,$$

所以

$$\operatorname{tr}(T + \overline{T}')^2 = \operatorname{tr}\begin{pmatrix} T_{11} + \overline{T}_{11}' & T_{12} \\ \overline{T}_{12}' & T_{22} + \overline{T}_{22}' \end{pmatrix}^2$$

$$= \operatorname{tr}(T_{11} + \overline{T}_{11}')^2 + 2\operatorname{tr} T_{12}\overline{T}_{12}' + \operatorname{tr}(T_{22} + \overline{T}_{22}')^2.$$

这证明了

$$4\sum l_i \rho_i^2 = 2\sum l_i - \operatorname{tr} T_{12}\overline{T}_{12}'.$$

但是 $T_{11} + \overline{T}_{11}'$ 为 Hermite 方阵, $\operatorname{tr}(T_{11} + \overline{T}_{11}')^2$ 为 $T_{11} + \overline{T}_{11}'$ 的元素的模的平方和, 而 $T_{11} + \overline{T}_{11}'$ 的对角元素为 $-\sqrt{2}$, 所以 $\operatorname{tr}(T_{11} + \overline{T}_{11}')^2 \ge$

$2 \sum\limits_{i=1}^{s} l_i$, 因此 $T_{22} + \overline{T}'_{22} = 0$, $T_{12} = 0$, 且 $T_{11} + \overline{T}'_{11} = -\sqrt{2}I$, 所以

$$T = \begin{pmatrix} -\dfrac{1}{\sqrt{2}}I + K_0 & 0 \\ 0 & K_1 \end{pmatrix},$$

其中 K_0, K_1 为斜 Hermite 方阵. 再代回 (3.1.15), 有 $K_0\Lambda + \Lambda K'_0 = 0$, $\sqrt{2}(T + \overline{T}') = -4\Lambda^2$. 因此证明了 $\Lambda_0 = I$, $K_0 + K'_0 = 0$. 所以 K_0 实斜对称, 这证明了

$$A_{g'_2} = \frac{1}{\sqrt{2}} \begin{pmatrix} \begin{pmatrix} I & 0 \\ 0 & 0 \end{pmatrix} & \begin{pmatrix} I & 0 \\ 0 & 0 \end{pmatrix} \\ \begin{pmatrix} -I & 0 \\ 0 & 0 \end{pmatrix} & \begin{pmatrix} -I & 0 \\ 0 & 0 \end{pmatrix} \end{pmatrix},$$

$$A_{f'_2} = \frac{1}{\sqrt{2}} \begin{pmatrix} \begin{pmatrix} K_2 & 0 \\ 0 & K_3 \end{pmatrix} & \begin{pmatrix} I & 0 \\ 0 & S_0 \end{pmatrix} \\ \begin{pmatrix} I & 0 \\ 0 & -S_0 \end{pmatrix} & \begin{pmatrix} K_2 & 0 \\ 0 & K_3 \end{pmatrix} \end{pmatrix}.$$

注意到正则 J 李代数的条件 (1), $A_{f'_2}$ 只有实特征根, 所以证明了 $K_2 = 0$, $K_3 = 0$, $S_0 = 0$. 再用酉方阵 $\mathrm{diag}\left(\dfrac{1-\sqrt{-1}}{\sqrt{2}}I, I\right)$ 作相应 $\mathfrak{M}_1$ 中基变换, 便证明了在 $\mathfrak{M}_1$ 中存在标准正交基, 使得

$$A_{g'_2} = \begin{pmatrix} 0 & \begin{pmatrix} \sqrt{2}I & 0 \\ 0 & 0 \end{pmatrix} \\ 0 & 0 \end{pmatrix},$$

$$A_{f'_2} = \begin{pmatrix} \begin{pmatrix} -\dfrac{1}{\sqrt{2}}I & 0 \\ 0 & 0 \end{pmatrix} & 0 \\ 0 & \begin{pmatrix} \dfrac{1}{\sqrt{2}}I & 0 \\ 0 & 0 \end{pmatrix} \end{pmatrix}, \tag{3.1.16}$$

其中 I 为 n_{12} 阶单位方阵.

这时，任取 $x \in \mathfrak{G}_2^* = \mathfrak{G}_3 + \cdots + \mathfrak{G}_N$，则有

$$[g_2' + \sqrt{-1}f_2', \mathfrak{G}_2^*] = 0. \tag{3.1.17}$$

由式 (3.1.10)，有 $[A_{x+\sqrt{-1}Jx}, A_{g_2'}] = 0$，$[A_{x+\sqrt{-1}Jx}, A_{f_2'}] = 0$. 再用 A_x 及 A_{Jx} 的特征根为实数，便证明了

$$A_{x+\sqrt{-1}Jx} = \begin{pmatrix} E & S \\ \sqrt{-1}(E + E') - S & -E' \end{pmatrix}, \tag{3.1.18}$$

其中方阵 E 及 S 都按前 n_{12} 行列分块，有

$$E = \begin{pmatrix} 0 & 0 \\ 0 & E_1 \end{pmatrix}, \quad S = \begin{pmatrix} 0 & 0 \\ 0 & S_1 \end{pmatrix}. \tag{3.1.19}$$

按照上面的讨论，我们证明了 $\mathfrak{M}_1$ 有 J 不变子空间分解

$$\mathfrak{M}_1 = \mathfrak{M}_{12} + \mathfrak{M}_{13} + \cdots + \mathfrak{M}_{1,N+1}, \tag{3.1.20}$$

记 $\dim \mathfrak{M}_{1j} = 2n_{1j}$，$2 \leq j \leq N + 1$. 在 $\mathfrak{M}_{1j}$ 中存在标准正交基 $g_{1j1}, \cdots, g_{1jn_{1j}}, f_{1j1}, \cdots, f_{1jn_{1j}}$，$2 \leq j \leq N + 1$，使得将 $A_{g_i'}$，$A_{f_i'}$ 按 $n_{12}, \cdots, n_{1,N+1}, n_{12}, \cdots, n_{1,N+1}$ 行列分块，则有

$$A_{g_i'} = \sqrt{2} \begin{pmatrix} 0 & \Lambda_i \\ 0 & 0 \end{pmatrix}, \tag{3.1.21}$$

$$A_{f_i'} = \frac{1}{\sqrt{2}} \begin{pmatrix} -\Lambda_i & 0 \\ 0 & \Lambda_i \end{pmatrix}, \tag{3.1.22}$$

其中 $\Lambda_i = \mathrm{diag}\,(0, \cdots, 0, I^{(n_{1i})}, 0, \cdots, 0)$，$i = 2, 3, \cdots, N$.

现在来确定 $E_{jkt} = A_{g_{jkt}} + \sqrt{-1}A_{f_{jkt}}$. 由于当 $q \leq j$ 时，

$$[g_q', g_{jkt} + \sqrt{-1}f_{jkt}] = 0,$$

$$[f_q', g_{jkt} + \sqrt{-1}f_{jkt}] = \frac{\delta_{qj}}{\sqrt{2}}(g_{jkt} + \sqrt{-1}f_{jkt}),$$

当 $j < q$ 时，

$$[g_q', g_{jkt} + \sqrt{-1}f_{jkt}] = \delta_{qk}\sqrt{2}f_{jkt},$$

$$[f_q', g_{jkt} + \sqrt{-1}f_{jkt}] = -\frac{1}{\sqrt{2}}\delta_{qk}(g_{jkt} - \sqrt{-1}f_{jkt}),$$

所以有

$$E_{jpt} = \begin{pmatrix} A_{jpt} & B_{jpt} \\ -B_{jpt} + \sqrt{-1}(A_{jpt} + A'_{jpt}) & -A'_{jpt} \end{pmatrix} \qquad (3.1.23)$$

适合条件

$$[A_{g'_q}, E_{jkt}] = \begin{cases} 0, & q \neq k, \\ -\sqrt{2} A_{f_{jkt}}, & q = k, \end{cases}$$

$$[A_{f'_q}, E_{jkt}] = \begin{cases} 0, & q \neq j, k, \\ -\dfrac{1}{\sqrt{2}} E_{jkt}, & q = j, \\ \dfrac{1}{\sqrt{2}} \overline{E}_{jkt}, & q = k. \end{cases}$$

这里 $2 \leq q \leq N, 2 \leq j < k \leq N+1$. 将 E_{jpt} 和 $A_{g'_q}, A_{f'_q}$ 一样分块, 由于 $\mathrm{Re}(E_{jkt}) = A_{g_{jkt}}$, $\mathrm{Im}(E_{jkt}) = A_{f_{jkt}}$ 的特征根都是实数, 所以很容易算得 $B_{jkt} = \sqrt{-1}(A_{jkt} + A'_{jkt}), 2 \leq j < k \leq N+1$. 又

$$A_{jkt} = \begin{pmatrix} 0 & 0 & 0 & 0 & 0 \\ 0 & 0^{(n_{1j})} & 0 & Q_{jkt} & 0 \\ 0 & 0 & 0 & 0 & 0 \\ 0 & 0 & 0 & 0^{(n_{1k})} & 0 \\ 0 & 0 & 0 & 0 & 0 \end{pmatrix}, \qquad (3.1.24)$$

其中 Q_{jkt} 为 $n_{1j} \times n_{1k}$ 实矩阵.

由于当 $2 \leq q \leq j$ 时, 有

$$[g_{jpt}, g_{qrs} + \sqrt{-1} f_{qrs}]$$
$$= -\sqrt{-2} \delta_{jq} \delta_{pr} \delta_{ts} g'_j - \sqrt{-1}(1 - \delta_{jq}) \delta_{pr} \sum_v (e_s A^{vp}_{qk} e'_t) f_{qjv}$$
$$+ (1 - \delta_{qj}) \delta_{jr} \mathrm{Re} \sum_v (e_v A^{sp}_{qj} e'_t)(g_{qpv} - \sqrt{-1} f_{qpv}),$$

以及

$$[f_{jpt}, g_{qrs} + \sqrt{-1}f_{qrs}]$$
$$= \sqrt{2}\delta_{jq}\delta_{pr}\delta_{ts}g'_j - (1 - \delta_{qj})\delta_{jr}\mathrm{Im}\sum_v(e_v A_{qj}^{sp}e'_t)(g_{qpv} - \sqrt{-1}f_{qpv})$$
$$+ (1 - \delta_{jq})\delta_{pr}\sum_v(e_s A_{gj}^{vp}e'_t)f_{qjv},$$

所以有

$$[g_{jpt} + \sqrt{-1}f_{jpt}, g_{qrs} + \sqrt{-1}f_{qrs}]$$
$$= (1 - \delta_{qj})\delta_{jr}\sum_v(e_v\overline{A_{qj}^{sp}}e'_t)(g_{qpv} + \sqrt{-1}f_{qpv}),$$

以及

$$[g_{jpt} - \sqrt{-1}f_{jpt}, g_{qrs} + \sqrt{-1}f_{qrs}]$$
$$= -2\sqrt{-2}\delta_{jq}\delta_{pr}\delta_{ts}g'_j - 2\sqrt{-1}(1 - \delta_{jq})\delta_{pr}\sum_v(e_s A_{qj}^{vp}e'_t)f_{qjv}$$
$$+ (1 - \delta_{qj})\delta_{jr}\sum_v(e_v A_{qj}^{sp}e'_t)(g_{qpv} - \sqrt{-1}f_{qpv})$$

在 $2 \le q \le j$ 时成立，因此有

$$[E_{qrs}, E_{jpt}] = (1 - \delta_{qj})\delta_{jr}\sum_v(e_v\overline{A_{qj}^{sp}}e'_t)E_{qpv},$$

$$[E_{qrs}, \overline{E}_{jpt}] = -2\sqrt{-1}(1 - \delta_{jq})\delta_{pr}\sum_v(e_s A_{qj}^{vp}e'_t)\mathrm{Im}\,E_{qjv}$$

$$- 2\sqrt{-2}\delta_{jq}\delta_{pr}\delta_{ts}A_{q'_j} + \delta_{jr}(1 - \delta_{qj})\sum_v(e_v A_{qj}^{sp}e'_r)\overline{E}_{qpv}.$$

直接计算有

$$\sum_v(e_v\overline{A_{qj}^{sp}}e'_t)Q_{qpv} = Q_{qjs}Q_{jpt},$$

$$\sum_v(e_v A_{qj}^{sp}e'_t)\overline{Q}_{qpv} = Q_{qjs}\overline{Q}_{jpt},$$

$$(3.1.25)$$

$$\delta_{pr} \sum_v (e_s A_{qj}^{vp} e_t') \mathrm{Re}\, Q_{qjv} = \delta_{pr}(Q_{qrs}\overline{Q}'_{jpt}), \tag{3.1.26}$$

其中 $2 \le q < j < p$.

当 $q = j$ 时, 有

$$\delta_{pr}(Q_{jrs}\overline{Q}'_{jpt} + \overline{Q}_{jpt}Q'_{jrs}) = 2\delta_{pr}\delta_{st}I. \tag{3.1.27}$$

今 Q_{ijt} 为 $n_{1i} \times n_{1j}$ 矩阵. 在证明式 (3.1.24) 时, 已证 Q_{ijt} 为实矩阵, $2 \le i < j \le N$. 又 $Q_{i,N+1,t}$ 为复矩阵, $2 \le i \le N$. 我们取 $n_{1j} \times n_{ij}$ 矩阵

$$A_{1i}^{tj} = \sum_s \overline{Q}'_{ijs} e_t' e_s. \tag{3.1.28}$$

所以当 $1 < i < j \le N$ 时, 它为实矩阵; 当 $1 < i \le N < j = N+1$ 时, 它为复矩阵. 由

$$\sum_t e_t' e_s \overline{\left(A_{1i}^{tj}\right)}' = \sum_t e_t' e_s \sum_v e_v' e_t Q_{ijv}$$

及 $e_s e_t' = \delta_{st}$ 为 Kronecker 符号, $\sum_t e_t' e_t = I$ 为单位方阵, 所以

$$Q_{ijs} = \sum_t e_t' e_s \overline{\left(A_{1i}^{tj}\right)}'. \tag{3.1.29}$$

以此代入式 (3.1.25), 有

$$\sum_v (e_v \overline{A_{qj}^{sp}} e_t') \sum_u e_l' e_v \overline{\left(A_{1q}^{lp}\right)}' = \sum_l e_l' e_s \overline{\left(A_{1q}^{lj}\right)}' \sum_u e_u' e_t \overline{\left(A_{1j}^{up}\right)}',$$

所以有

$$\sum_l e_l'(e_t \overline{A_{qj}^{sp}}' e_v') e_v \overline{\left(A_{1q}^{lp}\right)}' = \sum_{u,l} (e_s \overline{\left(A_{1q}^{lj}\right)}' e_u') e_l' e_t \overline{\left(A_{1j}^{up}\right)}'.$$

由 $\sum_v e_v' e_v = I$, 有

$$\sum_l e_l' e_t \overline{\left(A_{qj}^{sp}\right)}' \overline{\left(A_{1q}^{lp}\right)}' = \sum_l e_l' e_t \left(\sum_u e_s \overline{\left(A_{1q}^{lj}\right)}' e_u' \overline{\left(A_{1j}^{ul}\right)}'\right).$$

双方左乘 e_v, 再左乘 e'_t, 对 t 求和, 再利用 $1 < q < j < p \leq N+1$ 可知 $j \leq N$, 因此 A_{1q}^{lj} 实. 所以有

$$A_{1q}^{lp} A_{qj}^{sp} = \sum_u (e_u A_{1q}^{lj} e'_s) A_{1j}^{ul}.$$

用同样办法, 将式 (3.1.29) 代入式 (3.1.26) 便得

$$\sum_{l,u} e'_l e_s \overline{(A_{1q}^{lp})}' A_{1j}^{up} e'_t e_u = \sum_{l,v} (e_s A_{qj}^{vp} e'_t) e'_l e_v (A_{1q}^{lj})'.$$

双方左乘 e_w, 有

$$\sum_u e_s \overline{(A_{1q}^{wp})}' A_{1j}^{up} e'_t e_u = \sum_v (e_s A_{qj}^{vp} e'_t) e_v (A_{1q}^{wj})',$$

再右乘 e'_l, 有

$$\overline{(A_{1q}^{wp})}' A_{1j}^{lp} = \sum_v (e_l A_{1q}^{wj} e'_v) A_{qj}^{vl}.$$

代入式 (3.1.26), 同理有

$$\overline{A_{1j}^{ur}}' A_{1j}^{vr} + \overline{A_{1j}^{vr}}' A_{1j}^{ur} = 2\delta_{uv} I,$$

其中 I 为单位方阵. 至此证明了

$$\{A_{ij}^{tk}, \quad 1 \leq t \leq n_{ij}, \quad 1 \leq i < j < k \leq N+1\}$$

为 N 矩阵组, 且 $\mathfrak{G}_2^*$ 关于 $\mathfrak{M}_1 = \mathfrak{M}_{12} + \cdots + \mathfrak{M}_{1,N+1}$ 的乘法表由式 (3.1.21), (3.1.22) 及式 (3.1.29) 决定, 即

$$A_{g_{jpt}} + \sqrt{-1} A_{f_{jpt}} = \begin{pmatrix} A_{jpt} & \sqrt{-1}(A_{jpt} + A'_{jpt}) \\ 0 & -A'_{jpt} \end{pmatrix}, \qquad (3.1.30)$$

其中

$$A_{jpt} = \mathrm{diag}\,(0^{(n_{12}+\cdots+n_{1,j-1})}, \widetilde{A_{jpt}}, 0^{(n_{1,k+1}+\cdots+n_{1,N+1})}), \qquad (3.1.31)$$

$$\widetilde{A_{jpt}} = \begin{pmatrix} 0^{(n_{1j})} & \cdots & \sum_s e'_s e_t \overline{(A^{sp}_{1j})}' \\ & \ddots & \vdots \\ & & 0^{(n_{1p})} \end{pmatrix}. \tag{3.1.32}$$

于是有

$$[g'_j, g_{1ks} + \sqrt{-1}f_{1ks}] = \sqrt{2}\delta_{jk}f_{1ks},$$

$$[f'_j, g_{1ks} + \sqrt{-1}f_{1ks}] = -\frac{1}{\sqrt{2}}\delta_{jk}(g_{1ks} - \sqrt{-1}f_{1ks}),$$

$$[g_{jpt} + \sqrt{-1}f_{jpt}, g_{1ks}]$$
$$= \delta_{kj}\sum_v (e_v \overline{A^{sp}_{1j}}e'_t)(g_{1pv} + \sqrt{-1}f_{1pv}) + \sqrt{-1}\delta_{kp}\sum_v (e_s \overline{A^{vp}_{1j}}e'_t)f_{1jv},$$

$$[g_{jpt} + \sqrt{-1}f_{jpt}, f_{1ks}] = -\delta_{kp}\sum_v e_s \overline{A^{vp}_{1j}}e'_t f_{1jv}.$$

由 J 基的定义 3.1.1 及归纳法, 证明了在正则 J 李代数中存在 J 基.

反之, 若实李代数 $\mathfrak{G}$ 中存在 J 基 $g'_i, f'_i, g_{ijt}, f_{ijt}$. 在 $\mathfrak{G}$ 中引进线性算子 J, 它定义为 $Jg'_i = f'_i, Jf'_i = -g'_i, Jg_{ijt} = f_{ijt}, Jf_{ijt} = -g_{ijt}$, 且引进线性函数 ψ, 它定义为 $\psi(g'_i) = \sqrt{2}$, $\psi(g_{ijt}) = \psi(f_{ijt}) = 0$, 则用 J 基的乘法表, 不难证明 $(\mathfrak{G}; J, \psi)$ 为正则 J 李代数. 定理证完.

这个定理告诉我们, 给定一个 N 矩阵组, 则可利用 J 基构造出一个正则 J 李代数. 反之, 给定一个正则 J 李代数, 则存在 J 基, 于是可构造出一个 N 矩阵组. 很自然地, 我们需要回答下面一个问题: 给定正则 J 李代数, 不同的 J 基决定的 N 矩阵组间关系如何? 由定义 2.1.5 可知, 两个正则 J 李代数 $(\mathfrak{G}_1; J_1, \psi_1)$ 和 $(\mathfrak{G}_2; J_2, \psi_2)$ 间的 J 同构 φ, 有 $\varphi \circ J_1 = J_2 \circ \varphi$, $\psi_2 \circ \varphi = \psi_1$, 且 φ 将 J 基变为 J 基. 所以上面问题可改述为: 互相 J 同构的正则 J 李代数对应的 N 矩阵组间关系如何?

注意到 J 基是从 Piatetski-Shapiro 分解导出, 所以为了回答这个问题, 我们需要先解决 Piatetski-Shapiro 分解的唯一性问题.

引理 3.1.3 给定正则 J 李代数 $(\mathfrak{G}; J, \psi)$, 设

$$\mathfrak{G} = \mathfrak{G}_1 + \cdots + \mathfrak{G}_N, \quad \mathfrak{G}_j = \mathfrak{R}_j + J\mathfrak{R}_j + \mathfrak{M}_j$$

为 $\mathfrak{G}$ 的 Piatetski-Shapiro 分解. 设 $\mathfrak{R}$ 为 $\mathfrak{G}$ 的一维理想, 则存在指标 $j \in \{1, 2, \cdots, N\}$ 使得 $\mathfrak{R} = \mathfrak{R}_j$, 这时, 有 $[\mathfrak{G}_k, \mathfrak{G}_j] = 0$, 即 $n_{kj} = 0, k = 1, 2, \cdots, j - 1$.

证 设 $\mathfrak{R} = \mathfrak{R}_1$, 则引理自动成立. 设 $\mathfrak{R} \neq \mathfrak{R}_1$, 任取 $0 \neq X \in \mathfrak{R}$, 由于 $\mathfrak{G} = \mathfrak{G}_1 + \mathfrak{G}_1^*, \mathfrak{G}_1^* = \mathfrak{G}_2 + \cdots + \mathfrak{G}_N$, 所以 $X = Y + Z$, 其中 $Y \in \mathfrak{G}_1$, $Z \in \mathfrak{G}_1^*$. 我们来证 $Y = 0$. 设若不然, 则 $Y \in \mathfrak{G}_1 = \mathfrak{R}_1 + J\mathfrak{R}_1 + \mathfrak{M}_1$. 所以 $Y = ag_1' + bf_1' + Y'$, 其中 g_1' 为 $\mathfrak{R}_1$ 的基, $f_1' = Jg_1', [f_1', g_1'] = \sqrt{2}g_1'$. 又 $a, b \in \mathbb{R}, Y' \in \mathfrak{M}_1$. 今 $[f_1', \mathfrak{G}_1^*] = 0$, 所以

$$[f_1', X] = [f_1', Y] = \sqrt{2}ag_1' + \frac{1}{\sqrt{2}}Y' \in \mathfrak{R}.$$

由于 $\mathfrak{R}$ 为一维理想, 这证明了 $[f_1', X] = \lambda X$. 所以 $\lambda a = \sqrt{2}a, \lambda b = 0$, $\lambda Y' = \frac{1}{\sqrt{2}}Y'$, $\lambda Z = 0$. 当 $\lambda = 0$ 时, 有 $Y' = 0, a = 0$. 所以 $Y = bf_1' \neq 0$. 于是由 $[g_1', X] \in \mathfrak{R}_1 \cap \mathfrak{R} = 0$ 及 $[g_1', \mathfrak{G}_1^*] = 0$ 有 $0 = [g_1', X] = b[g_1', f_1'] = -\sqrt{2}bg_1'$. 这推出 $b = 0$. 和 $Y \neq 0$ 矛盾, 所以 $\lambda \neq 0$. 因此 $Z = 0$, 即 $\mathfrak{R} \subset \mathfrak{G}_1$. 但是 $\mathfrak{G}_1$ 中只有一个唯一的一维理想 $\mathfrak{R}_1$, 这又和 $\mathfrak{R} \neq \mathfrak{R}_1$ 矛盾. 至此证明了 $\mathfrak{R} \subset \mathfrak{G}_1^*$. 对 $\mathfrak{G}_2, \mathfrak{G}_3, \cdots$ 依次讨论下去, 由归纳法便证明了存在指标 j 使得 $\mathfrak{R} = \mathfrak{R}_j$. 这时, 任取 $1 \leq k < j$, 则 $[\mathfrak{G}_k, \mathfrak{R}_j] \subset \mathfrak{M}_k \cap \mathfrak{R}_j = 0$. 由 J 基的乘法表可知 $n_{kj} = 0, 1 \leq k < j$, 且 $[\mathfrak{G}_k, \mathfrak{G}_j] = 0$. 引理证完.

引理 3.1.4 在正则 J 李代数 $(\mathfrak{G}; J, \psi)$ 的 Piatetski-Shapiro 分解

$$\mathfrak{G} = \mathfrak{G}_1 + \mathfrak{G}_2 + \cdots + \mathfrak{G}_N, \quad \mathfrak{G}_j = \mathfrak{R}_j + J\mathfrak{R}_j + \mathfrak{M}_j$$

中取 $\mathfrak{R}_a$, 其中指标 $a \in \{1, 2, \cdots, N\}$, 则 $\mathfrak{R}_a$ 为 $\mathfrak{G}$ 的一维理想当且仅当 $\mathfrak{G}_a$ 为 $\mathfrak{G}$ 的 J 理想, 当且仅当 $n_{ja} = 0, 1 \leq j < a$.

证 由引理 3.1.3, 设 $\mathfrak{R}_a$ 为 $\mathfrak{G}$ 的一维理想, 则 $n_{1a} = \cdots = n_{a-1,a} = 0$. 由 J 基的乘法表可知 $[\mathfrak{G}_a, \mathfrak{G}_j] = 0, 1 \leq j < a$. 已知 $[\mathfrak{G}_a, \mathfrak{G}_{a+1} + \cdots + \mathfrak{G}_N] \subset \mathfrak{M}_a \subset \mathfrak{G}_a$, 这证明了 $[\mathfrak{G}_a, \mathfrak{G}] \subset \mathfrak{G}_a$, 所以 $\mathfrak{G}_a$ 为 $\mathfrak{G}$ 的 J 理想. 反之, 设 $\mathfrak{G}_a$ 为 $\mathfrak{G}$ 的 J 理想, 今由 J 基的乘法表可知 $[\mathfrak{R}_a, \mathfrak{G}_{a+1} + \cdots + \mathfrak{G}_r] = 0$, 且可知 $[\mathfrak{R}_a, \mathfrak{G}_1 + \cdots + \mathfrak{G}_{a-1}] \subset$

$\mathfrak{M}_1 + \cdots + \mathfrak{M}_{a-1}$. 但是 $\mathfrak{G}_a$ 为 J 理想, 所以 $[\mathfrak{R}_a, \mathfrak{G}_1 + \cdots + \mathfrak{G}_{a-1}] \subset$ $[\mathfrak{G}_a, \mathfrak{G}_1 + \cdots + \mathfrak{G}_{a-1}] \subset \mathfrak{G}_a$. 这推出 $[\mathfrak{R}_a, \mathfrak{G}_1 + \cdots + \mathfrak{G}_{a-1}] = 0$. 所以 $[\mathfrak{R}_a, \mathfrak{G}] = [\mathfrak{R}_a, \mathfrak{G}_a] \subset \mathfrak{R}_a$, 即 $\mathfrak{R}_a$ 为 $\mathfrak{G}$ 的一维理想. 至此证明了引理. 证完.

引理 3.1.5 设

$$\mathfrak{G} = \mathfrak{G}_1 + \cdots + \mathfrak{G}_N, \quad \mathfrak{G}_j = \mathfrak{R}_j + J\mathfrak{R}_j + \mathfrak{M}_j$$

为正则 J 李代数的 Piatetski-Shapiro 分解. 设 $a \in \{1, 2, \cdots, N\}$, $\mathfrak{R}_a$ 为 $\mathfrak{G}$ 的一维理想, 则 $\mathfrak{G}_a$ 是由 $\mathfrak{R}_a$ 决定的唯一的初等 J 李代数. 这时, 改记 $\mathfrak{G}_a$ 为 $\widetilde{\mathfrak{G}_1}$, 则 $\widetilde{\mathfrak{G}_1}$ 的正交补为

$$\widetilde{\mathfrak{G}_1}^* = \mathfrak{G}_1 + \cdots + \mathfrak{G}_{a-1} + \mathfrak{G}_{a+1} + \cdots + \mathfrak{G}_N,$$

又

$$\mathfrak{G} = \mathfrak{G}_a + \mathfrak{G}_1 + \cdots + \mathfrak{G}_{a-1} + \mathfrak{G}_{a+1} + \cdots + \mathfrak{G}_N$$

也是正则 J 李代数的 Piatetski-Shapiro 分解.

证 为了证由 $\mathfrak{R}_a$ 决定的初等 J 李代数为 $\mathfrak{G}_a$, 只要证明 $X \in \mathfrak{G}, [f'_a, X] = \dfrac{1}{\sqrt{2}}X$, 当且仅当 $X \in \mathfrak{M}_a$. 事实上, 由引理 3.1.4,

$$[\mathfrak{G}_a, \mathfrak{G}_1 + \cdots + \mathfrak{G}_{a-1}] = 0.$$

今 $X \in \mathfrak{G}, [f'_a, X] = \dfrac{1}{\sqrt{2}}X$, 所以记 $X = Y + Z + W$, 其中 $Y \in \mathfrak{G}_1 + \cdots + \mathfrak{G}_{a-1}, Z \in \mathfrak{G}_a, W \in \mathfrak{G}_{a+1} + \cdots \mathfrak{G}_N$, 则 $[f'_a, X] = [f'_a, Z] = \dfrac{1}{\sqrt{2}}(Y + Z + W)$. 由于 $[f'_a, Z] \in \mathfrak{G}_a$, 所以证明了 $Y = 0, W = 0$, 即 $X \in \mathfrak{G}_a$. 于是 $X = ag'_a + bf'_a + m_a$, 其中 $g'_a \in \mathfrak{R}_a, f'_a \in J\mathfrak{R}_a, m_a \in \mathfrak{M}_a$. 而 $[f'_a, X] = a\sqrt{2}g'_a + \dfrac{1}{\sqrt{2}}m_a = \dfrac{1}{\sqrt{2}}(ag'_a + bf'_a + m_a)$. 这证明了 $a = 0, b = 0$, 所以 $X \in \mathfrak{M}_a$. 至此证明了前一断言.

后一断言由引理 3.1.4,3.1.5 以及 Piatetski-Shapiro 分解定理立即可得. 引理证完.

定理 3.1.6 设正则 J 李代数 $(\mathfrak{G}; J, \psi)$ 有两种 Piatetski-Shapi-ro 分解

$$\mathfrak{G} = \mathfrak{G}_1 + \mathfrak{G}_2 + \cdots + \mathfrak{G}_N, \quad \mathfrak{G}_j = \mathfrak{R}_j + J\mathfrak{R}_j + \mathfrak{M}_j,$$
$$\mathfrak{G} = \widetilde{\mathfrak{G}}_1 + \widetilde{\mathfrak{G}}_2 + \cdots + \widetilde{\mathfrak{G}}_M, \quad \widetilde{\mathfrak{G}}_j = \widetilde{\mathfrak{R}}_j + J\widetilde{\mathfrak{R}}_j + \widetilde{\mathfrak{M}}_j. \tag{3.1.33}$$

则 $N = M$, 且存在 $1, 2, \cdots, N$ 的一个排列 $\sigma : i_1 i_2 \cdots i_N$, 使得

$$\widetilde{\mathfrak{G}}_j = \mathfrak{G}_{i_j}, \quad 1 \le j \le N. \tag{3.1.34}$$

又当 $j < k, i_k < i_j$, 则有 $n_{i_k i_j} = 0$, 即 $[\mathfrak{G}_{i_k}, \mathfrak{G}_{i_j}] = 0$.

反之, 给定正则 J 李代数 $(\mathfrak{G}; J, \psi)$ 的 Piatetski-Shapiro 分解

$$\mathfrak{G} = \mathfrak{G}_1 + \cdots + \mathfrak{G}_N, \quad \mathfrak{G}_j = \mathfrak{R}_j + J\mathfrak{R}_j + \mathfrak{M}_j. \tag{3.1.35}$$

如果 $1, 2, \cdots, N$ 的排列 $\sigma : i_1 i_2 \cdots i_N$ 使得当 $j < k$, 且 $i_k < i_j$ 时, 有 $n_{i_k i_j} = 0$, 则

$$\mathfrak{G} = \mathfrak{G}_{i_1} + \mathfrak{G}_{i_2} + \cdots + \mathfrak{G}_{i_N} \tag{3.1.36}$$

也是 $\mathfrak{G}$ 的 Piatetski-Shapiro 分解.

证 设 $\mathfrak{G} = \mathfrak{G}_1 + \cdots + \mathfrak{G}_N = \widetilde{\mathfrak{G}}_1 + \cdots + \widetilde{\mathfrak{G}}_M$. 由于 $\widetilde{\mathfrak{R}}_1$ 为 $\mathfrak{G}$ 的一维理想, 由引理 3.1.4 及 3.1.5, 存在指标 $i_1 \in \{1, 2, \cdots, N\}$, 使得 $\widetilde{\mathfrak{R}}_1 = \mathfrak{R}_{i_1}$, 且 $\mathfrak{G}$ 有 Piatetski-Shapiro 分解

$$\mathfrak{G} = \mathfrak{G}_{i_1} + \mathfrak{G}_1 + \cdots + \mathfrak{G}_{i_1 - 1} + \mathfrak{G}_{i_1 + 1} + \cdots + \mathfrak{G}_N.$$

作为 $\mathfrak{G}_{i_1} = \widetilde{\mathfrak{G}}_1$ 的正交补, 有正则 J 子代数

$$\mathfrak{G}_1 + \cdots + \mathfrak{G}_{i_1 - 1} + \mathfrak{G}_{i_1 + 1} + \cdots + \mathfrak{G}_N = \widetilde{\mathfrak{G}}_2 + \cdots + \widetilde{\mathfrak{G}}_M,$$

且

$$[\mathfrak{G}_{i_1}, \mathfrak{G}_1 + \cdots + \mathfrak{G}_{i_1 - 1}] = 0.$$

这证明了当指标 $k < i_1$, 有 $[\mathfrak{G}_{i_1}, \mathfrak{G}_k] = 0$. 这样依次作下去, 由归纳法便证明了前一断言.

反之, 若 σ 为 $1, 2, \cdots, N$ 的排列 $i_1 i_2 \cdots i_N$, 使得当 $j < k, i_k < i_j$, 则有 $n_{i_k i_j} = 0$. 我们来证 $\mathfrak{G} = \mathfrak{G}_{i_1} + \mathfrak{G}_{i_2} + \cdots + \mathfrak{G}_{i_N}$ 为 Piatetski-Shapiro 分解. 事实上, 考虑初等 J 李代数 $\mathfrak{G}_{i_1}$, 由于当 $j < k, i_k < i_j$

有 $n_{i_k i_j} = 0$. 所以只要 $k = 1, 2, \cdots, i_1 - 1$, 就有 $[\mathfrak{G}_{i_1}, \mathfrak{G}_k] = 0$. 因此 $\mathfrak{R}_{i_1}$ 为 $\mathfrak{G}$ 的一维理想. 由引理 3.1.4, $\mathfrak{G} = \mathfrak{G}_{i_1} + \mathfrak{G}_1 + \cdots + \mathfrak{G}_{i_1-1} + \mathfrak{G}_{i_1+1} + \cdots + \mathfrak{G}_N$ 为正则 J 李代数 $\mathfrak{G}$ 的 Piatetski-Shapiro 分解. 对正则 J 子代数 $\mathfrak{G}_1 + \cdots + \mathfrak{G}_{i_1+1} + \mathfrak{G}_{i_1+1} + \cdots + \mathfrak{G}_N$ 继续讨论. 由归纳法便证明了后一断言成立. 定理证完.

由定理 3.1.2 及定理 3.1.6 立即可以给出

定理 3.1.7 设 $(\mathfrak{G}; J, \psi)$ 为正则 J 李代数, $\mathfrak{G}$ 有两组 J 基, 它们分别记作

$$g'_j, f'_j, \ 1 \le j \le N, g_{jkt}, f_{jkt}, 1 \le t \le n_{jk}, 1 \le j < k \le N+1 \tag{3.1.37}$$

及

$$\widetilde{g}'_j, \widetilde{f}'_j, \ 1 \le j \le \widetilde{N}, \widetilde{g}_{jkt}, \widetilde{f}_{jkt}, 1 \le t \le \widetilde{n}_{jk}, 1 \le j < k \le \widetilde{N}+1. \tag{3.1.38}$$

设这两组 J 基决定的 N 矩阵组分别为

$$\mathfrak{G} = \{A_{ij}^{tk}, 1 \le t \le n_{ij}, 1 \le i < j < k \le N+1\}, \tag{3.1.39}$$

$$\widetilde{\mathfrak{G}} = \{\widetilde{A}_{ij}^{rk}, 1 \le t \le \widetilde{n}_{ij}, 1 \le i < j < k \le \widetilde{N}+1\}. \tag{3.1.40}$$

则存在 $1, 2, \cdots, N$ 的排列 $\sigma : i_1 i_2 \cdots i_N$, 使得当 $j < k, i_k < i_j$ 时, 有 $n_{i_k i_j} = 0$, 且存在实正交方阵 $O_{jk} \in \mathrm{O}(n_{jk})$, $1 \le j < k \le N$ 及酉方阵 $U_j \in \mathrm{U}(m_j)$, $1 \le j \le N$, 使得 (约定当 $n_{ij} = 0$ 时, $n_{ij} = n_{ji}$)

$$\widetilde{N} = N; \tag{3.1.41}$$

$$\widetilde{n}_{ij} = n_{\sigma(i)\sigma(j)}; \tag{3.1.42}$$

$$\begin{aligned}
\widetilde{A}_{ij}^{tk} &= \sum e_t O_{\sigma(i)\sigma(j)} e'_s O_{\sigma(i)\sigma(k)} A_{\sigma(i)\sigma(j)}^{s\sigma(k)} O'_{\sigma(j)\sigma(k)}, \ k \le N, \\
\widetilde{A}_{ij}^{t,N+1} &= \sum e_t O_{\sigma(i)\sigma(j)} e'_s U_{\sigma(i)} A_{\sigma(i)\sigma(j)}^{s,N+1} \overline{U}'_{\sigma(j)},
\end{aligned} \tag{3.1.43}$$

即 N 矩阵组 $\mathfrak{G}$ 和 $\widetilde{\mathfrak{G}}$ 互相等价. 反之, 给定两个 N 矩阵组 (3.1.39) 和 (3.1.40), 它们有条件 (3.1.41)—(3.1.43), 记 (3.1.37) 和 (3.1.38) 分

别为由 N 矩阵组 (3.1.39) 和 (3.1.40) 决定的两个正则 J 李代数 $\mathfrak{G}$ 和 $\mathfrak{G}_1$ 的 J 基, 则正则 J 李代数 $\mathfrak{G}$ 和 $\mathfrak{G}_1$ 互相 J 同构.

证 由定理 3.1.2, 记

$$
\begin{aligned}
\mathfrak{R}_j &=< g'_j >, \quad J\mathfrak{R}_j =< f'_j >, \\
\mathfrak{M}_{ij} &=< g_{ij1}, \cdots, g_{ijn_{ij}}, f_{ij1}, \cdots, f_{ijn_{ij}} >,
\end{aligned}
\tag{3.1.44}
$$

$$
\begin{aligned}
\widetilde{\mathfrak{R}}_j &=< \tilde{g}'_j >, \quad J\widetilde{Q}_j =< \tilde{f}'_j >, \\
\widetilde{\mathfrak{M}}_{ij} &=< \tilde{g}_{ij1}, \cdots, \tilde{g}_{ij\tilde{n}_{ij}}, \tilde{f}_{ij1}, \cdots, \tilde{f}_{ij\tilde{n}_{ij}} > .
\end{aligned}
\tag{3.1.45}
$$

于是正则 J 李代数 $(\mathfrak{G}; J, \psi)$ 有 Piatetski-Shapiro 分解

$$
\begin{aligned}
\mathfrak{G} &= \mathfrak{G}_1 + \cdots + \mathfrak{G}_N, \quad \mathfrak{G}_j = \mathfrak{R}_j + J\mathfrak{R}_j + \mathfrak{M}_j, \\
\mathfrak{M}_j &= \mathfrak{M}_{j,j+1} + \cdots + \mathfrak{M}_{j,N+1},
\end{aligned}
\tag{3.1.46}
$$

$$
\begin{aligned}
\mathfrak{G} &= \widetilde{\mathfrak{G}}_1 + \cdots + \widetilde{\mathfrak{G}}_{\tilde{N}}, \quad \widetilde{\mathfrak{G}}_j = \widetilde{\mathfrak{R}}_J + J\widetilde{\mathfrak{R}}_j + \widetilde{\mathfrak{M}}_j, \\
\widetilde{\mathfrak{M}}_j &= \widetilde{\mathfrak{M}}_{j,j+1} + \cdots + \widetilde{\mathfrak{M}}_{j,N+1}.
\end{aligned}
\tag{3.1.47}
$$

由定理 3.1.6, 则 $\tilde{N} = N$. 又存在 $1, 2, \cdots, N$ 的排列 $\sigma:\ i_1 i_2 \cdots i_N$, 它有条件: 当 $j < k, i_k < i_j$, 则 $n_{i_k i_j} = 0$, 使得

$$
\widetilde{\mathfrak{G}}_j = \mathfrak{G}_{i_j}, \quad i \leq j \leq N.
\tag{3.1.48}
$$

注意到初等 J 李代数的一维理想唯一, 所以推出 $\widetilde{\mathfrak{R}}_j = \mathfrak{R}_{i_j}$. 由

$$
\psi(\tilde{g}'_j) = \psi(g'_{i_j}) = \sqrt{2},
$$

所以 $\tilde{g}'_j = g'_{i_j}$, 于是 $\tilde{f}'_j = f'_{i_j}$. 再由于 $\widetilde{\mathfrak{M}}_j$ 和 $\mathfrak{R}_j + J\mathfrak{R}_j$ 正交, 所以有

$$
\widetilde{\mathfrak{M}}_j = \mathfrak{M}_{i_j}, \quad 1 \leq j \leq N.
\tag{3.1.49}
$$

然而

$$
\widetilde{\mathfrak{M}}_j = \widetilde{\mathfrak{M}}_{j,j+1} + \cdots + \widetilde{\mathfrak{M}}_{j,N+1},
\tag{3.1.50}
$$

$$
\mathfrak{M}_j = \mathfrak{M}_{i_j,i_j+1} + \cdots + \mathfrak{M}_{i_j,N+1}.
\tag{3.1.51}
$$

显然, 由定理 3.1.2 的证明可知, 式 (3.1.50) 取决于 $\operatorname{ad}\widetilde{g}'_{j+1},\cdots,\operatorname{ad}\widetilde{g}'_N$ 在 $\widetilde{\mathfrak{M}}_j$ 上的矩阵表示. 由于 $\widetilde{g}'_k = g'_{i_k}$, 所以式 (3.1.51) 取决于 $\operatorname{ad}g'_{i_{j+1}}$, $\cdots,\operatorname{ad}g'_{i_N}$ 在 $\mathfrak{M}_{i_j}$ 上的矩阵表示.

然而 $i_1 i_2\cdots i_N$ 为 $1,2,\cdots,N$ 的排列, 且当 $j<k, i_k<i_j$ 时, 有 $a_{i_k i_j}=0$. 所以对 $i_{j+1},i_{j+2},\cdots,i_N$, 只要 $l\in\{j+1,\cdots,N\}, i_l<i_j$, 则 $n_{i_l i_j}=n_{i_j i_l}=0$. 这证明了

$$\mathfrak{M}_{i_j}=\widetilde{\mathfrak{M}}_j=\sum_{i_j<i_k}\widetilde{\mathfrak{M}}_{jk}. \tag{3.1.52}$$

同理, 式 (3.1.51) 取决于 $\operatorname{ad}g'_{i_{j}+1},\cdots,\operatorname{ad}g'_N$ 在 $\mathfrak{M}_{i_j}$ 上的矩阵表示. 而 $i_j+1,\cdots,N$ 为 $i_1,i_2,\cdots,i_N$ 中 $N-i_j$ 个数. 它们一部分落在 $\{i_{j+1},\cdots,i_N\}$ 中, 另一部分落在 $\{i_1,i_2,\cdots,i_{j-1}\}$ 中. 如果有一个 $i_j+s\in\{i_1,\cdots,i_{j-1}\}$, 记作 $i_j+s=i_k$, 这里 $k\in\{1,2,\cdots,j-1\}$, 所以 $k<j, i_j<i_k$. 因此 $n_{i_j i_k}=n_{i_j,i_j+s}=0$. 这证明了

$$\mathfrak{M}_{i_j}=\sum_{i_j+s\in\{i_{j+1},\cdots,i_N\}}\mathfrak{M}_{i_j,i_j+s}. \tag{3.1.53}$$

按定理 3.1.2 的证明, 我们在构造 $\mathfrak{M}_{i_j}$ 的分解时, 只是依次用 $\operatorname{ad}\widetilde{g}'_{j+1},\cdots,\operatorname{ad}\widetilde{g}'_N$ 作用. 所以有

$$\widetilde{\mathfrak{M}}_{jk}=\mathfrak{M}_{i_j i_k},\quad \widetilde{n}_{jk}=n_{i_j i_k}. \tag{3.1.54}$$

至此证明了

$$<\widetilde{g}_{jk1},\cdots,\widetilde{g}_{jk\widetilde{n}_{jk}},\widetilde{f}_{jk1},\cdots,\widetilde{f}_{jk\widetilde{n}_{jk}}>,\quad j<k\le N+1 \tag{3.1.55}$$

和

$$<g_{i_j i_k 1},\cdots,g_{i_j i_k n_{i_j i_k}},f_{i_j i_k},\cdots,f_{i_j i_k n_{i_j i_k}}>,\quad j<k\le N \tag{3.1.56}$$

为同一线性空间 $\widetilde{\mathfrak{M}}_{jk}=\mathfrak{M}_{i_j i_k}$ 中的标准正交基, 且使线性变换 J 的方阵表示都是 $\begin{pmatrix}0 & I\\ -I & 0\end{pmatrix}$, 使内积的矩阵表示都对应单位方阵. 为了

使得 $\mathrm{ad}\,\widetilde{g}_k$, $j < k \leq N$ 在 $\widetilde{\mathfrak{M}}_j$ 上的方阵表示不变，所以基 (3.1.55) 到基 (3.1.56) 的基变换公式为

$$\widetilde{g}_{jkt} = \sum_s u_{ts}^{(jk)} g_{\sigma(j)\sigma(k)s}, \quad \widetilde{f}_{jkt} = \sum_s u_{ts}^{(jk)} f_{\sigma(j)\sigma(k)s}, \qquad (*)$$

其中

$$O_{jk} = (u_{ts}^{(jk)}) \in \mathrm{O}\,(n_{jk}), \quad 1 \leq j < k \leq N,$$

$$\begin{cases} \widetilde{g}_{j,N+1,t} = \sum_s u_{ts}^{(j)} g_{\sigma(j),N+1,s} + \sum_s v_{ts}^{(j)} f_{\sigma(j),N+1,s}, \\ \widetilde{f}_{j,N+1,t} = -\sum_s v_{ts}^{(j)} g_{\sigma(j),N+1,s} + \sum_s u_{ts}^{(j)} f_{\sigma(j),N+1,s}, \end{cases} \qquad (**)$$

其中记 $P_j = (u_{ts}^{(j)})$, $Q_j = (v_{ts}^{(j)})$, 则 $U_j = P_j - \sqrt{-1}Q_j \in \mathrm{U}\,(n_{j,N+1})$.

由于当 $q < j$ 有

$$[\widetilde{g}_{jpt} + \sqrt{-1}\widetilde{f}_{jpt}, \widetilde{g}_{qrs}] = \delta_{jr} \sum_v (e_v \overline{(\widetilde{A}_{qj}^{sp})} e_t')(\widetilde{g}_{qpv} + \sqrt{-1}\widetilde{f}_{qpv})$$

$$+ \sqrt{-1}\,\delta_{rp} \sum_v (e_s \overline{\widetilde{A}_{qj}^{vp}} e_t') \widetilde{f}_{qjv},$$

$$[\widetilde{g}_{jpt} + \sqrt{-1}\widetilde{f}_{jpt}, \widetilde{f}_{qrs}] = -\delta_{rp} \sum_v (e_s \overline{\widetilde{A}_{qj}^{vp}} e_t') \widetilde{f}_{qjv}.$$

$$[g_{jpt} + \sqrt{-1}f_{jpt}, g_{qrs}] = \delta_{jr} \sum_v (e_v \overline{A_{qj}^{sp}} e_t')(g_{qpv} + \sqrt{-1}f_{qpv})$$

$$+ \sqrt{-1}\delta_{rp} \sum_v (e_s \overline{A_{qj}^{vp}} e_t') f_{qjv},$$

$$[g_{jpt} + \sqrt{-1}f_{jpt}, f_{qrs}] = -\delta_{rp} \sum_v (e_s \overline{A_{qj}^{vp}} e_t') f_{qjv}.$$

所以当 $p \leq N$ 时，有

$$\sum_v (e_v \widetilde{A}_{qj}^{sp} e_t') u_{vw}^{(qp)} = \sum_{u,v} u_{tu}^{(jp)} u_{sv}^{(qj)} e_w A_{\sigma(q)\sigma(j)}^{v\sigma(p)} e_u',$$

写成的矩阵形式为

$$\widetilde{A}_{qj}^{sp} = \sum (e_s O_{qj} e_t') O_{qp} A_{\sigma(q)\sigma(j)}^{t\sigma(p)} O_{jp}'.$$

当 $p = N+1$ 时, 有

$$\sum_v e_t \overline{\widetilde{A}_{qj}^{s,N+1}}' e_v' e_v U_q e_w' = \sum e_t U_j e_u' e_s O_{qj} e_v' e_w \overline{A_{\sigma(q)\sigma(j)}^{v,N+1}} e_u'.$$

此即

$$\widetilde{A}_{qj}^{s,N+1} = \sum (e_s O_{qj} e_t') U_q A_{\sigma(q)\sigma(j)}^{t,N+1} \overline{U}_j'.$$

至此证明了 N 矩阵组 $\mathfrak{S}$ 和 $\widetilde{\mathfrak{S}}$ 互相等价.

反之, 不难证明, 式 $(*), (**)$ 给出正则 J 李代数 $\mathfrak{S}$ 和 $\mathfrak{S}_1$ 上的 J 同构. 证完.

由定理 3.1.7, 所以正则 J 李代数在 J 同构下的分类问题, 化为 N 矩阵组 $\{A_{ij}^{tk}\}$ 在等价关系 (见附录的式 $(1.36), (1.37)$) 下的分类问题.

在结束这一节前, 我们讨论正则 J 李代数的可分解性.

定义 3.1.8 正则 J 李代数若为两个低维 J 理想的直接和, 则称为可分解的. 否则称为不可分解的.

显然, 若正则 J 李代数 $(\mathfrak{S}; J, \psi)$ 为两个 J 理想 $\mathfrak{K}_1$ 和 $\mathfrak{K}_2$ 的空间直接和, 则 $(\mathfrak{K}_i; J, \psi)$ 仍为正则 J 李代数, 且

$$(\mathfrak{K}_1, \mathfrak{K}_2) = \psi([J\mathfrak{K}_1, \mathfrak{K}_2]) = \psi([\mathfrak{K}_1, \mathfrak{K}_2]) = \psi(0) = 0,$$

即 $\mathfrak{K}_1$ 和 $\mathfrak{K}_2$ 互为正交补.

定理 3.1.9 设 $\mathfrak{S} = \mathfrak{K}_1 + \mathfrak{K}_2$ 为正则 J 李代数 $(\mathfrak{S}; J, \psi)$ 的 J 理想直接和. 设

$$\mathfrak{K}_1 = \mathfrak{S}_1 + \cdots + \mathfrak{S}_s, \quad \mathfrak{K}_2 = \mathfrak{S}_{s+1} + \cdots + \mathfrak{S}_N$$

分别为正则 J 李代数 $(\mathfrak{K}_i; J, \psi)$ 的 Piatetski-Shapiro 分解, 则

$$\mathfrak{S} = \mathfrak{K}_1 + \mathfrak{K}_2 = \mathfrak{S}_1 + \mathfrak{S}_2 + \cdots + \mathfrak{S}_s + \mathfrak{S}_{s+1} + \cdots + \mathfrak{S}_N$$

为 $\mathfrak{S}$ 的一个 Piatetski-Shapiro 分解.

证 由 $[\mathfrak{K}_1, \mathfrak{K}_2] = 0$, 有 $[\mathfrak{S}_i, \mathfrak{S}_j] = 0, 1 \le i \le s < j \le N$. 所以 $n_{ij} = 0, 1 \le i \le s < j \le N$. 显然, $\mathfrak{K}_i$ 中理想为 $\mathfrak{S}$ 的理想,

又 $(\mathfrak{G}_i, \mathfrak{G}_j) = 0, 1 \le i < j \le N$. 按照定理 3.1.2 的办法, 便证明了 $\mathfrak{G} = \mathfrak{G}_1 + \cdots + \mathfrak{G}_s + \mathfrak{G}_{s+1} + \cdots + \mathfrak{G}_N$ 为 Piatetski-Shapiro 分解. 证完.

定理 3.1.10 设 $(\mathfrak{G}; J, \psi)$ 为正则 J 李代数, 则 $\mathfrak{G}$ 可分解当且仅当 $N \times N$ 对称方阵

$$S = \begin{pmatrix} n_{11} & n_{12} & \cdots & n_{1N} \\ n_{21} & n_{22} & \cdots & n_{2N} \\ \vdots & \vdots & & \vdots \\ n_{N1} & n_{N2} & \cdots & n_{NN} \end{pmatrix}, \quad n_{ij} = n_{ji}$$

有性质: 存在可容许排列 $\sigma : i_1 i_2 \cdots i_N$, 使得当 $i < j, \sigma(j) < \sigma(i)$, 则有 $n_{\sigma(j)\sigma(i)} = 0$, 且

$$S^\sigma = \begin{pmatrix} n_{i_1 i_1} & n_{i_1 i_2} & \cdots & n_{i_1 i_N} \\ n_{i_2 i_1} & n_{i_2 i_2} & \cdots & n_{i_2 i_N} \\ \vdots & \vdots & & \vdots \\ n_{i_N i_1} & n_{i_N i_2} & \cdots & n_{i_N i_N} \end{pmatrix}$$

为准对角方阵.

证 设正则 J 李代数 $(\mathfrak{G}; J, \psi)$ 可分解. 于是有理想直接和 $\mathfrak{G} = \mathfrak{K}_1 + \mathfrak{K}_2$, 其中 $(\mathfrak{K}_i; J, \psi), i = 1, 2$ 为正则 J 理想. 由定理 3.1.9,

$$\mathfrak{K}_1 = \mathfrak{G}_1 + \cdots + \mathfrak{G}_s, \quad \mathfrak{K}_2 = \mathfrak{G}_{s+1} + \cdots + \mathfrak{G}_N$$

分别为 $\mathfrak{K}_1$ 及 $\mathfrak{K}_2$ 的 Piatetski-Shapiro 分解. 由 $[\mathfrak{G}_q, \mathfrak{G}_j] = 0, 1 \le q \le s < j \le N$ 及 J 基的乘法关系 $[g'_j, g_{qjs}] = \sqrt{2} f_{qjs}, 1 \le q \le s < j \le N$ 可知 $n_{qj} = 0, 1 \le q \le s < j \le N$. 这证明了对称方阵 S 为准对角方阵.

反之, 若存在 $1, 2, \cdots, N$ 的可容许排列 $\sigma : i_1 i_2 \cdots i_N$, 使得 S^σ 为准对角方阵, 由定理 3.1.6, 无妨设 S 为准对角方阵, 即存在 $1 \le s < N$, 使得 $n_{ij} = 0, 1 \le i \le s < j \le N$. 因此由 J 基的乘法表立即可知 $[\mathfrak{G}_i, \mathfrak{G}_j] = 0, 1 \le i \le s < j \le N$. 这证明了 $\mathfrak{K}_1 =$

$\mathfrak{G}_1 + \cdots + \mathfrak{G}_s, \mathfrak{K}_2 = \mathfrak{G}_{s+1} + \cdots + \mathfrak{G}_N$ 分别为 $(\mathfrak{G}; J, \psi)$ 的正则 J 理想. 又 $\mathfrak{G} = \mathfrak{K}_1 + \mathfrak{K}_2$ 为理想直接和, 这证明了 $\mathfrak{G}$ 可分解. 定理证完.

定理 3.1.11 设 $(\mathfrak{G}; J, \psi)$ 为正则 J 李代数,

$$\mathfrak{G} = \mathfrak{G}_1 + \cdots + \mathfrak{G}_N$$

为它的 Piatetski-Shapiro 分解, 它对应的 $N \times N$ 对称方阵为 $S = (n_{ij})$, 则 $\mathfrak{G}$ 不可分解当且仅当不存在可容许排列 σ, 使得 S^σ 为准对角方阵, 当且仅当在平面上标上点 $1, 2, \cdots, N$. 在 $n_{ij} \neq 0$ 时, 点 i 和点 j 联线, 在 $n_{ij} = 0$ 时, 点 i 和点 j 不联线, 则图为连通图.

证 前一结论由定理 3.1.10 立即推出. 后一结论由准对角方阵的性质立即可知. 证完.

结合定理 3.1.10 及定理 3.1.11, 立即有

定理 3.1.12 正则 J 李代数 $(\mathfrak{G}; J, \psi)$ 必能分解为极小正则 J 理想的理想直接和, 且不计次序, 分解唯一.

§3.2 正规锥和第一类正规 Siegel 域

在这两节, 我们给出齐性 Siegel 域的一种实现, 即构造一种特殊的齐性 Siegel 域, 称为正规 Siegel 域. 且证明任一齐性 Siegel 域仿射等价于正规 Siegel 域. 这样一来, 我们将齐性 Siegel 域在全纯同构下的分类化为正规 Siegel 域在全纯同构下的分类.

实际上, 在这一节将要证明齐性 Siegel 域间全纯等价必仿射等价. 因此由 Vinberg, Gindikin, Piatetski – Shapiro[1] 的结果: 任意齐性有界域全纯等价于齐性 Siegel 域, 从而证明了任意齐性有界域全纯等价于正规 Siegel 域, 且将齐性有界域的全纯等价分类问题化为正规 Siegel 域的一种特殊的仿射等价分类问题, 进而化为 N 矩阵组在等价关系 (见附录中定义 1.8) 下的分类问题.

记 $D(V, F)$ 为 $\mathbb{C}^n \times \mathbb{C}^m$ 中齐性 Siegel 域. 由定理 2.2.1, 我们知道齐性 Siegel 域 $D(V, F)$ 在仿射自同构群 $\mathrm{Aff}\,(D(V, F))$ 下可递. 记 $\mathrm{aff}\,(D(V, F))$ 为李群 $\mathrm{Aff}\,(D(V, F))$ 的李代数. 由定理 1.1.16, 我们有

如下子空间直接和

$$\text{aff}\,(D(V,F)) = L_{-2} + L_{-1} + L_0, \tag{3.2.1}$$

其中

$$L_{-2} = \{\alpha\frac{\partial}{\partial z} \mid \forall \alpha \in \mathbb{R}^n\,\}, \tag{3.2.2}$$

$$L_{-1} = \{\beta\frac{\partial'}{\partial u} + 2\sqrt{-1}F(u,\beta)\frac{\partial'}{\partial z} \mid \forall \beta \in \mathbb{C}^m\,\}, \tag{3.2.3}$$

$$L_0 = \{\ zA\frac{\partial'}{\partial z} + uB\frac{\partial'}{\partial u} \mid xA\frac{\partial'}{\partial x} \in \text{aff}\,(V), B \in \text{gl}\,(m,\mathbb{C}),$$

$$F(uB,u) + F(u,uB) = F(u,u)A, \forall u \in \mathbb{C}^m\,\}. \tag{3.2.4}$$

引理 3.2.1 李代数 $\text{aff}\,(D(V,F))$ 中子空间直接和 $L_{-2} + L_{-1}$ 为 $\text{aff}\,(D(V,F))$ 的三角子代数,且为幂零理想.

证 今 $[L_i, L_j] \subset L_{i+j}, \forall i,j \in \{0,-1,-2\}$,这里规定当 $k < -2$ 时, $L_k = 0$,所以

$$[\text{aff}\,(D(V,F)), L_{-2} + L_{-1}] \subset L_{-1} + L_{-2},$$

即 $L_{-1} + L_{-2}$ 为 $\text{aff}\,(D(V,F))$ 的理想. 再由

$$[L_{-2} + L_{-1}, L_{-2} + L_{-1}] \subset L_{-2}, \quad [L_{-2} + L_{-1}, L_{-2}] = 0$$

可知, $L_{-1} + L_{-2}$ 为 $\text{aff}\,(D(V,F))$ 的幂零理想. 在 L_{-1} 中取基,再在 L_{-2} 中取基. 便证明了 $\text{ad}\,(L_{-1} + L_{-2})$ 中元可同时表为上三角方阵,对角元素都是零. 所以证明了 $L_{-2} + L_{-1}$ 为三角子代数. 证完.

引理 3.2.2 李代数 $\text{aff}\,(D(V,F))$ 中子集

$$\{x \in \text{aff}\,(D(V,F)) \mid (\text{ad}\,x)^2 = 0\} = L_{-2}. \tag{3.2.5}$$

证 显然,当 $x \in L_{-2}$ 时,有 $(\text{ad}\,x)^2 = 0$. 反之,任取

$$x = \alpha\frac{\partial'}{\partial z} + \beta\frac{\partial'}{\partial u} + 2\sqrt{-1}F(u,\beta)\frac{\partial'}{\partial z} + zA\frac{\partial'}{\partial z} + uB\frac{\partial'}{\partial u} \in \text{aff}\,(D(V,F))$$

使得 $(\operatorname{ad} x)^2 = 0$. 于是任取 $a \in \mathbb{R}^n$, 有

$$0 = (\operatorname{ad} x)^2 \left(a \frac{\partial'}{\partial z} \right) = a A^2 \frac{\partial'}{\partial z}.$$

因此 $a A^2 = 0, \forall a \in \mathbb{R}^n$, 所以 $A^2 = 0$. 这证明了

$$x A \frac{\partial'}{\partial x} \in \operatorname{aff}(V), \quad A^2 = 0.$$

所以锥 V 上有仿射自同构

$$x \to x e^{tA} = x(I + tA), \quad \forall t \in \mathbb{R}.$$

若 $A \neq 0$, 则在 V 中存在点 x_0 使得 $x_0 A \neq 0$. 于是锥 V 中有子集 $\{x = x_0 + t(x_0 A) \,|\, \forall t \in \mathbb{R}\}$. 这证明了锥 V 中包含整条直线. 由锥 V 的条件便导出矛盾. 至此证明了 $A = 0$. 所以

$$u B \frac{\partial'}{\partial u} \in L_0,$$

即有

$$F(uB, u) + F(u, uB) = 0.$$

而

$$x = \alpha \frac{\partial'}{\partial z} + \beta \frac{\partial'}{\partial u} + 2\sqrt{-1} F(u, \beta) \frac{\partial'}{\partial z} + u B \frac{\partial'}{\partial u} \in \operatorname{aff}(D(V, F)).$$

今已知 $\sqrt{-1} u \frac{\partial'}{\partial u} \in L_0$, 于是

$$0 = (\operatorname{ad} x)^2 \left(\sqrt{-1} u \frac{\partial'}{\partial u} \right) = 4 F(\beta, \beta) \frac{\partial'}{\partial z} + 2 F(uB, \beta) \frac{\partial'}{\partial z} - \sqrt{-1} \beta B \frac{\partial'}{\partial u}.$$

这证明了 $F(\beta, \beta) = 0$. 由 Hermite 向量函数 F 的条件可知 $\beta = 0$, 所以

$$x = \alpha \frac{\partial'}{\partial z} + u B \frac{\partial'}{\partial u}, \quad F(uB, u) + F(u, uB) = 0.$$

任取 $\tilde{\beta} \in \mathbb{C}^m$, 则

$$0 = (\mathrm{ad}\, x)^2 (\tilde{\beta}\frac{\partial'}{\partial u} + 2\sqrt{-1}F(u,\tilde{\beta})\frac{\partial'}{\partial z})$$

$$= 2\sqrt{-1}F(uB^2,\tilde{\beta})\frac{\partial'}{\partial z} + \tilde{\beta}B^2\frac{\partial'}{\partial u},$$

所以 $B^2 = 0$. 今由 $F(uB,u) + F(u,uB) = 0, \forall u \in \mathbb{C}^m$, 则有 $F(uB,v) + F(u,vB) = 0, \forall u,v \in \mathbb{C}^m$. 于是

$$F(uB,uB) = -F(u,uB^2) = 0.$$

这证明了 $uB = 0, \forall u \in \mathbb{C}^m$, 所以 $B = 0$. 至此证明了 $x = \alpha\frac{\partial'}{\partial z} \in L_{-2}$. 引理证完.

由引理 2.2.7 可知, 线性李群 $\mathrm{Aff}\,(D(V,F))$ 的单位连通分支 G 为代数李群. 由定理 2.2.12 可知, 在 G 中存在极大连通三角群 T, 它在 Siegel 域 $D(V,F)$ 上单可递. 记 K 为 G 中点 $p = (z_0, u_0) \in D(V,F)$ 的迷向子群, 由定理 2.2.5, K 连通, 且代数李群 G 有半直乘积分解

$$G = T \cdot K, \quad T \cap K = \{e\}, \tag{3.2.6}$$

其中 e 为李群 G 的单位元素, 又 Siegel 域 $D(V,F)$ 和左旁集空间 G/K 全纯同构. 所以可建立到上的一一对应关系 $\tau : T \to G/K$. 利用 G/K 上的 G 不变复结构和 G 不变 Kähler 度量, 于是可在三角李群 T 中引进 G 不变复结构和 G 不变 Kähler 度量, 使得 τ 为全纯同构. 至此我们给出了三角李群 T 和齐性 Siegel 域 $D(V,F)$ 全纯等价. 所以三角李群 T 实际上给出了齐性 Siegel 域 $D(V,F)$ 的一种实现.

由引理 2.1.2, 为了使得 τ 为全纯同构, 则三角李群 T 的李代数 $\mathfrak{G}$ 上有线性算子 J 及线性函数 ψ, 使得 $(\mathfrak{G}; J, \psi)$ 为正则 J 李代数.

由 Vinberg 引理可知, 连通代数李群 G 中极大三角群在内自同构下互相共轭. 用引理 3.2.1, 我们在连通代数李群 G 中取这样的极大三角子群 T, 使得 T 的李代数 $\mathfrak{G}$ 包含 $\mathrm{aff}\,(D(V,F))$ 的三角子代数 $L_{-2} + L_{-1}$. 因此有 $\mathfrak{G} = L_{-2} + L_{-1} + \mathfrak{G} \cap L_0$. 所以我们证明了

引理 3.2.3 设 $D(V, F)$ 为 $\mathbb{C}^n \times \mathbb{C}^m$ 中的齐性 Siegel 域, 则在齐性 Siegel 域 $D(V, F)$ 的仿射自同构群 $\mathrm{Aff}(D(V, F))$ 中存在极大三角子群 $T(D(V, F))$, 它在齐性 Siegel 域 $D(V, F)$ 上单可递, 且 $T(D(V, F))$ 的李代数

$$\mathfrak{G} = L_{-2} + L_{-1} + \mathfrak{G} \cap L_0 \tag{3.2.7}$$

上有线性算子 J 及线性函数 ψ 使得 $(\mathfrak{G}; J, \psi)$ 为正则 J 李代数.

在这一节, 我们考虑第一类齐性 Siegel 域 $D(V)$. 这时,

$$\mathrm{aff}(D(V)) = L_{-2} + L_0, \tag{3.2.8}$$

其中

$$L_{-2} = \{\alpha \in \frac{\partial}{\partial z} \mid \forall \alpha \in \mathbb{R}^n\}, \tag{3.2.9}$$

$$L_0 = \{zA\frac{\partial'}{\partial z} \mid A \in \mathrm{gl}(n, \mathbb{R}), \ xA\frac{\partial'}{\partial x} \in \mathrm{aff}(V)\}. \tag{3.2.10}$$

引理 3.2.4 设 $D(V)$ 为第一类齐性 Siegel 域. $\mathrm{aff}(D(V))$ 中极大三角子代数

$$\mathfrak{G} = L_{-2} + L_0 \cap \mathfrak{G} \tag{3.2.11}$$

作为正则 J 李代数, 存在 J 基

$$g'_j, f'_j, \ 1 \le j \le N, g_{jkt}, f_{jkt}, \ 1 \le t \le n_{jk}, 1 \le j < k \le N+1, \tag{3.2.12}$$

使得

$$L_{-2} = < g'_j, \ 1 \le j \le N, f_{jkt}, \ 1 \le t \le n_{jk}, 1 \le j < k \le N+1 > . \tag{3.2.13}$$

证 由引理 3.2.2, $L_{-2} = \{x \in \mathfrak{G} \mid (\mathrm{ad}\, x)^2 = 0\}$. 由定义 3.1.1 给出的 J 基的乘法表, 易证 $g'_j \in L_{-2}, 1 \le j \le N, f_{jkt} \in L_{-2}, 1 \le t \le n_{jk}, 1 \le j < k \le N$.

记

$$h_{jt} = g_{j,N+1,t} + \sqrt{-1} f_{j,N+1,t}, \ 1 \le t \le n_{j,N+1}, 1 \le j \le N,$$
$$x = \sum y_j f'_j + \sum x_{jkt} g_{jkt} + \sum (\lambda_{jt} h_{jt} + \overline{\lambda}_{jt} \overline{h}_{jt}) \in L_{-2}.$$

由于 $[x, [x, g_p']]$ 在 g_p' 的投影为 $2y_p^2$, 所以 $(\mathrm{ad}\,x)^2 = 0$ 蕴含 $y_p = 0, 1 \le p \le N$, 这时, $[x, [x, g_p']]$ 在 $g_j'(j < p)$ 的投影为 $2\sum_t x_{jpt}^2$. 由 $[x, [x, g_p']] = 0$ 可知 $x_{jpt} = 0, 1 \le t \le n_{jp}, j \le p \le N$. 至此证明了

$$x = \sum_{j,t}(\lambda_{jt} h_{jt} + \overline{\lambda}_{jt}\overline{h}_{jt}).$$

另一方面, $\dim_C D(V) = n, \dim_R V = n$, 所以 $\dim_R L_{-2} = n$. 但是

$$\dim \mathfrak{G} = 2N + 2\sum_{1 \le j < k \le N+1} n_{jk} = \dim_R D(V) = 2n.$$

由于 L_{-2} 中有 $g_j', 1 \le j \le N, f_{jkt}, 1 \le t \le n_{jk}, 1 \le j < k \le N$, 所以 L_{-2} 中有 $\sum_{1 \le j \le N} n_{j,N+1}$ 个线性无关的元素属于 $\sum_{j=1}^N \mathfrak{M}_{j,N+1}$. 注意到子空间 L_{-2} 为交换理想, 所以若 $\sum(\lambda_{jt} h_{jt} + \overline{\lambda}_{jt}\overline{h}_{jt}) \in L_{-2}$, 则

$$\sqrt{2}[f_k', \sum_{j,t}(\lambda_{jt} h_{jt} + \overline{\lambda}_{jt}\overline{h}_{jt})] = \sum_t(\lambda_{kt} h_{kt} + \overline{\lambda}_{kt}\overline{h}_{kt}) \in L_{-2}.$$

这证明了 Piatetski-Shapiro 分解 $\mathfrak{G} = \mathfrak{G}_1 + \cdots + \mathfrak{G}_N$, 有

$$L_{-2} \cap \mathfrak{G} = \sum L_{-2} \cap \mathfrak{G}_j = \sum \mathfrak{R}_j + \sum_{j<k} \mathfrak{M}_{jk} \cap L_{-2}.$$

所以证明了在 $\mathfrak{M}_{j,N+1}$ 中恰有 $n_{j,N+1}$ 个线性无关的向量在 L_{-2} 中, 记作 $p_{j1}, \cdots, p_{jn_{j,N+1}}$. 对它们按内积 $(x, y) = \psi([Jx, y])$ 作 Schmidt 正交化. 无妨取它们为两两正交的单位向量, 于是

$$Jp_{j1}, \cdots, Jp_{j,n_{j,N+1}}$$

为 $\mathfrak{M}_{j,N+1}$ 中两两正交的单位向量. 我们来证 $p_{js}, Jp_{jt}, \forall\, s, t$ 互相正交. 事实上,

$$(Jp_{jt}, p_{js}) = \psi([p_{js}, p_{jt}]),$$

而

$$[p_{js}, p_{jt}]$$
$$= [\sum(x_{js}g_{j,N+1,s} + y_{js}f_{j,N+1,s}), \sum(x_{jt}g_{j,N+1,t} + y_{jt}f_{j,N+1,t})]$$
$$= 0.$$

这证明了断言. 因此我们仍取一部分 J 基为 $g'_j, f'_j, g_{jkt}, f_{jkt}, 1 \leq t \leq n_{jk}, 1 \leq j < k \leq N$, 再在 $\sum\limits_{j=1}^{N+1} \mathfrak{M}_{j,N+1}$ 中取 J 基的另一部分为 $g_{j,N+1,s} = -Jp_{js}, f_{j,N+1,s} = p_{js}, 1 \leq s \leq n_{j,N+1}, 1 \leq j \leq N$. 于是证明了式 (3.2.13) 成立. 引理证完.

定理 3.2.5 设 $D(V)$ 为第一类 n 维齐性 Siegel 域, 则在李代数 $\mathrm{aff}(D(V))$ 中存在极大三角子代数 $\mathfrak{G} = L_{-2} + \mathfrak{G} \cap L_0$. 在 $\mathfrak{G}$ 上存在线性算子 J 及线性函数 ψ, 使得 $(\mathfrak{G}; J, \psi)$ 为正则 J 李代数, 且 $\mathfrak{G}$ 有 Piatetski-Shapiro 分解.

$$\mathfrak{G} = \mathfrak{G}_1 + \cdots + \mathfrak{G}_N, \mathfrak{G}_j = \mathfrak{R}_j + J\mathfrak{R}_j + \mathfrak{M}_j, \mathfrak{M}_j = \sum_{k=j+1}^{N} \mathfrak{M}_{jk}. \quad (3.2.14)$$

又存在 $\mathbb{C}^n$ 上的实线性自同构 τ, 记第一类齐性 Siegel 域 $\tau(D(V))$ 的坐标为

$$z = (s_1, z_2, s_2, \cdots, z_N, s_N), z_j = (z_{1j}, \cdots, z_{j-1,j}),$$
$$s_j \in \mathbb{C}, z_{ij} = (z_{ij}^{(1)}, \cdots, z_{ij}^{(n_{ij})}) \in \mathbb{C}^{n_{ij}}, \quad (3.2.15)$$

则有正则 J 李代数 $\mathfrak{G}$ 的 J 基

$$g'_j, f'_j, g_{jkt}, f_{jkt}, 1 \leq t \leq n_{jk}, 1 \leq j < k \leq N+1,$$

其中 $n_{j,N+1} = 0, 1 \leq j \leq N$. 这里, L_{-2} 有基

$$g'_j = \sqrt{2}\frac{\partial}{\partial s_j}, \quad 1 \leq j \leq N,$$
$$f_{jkt} = \frac{\partial}{\partial z_{jk}^{(t)}}, \quad 1 \leq t \leq n_{jk}, 1 \leq j < k \leq N, \quad (3.2.16)$$

又 $L_0 \cap \mho$ 有基

$$-\sqrt{2}f'_j = A_j = 2s_j\frac{\partial}{\partial s_j} + \sum_{p<j} z_{pj}\frac{\partial'}{\partial z_{pj}} + \sum_{j<p} z_{jp}\frac{\partial'}{\partial z_{jp}}, \quad 1 \le j \le N,$$
(3.2.17)

和

$$g_{ijt} = X_{ij}^{(t)} = 2z_{ij}^{(t)}\frac{\partial}{\partial s_i} + s_j\frac{\partial}{\partial z_{ij}^{(t)}} + \sum_{p<i}\sum_s (z_{pj}A_{pi}^{sj}e'_t)\frac{\partial}{\partial z_{pi}^{(s)}}$$

$$+ \sum_{i<p<j}\sum_s (e_t A_{ip}^{sj} z'_{pj})\frac{\partial}{\partial z_{ip}^{(s)}} + \sum_{j<p} z_{jp}(A_{ij}^{tp})'\frac{\partial'}{\partial z_{ip}},$$
(3.2.18)

其中 $1 \le t \le n_{ij}$, $\quad 1 \le i < j \le N$.

证 由引理 3.2.4 可知 $n = N + \sum\limits_{1 \le j < k \le N+1} n_{jk}$,

$$L_{-2} = <g'_j, 1 \le j \le N, f_{jkt}, 1 \le t \le n_{jk}, 1 \le j < k \le N+1>.$$

所以记 Siegel 域 $D(V)$ 中点坐标为

$$Z = (S_1, Z_2, S_2, \cdots, Z_N, S_N, Z_{N+1}) = (Z^{(1)}, \cdots, Z^{(n)}),$$

其中 $S_j \in \mathbb{C}, Z_j = (Z_{1j}, \cdots, Z_{j-1,j}), Z_{ij} \in \mathbb{C}^{n_{ij}}$. 而由

$$L_{-2} = <\frac{\partial}{\partial Z^{(j)}}, \quad 1 \le j \le n>,$$

证明了

$$g'_j = \sqrt{2}\alpha_j\frac{\partial'}{\partial Z}, \quad f_{jkt} = \alpha_{jkt}\frac{\partial'}{\partial Z},$$

其中 $\alpha_j, \alpha_{jkt} \in \mathbb{R}^n$. 由 $g'_j, f_{jkt}, 1 \le t \le n_{jk}, 1 \le j < k \le N+1$ 构成 L_{-2} 的一组基, 所以 $\alpha_j, \alpha_{jkt}, 1 \le j < k \le N+1$ 构成 $\mathbb{R}^n$ 的一组基. 因此存在矩阵 $P \in \mathrm{GL}(n, \mathbb{R})$, 作线性同构 $\tau: z = ZP$, 有 $\frac{\partial'}{\partial Z} = P\frac{\partial'}{\partial z}$. 于是对第一类齐性 Siegel 域 $\tau(D(V)) = D(\tau(V))$, 有

$$g'_i = \sqrt{2}\frac{\partial}{\partial s_i}, \quad f_{ijt} = \frac{\partial}{\partial z_{ij}^{(t)}}, \quad 1 \le t \le n_{ij}, 1 \le i < j \le N+1.$$

注意到正则 J 李代数 $\mathfrak{G} \subset \mathrm{aff}\,(\tau(D(V)))$, 所以记

$$f'_j = -\frac{1}{\sqrt{2}}(\beta_j \frac{\partial'}{\partial z} + z B_j \frac{\partial'}{\partial z}), \quad g_{jkt} = \alpha_{jkt}\frac{\partial'}{\partial z} + z B_{jkt}\frac{\partial'}{\partial z},$$

其中 $\beta_j, \alpha_{jkt} \in \mathbb{R}^n, B_j, B_{jkt} \in \mathrm{gl}\,(n,\mathbb{R})$. 由 $\mathrm{aff}\,(\tau(D(V)))$ 中元素应适合的条件, 所以 $xB_j\frac{\partial'}{\partial x}, xB_{jkt}\frac{\partial'}{\partial x} \in \mathrm{aff}\,(\tau(V))$. 现在来确定 $\beta_j, \alpha_{jkt}, B_j, B_{jkt}$. 首先, 由 $[L_{-2}, L_{-2}] = 0$, 定义 3.1.1 及定理 3.1.2, 当 $i < j < k$ 时, 有

$$[f_{ikt}, f_{jkq}] = -\sum_v e_t(\mathrm{Im}\,(A_{ij}^{vk}))e'_q f_{ijv} = 0.$$

这证明了 $\mathrm{Im}\,(A_{ij}^{vk}) = 0$, 即 N 矩阵组 $\{A_{ij}^{tk}, 1 \leq t \leq n_{ij}, 1 \leq i < j < k \leq N+1\}$ 由实矩阵构成.

在 L_{-2} 中任取

$$\beta\frac{\partial'}{\partial z} = \sum b_{pp}\frac{\partial}{\partial s_p} + \sum b_{pqs}\frac{\partial}{\partial z_{pq}^{(s)}} = \frac{1}{\sqrt{2}}\sum b_{pp}g'_p + \sum b_{pqs}f_{pqs},$$

则

$$[\beta\frac{\partial'}{\partial z}, f'_j] = [\beta\frac{\partial'}{\partial z}, -\frac{1}{\sqrt{2}}(\beta_j\frac{\partial'}{\partial z} + z B_j\frac{\partial'}{\partial z})] = -\frac{1}{\sqrt{2}}\beta B_j\frac{\partial'}{\partial z}.$$

另一方面, 由 J 基的乘法表有

$$[\beta\frac{\partial'}{\partial z}, f'_j] = -b_{jj}g'_j - \frac{1}{\sqrt{2}}\sum b_{jqs}f_{jqs} - \frac{1}{\sqrt{2}}\sum b_{pjs}f_{pjs}$$

$$= -\sqrt{2}b_{jj}\frac{\partial}{\partial s_j} - \frac{1}{\sqrt{2}}\sum b_{jqs}\frac{\partial}{\partial z_{jq}^{(s)}} - \frac{1}{\sqrt{2}}\sum b_{pjs}\frac{\partial}{\partial z_{pj}^{(s)}}.$$

因此有恒等式

$$\beta B_j\frac{\partial'}{\partial z} = 2b_{jj}\frac{\partial}{\partial s_j} + \sum_{p<j}\sum b_{pjs}\frac{\partial}{\partial z_{pj}^{(s)}} + \sum_{j<p}\sum b_{jqs}\frac{\partial}{\partial z_{jq}^{(s)}}.$$

取 β 为 z, 便证明了

$$f'_j = -\frac{1}{\sqrt{2}}(\beta_j \frac{\partial'}{\partial z} + A_j),$$

其中 A_j 由式 (3.2.17) 定义. 由 $f'_j, \beta_j \frac{\partial'}{\partial z} \in \mathfrak{G}$, 证明了 $A_j \in L_0 \cap \mathfrak{G}$.

再

$$[\beta \frac{\partial'}{\partial z}, g_{jkt}] = [\beta \frac{\partial'}{\partial z}, \alpha_{jkt} \frac{\partial'}{\partial z} + z B_{jkt} \frac{\partial'}{\partial z}] = \beta B_{jkt} \frac{\partial'}{\partial z},$$

由 J 基的乘法表有

$$[\beta \frac{\partial'}{\partial z}, g_{jkt}] = [\frac{1}{\sqrt{2}} \sum b_{pp} g'_p + \sum b_{pqs} f_{pqs}, g_{jkt}]$$

$$= b_{kk} \frac{\partial}{\partial z_{jk}^{(t)}} + 2 b_{jkt} \frac{\partial}{\partial s_j} + \sum_{p<j} \sum b_{pks} e_s A_{pj}^{rk} e'_t \frac{\partial}{\partial z_{pj}^{(r)}}$$

$$+ \sum_{j<p<k} \sum b_{pks} e_s (A_{jp}^{rk})' e'_t \frac{\partial}{\partial z_{jp}^{(r)}} + \sum_{j<k<p} \sum b_{kps} e_s (A_{jk}^{tp})' \frac{\partial'}{\partial z_{jp}}.$$

取 β 为 z, 便证明了

$$g_{jkt} = \alpha_{jkt} \frac{\partial'}{\partial z} + X_{jk}^{(t)},$$

其中 $X_{jk}^{(t)}$ 由式 (3.2.18) 定义. 由 $g_{jkt}, \alpha_{jkt} \frac{\partial'}{\partial z} \in \mathfrak{G}$, 证明了 $X_{jk}^{(t)} \in L_0 \cap \mathfrak{G}$.

我们来证 $n_{j,N+1} = 0$, $1 \le j \le N$. 事实上, 记

$$\xi_j = (a_j^{(1)}, \cdots, a_j^{(n_{j,N+1})}),$$

由 $X_{j,N+1}^{(t)} \in L_0 \cap \mathfrak{G}$, 任取 $j \in \{1, 2, \cdots, N\}$, 则 $\mathrm{aff}\,(D(V))$ 中有

$$X_j = \sum a_j^{(t)} X_{j,N+1}^{(t)}$$

$$= 2 z_{j,N+1} \xi'_j \frac{\partial}{\partial s_j} + \sum_{p<j} \sum z_{p,N+1} A_{pj}^{s,N+1} \xi'_j \frac{\partial}{\partial z_{pj}^{(s)}}$$

$$+ \sum_{j<p\le N} \sum \xi_j A_{jp}^{s,N+1} z_{p,N+1} \frac{\partial}{\partial z_{jp}^{(s)}}.$$

因此 $\exp tX_j$ 为如下的单参数子群

$$s_i \to s_i, \quad i \neq j, \quad s_j \to s_j + 2z_{j,N+1}\xi'_j t,$$

$$z_{pj} \to z_{pj} + \sum(z_{p,N+1}A_{pj}^{s,N+1}\xi'_j e_s)t, \quad 1 \leq p < j,$$

$$z_{jp} \to z_{jp} + \sum(\xi_j A_{jp}^{s,N+1}z'_{p,N+1}e_s)t, \quad j < p \leq N,$$

其余 $z_{kp} \to z_{kp}, \forall t \in \mathbb{R}$.

今 V 为 n 维开凸锥. 设若 $n_{j,N+1} > 0$, 由于单参数子群

$$\{\exp tX_j, \quad \forall t \in \mathbb{R}\}$$

必由锥 V 的仿射自同构构成, 所以像点都在 V 中. 因此 V 中包含了整条直线, 这和 V 的假设矛盾. 所以证明了 $n_{j,N+1} = 0, 1 \leq j \leq N$.

最后, 考虑 L_0 中以

$$A_j, 1 \leq j \leq N, \ X_{ij}^{(t)}, 1 \leq t \leq n_{ij}, 1 \leq i \leq j \leq N$$

为基的子空间 $L'_0 = L_0 \cap \mathfrak{G}$. 由直接计算有如下乘法表:

$$\left[\frac{\partial}{\partial s_i}, A_j\right] = 2\delta_{ij}\frac{\partial}{\partial s_j},$$

$$\left[\frac{\partial}{\partial z_{pq}^{(r)}}, A_j\right] = (\delta_{pj} + \delta_{qj})\frac{\partial}{\partial z_{pq}^{(r)}}, \tag{3.2.19}$$

$$\left[\frac{\partial}{\partial s_p}, X_{ij}^{(t)}\right] = \delta_{pj}\frac{\partial}{\partial z_{ij}^{(t)}},$$

$$\left[\frac{\partial}{\partial z_{pq}^{(r)}}, X_{ij}^{(t)}\right] = 2\delta_{pi}\delta_{qj}\delta_{rt}\frac{\partial}{\partial s_p}$$

$$+ \begin{cases} \delta_{qj}\sum_s(e_r A_{pi}^{sj}e'_t)\dfrac{\partial}{\partial z_{pi}^{(s)}}, & \text{当} p < i; \\[3mm] \delta_{qj}\sum_s(e_t A_{ip}^{sj}e'_r)\dfrac{\partial}{\partial z_{ip}^{(s)}}, & \text{当} i < p < j; \\[3mm] \delta_{jp}e_r(A_{ij}^{tq})'\dfrac{\partial'}{\partial z_{iq}}, & \text{当} j < q. \end{cases}$$

$$\tag{3.2.20}$$

又有

$$[A_j, A_k] = 0, \tag{3.2.21}$$

$$[A_k, X_{ij}^{(t)}] = (\delta_{kj} - \delta_{ki})X_{ij}^{(t)}, \tag{3.2.22}$$

$$[X_{ij}^{(s)}, X_{kl}^{(t)}] = \delta_{il}\sum_r(e_r A_{kl}^{tj} e_s')X_{kj}^{(r)} - \delta_{jk}\sum_r(e_r A_{ij}^{sl} e_t')X_{il}^{(r)}. \tag{3.2.23}$$

上面我们证明了

$$f_j' = -\frac{1}{\sqrt{2}}(\beta_j\frac{\partial'}{\partial z} + A_j), \quad g_{ijt} = \alpha_{ijt}\frac{\partial'}{\partial z} + X_{ij}^{(t)}.$$

代入正则 J 李代数的 J 基的乘法表, 由直接计算便证明了无妨取

$$\beta_j = 0, \ \alpha_{ijt} = 0,$$

即可取

$$f_j' = -\frac{1}{\sqrt{2}}A_j, \quad 1 \le j \le N,$$

$$g_{jkt} = X_{jk}^{(t)}, \quad 1 \le t \le n_{jk}, 1 \le j < k \le N.$$

反之, 我们来证明 $\mathfrak{G} = L_{-2} + L_0'$ 为三角李代数. 事实上, 只要证明线性变换 $\mathrm{ad}\, X_{ij}^{(t)}$ 的特征根为实数即可. 因为在 $(\mathfrak{G})^C$ 中取特征向量 $\alpha\frac{\partial'}{\partial z} + \sum a_j A_j + \sum a_{kl}^{(t)} X_{kl}^{(t)}$, 由

$$[X_{ij}^{(t)}, \alpha\frac{\partial'}{\partial z} + \sum a_j A_j + \sum a_{kl}^{(s)} X_{kl}^{(s)}]$$

$$= \lambda_0(\alpha\frac{\partial'}{\partial z} + \sum a_j A_j + \sum a_{kl}^{(s)} X_{kl}^{(s)})$$

有 $\lambda_0 = 0$. 这证明了线性变换 $\mathrm{ad}\, X_{ij}^{(t)}$ 的特征根都是实数, 所以 $L_{-2} + L_0'$ 为 $\mathrm{aff}\,(\tau(D(V)))$ 中极大三角子代数. 且不难看出 $\mathfrak{G}$ 为 J 李代数 $\mathrm{aff}\,(\tau(D(V)))$ 的正则 J 子代数. 至此完全证明了定理. 定理证完.

上面证明了在仿射等价意义下, 我们无妨设第一类齐性 Siegel 域 $D(V)$ 上有单可递仿射自同构群 $T(D(V))$, 它的李代数 $\mathfrak{G}$ 中可取基

(3.2.16), (3.2.17), (3.2.18), 其中第一类齐性 Siegel 域 $D(V)$ 的点坐标用式 (3.2.15) 来表示. 又 $\mathfrak{G}$ 上有线性变换 J 及线性函数 ψ 使得从式 (3.2.16), (3.2.17), (3.2.18) 给出正则 J 李代数 $\mathfrak{G}$ 的一组 J 基.

进一步的工作自然是要算出连通李群 $T(D(V))$. 由李群理论可知, $T(D(V))$ 由 $\exp\mathfrak{G}$ 生成. 最后, 为了给出齐性 Siegel 域 $D(V)$, 我们需要考虑李群 $T(D(V))$ 在 $\mathbb{C}^n$ 上的开轨道. 我们将要证明, 存在 2^n 个开轨道, 但是只有两个轨道适合条件. 它们互相仿射等价, 取出其中之一, 称为第一类正规 Siegel 域. 这样一来, 我们证明了任一第一类齐性 Siegel 域必仿射等价于第一类正规 Siegel 域.

由定理 2.2.1, 因为 $T(D(V)) \subset \mathrm{Aff}\,(D(V))$ 在 $D(V)$ 上可递, 所以由 $\mathrm{Aff}\,(V)$ 在 V 上可递可知, $\mathrm{Aff}\,(V)$ 的李代数 $\mathrm{aff}\,(V)$ 有子代数 $\widetilde{\mathfrak{G}}$, 它有基元素

$$\widetilde{A}_i = 2r_i \frac{\partial}{\partial r_i} + \sum_{j<i} x_{ji} \frac{\partial'}{\partial x_{ji}} + \sum_{i<j} x_{ij} \frac{\partial'}{\partial x_{ij}}, \quad 1 \le i \le N, \tag{3.2.24}$$

$$\widetilde{X}_{ij}^{(t)} = 2x_{ij}^{(t)} \frac{\partial}{\partial r_i} + r_j \frac{\partial}{\partial x_{ij}^{(t)}} + \sum_{p<i} \sum x_{pj} A_{pi}^{sj} e'_t \frac{\partial}{\partial x_{pi}^{(s)}}$$

$$\qquad + \sum_{i<p<j} \sum e_t A_{ip}^{sj} x'_{pj} \frac{\partial}{\partial x_{ip}^{(s)}} + \sum_{j<p} x_{jp} (A_{ij}^{(t)})' \frac{\partial'}{\partial x_{ip}}, \tag{3.2.25}$$

其中 $1 \le t \le n_{ij}$, $1 \le i < j \le N$, 锥 V 的点坐标为

$$x = (r_1, x_2, r_2, \cdots, x_N, r_N), \quad x_j = (x_{1j}, \cdots, x_{j-1,j})$$
$$x_{ij} = (x_{ij}^{(1)}, \cdots, x_{ij}^{(n_{ij})}) \in \mathbb{R}^{n_{ij}}, \tag{3.2.26}$$

而由 $\exp\widetilde{\mathfrak{G}}$ 生成的连通李群 $T(V) \subset \mathrm{Aff}\,(V)$ 在 V 上单可递. 因此我们先来决定 $T(V)$, 再决定 $T(D(V))$. 记 $\mathbb{R}^n$ 中任一点 b 的坐标为

$$b = (b_{11}, b_2, b_{22}, \cdots, b_N, b_{NN}), b_j = (b_{ij}, \cdots, b_{j-1,j}),$$
$$b_{ij} = (b_{ij}^{(1)}, \cdots, b_{ij}^{(n_{ij})}) \in \mathbb{R}^{n_{ij}}, \quad b_{ii} \in \mathbb{R}. \tag{3.2.27}$$

任取 $k \in \{1, 2, \cdots, N\}$，则

$$\exp t(b_{kk}A_k + \sum_{l=k+1}^{N} \sum_s (b_{kl}e'_s)X^{(s)}), \quad \forall \ t \in \mathbb{R} \quad (3.2.28)$$

的坐标表达式 $y = x(t)$ 为下列微分方程组的适合初值 $x(0) = x$ 的唯一解析解，方程为

$$\frac{dr_k(t)}{dt} = 2b_{kk}r_k(t) + 2\sum_{l=k+1}^{N} b_{kl}x_{kl}(t)',$$

$$\frac{dx_{pk}(t)}{dt} = b_{kk}x_{pk}(t) + \sum_{l=k+1}^{N} \sum_s x_{pl}(t)A_{pk}^{sl}b'_{kl}e_s, 1 \leq p < k,$$

$$\frac{dx_{kl}(t)}{dt} = b_{kk}x_{kl}(t) + r_l(t)b_{kl} + \sum_{k<l<p} \sum_s b_{kp}A_{kl}^{sp}x_{lp}(t)'e_s$$

$$+ \sum_{k<p<l} \sum_s b_{kp}e'_s x_{pl}(t)(A_{kp}^{sl})', \quad k < l \leq N.$$

其余指标有

$$\frac{dr_i(t)}{dt} = 0, \quad i \neq k, \qquad \frac{dx_{ij}(t)}{dt} = 0, \quad i, j \neq k.$$

记 $a = (a_{11}, a_2, a_{22}, \cdots, a_N, a_{NN}) \in \mathbb{R}^n$，其中

$$a_{kk} = e^{tb_{kk}} > 0, a_{kl} = (e^{tb_{kk}} - 1)b_{kk}^{-1}b_{kl}, k < l \leq N, \quad (3.2.29)$$

又记 $n_{ij} \times n_{ik}$ 矩阵

$$R_{jk}^{(i)}(x) = \sum_{t=1}^{n_{ij}} e'_t x_{jk}(A_{ij}^{tk})', \quad (3.2.30)$$

于是锥 V 的仿射自同构 (3.2.28) 为

$$\sigma_k(a) = \exp t(b_{kk}A_k + \sum_{l=k+1}^{N} \sum_s b_{kl}e'_s X_{kl}^{(s)}). \quad (3.2.31)$$

则 $\sigma_k(a)$ 的坐标表达式为

$$s_k = a_{kk}^2 r_k + \sum_{l=k+1}^{N} (a_{kl} a'_{kl}) r_l$$

$$+ 2 \sum_{l=k+1}^{N} a_{kk} a_{kl} x'_{kl} + 2 \sum_{k<l<p\le N} a_{kl} R_{lp}^{(k)}(x) a'_{kq},$$

$$y_{ik} = a_{kk} x_{ik} + \sum_{l=k+1}^{N} x_{il} R_{kl}^{(i)}(a)', \quad 1 \le i < k, \qquad (3.2.32)$$

$$y_{kj} = a_{kj} r_j + a_{kk} x_{kj} + \sum_{l=k+1}^{j-1} a_{kl} R_{lj}^{(k)}(x)$$

$$+ \sum_{l=j+1}^{N} a_{kl} R_{jl}^{(k)}(x)', k < j \le N,$$

$$s_i = r_i, \quad i \ne k, \quad y_{ij} = x_{ij}, \quad i,j \ne k.$$

注意到 $a_{kk} > 0$, 所以记 $\mathbb{R}^n$ 中开凸锥

$$W_N = \{x \in \mathbb{R}^n \mid r_1 > 0, \cdots, r_N > 0\}. \qquad (3.2.33)$$

因此任取 $a \in W_N$, 则方程 (3.2.29) 有唯一解 $b \in \mathbb{R}^n$. 于是求出 $\sigma_k(a)$. 这证明了由基 $A_k, X_{kl}^{(t)}, t = 1, \cdots, n_{kl}, l = k+1, \cdots, N$ 决定的李代数记作 $\mathfrak{G}_k$, 则 $\mathfrak{G}_k$ 决定的连通李群 G_k 由

$$\exp \mathfrak{G}_k = \{\, \sigma_k(a) \mid \forall a \in W_N \,\}$$

生成.

为了进一步表达仿射自同构 $\sigma_k(a)$, 引进 $n_{jj} + n_{j,j+1} + \cdots + n_{jk}$ 实对称方阵

$$C_{jk}(x) = \begin{pmatrix} r_j & x_{j,j+1} & \cdots & x_{jk} \\ x'_{j,j+1} & r_{j+1} I^{(n_{j,j+1})} & \cdots & R_{j+1,k}^{(j)}(x) \\ \vdots & \vdots & & \vdots \\ x'_{jk} & R_{j+1,k}^{(j)}(x)' & \cdots & r_k I^{(n_{jk})} \end{pmatrix}, \qquad (3.2.34)$$

其中 $1 \le j \le k \le N$. 记

$$C_j(x) = C_{jN}(x), \quad 1 \le j \le N. \tag{3.2.35}$$

记 $r_{jk} = n_{jj} + \cdots + n_{j,k}, s_{jk} = n_{j,k+1} + \cdots + n_{j,N}$, 再引进 $n'_j = n_{jj} + n_{j,j+1} + \cdots + n_{jN}$ 阶方阵

$$P_{jk}(a) = \begin{pmatrix} I^{(r_{j,k-1})} & 0 & 0 \\ 0 & a_{kk}I^{(n_{jk})} & R_{jk} \\ 0 & 0 & I^{(s_{jk})} \end{pmatrix}, \tag{3.2.36}$$

其中

$$R_{jk} = (R_{k,k+1}^{(j)}(a), \cdots, R_{k,N}^{(j)}(a)), \ 1 \le j < k \le N,$$

又引进 n'_j 阶方阵

$$P_{jk}(a) = I, \quad 1 \le k < j \le N, \tag{3.2.37}$$

以及

$$P_j(a) = \begin{pmatrix} a_{jj} & a_{j,j+1} & \cdots & a_{jN} \\ & a_{j+1,j+1}I^{(n_{j,j+1})} & \cdots & R_{j+1,N}^{(j)}(a) \\ & & \ddots & \vdots \\ & & & a_{NN}I^{(n_{jN})} \end{pmatrix}, \tag{3.2.38}$$

其中 $1 \le j \le N$, 于是有

$$P_j(a) = P_{jN}(a)P_{j,N-1}(a) \cdots P_{j1}(a). \tag{3.2.39}$$

由直接计算, 立即有

引理 3.2.6 符号同上. 任取 $a \in W_N$, 则有

$$C_j(\sigma(a)x) = P_j(a)C_j(x)P_j(a)', \quad 1 \le j \le N, \tag{3.2.40}$$

其中

$$\sigma(a) = \sigma_N(a)\sigma_{N-1}(a) \cdots \sigma_1(a) \in T(V). \tag{3.2.41}$$

现在可以着手决定连通线性李群 $T(V)$ 在 $\mathbb{R}^n$ 中的所有开轨道了.

定理 3.2.7 连通李群

$$T(V) = \{\sigma(a) = \sigma_N(a)\sigma_{N-1}(a)\cdots\sigma_1(a)|\forall a \in W_N\}.$$

证 任取 $a = (a_{11}, a_2, a_{22}, \cdots, a_N, a_{NN}) \in W_N$, 其中 $a_{ii} = 1, i \neq k, a_{ij} = 0, i \neq k$, 则有 $\sigma(a) = \sigma_k(a)$. 所以李群 $T(V)$ 的生成元集 $\{\sigma_k(a) \mid \forall a \in W_N\}, 1 \leq k \leq N$ 都在集合 $\{\sigma(a) \mid \forall a \in W_N\}$ 中.

再任取 $a, b \in W_N$, 则由式 (3.2.40) 有

$$C_j(\sigma(a)\sigma(b)x) = P_j(a)P_j(b)C_j(x)P_j(b)'P_j(a)'.$$

直接计算上三角方阵 $P_j(a)$ 和 $P_j(b)$ 的乘积, 所以记

$$c_{ii} = a_{ii}b_{ii} > 0, \quad c_{ij} = a_{ij}b_{jj} + a_{ii}b_{ij} + \sum_{l=i+1}^{j-1} a_{il}R_{lj}^{(i)}(b).$$

则有 $c = (c_{11}, c_2, c_{22}, \cdots, c_N, c_{NN}) \in W_N$, 且 $P_j(a)P_j(b) = P_j(c)$. 这证明了

$$C_j(\sigma(a)\sigma(b)x) = C_j(\sigma(c)x).$$

所以 $\sigma(a)\sigma(b) = \sigma(c)$.

取

$$v_0 = (1, 0, 1, \cdots, 0, 1) \in W_N,$$

显然, $P_j(v_0) = I$. 因此 $C_j(\sigma(v_0)x) = C_j(x), 1 \leq j \leq N$. 这证明了 $\sigma(v_0) = \mathrm{id}$.

最后, 为了证明集合 $\{\sigma(a)|\forall a \in W_N\}$ 构成 $T(V)$, 只要证任取 $a \in W_N$, 存在 $b \in W_N$ 使得 $\sigma(a)\sigma(b) = a(b)\sigma(a) = \mathrm{id}$. 事实上, 取

$$b_{ii} = a_{ii}^{-1}, \quad b_{ij} = -a_{ii}^{-1}a_{jj}^{-1}a_{ij} - a_{ii}^{-1}\sum_{l=i+1}^{j-1} a_{il}R_{lj}^{(i)}(b)$$

即可. 至此证明了定理. 证完.

对 $\mathbb{R}^n$ 中开凸锥

$$W = \{x \in \mathbb{R}^n \mid r_1 \neq 0, \cdots, r_N \neq 0\} \supset W_N \tag{3.2.42}$$

以及开子集

$$\widetilde{W} = \{x \in \mathbb{R}^n \mid \det C_1(x) \neq 0, \cdots, \det C_N(x) \neq 0\}. \qquad (3.2.43)$$

我们先来证明 W 和 $\widetilde{W}$ 解析同构.

引理 3.2.8 记点坐标为

$$x = (r_1, x_2, r_2, \cdots, x_N, r_N), \quad x_j = (x_{1j}, \cdots, x_{j-1,j}),$$
$$y = (s_1, y_2, s_2, \cdots, y_N, s_N), \quad y_j = (y_{1j}, \cdots, y_{j-1,j}).$$

又 $x_{ij}, y_{ij} \in \mathbb{R}^{n_{ij}}$, $r_i, s_i \in \mathbb{R}$. 在 $\mathbb{R}^n$ 中定义映射 $\pi : y \to x$ 为

$$r_i = s_i + \sum_{l=i+1}^{N} s_l^{-1} y_{il} y_{il}',$$

$$\qquad (3.2.44)$$

$$x_{ij} = y_{ij} + \sum_{l=j+1}^{N} s_l^{-1} y_{il} R_{jl}^{(i)}(y)',$$

其中 $1 \le i < j \le N$, 则 π 在开凸锥 W 上一——且解析, 又 $\pi(W) \subset \widetilde{W}$, 它有关系

$$C_j(x) = C_j(\pi(y)) = P_j(y) \Lambda_j(y)^{-1} P_j(y)', 1 \le j \le N, \qquad (3.2.45)$$

其中

$$\Lambda_j(y) = \mathrm{diag}\,(s_j, s_{j+1} I^{(n_{j,j+1})}, \cdots, s_N I^{(n_{jN})}), 1 \le j \le N. \quad (3.2.46)$$

下面来求实解析映射 π 的逆映射 π^{-1}. 为此引进一系列映射如下

引理 3.2.9 构造——解析映射 $\pi_1, \cdots, \pi_N$, 其中 π_k 定义为

$$s_l = r_l - r_k^{-1} x_{lk} x_{lk}', \quad 1 \le l < k,$$
$$s_l = r_l, \quad k \le l \le N,$$

$$\qquad (3.2.47)$$

$$y_{pq} = x_{pq} - r_k^{-1} x_{pk} R_{qk}^{(p)}(x)', \quad 1 \le p < q < k,$$
$$y_{pq} = x_{pq}, \quad 1 \le p < q \le N, k \le q \le N.$$

作
$$\pi' = \pi_1 \pi_2 \cdots \pi_N, \tag{3.2.48}$$

则有 $\pi'(\widetilde{W}) \subset W, \pi(W) \subset \widetilde{W}$, 且

$$C_j(x) = P_j(\pi'(x))\Lambda_j(\pi'(x))^{-1}P_j(\pi'(x))', \ 1 \leq j \leq N. \tag{3.2.49}$$

证　今 $\det C_N(x) = r_n \neq 0$, 于是有

$$C_j(x) = \widetilde{Q}_j(\pi_N(x)) \begin{pmatrix} C_{j,N-1}(\pi_N(x)) & 0 \\ 0 & r_N^{-1}I \end{pmatrix} \widetilde{Q}_j(\pi_N(x))',$$

其中 $j = 1, \cdots, N$, 又

$$\widetilde{Q}_j(\pi_N(x)) = \widetilde{Q}_j(x) = \begin{pmatrix} I & \begin{pmatrix} x_{jN} \\ R_{j+1,N}^{(j)}(x) \\ \vdots \\ R_{N-1,N}^{(j)}(x) \\ r_N I \end{pmatrix} \\ 0 & \end{pmatrix}, 1 \leq j \leq N.$$

由 $\det C_j(x) \neq 0$ 有 $\det C_{j,N-1}(\pi_N(x)) \neq 0, 1 \leq j \leq N-1$. 用归纳法, 一般记

$$\widetilde{Q}_{jk}(x) = \begin{pmatrix} I & \begin{pmatrix} x_{jk} \\ R_{j+1,k}^{(j)}(x) \\ \vdots \\ R_{k-1,k}^{(j)}(x) \\ r_k I \end{pmatrix} \\ 0 & \end{pmatrix}, 1 \leq j \leq k \leq N,$$

则

$$\widetilde{Q}_{jN}(x) = \widetilde{Q}_j(x), 1 \leq j \leq N.$$

且当 $r_k \neq 0$ 时, 有

$$C_{jk}(x) = \widetilde{Q}_{jk}(\pi_k(x)) \begin{pmatrix} C_{j,k-1}(\pi_k(x)) & 0 \\ 0 & r_k^{-1}I \end{pmatrix} \widetilde{Q}_{jk}(\pi_k(x))',$$

其中 $1 \leq j \leq k \leq N$. 令

$$Q_{jk}(\pi_k(x)) = \operatorname{diag}\left(\widetilde{Q}_{jk}(\pi_k(x)), I^{(n_{j,k+1}+\cdots+n_{jN})}\right),$$

它给出 $n_j = n_{1j} + \cdots + n_{jj}$ 阶上三角方阵，其中元素为

$$r_k, x_{jk}, \cdots, x_{k-1,k}$$

的解析函数. 而

$$Q_{jN}(\pi_N(x))Q_{j,N-1}(\pi_{N-1}\pi_N(x))\cdots Q_{jj}(\pi_j\pi_{j+1}\cdots\pi_N(x))$$
$$= Q_{jN}(\pi'(x))Q_{j,N-1}(\pi'(x))\cdots Q_{jj}(\pi'(x)) = P_j(\pi'(x)),$$

这里 $1 \leq j \leq N$. 因此有

$$C_j(x) = P_j(\pi'(x))\Lambda_j(\pi'(x))^{-1}P_j(\pi'(x))', 1 \leq j \leq N.$$

这证明了 $y = \pi'(x) = (s_1, y_2, s_2, \cdots, y_N, s_N)$ 有 $s_1 \cdots s_N \neq 0$, 且 $\pi'(\widetilde{W}) \subset W$. 另一方面，由引理 3.2.8 有 $\pi(W) \subset \widetilde{W}$. 证完.

引理 3.2.10 符号同上两引理，则有 $\pi(W) = \widetilde{W}, \pi'(\widetilde{W}) = W$, 又 $\pi^{-1} = \pi'$, 即 π 为 W 到 $\widetilde{W}$ 上的解析同构.

证 由引理 3.2.8 有

$$C_j(\pi(y)) = P_j(y)\Lambda_j(y)^{-1}P_j(y)', \ \forall y \in W, \ 1 \leq j \leq N.$$

由引理 3.2.9 有

$$C_j(x) = P_j(\pi'(x))\Lambda_j(\pi'(x))^{-1}P_j(\pi'(x)), 1 \leq j \leq N, \forall x \in \widetilde{W}.$$

已知 $\pi'(\widetilde{W}) \subset W$, 所以任取 $x \in \widetilde{W}$, 则 $y = \pi'(x) \in W$, 且有

$$C_j(x) = P_j(y)\Lambda_j(y)^{-1}P_j(y)'.$$

这证明了 $C_j(\pi(y)) = C_j(x)$, 即 $\pi(y) = x$. 所以 $\pi\pi'(x) = x, \forall x \in \widetilde{W}$. 因此 $\pi\pi' = \mathrm{id}$ 在 $\widetilde{W}$ 上成立. 由此可知 $\widetilde{W} = \pi\pi'(\widetilde{W}) \subset \pi(W) \subset \widetilde{W}$. 这证明了 $\pi(W) = \widetilde{W}$, 即 π 为 $\widetilde{W}$ 上的一一解析映射. 同理可证

$\pi'\pi = \mathrm{id}$ 在 W 上成立, 即 π' 为 $\widetilde{W}$ 到 W 上的一一解析映射. 所以 $\pi' = \pi^{-1}$, 且 π 为双解析同胚. 证完.

由引理 3.2.10 可知, 解析同构 π 将 W 的连通分支映为 $\widetilde{W}$ 的连通分支. 下面我们证明 $\widetilde{W}$ 的每个连通分支为连通李群 $T(V)$ 的开轨道, 且给出连通分支的明显表达式.

显然, $\mathbb{R}^n$ 中子集 W 恰有 2^n 个连通分支, 它由 $\mathbb{R}^n$ 的 2^n 个卦限构成. 记

$$\delta = (\delta_1, \delta_2, \cdots, \delta_N), \quad \delta_j \in \{1, -1\}, \tag{3.2.50}$$
$$y = (s_1, y_2, s_2, \cdots, y_N, s_N), \quad y_j = (y_{1j}, \cdots, y_{j-1,j}),$$
$$W_\delta = \{\, y \in \mathbb{R}^n \mid \delta_1 s_1 > 0, \cdots, \delta_N s_N > 0 \,\}, \quad W_N = W_{(1,\cdots,1)}, \tag{3.2.51}$$

则 W_δ 为 W 的连通分支, 且

$$W = \bigcup_\delta \overline{W}_\delta, \quad \mathbb{R}^n = \bigcup_\delta \overline{W}_\delta, \tag{3.2.52}$$

其中 $\overline{W}_\delta$ 为 $\mathbb{R}^n$ 中开子集 W_δ 的闭包. 因此 $\widetilde{W} = \pi(W)$ 也恰有 2^n 个连通分支, 它们是 $\widetilde{W}_\delta = \pi(W_\delta)$, 且

$$\widetilde{W} = \pi(W) = \bigcup_\delta \pi(W_\delta) = \bigcup_\delta \widetilde{W}_\delta. \tag{3.2.53}$$

记

$$v_\delta = (r_1, x_2, r_2, \cdots, x_N, r_N), \tag{3.2.54}$$

其中 $r_j = \delta_j$, $1 \le j \le N$, $x_j = 0$, $2 \le j \le N$. 显然, $v_\delta \in W_\delta$. 又 $\pi(v_\delta) = v_\delta \in \pi(W_\delta) = \widetilde{W}_\delta$, 所以 $v_\delta \in W_\delta \cap \widetilde{W}_\delta$. 我们有

引理 3.2.11 符号同上, 则 $\widetilde{W}_\delta = \pi(W_\delta)$ 为连通李群 $T(V)$ 的含点 v_δ 的开轨道.

证 事实上, 任取 $a \in W_N$, 这里 W_N 由式 (3.2.33) 定义 (也见式 (3.2.51)). 由式 (3.2.40) 有

$$C_j(\sigma(a)v_\delta) = P_j(a)C_j(v_\delta)P_s(a)'.$$

取 $y \in \mathbb{R}^n$,

$$s_j = \delta_j a_{jj}^2, \quad y_j = \delta_j a_{jj} a_j,$$

则有 $P_j(a)\Lambda_j(v_\delta)^{-1}P_j(a)' = P_j(y)\Lambda_j(y)^{-1}P_j(y)'$. 由式 (3.2.45) 有 $y \in W_\delta$, 且记 $\pi(y) = x \in \widetilde{W}_\delta$, 则

$$C_j(\sigma(a)v_\delta) = P_j(y)\Lambda_j(y)^{-1}P_j(y)' = C_j(\pi(y)) = C_j(x).$$

因此 $\sigma(a)v_\delta = x \in \widetilde{W}_\delta$. 这证明了连通李群 $T(V)$ 的过点 v_δ 的轨道在 $\widetilde{W}_\delta$ 中.

反之, 任取 $x \in \widetilde{W}_\delta$. 于是 $y = \pi'(x) \in W_\delta$, 即 $\delta_j s_j > 0, 1 \le j \le N$. 取

$$a_{jj} = (\delta_j s_j)^{\frac{1}{2}}, \quad a_j = \delta_j(\delta_j s_j)^{-\frac{1}{2}}y_j,$$

则 $a \in W_N$, 且

$$\begin{aligned}
C_j(x) = C_j(\pi(y)) &= P_j(y)\Lambda_j(y)^{-1}P_j(y)' \\
&= P_j(a)\Lambda_j(v_\delta)P_j(a)' = C_j(\sigma(a)v_\delta).
\end{aligned}$$

这证明了 $x = \sigma(a)v_\delta$. 因此 $\widetilde{W}_\delta$ 包含在连通李群 $T(V)$ 的过点 v_δ 的开轨道中. 这也证明了

$$\pi(W_\delta) = \widetilde{W}_\delta = \{\sigma(a)v_\delta \mid \forall a \in W_N\}.$$

引理证完.

引理 3.2.12 连通李群 $T(V)$ 的开轨道 $\widetilde{W}_\delta$ 和 $\widetilde{W}_{-\delta}$ 在线性同构 $y = -x$ 下互变.

因此, 在线性同构意义下, 我们只需讨论连通李群 $T(V)$ 的开轨道 $\widetilde{W}_\delta$, 其中 $\delta = (\delta_1, \delta_2, \cdots, \delta_N), \delta_1 = 1$.

引理 3.2.13 符号同上. 任取连通李群 $T(V)$ 的开轨道 $\widetilde{W}_\delta$, 其中 $\delta_1 = 1$, 且存在 $j \in \{2, \cdots, N\}, \delta_j = -1$, 则 $\widetilde{W}_\delta$ 包含整条直线.

证 为讨论方便, 无妨取 $j = 2$. 任取 $a \in W_N$, 其中 $a_{22} = \cdots = a_{NN} = 1, a_3 = 0, \cdots, a_N = 0$, 于是 $\widetilde{W}_\delta$ 中有点 $x = \sigma(v_0)v_\delta$. 由

$$C_j(\sigma(v_0)v_\delta) = P_j(v_0)C_j(v_\delta)P_j(v_0)'$$

可知

$$r_1 = a_{11}^2 - a_2 a_2', \quad x_2 = -a_2, \quad r_2 = \delta_2, \cdots,$$
$$r_N = \delta_N, \quad x_3 = 0, \cdots, x_N = 0.$$

因此点集 $\widetilde{W}_\delta$ 中有点

$$\sigma(v_0)v_\delta = v_\delta = (1, 0, -1, 0, \delta_3, \cdots, 0, \delta_N),$$
$$\sigma((1, a_2^{(0)}, 1, \cdots, 0, 1))v_\delta = (-2, -a_2^{(0)}, -1, 0, \delta_3, \cdots, 0, \delta_N),$$

其中 $v_0 = v_{(1,\cdots,1)}, a_2^{(0)}(a_2^{(0)})' = 3$. 这两点决定的直线为

$$(-2t + (1 - t), -a_2^{(0)}t, -1, 0, \delta_3, \cdots, 0, \delta_N), \forall t \in \mathbb{R}.$$

而方程 $a_{11}^2 - a_2 a_2' = 1 - 3t, -a_2 = -t a_2^{(0)}$ 对任意 $t \in \mathbb{R}$ 有解 $a_{11} = \sqrt{3t^2 - 3t + 1} > 0, a_2 = t a_2^{(0)}$. 证明了过点

$$\sigma(v_0)v_\delta, \sigma((1, a_2^{(0)}, 1, \cdots, 0, 1))v_\delta$$

的直线在 $\widetilde{W}_\delta$ 中. 证完.

定义 3.2.14 $\mathbb{R}^n$ 中点集

$$V_N = \{x \in \mathbb{R}^n | C_1(x) > 0, \cdots, C_N(x) > 0\} \tag{3.2.55}$$

称为由实 N 矩阵组 $\{A_{ij}^{tk}\}$ 定义的正规锥, 简称为 N 锥.

引理 3.2.15 符号同上, 记 $\delta_0 = (1, \cdots, 1)$, 我们有

$$V_N = \widetilde{W}_{\delta_0} = \{x \in \mathbb{R}^n | \det C_1(x) > 0, \cdots, \det C_N(x) > 0\}. \tag{3.2.56}$$

证 任取 $x \in \widetilde{W}_{\delta_0}$, 则存在 $a \in V_N$, 使得 $x = \sigma(a)v_{\delta_0}$. 于是

$$C_j(x) = P_j(a)C_j(v_{\delta_0})P_j(a)' = P_j(a)P_j(a)' > 0, \quad 1 \leq j \leq N.$$

这证明了 $\widetilde{W}_{\delta_0} \subset V_N$. 反之, 任取 $x \in V_N$, 则 $C_j(x) > 0, 1 \leq j \leq N$. 因此 $\det C_j(x) > 0, 1 \leq j \leq N$. 由式 (3.2.43) 便证明了 $x \in \widetilde{W}$. 记 $y = \pi'(x) \in W$, 则有

$$C_j(x) = C_j(\pi(y)) = P_j(y)\Lambda_j(y)^{-1}P_j(y)' > 0, 1 \leq j \leq N.$$

这证明了 $s_1 > 0, \cdots, s_N > 0$, 即 $y \in W_{\delta_0}$. 所以 $x = \pi(y) \in \pi(W_{\delta_0}) = \widetilde{W}_{\delta_0}$, 即 $V_N = \widetilde{W}_{\delta_0}$.

余下要证明 $V_N = \{x \in \mathbb{R}^n \mid \det C_1(x) > 0, \cdots, \det C_N(x) > 0\}$. 事实上, 点集 $\{x \in \mathbb{R}^n \mid \det C_1(x) > 0, \cdots, \det C_N(x) > 0\}$ 为 $\widetilde{W}$ 中连通开子集, 且含点 v_{δ_0}, 所以它包含在 $\widetilde{W}_{\delta_0} = V_N$ 中. 反之, 任取 $x \in V_N$, 则由 $C_j(x) > 0, 1 \le j \le N$ 有 $\det C_j(x) > 0, 1 \le j \le N$. 因此证明了 $V_N = \widetilde{W}_{\delta_0} = \{x \in \mathbb{R}^n \mid \det C_j(x) > 0, 1 \le j \le N\}$. 引理证完.

定理 3.2.16 在连通李群 $T(V)$ 作用下单可递的以原点为顶点, 且不包含整条直线的开凸锥必线性等价于一个正规锥 V_N.

证 由上面一系列引理, 所以只要证正规锥 V_N 是以原点为顶点, 且不包含整条直线的开凸锥, 又它在连通李群 $T(V)$ 作用下单可递.

任取 $\alpha, \beta \in V_N, \alpha \ne \beta$, 则 $C_j(\alpha) > 0, C_j(\beta) > 0, 1 \le j \le N$. 于是任取 $t \in [0,1]$, 则 $C_j(t\alpha + (1-t)\beta) = tC_j(\alpha) + (1-t)C_j(\beta) > 0, 1 \le j \le N$. 这证明了 $t\alpha + (1-t)\beta \in V_N$, 所以 V_N 为开凸锥. 再利用 $C_j(\alpha), C_j(\beta)$ 的最大及最小特征根, 立即可知, 存在实数 t_0 使得 $C_j(t_0\alpha + (1-t_0)\beta)$ 不正定. 这证明了 V_N 不包含整条直线.

为了证明正规锥 V_N 在连通李群 $T(V)$ 下单可递, 对 V_N 中点 v_0, 我们计算它在 $T(V)$ 中迷向子群. 今若存在 $a \in W_N$, 使得 $\sigma(a)v_0 = v_0$, 于是

$$I = C_j(v_0) = C_j(\sigma(a)v_0) = P_j(a)P_j(a)'.$$

由于 $P_j(a)$ 为上三角方阵, 且对角元素大于零, 所以立即推出 $P_j(a) = I$, 即 $a = v_0$. 因此 $\sigma(a)v_0 = v_0$ 蕴含 $a = v_0$. 所以连通李群 $T(V_N)$ 在正规锥 V_N 上作用单可递. 定理证完.

定义 3.2.17 给定实 N 矩阵组 $\{A_{ij}^{tk}, 1 \le t \le n_{ij}, | \le j < k \le N\}$. 记 V_N 为由 $\{A_{ij}^{tk}\}$ 决定的正规锥, 则第一类 Siegel 域

$$D(V_N) = \{z \in \mathbb{C}^n \mid \mathrm{Im}\,(z) \in V_N\} \tag{3.2.57}$$

称为由实 N 矩阵组 $\{A_{ij}^{tk}\}$ 决定的第一类正规 Siegel 域, 简称为第一

类正规 Siegel 域.

由定理 3.2.16, 立即推出

定理 3.2.18 设 $D(V)$ 为第一类齐性 Siegel 域, 则存在实线性同构 τ 使得 $\tau(V) = V_N$ 为由某个实 N 矩阵组 $\{A_{ij}^{tk}, 1 \leq t \leq n_{ij}, 1 \leq i < j < k \leq N\}$ 决定的正规锥, 而 $\tau(D(V)) = D(V_N)$ 为第一类正规 Siegel 域.

最后我们将第一类正规 Siegel 域 $D(V_N)$ 的全纯同构分类化为矩阵组的分类.

定理 3.2.19 给定第一类正规 Siegel 域 $D(V_N)$ 及 $D(\widetilde{V}_{\widetilde{N}})$. 设 $D(V_N)$ 由实 N 矩阵组 $\{A_{ij}^{tk}\}$ 定义, $D(\widetilde{V}_{\widetilde{N}})$ 由实 $\widetilde{N}$ 矩阵组 $\{B_{ij}^{tk}\}$ 定义. 则 $D(V_N)$ 和 $D(\widetilde{V}_{\widetilde{N}})$ 全纯等价当且仅当 $\widetilde{N} = N$, 且 $D(V_N)$ 和 $D(\widetilde{V}_N)$ 在仿射同构

$$s_j \to s_{\sigma(j)}, \quad z_{ij} \to z_{\sigma(i)\sigma(j)} O_{\sigma(i)\sigma(j)}, 1 \leq i < j \leq N \qquad (3.2.58)$$

下互相等价, 其中 $O_{ij} \in \mathrm{O}(n_{ij})$, 又 σ 为 $1, 2, \cdots, N$ 的排列, 使得当 $i < j, \sigma(j) < \sigma(i)$, 则 $n_{\sigma(j)\sigma(i)} = 0$.

证 设 $\psi: w = f(z)$ 给出第一类正规 Siegel 域 $D(V_N)$ 到第一类正规 Siegel 域 $D(\widetilde{V}_{\widetilde{N}})$ 上的全纯同构. 因此 $\tau \to \psi\tau\psi^{-1}$ 给出全纯自同构群 $\mathrm{Aut}(D(V_N))$ 到全纯自同构群 $\mathrm{Aut}(D(\widetilde{V}_{\widetilde{N}}))$ 上的李群同构映射. 由引理 2.2.11, 设 $\mathrm{Aut}(D(V_N))$ 的极大三角子群为 $T(D(V_N))$, 则 $\sigma T(D(V_N))\sigma^{-1}$ 为 $\mathrm{Aut}(D(\widetilde{V}_{\widetilde{N}}))$ 的极大三角子群. 因此存在全纯自同构 $\tau \in \mathrm{Aut}(D(\widetilde{V}_{\widetilde{N}}))$, 使得

$$(\tau \circ \psi) T(D(V_N))(\tau \circ \psi)^{-1} = T(D(\widetilde{V}_{\widetilde{N}})).$$

所以无妨设全纯同构 ψ, 有 $\psi T(D(V_N))\psi^{-1} = T(D(\widetilde{V}_{\widetilde{N}}))$. 因此记 $\varphi \to \psi \circ \tau \circ \psi^{-1}$, 则 $\varphi_*(t(D(V_N))) = t(D(\widetilde{V}_{\widetilde{N}}))$, 其中 $t(D(V_N))$ 为 $T(D(V_N))$ 的李代数. 它有基

$$\frac{\partial}{\partial s_j}, \quad 1 \leq i \leq N, \quad \frac{\partial}{\partial z_{ij}^{(t)}}, \quad 1 \leq t \leq n_{ij}, \quad 1 \leq i < j \leq N,$$

$$A_i = 2s_i \frac{\partial}{\partial s_i} + \sum_{p<i} z_{pi} \frac{\partial'}{\partial z_{pi}} + \sum_{i<p} z_{ip} \frac{\partial'}{\partial z_{ip}}, 1 \le i \le N,$$

$$X_{ij}^{(t)} = 2z_{ij}^{(t)} \frac{\partial}{\partial s_i} + s_j \frac{\partial}{\partial z_{ij}^{(t)}} + \sum_{p<i} \sum z_{pj} A_{pi}^{rj} e_t' \frac{\partial}{\partial z_{pi}^{(r)}}$$

$$+ \sum_{i<p<j} \sum e_t A_{ip}^{rj} z_{pj}' \frac{\partial}{\partial z_{ip}^{(r)}} + \sum_{j<p} z_{jp} (A_{ij}^{tp})' \frac{\partial'}{\partial z_{ip}},$$

其中 $1 \le t \le n_{ij}$, $1 \le i < j \le N$, 这里 $z = (s_1, z_2, s_2, \cdots, z_N, s_N)$ 为 $D(V_N)$ 的坐标. $t(D(\widetilde{V}_{\widetilde{N}}))$ 为 $T(D(\widetilde{V}_{\widetilde{N}}))$ 的李代数, 它有基

$$\frac{\partial}{\partial t_i}, \quad 1 \le i \le M, \quad \frac{\partial}{\partial w_{ij}^{(t)}}, 1 \le t \le \widetilde{n}_{ij}, \quad 1 \le i < j \le M,$$

$$\widetilde{A}_i = 2t_i \frac{\partial}{\partial t_i} + \sum_{p<i} w_{pi} \frac{\partial'}{\partial w_{pi}} + \sum_{i<p} w_{ip} \frac{\partial'}{\partial w_{ip}}, 1 \le i \le M,$$

$$\widetilde{X}_{ij}^{(s)} = 2w_{ij}^{(s)} \frac{\partial}{\partial t_i} + t_j \frac{\partial}{\partial w_{ij}^{(s)}} + \sum_{p<i} \sum w_{pj} \widetilde{A}_{pi}^{rj} e_s' \frac{\partial}{\partial w_{pi}^{(r)}}$$

$$+ \sum_{i<p<j} \sum e_s \widetilde{A}_{ip}^{rj} w_{pj}' \frac{\partial}{\partial w_{ip}^{(r)}} + \sum_{j<p} w_{jp} (\widetilde{A}_{ij}^{sp})' \frac{\partial'}{\partial w_{ip}},$$

其中 $1 \le s \le \widetilde{n}_{ij}, 1 \le i < j \le M$, 这里 $w = (t_1, w_2, t_2, \cdots, w_N, t_N)$ 为 $D(\widetilde{V}_{\widetilde{N}})$ 的坐标.

由引理 3.2.2 可知, 第一类正规 Siegel 域 $D(V_N)$ 到 $D(\widetilde{V}_{\widetilde{N}})$ 上的全纯同构 $\psi : w = f(z)$ 给出了李代数间的同构映射 φ_* 有

$$\varphi_*(\{ X \in t(D(V)) \mid (\operatorname{ad} X)^2 = 0 \})$$
$$= \{ Y \in t(D(\widetilde{V}_M)) \mid (\operatorname{ad} Y)^2 = 0 \}.$$

所以由

$$\frac{\partial}{\partial s_i} = \sum_j \frac{\partial t_j}{\partial s_i} \frac{\partial}{\partial t_j} + \sum \frac{\partial w_{ij}^{(t)}}{\partial s_i} \frac{\partial}{\partial w_{ij}^{(t)}},$$

$$\frac{\partial}{\partial z_{pq}^{(r)}} = \sum_j \frac{\partial t_j}{\partial z_{pq}^{(r)}} \frac{\partial}{\partial t_j} + \sum \frac{\partial w_{ij}^{(t)}}{\partial z_{pq}^{(r)}} \frac{\partial}{\partial w_{ij}^{(t)}},$$

便证明了映射 $\psi : w = f(z)$ 的 Jacobian 矩阵为常数矩阵，即 ψ 为仿射同构.

由引理 1.1.15, 存在正规锥 V_N 到正规锥 $\widetilde{V}_{\widetilde{N}}$ 上的线性同构 τ: $y = xA$, 它有 $\tau(D(V_N)) = D(\tau(V_N)) = D(\widetilde{V}_{\widetilde{N}})$, 即证明了存在第一类正规 Siegel 域 $D(V_N)$ 到 $D(\widetilde{V}_{\widetilde{N}})$ 上的实线性同构 τ. 因此它诱导了正则 J 李代数 $t(D(V_N))$ 到正则 J 李代数 $t(D(\widetilde{V}_{\widetilde{N}}))$ 上的 J 同构. 于是分别定义 $D(V_N)$ 及 $D(\widetilde{V}_{\widetilde{N}})$ 的实 N 矩阵组适合定理 3.1.7 的条件 (3.1.41)—(3.1.43).

作线性同构 τ'

$$s_i \to s_{\sigma(i)}, \quad z_{ij} \to z_{\sigma(i)\sigma(j)} O_{\sigma(i)\sigma(j)}.$$

由式 (3.1.41)—(3.1.43) 立即可知 $\tau'(V_N) = \widetilde{V}_{\widetilde{N}}$. 所以 $\tau'(D(V_N)) = D(\widetilde{V}_{\widetilde{N}})$. 定理证完.

用定理 3.2.19, 我们立即有

定理 3.2.20 第一类正规 Siegel 域在全纯等价下的分类等价于实 N 矩阵组按照附录中定义 1.2 给出的等价关系下的分类.

§3.3　正规 Siegel 域

在这一节, 我们考虑 $\mathbb{C}^n \times \mathbb{C}^m$ 中齐性 Siegel 域 $D(V, F)$. 由引理 3.2.3, Siegel 域 $D(V, F)$ 上有单可递连通仿射自同构群 $T(D(V, F))$ 作用. 记 $T(D(V, F))$ 的李代数为 $t(D(V, F)) = \mathfrak{G}$, 则有

$$\mathfrak{G} = L_{-2} + L_{-1} + L_0', \tag{3.3.1}$$

其中

$$L_{-2} = \{\alpha \frac{\partial'}{\partial z} \mid \forall \alpha \in \mathbb{C}^n\},$$

$$L_{-1} = \{\beta \frac{\partial'}{\partial u} + 2\sqrt{-1} F(u, \beta) \frac{\partial'}{\partial z} \mid \forall \beta \in \mathbb{C}^m\},$$

$$L_0' = L_0 \cap \mathfrak{G} \subset L_0 = \{zA \frac{\partial'}{\partial z} + uB \frac{\partial'}{\partial u} \mid xA \frac{\partial'}{\partial x} \in \text{aff}(V),$$

$$B \in \text{GL}(m, \mathbb{C}), \quad F(uB, u) + F(u, uB) = F(u, u)A\}.$$

因此集合

$$\{\, xA\frac{\partial'}{\partial x} \mid zA\frac{\partial'}{\partial u} + uB\frac{\partial'}{\partial u} \in L'_0 \,\} \tag{3.3.2}$$

构成 aff (V) 的子代数 $t(V)$, 且 $\exp t(V)$ 生成锥 V 上的单可递线性自同构群. 由 §3.2 可知, 存在实线性同构 $\tau : y = xP$, 使得 $\tau(V) = V_N$ 为正规锥. 对第二类齐性 Siegel 域 $D(V,F)$, 作仿射同构 $\tau' : w = zP, v = u$, 因此第二类齐性 Siegel 域 $D(V,F)$ 映为第二类齐性 Siegel 域 $D(V_N, \widetilde{F})$. 于是为了给出齐性 Siegel 域的实现, 我们无妨考虑如此的齐性 Siegel 域 $D(V_N, F)$, 其中 V_N 为正规锥. 由 §3.2 可知, 这时, 有

$$L_{-2} = \{\alpha\frac{\partial'}{\partial z} \mid \forall \alpha \in \mathbb{R}^n\}, \tag{3.3.3}$$

$$L_{-1} = \{\beta\frac{\partial'}{\partial u} + 2\sqrt{-2}F(u,\beta)\frac{\partial'}{\partial z} \mid \forall \beta \in \mathbb{C}^m\}, \tag{3.3.4}$$

$$L_0 \cap \mathfrak{G} = \{\, \widetilde{A}_j,\ 1 \leq j \leq N,\ \widetilde{X}_{ij}^{(t)},\ 1 \leq t \leq n_{ij} \,\},$$

其中 $1 \leq i < j \leq N$. 又

$$\widetilde{A}_j = 2s_j\frac{\partial}{\partial s_j} + \sum_{p<i} z_{pi}\frac{\partial'}{\partial z_{pi}} + \sum_{i<p} z_{ip}\frac{\partial'}{\partial z_{ip}} + uQ_j\frac{\partial'}{\partial u}, \tag{3.3.5}$$

其中 $j = 1, \cdots, N$, Q_j 为 $m \times m$ 复矩阵,

$$\widetilde{X}_{ij}^{(t)} = 2z_{ij}^{(t)}\frac{\partial}{\partial s_i} + s_j\frac{\partial}{\partial z_{ij}^{(t)}} + \sum_{p<i}\sum_s (z_{pi}A_{pi}^{sj}e_t')\frac{\partial}{\partial z_{pi}^{(s)}}$$

$$+ \sum_{i<p<j}\sum_s (e_t A_{ip}^{sj}z_{pj}')\frac{\partial}{\partial z_{ip}^{(s)}} + \sum_{j<p} z_{jp}(A_{ij}^{tp})'\frac{\partial'}{\partial z_{ip}} + uQ_{ijt}\frac{\partial'}{\partial u}, \tag{3.3.6}$$

其中 $1 \leq t \leq n_{ij}, 1 \leq i < j \leq N$, Q_{ijt} 为 $m \times m$ 复矩阵.

今由 §3.2 可知, 正规锥

$$V_N = \{\, x \in \mathbb{R}^n \mid C_1(x) > 0, \cdots, C_N(x) > 0 \,\}. \tag{3.3.7}$$

所以 V_N 的闭包

$$\overline{V}_N = \{\, x \in \mathbb{R}^n \mid C_1(x) \geq 0, \cdots, C_N(x) \geq 0 \,\}. \tag{3.3.8}$$

因此 $\overline{V}_N$ 中点坐标

$$
\begin{aligned}
x &= (r_1, x_2, r_2, \cdots, x_N, r_N), \\
x_j &= (x_{1j}, \cdots, x_{j-1,j}), x_{ij} = (x_{ij}^{(1)}, \cdots, x_{ij}^{(n_{ij})}),
\end{aligned} \tag{3.3.9}
$$

有

$$r_1 \geq 0, \cdots, r_N \geq 0, \tag{3.3.10}$$

且当 $r_j = 0$ 时, 有 $x_{ij} = 0, 1 \leq i < j, x_{jk} = 0, j < k \leq N$.

现在来决定 Hermite 向量函数 $F(u, u)$ 和李代数 $t(D(V_N, F))$. 今

$$F(u, u) = (u\widetilde{H}_1\overline{u}', \cdots, u\widetilde{H}_N\overline{u}'), \tag{3.3.11}$$

其中 $\widetilde{H}_i$ 为 $m \times m$ Hermite 方阵, $1 \leq i \leq N$. 由于 F 适合条件 $(1)F(u, u) \in \overline{V}_N, \forall u \in \mathbb{C}^m, (2)F(u, u) = 0$ 当且仅当 $u = 0$. 将 $F(u, u)$ 按照 $\overline{V}_N$ 中点坐标的方式来记, 即

$$
\begin{aligned}
F(u, u) &= (F_{11}(u, u), F_2(u, u), F_{22}(u, u), \cdots, F_N(u, u), F_{NN}(u, u)), \\
F_j(u, u) &= (F_{1j}(u, u), F_{2j}(u, u), \cdots, F_{j-1,j}(u, u)), \\
F_{ij}(u, u) &= (F_{ij}^{(1)}(u, u), \cdots, F_{ij}^{(n_{ij})}(u, u)),
\end{aligned}
$$

$$\tag{3.3.12}$$

其中

$$F_{ii}(u, u) = uH_i\overline{u}', \quad 1 \leq i \leq N, F_{ij}^{(t)}(u, u) = uH_{ij}^{(t)}\overline{u}'. \tag{3.3.13}$$

由 $F(u, u) \in \overline{V}_N$ 推出 $F_{jj}(u, u) = uH_j\overline{u}' \geq 0, \forall u \in \mathbb{C}^m$, 即 $H_j \geq 0, 1 \leq j \leq N$.

今 $H_N \geq 0$, 所以存在 $m \times m$ 非异复方阵 P 使得 $PH_N\overline{P}' = \mathrm{diag}\,(0, I^{(m_N)})$. 对齐性 Siegel 域 $D(V, F)$ 作仿射同构 $z \to z, u \to v = uP^{-1}$, 因此

$$F(u, u) = F(vP, vP) = (vP\widetilde{H}_1\overline{P}'\overline{v}', \cdots, vP\widetilde{H}_n\overline{P}'\overline{v}') = \widetilde{F}(v, v).$$

所以无妨设

$$H_N = \begin{pmatrix} 0 & 0 \\ 0 & I^{(m_N)} \end{pmatrix}.$$

将 $H_j, j = 1, \cdots, N-1$, 和 H_N 一样分块, 记作

$$H_j = \begin{pmatrix} H_{j1} & H_{j2} \\ \overline{H}_{j2}' & H_{j3} \end{pmatrix} \geq 0, \quad 1 \leq j < N.$$

设 $m \times m$ 非异复方阵 P 有 $PH_N\overline{P}' = H_N$, 则 P 为

$$P = \begin{pmatrix} P_1 & 0 \\ P_2 & P_3 \end{pmatrix}, \quad P_3 \in \mathrm{U}(m_N).$$

因此在仿射同构意义下, 无妨设

$$H_{N-1} = \begin{pmatrix} \begin{pmatrix} 0 & 0 \\ 0 & I^{(m_{N-1})} \end{pmatrix} & \begin{pmatrix} D_1 \\ D_2 \end{pmatrix} \\ \begin{pmatrix} \overline{D}_1' & \overline{D}_2' \end{pmatrix} & C \end{pmatrix} \geq 0,$$

所以 $D_1 = 0$. 再取

$$P = \begin{pmatrix} I & 0 \\ -\begin{pmatrix} 0 & \overline{D}_2' \end{pmatrix} & I \end{pmatrix},$$

因此在仿射等价意义下无妨设 $D \geq 0$,

$$H_{N-1} = \begin{pmatrix} \begin{pmatrix} 0 & 0 \\ 0 & I^{(m_{N-1})} \end{pmatrix} & 0 \\ 0 & D \end{pmatrix}.$$

由于式 (3.3.5) 有 $\widetilde{A}_{N-1} \in \mathfrak{G}$, 所以有

$$F(uQ_{N-1}, u) + F(u, uQ_{N-1}) = F(u, u)(A_{N-1})_0,$$

其中 $(A_{N-1})_0 = 2e_{N-1,N-1} + \sum_{p<i} \sum_t e_{pi}^{(t)} + \sum_{i<p} \sum_t e_{ip}^{(t)}$, 这里 e_{ii}, $e_{ij}^{(t)}$

的定义见符号说明. 因此由

$$z(A_{N-1})_0 \frac{\partial'}{\partial z}$$
$$= 2s_{N-1} \frac{\partial}{\partial s_{N-1}} + \sum_{j<N-1} z_{j,N-1} \frac{\partial'}{\partial z_{j,N-1}} + z_{N-1,N} \frac{\partial'}{\partial z_{N-1,N}}$$

有

$$F_{NN}(uQ_{N-1}, u) + F_{NN}(u, uQ_{N-1}) = 0,$$
$$F_{N-1,N-1}(uQ_{N-1}, u) + F_{N-1,N-1}(u, uQ_{N-1}) = 2F_{N-1,N-1}(u, u),$$

即

$$Q_{N-1}H_N + H_N\overline{Q}'_{N-1} = 0, Q_{N-1}H_{N-1} + H_{N-1}\overline{Q}'_{N-1} = 2H_{N-1}.$$

将 Q_{N-1} 和 H_N 一样分块, 记作

$$Q_{N-1} = \begin{pmatrix} a & b \\ c & d \end{pmatrix},$$

则 $Q_{N-1}H_N + H_N\overline{Q}'_{N-1} = 0$ 推出 $b = 0, d + \overline{d}' = 0$. 又 $Q_{N-1}H_{N-1} + H_{N-1}\overline{Q}'_{N-1} = 2Q_{N-1}$ 推出 $dD + D\overline{d}' = 2D$. 由 $d + \overline{d}' = 0$ 有 $2D = [d, D]$, 所以 $\operatorname{tr} D = 0$. 但是 $H_{N-1} \geq 0$, 所以 $D \geq 0$. 由 $\operatorname{tr} D = 0$ 便证明了 $D = 0$. 所以

$$H_{N-1} = \begin{pmatrix} 0 & & \\ & I^{(m_{N-1})} & \\ & & 0 \end{pmatrix}, \quad H_N = \begin{pmatrix} 0 & & \\ & 0 & \\ & & I^{(m_N)} \end{pmatrix}.$$

由归纳法, 便证明了在仿射同构意义下无妨设

$$H_j = \operatorname{diag}(0^{(m_0)}, 0^{(m_1)}, \cdots, 0^{(m_{j-1})}, I^{(m_j)}, 0^{(m_{j+1})} \cdots, 0^{(m_N)}).$$

我们来证明 $m_0 = 0$. 事实上, 若 $m_0 > 0$, 任取 $0 \neq u_0 \in \mathbb{C}^{m_0}$, 则 $u = (u_0, 0, \cdots, 0) \neq 0$. 这时, $uH_j\overline{u}' = 0, 1 \leq j \leq N$. 于是

$F_{jj}(u,u) = 0$. 但是由 (3.3.8) 可知 $x \in \overline{V}_N$, 且 $r_j = 0$ 蕴含 $x_{ij} = 0, 1 \le i < j, x_{jk} = 0, j < k \le N$. 今 $r_j = F_{jj}(u,u) = 0$, 所以 $F_{ij}(u,u) = 0, 1 \le i < j \le N$. 这证明了 $F(u,u) = 0$, 因此 $u = 0$. 这和 $u \ne 0$ 矛盾, 所以 $m_0 = 0$. 断言成立.

至此, 我们证明了正整数 m 有非负整数分拆:

$$m = m_1 + m_2 + \cdots + m_N,$$

使得

$$H_j = \operatorname{diag}\left(0^{(m_1)}, \cdots, 0^{(m_{j-1})}, I^{(m_j)}, 0^{(m_{j+1})}, \cdots, 0^{(m_N)}\right), \quad (3.3.14)$$

其中 $1 \le j \le N$. 即将 $u \in \mathbb{C}^m$ 按 $m_1, m_2, \cdots, m_N$ 列分块, 记作 $u = (u_1, u_2, \cdots, u_N)$, 则有

$$F_{jj}(u,u) = u_j \overline{u}_j'. \quad (3.3.15)$$

由于 $F_{jj}(u,u) = 0$ 蕴含

$$F_{ij}(u,u) = 0, \ 1 \le i < j, \quad F_{jk}(u,u) = 0, \ j+1 < k \le N.$$

所以

$$F_{ij}^{(t)}(u,u) = u H_{ij}^{(t)} \overline{u}' = \operatorname{Re}\left(u_i Q_{ij}^{(t)} \overline{u}_j'\right), \quad (3.3.16)$$

其中 $Q_{ij}^{(t)}$ 为 $m_i \times m_j$ 复矩阵. 又将 Hermite 方阵 $H_{ij}^{(t)}$ 按

$$m_1, m_2, \cdots, m_N$$

行列分块, 则有

$$H_{ij}^{(t)} = \frac{1}{2} \begin{pmatrix} 0 & 0 & \cdots & 0 & 0 \\ 0 & 0 & \cdots & Q_{ij}^{(t)} & 0 \\ \vdots & \vdots & & \vdots & \vdots \\ 0 & \overline{Q_{ij}^{(t)}}' & \cdots & 0 & 0 \\ 0 & 0 & \cdots & 0 & 0 \end{pmatrix}.$$

现在来决定 $L_0' = L_0 \cap \mathfrak{G}$. 由

$$\widetilde{A}_j = 2s_j \frac{\partial}{\partial s_j} + \sum_{p<j} z_{pj} \frac{\partial'}{\partial z_{pj}} + \sum_{j<p} z_{jp} \frac{\partial'}{\partial z_{jp}} + uQ_j \frac{\partial'}{\partial u}$$

可知

$$F_{ii}(uQ_j, u) + F_{ii}(u, uQ_j) = 2\delta_{ij} F_{jj}(u, u),$$
$$F_{ik}(uQ_j, u) + F_{ik}(u, uQ_j) = (\delta_{ij} + \delta_{kj}) F_{ik}(u, u),$$

所以

$$Q_j H_i + H_i \overline{Q}_j' = 2\delta_{ij} H_j, \quad 1 \le i, j \le N.$$

因此将 Q_i 按 H_i 的分块方式分块, 则有

$$Q_i = \mathrm{diag}\,(Q_{11}^{(i)}, \cdots, Q_{NN}^{(i)}), \quad Q_{jj}^{(i)} + \overline{Q_{jj}^{(i)}}' = 2\delta_{ij} I.$$

又

$$Q_j H_{ik}^{(t)} + H_{ik}^{(t)} \overline{Q}_j' = (\delta_{ij} + \delta_{kj}) H_{ik}^{(t)}, 1 \le t \le n_{ik}, 1 \le i < k \le N,$$

即

$$Q_{ii}^{(j)} Q_{ik}^{(t)} + Q_{ik}^{(t)} \overline{Q_{kk}^{(j)}}' = (\delta_{ij} + \delta_{kj}) Q_{ik}^{(t)}.$$

所以记

$$Q_{jj}^{(i)} = \delta_{ij} I + K_j^{(i)}, \quad K_j^{(i)} + \overline{K_j^{(i)}}' = 0.$$

则有 $K_i^{(j)} Q_{ik}^{(t)} + Q_{ik}^{(t)} K_k^{(j)} = 0$. 记 $K_j = \mathrm{diag}\,(K_1^{(j)}, K_2^{(j)}, \cdots, K_N^{(j)})$, 则有 $K_j H_{ik}^{(t)} + H_{ik}^{(t)} K_j = 0$, 即有 $F(uK_j, u) + F(u, uK_j) = 0$. 由式 (3.3.2), 所以 $uK_j \frac{\partial'}{\partial u} \in \mathrm{aff}\,(D(V_N, F))$. 它决定的单参数子群使齐性 Siegel 域 $D(V_N, F)$ 中固定点 $p = (\sqrt{-1}v_0, 0)$ 不动, 即 $uK_j \frac{\partial'}{\partial u} \in \mathrm{aff}\,(D(V_N, F)) \cap \mathrm{iso}_p(D(V_N, F))$. 这证明了 $\widetilde{A}_j = A_j + uK_j \frac{\partial'}{\partial u}$, 所以

$$A_j = 2s_j \frac{\partial}{\partial s_j} + \sum_{p<j} z_{pj} \frac{\partial'}{\partial z_{pj}} + \sum_{j<p} z_{jp} \frac{\partial}{\partial z_{jp}} + u_j \frac{\partial'}{\partial u_j} \in L_0'. \quad (3.3.17)$$

今由 L_0' 中有

$$\widetilde{X}_{ij}^{(t)} = 2z_{ij}^{(t)}\frac{\partial}{\partial s_i} + s_j\frac{\partial}{\partial z_{ij}^{(t)}} + \sum_{p<i}\sum_s z_{pj}A_{pi}^{sj}e_t'\frac{\partial}{\partial z_{pi}^{(s)}}$$

$$+ \sum_{i<p<j}\sum_s e_t A_{ip}^{sj}z_{pj}'\frac{\partial}{\partial z_{ip}^{(s)}} + \sum_{j<p} z_{jp}(A_{ij}^{tp})'\frac{\partial'}{\partial z_{ip}} + uQ_{ijt}\frac{\partial'}{\partial u}.$$

因此有

$$F_{kk}(uQ_{ijt}, u) + F_{kk}(u, uQ_{ijt}) = 2\delta_{ki}F_{ij}^{(t)}(u, u),$$

$$F_{ij}^{(s)}(uQ_{ijt}, u) + F_{ij}^{(s)}(u, uQ_{ijt}) = \delta_{st}F_{jj}(u, u),$$

$$F_{pq}^{(r)}(uQ_{ijt}, u) + F_{pg}^{(r)}(u, uQ_{ijt})$$

$$= \delta_{pi}(e_t A_{iq}^{rj}F_{qj}' + F_{jq}(A_{ij}^{tq})'e_r') + \delta_{qi}(F_{pj}A_{pi}^{rj}e_t').$$

所以推出

$$Q_{ijt}H_k + H_k\overline{Q}_{ijt}' = 2\delta_{ki}H_{ij}^{(t)}, \quad Q_{ijt}H_{ij}^{(s)} + H_{ij}^{(s)}\overline{Q}_{ijt}' = \delta_{st}H_j,$$

$$Q_{ijt}H_{pq}^{(r)} + H_{pq}^{(r)}\overline{Q}_{ijt}'$$

$$= \sum \delta_{pi}(e_t A_{iq}^{rj}e_s')H_{qj}^{(s)} + \sum \delta_{pi}(e_r A_{ij}^{tp}e_s')H_{jq}^{(s)}$$

$$+ \sum \delta_{qi}(e_s A_{pi}^{rj}e_t')H_{pj}^{(s)},$$

所以

$$Q_{ijt} = \begin{pmatrix} K_{ijt1} & & & & & & \\ & \ddots & & & & & \\ & & K_{ijti} & & & & \\ & & \vdots & \ddots & & & \\ & & \overline{Q_{ij}^{(t)}}' & \cdots & K_{ijtj} & & \\ & & & & & \ddots & \\ & & & & & & K_{ijtN} \end{pmatrix},$$

其中 K_{ijtk} 为斜 Hermite 方阵. 又

$$\overline{Q_{ij}^{(t)}}'Q_{ij}^{(s)} + \overline{Q_{ij}^{(s)}}'Q_{ij}^{(t)} = 2\delta_{st}I^{(m_j)}, \quad 1 \le s,t \le n_{ij} \qquad (3.3.18)$$

以及

$$K_{ijti}Q_{ij}^{(t)} + Q_{ij}^{(t)}K_{ijtj} = 0,$$

$$\overline{Q_{ij}^{(t)}}{}' Q_{ik}^{(s)} = \sum (e_s A_{ij}^{tk} e_r') Q_{jk}^{(r)}, \tag{3.3.19}$$

$$Q_{ij}^{(t)} Q_{jk}^{(s)} = \sum (e_r A_{ij}^{tk} e_s') Q_{ik}^{(r)}. \tag{3.3.20}$$

显然, 式 (3.3.18) 蕴含了当 $m_i = 0$, 则 $n_{ij}m_j = 0$. 又证明了

$$\sum u_k K_{ijtk} \frac{\partial'}{\partial u_k} \in \mathrm{aff}\,(D(V,F)) \cap \mathrm{iso}_{\,p}(D(V,F)),$$

因此 $\tilde{X}_{ij}^{(t)} = X_{ij}^{(t)} + \sum u_k K_{ijtk} \dfrac{\partial'}{\partial u_k}$, 其中

$$X_{ij}^{(t)} = 2z_{ij}^{(t)}\frac{\partial}{\partial s_i} + s_j \frac{\partial}{\partial z_{ij}^{(t)}} + \sum_{p<i}\sum z_{pj}A_{pi}^{sj}e_t'\frac{\partial}{\partial z_{pi}^{(s)}}$$

$$+ \sum_{i<p<j}\sum e_t A_{ip}^{sj}z_{pj}'\frac{\partial}{\partial z_{ip}^{(s)}} + \sum_{j<p} z_{jp}(A_{ij}^{tp})'\frac{\partial'}{\partial z_{ip}}$$

$$+ u_j \overline{Q_{ij}^{(t)}}{}'\frac{\partial'}{\partial u_i} \in L_0', \tag{3.3.21}$$

且矩阵组

$$\{A_{ij}^{tk}, \quad Q_{ij}^{(t)}, \quad 1 \le t \le n_{ij}, 1 \le i < j < k \le N\}$$

为 N 矩阵组. 又记

$$R_k^{(j)}(u) = \sum_{r=1}^{n_{jk}} e_r' u_k \overline{(Q_{jk}^{(r)})}{}', \quad 1 \le j < k \le N, \tag{3.3.22}$$

及

$$R_j(u) = \begin{pmatrix} u_j \\ R_{j+1}^{(j)}(u) \\ \vdots \\ R_N^{(j)}(u) \end{pmatrix}. \tag{3.3.23}$$

将 $R_j(u)\overline{R_j(u)}' + \overline{R_j(u)}R_j(u)'$ 和 $C_j(x)$ 一样分块，则第 k 行列块为

$$R_k^{(j)}(u)\overline{R_k^{(j)}(u)}' + \overline{R_k^{(j)}(u)}R_k^{(j)}(u)' = 2u_k\overline{u_k}'I^{(n_{jk})} = 2F_{kk}(u,u)I^{(n_{jk})}.$$

当 $k < l$ 时，$R_j(u)\overline{R_j(u)}' + \overline{R_j(u)}R_j(u)'$ 的第 k 行、第 l 列块为

$$R_k^{(j)}(u)\overline{R_l^{(j)}(u)}' + \overline{R_k^{(j)}(u)}R_l^{(j)}(u)' = 2\mathrm{Re}\,(R_k^{(j)}(u)\overline{R_l^{(j)}(u)}')$$

$$= 2\mathrm{Re}\sum_{r,s} e_r' u_k \overline{Q_{jk}^{(r)}}' Q_{jl}^{(s)}\overline{u_l}'e_s = 2\mathrm{Re}\sum_{r,s} e_r' u_k (\sum_t e_s A_{jk}^{rl}e_t' Q_{kl}^{(t)})\overline{u_l}'e_s$$

$$= 2R_{kl}^{(j)}(\mathrm{Re}\sum u_k Q_{kl}^{(t)}\overline{u_l}'e_t) = 2R_{kl}^{(j)}(F_{kl}(u,u)).$$

所以

$$C_j(F(u,u)) = \mathrm{Re}\,R_j(u)\overline{R_j(u)}'$$

$$= \frac{1}{2}R_j(u)\overline{R_j(u)}' + \frac{1}{2}\overline{R_j(u)}R_j(u)'. \tag{3.3.24}$$

定义 3.3.1 给定 N 矩阵组

$$\mathfrak{S} = \{\, A_{ij}^{tk},\ Q_{ij}^{(t)},\ 1 \le t \le n_{ij},\ 1 \le i < j < k \le N,\ \}.$$

设 $C_1(x), \cdots, C_N(x)$ 为由式 (3.2.34) 和式 (3.2.35) 定义的实矩阵. $R_1(u), \cdots, R_N(u)$ 为由式 (3.3.22) 和式 (3.3.23) 定义的复矩阵，则

$$\{(z,u)\in \mathbb{C}^n \times \mathbb{C}^m |\mathrm{Im}\,C_j(z) - \mathrm{Re}\,(R_j(u)\overline{R_j(u)}') > 0, 1 \le j \le N\} \tag{3.3.25}$$

称为正规 Siegel 域，记为 $D(V_N, F)$.

定理 3.3.2 设 $D(V, F)$ 为 $\mathbb{C}^n \times \mathbb{C}^m$ 中齐性 Siegel 域，则存在仿射同构 τ，使得 $\tau(D(V,F))$ 为正规 Siegel 域，且 $\mathrm{aff}\,(\tau(D(V,F)))$ 中有极大三角子群 $T(\tau(D(V,F)))$，它在域 $\tau(D(V,F))$ 上单可递，且其李代数 $t(\tau(D(V,F))) = L_{-2} + L_{-1} + L_0'$，其中

$$L_{-2} = \{\alpha\frac{\partial'}{\partial z} \mid \forall\alpha \in \mathbb{R}^n\}, \tag{3.3.26}$$

L_{-1} 有基元

$$g_{j,N+1,t} = P_j^{(t)} = \frac{\partial}{\partial u_j^{(t)}} + \sqrt{-1} \sum_{p=1}^{j-1} \sum_s (u_p Q_{pj}^{(s)} e_t') \frac{\partial}{\partial z_{pj}^{(s)}}$$

$$+ 2\sqrt{-1} u_j^{(t)} \frac{\partial}{\partial s_j} + \sqrt{-1} \sum_{p=j+1}^{N} \sum_s (u_p \overline{(Q_{jp}^{(s)})'} e_t') \frac{\partial}{\partial z_{jp}^{(s)}},$$

$$f_{j,N+1,t} = \widetilde{P}_j^{(t)} = \sqrt{-1} \frac{\partial}{\partial u_j^{(t)}} + 2u_j^{(t)} \frac{\partial}{\partial s_j} + \sum_{p=1}^{j-1} \sum_s (u_p Q_{pj}^{(s)} e_t') \frac{\partial}{\partial z_{pj}^{(s)}}$$

$$+ \sum_{p=j+1}^{N} \sum_s (u_p \overline{(Q_{jp}^{(s)})'} e_t') \frac{\partial}{\partial z_{jp}^{(s)}}, \tag{3.3.27}$$

其中 $1 \le t \le m_j$, $1 \le j \le N$. 又 L_0' 有基元

$$-\sqrt{2} f_j' = A_j = 2s_j \frac{\partial}{\partial s_j} + \sum_{p<j} z_{pj} \frac{\partial'}{\partial z_{pj}} + \sum_{j<p} z_{jp} \frac{\partial'}{\partial z_{jp}} + u_j \frac{\partial'}{\partial u_j},$$

$$\tag{3.3.28}$$

$$g_{ijt} = X_{ij}^{(t)} = 2z_{ij}^{(t)} \frac{\partial}{\partial s_i} + s_j \frac{\partial}{\partial z_{ij}^{(t)}} + \sum_{p<i} \sum_s (z_{pj} A_{pi}^{sj} e_t') \frac{\partial}{\partial z_{pi}^{(s)}}$$

$$+ \sum_{i<p<j} \sum_s (e_t A_{ip}^{sj} z_{pj}') \frac{\partial}{\partial z_{ip}^{(s)}}$$

$$+ \sum_{j<p} z_{jp} (A_{ij}^{tp})' \frac{\partial'}{\partial z_{ip}} + u_j \overline{Q_{ij}^{(t)}}' \frac{\partial'}{\partial u_i}, \tag{3.3.29}$$

其中 $1 \le t \le n_{ij}$, $1 \le i < j \le N$.

　　证　　在前面我们已经证明了: 对任一齐性 Siegel 域 $D(V,F)$, 则存在仿射同构 τ', 使得 $\tau'(D(V,F)) = D(V_N, \widetilde{F})$, 其中 V_N 为正规锥, $\widetilde{F}$ 由式 (3.3.15),(3.3.16) 定义. 即

$$\widetilde{F}_{jj}(u,u) = u_j \overline{u}_j', \quad \widetilde{F}_{ij}^{(t)}(u,u) = \mathrm{Re}\,(u_i Q_{ij}^{(t)} \overline{u}_j'),$$

其中 $\{A_{ij}^{tk}\}$ 为定义正规锥 V_N 的实 N 矩阵组，$\{A_{ij}^{tk}, Q_{ij}^{(t)}\}$ 为 N 矩阵组. 再 $t(\tau'(D(V, F))) = L_{-2} + L_{-1} + L_0'$，其中 L_0' 有基元

$$A_j + \sum u_k K_k^{(j)} \frac{\partial'}{\partial u_k}, \ 1 \le j \le N,$$

$$X_{ij}^{(t)} + \sum u_k K_{ijtk} \frac{\partial'}{\partial u_k}, \ 1 \le t \le n_{ij}, 1 \le i < j \le N,$$

其中

$$A_j, \quad X_{ij}^{(t)} \in L_0', \ 1 \le t \le n_{ij}, \ 1 \le i < j \le N,$$

$$\sum_k u_k K_k^{(j)} \frac{\partial'}{\partial u_k}, \sum_k u_k K_{ijtk} \frac{\partial'}{\partial u_k} \in L_0 \cap \mathrm{iso}_p(D(V, F)) = 0,$$

即 $K_k^{(j)} = 0, K_{ijtk} = 0$. 所以 L_0' 以 $A_j, X_{ij}^{(t)}, 1 \le t \le n_{ij}, 1 \le i < j \le N$ 为基.

最后来证明 L_{-1} 以 $P_j^{(t)}, \widetilde{P}_j^{(t)}, 1 \le t \le m_j, 1 \le j \le N$ 为 J 基. 由定理 3.3.1，可以和定理 3.2.5 一样证明正则 J 李代数 $t(D(V_N, \widetilde{F}))$ 有 J 基

$$g_i' = \sqrt{2}\frac{\partial}{\partial s_i}, 1 \le i \le N, \ f_{ijt} = \frac{\partial}{\partial z_{ij}^{(t)}}, 1 \le t \le n_{ij}, 1 \le i < j \le N,$$

$$f_j' = -\frac{1}{\sqrt{2}}A_j, 1 \le j \le N, \ g_{ijt} = X_{ij}^{(t)}, 1 \le t \le n_{ij}, 1 \le i < j \le N,$$

以及 $g_{i,N+1,t}, f_{i,N+1,t}, 1 \le t \le m_i, 1 \le i \le N$.

作为 $t(D(V_N, \widetilde{F}))$ 中基元，我们来决定 $g_{i,N+1,t}$ 和 $f_{i,N+1,t}$ 如下. 今

$$-\sqrt{2}\sum_{j=1}^N f_j' = \sum_{j=1}^N A_j = 2z\frac{\partial'}{\partial z} + u\frac{\partial'}{\partial u}.$$

而

$$L_{-1} = \{x \in \mathrm{aff}\,(D(V_N, F)) \mid [\sum_{j=1}^N f_j', x] = \frac{1}{\sqrt{2}}x\}.$$

由 J 基的乘法表可知

$$L_{-1} = \sum_{i=1}^{N} \mathfrak{M}_{i,N+1}.$$

今由

$$L_{-1} = \{\beta \frac{\partial'}{\partial u} + 2\sqrt{-1} F(u,\beta) \frac{\partial'}{\partial z} | \forall \beta \in \mathbb{C}^m \},$$

所以 L_{-1} 有基 $P_j^{(t)}, \widetilde{P}_j^{(t)}, 1 \le t \le m_j, 1 \le j \le N$. 记

$$g_{i,N+1,r} = \sum (a_{jt}^{ir} P_j^{(t)} + b_{jt}^{ir} \widetilde{P}_j^{(t)}), f_{i,N+1,r} = \sum (c_{jt}^{ir} P_j^{(t)} + d_{jt}^{ir} \widetilde{P}_j^{(t)}).$$

今

$$[P_j^{(t)}, P_j^{(r)}] = [\widetilde{P}_j^{(t)}, \widetilde{P}_j^{(r)}] = 0,$$

$$[P_j^{(t)}, \widetilde{P}_j^{(r)}] = 4\delta_{rt} \frac{\partial}{\partial s_j} = 2\sqrt{2} \delta_{rt} g_j',$$

$$[A_k, P_j^{(t)}] = -\delta_{jk} P_j^{(t)}, \ [A_k, \widetilde{P}_j^{(t)}] = -\delta_{jk} \widetilde{P}_j^{(t)}.$$

由 J 基的乘法表有

$$[f_j', g_{k,N+1,r}] = \frac{\delta_{jk}}{\sqrt{2}} g_{k,N+1,r}, \ [f_j', f_{k,N+1,r}] = \frac{\delta_{jk}}{\sqrt{2}} f_{k,N+1,r},$$

所以

$$[A_j, \sum (a_{it}^{kr} P_i^{(t)} + b_{it}^{kr} \widetilde{P}_i^{(t)})] = -\delta_{jk} \sum (a_{it}^{kr} P_i^{(t)} + b_{it}^{kr} \widetilde{P}_i^{(t)}),$$

$$[A_j, \sum (c_{it}^{kr} P_i^{(t)} + d_{it}^{kr} \widetilde{P}_i^{(t)})] = -\delta_{jk} \sum (c_{it}^{kr} P_i^{(t)} + d_{it}^{kr} \widetilde{P}_i^{(t)}).$$

因此

$$g_{i,N+1,r} = \sum_t (a_{irt} P_i^{(t)} + b_{irt} \widetilde{P}_i^{(t)}), f_{i,N+1,t} = \sum_t (c_{irt} P_i^{(t)} + d_{irt} \widetilde{P}_i^{(t)}).$$

这证明了 $P_i^{(t)}, \widetilde{P}_i^{(t)}, 1 \le t \le m_i$ 为 $\mathfrak{M}_{i,N+1}$ 的一组基.

另一方面，　$\sqrt{-1}u\dfrac{\partial'}{\partial u}\in \mathrm{iso}_p(D(V,F))$，而

$$[JP_i^{(t)},\sqrt{-1}u\dfrac{\partial'}{\partial u}]=J\widetilde{P}_i^{(t)},\quad [J\dot{\widetilde{P}}_i^{(t)},\sqrt{-1}u\dfrac{\partial'}{\partial u}]=-JP_i^{(t)}.$$

记

$$JP_i^{(t)}=\sum\lambda_{itr}P_i^{(r)}+\sum\mu_{itr}\widetilde{P}_i^{(r)},$$

于是

$$J\widetilde{P}_i^{(t)}=-\sum\mu_{itr}P_i^{(r)}+\sum\lambda_{itr}\widetilde{P}_i^{(r)}.$$

然而

$$0=\psi([P_i^{(s)},P_i^{(t)}])=\psi([JP_i^{(s)},JP_i^{(t)}])=2\sum(\lambda_{isr}\mu_{itr}-\lambda_{itr}\mu_{isr}).$$

记 $\lambda_i=(\lambda_{itr}),\mu_i=(\mu_{itr})$，则有 $\lambda_i\mu_i'=\mu_i\lambda_i'$. 又

$$\begin{aligned}2\delta_{st}&=\psi([P_i^{(s)},\widetilde{P}_i^{(t)}])\\&=\psi([JP_i^{(s)},J\widetilde{P}_i^{(t)}])=2\sum(\lambda_{isr}\lambda_{itr}+\mu_{isr}\mu_{isr}).\end{aligned}$$

即有 $\lambda_i\lambda_i'+\mu_i\mu_i'=I$. 所以 $\lambda_i+\sqrt{-1}\mu_i\in \mathrm{U}(m_i),1\le i\le N$.

作映射 $z\to z,u\to u\mathrm{diag}(\overline{U}_1',\cdots,\overline{U}_n')$，便证明了在线性同构意义下有

$$JP_i^{(t)}=\widetilde{P}_i^{(t)},\quad J\widetilde{P}_i^{(t)}=-P_i^{(t)},$$

且

$$g_{i,N+1,r}=\sum_t a_{irt}P_i^{(t)}+\sum_t b_{irt}\widetilde{P}_i^{(t)},$$

$$f_{i,N+1,r}=Jg_{i,N+1,r}=-\sum_t b_{irt}P_i^{(t)}+\sum_t a_{irt}\widetilde{P}_i^{(t)}.$$

再由

$$[g_{i,N+1,r},g_{i,N+1,s}]=[f_{i,N+1,r},f_{i,N+1,s}]=0,$$
$$[g_{i,N+1,r},f_{i,N+1,s}]=-\delta_{rs}\sqrt{2}g_i'.$$

所以记 $A_i = (a_{irt}), B_i = (b_{irt})$，则有

$$\begin{pmatrix} A_i & B_i \\ -B_i & A_i \end{pmatrix} \begin{pmatrix} 0 & -I \\ I & 0 \end{pmatrix} \begin{pmatrix} A_i & B_i \\ -B_i & A_i \end{pmatrix}' = \begin{pmatrix} 0 & -I \\ I & 0 \end{pmatrix},$$

因此 $W_i = A_i + \sqrt{-1}B_i \in \mathrm{U}(m_i)$. 再作映射

$$z \to z, \quad u \to u\,\mathrm{diag}\,(\overline{W}'_1, \cdots, \overline{W}'_N),$$

便证明了在线性同构意义下, 无妨取 $\mathfrak{M}_{i,N+1}$ 中 J 基为

$$g_{i,N+1,r} = P_i^{(r)}, \quad f_{i,N+1,r} = \widetilde{P}_i^{(r)}.$$

和定理 3.2.5 的最后一段证明一样, 可以证明 $L_{-2} + L_{-1} + L_0'$ 为李代数 $\mathrm{aff}\,(\tau(D(V,F)))$ 中的极大三角子代数. 所以存在仿射自同构 τ'', 记 $\tau = \tau'' \otimes \tau'$. 则 τ 为齐性 Siegel 域 $D(V,F)$ 到正规 Siegel 域 $D(V_N, \widetilde{F})$ 上的仿射同构, 使得 $D(V_N, \widetilde{F})$ 上有单可递仿射自同构群 $T(D(V_N, \widetilde{F}))$, 其李代数为 $t(D(V_N, \widetilde{F})) = L_{-2} + L_{-1} + L_0'$. 定理证完.

定理 3.3.3 给定正规 Siegel 域 $D(V_N, F)$ 和 $D(\widetilde{V}_{\widetilde{N}}, \widetilde{F})$. 如果 $D(V_N, F)$ 由 N 矩阵组 $\{A_{ij}^{tk}, Q_{ij}^{(t)}\}$ 定义, $D(\widetilde{V}_{\widetilde{N}}, \widetilde{F})$ 由 $\widetilde{N}$ 矩阵组 $\{B_{ij}^{tk}, P_{ij}^{(t)}\}$ 定义, 则 $D(V_N, F)$ 和 $D(\widetilde{V}_{\widetilde{N}}, \widetilde{F})$ 全纯等价当且仅当 $\widetilde{N} = N$, 且 $D(V_N, F)$ 和 $D(\widetilde{V}_N, \widetilde{F})$ 在仿射同构

$$s_j \to s_{\sigma(j)}, z_{ij} \to z_{\sigma(i)\sigma(j)}O_{\sigma(i)\sigma(j)}, \quad u_i \to u_{\sigma(i)}U_{\sigma(i)} \qquad (3.3.30)$$

下互相等价, 其中 $O_{ij} \in \mathrm{O}(n_{ij})$, $U_i \in \mathrm{U}(m_i)$. 又 σ 为 $1, 2, \cdots, N$ 的排列, 使得当 $i < j, \sigma(j) < \sigma(i)$, 则 $n_{\sigma(j)\sigma(i)} = 0$.

证 和定理 3.2.19 一样可证正规 Siegel 域 $D(V_N, F)$ 和正规 Siegel 域 $D(\widetilde{V}_{\widetilde{N}}, \widetilde{F})$ 若全纯等价, 则仿射等价, 且此仿射等价为 $z \to zP$, $u \to uQ$, 其中 $P \in \mathrm{GL}(n, \mathbb{R}), Q \in \mathrm{GL}(m, \mathbb{C})$. 这时, $x \to xP$ 诱导了正规锥 V_N 到 $\widetilde{V}_{\widetilde{N}}$ 上的线性同构, 又 $\widetilde{F}(uQ, uQ) = F(u, u)P$. 另一方面诱导了 $\mathrm{aff}\,(D(V_N, F))$ 的极大三角子代数 $t(D(V_N, F))$ 到

aff $(D(\widetilde{V}_{\widetilde{N}}, \widetilde{F}))$ 的极大三角子代数 $t(D(\widetilde{V}_{\widetilde{N}}, \widetilde{F}))$ 上的李代数同构, 记作 σ. 且

$$t(D(V_N, F)) = L_{-2} + L_{-1} + L_0',$$
$$t(D(\widetilde{V}_{\widetilde{N}}, \widetilde{F})) = \widetilde{L}_{-2} + \widetilde{L}_{-1} + \widetilde{L}_0',$$

使得

$$\sigma(L_{-2}) = \widetilde{L}_{-2}, \quad \sigma(L_{-1}) = \widetilde{L}_{-1}, \quad \sigma(L_0') = \widetilde{L}_0'.$$

今 $t(D(V_N, F)), t(D(\widetilde{V}_{\widetilde{N}}, \widetilde{F}))$ 都是正则 J 李代数, 又映射 σ 给出 $t(D(V_N, F))$ 到 $t(D(\widetilde{V}_{\widetilde{N}}, \widetilde{F}))$ 上的 J 同构, 所以由定理 3.3.2 及定理 3.1.7 可知, 若正规 Siegel 域 $D(V_N, F)$ 和 $D(\widetilde{V}_{\widetilde{N}}, \widetilde{F})$ 全纯等价, 则定义它们的 N 矩阵组适合定理 3.1.7 的条件 (3.1.41)—(3.1.43). 作线性同构 τ':

$$s_i \to s_{\sigma(i)}, z_{ij} \to z_{\sigma(i)\sigma(j)} O_{\sigma(i)\sigma(j)}, u_i \to u_{\sigma(i)} U_{\sigma(i)},$$

由式 (3.1.41)—(3.1.43) 立即证明 $\tau'(D(V_N, F)) = D(\widetilde{V}_{\widetilde{N}}, \widetilde{F})$. 定理证完.

用定理 3.1.7 及定理 3.3.3, 立即有

定理 3.3.4 设 $D(V_N, F)$ 为由 N 矩阵组 $\{A_{ij}^{tk}, Q_{ij}^{(t)}\}$ 定义的正规 Siegel 域, 则正规 Siegel 域 $D(V_N, F)$ 在全纯等价下的分类等价于 N 矩阵组在按附录中定义 1.5 给出的等价关系下的分类.

最后, 利用正则 J 李代数的可分解的定义, 用定理 3.1.9—3.1.12, 我们有

定义 3.3.5 正规 Siegel 域称为可分解的, 如果它全纯等价于两个低维正规 Siegel 域的拓扑积. 否则称为不可分解的.

因此有

定理 3.3.6 正规 Siegel 域必可分解为不可分解的正规 Siegel 域的拓扑积, 且分解不计次序唯一.

证 记 $D(V_N, F)$ 为正规 Siegel 域, 它由 N 矩阵组 $\{A_{ij}^{tk}, Q_{ij}^{(t)}\}$ 定义, 所决定的 $N \times N$ 对称方阵 $S = (n_{ij})$. 设 $T(D(V_N, F))$ 为在正规 Siegel 域上单可递的三角李群. 已知 $T(D(V_N, F))$ 的李代数

$t(D(V_N, F))$ 为正则 J 李代数, 于是存在 $1, 2, \cdots, N$ 的可容许排列 $\sigma: i_1 i_2 \cdots i_N$, 使得 $S^\sigma = (n_{i_j i_k})$ 为准对角方阵. 为方便起见, 无妨设 S 为准对角方阵, 且每个对角块所决定的图连通, 即不能再经过可容许排列化为准对角方阵. 换句话说, 李代数 $t(D(V_N, F))$ 为极小 J 理想的直接和

$$t(D(V_N, F)) = \mathfrak{K}_1 + \cdots + \mathfrak{K}_t.$$

于是在连通李群 $T(D(V_N, F))$ 中存在连通正规子群 $G_1, \cdots, G_t$ 使得 G_i 由 $\exp \mathfrak{K}_i$ 生成, 且

$$T(D(V_N, F)) = G_1 \times \cdots \times G_t$$

为直乘积. 事实上, 由于李群 $T(D(V_N, F))$ 的中心 $C(T(D(V_N, F))) = \{e\}, e$ 为 $T(D(V_N, F))$ 的单位元素, 所以 $G_i \cap G_j = \{e\}, i \neq j$.

对正则 J 李代数 $(t(D(V_N, F)); J, \psi)$, 每个 $\mathfrak{K}_i$ 都是正则 J 理想, 记作 $(\mathfrak{K}_i; J, \psi), 1 \leq i \leq t$, 所以李群 G_i 按照 §3.2 和 §3.3 决定了正规 Siegel 域 $D(V_{N_i}^{(i)}, F^{(i)}), 1 \leq i \leq t$. 由 $T(D(V_N, F))$ 在正规 Siegel 域 $D(V_N, F)$ 上单可递, 所以证明了在仿射同构意义下

$$D(V_N, F) = D(V_{N_1}^{(1)}, F^{(1)}) \times \cdots \times D(V_{N_t}^{(t)}, F^{(t)}).$$

由于正则 J 李代数关于极小 J 理想的分解不计次序唯一, 所以正规 Siegel 域的上述分解也不计次序唯一. 证完.

定义 3.3.7 $\mathbb{C}^n$ 中域称为可分解的, 如果它全纯同构于两个低维域的拓扑积, 否则称为不可分解的.

定理 3.3.8 若齐性有界域可分解, 即它全纯同构于两个低维域的拓扑积, 则这两个低维域也都齐性.

证 无妨设 D 为包含原点的齐性有界域, 且其 Bergman 度量方阵 $T(0, 0) = I$. 又设 $D = D_1 \times D_2$, 其中 D_1, D_2 为低维有界域. 取 D_1 中点坐标为 $x = (x_1, \cdots, x_r), D_2$ 中点坐标为 $y = (y_1, \cdots, y_s)$, 于是 D 中点坐标

$$z = (z_1, \cdots, z_n) = (x_1, \cdots, x_r, y_1, \cdots, y_s),$$

其中 $r + s = n, z_i = x_i, 1 \leq i \leq r, z_i = y_{i-r}, i = r+1, \cdots, n.$

分别记 $K(z,\overline{z}), K_1(x,\overline{x}), K_2(y,\overline{y})$ 为域 D, D_1, D_2 的 Bergman 核函数，$T(z,\overline{z}), T_1(x,\overline{x}), T_2(y,\overline{y})$ 为域 D, D_1, D_2 的 Bergman 度量方阵，则有

$$K(z,\overline{z}) = K_1(x,\overline{x})K_2(y,\overline{y}),$$

$$T(z,\overline{z}) = \mathrm{diag}\,(T_1(x,\overline{x}), T_2(y,\overline{y})).$$

由 $T(0,0) = I$ 有 $T_1(0,0) = I_1, T_2(0,0) = I_2$ 为单位方阵.

考虑 Bergman 映射

$$w = \mathrm{grad}\,_{\overline{z}} \log \frac{K(z,\overline{z})}{K(0,\overline{z})}\Big|_{\overline{z}=0},$$

它的 Jacobian 为

$$\frac{\partial w}{\partial z} = T(z,0).$$

因此存在 $\varepsilon > 0$, 使得 $|z| < \varepsilon$,Jacobian 行列式不等于零. 所以映射

$$w = (u,v) = \mathrm{grad}\,_{\overline{z}} \log \frac{K(z,\overline{z})}{K(0,\overline{z})}\Big|_{\overline{z}=0}$$

$$= (\mathrm{grad}\,_{\overline{x}} \log \frac{K_1(x,\overline{x})}{K_1(0,\overline{x})}\Big|_{\overline{x}=0}, \mathrm{grad}\,_{\overline{y}} \log \frac{K_2(y,\overline{y})}{K_2(0,\overline{y})}\Big|_{\overline{y}=0})$$

给出域 D 的原点可容许坐标变换，它分别由域 D_1 及域 D_2 的原点可容许坐标变换组成.

在新的坐标系下，域 D 的 Bergman 核函数为

$$\widetilde{K}(w,\widetilde{w}) = |\det \frac{\partial w}{\partial z}|^{-2} K(z,\overline{z}) = |\det T(z,0)|^{-2} K(z,\overline{z}).$$

域 D_1 及 D_2 的 Bergman 核函数分别为

$$\widetilde{K}_1(u,\overline{u}) = |\det T_1(x,0)|^{-2} K_1(x,\overline{x}),$$

$$\widetilde{K}_2(v,\overline{v}) = |\det T_2(y,0)|^{-2} K_2(y,\overline{y}).$$

分别记域 D, D_1, D_2 的 Bergman 度量方阵为

$$\widetilde{T}(w, \overline{w}), \quad \widetilde{T}_1(u, \overline{u}), \quad \widetilde{T}_2(v, \overline{v}),$$

则有

$$\begin{aligned}
\widetilde{T}(w, \overline{w}) &= (\frac{\partial w}{\partial z})^{-1} T(z, \overline{z}) (\overline{\frac{\partial w}{\partial z}}')^{-1} \\
&= T(z, 0)^{-1} T(z, \overline{z}) T(0, \overline{z})^{-1}, \\
\widetilde{T}_1(u, \overline{u}) &= T_1(x, 0)^{-1} T_1(x, \overline{x}) T_1(0, \overline{x})^{-1}, \\
\widetilde{T}_2(v, \overline{u}) &= T_2(y, 0)^{-1} T_2(y, \overline{y}) T_2(0, \overline{y})^{-1}.
\end{aligned}$$

取 $\overline{z} = 0$ 便证明了 $\overline{w} = 0$, 即 $\widetilde{T}(w, 0) = I, \widetilde{T}_1(u, 0) = I_1, \widetilde{T}_2(v, 0) = I_2$, 其中 I, I_1, I_2 为单位方阵, 且有

$$\widetilde{T}(w, \overline{w}) = \operatorname{diag}(\widetilde{T}_1(u, \overline{u}), \widetilde{T}_2(v, \overline{v})).$$

设 $\operatorname{Aut}(D)$ 为齐性有界域 D 的全纯自同构群, 它的单位连通分支在域 D 上可递. 记李群 $\operatorname{Aut}(D)$ 的李代数为 $\operatorname{aut}(D)$. 任取

$$X = \sum \xi_i(z) \frac{\partial}{\partial z_i} \in \operatorname{aut}(D),$$

在新的坐标系下,

$$X = \sum_i \xi_i(z) \frac{\partial}{\partial z_i} = \sum_j (\sum_i \xi_i(z) \frac{\partial w_j}{\partial z_i}) \frac{\partial}{\partial w_j} = \sum_j \eta_j(w) \frac{\partial}{\partial w_j},$$

其中

$$\eta(w) = (\eta_1(w), \cdots, \eta_n(w)) = (\xi_1(z), \cdots, \xi_n(z)) T(z, 0).$$

即有

$$\begin{aligned}
(\eta_1(w), \cdots, \eta_r(w)) &= (\xi_1(z), \cdots, \xi_r(z)) T_1(x, 0), \\
(\eta_{r+1}(w), \cdots, \eta_n(w)) &= (\xi_{r+1}(z), \cdots, \xi_n(z)) T_2(y, 0).
\end{aligned}$$

下面来证明 $\eta_1, \cdots, \eta_r$ 只与 u 有关, 因此证明了 $\eta_1, \cdots, \eta_r$ 只与 x 有关, 所以 $\xi_1, \cdots, \xi_r$ 只与 x 有关. 同样, 我们来证明 $\eta_{r+1}, \cdots, \eta_n$

只与 v 有关, 因此证明了 $\eta_{r+1}, \cdots, \eta_n$ 只与 y 有关, 所以 $\xi_{r+1}, \cdots, \xi_r$ 只与 y 有关. 即任取 $X \in \mathrm{aut}\,(D)$, 则

$$X = \sum_{i=1}^{r} \xi_i(x) \frac{\partial}{\partial x_i} + \sum_{i=r+1}^{n} \xi_i(y) \frac{\partial}{\partial y_i}.$$

我们来证明这一断言. 由引理 1.2.6 有

$$\mathrm{Re}\,\Big(\sum_i \xi_i(z) \frac{\partial \log K(z, \overline{z})}{\partial z_i} + \sum_i \frac{\partial \xi_i(z)}{\partial z_i}\Big) = 0.$$

由引理 1.2.8 有

$$\mathrm{Re}\,\Big(\sum_j \eta_j(w) \frac{\partial \log \widetilde{K}(w, \overline{w})}{\partial w_j} + \sum_j \frac{\partial \eta_j(w)}{\partial w_j}\Big)$$
$$= \mathrm{Re}\,\Big(\sum_i \xi_i(z) \frac{\partial \log K(z, \overline{z})}{\partial z_i} + \sum_i \frac{\partial \xi_i(z)}{\partial z_i}\Big) = 0.$$

这证明了

$$\sum \eta_j(w) \frac{\partial \log \widetilde{K}(w, \overline{w})}{\partial w_j} + \sum \overline{\eta_j(w)} \frac{\partial \log \widetilde{K}(w, \overline{w})}{\partial \overline{w}_j}$$
$$+ \sum \frac{\partial \eta_j(w)}{\partial w_j} + \sum \overline{\frac{\partial \eta_j(w)}{\partial w_j}} = 0.$$

作 $\dfrac{\partial^2}{\partial w_l \partial \overline{w}_k}$, 记 $\eta(w) = (\eta_1(w), \cdots, \eta_n(w))$,

$$\frac{\partial \eta(w)}{\partial w} = \begin{pmatrix} \dfrac{\partial \eta_1(w)}{\partial w_1} & \cdots & \dfrac{\partial \eta_n(w)}{\partial w_1} \\ \vdots & & \vdots \\ \dfrac{\partial \eta_1(w)}{\partial w_n} & \cdots & \dfrac{\partial \eta_n(w)}{\partial w_n} \end{pmatrix} = \begin{pmatrix} A(u,v)^{(r)} & B(u,v) \\ C(u,v) & D(u,v) \end{pmatrix}$$

其中矩阵 $A(u,v), B(u,v), C(u,v), D(u,v)$ 中元素为全纯函数, 于是

有

$$\frac{\partial \eta}{\partial w}\widetilde{T}(w,\overline{w}) + \widetilde{T}(w,\overline{w})\overline{\frac{\partial \eta}{\partial w}}' + \sum \eta_j(w)\frac{\partial \widetilde{T}(w,\overline{w})}{\partial w_j}$$

$$+ \sum \overline{\eta_j(w)}\frac{\partial \widetilde{T}(w,\overline{w})}{\partial \overline{w}_j} = 0,$$

因此有

$$B(u,v)\widetilde{T}_2(v,\overline{v}) + \widetilde{T}_1(u,\overline{u})\overline{C(u,v)}' = 0.$$

取 $u=0$, 由 $T_1(0,\overline{u})=I_1$ 有 $B(0,v)\widetilde{T}_2(v,\overline{v}) + \overline{C(u,v)}' = 0$. 再取 $\overline{u}=0$ 有 $B(0,v)\widetilde{T}_2(v,\overline{v}) + \overline{C(0,v)}' = 0$. 因此 $C(u,v)=C(0,v)$. 再由 $B(0,v)\widetilde{T}_2(v,\overline{v}) + \overline{C(0,v)}' = 0$ 及 $\widetilde{T}_2(0,\overline{v})=I_2$, 取 $v=0$ 有 $B(0,0) + \overline{C(0,v)}' = 0$. 这证明了 $C(u,v)=C(0,0)=-\overline{B(0,0)}'$. 在原式中取 $\overline{v}=0$, 有 $B(u,v) + \widetilde{T}_1(u,\overline{u})\overline{C(0,0)}' = 0$. 再取 $\overline{u}=0$ 有 $B(u,v)=-\overline{C(0,0)}' = B(0,0)$. 记常数方阵 $P=-B(0,0)$, 则有

$$B(u,v)=-P, \quad C(u,v)=\overline{P}'.$$

代回原式, 有

$$P\widetilde{T}_2(v,\overline{v}) = \widetilde{T}_1(u,\overline{u})P.$$

分别取 $u=0, v=0$, 有

$$\widetilde{T}_1(u,\overline{u})P = P\widetilde{T}_2(v,\overline{v}) = P,$$

即

$$\sum_j \frac{\partial^2 \log \widetilde{K}_1(u,\overline{u})}{\partial u_i \partial \overline{u}_j}p_{jk} = p_{ik}.$$

由域 D 可递, 所以存在正实常数 c_0, 使得 $\det \widetilde{T}(w,\overline{w}) = c_0\widetilde{K}(w,\overline{w})$. 因此 $\det \widetilde{T}_1(u,\overline{u})\det \widetilde{T}_2(v,\overline{v}) = c_0\widetilde{K}_1(u,\overline{u})\widetilde{K}_2(v,\overline{v})$. 所以存在正实常数 c_1 使得

$$\det \widetilde{T}_1(u,\overline{u}) = c_1\widetilde{K}_1(u,\overline{u}),$$

即

$$\frac{\partial^2 \log \widetilde{K}_1(u,\overline{u})}{\partial u_l \partial \overline{u}_j} = \frac{\partial^2 \log \det \widetilde{T}_1(u,\overline{u})}{\partial u_l \partial \overline{u}_j}$$

$$= \operatorname{tr} \widetilde{T}_1(u,\overline{u})^{-1} \frac{\partial^2 \widetilde{T}_1(u,\overline{u})}{\partial u_l \partial \overline{u}_j}$$

$$- \operatorname{tr} \widetilde{T}_1(u,\overline{u})^{-1} \frac{\partial \widetilde{T}_1(u,\overline{u})}{\partial u_l} \widetilde{T}_1(u,\overline{u})^{-1} \frac{\partial \widetilde{T}_1(u,\overline{u})}{\partial \overline{u}_j}.$$

所以由直接计算可知

$$\sum_j \frac{\partial^2 \log \widetilde{K}_1(u,\overline{u})}{\partial u_l \partial \overline{u}_j} p_{ja} = 0, \quad \forall l, a.$$

这证明了 $\widetilde{T}_1(u,\overline{u})P = 0$, 即常数矩阵 $P = 0$. 所以

$$B(u,v) = 0, \quad C(u,v) = 0.$$

即

$$\frac{\partial \eta_i(w)}{\partial u_j} = 0,$$

其中 i, j 不适合 $1 \leq i, j \leq r$ 及 $r+1 \leq i, j \leq n$. 这证明了 $\eta_j(w) = \eta_j(u), 1 \leq j \leq r, \eta_j(w) = \eta_j(v), r+1 \leq j \leq n$. 至此证明了任取 $X \in \operatorname{aut}(D)$, 则在 $\operatorname{aut}(D)$ 中存在

$$Y = \sum_{i=1}^{r} \xi_i(x) \frac{\partial}{\partial x_i}, \quad Z = \sum_{i=r+1}^{n} \xi_i(y) \frac{\partial}{\partial y_{i-r}},$$

使得 $X = Y + Z, [Y, Z] = 0$.

于是由 X 决定的单参数子群 $\exp tX, \forall t \in \mathbb{R}$, 为

$$\exp tX = \exp tY \exp tZ, \quad \forall t \in \mathbb{R},$$

即 $\exp tX$ 形如

$$x \to f(x,t), \quad y \to g(y,t), \quad \forall t \in \mathbb{R}.$$

由于最大连通全纯自同构群 $\mathrm{Aut}\,(D)^0$ 由 $\exp\mathrm{aut}\,(D)$ 生成, 所以证明了

$$\mathrm{Aut}\,(D)^0 = \mathrm{Aut}\,(D_1)^0 \times \mathrm{Aut}\,(D_2)^0.$$

为李群直乘积. 由 $\mathrm{Aut}\,(D)^0$ 在 D 上可递, 所以 $\mathrm{Aut}\,(D_i)^0$ 在 D_i 上可递, $i = 1, 2$. 这证明了域 D_1 及 D_2 都可递. 证完.

由定理 3.3.8, $\mathbb{C}^n$ 中的齐性有界域 D 必全纯同构于不可分解的齐性有界域 $D_1, \cdots, D_s$ 的拓扑积 $D_1 \otimes \cdots \otimes D_s$, 且不可分解正规 Siegel 域 $D(V, F)$ 若可分解为两个低维域 D_1, D_2 的拓扑积, 则低维域 D_1, D_2 必齐性. 由定理 2.1.9 可知, 低维域 D_1, D_2 都全纯等价于正规 Siegel 域. 这推出 $D(V, F)$ 全纯等价于两个低维正规 Siegel 域的拓扑积, 所以和 $D(V, F)$ 作为正规 Siegel 域的不可分解矛盾. 因此, 我们证明了

定理 3.3.9 正规 Siegel 域的可分解定义和域的可分解定义等价.

由定理 3.3.6 及定理 3.3.8, 我们有

定理 3.3.10 $\mathbb{C}^n$ 中的齐性有界域 D 必全纯同构于不可分解的齐性有界域 $D_1, \cdots, D_s$ 的拓扑积 $D_1 \otimes \cdots \otimes D_s$, 且分解不计次序唯一.

这个定理告诉我们, 只要考虑不可分解齐性有界域, 即在全纯同构意义下只要考虑不可分解正规 Siegel 域就够了.

第四章　齐性有界域的其他实现

在这一章，我们利用正规 Siegel 域的可递仿射自同构群来计算 Bergman 核函数及 Bergman 映射，并且证明 Bergman 映射为正规 Siegel 域上的全纯同构，且像为确定形式的齐性有界域，这给出了正规 Siegel 域的一类齐性有界域实现. 在第三节我们介绍 Vinberg 给出的齐性锥的一种实现，即实现为一种非结合代数 (称为 T 代数) 的子集. 由于第二类正规 Siegel 域可以从一个第一类正规 Siegel 域作截面得到，因此自然地可利用 Vinberg 的 T 代数实现给出正规 Siegel 域的 T 代数实现，这是 Takeuchi 给出的.

§4.1　正规 Siegel 域的 Bergman 核函数

在第三章，我们引进了正规 Siegel 域的概念，且证明了任意齐性 Siegel 域仿射等价于正规 Siegel 域. 又证明了任意两个正规 Siegel 域全纯等价当且仅当在一类特殊的线性同构下等价，进而证明正规 Siegel 域的等价分类等价于定义它的 N 矩阵组在一种特定的关系下的等价分类 (参考式 (3.1.43)).

现在我们来计算正规 Siegel 域的 Bergman 核函数. 给定 N 矩阵组，为方便起见，我们记作

$$\{A_{ij}^{tk}, 1 \le t \le n_{ij}, 1 \le i < j < k \le N+1\}, \tag{4.1.1}$$

其中当 $1 \le t \le n_{ij}, 1 \le i < j < k \le N$ 时，A_{ij}^{tk} 为 $n_{ik} \times n_{jk}$ 实矩阵，当 $1 \le t \le n_{ij}, 1 \le i < j \le N$ 时，

$$A_{ij}^{t,N+1} = Q_{ij}^{(t)} \tag{4.1.2}$$

为 $m_i \times m_j$ 复矩阵, 其中

$$m_i = n_{i,N+1}, \quad 1 \le i \le N. \tag{4.1.3}$$

则定义条件为

$$n_{ik} = 0 \text{ 蕴含 }, n_{ij}n_{jk} = 0, \tag{4.1.4}$$

其中 $1 \le i < j < k \le N+1$;

$$\overline{(A_{ij}^{sk})}' A_{ij}^{tk} + \overline{(A_{ij}^{tk})}' A_{ij}^{sk} = 2\delta_{st} I^{(n_{jk})}, \tag{4.1.5}$$

其中 $1 \le s, t \le n_{ij}$, $1 \le i < j < k \le N+1$;

$$A_{ij}^{sk} A_{jl}^{tk} = \sum_{r=1}^{n_{il}} (e_r A_{ij}^{sl} e_t') A_{il}^{rk}, \tag{4.1.6}$$

其中 $1 \le s \le n_{ij}$, $1 \le t \le n_{jl}$, $1 \le i < j < l < k \le N+1$;

$$\overline{(A_{ij}^{sk})}' A_{il}^{tk} = \sum_{r=1}^{n_{jl}} (e_t A_{ij}^{sl} e_r') A_{jl}^{rk}, \tag{4.1.7}$$

其中 $1 \le s \le n_{ij}$, $1 \le t \le n_{il}$, $1 \le i < j < l < k \le N+1$.
记

$$n_i' = n_{ii} + n_{i,i+1} + \cdots + n_{iN}, \quad n = \sum_{i=1}^{N} n_i', \quad m = \sum_{i=1}^{N} n_{i,N+1} = \sum_{i=1}^{N} m_i,$$

$\mathbb{C}^n$ 和 $\mathbb{C}^m$ 中点 z, u 的坐标分别记作

$$
\begin{aligned}
z &= (s_1, z_2, s_2, \cdots, z_N, s_N), \quad z_j = (z_{1j}, \cdots, z_{j-1,j}), \\
z_{ij} &= (z_{ij}^{(1)}, \cdots, z_{ij}^{(n_{ij})}) \in \mathbb{C}^{n_{ij}}, \quad s_i \in \mathbb{C},
\end{aligned}
\tag{4.1.8}
$$

$$u = (u_1, u_2, \cdots, u_N), \quad u_i = (u_i^{(1)}, \cdots, u_i^{(m_i)}) \in \mathbb{C}^{m_i}. \tag{4.1.9}$$

$$C_j(z) = \begin{pmatrix} s_j & z_{j,j+1} & \cdots & z_{jN} \\ z_{j,j+1}' & s_{j+1} I^{(n_{j,j+1})} & \cdots & R_{j+1,N}^{(j)}(z) \\ \vdots & \vdots & & \vdots \\ z_{jN}' & R_{j+1,N}^{(j)}(z)' & \cdots & s_N I^{(n_{jN})} \end{pmatrix} \tag{4.1.10}$$

为 $n'_j \times n'_j$ 方阵, 其中 $1 \leq j \leq N$,

$$R_{jk}^{(i)}(z) = \sum_{r=1}^{n_{ij}} e'_r z_{jk} (A_{ij}^{rk})', \quad 1 \leq i < j < k \leq N \tag{4.1.11}$$

为 $n_{ij} \times n_{ik}$ 矩阵. 再引进 $n'_j \times m_j$ 复矩阵

$$R_j(u) = \begin{pmatrix} u_j \\ R_{j+1}^{(j)}(u) \\ \vdots \\ R_N^{(j)}(u) \end{pmatrix}, \tag{4.1.12}$$

其中 $1 \leq j \leq N$,

$$R_k^{(j)}(u) = \sum_{r=1}^{n_{jk}} e'_r u_k (\overline{A_{jk}^{r,N+1}})' = \sum_{r=1}^{n_{jk}} e'_r u_k (\overline{Q_{jk}^{(r)}})' \tag{4.1.13}$$

为 $n_{jk} \times n_{j,N+1} = n_{jk} \times m_j$ 矩阵, $1 \leq j < k \leq N$. 则正规 Siegel 域 $D(V_N, F)$ 为

$$\{(z,u) \in \mathbb{C}^{n+m} \mid \operatorname{Im} C_j(z) - \operatorname{Re} R_j(u)\overline{R_j(u)}' > 0, \ 1 \leq j \leq N\}. \tag{4.1.14}$$

由式 (3.3.25) 有

引理 4.1.1 记 $(z,u) \in \mathbb{C}^n \times \mathbb{C}^m$, 则正规 Siegel 域 $D(V_N, F)$ 有下面四种表达方式:

$$\begin{aligned} D(V_N, F) &= \{\operatorname{Im}(C_j(z)) - \operatorname{Re}(R_j(u)\overline{R_j(u)}') > 0, \ 1 \leq j \leq N\} \\ &= \{\det(\operatorname{Im}(C_j(z)) - \operatorname{Re}(R_j(u)\overline{R_j(u)}')) > 0, \ 1 \leq j \leq N\} \\ &= \{C_j(\operatorname{Im}(z) - F(u,u)) > 0, \ 1 \leq j \leq N\} \\ &= \{\det C_j(\operatorname{Im}(z) - F(u,u)) > 0, \ 1 \leq j \leq N\}, \end{aligned} \tag{4.1.15}$$

其中 $F(u,u)$ 按 z 的方式表示为

$$\begin{aligned} F(u,u) &= (F_{11}(uu), F_2(u,u), F_{22}(u,u), \cdots, F_N(u,u), F_{NN}(u,u)), \\ F_j(u,u) &= (F_{1j}(u,u), \cdots, F_{j-1,j}(u,u)), \end{aligned} \tag{4.1.16}$$

又

$$F_{ii}(u,u) = u_i \bar{u}_i',$$
$$F_{ij}(u,u) = (\operatorname{Re}(u_i Q_{ij}^{(1)} \bar{u}_j'), \cdots, \operatorname{Re}(u_i Q_{ij}^{(n_{ij})} \bar{u}_j')). \tag{4.1.17}$$

由第三章，我们有

引理 4.1.2 正规 Siegel 域 $D(V_N, F)$ 有单可递三角线性群 $T(D(V_N, F))$，它是

$$\{\sigma(a) P_{(b, u_0)} \mid \forall a \in W_N,\ b \in \mathbb{R}^n,\ u_0 \in \mathbb{C}^m\}, \tag{4.1.18}$$

其中

$$W_N = \{a = (a_{11}, a_2, a_{22}, \cdots, a_N, a_{NN}) \in \mathbb{R}^n | a_{11} > 0, \cdots, a_{NN} > 0\}. \tag{4.1.19}$$

又 $P_{(b, u_0)}$ 定义为

$$w = z - 2\sqrt{-1} F(u, u_0) + \sqrt{-1} F(u, u_0) - b, \quad v = u - u_0. \tag{4.1.20}$$

$\sigma'(a)$ 为 $\mathbb{C}^n$ 上的实线性自同构，它定义为

$$C_j(\sigma'(a)z) = P_j(a) C_j(z) P_j(a)', \tag{4.1.21}$$

其中

$$P_j(a) = \begin{pmatrix} a_{jj} & a_{j,j+1} & \cdots & a_{jN} \\ & a_{j+1,j+1} I^{(n_{j,j+1})} & \cdots & R_{j+1}^{(j)}(a) \\ & & \ddots & \vdots \\ & & & a_{NN} I^{(n_{jN})} \end{pmatrix} \tag{4.1.22}$$

$\sigma''(a)$ 为 $\mathbb{C}^m$ 上的线性自同构，它定义为

$$R_j(\sigma'(a)u) = P_j(a) R_j(u). \tag{4.1.23}$$

于是记 $(w, v) = \sigma(a)(z, u) = (\sigma'(a)z, \sigma''(a)u)$，则有

$$\operatorname{Im} C_j(w) - \operatorname{Re}(R_j(v) \overline{R_j(v)}')$$

$$= P_j(a)(\operatorname{Im} C_j(z) - \operatorname{Re}(R_j(u)\overline{R_j(u)}'))P_j(a)'. \qquad (4.1.24)$$

证　任取 $(z_0, u_0) \in D(V_N, F)$，则有

$$P_{(\operatorname{Re}(z_0), u_0)}(z_0, u_0) = (\sqrt{-1}x_0, 0),$$

其中

$$x_0 = \operatorname{Im} z_0 - F(u_0, u_0) \in V_N.$$

由引理 3.2.13 可知，存在 $a \in W_N$，使得 $\sigma'(a)x_0 = v_0$，所以

$$\sigma(a)P_{(\operatorname{Re}(z_0), u_0)}(z_0, u_0) = (\sqrt{-1}v_0, 0)$$

为正规 Siegel 域 $D(V_N, F)$ 中一固定点.

为了证 $T(D(V_N, F))$ 在正规 Siegel 域 $D(V_N, F)$ 上单可递，我们来求 $a \in W_N, b \in \mathbb{R}^n$ 及 $u_0 \in \mathbb{C}^m$ 使得 $\sigma(a)P_{(b, u_0)}(\sqrt{-1}v_0, 0) = (\sqrt{-1}v_0, 0)$. 今

$$P_{(b, u_0)}(\sqrt{-1}v_0, 0) = (\sqrt{-1}v_0 + \sqrt{-1}F(u_0, u_0) - b, -u_0).$$

于是

$$\sigma(a)P_{(b, u_0)}(\sqrt{-1}v_0, 0)$$
$$= (\sigma'(a)(\sqrt{-1}(v_0 + F(u_0, u_0)) - b), \sigma''(a)(-u_0)).$$

由条件 $\sigma(a)P_{(b, u_0)}(\sqrt{-1}v_0, 0) = (\sqrt{-1}v_0, 0)$ 有

$$\sigma''(a)u_0 = 0, \quad \sigma'(a)(v_0 + F(u_0, u_0)) = v_0, \quad \sigma'(a)b = 0.$$

由 $C_j(\sigma'(a)b) = P_j(a)C_j(b)P_j(a)'$ 有 $C_j(b) = 0$，因此 $b = 0$. 又 $R_j(\sigma''(a)u_0) = P_j(a)R_j(u_0) = 0$ 有 $R_j(u_0) = 0$，因此 $u_0 = 0$. 最后有 $\sigma'(a)v_0 = v_0$. 于是有

$$I = C_j(v_0) = C_j(\sigma'(a)v_0) = P_j(a)C_j(v_0)P_j(a)' = P_j(a)P_j(a)'.$$

这证明了 $a = v_0$. 所以 $\sigma(a)P_{(b, u_0)}(\sqrt{-1}v_0, 0) = (\sqrt{-1}v_0, 0)$ 当且仅当 $a = v_0, b = 0, u_0 = 0$，即 $\sigma(v_0)P_{(0,0)} = id$. 这证明了线性群 $T(D(V_N, F))$ 在正规 Siegel 域 $D(V_N, F)$ 上单可递. 证完.

定理 4.1.3 设 $\{A_{ij}^{tk}\}$ 为 N 矩阵组,

$$D(V_N, F) = \{ (z, u) \in \mathbb{C}^n \times \mathbb{C}^m \mid \text{Im}\,(C_j(z))$$

$$-\text{Re}\,R_j(u)\overline{R_j(u)}' > 0,\ 1 \le j \le N\} \quad (4.1.25)$$

为正规 Siegel 域, 则 $D(V_N, F)$ 的 Bergman 核函数

$$K(z, u; \overline{z}, \overline{u}) = c_0 \prod_{j=1}^{N} \det\,(\text{Im}\,C_j(z) - \text{Re}\,(R_j(u)\overline{R_j(u)}'))^{\mu_j}, \quad (4.1.26)$$

其中 $\mu_1, \cdots, \mu_N \in \mathbb{R}$, 它由方程组

$$\sum_{j=1}^{k} \mu_j n_{jk} = -(n_k + n_k' + m_k), \quad 1 \le k \le N, \quad (4.1.27)$$

决定,

$$\begin{aligned} n_k &= n_{1k} + n_{2k} + \cdots + n_{kk}, \\ n_k' &= n_{kk} + n_{k,k+1} + \cdots + n_{kN},\ 1 \le k \le N, \end{aligned} \quad (4.1.28)$$

且 c_0 为正常数.

证 记 $K(z, u; \overline{z}, \overline{u})$ 为正规 Siegel 域 $D(V_N, F)$ 的 Bergman 核函数, 则对任一全纯自同构 $(z, u) \to (Z, U)$, 有

$$K(z, u; \overline{z}, \overline{u}) = K(Z, U; \overline{Z}, \overline{U})|\det \frac{\partial(Z, U)}{\partial(z, u)}|^2.$$

现在任取 $(z_0, u_0) \in D(V_N, F)$. 由引理 4.1.2 的证明可知, 存在 $a \in W_N$, 使得 $\sigma'(a)x_0 = v_0$, 其中 $x_0 = \text{Im}\,(z_0) - F(u_0, u_0)$. 于是

$$\sigma(a)P_{(\text{Re}\,(z_0), u_0)}(z_0, u_0) = (\sqrt{-1}v_0; 0).$$

由式 (4.1.20) 可知, 映射 $P_{(\text{Re}\,(z_0), u_0)}$ 的 Jacobian 行列式为 1. 由式 (3.2.34)–(3.2.40) 以及式 (3.2.32) 可知, 映射 $\sigma'(a)$ 的 Jacobian 行列式为 $\prod_{k=1}^{N} a_{kk}^{n_k + n_k'}$. 由式 (4.1.23) 可知, 映射 $\sigma''(a)$ 的 Jacobian

行列式为 $\prod_{k=1}^{N} a_{kk}^{m_k}$. 所以证明了映射 $\sigma(a)$ 的 Jacobian 行列式为 $\prod_{k=1}^{N} a_{kk}^{n_k+n_k'+m_k}$. 因此

$$K(z_0, u_0; \overline{z}_0, \overline{u}_0) = K(\sqrt{-1}v_0, 0; -\sqrt{-1}v_0, 0) \prod_{k=1}^{N} |a_{kk}^{n_k+n_k'+m_k}|^{-2}.$$

由式 (4.1.21) 和 (4.1.22) 有

$$C_j(\sigma'(a)x_0) = P_j(a)C_j(x_0)P_j(a)'.$$

然而 $C_j(\sigma'(a)x_0) = C_j(v_0) = I$. 两边取行列式，由于 $P_j(a)$ 为上三角方阵，所以有

$$\det C_j(x_0) = (\det P_j(a))^{-2} = (a_{jj}^{n_{jj}} a_{j+1,j+1}^{n_{j,j+1}} \cdots a_{NN}^{n_{jN}})^{-2},$$

因此

$$\sum_{j=1}^{N} \mu_j \log \det C_j(x_0) = -2 \sum_{1 \leq j \leq k \leq N} \mu_j n_{jk} \log a_{kk}$$

$$= 2 \sum_{k=1}^{N} (n_k + n_k' + m_k) \log a_{kk}.$$

于是

$$K(z_0, u_0; \overline{z}_0, \overline{u}_0) = c_0 \prod_{j=1}^{N} (\det C_j(\text{Im}\,(z_0) - F(u_0, u_0)))^{\mu_k},$$

其中 $(z_0, u_0) \in D(V_N, F)$. 证完.

由此立即有

定理 4.1.4 设 $D(V_N, F)$ 是由 N 矩阵组 $\{A_{ij}^{tk}, Q_{tj}^{(t)}\}$ 定义的正规 Siegel 域，则 $D(V_N, F)$ 的 Bergman 度量

$$ds^2 = d\overline{d} \log K(z, u; \overline{z}, \overline{u})$$

$$= -\sum_{j=1}^{N} \mu_j \text{tr}\, C_j(x)^{-1} C_j(F(du, \overline{du}))$$

$$-\sum_{j=1}^{N}\mu_j \operatorname{tr} C_j(x)^{-1}C_j(dx)C_j(x)^{-1}C_j(\overline{dx}), \qquad (4.1.29)$$

其中 $x = \dfrac{1}{2\sqrt{-1}}(z - \overline{z}) - F(u, u)$, $dx = \dfrac{1}{2\sqrt{-1}}dz - F(du, u)$, $\overline{dx} = -\dfrac{1}{2\sqrt{-1}}\overline{dz} - F(u, du)$. 特别, ds^2 在点 $(z, u) = (\sqrt{-1}v_0, 0)$ 的值为

$$ds^2|. = \frac{1}{4}\sum (n_j + n'_j + m_j)|ds_j|^2 + \frac{1}{2}\sum_{j<k}(n_j + n'_j + m_j)|dz_{jk}|^2$$

$$+ \sum_{j=1}^{N}(n_j + m_j)|du_j|^2, \qquad (4.1.30)$$

其中 $|.$ 表示在点 $(z, u) = (\sqrt{-1}v_0, 0)$ 的值.

在这一节最后, 我们来证明第二类正规 Siegel 域 $D(V_N, F)$ 是某种特殊的第一类正规 Siegel 域 $D(V_{N+1})$ 的截面, 即证明

定理 4.1.5 设 $D(V_N, F)$ 为由 N 矩阵组 $\{A_{ij}^{tk}, Q_{ij}^{(t)}, 1 \le t \le n_{ij}, 1 \le i < j < k \le N\}$ 定义的第二类正规 Siegel 域. 记

$$n_{i,N+1} = 2m_i, \quad 1 \le i \le N, \qquad (4.1.31)$$

$$A_{ij}^{t,N+1} = \begin{pmatrix} \operatorname{Re}(Q_{ij}^{(t)}) & \operatorname{Im}(Q_{ij}^{(t)}) \\ -\operatorname{Im}(Q_{ij}^{(t)}) & \operatorname{Re}(Q_{ij}^{(t)}) \end{pmatrix}, \quad 1 \le t \le n_{ij}, \qquad (4.1.32)$$

则实矩阵组 $\{A_{ij}^{tk}, A_{ij}^{t,N+1}, 1 \le t \le n_{ij}, 1 \le i < j < k \le N\}$ 为实 $(N+1)$ 矩阵组, 它定义了一个第一类正规 Siegel 域 $D(V_{N+1})$. $D(V_{N+1})$ 中点坐标记作

$$Z = (s_1, z_2, s_2, \cdots, z_N, s_N, z_{N+1}, s_{N+1}),$$
$$z_j = (z_{ij}, \cdots, z_{j-1,j}),$$

其中 $s_i \in \mathbb{C}$, $1 \le i \le N+1$, $z_{ij} \in \mathbb{C}^{n_{ij}}$, $1 \le i < j \le N$, $z_{i,N+1} \in \mathbb{C}^{n_{i,N+1}}$, $1 \le i \le N$. 由式 (4.1.31) 和 (4.1.32) 有

$$z_{i,N+1} = (z_{i,N+1}^{(1)}, z_{i,N+1}^{(2)}), \quad z_{i,N+1}^{(t)} \in \mathbb{C}^{m_i}, \quad t = 1, 2.$$

用
$$s_{N+1} = \sqrt{-1}, \quad u_j = z_{j,N+1}^{(1)} = -\sqrt{-1}z_{j,N+1}^{(2)} \tag{4.1.33}$$

作截面, 则得第二类正规 Siegel 域 $D(V_N, F)$.

    证   记

$$U_i = \frac{1}{\sqrt{2}} \begin{pmatrix} I & -\sqrt{-1}I^{(m_i)} \\ I & \sqrt{-1}I \end{pmatrix} \in \mathrm{U}(2m_i),$$

其中 $1 \le i \le N$, 则

$$U_i A_{ij}^{t,N+1} \overline{U}_j' = \begin{pmatrix} Q_{ij}^{(t)} & 0 \\ 0 & \overline{(Q_{ij}^{(t)})} \end{pmatrix}. \tag{4.1.34}$$

由于 $\{Q_{ij}^{(t)}\}$ 适合条件 (4.1.4)—(4.1.7), 所以 $(N+1)$ 实矩阵组

$$\{A_{ij}^{tk}, A_{ij}^{t,N+1}, 1 \le t \le n_{ij}, 1 \le i < j < k \le N\}$$

适合条件 (4.1.4)—(4.1.7). 因此它定义了正规 Siegel 域 $D(V_{N+1})$:

$$\mathrm{Im} \begin{pmatrix} C_j(z) & C_{j1}(z_{N+1}) \\ C_{j1}(z_{N+1})' & s_{N+1}I^{(j,N+1)} \end{pmatrix} > 0, \quad 1 \le j \le N+1, \tag{4.1.35}$$

其中

$$C_{j1}(z_{N+1}) = \begin{pmatrix} z_{j,N+1} \\ R_{j+1,N+1}^{(j)}(z_{j+1,N+1}) \\ \vdots \\ R_{N,N+1}^{(j)}(z_{N,N+1}) \end{pmatrix}. \tag{4.1.36}$$

今式 (4.1.35) 等价于条件

$$\mathrm{Im}\, C_j(z) - (\mathrm{Im}\,(s_{N+1}))^{-1}C_{j1}(\mathrm{Im}\,z_{N+1})C_{j1}(\mathrm{Im}\,z_{N+1})' > 0,$$
$$\mathrm{Im}\, s_{N+1} > 0, \quad 1 \le j \le N.$$

记

$$u_i = z_{i,N+1}^{(1)}, v_i = z_{i,N+1}^{(2)}, \quad 1 \le i \le N,$$
$$u = (u_1, \cdots, u_N), v = (v_1, \cdots, v_N),$$

则

$$(\operatorname{Im} z_{j,N+1})\overline{U}_j' = \frac{1}{\sqrt{2}}(\operatorname{Im} u_j + \sqrt{-1}\operatorname{Im} v_j, \operatorname{Im} u_j - \sqrt{-1}\operatorname{Im} v_j),$$

$$R_{k,N+1}^{(j)}(\operatorname{Im} z_{k,N+1})\overline{U}_j' = \sum e_r'(\operatorname{Im} u_k, \operatorname{Im} v_k)(A_{jk}^{r,N+1})'\overline{U}_j'$$

$$= \frac{1}{\sqrt{2}}(\sum e_r'(\operatorname{Im} u_k + \sqrt{-1}\operatorname{Im} v_k)\overline{(Q_{jk}^{(r)})'},$$

$$\sum e_r'(\operatorname{Im} u_k - \sqrt{-1}\operatorname{Im} v_k)(Q_{jk}^{(r)})').$$

所以

$$C_{j1}(\operatorname{Im} z_{N+1})C_{j1}(\operatorname{Im} z_{N+1})' = \operatorname{Re}(R_j(w)\overline{R_j(w)}'),$$

其中 $w = \operatorname{Im} u + \sqrt{-1}\operatorname{Im} v$. 这证明了域 $D(V_{N+1})$ 可定义为

$$\operatorname{Im} s_{N+1} > 0, \quad (\operatorname{Im} s_{N+1})\operatorname{Im} C_j(z) - \operatorname{Re} R_j(w)\overline{R_j(w)}' > 0,$$

其中 $1 \le j \le N$. 对域 $D(V_{N+1})$, 用 $s_{N+1} = \operatorname{Re}(s_{N+1}) + \sqrt{-1}$ 及 $v = -\sqrt{-1}u$ 作截面, 则有 $\operatorname{Im} v = -\operatorname{Re} u$, 所以有 $w = \operatorname{Im} u + \sqrt{-1}\operatorname{Im} v = \operatorname{Im} u - \sqrt{-1}\operatorname{Re} u = -\sqrt{-1}u$, 即截面为第二类正规 Siegel 域 $D(V_N, F)$. 证完.

§4.2 正规 Siegel 域的有界域实现

在这一节, 我们给出正规 Siegel 域的两种有界域实现. 为此先引进

定义 4.2.1 设 D 为 $\mathbb{C}^n$ 中有界域或为全纯等价于有界域的无界域. 记 $K(z, \overline{z})$ 为域 D 的 Bergman 核函数, 则域 D 上的全纯映射 σ:

$$w = \operatorname{grad}_{\overline{z}} \log \frac{K(z, \overline{z})}{K(z_0, \overline{z})}\Big|_{\overline{z} = \overline{z}_0} P \tag{4.2.1}$$

称为域 D 的 Bergman 映射, 其中 z_0 为域 D 中任一固定点, P 为任意取定的常数非异复方阵.

显然, $\sigma(z_0) = 0$, 且全纯映射 σ 的 Jacobian 矩阵为

$$\frac{\partial w}{\partial z} = T(z, z_0) P \tag{4.2.2}$$

因此 Bergman 映射 σ 在域 D 上的 Jacobian 行列式不等于零, 即 σ 为局部一一全纯映射. 一般来说, 它不一一, 但是它给出了点 $z = z_0$ 附近的可容许标架.

定理 4.2.2 设 D 为 $\mathbb{C}^n$ 中有界域, 或为全纯同构于有界域的无界域. 在 D 中取定一点 z_0, 则存在 Bergman 映射 σ:

$$w = \operatorname{grad}_{\bar{z}} \log \frac{K(z, \bar{z})}{K(z_0, \bar{z})}\bigg|_{\bar{z} = \bar{z}_0} T(z_0, \bar{z}_0)^{\frac{1}{2}}. \tag{4.2.3}$$

用映射 σ 在域 D 中点 σ_0 附近引进可容许标架, 则对新的坐标 w, 域 D 的全纯自同构群 $\operatorname{Aut}(D)$ 中点 z_0 的最大连通迷向子群中元可以同时表为线性自同构

$$w \to wU,$$

其中 $U \in \mathrm{U}(n)$.

证 记全纯自同构群的李代数为 $\operatorname{aut}(D)$. 任取 $X \in \operatorname{aut}(D)$, 记作

$$X = \sum_{i=1}^n \xi_i(z) \frac{\partial}{\partial z_i} = \xi(z) \frac{\partial'}{\partial z}.$$

由引理 1.2.6 的式 (1.2.46), 有

$$\sum \xi_j(z) \frac{\partial \log K(z, \bar{z})}{\partial z_j} + \sum \overline{\xi_j(z)} \frac{\partial \log K(z, \bar{z})}{\partial \bar{z}_j}$$
$$+ \sum \frac{\partial \xi_j(z)}{\partial z_j} + \sum \overline{\frac{\partial \xi_j(z)}{\partial z_j}} = 0.$$

因此, 任取 $k \in \{1, 2, \cdots, n\}$, 有

$$\sum \xi_j(z) \frac{\partial^2 \log K(z, \bar{z})}{\partial z_j \partial \bar{z}_k} + \sum \overline{\frac{\partial \xi_j(z)}{\partial z_k}} \frac{\partial \log K(z, \bar{z})}{\partial \bar{z}_j}$$

$$+ \sum \overline{\xi_j(z)} \frac{\partial^2 \log K(z, \overline{z})}{\partial \overline{z}_j \partial \overline{z}_k} + \sum_{j=1}^n \overline{\frac{\partial^2 \xi_j(z)}{\partial z_j \partial z_k}} = 0.$$

考虑 $X \in \mathrm{iso}_{z_0}(D)$, 于是有 $X = \xi(z) \dfrac{\partial'}{\partial z}, \xi(z_0) = 0$. 因此取 $\overline{z} = \overline{z}_0$, 记

$$\overline{b_{jk}} = \left. \frac{\partial \xi_j(z)}{\partial z_k} \right|_{z=z_0}, \quad B = (b_{jk}),$$

则有

$$\sum \xi_j(z) \frac{\partial^2 \log K(z, \overline{z})}{\partial z_j \partial \overline{z}_k} \Big|_{\overline{z}=\overline{z}_0} + \sum \Big(\overline{\frac{\partial \xi_j(z)}{\partial \overline{z}_k}} \frac{\partial \log K(z, \overline{z})}{\partial \overline{z}_j} \Big) \Big|_{\overline{z}=\overline{z}_0}$$
$$+ \sum \overline{\frac{\partial^2 \xi_j(z)}{\partial z_j \partial z_k}} \Big|_{z=z_0} = 0.$$

再取 $z = z_0$, 有

$$\sum \Big(\overline{\frac{\partial \xi_j(z)}{\partial z_k}} \frac{\partial \log K(z_0, z)}{\partial \overline{z}_j} \Big) \Big|_{\overline{z}=\overline{z}_0} + \sum \overline{\frac{\partial^2 \xi_j(z)}{\partial z_j \partial z_k}} \Big|_{z=z_0} = 0.$$

这证明了

$$\xi(z) T(z, \overline{z}_0) = - \Big(\mathrm{grad}_{\overline{z}} \log \frac{K(z, \overline{z})}{K(z_0, \overline{z})} \Big|_{\overline{z}=\overline{z}_0} \Big) B.$$

今用 Bergman 映射引进可容许标架, 在新的坐标下,

$$X = \eta(w) \frac{\partial'}{\partial w} = \xi(z) \frac{\partial'}{\partial z}.$$

因此有 $\eta(w) = (\eta_1(w), \cdots, \eta_n(w))$ 及

$$\eta_j(w) = \sum_i \xi_i(z) \frac{\partial w_j}{\partial z_i}$$

所以有

$$\eta(w) = \xi(z) T(z, z_0) P = -w P^{-1} B P = w K.$$

这证明了在可容许标架下，紧李代数 $\mathrm{iso}\,_{z_0}(D)$ 中元可表为

$$Z = wK\frac{\partial'}{\partial w}.$$

另一方面，Bergman 度量方阵在可容许标架下表为

$$\widetilde{T}(w,\overline{w}) = \Big(\frac{\partial w}{\partial z}\Big)^{-1}T(z,\overline{z})\Big(\overline{\frac{\partial w}{\partial z}'}\Big)^{-1}$$
$$= (T(z,\overline{z}_0)P)^{-1}T(z,\overline{z})\Big(\overline{(T(z,\overline{z}_0)P)'}\Big)^{-1}.$$

今 $\sigma(z_0) = 0$, 所以有

$$T(z_0,\overline{z}_0) = (\overline{P}')^{-1}\widetilde{T}(0,0)^{-1}P^{-1}.$$

取 $P = T(z_0,\overline{z}_0)^{-\frac{1}{2}}$, 则 $\widetilde{T}(0,0) = I$. 而在可容许标架下，

$$\exp tX, \quad |t| < \varepsilon$$

可表为

$$v = w\exp tK, \quad |t| < \varepsilon.$$

于是有

$$\widetilde{T}(w,\overline{w}) = (\exp tK)\widetilde{T}(v,\overline{v})(\exp t\overline{K}').$$

双方取 $w = 0$, 便证明了 $\exp tK \in \mathrm{U}\,(n)$, 即 $K + \overline{K}' = 0$.

注意到域 D 的点 z_0 的最大连通迷向子群由所有 $\exp tX, X \in \mathrm{iso}\,_{z_0}(D)$ 生成，而生成元集由酉变换构成，所以证明了定理.

这里要注意，虽然正规 Siegel 域 $D(V_N, F)$ 单连通，且 Bergman 映射 σ 的像 $\sigma(D(V_N, F))$ 为 $\mathbb{C}^{n+m}$ 中域，于是域 $\sigma(D(V_N, F))$ 上有正值函数

$$K_0(w,\overline{w}) = K(z,\overline{z})\Big|\det\frac{\partial w}{\partial z}\Big|^{-2} = K(z,\overline{z})\big|\det T(z,\overline{z}_0)\big|^{-2}|\det P|^{-2}.$$

但是我们不能证明 $K_0(w,\overline{w})$ 为域 $\sigma(D(V_N, F))$ 的 Bergman 核函数，因为局部——全纯映射不一定将函数空间 $\mathrm{Hol}\,(D(V_N, F)) \cap$

$L^2(D(V_N, F))$ 中标准正交基映为标准正交基. 因此不能推出 σ 为全纯同构. 另一方面, 也不能推出 $\sigma(D(V_N, F))$ 为有界域. 一个问题是: 设 D 为 $\mathbb{C}^n$ 中单连通有界域. 域 D 上的 Bergman 映射必为全纯同构吗? 很幸运的是, 在这一节我们证明了当 $D = D(V_N, F)$ 为正规 Siegel 域时, Bergman 映射为全纯同构, 且像域为齐性有界域. 所以在齐性有界域的情形, 回答了这一问题.

原始的 Bergman 映射定义为

$$w = \left(\operatorname{grad}_{\overline{z}} \log \frac{K(z, \overline{z})}{K(z_0, \overline{z})}\right)_{\overline{z} = \overline{z}_0} T(z_0, \overline{z}_0)^{-\frac{1}{2}},$$

其中 $T(z, \overline{z})$ 为 Bergman 度量方阵.

下面我们来证明正规 Siegel 域上的 Bergman 映射为全纯同构, 且同构像为齐性有界域. 由定理 4.2.2 可知, 它的原点最大连通迷向子群由酉线性变换构成. 为了证明这点, 我们要构造三个全纯同构, 且证明这三个全纯同构的乘积为 Bergman 映射.

定理 4.2.3 正规 Siegel 域 $D(V_N, F)$ 上的映射 σ_1, 使得 σ_1^{-1} 表为

$$s_j = -\sqrt{-1} + t_j + \sum_{j < l} t_l^{-1} y_{jl} y'_{jl}, \quad 1 \leq j \leq N,$$

$$z_{ij} = y_{ij} + \sum_{j < l} t_l^{-1} R_{jl}^{(i)}(y)', \quad 1 \leq i < j \leq N, \qquad (4.2.4)$$

$$u_j = v_j, \quad 1 \leq j \leq N,$$

则 σ 为域 $D(V_N, F)$ 上的全纯同构. 这时,

$$C_j(z) + \sqrt{-1}I = P_j(y)\Lambda_j(y)^{-1}P_j(y)', \quad R_j(u) = R_j(v), \quad 1 \leq j \leq N,$$
$$(4.2.5)$$

其中

$$P_j(y) = \begin{pmatrix} t_j & y_{j,j+1} & \cdots & y_{jN} \\ & t_{j+1}I & \cdots & R_{j+1,N}^{(j)}(y) \\ & & \ddots & \vdots \\ & & & t_N I \end{pmatrix},$$

$$\Lambda_j(y) = \operatorname{diag}(t_j, t_{j+1}I^{(n_{j,j+1})}, \cdots, t_N I^{(n_{jN})}). \qquad (4.2.6)$$

又

$$D_1 = \sigma_1(D(V_N, F)) = \{\, (y, v) \mid I - \widetilde{X}_j \overline{(\widetilde{X}_j)}' > 0 \,\}, \qquad (4.2.7)$$

$$\widetilde{X}_j = \begin{pmatrix} a_{11}^{(j)} & a_{12}^{(j)} \\ a_{12}^{(j)'} & a_{22}^{(j)} \end{pmatrix}, \qquad (4.2.8)$$

其中

$$a_{11}^{(j)} = I - 2\sqrt{-1}(P_j(y)')^{-1}\Lambda_j(y)P_j(y)^{-1},$$
$$a_{12}^{(j)} = \sqrt{2}(P_j(y)')^{-1}\Lambda_j(y)P_j(y)^{-1}R_j(v),$$
$$a_{22}^{(j)} = \sqrt{-1}R_j(v)'(P_j(y)')^{-1}\Lambda_j(y)P_j(y)^{-1}R_j(v).$$

证 显然, σ_1^{-1} 为域 $D(V_N, F)$ 上的全纯同构. 下面求域 D_1 的表达式. 记

$$W_j = \begin{pmatrix} C_j(z) & R_j(u) & \sqrt{-1}R_j(u) \\ R_j(u)' & \sqrt{-1}I^{(m_j)} & 0 \\ \sqrt{-1}R_j(u)' & 0 & \sqrt{-1}I^{(m_j)} \end{pmatrix}, \qquad (4.2.9)$$

又

$$P = \begin{pmatrix} I & -\operatorname{Im}R_j(u) & -\operatorname{Re}R_j(u) \\ 0 & I & 0 \\ 0 & 0 & I \end{pmatrix}.$$

由于

$$P(\operatorname{Im}W_j)P' = \begin{pmatrix} \operatorname{Im}C_j(z) - \operatorname{Re}R_j(u)(\overline{R_j(u)})' & 0 & 0 \\ 0 & I & 0 \\ 0 & 0 & I \end{pmatrix}.$$
$$(4.2.10)$$

所以

$$\operatorname{Im}C_j(z) - \operatorname{Re}R_j(u)(\overline{R_j(u)})' > 0$$

等价于 $\operatorname{Im}W_j > 0, 1 \le j \le N$.

作 Cayley 变换

$$\widetilde{Z_j} = (W_j - \sqrt{-1}I)(W_j + \sqrt{-1}I)^{-1}, \quad 1 \le j \le N, \qquad (4.2.11)$$

于是 $I - \widetilde{Z_j}\overline{\widetilde{Z_j}}'$ 为

$$I - (W_j + \sqrt{-1}I)^{-1}(W_j - \sqrt{-1}I)(\overline{W_j} + \sqrt{-1}I)(\overline{W_j} - \sqrt{-1}I)^{-1}$$
$$= 4(W_j + \sqrt{-1}I)^{-1}(\operatorname{Im} W_j)(\overline{W_j} - \sqrt{-1}I)^{-1} > 0, \quad 1 \le j \le N,$$
$$(4.2.12)$$

即域 $D(V_N, F)$ 可表为

$$I - \widetilde{Z_j}\overline{\widetilde{Z_j}}' > 0, \quad 1 \le j \le N. \qquad (4.2.13)$$

由直接计算可知

$$\widetilde{Z_j} = \begin{pmatrix} a_{11} & a_{12} & a_{13} \\ a'_{12} & a_{22} & a_{23} \\ a'_{13} & a'_{23} & a_{33} \end{pmatrix},$$

其中

$$a_{11} = (C_j(z) - \sqrt{-1}I)(C_j(z) + \sqrt{-1}I)^{-1},$$
$$a_{12} = (C_j(z) + \sqrt{-1}I)^{-1}R_j(u) = -\sqrt{-1}a_{13},$$
$$a_{22} = \frac{\sqrt{-1}}{2}R_j(u)'(C_j(z) + \sqrt{-1}I)^{-1}R_j(u) = -\sqrt{-1}a_{23} = -a_{33}.$$

取酉方阵 U_j, 它的分块方式和 $\widetilde{Z_j}$ 相同, 定义为

$$U_j = \frac{1}{\sqrt{2}} \begin{pmatrix} \sqrt{2}I & 0 & 0 \\ 0 & I & -\sqrt{-1}I \\ 0 & I & \sqrt{-1}I \end{pmatrix},$$

则

$$U_j\widetilde{Z_j}\overline{U_j}' \begin{pmatrix} I & 0 & 0 \\ 0 & 0 & I \\ 0 & I & 0 \end{pmatrix} = \begin{pmatrix} \widetilde{X_j} & 0 \\ 0 & 0 \end{pmatrix}, \quad j = 1, \cdots, N,$$

其中

$$\widetilde{X}_j = \begin{pmatrix} a_{11} & \sqrt{2}a_{12} \\ \sqrt{2}a'_{12} & 2a_{22} \end{pmatrix}. \tag{4.2.14}$$

所以 $I - \widetilde{Z_j}\overline{\widetilde{Z_j}}' > 0$ 等价于 $I - \widetilde{X_j}\overline{\widetilde{X_j}}' > 0$, $1 \le j \le N$. 由式 (4.2.5) 便证明了式 (4.2.7) 及 (4.2.8) 成立. 证完.

引理 4.2.4　域 $D_1 = \sigma_1(D(V_N, F))$ 的 Bergman 核函数为

$$K_{D_1}(y, v; \overline{y}, \overline{v}) = b \prod_{j=1}^{N} |t_j|^{-2(n_j + n'_j + m_j)} \prod_{j=1}^{N} \det (I - \widetilde{X_j}\overline{\widetilde{X_j}}')^{\mu_j}, \tag{4.2.15}$$

其中 b 为正常数.

证　今全纯同构 σ_1 的 Jacobian 的行列式为 1, 所以有

$$K_{D_1}(y, v; \overline{y}, \overline{v}) = K(z, u; \overline{z}, \overline{u})$$
$$= c_0 \prod_{j=1}^{N} \det (\operatorname{Im} C_j(z) - \operatorname{Re} R_j(u)\overline{R_j(u)}')^{\mu_j}.$$

由式 (4.2.10) 有

$$\det (\operatorname{Im} C_j(z) - \operatorname{Re} R_j(u)\overline{R_j(u)}') = \det \operatorname{Im} (W_j).$$

由式 (4.2.12) 有

$$\det (I - \widetilde{Z_j}\overline{\widetilde{Z_j}}') = |\det (\tfrac{1}{2}(W_j + \sqrt{-1}I))|^{-2}\det (\operatorname{Im} (W_j)).$$

所以

$$\det (\operatorname{Im} C_j(z) - \operatorname{Re} R_j(u)\overline{R_j(u)}')$$
$$= |\det (\tfrac{1}{2}(W_j + \sqrt{-1}I))|^2\det (I - \widetilde{Z_j}\overline{\widetilde{Z_j}}').$$

由式 (4.2.14) 有

$$\det (\operatorname{Im} C_j(z) - \operatorname{Re} P_j(u)\overline{P_j(u)}')$$
$$= |\det \tfrac{1}{2}(W_j + \sqrt{-1}I)|^2\det (I - \widetilde{X_j}\overline{\widetilde{X_j}}').$$

然而由式 (4.2.5) 有

$$\det \frac{1}{2}(W_j + \sqrt{-1}I)$$

$$= \det \begin{pmatrix} \frac{1}{2}P_j(y)\Lambda_j(y)^{-1}P_j(y)' & \frac{1}{2}R_j(u) & \frac{\sqrt{-1}}{2}R_j(u) \\ \frac{1}{2}R_j(u)' & \sqrt{-1}I & 0 \\ \frac{\sqrt{-1}}{2}R_j(u)' & 0 & \sqrt{-1}I \end{pmatrix}$$

$$= (2\sqrt{-1})^{2m_j} \det P_j(y)\Lambda_j(y)^{-1}P_j(y)'$$

$$= (2\sqrt{-1})^{2m_j} \prod_{l=j}^{N} t_l^{n_{jl}},$$

因此

$$K_{D_1}(y, v; \overline{y}, \overline{v}) = b \prod_{j=1}^{N} |t_j|^{-2(n_j + n_j' + m_j)} \prod_{j=1}^{N} (\det (I - \widetilde{X_j}\overline{\widetilde{X_j}}'))^{\mu_j},$$

其中 b 为正常数. 证完.

定理 4.2.5 域 $D_1 = \sigma_1(D(V_N, F))$ 上映射 σ_2: $(y, v) \to (x, w)$:

$$x_{jj} = t_j^{-1},$$

$$x_{ij} = -t_i^{-1}t_j^{-1}y_{ij}$$

$$+ \sum_{l=2}^{j-i} (-1)^l \sum_{i < i_1 < \cdots < i_{l-1} < j} (t_i t_{i_1} \cdots t_{i_{l-1}} t_j)^{-1} y_{ii_1} R_{i_1 i_2}^{(i)}$$

$$(\cdots (y_{i,i_{l-2}} R_{i_{l-2}, i_{l-1}}^{(i)} (y_{i,i_{l-1}} R_{i_{l-1}, j}^{(i)} (y_{i_{l-1}, j}))) \cdots),$$

$$w_j = t_j^{-1}v_j + \sum_{k=j+1}^{N} y_{jk} R_k^{(j)}(v),$$

$$(4.2.16)$$

其中 $1 \le i < j \le N$ 为域 $D_1 = \sigma_1(D(V_N, F))$ 上的全纯同构, 使得

$$\Lambda_j(x) = \Lambda_j(y)^{-1}, \quad P_j(x) = P_j(y)^{-1}, \quad R_j(w) = P_j(y)^{-1} R_j(v).$$

$$(4.2.17)$$

又

$$D_0 = \sigma_2(D_1) = (\sigma_2 \circ \sigma_1)(D(V_N, F))$$
$$= \{(x,w)|I - Z_j\overline{Z_j}' > 0,\ 1 \le j \le N\} \tag{4.2.18}$$

为有界域, 其中 Z_j 为

$$\begin{pmatrix} I - 2\sqrt{-1}P_j(x)'\Lambda_j(x)^{-1}P_j(x) & \sqrt{2}P_j(x)'\Lambda_j(x)^{-1}R_j(w) \\ \sqrt{2}R_j(w)'\Lambda_j(x)^{-1}P_j(x) & \sqrt{-1}R_j(w)'\Lambda_j(x)^{-1}R_j(w) \end{pmatrix}$$

$$= \begin{pmatrix} I & 0 \\ 0 & 0 \end{pmatrix} + \Lambda'(P_j(x)R_j(w))'\Lambda_j(x)^{-1}(P_j(x)R_j(w))\Lambda, \tag{4.2.19}$$

其中

$$\Lambda = \operatorname{diag}\left(\sqrt{2}\exp\left(\frac{7\pi\sqrt{-1}}{4}\right)I, \exp\left(\frac{\pi\sqrt{-1}}{4}\right)\right). \tag{4.2.20}$$

证 由式 (4.2.16) 及直接计算可知, σ_2 为域 $\sigma_1(D(V_N, F))$ 上的全纯同构, 且式 (4.2.17) 成立, 由式 (4.2.8) 可知 (4.2.18) 成立.

下面证域 D_1 为有界域. 事实上, Z_j 的第一行为

$$(1 - 2\sqrt{-1}x_{jj}, -2\sqrt{-1}x_{j,j+1}, \cdots, -2\sqrt{-1}x_{jN}, \sqrt{2}w_j).$$

由式 (4.2.18), 考虑 $I - Z_j\overline{Z_j}'$ 的第一行列元素, 有

$$|1 - 2\sqrt{-1}x_{jj}|^2 + 4|x_{j,j+1}|^2 + \cdots + 4|x_{jN}|^2 + 2|w_j|^2 < 1.$$

这证明了

$$|x_{jj}| < 1,\ |x_{jk}| < 1,\ |w_j| < 1.$$

证完.

定理 4.2.6 域 $D_0 = \sigma_2\sigma_1(D(V_N, F))$ 的 Bergman 核函数为

$$K_0(x,w;\overline{x},\overline{w}) = b_0 \prod_{j=1}^{N} \det\left(I - Z_j\overline{Z_j}'\right)^{\mu_j}, \tag{4.2.21}$$

其中 b_0 为正常数.

证 今

$$K_0(x, w; \overline{x}, \overline{w}) = K_{D_1}(y, v; \overline{y}, \overline{v})|\det \frac{\partial(y, v)}{\partial(x, w)}|^2.$$

由式 (4.2.16) 可知

$$\det \frac{\partial(x, w)}{\partial(y, v)} = (-1)^n \prod_{i=1}^N t_i^{-(n_i + n_i' + m_i)}, \quad \dim V_N = n.$$

所以由引理 4.2.4 可知

$$K(x, w; \overline{x}, \overline{w}) = b \prod_{j=1}^N \det (I - Z_j \overline{Z_j}')^{\mu_j}.$$

证完.

定理 4.2.7 $\mathbb{C}^n \times \mathbb{C}^m$ 中的正规 Siegel 域 $D(V_N, F)$ 上关于固定点 $p = (\sqrt{-1}v_0, 0)$ 的 Bergman 映射 σ:

$$w = \mathrm{grad}_{(\overline{z}, \overline{u})} \log \frac{K(z, u; \overline{z}, \overline{u})}{K(\sqrt{-1}v_0, 0; \overline{z}, \overline{u})}\Big|_{\overline{z} = -\sqrt{-1}v_0, \overline{u} = 0} P, \tag{4.2.22}$$
$$P = T(\sqrt{-1}v_0, 0; -\sqrt{-1}v_0, 0)^{-\frac{1}{2}},$$

为域 $D(V_N, F)$ 上的全纯同构, 且

$$\sigma = \sigma_3 \circ \sigma_2 \circ \sigma_1, \tag{4.2.23}$$

其中 $\sigma_3: (x, w) \to (z, y)$ 定义为

$$z_{ii} = \sqrt{-1}a_i + \frac{2}{a_i}(a_i^2 x_{ii} + \sum_{k=1}^{i-1} a_k^2 x_{kk}^{-1} x_{ki} x_{ki}'),$$

$$z_{ij} = 2\sqrt{2}a_i x_{ij} + \frac{2\sqrt{2}}{a_i} \sum_{k=1}^{i-1} a_k^2 x_{kk}^{-1} \sum_r x_{ki}^{(r)} x_{kj} A_{ki}^{rj}, \tag{4.2.24}$$

$$y_i = 2\sqrt{-1}a_i w_i + \frac{2\sqrt{-1}}{a_i} \sum_{k=1}^{i-1} a_k^2 x_{kk}^{-1} \sum_r x_{ki}^{(r)} w_k Q_{ki}^{(r)},$$

又 $a_i = \sqrt{n_i + n_i' + m_i}$, $1 \le i < j \le N$. 且域 $D = \sigma(D(V_N, F))$ 为 $\mathbb{C}^{n+m}$ 中齐性有界域.

证　　先来计算正规 Siegel 域 $D(V_N, F)$ 上的 Bergman 映射的解析表达式, 其中固定点为 $p = (\sqrt{-1}v_0, 0)$, $v_0 = \sum\limits_{i=1}^{N} e_{ii}$. 而

$$\frac{\partial \log K}{\partial \bar{s}_i}\Big|_{\cdot} = -\sum_{k=1}^{i} \mu_k \mathrm{tr}\,(C_k(z) + \sqrt{-1}I)^{-1} C_k(e_{ii}),$$

$$\frac{\partial \log K}{\partial \overline{z^{(t)}}_{ij}}\Big|_{\cdot} = -\sum_{k=1}^{i} \mu_k \mathrm{tr}\,(C_k(z) + \sqrt{-1}I)^{-1} C_k(e_{ij}^{(t)}),$$

$$\frac{\partial \log K}{\partial \overline{u_i^{(t)}}}\Big|_{\cdot} = -2\sqrt{-1}\sum_{j=1}^{i} \mu_j \mathrm{tr}\,(C_j(z) + \sqrt{-1}I)^{-1} R_j(u)\overline{R_j e_i^{(t)}}',$$

其中 $K = K(z, u; \bar{z}, \bar{u})$, $|_{\cdot} = |_{\bar{z}=-\sqrt{-1}v_0, \bar{u}=0}$. 由式 (4.1.30) 有

$$T(\sqrt{-1}v_0, 0; -\sqrt{-1}v_0, 0)$$
$$= \frac{1}{4}\mathrm{diag}\,(a_1^2, 2a_1^2 I^{(n_{12})}, a_2^2, \cdots, 2a_1^2 I^{(n_{1N})}, \cdots, 2a_{N-1}^2 I^{(n_{N-1,N})},$$
$$a_N^2, 4a_1^2 I^{(m_1)}, \cdots, 4a_N^2 I^{(m_N)}),$$

所以映射 $\sigma: (z, u) \to (\xi, \eta)$ 可变为

$$\xi_{ii} = \sqrt{-1}a_i - \frac{2}{a_i}\sum_{k=1}^{i} \mu_k \mathrm{tr}\,(C_k(z) + \sqrt{-1}I)^{-1} C_k(e_{ii}),$$

$$\xi_{ij}^{(t)} = -\frac{\sqrt{2}}{a_i}\sum_{k=1}^{i} \mu_k \mathrm{tr}\,(C_k(z) + \sqrt{-1}I)^{-1} C_k(e_{ij}^{(t)}),$$

$$\eta_i^{(t)} = \frac{2}{\sqrt{-1}a_i}\sum_{k=1}^{i} \mu_k \mathrm{tr}\,(C_k(z) + \sqrt{-1}I)^{-1} R_k(u)\overline{R_k(e_i^{(t)})}'.$$

由定理 4.2.3 可知, 域 D_1 上的全纯映射 $\sigma \circ \sigma_1^{-1}$ 表为

$$\xi_{ii} = \sqrt{-1}a_i - \frac{2}{a_i}\sum_{k=1}^{i} \mu_k \mathrm{tr}\,(P_k(y)')^{-1} \Lambda_k(y)(P_k(y))^{-1} C_k(e_{ii}),$$

$$\xi_{ij}^{(t)} = -\frac{\sqrt{2}}{a_i} \sum_{k=1}^{i} \mu_k \mathrm{tr}\, (P_k(y))^{-1} \Lambda_k(y) (P_k(y)')^{-1} C_k(e_{ij}^{(t)}),$$

$$\eta_i^{(t)} = \frac{2}{\sqrt{-1} a_i} \sum_{k=1}^{i} \mu_k \mathrm{tr}\, (P_k(y)')^{-1} \Lambda_k(y) (P_k(y))^{-1} R_k(v) \overline{R_k(e_i^{(t)})}'.$$

由定理 4.2.5 可知, 域 D_2 上的全纯映射 $\sigma \circ \sigma_1^{-1} \circ \sigma_2^{-1}$ 表为

$$\xi_{ii} = \sqrt{-1} a_i - \frac{2}{a_i} \sum_{k=1}^{i} \mu_k \mathrm{tr}\, P_k(x)' \Lambda_k(x)^{-1} P_k(x) C_k(e_{ii}),$$

$$\xi_{ij} = -\frac{\sqrt{2}}{a_i} \sum_{k=1}^{i} \mu_k \mathrm{tr}\, P_k(x)' \Lambda_k(x)^{-1} P_k(x) C_k(e_{ii}^{(t)}),$$

$$\eta_i = \frac{2}{\sqrt{-1} a_i} \sum_{k=1}^{i} \mu_k \mathrm{tr}\, P_k(x)' \Lambda_k(x)^{-1} R_k(w) \overline{R_k(e_i^{(t)})}'.$$

经过直接计算可知 $\sigma \circ \sigma_1^{-1} \circ \sigma_2^{-1} = \sigma_3$, 且 σ_3 为全纯同构. 所以证明了 $\sigma = \sigma_3 \circ \sigma_2 \circ \sigma_1$ 为三个全纯同构的乘积, 即 σ 为全纯同构.

下面证域 $D = \sigma(D(V_N, F))$ 为有界域. 首先有

$$|(e_1 A_{ki}^{rj} e_t', \cdots, e_{n_{kj}} A_{ki}^{rj} e_t')|^2 = |(e_1 Q_{ki}^{(r)} e_t', \cdots, e_{m_k} Q_{ki}^{(r)} e_t')|^2 = 1.$$

所以

$$|x_{kj} A_{ki}^{rj} e_t'| = |\sum x_{kj}^{(s)} e_s A_{ki}^{rj} e_t'| \le |x_{kj}|,$$

$$|w_k Q_{ki}^{(r)} e_t'| = |\sum w_k^{(s)} e_s Q_{ki}^{(r)} e_t'| \le |w_k|.$$

这证明了

$$|\sum_r x_{ki}^{(r)} x_{kj} A_{ki}^{rj} e_t'| \le |x_{ki}| (\sum_r (x_{kj} A_{ki}^{rj} e_t')^2)^{\frac{1}{2}} \le |x_{ki}| |x_{kj}| \sqrt{n_{ki}},$$

$$|\sum_r x_{ki}^{(r)} w_k Q_{ki}^{(r)} e_t'| \le |x_{ki}| |w_k| \sqrt{n_{ki}}.$$

由定理 4.2.3 可知

$$1 - |1 - 2\sqrt{-1} x_{jj}|^2 - 4 \sum_{l=j+1}^{N} |x_{jl}|^2 - 2|w_j|^2 > 0.$$

所以

$$1 - |1 - 2\sqrt{-1}x_{jj}|^2 > 4(\frac{1}{\sqrt{2}}w_j)^2, \quad 1 - |1 - 2\sqrt{-1}x_{jj}|^2 > 4|x_{jl}|^2,$$

即

$$1 - 4|x_{jl}|^2 > |1 - 2\sqrt{-1}x_{jj}|^2 \geq (1 - 2|x_{jj}|^2) \geq 1 - 4|x_{jj}|,$$

所以 $|x_{jj}| > |x_{jl}|^2$. 同理, $|x_{jj}| > |\frac{1}{\sqrt{2}}w_j|^2$, 即 $2|x_{jj}| > |w_j|^2$. 另一方面, 已证 $|x_{jj}| < 1$, 所以由 (4.2.24) 有

$$|\xi_{ii}| \leq a_i + \frac{2}{a_i}(a_i^2 + \sum_{k=1}^{i-1} a_k^2),$$

$$|\xi_{ij}^{(t)}| \leq 2\sqrt{2}a_i + \frac{2\sqrt{2}}{a_i}\sum_{k=1}^{i-1} a_k^2|x_{kk}|^{-1}|x_{ki}||x_{kj}|\sqrt{n_{ki}}$$

$$\leq 2\sqrt{2}a_i + \frac{2\sqrt{2}}{a_i}\sum_{k=1}^{i-1} a_k^2\sqrt{n_{ki}},$$

$$|\eta_i^{(t)}| \leq 2\sqrt{2}a_i + \frac{2}{a_i}\sum_{k=1}^{i-1} a_k^2|x_{kk}|^{-1}|x_{ki}||w_k|\sqrt{n_{ki}}$$

$$\leq 2\sqrt{2}a_i + \frac{2\sqrt{2}}{a_i}\sum_{k=1}^{i-1} a_k^2\sqrt{n_{ki}}.$$

这证明了域 D 为有界域. 证完.

引理 4.2.8 设 A 和 B 为复对称方阵, 且适合

$$A\overline{A}' < I, \quad B\overline{B}' \leq I,$$

则

$$\det(I - A\overline{B}') \neq 0.$$

证 熟知存在酉方阵 U 使得

$$UAU' = \begin{pmatrix} \Lambda_0 & 0 \\ 0 & 0 \end{pmatrix},$$

其中 $\Lambda_0 = \mathrm{diag}\,(\lambda_1, \cdots, \lambda_p)$, $\lambda_1 \le \lambda_2 \le \cdots \le \lambda_p > 0$ (参见许以超著《线性代数与矩阵论》, 高等教育出版社, 1992 年, §11.5). 由

$$I - A\overline{A}' = I - U\Lambda_0 U'\overline{U}\Lambda_0\overline{U}' = U(I - \Lambda_0^2)\overline{U}' > 0,$$

所以 $0 < \lambda_p \le \cdots \le \lambda_2 \le \lambda_1 < 1$. 记

$$UBU' = \begin{pmatrix} B_{11}^{(p)} & B_{12} \\ B_{12}' & B_{22} \end{pmatrix},$$

则

$$\det\,(I - B\overline{A}') = \det\,(I - \begin{pmatrix} B_{11} & B_{12} \\ B_{12}' & B_{22} \end{pmatrix} \begin{pmatrix} \Lambda_0 & 0 \\ 0 & 0 \end{pmatrix})$$

$$= \det \begin{pmatrix} I - B_{11}\Lambda_0 & 0 \\ -B_{12}'\Lambda_0 & I \end{pmatrix} = \det\,(I - B_{11}\Lambda_0) = \det\,(I - \Lambda_0 B_{11}).$$

另一方面, 由于 $I - B\overline{B}' \ge 0$, 所以

$$B_{11}\overline{B_{11}}' \le I < \Lambda_0^{-2}.$$

因此 $(\Lambda_0 B_{11})(\overline{\Lambda_0 B_{11}})' < I$. 这证明了 $\det\,(I - \Lambda_0 B_{11}) \ne 0$, 即 $\det\,(I - A\overline{B}') \ne 0$. 证完.

定理 4.2.9 记 $\mathbb{C}^{n+m}$ 中正规 Siegel 域 $D(V_N, F)$ 的 Bergman 核函数为 $K(z, u; \overline{z}, \overline{u})$, Bergman 度量方阵为 $T(z, u; \overline{z}, \overline{u})$, 则它们在 $(z, u) \in \overline{D(V_N, F)}$, $(\xi, \eta) \in D(V_N, F)$ 上无零点, 其中 $\overline{D(V_N, F)}$ 为域 $D(V_N, F)$ 的闭包.

证 若两个域都有 Bergman 核函数, 且在 σ 下互相全纯等价, 则这两个 Bergman 核函数的商为 σ 的 Jacobian 行列式的模的平方. 所以若一个域的 Bergman 核函数有定理 4.2.9 的性质, 则在全纯等价下仍有此性质. 所以利用定理 4.2.6 和引理 4.2.8, 便证明了定理. 证完.

定理 4.2.10 $\mathbb{C}^n \times \mathbb{C}^m$ 中的正规 Siegel 域 $D(V_N, F)$ 上关于固定点 $p = (\sqrt{-1}v_0, 0)$ 的 Bergman 映射在域 $D(V_N, F)$ 的闭包上为全纯同构. 因此也将 Silov 边界映为 Silov 边界.

证 由定理 4.2.9 及 $\det T(z,u;\bar{\xi},\bar{\eta}) = \lambda K(z,u;\bar{\xi},\bar{\eta})$ 可知定理成立, 其中 λ 为正常数. 证完.

由引理 4.2.8 可知, 域 $D_0 = \sigma_2\sigma_1(D(V_N, F))$ 上的 Bergman 核函数 $K_0(x,w;\bar{x},\bar{w})$ 使得 $K_0(x,w;\tilde{x},\tilde{w})$ 在 $D_0 \times \overline{(D_0)_-}$ 上无零点, 其中 $(D_0)_- = \{z \in \mathbb{C}^n | \bar{z} \in D_0\}$, 又 $\overline{(D_0)_-}$ 为 $(D_0)_-$ 的闭包. 对域 $D = (\sigma_3 \circ \sigma_2 \circ \sigma_1)(D(V_N, F))$ 也有同样性质.

§4.3 T 代数实现

在 Vinberg,Gindikin,Pjatetski-Shapiro 证明了齐性有界域实现为齐性 Siegel 域的同时, 自然希望进一步刻划齐性 Siegel 域. 特别是实现齐性锥. 首先给出齐性锥的一种实现为 Vinberg. 他证明了任一不包含整条直线的仿射齐性开凸锥 (简称齐性锥) 可实现为一种非结合代数 (称为 T 代数) 的一个子集. 随后, Takauchi 将齐性 Siegel 域也用 T 代数的一个子集来实现. 下面我们导出 Vinberg 的齐性锥的实现以及 Takeuchi 的齐性 Siegel 域的实现的定义, 而且说明它们与正规 Siegel 域间的关系.

首先引进 Vinberg 关于齐性锥的实现.

设 $\mathfrak{M}$ 为实数域上的 $2n - N$ 维实线性空间, 它有子空间直接和分解

$$\mathfrak{M} = \sum_{1 \le i,j \le N} \mathfrak{M}_{ij}, \tag{4.3.1}$$

其中

$$\dim \mathfrak{M}_{ij} = n_{ij}, \quad 1 \le i,j \le N. \tag{4.3.2}$$

又

$$n_{ii} = 1, \quad n_{ij} = n_{ji}, \quad \sum_{1 \le i,j \le N} n_{ij} = 2n - N. \tag{4.3.3}$$

自然数 N 称为 $\mathfrak{M}$ 的秩. $\mathfrak{M}$ 上有对合反自同构 $*$, 它适合条件 $(a^*)^2 = \mathrm{id}$, $(ab)^* = b^*a^*$, 使得

$$\mathfrak{M}_{ij}^* = \mathfrak{M}_{ji}, \quad 1 \le i,j \le N. \tag{4.3.4}$$

设 $\mathfrak{M}_{ii}$ 中有元素 e_i, 适合 $e_i^2 = e_i \neq 0$.(显然它唯一, 且有 $e_i^* = e_i$). 对 $\mathfrak{M}$ 中元素

$$a = \sum_{1 \leq i,j \leq N} a_{ij}, \quad a_{ij} \in \mathfrak{M}_{ij}. \tag{4.3.5}$$

设 $a_{ii} = \lambda_i e_i$, $1 \leq i \leq N$. 记 a 的迹为

$$\operatorname{tr} a = \sum_{i=1}^{N} \lambda_i. \tag{4.3.6}$$

定义 4.3.1 非结合代数 $\mathfrak{M}$ 称为 T 代数, 如果其乘法适合条件

(1) $\mathfrak{M}_{ij}\mathfrak{M}_{kl} = 0, j \neq k; \mathfrak{M}_{ij}\mathfrak{M}_{jk} \subset \mathfrak{M}_{ik}$;

(2) $e_i a_{ij} = a_{ij} e_j = a_{ij}, \quad \forall a_{ij} \in \mathfrak{M}_{ij}$;

(3) $\operatorname{tr} ab = \operatorname{tr} ba, \quad \operatorname{tr}(ab)c = \operatorname{tr} a(bc), \quad \forall a, b, c \in \mathfrak{M}$;

(4) $\operatorname{tr} aa^* \geq 0$, 等号成立当且仅当 $a = 0$;

(5) 记 $\mathfrak{M}_0 = \sum\limits_{1 \leq i \leq j \leq N} \mathfrak{M}_{ij}$, 则有

$$a(bc) = (ab)c, \quad (ab)b^* = a(bb^*), \quad \forall a, b, c \in \mathfrak{M}_0.$$

由上面定义中的条件 (1),(2),(5) 可知, $\mathfrak{M}_0$ 为 $\mathfrak{M}$ 的结合子代数, 其中子集

$$\mathfrak{T}(\mathfrak{M}) = \{a \in \mathfrak{M}_0 | a = \sum_{1 \leq i \leq j \leq N} a_{ij}, a_{ii} = \lambda_i e_i, \lambda_i > 0, 1 \leq i \leq N\}.$$
$$\tag{4.3.7}$$

记 $\mathfrak{M}$ 中子集

$$V(\mathfrak{M}) = \{aa^* \in \mathfrak{M} \mid \forall a \in \mathfrak{T}(\mathfrak{M})\}. \tag{4.3.8}$$

定义 4.3.2 给定两个 T 代数

$$\mathfrak{M} = \sum_{1 \le i,j \le N} \mathfrak{M}_{ij}, \quad \mathfrak{M}' = \sum_{1 \le i,j \le N'} \mathfrak{M}'_{ij}.$$

它们称为同构的, 如果存在 $\mathfrak{M}$ 到 $\mathfrak{M}'$ 上的代数同构 σ, 适合条件

(1)　$N' = N$;

(2)　$\sigma(\mathfrak{M}_{ij}) = \mathfrak{M}'_{\sigma(i)\sigma(j)}$, 其中 $\sigma(1)\sigma(2)\cdots\sigma(N)$ 为 $1, 2, \cdots, N$ 的可容许排列, 即当 $i < j$, $\sigma(j) < \sigma(i)$, 则 $n_{\sigma(j)\sigma(i)} = 0$;

(3)　$\sigma(a^*) = \sigma(a)^*$.

定理 4.3.3　　给定齐性锥 V, 则在 T 代数同构意义下唯一存在 V 的实现 $V(\mathfrak{M})$.

下面我们给出上面 Vinberg 的实现和正规锥的关系. 由此可以看出 Vinberg 的实现实际上是用了正规锥的一种参数表示. 事实上, 由 T 代数的定义可知

$$\operatorname{tr} a^* = \operatorname{tr} a. \tag{4.3.9}$$

因此 $\operatorname{tr} ab^* = \operatorname{tr}(ab^*)^* = \operatorname{tr} ba^*$. 这样由定义 4.3.1 中的条件 (4) 便在 $\mathfrak{M}$ 上引进了内积

$$(a, b) = \operatorname{tr} ab^*, \ \forall a, b \in \mathfrak{M}. \tag{4.3.10}$$

由于任取 $a \in \mathfrak{M}_{ij}, b \in \mathfrak{M}_{pq}$. 当 $(i, j) \ne (p, q)$, 则 ab^*, b^*a 中必有一个为零. 于是

$$\operatorname{tr} ab^* = \operatorname{tr} b^*a = 0.$$

这证明了

$$\mathfrak{M} = \sum_{1 \le i,j \le N} \mathfrak{M}_{ij}$$

关于内积 (a, b) 两两正交. 由 $\dim \mathfrak{M}_{ii} = 1$, 在 $\mathfrak{M}_{ii}$ 中取基 $e_{ii}^{(1)} = e_i$, 因此

$$(e_{ii}^{(1)}, e_{ii}^{(1)}) = (e_i, e_i) = \operatorname{tr} e_i e_i^* = \operatorname{tr} e_i^2 = \operatorname{tr} e_i = 1.$$

再在 $\mathfrak{M}_{ij}$ 中取标准正交基

$$e_{ij}^{(1)}, \cdots, e_{ij}^{(n_{ij})}, \quad 1 \le i < j \le N. \tag{4.3.11}$$

由 $(e_{ij}^{(s)}, e_{ij}^{(t)}) = \delta_{st}$ 有 $((e_{ij}^{(s)})^*, (e_{ij}^{(t)})^*) = \delta_{st}$, 所以 $\mathfrak{M}_{ji} = \mathfrak{M}_{ij}^*$ 有标准正交基

$$e_{ji}^{(1)} = (e_{ij}^{(1)})^*, \cdots, e_{ji}^{(n_{ji})} = (e_{ij}^{(n_{ij})})^*, \tag{4.3.12}$$

它们全体构成了 $\mathfrak{M}$ 的一组标准正交基. 对这一组基的乘法表记作

$$e_{ij}^{(s)} e_{pq}^{(t)} = \delta_{jp} \sum_{r=1}^{n_{iq}} (e_r A_{ij}^{sq} e_t') e_{iq}^{(r)}, \tag{4.3.13}$$

其中 $A_{ij}^{sq}, s = 1, 2, \cdots, n_{ij}$ 为 $n_{iq} \times n_{jq}$ 实矩阵, 这里 $1 \le s \le n_{ij}$, $1 \le t \le n_{pq}$, $1 \le i, j, p, q \le N$.

今对合反自同构 $*$ 给出 $(e_{ij}^{(s)} e_{jk}^{(t)})^* = e_{kj}^{(t)} e_{ji}^{(s)}$, 即有

$$\sum (e_u A_{ij}^{sk} e_t') e_{ki}^{(u)} = \sum (e_u A_{kj}^{ti} e_s') e_{ki}^{(u)}.$$

所以用构造常数来表示反自同构 $*$ 存在的条件, 是下面的等价条件:

$$A_{ij}^{sk} = \sum_t A_{kj}^{ti} e_s' e_t. \tag{4.3.14}$$

又 $\{e_{ij}^{(s)}\}$ 为标准正交基, 即有

$$\delta_{st} = (e_{ij}^{(s)}, e_{ij}^{(t)}) = \operatorname{tr} e_{ij}^{(s)} (e_{ij}^{(t)})^* = \operatorname{tr} e_{ij}^{(s)} e_{ji}^{(t)} = A_{ij}^{si} e_t'.$$

所以这导出

$$A_{ij}^{ti} = e_t \in \mathbb{R}^{n_{ij}}, \quad \forall t. \tag{4.3.15}$$

因此由直接计算可知 $\operatorname{tr} aa^* \ge 0$, 且等号成立当且仅当 a=0, 换句话说, T 代数的条件 (4) 等价于上式. 由直接计算易得 T 代数的条件 (2) 等价于

$$A_{ii}^{1j} = I^{(n_{ij})}, \quad A_{ij}^{tj} = e_t'. \tag{4.3.16}$$

T 代数的条件 (3) 等价于

$$A_{ij}^{tk} = \sum_s (A_{jk}^{si})' e_t' e_s. \tag{4.3.17}$$

最后给出条件 (5) 的等价条件. 由 $\mathfrak{M}_0$ 适合结合律, 即

$$e_{ij}^{(r)}(e_{jk}^{(s)} e_{kl}^{(t)}) = (e_{ij}^{(r)} e_{jk}^{(s)}) e_{kl}^{(t)}, \quad 1 \le i \le j \le k \le l \le N,$$

即

$$A_{ij}^{rl} A_{jk}^{sl} = \sum_{t=1}^{n_{ik}} (e_t A_{ij}^{rk} e_s') A_{ik}^{tl}, \tag{4.3.18}$$

其中 $1 \le r \le n_{ij}$, $1 \le s \le n_{jk}$, $1 \le i \le j \le k \le l \le N$. 又条件 $(ab)b^* = a(bb^*)$, 等价于 $(e_{ij}^{(r)} b) b^* = e_{ij}^{(r)}(bb^*)$, $1 \le r \le n_{ji}$, $1 \le i \le j \le N$. 记 $b = \sum\limits_{1 \le p \le q \le N} \sum b_{pq}^{(s)} e_{pq}^{(s)}$, 代入上式有

$$\sum_{i \le j \le k,\, l \le k} (e_{ij}^{(r)} b_{jk}^{(s)} e_{jk}^{(s)}) b_{lk}^{(t)} e_{kl}^{(t)} = \sum_{i \le j \le k,\, l \le k} e_{ij}^{(r)} (b_{jk}^{(s)} e_{jk}^{(s)} b_{lk}^{(t)} e_{kl}^{(t)}).$$

由于 b 为 $\mathfrak{M}_0$ 中任意元素, 所以这给出

$$\sum b_{jk}^{(s)} b_{lk}^{(t)} [(e_{ij}^{(r)} e_{jk}^{(s)}) e_{kl}^{(s)} - e_{ij}^{(r)} (e_{jk}^{(s)} e_{kl}^{(t)})] = 0,$$

其中 $1 \le i \le j \le k \le N$, $1 \le l \le k \le N$, 即

$$\sum_{i \le j \le k} \sum_s b_{jk}^{(s)} [A_{ij}^{rl} A_{jk}^{sl} - \sum_{t=1}^{n_{ik}} (e_t A_{ij}^{rk} e_s') A_{ik}^{tl}] \beta_{lk}' = 0,$$

其中 $1 \le r \le n_{ij}$, $1 \le l \le k \le N$. 至此证明了当 $i \le j \le k, l \ne j$ 时, 式 (4.3.18) 成立. 当 $l = j$ 时, 有

$$0 = A_{ij}^{rl} A_{jk}^{sj} e_t' - \sum (e_u A_{ij}^{rk} e_s') A_{ik}^{uj} e_t' + A_{ij}^{rj} A_{jk}^{tj} e_s' - \sum e_u A_{ij}^{rk} e_t' A_{ik}^{uj} e_s'.$$

引理 4.3.4 设 $2n - N$ 维实线性空间 $\mathfrak{M}$ 有子空间直接和分解

$$\mathfrak{M} = \sum_{1 \le i,j \le N} \mathfrak{M}_{ij}.$$

在 $\mathfrak{M}_{ij}$ 中取基 $e_{ij}^{(t)}, 1 \le t \le n_{ij} = \dim \mathfrak{M}_{ij}$, 使得 $e_{ii}^{(1)} = e_{(i)}$ 为 $\mathfrak{M}_{ii}$ 中唯一幂等元, $\mathfrak{M}$ 为 T 代数当且仅当上述基的乘法表为

$$e_{ij}^{(s)} e_{pq}^{(t)} = \delta_{pj} \sum_{r=1}^{n_{iq}} (e_r A_{ij}^{sq} e_t') e_{iq}^{(r)}, \tag{4.3.19}$$

其中 $n_{ij} \times n_{jq}$ 矩阵 $A_{ij}^{sq}, 1 \le s \le n_{ij}, 1 \le i, j, p, q \le N$ 适合条件

$$A_{ii}^{ij} = I^{(n_{ij})}, \quad A_{ij}^{tj} = e_t', \quad A_{ij}^{ti} = e_t, \quad 1 \le t \le n_{ij}, \quad 1 \le i, j \le N, \tag{4.3.20}$$

$$A_{ij}^{tk} = \sum_s A_{kj}^{si} e_t' e_s, \quad A_{kj}^{si} = (A_{jk}^{si})', \quad 1 \le i, j, k \le N, \tag{4.3.21}$$

$$A_{ij}^{rl} A_{jk}^{sl} = \sum_t (e_t A_{ij}^{rk} e_s') A_{ik}^{tl}, \tag{4.3.22}$$

其中 $l \ne j$, $1 \le r \le n_{ij}$, $1 \le s \le n_{jk}$, $1 \le i \le j \le k \le N$, $1 \le l \le N$.

$$\sum e_u A_{ij}^{rk} e_s' e_v A_{ik}^{uj} e_t' + \sum e_u A_{ij}^{rk} e_t' e_v A_{ik}^{ui} e_s' = 2\delta_{st} \delta_{rv}, \tag{4.3.23}$$

其中 $1 \le i \le j \le k \le N$. 这时, 反自同构 * 由

$$(e_{ij}^{(s)})^* = e_{ji}^{(s)} \tag{4.3.24}$$

定义, 又迹 tr 由

$$\mathrm{tr}\, e_{ij}^{(s)} = \delta_{ij} \tag{4.3.25}$$

定义.

下面进一步讨论构造常数的定义关系. 取定 $1 \le i \le j \le k \le N$, 我们有 $n_{ik} \times n_{jk}$ 实矩阵 A_{ij}^{tk}, $1 \le t \le n_{ij}$. 由式 (4.3.21) 有

$$A_{ji}^{tk} = (A_{ij}^{tk})', \tag{4.3.26}$$

$$A_{kj}^{ti} = \sum_s A_{ij}^{sk} e_t' e_s, A_{jk}^{ti} = (A_{kj}^{ti})' = \sum_s e_s' e_t (A_{ij}^{sk})', \tag{4.3.27}$$

$$A_{ik}^{tj} = \sum A_{jk}^{si} e_t' e_s = \sum e_r' e_t A_{ij}^{rk}, \quad A_{ki}^{tj} = (A_{ik}^{tj})' = \sum (A_{ij}^{rk})' e_t' e_r. \tag{4.3.28}$$

显然, 当 i, j, k 为三不同指标时, 等式 (4.3.21) 等价于上面三式. 在 i, j, k 三指标中有两个相同时, 式 (4.3.21) 可由式 (4.3.20) 推出. 这时, 条件 (4.3.22) 可简化为 $\{A_{ij}^{tk},\ 1 \le t \le n_{ij},\ 1 \le i \le j \le k \le N\}$ 适合的条件.

首先, 式 (4.3.20) 蕴含式 (4.3.22) 中 i, j, k 指标至少有两种相同的情形, 因此只要设 $1 \le i < j < k \le N$, $1 \le l \le N$, 这时, 若 $l \in \{i, k\}$, 有

$$A_{ij}^{ri} A_{jk}^{si} = \sum e_t A_{ij}^{rk} e_s' A_{ik}^{ti}, \quad A_{ij}^{rk} A_{jk}^{sk} = \sum e_t A_{ij}^{rk} e_s' A_{ik}^{tk},$$

其中前一式由式 (4.3.27) 推出, 后一式显然成立. 所以只要考虑式 (4.3.22) 中下面四种情形 $1 < i < j < k$, $i < l < j < k$, $i < j < l < k$, $i < j < k < l$ 即可.

在情形 $i < j < k < l$ 我们有

$$A_{ij}^{rl} A_{jk}^{sl} = \sum (e_t A_{ij}^{rk} e_s') A_{ik}^{tl}, \tag{4.3.29}$$

其中 $1 \le r \le n_{ij}$, $1 \le s \le n_{jk}$, $1 \le i < j < k < l \le N$. 在情形 $i < j < l < k$, 将 l 及 k 的指标互换, 有

$$A_{ij}^{rk} A_{jl}^{sk} = \sum (e_t A_{ij}^{rl} e_s') A_{il}^{tk},\ 1 \le i < j < k < l \le N.$$

由式 (4.3.28) 有

$$(A_{ij}^{rl})' A_{ik}^{sl} = \sum (e_s A_{ij}^{rk} e_t') A_{jk}^{tl},\ 1 \le i < j < k < l \le N. \tag{4.3.30}$$

在情形 $i < l < j < k$, l, j, k 分别易为 j, k, l, 有

$$A_{ik}^{rj} A_{kl}^{sj} = \sum (e_t A_{ik}^{tl} e_s') A_{il}^{tj}.$$

由式 (4.3.26)—(4.3.28) 有

$$\sum e_u' e_r A_{ij}^{uk} \sum e_v' e_s (A_{jk}^{vl})' = \sum (e_t A_{ik}^{rl} e_s') \sum e_u' e_t A_{ij}^{ul},$$

即重新导出关系式 (4.3.30). 在情形 $l < i < j < k$, 分别易 l, i, j, k 为 i, j, k, l, 有

$$A_{jk}^{ri} A_{kl}^{si} = \sum (e_t A_{jk}^{rl} e_s') A_{jl}^{ti}.$$

由式 (4.3.26)—(4.3.28) 有

$$\sum e_u' e_r (A_{ij}^{rk})' \sum e_v' e_s (A_{ik}^{vl})' = \sum (e_t A_{jk}^{rl} e_s') \sum e_u' e_t (A_{ij}^{ul})'.$$

这重新导出关系式 (4.3.30).

最后, 式 (4.3.23) 给出

$$\begin{aligned}
2\delta_{st}\delta_{rv} &= \sum e_u A_{ij}^{rk} e_s' e_v \sum e_w' e_u A_{ij}^{wk} e_t' \\
&\quad + \sum e_u A_{ij}^{rk} e_t' e_v \sum e_w' e_u A_{ij}^{wk} e_s' \\
&= e_s[(A_{ij}^{rk})' A_{ij}^{vk} + (A_{ij}^{vk})' A_{ij}^{rk}] e_t'.
\end{aligned}$$

这等价于关系

$$(A_{ij}^{rk})' A_{ij}^{sk} + (A_{ij}^{sk})' A_{ij}^{rk} = 2\delta_{sr} I, \quad 1 \le i < j < k \le N. \tag{4.3.31}$$

由上面的计算, 我们证明了

定理 4.3.5 T 代数 $\mathfrak{M}$ 按照乘法表 (见式 (4.3.29)) 给出的矩阵组 $\{A_{ij}^{tk}, 1 \le t \le n_{ij}, 1 \le i < j < k \le N\}$ 为实 N 矩阵组. 反之, 任给实 N 矩阵组 $\{A_{ij}^{tk}, 1 \le t \le n_{ij}, 1 \le i < j < k \le N\}$, 则唯一决定了一个具有乘法表 (1) 的 T 代数, 其中 $A_{ij}^{tk}, 1 \le t \le n_{ij}, 1 \le i, j, k \le N$ 的定义由式 (4.3.20),(4.3.26)—(4.3.28) 给出.

最后, 不难证明.

定理 4.3.6 两个 T 代数同构当且仅当定义它们的实 N 矩阵组互相等价.

证 注意到对 $\mathfrak{M}_{ij}$ 中不同标准正交基的选取, 其基变换公式由 n_{ij} 阶实正交方阵决定, 所以不难证明定理成立. 证完.

至此我们完全清楚了 T 代数与实 N 矩阵组间关系. 下面给出 T 代数 $\mathfrak{M}$ 中齐性锥 $V(\mathfrak{M})$ 和实 N 矩阵组 $\{A_{ij}^{tk}\}$ 决定的正规锥间的关系.

任取
$$a = \sum_{1 \leq i \leq k \leq N} \sum x_{ik}^{(t)} e_{ik}^{(t)} \in \mathfrak{M}_0,$$

则
$$aa^* = \sum_{i \leq k} \sum x_{ik}^{(t)} e_{ik}^{(t)} \sum_{j \leq q} \sum x_{jq}^{(s)} e_{qj}^{(s)} = \sum_{i,j \leq k} \sum x_{ik}^{(t)} x_{jk}^{(s)} e_u A_{ik}^{tj} e_s' e_{ij}^{(u)}.$$

记 $x_{ik} = (x_{jk}^{(1)}, \cdots, x_{ik}^{(n_{ik})}) \in \mathbb{R}^{n_{ik}}$. 今
$$aa^* = \sum_{i<j<k} + \sum_{i=j<k} + \sum_{j<i<k} + \sum_{i<j=k} + \sum_{j<i=k} + \sum_{i=j=k} .$$

由式 (4.3.20),(4.3.26)—(4.3.28) 有
$$aa^* = \sum_{i=1}^{N}(x_{ii}^2 + \sum_{j=i+1}^{N} x_{ij} x_{ij}') e_{ii}^{(1)} + \sum_{1 \leq i < j \leq N} \sum_{t} x_{jj} x_{ij}^{(t)} (e_{ij}^{(t)} + e_{ji}^{(t)})$$
$$+ \sum_{1 \leq i < j < k \leq N} \sum (x_{ik} e_t' e_r A_{ik}^{tj} x_{jk}' e_{ij}^{(r)} + x_{jk} e_t' e_r A_{jk}^{ti} x_{ik}' e_{ji}^{(r)}).$$

而
$$\sum_{t} x_{ik} e_t' e_r A_{ik}^{tj} x_{jk}' = x_{ik} A_{ij}^{rk} x_{jk}',$$
$$\sum_{t} x_{jk} e_t' e_r A_{jk}^{ti} x_{ik}' = x_{ik} A_{ij}^{rk} x_{jk}',$$

这证明了
$$aa^* = \sum_{i=1}^{N}(x_{ii}^2 + \sum_{j=i+1}^{N} x_{ij} x_{ij}') e_{ii}^{(1)} + \sum_{1 \leq i < j \leq N} \sum_{t} x_{jj} x_{ij}^{(t)} (e_{ij}^{(t)} + e_{ji}^{(t)})$$
$$+ \sum_{1 \leq i < j < k \leq N} \sum x_{ik} A_{ij}^{tk} x_{jk}' (e_{ij}^{(t)} + e_{ji}^{(t)}).$$

记
$$aa^* = \sum_{i=1}^{N} y_{ii} e_{ii}^{(1)} + \sum_{1 \leq i < j \leq N} \sum_{t} y_{ij}^{(t)} (e_{ij}^{(t)} + e_{ji}^{(t)}),$$

则有

$$y_{ii} = x_{ii}^2 + \sum_{j=i+1}^{N} x_{ij} x_{ij}',$$

$$y_{ij} = x_{jj} x_{ij} + \sum_{k=j+1}^{N} \sum_{t} x_{ik} A_{ij}^{tk} x_{jk}' e_t.$$

(4.3.32)

在 $\mathbb{R}^n$ 中取点

$$x = (x_{11}, x_2, x_{22}, \cdots, x_N, x_{NN}), \quad x_{jj} \in \mathbb{R},$$
$$x_j = (x_{1j}, \cdots, x_{j-1,j}), \quad x_{ij} \in \mathbb{R}^{n_{ij}}.$$

所以作为 T 代数的子代数 $\mathfrak{M}_0$ 中点, 设其坐标为 x, 则在 $\mathfrak{M}$ 中以 $e_{ii}^{(1)}$, $1 \le i \le N$, $e_{ij}^{(t)} + e_{ji}^{(t)} = e_{ij}^{(t)} + (e_{ij}^{(t)})^*$, $1 \le t \le n_{ij}$, $1 \le i < j \le N$ 为基的子空间中点, 其坐标为 y. 则 y 和 x 的变换公式为式 (4.3.32), 这里有条件 $x_{11} > 0, \cdots, x_{NN} > 0$.

由于齐性锥 $V(\mathfrak{M}) = \{aa^* | \forall \in \mathfrak{M}_0\}$, 所以公式 (4.3.32) 中的坐标 y 为 $V(\mathfrak{M})$ 中点坐标. 因此式 (4.3.32) 实际上给出了 $V(\mathfrak{M})$ 中点坐标的参数表示, 即我们有

定理 4.3.7 Vinberg 实现的齐性锥 $V(\mathfrak{M})$ 为 $\mathbb{R}^n$ 中点集, 它的坐标有参数表示

$$y_{ii} = x_{ii}^2 + \sum_{j=i+1}^{N} x_{ij} x_{ij}', \ 1 \le i \le N,$$

$$y_{ij} = x_{jj} x_{ij} + \sum_{k=j+1}^{N} \sum_{t} x_{ik} A_{ij}^{tk} x_{jk}' e_t, \quad 1 \le i < j \le N,$$

(4.3.33)

其中

$$x_{11} > 0, \cdots, x_{NN} > 0.$$

(4.3.34)

由定理 4.3.7, 记 $\mathbb{R}^n$ 中子集

$$V_0 = \{x \in \mathbb{R}^n \mid x_{11} > 0, \cdots, x_{NN} > 0\}.$$

(4.3.35)

由式 (4.3.33) 定义的解析映射 σ 有 $\sigma(V_0) = V(\mathfrak{M})$.

记

$$P_j(x) = \begin{pmatrix} x_{jj} & x_{j,j+1} & \cdots & x_{jN} \\ & x_{j+1,j+1}I & \cdots & R_{j+1,N}^{(j)}(x_{j+1,N}) \\ & & \ddots & \vdots \\ & & & x_{NN}I \end{pmatrix},$$

映射 σ 可表为

$$C_j(y) = P_j(x)P_j(x)', 1 \le j \le N,$$

因此证明了这一节的主要结果 (参见第三章).

定理 4.3.8 在 Vinberg 实现的 T 代数 $\mathfrak{M}$ 中适当选取基, 则齐性锥 $V(\mathfrak{M})$ 的坐标表达式为正规锥.

现在给出 Takauchi 关于齐性 Siegel 域的实现.

由定理 4.3.5, 秩为 N 的第二类齐性 Siegel 域 $D(V, F)$ 可以作为秩为 $N+1$ 的某个第一类齐性 Siegel 域的截面. 因此很自然地, 可以将 T 代数加上若干限制后, 再设法定出第二类齐性 Siegel 域.

给定秩为 $N+1$ 的 T 代数

$$\mathfrak{M} = \sum_{1 \le i,j \le N+1} \mathfrak{M}_{ij},$$

在 $\mathfrak{M}_{ij}$ 中取标准正交基 $e_{ij}^{(t)}$, $1 \le t \le n_{ij}$, 使得 $(e_{ij}^{(t)})^* = e_{ji}^{(t)}$, $e_i = e_{ii}^{(1)}$, $e_i^* = e_i \ne 0$. 乘法表为

$$e_{ij}^{(s)} e_{pq}^{(t)} = \delta_{jp} \sum (e_r A_{ij}^{sq} e_t') e_{iq}^{(r)},$$

其中 $\{A_{ij}^{tq}, 1 \le t \le n_{ij}, 1 \le i < j < q \le N+1\}$ 为 $(N+1)$ 实矩阵组, 而矩阵组 $\{A_{ij}^{sq}, 1 \le s \le n_{ij}, 1 \le i, j, q \le N+1\}$ 满足前面确定的关系.

为了给出第二类齐性 Siegel 域的实现，要考虑一类特殊的 T 代数，即要求 $n_{i,N+1}$ 为偶数，记作 $2m_i$，又

$$A_{ij}^{t,N+1} = \begin{pmatrix} \operatorname{Re} Q_{ij}^{(t)} & \operatorname{Im} Q_{ij}^{(t)} \\ -\operatorname{Im} Q_{ij}^{(t)} & \operatorname{Re} Q_{ij}^{(t)} \end{pmatrix},$$

其中 $\{A_{ij}^{tk}, 1 \le t \le n_{ij}, 1 \le i < j < k \le N, Q_{ij}^{(t)}, 1 \le t \le n_{ij}, 1 \le i < j \le N\}$ 为 N 矩阵组. 由此可见，记

$$J_i = \begin{pmatrix} 0^{(m_i)} & I^{(m_i)} \\ -I^{(m_i)} & 0^{(m_i)} \end{pmatrix}, \quad 1 \le i \le N.$$

则有

$$J_i A_{ij}^{t,N+1} = A_{ij}^{t,N+1} J_j, \quad 1 \le i < j \le N.$$

引进 T 代数 $\mathfrak{M} = \sum \mathfrak{M}_{ij}$ 中子空间

$$\mathfrak{M}' = \sum_{1 \le i \le N} (\mathfrak{M}_{i,N+1} + \mathfrak{M}_{N+1,i}), \quad \mathfrak{M}_0 = \sum_{1 \le i,j \le N} \mathfrak{M}_{ij}.$$

在 $\mathfrak{M}'$ 上引进线性自同构，它定义为

$$Je_{i,N+1}^{(t)} = e_{i,N+1}^{(m_i+t)}, \quad Je_{i,N+1}^{(m_i+t)} = -e_{i,N+1}^{(t)},$$
$$Je_{N+1,i}^{(t)} = e_{N+1,i}^{(m_i+t)}, \quad Je_{N+1,i}^{(m_i+t)} = -e_{N+1,i}^{(t)},$$

其中 $1 \le t \le m_i$. 由于对标准正交基，内积 (a,b) 对应单位方阵. 而 J 的方阵表示，在每个 $\mathfrak{M}_{i,N+1}, \mathfrak{M}_{N+1,i}$ 上都是

$$J_i \begin{pmatrix} 0 & I^{(m_i)} \\ -I^{(m_i)} & 0 \end{pmatrix},$$

所以有 $(Ja)^* = Ja^*, \forall a \in \mathfrak{M}'$,

$$(a,b) = (Ja, Jb), \quad \forall a, b \in \mathfrak{M}'.$$

又由直接计算，条件 $J_i A_{ij}^{t,N+1} = A_{ij}^{t,N+1} J_j, 1 \le i < j \le N+1$ 等价于

$$aJb = J(ab), \quad \forall a \in \mathfrak{M}_0, b \in \mathfrak{M}'.$$

反之, 由 $J^2 = -id$, $J\mathfrak{M}_{ij} = \mathfrak{M}_{ij}$, $i \neq j, i = N+1$ 或 $j = N+1$ 及 $(Ja)^* = Ja^*$, 且

$$(a,b) = (Ja, Jb), \quad \forall a, b \in \mathfrak{M}', \quad aJb = J(ab), \quad \forall a \in \mathfrak{M}_0, b \in \mathfrak{M}'.$$

于是在 $\mathfrak{M}_{i,N+1}$ 的标准正交基下, J 对应方阵 J_i 有

$$J_i^2 = -I, \quad J_i J_i' = I.$$

熟知存在标准正交基到标准正交基的改变, 使得 J_i 的方阵表示为 $J_i = \begin{pmatrix} 0 & I \\ -I & 0 \end{pmatrix}$. 由 $Ja^* = (Ja)^*$, 所以在 $\mathfrak{M}_{N+1,i}$ 中相伴的标准正交基下, 线性同构 J 仍有方阵表示 J_i. 这时, 任取 $i < j$, 由

$$e_{ij}^{(s)} J e_{j,N+1}^{(t)} = J(e_{ij}^{(s)} e_{j,N+1}^{(t)}),$$

则有

$$e_{ij}^{(s)} J e_{j,N+1}^{(t)} = \sum_r e_r (A_{ij}^{s,N+1} J_j') e_t' e_{i,N+1}^{(r)},$$
$$J e_{ij}^{(s)} e_{j,N+1}^{(t)} = \sum_r e_r J_i' A_{ij}^{s,N+1} e_t' e_{i,N+1}^{(r)}.$$

这证明了

$$J_i A_{ij}^{s,N+1} = A_{ij}^{s,N+1} J_j.$$

所以为了引进第二类齐性 Siegel 域的实现, 要引进如下的 T 代数, 它的秩为 $N+1$, 且记子空间

$$\mathfrak{M}' = \sum_{i=1}^N (\mathfrak{M}_{i,N+1} + \mathfrak{M}_{N+1,i}), \quad \mathfrak{M}_0 = \sum_{1 \leq i,j \leq N} \mathfrak{M}_{ij},$$

则在 $\mathfrak{M}'$ 上有线性同构 J 适合

(1)　$J\mathfrak{M}_{i,N+1} = \mathfrak{M}_{i,N+1}$, $\quad J\mathfrak{M}_{N+1,i} = \mathfrak{M}_{N+1,i}$;

(2)　$(Ja)^* = Ja^*$, $\quad \forall a \in \mathfrak{M}'$;

(3)　$J^2 = -id$;

(4)　$(Ja, Jb) = (a, b),\quad \forall a, b \in \mathfrak{M}'$;

(5)　$a(Jb) = J(ab),\quad \forall a \in \mathfrak{M}_0,\ b \in \mathfrak{M}'$.

这时，任取 $x = \sum x_i^{(t)} e_{i,N+1}^{(t)} \in \sum \mathfrak{M}_{i,N+1}$. 记

$$x_i = (x_i^{(1)}, \cdots, x_i^{(n_{i,N+1})}) = (\operatorname{Re} u_i, \operatorname{Im} u_i),\quad u_i \in \mathbb{C}^{m_i},$$

则

$$
\begin{aligned}
xx^* &= \sum x_i^{(t)} x_j^{(s)} e_{i,N+1}^{(t)} e_{N+1,j}^{(s)} \\
&= \sum_{i<j} \sum x_i A_{ij}^{r,N+1} x_j' (e_{ij}^{(r)} + e_{ji}^{(r)}) + \sum_i x_i x_i' e_i.
\end{aligned}
$$

今

$$x_i x_i' = (\operatorname{Re} u_i, \operatorname{Im} u_i)(\operatorname{Re} u_i, \operatorname{Im} u_i)' = u\overline{u}',$$

又

$$x_i A_{ij}^{r,N+1} x_j'$$

$$
= (\operatorname{Re} u_i, \operatorname{Im} u_i) \begin{pmatrix} \operatorname{Re} Q_{ij}^{(r)} & \operatorname{Im} Q_{ij}^{(r)} \\ -\operatorname{Im} Q_{ij}^{(r)} & \operatorname{Re} Q_{ij}^{(r)} \end{pmatrix} (\operatorname{Re} u_j, \operatorname{Im} u_j)'
$$

$$
= \operatorname{Re} u_i Q_{ij}^{(r)} \overline{u}_j'.
$$

所以证明了

$$xx^* = \sum_i (u_i \overline{u}_i') e_i + \sum_{1 \le i < j \le N} \sum_r (\operatorname{Re}(u_i Q_{ij}^{(r)} \overline{u}_j'))(e_{ij}^{(r)} + e_{ji}^{(r)}).$$

今任取

$$a \in \sum_{1 \le i \le j \le N} \mathfrak{M}_{ij},\quad x \in \sum_{1 \le i \le N} \mathfrak{M}_{i,N+1},$$

于是易证 $ax^* = xa^* = 0$. 按 Vinberg 的定义,

$$
V(\mathfrak{M}) = \{(a+x)(a+x)^* = aa^* + xx^*
$$

$$
\mid \forall a \in \sum_{1 \le i \le j \le N} \mathfrak{M}_{ij},\ x \in \sum_{1 \le i \le N} \mathfrak{M}_{i,N+1}\}.
$$

则第二类齐性 Siegel 域可实现为

$$\{(z,u) \in \mathbb{C}^n \times \mathbb{C}^m \mid \operatorname{Im} z - F(u,u) \in \dot{V}\}$$
$$= \{(z,u) \in \mathbb{C}^n \times \mathbb{C}^m \mid F(u,u) = xx^*, \operatorname{Im} z = (a+x)(a+x)^*\}.$$

第五章 正规 Siegel 域的全纯自同构群

在第三章，我们证明了任意齐性有界域全纯等价于正规 Siegel 域. 反之，任意正规 Siegel 域为齐性 Siegel 域. 所以全纯等价于齐性有界域. 因此第三章实际上给出了齐性有界域的一种具体实现. 在第四章我们又证明了正规 Siegel 域上的 Bergman 映射为全纯同构，它将正规 Siegel 域映为一种能明显表达的齐性有界域. 这样我们也给出了齐性有界域的另一种实现，使得实现的标准域也是有界的.

由于齐性流形是一个实李群 G 模 G 的一个闭子群 H. 所以李群对 (G, H) 刻划了齐性流形的全部性质. 正因为如此，求出正规 Siegel 域的全纯自同构群是一个重要问题. 在这一章，我们将要给出正规 Siegel 域的全纯自同构群的明显表达式. 由于在第三章中，我们已经给出了正规 Siegel 域的一个可递仿射自同构群的明显表达式. 在这一章，实际上要决定正规 Siegel 域关于固定点 $p = (\sqrt{-1}v_0, 0)$ 的迷向子群的明显表达式.

§5.1 正规锥的仿射自同构群

在第三章，我们已经给出了正规 Siegel 域 $D(V_N, F)$ 的一个单可递三角群 $T(D(V_N, F))$ 的明显表达式：

$$\sigma(a)P_{(\alpha,\beta)}, \quad \forall a \in W_N, \alpha \in \mathbb{R}^n, \quad \beta \in \mathbb{C}^m, \tag{5.1.1}$$

其中 $P_{(\alpha,\beta)}$ 定义为

$$\begin{aligned} W &= z - 2\sqrt{-1}F(u, \beta) + \sqrt{-1}F(\beta, \beta) - \alpha, \\ V &= u - \beta. \end{aligned} \tag{5.1.2}$$

而 $\sigma(a)$ 定义为 $\sigma(a)(z,u) = (\sigma'(a)z, \sigma''(a)u)$, 其中

$$C_j(\sigma'(a)z) = P_j(a)C_j(z)P_j(a)', \quad 1 \le j \le N, \tag{5.1.3}$$

$$R_j(\sigma''(u)) = P_j(a)R_j(u), \quad 1 \le j \le N. \tag{5.1.4}$$

这里 $P_j(a)$ 由式 (4.1.22) 定义, $C_j(z), R_j(u)$ 分别由式 (4.1.10)—(4.1.12) 定义.

另一方面, 我们又证明了

$$\text{Aut}\,(D(V_N, F)) = T(D(V_N, F))\text{Iso}\,_{(\sqrt{-1}v_0, 0)}(D(V_N, F)), \tag{5.1.5}$$

其中 $p = (\sqrt{-1}v_0, 0)$ 为正规 Siegel 域 $D(V_N, F)$ 中一固定点, $\text{Iso}\,_{(\sqrt{-1}v_0, 0)}(D(V_N, F))$ 为点 $(\sqrt{-1}v_0, 0)$ 的迷向子群. 而且实李群 $\text{aut}\,(D(V_N, F))$ 的分量代表元就是紧子群 $\text{Iso}\,_{(\sqrt{-1}v_0, 0)}(D(V_N, F))$ 的分量代表元. 由此可见, 为了决定实李群 $\text{Aut}\,(D(V_N, F))$, 只要决定迷向子群 $\text{Iso}\,_{(\sqrt{-1}v_0, 0)}(D(V_N, F))$ 就够了.

从第一章, 我们知道正规 Siegel 域 $D(V_N, F)$ 的全纯自同构群 $\text{Aut}\,(D(V_N, F))$ 的李代数 $\text{aut}\,(D(V_N, F))$ 关于

$$\text{ad}\,(2z\frac{\partial'}{\partial z} + u\frac{\partial'}{\partial u})$$

有根子空间直接和分解

$$\text{aut}\,(D(V_N, F)) = L_{-2} + L_{-1} + L_0 + L_1 + L_2, \tag{5.1.6}$$

其中

$$L_{-2} = \{\alpha\frac{\partial'}{\partial z} \mid \forall \alpha \in \mathbb{R}^n\}, \tag{5.1.7}$$

$$L_{-1} = \{\beta\frac{\partial'}{\partial u} + 2\sqrt{-1}F(u,\beta)\frac{\partial'}{\partial z} \mid \forall \beta \in \mathbb{C}^m\}, \tag{5.1.8}$$

$$L_0 = \{zA\frac{\partial'}{\partial z} + uB\frac{\partial}{\partial u}\}, \tag{5.1.9}$$

这里 $A \in gl(n, \mathbb{R}), B \in gl(m, \mathbb{C})$, 使得

$$xA\frac{\partial'}{\partial x} \in \text{aff}\,(V_N), \tag{5.1.10}$$

又

$$F(uB, u) + F(u, uB) = F(u, u)A. \tag{5.1.11}$$

由此可见，为了决定子空间 L_0，首先要决定正规锥 V_N 的仿射自同构群 $\mathrm{Aff}\,(V_N)$ 的李代数 $\mathrm{aff}\,(V_N)$，这是这一节的内容．由定理 1.3.5，

$$L_1 = \{Y_1 = 2\sqrt{-1}F(u, \overline{z}A)\frac{\partial'}{\partial z} + zA\frac{\partial'}{\partial u} + \sum_{j=1}^{m}(uC_j u')e_j\frac{\partial'}{\partial u}\}, \tag{5.1.12}$$

其中 A 为 $n \times m$ 复矩阵，$C_1, \cdots, C_m$ 为 $m \times m$ 复对称方阵，使得

$$(F(zA, \alpha) + F(\alpha, \overline{z}A))\frac{\partial'}{\partial z} - (F(u, \alpha)A + \sqrt{-1}\sum_{j=1}^{m}(\alpha C_j u')e_j)\frac{\partial'}{\partial u} \in L_0,$$
$$\tag{5.1.13}$$

$\forall \alpha \in \mathbb{C}^m$．又

$$L_2 = \{Y_2 = \sum_{i=1}^{n}(ze_i')zB_i\frac{\partial'}{\partial z} + \sum_{i=1}^{n}(ze_i')uD_i\frac{\partial'}{\partial u}\}, \tag{5.1.14}$$

其中 $B_1, \cdots, B_n$ 为 $n \times n$ 实方阵，$D_1, \cdots, D_n$ 为 $m \times m$ 复方阵，使得

$$e_iB_j = e_jB_i, \quad 1 \le i, j \le n, \tag{5.1.15}$$
$$\mathrm{tr}\,(\mathrm{Im}\,D_j) = 0, \quad 1 \le j \le n. \tag{5.1.16}$$

又记

$$\sum(ze_i')\alpha D_i = \xi(z, \alpha) \in \mathbb{C}^m, \quad \forall z \in \mathbb{C}^n, \alpha \in \mathbb{C}^m, \tag{5.1.17}$$

则任取 $\alpha, \beta \in \mathbb{C}^m$，有

$$(F(\xi(z, \alpha), \beta) + F(\beta, \xi(\overline{z}, \alpha))\frac{\partial'}{\partial z} + (\xi(F(u, \alpha), \beta)$$

$$-\xi(F(u, \beta), \alpha) + \xi(F(\beta, \alpha), u))\frac{\partial'}{\partial u} \in L_0. \tag{5.1.18}$$

由式 (5.1.6) 可知，正规 Siegel 域 $D(V_N, F)$ 的单可递三角群 $T(D(V_N, F))$ 的李代数

$$t(D(V_N, F)) = L_{-2} + L_{-1} + L_0 \cap t(D(V_N, F)). \tag{5.1.19}$$

而迷向子群 $\text{Iso}_{(\sqrt{-1}v_0, 0)}(D(V_N, F))$ 的李代数有子空间直接和分解

$$\text{iso}_{(\sqrt{-1}v_0, 0)}(D(V_N, F)) = \widetilde{L}_0 + \widetilde{L}_1 + \widetilde{L}_2, \tag{5.1.20}$$

其中

$$\widetilde{L}_0 = \{zA\frac{\partial'}{\partial z} + uB\frac{\partial'}{\partial u} \in L_0 \mid v_0 A = 0\}, \tag{5.1.21}$$

$$\widetilde{L}_1 = \{Y_1 - \sqrt{-1}v_0 A\frac{\partial'}{\partial u} - 2F(u, v_0 A)\frac{\partial'}{\partial z} \mid Y_1 \in L_1\}, \tag{5.1.22}$$

$$\widetilde{L}_2 = \{Y_2 + \sum (v_0 e_i')v_0 B_i\frac{\partial'}{\partial z} \mid Y_2 \in L_2\}. \tag{5.1.23}$$

现在我们回来决定正规锥 V_N 的仿射自同构群 $\text{Aff}(V_N)$ 的李代数 $\text{aff}(V_N)$．由 §3.2，我们知道正规锥 V_N 有连通的单可递三角群 $T(V_N)$，它的李代数 $t(V_N)$ 有基

$$A_j = 2r_j\frac{\partial}{\partial r_j} + \sum_{p<j} x_{pj}\frac{\partial'}{\partial x_{pj}} + \sum_{j<p} x_{jp}\frac{\partial'}{\partial x_{jp}}, \quad 1 \le j \le N, \tag{5.1.24}$$

$$X_{ij}^{(t)} = 2x_{ij}^{(t)}\frac{\partial}{\partial r_i} + r_j\frac{\partial}{\partial x_{ij}^{(t)}} + \sum_{p<i}\sum_s (x_{pj}A_{pi}^{sj}e_t')\frac{\partial}{\partial x_{pi}^{(s)}}$$

$$+ \sum_{i<p<j}\sum (e_t A_{ip}^{sj}x_{pj}')\frac{\partial}{\partial x_{ip}^{(s)}} + \sum_{j<p} x_{jp}(A_{ij}^{tp})'\frac{\partial'}{\partial x_{ip}}, \tag{5.1.25}$$

其中 $1 \le t \le n_{ij}$, $1 \le i < j \le N$.

乘法表为

$$[A_i, A_j] = 0, \quad 1 \le i, j \le N, \tag{5.1.26}$$

$$[A_i, X_{jk}^{(t)}] = (\delta_{ik} - \delta_{ij})X_{jk}^{(t)}, \tag{5.1.27}$$

$$[X_{jk}^{(s)}, X_{pq}^{(t)}] = \delta_{jq}\sum_u (e_u A_{pj}^{tk}e_s')X_{pk}^{(u)} - \delta_{pk}\sum_u (e_u A_{jk}^{sq}e_t')X_{jq}^{(u)}. \tag{5.1.28}$$

这里正规锥 V_N 由实 N 矩阵组 $\{A_{ij}^{tk}\}$ 定义，又 V_N 中点坐标表为

$$x = (r_1, x_2, r_2, \cdots, x_N, r_N), \quad x_j = (x_{1j}, \cdots, x_{j-1,j}), \quad (5.1.29)$$

其中 $r_j \in \mathbb{R}$, $x_{ij} \in \mathbb{R}^{n_{ij}}$, $x_{ij} = (x_{ij}^{(1)}, \cdots, x_{ij}^{(n_{ij})})$.

熟知 $T(V_N)$ 由 $\exp t(V_N)$ 生成. 由 §3.2 可知

$$T(V_N) = \{\sigma'(a) \mid \forall a \in W_N\}, \quad (5.1.30)$$

其中

$$W_N = \{x \in \mathbb{R}^n \mid r_1 > 0, \cdots, r_N > 0\}, \quad (5.1.31)$$

又

$$C_j(\sigma'(a)x) = P_j(a)C_j(x)P_j(a)', \quad 1 \le j \le N, \ x \in V_N. \quad (5.1.32)$$

定理 5.1.1 设 V_N 是由实 N 矩阵组 $\{A_{ij}^{tk}\}$ 定义的正规锥，李群 $T(V_N)$ 由式 (5.1.30) ,(5.1.31),(5.1.32) 定义. 则正规锥 V_N 的 $T(V_N)$ 不变体积元素为

$$v = \varphi(x)dx^{(1)} \wedge \cdots \wedge dx^{(n)} = \lambda_0 \prod_{j=1}^{N} (\det C_j(x))^{\nu_j} dx^{(1)} \wedge \cdots \wedge dx^{(n)},$$

$$(5.1.33)$$

其中 $x = (x^{(1)}, \cdots, x^{(n)}) \in V_N$, λ_0 为正实常数，又

$$2\sum_{j=1}^{k} \nu_j n_{jk} = -n_k - n_k', \quad 1 \le k \le N. \quad (5.1.34)$$

证 记

$$v = \varphi(x)dx^{(1)} \wedge \cdots \wedge dx^{(n)} \quad (5.1.35)$$

为正规锥 V_N 的 $T(V_N)$ 不变 n 形式，且 $\varphi(v_0) = 1$. 任取 $a \in W_N$，则有

$$\varphi(\sigma'(a)x) = \varphi(x)\Big(\det \frac{\partial \sigma'(a)x}{\partial x}\Big)^{-1}. \quad (5.1.36)$$

今任取 $x_0 \in V_N$, 由 §3.2 可知, 存在 $a \in W_N$ 使得 $\sigma'(a)v_0 = x_0$. 于是

$$\varphi(x_0) = \varphi(\sigma'(a)v_0) = \varphi(v_0)(\det \frac{\partial \sigma'(a)x}{\partial x})^{-1}.$$

另一方面,

$$C_j(\sigma'(a)x) = P_j(a)C_j(x)P_j(a)', \qquad (5.1.37)$$

所以有 $\det \frac{\partial \sigma'(a)x}{\partial x} = \prod_{k=1}^{N} a_{kk}^{n_k}$. 在式 (5.1.37) 中取 $x = v_0$, 则可推出 $C_j(v_0) = I$, 所以

$$\det C_j(x_0) = \det C_j(\sigma'(a)v_0) = (\det P_j(a))^2 = \prod_{l=j}^{N} a_{ll}^{2n_{jl}}.$$

由 $-n_k = 2\sum_{j=1}^{k} \nu_j n_{jk}$ 便证明了

$$\varphi(x_0) = \varphi(v_0)(\prod_{1 \leq j \leq k \leq N} a_{kk}^{n_{jk}\nu_j})^2 = \varphi(v_0) \prod_{j=1}^{N}(\prod_{k=j}^{N} a_{kk}^{2n_{jk}})^{\nu_j}$$

$$= \varphi(v_0) \prod_{j=1}^{N}(\det C_j(x_0))^{\nu_j}.$$

注意到 $\varphi(v_0)$, $C_j(x_0) > 0, \forall x_0 \in V_N$, 所以证明了正规锥 V_N 上的 $T(V_N)$ 不变体积元素为式 (5.1.35), 其中 $\varphi(x) > 0$. 定理证完.

定理 5.1.2 设 V_N 是由实 N 矩阵组 $\{A_{ij}^{tk}\}$ 定义的正规锥, 李群 $T(V_N)$ 由式 (5.1.30),(5.1.31),(5.1.32) 定义. 则正规锥 V_N 有 $T(V_N)$ 不变度量

$$d^2 \log \varphi(x) = -\sum \nu_j \text{tr}\, (C_j(x)^{-1}C_j(dx))^2. \qquad (5.1.38)$$

证 记 $d^2 \log \varphi(x) = dxS(x)dx'$, 其中 $S(x)$ 为实对称方阵. 由式 (5.1.36) 可知, 任取 $a \in W_N$, 则有

$$d^2 \log \varphi(\sigma'(a)x) = d^2 \log \varphi(x) - d^2 \log \det \frac{\partial \sigma'(a)x}{\partial x} = d^2 \log \varphi(x).$$

记 $y = \sigma'(a)x$，则有 $dyS(y)dy' = dxS(x)dx'$，即有

$$\frac{\partial\sigma(a)x}{\partial x}S(y)(\frac{\partial\sigma(a)x}{\partial x})' = S(x). \tag{5.1.39}$$

任取 $x_0 \in V_N$，则存在 $a \in W_N$，使得 $\sigma'(a)v_0 = x_0$. 代入式 (3.1.39)，有

$$S(x_0) = (\frac{\partial\sigma'(a)x}{\partial x})^{-1}S(v_0)(\frac{\partial\sigma'(a)x}{\partial x})'^{-1}, \quad \forall\ x_0 \in V_N.$$

另一方面，由式 (5.1.33) 有

$$d^2\log\varphi(x) = d^2\log\lambda\prod_{j=1}^{N}(\det C_j(x))^{\nu_j}$$

$$= d\sum_{j=1}^{N}\nu_j\text{tr}\,C_j(x)^{-1}C_j(dx) = -\sum_{j=1}^{N}\nu_j\text{tr}\,(C_j(x)^{-1}C_j(dx))^2,$$

即式 (5.1.38) 成立. 证完.

特别

$$d^2\log\varphi(x)|_{x=v_0} = -\sum\nu_j\text{tr}\,C_j(dx)^2$$

$$= \frac{1}{2}\sum(n_i + n_i')(dr_i)^2 + \sum_{i<j}(n_i + n_i')(dx_{ij})(dx_{ij})'$$

是 dx 的正定二次型，即 $S(v_0) > 0$. 所以 $S(x_0) > 0. \forall x_0 \in V_N$，即 $d^2\log\varphi(x)$ 为正规锥 V_N 上的 $T(V_N)$ 不变 Riemann 度量.

定理 5.1.3 正规锥 V_N 的最大连通线性等度量变换群为 V_N 的最大连通线性自同构群.

证 记 Aff (V_N) 为 V_N 的线性自同构群. 于是它的单位连通分支中任一元 $x \to xA$ 有 $\det A > 0$. 另一方面，由于 $x \to xA$ 为正规锥 V_N 的线性自同构，所以 $z \to zA$ 为第一类正规 Siegel 域 $D(V_N)$ 的线性自同构. 因此记 $K(z,\bar{z})$ 为第一类正规 Siegel 域 $D(V_N)$ 的 Bergman 核函数，则有

$$K(zA, \bar{z}A) = (\det A)^{-2}K(z,\bar{z}). \tag{5.1.40}$$

由定理 4.1.3 可知 $K(z, \bar{z}) = C_0 \prod_{j=1}^{N} \det C_j (\operatorname{Im}(z))^{\mu_j}$, 其中 $\sum_{j=1}^{k} \mu_j n_{jk} = -n_k - n_k'$, $1 \le k \le N$. 由式 (5.1.34), 立即有

$$\mu_j = 2\nu_j, \quad 1 \le j \le N. \tag{5.1.41}$$

这证明了存在正实常数 c_0', 使得

$$K(z, \bar{z}) = c_0' \varphi(\operatorname{Im} z)^2,$$

令 $D(V_N) = \{z \in \mathbb{C}^n \mid \operatorname{Im} z \in V_n\}$, 所以任取 $x \in V_N$, 则存在 $z \in D(V_N)$ 使得 $\operatorname{Im} z = x$. 因此由式 (5.1.40) 有

$$\varphi(xA)^2 = (\det A)^{-2} \varphi(x)^2.$$

由 $\varphi(x) > 0, \det A > 0, \varphi(xA) > 0, \forall x \in V_N$, 因此有

$$\varphi(xA) = (\det A)^{-1} \varphi(x). \tag{5.1.42}$$

从而对正规锥 V_N 的 $T(V_N)$ 不变度量 $ds^2 = dx S(x) dx'$ 有

$$S(xA) = A S(x) A',$$

即 $x \to xA$ 为等度量变换. 定理证完.

记 $\mathrm{Aff}(V_N)$ 的李代数为 $\mathrm{aff}(V_N)$. 下面来决定李代数 $\mathrm{aff}(V_N)$ 的一组基.

首先, 由于正规锥 V_N 为齐性流形, 所以 V_N 为完备 Riemann 流形, 且 $X \in \mathrm{aff}(V_N)$ 当且仅当 X 为 Killing 向量场, 即 $L_X(ds^2) = 0$.

引理 5.1.4 记 $v = \varphi(x) dx^{(1)} \wedge \cdots \wedge dx^{(n)}$ 为正规锥 V_N 的 $T(V_N)$ 不变体积元素, 其中 V_N 中点 $x = (x^{(1)}, \cdots, x^{(n)})$, 又 $\varphi(x)$ 由式 (5.1.33) 定义. 则线性向量场 $X = xB \dfrac{\partial'}{\partial x} \in \mathrm{aff}(V_N)$ 当且仅当

$$L_X(v) = 0. \tag{5.1.43}$$

证 今记线性向量场 $X = xB \dfrac{\partial'}{\partial x} = \sum b_i(x) \dfrac{\partial}{\partial x^{(i)}}$. 设有 $L_X(v) = 0$, 则由

$$L_X(v) = \varphi(x) \Big(X \log \varphi + \sum \frac{\partial b_i(x)}{\partial x^{(i)}} \Big) dx^{(1)} \wedge \cdots \wedge dx^{(n)}, \tag{5.1.44}$$

即

$$X \log \varphi(x) + \sum \frac{\partial b_i(x)}{\partial x^{(i)}} = X \log \varphi(x) + \operatorname{tr} B = 0.$$

因此有

$$L_X(ds^2)$$
$$= \sum \left(\frac{\partial^2 X \log \varphi(x)}{\partial x^{(i)} \partial x^{(j)}} - \left[\frac{\partial}{\partial x^{(i)}}, \left[\frac{\partial}{\partial x^{(j)}}, X \right] \right] (\log \varphi) \right) dx^{(i)} \otimes dx^{(j)} = 0.$$

这证明了 $X \in \operatorname{aff}(V_N)$.

反之, 若 $X \in \operatorname{aff}(V_N)$, 则 $\exp tX \in \operatorname{Aff}(V_N), \forall t \in \mathbb{R}$. 熟知 $\exp tX$ 可写为 $y = x \exp tB, \forall t \in \mathbb{R}$. 由式 (5.1.42) 有

$$\varphi(x \exp tB) = (\det \exp tB)^{-1} \varphi(x).$$

双方在 $t = 0$ 附近展成 t 的幂级数, 有

$$\varphi(x + txB + o(t)) = (1 - t \operatorname{tr} B + o(t)) \varphi(x),$$

比较 t 的线性项, 有

$$X \log \varphi(x) + \operatorname{tr} B = 0.$$

由式 (5.1.44), 便证明了 $L_X(v) = 0$. 引理证完.

今三角线性群 $T(V_N)$ 在正规锥 V_N 上单可递. 对 V_N 中固定点 v_0, 记 $\operatorname{Aff}(V_N)$ 中点 v_0 的迷向子群为 $\operatorname{Iso}_0(V_N)$, 则有

$$\operatorname{Aff}(V_N) = T(V_N)\operatorname{Iso}_0(V_N). \tag{5.1.45}$$

记 $T(V_N)$ 及 $\operatorname{Iso}_0(V_N)$ 的李代数分别为 $t(V_N)$ 及 $\operatorname{iso}_0(V_N)$, 则有空间直接和分解:

$$\operatorname{aff}(V_N) = t(V_N) + \operatorname{iso}_0(V_N). \tag{5.1.46}$$

于是问题化为决定李代数 $\operatorname{iso}_0(V_N)$. 由引理 5.1.1,

$$\operatorname{iso}_0(V_N) = \left\{ X = xB \frac{\partial'}{\partial x} \,\middle|\, v_0 B = 0, \quad L_X(v) = 0 \right\} \tag{5.1.47}$$

引理 5.1.5 任取 $n \times n$ 实方阵 B, 则 $xB\dfrac{\partial'}{\partial x} \in \text{iso}_0(V_N)$ 当且仅当

$$v_0 B = 0, \quad \text{tr}\, B = 0, \quad \sum \nu_j \text{tr}\, C_j(x)^{-1} C_j(xB) = 0, \quad \forall x \in V_N$$
$$(5.1.48)$$

证 由引理 5.1.4 可知, $xB\dfrac{\partial'}{\partial x} \in \text{aff}(V_N)$ 当且仅当 $L_X(v) = 0$, 又 $xB\dfrac{\partial'}{\partial x} \in \text{iso}_0(V_N)$ 当且仅当 $v_0 B = 0$. 由式 (5.1.44) 可知 $L_X(v) = 0$, 即 $X \log \varphi(x) + \text{tr}\, B = 0$. 由定理 5.1.1 有

$$\varphi(x) = \lambda_0 \prod_{j=1}^{N} (\det C_j(x))^{\nu_j},$$

于是

$$xB\frac{\partial'}{\partial x} \log \varphi(x) = \sum_{j=1}^{N} \nu_j x B \frac{\partial'}{\partial x} \log \det C_j(x)$$
$$= \sum_{j=1}^{N} \nu_j \text{tr}\, C_j(x)^{-1} C_j(xB).$$

因此 $L_X(v) = 0$ 等价于

$$\sum_{j=1}^{N} \nu_j \text{tr}\, C_j(x)^{-1} C_j(xB) + \text{tr}\, B = 0, \quad \forall x \in V_N.$$

取 $x = v_0$, 由 $v_0 B = 0$ 可知 $\text{tr}\, B = 0$, 所以

$$\sum_{j=1}^{N} \nu_j \text{tr}\, C_j(x)^{-1} C_j(xB) = 0.$$

引理证完.

引理 5.1.6 设 $\mathbb{R}^n$ 上的线性向量场

$$Y_{ij}^{(t)} = 2x_{ij}^{(t)} \frac{\partial}{\partial r_j} + r_i \frac{\partial}{\partial x_{ij}^{(t)}} + \sum_{p<i} \sum_{s} x_{pi}^{(s)} e_t (A_{pi}^{sj})' \frac{\partial'}{\partial x_{pj}}$$

$$+ \sum_{i<p<j} \sum_s x_{ip}^{(s)} e_t A_{ip}^{sj} \frac{\partial'}{\partial x_{pj}} + \sum_{j<p} x_{ip} A_{ij}^{tp} \frac{\partial'}{\partial x_{jp}}, \tag{5.1.49}$$

$1 \le t \le n_{ij}$, $1 \le i \le j \le N$. 记 $\alpha_{ij} \in \mathbb{R}^{n_{ij}}$, 则

$$\exp \theta \sum_t (\alpha_{ij} e_t') Y_{ij}^{(t)}, \quad \forall \theta \in \mathbb{R}$$

为 $\mathbb{R}^n$ 上的线性自同构构成的单参数子群

$$
\begin{aligned}
& s_k = r_k, \quad k \ne j, \\
& s_j = r_j + 2x_{ij} \alpha_{ij}' \theta + r_i \alpha_{ij} \alpha_{ij}' \theta^2, \\
& y_{pq} = x_{pq}, \quad p, q \ne j, \\
& y_{pj} = x_{pj} + \theta \sum_s x_{pi}^{(s)} \alpha_{ij} (A_{pi}^{sj})', \quad p < i, \\
& y_{pj} = x_{pj} + \theta \sum_s x_{ip}^{(s)} \alpha_{ij} A_{ip}^{sj}, \quad i < p < j, \\
& y_{ij} = x_{ij} + \theta r_i \alpha_{ij}, \\
& y_{jp} = x_{jp} + \theta \sum_s (\alpha_{ij} e_s') x_{ip} A_{ij}^{sp}, \quad j < p.
\end{aligned}
\tag{5.1.50}
$$

证 熟知 $\exp \theta \sum_t (\alpha_{ij} e_t') Y_{tj}^{(t)} : y = f(x, \theta)$ 为常微分方程组

$$\frac{ds_j}{d\theta} = 2y_{ij} \alpha_{ij}', \quad \frac{ds_k}{d\theta} = 0, \; k \ne j, \quad \frac{dy_{pq}}{d\theta} = 0, \; p, q \ne j,$$

$$\frac{dy_{ij}}{d\theta} = s_i \alpha_{ij}, \quad \frac{dy_{pj}}{d\theta} = \sum_s y_{pi}^{(s)} \alpha_{ij} (A_{pi}^{sj})', \; p < i,$$

$$\frac{dy_{pj}}{d\theta} = \sum_s y_{ip}^s \alpha_{ij} A_{ip}^{sj}, \; i < p < j, \quad \frac{dy_{jp}}{d\theta} = \sum_s (\alpha_{ij} e_s') y_{ip} A_{ij}^{tp}, \; j < p$$

的适合初值 $s_k(0) = r_k, 1 \le k \le N, y_{ij}(0) = x_{ij}, 1 \le i < j \le N$ 的唯一解析解. 直接求解便证明了引理. 证完.

引理 5.1.7 设 V_N 为实 N 矩阵组 $\{A_{ij}^{tk}\}$ 定义的正规锥. 若矩阵 S 由附录中式 (1,1) 定义, 且它关于指标 (i,j) 适合条件 (Z)(见附录中的定义 1.9), 则 $\exp \sum_t (\theta \alpha_{ij} e_t') Y_{ij}^{(t)}$ 可表达为

$$C_k(y) = P_k(\theta\alpha)' C_k(x) P_k(\theta\alpha), \quad 1 \le k \le i, \tag{5.1.51}$$

其中

$$\alpha = (\alpha_{11}, \alpha_2, \alpha_{22}, \cdots, \alpha_N, \alpha_{NN}), \ \alpha_{jj} = 1, \ 1 \le j \le N,$$
$$\alpha_k = 0, \ k \ne j, \ \alpha_j = (\alpha_{1j}, \cdots, \alpha_{j-1,j}), \ \alpha_{kj} = 0, \ k \ne j.$$

证 取 $k \le i$, 我们来计算

$$P_k(\theta\alpha)'C_k(x)P_k(\theta\alpha).$$

由式 (4.1.22),

$$P_k(\theta\alpha) = \begin{pmatrix} I & \cdots & 0 & \cdots & & 0 & \cdots & 0 \\ & \ddots & \vdots & & & \vdots & & \vdots \\ & & I & \cdots & \theta R_{ij}^{(k)}(\alpha_{ij}) & \cdots & & 0 \\ & & & \ddots & \vdots & & & \vdots \\ & & & & I & \cdots & & 0 \\ & & & & & \ddots & & \vdots \\ & & & & & & & I \end{pmatrix}.$$

所以将 $P_k(\theta\alpha)'C_k(x)P_k(\theta\alpha)$ 和 $C_k(x)$ 一样分块, 则除了

$$P_k(\theta\alpha)'C_k(x)P_k(\theta\alpha) - C_k(x)$$

的第 j 行块和第 j 列块外, 其余都是零. 记第 j 行块为

$$(D_{jk}^{(k)}, \cdots D_{jN}^{(k)}),$$

则

$$D_{jj}^{(k)} = \theta^2 r_i R_{ij}^{(k)}(\alpha_{ij})'R_{ij}^{(k)}(\alpha_{ij}) + \theta R_{ij}^{(k)}(\alpha_{ij})'R_{ij}^{(k)}(x)$$
$$+ \theta R_{ij}^{(k)}(x)'R_{ij}^{(k)}(\alpha_{ij}),$$
$$D_{jp}^{(k)} = \theta R_{ij}^{(k)}(\alpha_{ij})'R_{pi}^{(k)}(x)', \quad k < p < i < j,$$
$$D_{ik}^{(k)} = \theta R_{ij}^{(k)}(\alpha_{ij})'x_{ki}',$$
$$D_{ji}^{(k)} = \theta r_i R_{ij}^{(k)}(\alpha_{ij})',$$
$$D_{jp}^{(k)} = \theta R_{ij}^{(k)}(\alpha_{ij})'R_{ip}^{(k)}(x), \quad p > i, p \ne j.$$

今 $R_{ij}^{(k)}(\alpha_{ij})'R_{ij}^{(k)}(\alpha_{ij}) = \sum_r A_{ki}^{rj}\alpha_{ij}'\alpha_{ij}(A_{ki}^{rj})'$. 由附录的式 (1.40) 可知 $R_{ij}^{(k)}(\alpha_{ij})'R_{ij}^{(k)}(\alpha_{ij}) = \alpha_{ij}\alpha_{ij}'I$. 再

$$R_{ij}^{(k)}(\alpha_{ij})'R_{ij}^{(k)}(x) + R_{ij}^{(k)}(x)'R_{ij}^{(k)}(\alpha_{ij}) = 2\alpha_{ij}x_{ij}'I.$$

因此

$$D_{jj}^{(k)} = (\theta^2 r_i \alpha_{ij}\alpha_{ij}' + 2\theta\alpha_{ij}x_{ij}')I = (s_j - r_j)I,$$
$$D_{ji}^{(k)} = R_{ij}^{(k)}(\theta r_i \alpha_{ij})' = R_{ij}^{(k)}(y_{ij} - x_{ij})',$$
$$D_{ik}^{(k)} = \theta R_{ij}^{(k)}(\alpha_{ij})'x_{ki}' = \theta\sum_r A_{ki}^{rj}\alpha_{ij}'x_{ki}^r = y_{ki}' - x_{ki}',$$

又当 $k < p < i$, 由实 N 矩阵组的定义条件有

$$D_{jp}^{(k)} = \theta R_{ij}^{(k)}(\alpha_{ij})'R_{pi}^{(k)}(x)' = \theta\sum A_{ki}^{rj}\alpha_{ij}'e_r A_{kp}^{si}x_{pi}'e_s$$
$$= R_{pj}^{(k)}(\theta\sum_t x_{pi}^{(t)}\alpha_{ij}(A_{pi}^{tj})')' = R_{pj}^{(k)}(y_{pj} - x_{pj})'.$$

当 $p > i$, $p \neq j$, 有

$$D_{jp}^{(k)} = \theta R_{ij}^{(k)}(\alpha_{ij})'R_{ip}^{(k)}(x) = \theta\sum_r A_{ki}^{rj}\alpha_{ij}'x_{ip}(A_{ki}^{rp})'.$$

由附录的式 (1.43) 及 (1.44), 当 $i < p < j$, 有

$$D_{jp}^{(k)} = \theta\sum_{u,v} x_{ip}^v A_{kp}^{uj}(A_{ip}^{vj})'\alpha_{ij}'e_u = R_{pj}^{(k)}(y_{pj} - x_{pj})'.$$

当 $j < p$ 有

$$D_{jp}^{(k)} = \theta\sum e_u' x_{ip}(\alpha_{ij}e_v)'A_{ij}^{vp}(A_{kj}^{up})'$$
$$= R_{jp}^{(k)}(\theta\sum(\alpha_{ij}e_v)'x_{ip}A_{ij}^{vp})$$
$$= R_{jp}^{(k)}(y_{jp} - x_{jp}).$$

至此证明了引理. 证完.

定理 5.1.8 设 V_N 为由实 N 矩阵组 $\{A_{ij}^{tk}\}$ 定义的正规锥. 记 aff (V_N) 为李群 Aff (V_N) 的李代数, iso $_{v_0}(V_N)$ 为点 v_0 的迷向子群 Iso $_{v_0}(V_N)$ 的李代数, 则 iso $_{v_0}(V_N)$ 有子空间直接和分解

$$\text{iso}_{v_0}(V_N) = \text{o}(V_N) + y(V_N), \tag{5.1.52}$$

其中

$$\text{o}(V_N) = \{\sum_{i<j} x_{ij} L_{ij} \frac{\partial'}{\partial x_{ij}} \mid L_{ij} + L'_{ij} = 0\}, \tag{5.1.53}$$

$$L_{ik} A_{ij}^{tk} - A_{ij}^{tk} L_{jk} = \sum_r (e_r L_{ij} e'_t) A_{ij}^{rk}, \tag{5.1.54}$$

其中 $1 \le t \le n_{ij}$, $1 \le i < j < k \le N$. 又 $y(V_N)$ 由形如 $X_{ij}^{(t)} - Y_{ij}^{(t)}$ 的元素构成, 而 $n_{ij} > 0$, $X_{ij}^{(t)} - Y_{ij}^{(t)} \in y(V_N)$ 当且仅当对称方阵 $S = (n_{ij})$ 关于指标 (i, j) 适合条件 (Z)(见附录中的定义 1.9), $Y_{ij}^{(t)}$ 由式 (5.1.49) 定义.

证 记

$$x = (r_1, x_2, r_2, \cdots, x_N, r_N), \quad y = (s_1, y_2, s_2, \cdots, y_N, s_N).$$

设 $y = xB$, 它可写为

$$s_k = \sum_i r_i a_{ik} + \sum_{i<j} x_{ij} b'_{ijk}, \quad 1 \le k \le N, \tag{5.1.55}$$

$$y_{ij} = \sum_k r_k a_{ijk} + \sum_{k<l} x_{kl} L_{ij}^{kl}, \quad 1 \le i < j \le N, \tag{5.1.56}$$

其中 $a_{ik} \in \mathbb{R}$, b_{ijk}, $a_{ijk} \in \mathbb{R}^{n_{ij}}$, L_{ij}^{kl} 为 $n_{kl} \times n_{ij}$ 实矩阵. 设 $X = xB \frac{\partial'}{\partial x} = y \frac{\partial'}{\partial x} \in \text{iso}_{v_0}(V_N)$. 由引理 5.1.5 有

$$\sum_i a_{ik} = 0, \quad \sum_k a_{ijk} = 0, \quad \sum_i a_{ii} + \sum_{k<l} \text{tr} L_{kl}^{kl} = 0,$$
$$\sum \nu_j \text{tr} C_j(x)^{-1} C_j(xB) = 0, \quad \forall x \in V_N. \tag{5.1.57}$$

今 $v_0 \in V_N$, 所以存在 $\varepsilon > 0$, 使得 $x = v_0 + z \in V_N$, $|z| < \varepsilon$. 今

$$\mathfrak{I}_j(x)^{-1} = (I + C_j(z))^{-1} = \sum_{p=0}^{\infty} (-1)^p C_j(z)^p,$$

$$C_j(y) = C_j(xB) = C_j(zB).$$

因此

$$\sum_{j=1}^{N} \nu_j \operatorname{tr} C_j(x)^p C_j(xB) = 0, \quad p = 0, 1, 2, \cdots, \quad |x| < \varepsilon. \quad (5.1.58)$$

取 $p = 0, 1$, 有

$$\sum_k n_k s_k = 0, \quad \sum_k n_k r_k s_k + 2 \sum_{i<j} n_i x_{ij} y'_{ij} = 0.$$

用式 (5.1.55) 及 (5.1.56) 代入, 有

$$\sum_k n_k a_{ik} = 0, \quad \sum_k n_k b_{ijk} = 0,$$

$$\tag{5.1.59}$$

$$n_k a_{ik} + n_i a_{ki} = 0, \quad n_k b_{ijk} + 2 n_i a_{ijk} = 0,$$

$$n_i L_{ij}^{kl} + n_k (L_{kl}^{ij})' = 0, \quad (k, l) \neq (i, j), \quad L_{ij} + L'_{ij} = 0, \quad (5.1.60)$$

其中 $L_{ij} = L_{ij}^{ij}$.

另一方面,

$$X = \sum_{i,j} r_i a_{ij} \frac{\partial}{\partial r_j} + \sum_{i<j} \sum_k x_{ij} b'_{ijk} \frac{\partial}{\partial r_k} + \sum_{i<j} \sum_k r_k a_{ijk} \frac{\partial'}{\partial x_{ij}}$$

$$+ \sum_{i<j} \sum_{k<l} x_{ij} L_{kl}^{ij} \frac{\partial'}{\partial x_{kl}}.$$

显然, 正规锥 V_N 有线性自同构

$$r_i \to \lambda_i^2 r_i, \quad x_{ij} \to \lambda_i \lambda_j x_{ij}, \quad 1 \le i < j \le N,$$

其中 $\lambda_1, \cdots, \lambda_N$ 为非零独立实参数. 于是

$$\sum_{i<j} \lambda_i^2 \lambda_j^{-2} r_i a_{ij} \frac{\partial}{\partial r_j} + \sum_{i<j} \sum_k \lambda_i \lambda_j \lambda_k^{-2} x_{ij} b'_{ijk} \frac{\partial}{\partial r_k}$$

$$+ \sum_{i<j} \sum_k \lambda_i^{-1} \lambda_j^{-1} \lambda_k^2 r_k a_{ijk} \frac{\partial'}{\partial x_{ij}}$$

$$+ \sum_{i<j} \sum_k \lambda_i \lambda_j \lambda_k^{-1} \lambda_l^{-1} x_{ij} L_{kl}^{ij} \frac{\partial'}{\partial x_{kl}} \in \text{aff}(V_N).$$

这证明了 $X = xB \dfrac{\partial'}{\partial x}$ 为 $\text{aff}(V_N)$ 中下列元素的和

$$r_i a_{ij} \frac{\partial}{\partial r_j}, \quad i \neq j, \tag{5.1.61}$$

$$x_{ij} b'_{ijk} \frac{\partial}{\partial r_k}, \quad r_k a_{ijk} \frac{\partial}{\partial x_{ij}}, \quad i < j, k \neq i, j, \tag{5.1.62}$$

$$x_{ij} L_{kl}^{ij} \frac{\partial'}{\partial x_{kl}}, \quad i < j, k < l, \quad i, j \neq k, l \tag{5.1.63}$$

$$\sum_i r_i a_{ii} \frac{\partial}{\partial r_i} + \sum_{i<j} x_{ij} L_{ij} \frac{\partial'}{\partial x_{ij}}, \tag{5.1.64}$$

$$\widetilde{X}_{ij} = x_{ij} b'_{iji} \frac{\partial}{\partial r_i} + r_j a_{ijj} \frac{\partial'}{\partial x_{ij}} + \sum_{l<i} x_{li} L_{li}^{lj} \frac{\partial'}{\partial x_{li}}$$

$$+ \sum_{i<l<j} x_{lj} L_{il}^{lj} \frac{\partial'}{\partial x_{il}} + \sum_{j<l} x_{jl} L_{il}^{jl} \frac{\partial'}{\partial x_{il}}, \tag{5.1.65}$$

$$\widetilde{Y}_{ij} = x_{ij} b'_{ijj} \frac{\partial}{\partial r_j} + r_i a_{iji} \frac{\partial'}{\partial x_{ij}} + \sum_{l<i} x_{li} L_{lj}^{li} \frac{\partial'}{\partial x_{lj}}$$

$$+ \sum_{i<l<j} x_{il} L_{lj}^{il} \frac{\partial'}{\partial x_{lj}} + \sum_{j<l} x_{il} L_{jl}^{il} \frac{\partial'}{\partial x_{jl}}. \tag{5.1.66}$$

利用式 (5.1.57),(5.1.58),(5.1.59), 我们来决定式 (5.1.61)—(5.1.66)
中哪些为零, 哪些不为零, 且算出确切的表达式.

(1)　$a_{ij} = 0,\quad 1 \le i, j \le N.$

事实上, 在式 (5.1.59) 的第三式中取 $k = i$, 立即有 $a_{ii} = 0, 1 \le i \le N$. 若存在 $a_{ij} \ne 0$, 则由式 (5.1.61) 有 $a_{ij} r_i \dfrac{\partial}{\partial r_j} \in \operatorname{aff}(V_N)$. 由式 (5.1.57) 有 $\sum\limits_k a_{kj} = 0$, 但 $a_{jj} = 0$. 所以存在 $l \ne i, j, a_{lj} \ne 0$, 即 $r_l a_{lj} \dfrac{\partial}{\partial r_j} \in \operatorname{aff}(V_N)$. 于是 $Y = (r_i - r_l) \dfrac{\partial}{\partial r_j} \in \operatorname{iso}_{v_0}(V_N)$. 对 $\operatorname{iso}_{v_0}(V_N)$ 中元素 Y, 运用式 (5.1.59) 的第三式, 这时, 相应 $a_{ij} = 1, a_{ji} = 0$, 但 $n_j a_{ij} + n_i a_{ji} = 0$. 这导出矛盾. 所以证明了断言.

(2)　$a_{ijk} = b_{ijk} = 0,\quad i < j,\quad k \ne i, j.$

由式 (5.1.59) 的第四式可知, $b_{ijk} = 0$ 当且仅当 $a_{ijk} = 0$. 今若存在指标 $i < j, k \ne i, j$, 且 $b_{ijk} \ne 0$, 则 $Y = x_{ij} b'_{ijk} \dfrac{\partial}{\partial r_k} \in \operatorname{iso}_{v_0}(V_N)$. 对 $\operatorname{iso}_{v_0}(V_N)$ 中元 Y 运用式 (5.1.59) 的第四式, 对 Y 而言, 相应 $a_{ijk} = 0$. 所以 $b_{ijk} = 0$. 这证明了断言.

(3)　$L^{ij}_{kl} = 0,\quad i, j \ne k, l.$

事实上, 若存在指标 i, j, k, l, 使得 $i, j \ne k, l$, 且 $L^{ij}_{kl} \ne 0$, 则 $Y = x_{ij} L^{ij}_{kl} \dfrac{\partial'}{\partial x_{kl}} \in \operatorname{iso}_{v_0}(V_N)$. 对 Y 运用条件 (5.1.56), 这时, $L^{kl}_{ij} = 0$. 所以 $n_k (L^{kl}_{kl})' = -n_i L^{kl}_{ij} = 0$, 这导出矛盾. 所以证明了断言.

(4)　由 (1),(2),(3), 则式 (5.1.57),(5.1.59),(5.1.60) 可改写为

$$b_{iji} = -2a_{iji} = 2a_{ijj} = -\frac{n_j}{n_i} b_{ijj}, \quad L_{ij} + L'_{ij} = 0, \tag{5.1.67}$$

$$L^{il}_{ij} + (L^{ij}_{il})' = 0,\ n_i L^{jl}_{ij} + n_j (L^{ij}_{jl})' = 0,\ n_i L^{kj}_{ij} + n_k (L^{ij}_{kj})' = 0. \tag{5.1.68}$$

(5)　由 (1) 已知 $a_{ii} = 0, 1 \le i \le N$, 我们给出式 (5.1.64) 在 $\operatorname{aff}(V_N)$ 中的必要且充分条件.

设若 $X = \sum x_{ij} L_{ij} \dfrac{\partial'}{\partial x_{ij}} \in \operatorname{iso}_{v_0}(V_N)$, 其中 $L_{ij} + L'_{ij} = 0$. 已知式 (5.1.25) 给出的 $X^{(t)}_{pq} \in t(V_N)$, $[X, X^{(t)}_{pq}] \in \operatorname{aff}(V_N)$. 由直接计算

有

$$[X, X_{pq}^{(t)}] = \sum_s (e_s L_{pq} e_t') X_{pq}^{(s)} + \sum_{l<p} \sum_s x_{lq} D_{lp}^{sq} e_t' \frac{\partial}{\partial x_{lp}^{(s)}}$$

$$+ \sum_{p<l<q} \sum_s e_t D_{pl}^{sq} x_{lq}' \frac{\partial}{\partial x_{pl}^{(s)}} + \sum_{q<l} x_{ql} (D_{pq}^{tl})' \frac{\partial'}{\partial x_{pl}}.$$

其中

$$D_{ij}^{sk} = L_{ik} A_{ij}^{sk} - A_{ij}^{sk} L_{jk} - \sum_r (e_r L_{ij} e_s') A_{ij}^{rk}.$$

由于 $Y = [X, X_{pq}^{(t)}] - \sum_s (e_s L_{pq} e_t') X_{pq}^{(s)} \in \mathrm{iso}_{v_0}(V_N)$. 对 Y 运用式 (5.1.67) 及 (5.1.68), 所以对 Y 而言, 相应

$$L_{lp}^{lq} = \sum_s D_{lp}^{sq} e_t' e_s, \quad l < p < q,$$

$$L_{pl}^{lq} = \sum_s (D_{pl}^{sq})' e_t' e_s, \quad p < l < q,$$

$$L_{pl}^{ql} = (D_{pq}^{tl})', \quad p < q < l.$$

由式 (5.1.68) 有

$$L_{lp}^{lq} = -(L_{lq}^{lp})' = 0, \ L_{pl}^{lq} = -\frac{n_l}{n_p}(L_{lq}^{pl})' = 0, \ L_{pl}^{ql} = -\frac{n_q}{n_p}(L_{ql}^{pl})' = 0.$$

所以证明了式 (5.1.54) 成立, 这时, 任取 $\theta \in \mathbb{R}$, 则 $\exp \theta X$ 可写为

$$s_i = r_i, \quad 1 \le i \le N, \quad y_{ij} = x_{ij} O_{ij}, \quad 1 \le i < j \le N,$$

其中 $O_{ij} = \exp \theta L_{ij} \in \mathrm{SO}\,(n_{ij})$, 而

$$C_j(y) = \mathrm{diag}\,(1, O_{j,j+1}, \cdots, O_{jN})' C_j(x) \mathrm{diag}\,(1, O_{j,j+1}, \cdots, O_{jN}),$$
$$(5.1.69)$$

其中 $1 \le j \le N$. 这证明了 $X = \sum x_{ij} L_{ij} \frac{\partial'}{\partial x_{ij}} \in \mathrm{iso}_{v_0}(V_N)$. 所以定出了式 (5.1.53) 定义的子空间 $\mathrm{o}\,(V_N)$ 及它决定的李群 $\mathrm{Iso}_{v_0}(V_N)$ 中的子群

$$O(V_N) = \{s_i = r_i,\, 1 \le i \le N,\, y_{ij} = x_{ij} O_{ij},\, 1 \le i < j \le N\},$$
$$(5.1.70)$$

其中

$$O'_{ik} A^{tk}_{ij} O_{jk} = \sum_r (e_r O_{ij} e'_t) A^{rk}_{ij}. \tag{5.1.71}$$

(6) 决定式 (5.1.66) 给出的 $\tilde{X}_{ij} \in \text{aff}\,(V_N)$.

由式 (5.1.25) 及 (5.1.67), 所以

$$
\begin{aligned}
X_{ij} &= \tilde{X}_{ij} - \sum_t (a_{ijj} e'_t) X^{(t)}_{ij} \\
&= \sum_{i<k<j} x_{kj} \Big(L^{kj}_{ik} - \sum (A^{sj}_{ik})' a'_{ijj} e_s \Big) \frac{\partial'}{\partial x_{ik}} \\
&\quad + \sum_{j<k} x_{jk} \Big(L^{jk}_{ik} - \sum (a_{ijj} e'_s)(A^{sk}_{ij})' \Big) \frac{\partial'}{\partial x_{ik}} \\
&\quad + \sum_{k<i} x_{kj} \Big(L^{kj}_{ki} - \sum A^{sj}_{ki} a'_{ijj} e_s \Big) \frac{\partial'}{\partial x_{ki}} \in \text{iso}_{v_0}(V_N).
\end{aligned}
$$

将条件 (5.1.68) 运用于 $\text{iso}_{v_0}(V_N)$ 中元素 X_{ij} 立即有 $X_{ij} = 0$, 即 $\tilde{X}_{ij} = \sum_t (a_{ijj} e'_t) X^{(t)}_{ij}$. 至此定出了 $\tilde{X}_{ij}$.

(7) 最后决定 (5.1.67) 给出的 $\tilde{Y}_{ij} \in \text{aff}\,(V_N)$ 的必要且充分条件.

今设 $\tilde{Y}_{ij} \in \text{aff}\,(V_N)$, 由式 (5.1.67),

$$
\begin{aligned}
\tilde{Y}_{ij} &= -\frac{2n_i}{n_j} a_{ijj} x'_{ij} \frac{\partial}{\partial r_j} - r_i a_{ijj} \frac{\partial'}{\partial x_{ij}} + \sum_{l<i} x_{li} L^{li}_{lj} \frac{\partial'}{\partial x_{lj}} \\
&\quad + \sum_{i<l<j} x_{il} L^{il}_{lj} \frac{\partial'}{\partial x_{lj}} + \sum_{j<l} x_{il} L^{il}_{jl} \frac{\partial'}{\partial x_{jl}}.
\end{aligned}
$$

于是记 a_{ijj} 为 α, 则有

$$
\begin{aligned}
Y_{ij} &= \tilde{Y}_{ij} + \sum (\alpha e'_t) X^{(t)}_{ij} \\
&= 2\alpha x'_{ij} \Big(\frac{\partial}{\partial r_i} - \frac{n_i}{n_j} \frac{\partial}{\partial r_j} \Big) + (r_j - r_i)\alpha \frac{\partial'}{\partial x_{ij}} + \sum_{l<i} x_{li} L^{li}_{lj} \frac{\partial'}{\partial x_{lj}} \\
&\quad + \sum_{l<i} \sum_s x_{lj} A^{sj}_{li} \alpha' \frac{\partial}{\partial x^{(s)}_{li}} + \sum_{i<l<j} x_{il} L^{il}_{lj} \frac{\partial'}{\partial x_{lj}}
\end{aligned}
$$

$$+ \sum_{i<l<j} \sum \alpha A_{il}^{sj} x_{lj}' \frac{\partial}{\partial x_{il}^{(s)}} + \sum_{j<l} x_{il} L_{jl}^{il} \frac{\partial'}{\partial x_{jl}}$$

$$+ \sum_{j<l} \sum_s \alpha e_s' x_{jl} (A_{ij}^{sl})' \frac{\partial'}{\partial x_{il}} \in \mathrm{iso}_{v_0}(V_N).$$

对 $\mathrm{iso}_{v_0}(V_N)$ 中元 Y_{ij} 运用式 (5.1.67) 和 (5.1.68). 因此相应

$$b_{iji} = 2\alpha, \quad b_{ijj} = -2\frac{n_i}{n_j}\alpha, \quad a_{iji} = -\alpha, a_{ijj} = \alpha,$$

$$-(L_{lj}^{li})' = L_{li}^{lj} = \sum_s A_{li}^{sj} \alpha' e_s, \quad l < i < j,$$

$$\frac{n_l}{n_i}(L_{lj}^{il})' = L_{il}^{lj} = \sum (A_{il}^{sj})' \alpha' e_s, \quad i < l < j,$$

$$\frac{n_j}{n_i}(L_{jl}^{il})' = L_{il}^{jl} = \sum (\alpha e_s')(A_{ij}^{jl})', \quad i < j < l.$$

这证明了

$$-\tilde{Y}_{ij} = \frac{2n_i}{n_j}\alpha x_{ij}' \frac{\partial}{\partial r_j} + r_i \alpha \frac{\partial'}{\partial x_{ij}} + \sum_{l<i} \sum_s x_{li}^{(s)} \alpha (A_{li}^{sj})' \frac{\partial'}{\partial x_{lj}}$$

$$+ \sum_{i<l<j} \frac{n_i}{n_l} \sum x_{il}^{(s)} \alpha A_{il}^{sj} \frac{\partial'}{\partial x_{lj}} + \frac{n_i}{n_j} \sum_{j<l} \sum (\alpha e_s') x_{il} A_{ij}^{sl} \frac{\partial'}{\partial x_{jl}}.$$

显然, 当 $\alpha = 0$, 则 $\tilde{Y}_{ij} = 0$. 设 $\alpha \neq 0$, 则无妨设 $|\alpha| = 1$. 今 $-\tilde{Y}_{ij} \in \mathrm{aff}\,(V_N)$, 所以 $[\tilde{Y}_{ij}, X_{ij}^{(t)}] \in \mathrm{aff}\,(V_N)$. 由直接计算有

$$B_{li}^{(j)}(B_{li}^{(j)})' = I, \ (B_{li}^{(j)})' B_{li}^{(j)} = I, \ B_{li}^{(j)} = R_{ij}^{(l)}(\alpha), \quad l < i,$$

$$C_{il}^{(j)}(C_{il}^{(j)})' = I, \ (C_{il}^{(j)})' C_{il}^{(j)} = I, \ C_{il}^{(j)} = \sum e_s' \alpha A_{il}^{sj}, \quad i < l < j,$$

$$A_{ij}^{(l)}(A_{ij}^{(l)})' = I, \ (A_{ij}^{(l)})' A_{ij}^{(l)} = I, \ A_{ij}^{(l)} = \sum (\alpha e_s') A_{ij}^{sl}, \quad j < l.$$

由于 $A_{ij}^{(l)}$ 的阶为 $n_{il} \times n_{jl}$, 所以证明了 $n_{il} = n_{jl}$, $j < l$. 又 $C_{il}^{(j)}$ 为 $n_{il} \times n_{lj}$ 矩阵, 所以 $n_{il} = n_{lj}$, $i < l < j$. 再 $B_{li}^{(j)}$ 为 $n_{li} \times n_{lj}$ 矩阵, 所以 $n_{li} = n_{lj}$, $l < i$, 即证明了 $0 \neq \tilde{Y}_{ij} \in \mathrm{aff}\,(V_N)$, 则有

$$n_{li} = n_{lj}, \quad l < i, \quad n_{il} = n_{lj}, \quad i < l < j, \quad n_{il} = n_{jl}, \quad j < l.$$

又在情形 $i < l < j$, 由 $n_{il} = n_{lj} \neq 0$ 推出 $n_{ij} \neq 0$, $\alpha A_{il}^{sj} \neq 0$.
今

$$
\begin{aligned}
n_i + n_i' - n_j - n_j' &= \sum_{l<i} n_{li} + \sum_{i<l<j} n_{il} + \sum_{j<l} n_{il} \\
&- \sum_{l<i} n_{lj} - \sum_{i<l<j} n_{lj} - \sum_{j<l} n_{jl} = 0.
\end{aligned}
$$

取 $\alpha = e_t \in \mathbb{R}^{n_{ij}}$ 时, 相应 $\widetilde{Y}_{ij}$ 为 $\widetilde{Y}_{ij}^{(t)}$. 于是在 $i < l < j$ 时, 必须有

$$
[X_{lj}^{(s)}, \widetilde{Y}_{ij}] = -\sum_t (e_t C_{il}^{(j)} e_s') \widetilde{Y}_{il}^{(t)} \in \mathrm{aff}\,(V_N).
$$

今由 $n_i + n_i' = n_j + n_j'$, 有

$$
\begin{aligned}
-\widetilde{Y}_{ij} &= 2\alpha x_{ij}' \frac{\partial}{\partial r_j} + r_i \alpha \frac{\partial'}{\partial x_{ij}} + \sum_{l<i} x_{li} B_{li}^{(j)} \frac{\partial'}{\partial x_{lj}} \\
&+ \sum_{i<l<j} \frac{n_i}{n_l} x_{il} C_{il}^{(j)} \frac{\partial'}{\partial x_{lj}} + \sum_{j<l} x_{il} A_{ij}^{(l)} \frac{\partial'}{\partial x_{jl}}.
\end{aligned}
$$

代入式 $[X_{lj}^{(s)}, \widetilde{Y}_{ij}] = -\sum_t (e_t C_{il}^{(j)} e_s') \widetilde{Y}_{il}^{(t)}$ 中计算, 立即有 $n_i + n_i' = n_l + n_l'$, $i < l < j$. 至此证明了

$$
-\widetilde{Y}_{ij} = \sum_t (\alpha e_t') Y_{ij}^{(t)},
$$

其中 $Y_{ij}^{(t)}$ 由引理 5.1.6 的式 (5.1.49) 定义. 同时在 $n_{il} = n_{lj} > 0$ 时, 可知, $\beta = e_s (C_{il}^{(j)})'$ 为单位向量, 所以由

$$
[X_{lj}^{(s)}, \widetilde{Y}_{ij}] = \sum_t (e_t C_{il}^{(j)} e_s') Y_{il}^{(t)} \in \mathrm{aff}\,(V_N),
$$

即 $\widetilde{Y}_{il} \in \mathrm{aff}\,(V_N)$. 这证明了

$$
n_{pi} = n_{pl}, \quad p < i, \quad n_{ip} = n_{pl}, \quad i < p < l, \quad n_{ip} = n_{lp}, \quad l < p.
$$

特别，由于 $l < j$ 有 $n_{ij} = n_{lj} = n_{il}$. 另一方面，由 $n_{il} = n_{lj}$，而 $n_{il} > 0$，即 $e_t C_{il}^{(j)}$ 也是单位向量. 所以由 $\alpha = e_t C_{il}^{(j)}$ 决定的 $\widetilde{Y}_{lj} \in \text{aff}\,(V_N)$. 因此又推出

$$n_{pl} = n_{pj}, \quad p < l, \quad n_{lp} = n_{pj}, \quad l < p < j, \quad n_{lp} = n_{jp}, j < p.$$

至此证明了若 $\widetilde{Y}_{ij} \in \text{aff}\,(V_N)$，则必须有对称方阵 $S = (n_{pq})$ 关于指标 (i, j) 适合条件 (Z)(见附录中的定义 1.9)，且 $-\widetilde{Y}_{ij} = \sum_t (\alpha e_t') Y_{ij}^{(t)}$.

反之，我们来证明当对称方阵 $S = (n_{ij})$ 关于指标 (i, j) 适合条件 (Z)(见附录中的定义 1.9)，则 $Y_{ij}^{(t)} \in \text{aff}\,(V_N)$.

当 $N = 2$ 时，$\exp \theta Y_{12}^{(t)}$ 可表为

$$s_1 = r_1, \; s_2 = r_2 + 2\theta x_{12}^{(t)} + \theta^2 r_1, \; y_{12} = x_{12} + \theta r_1 e_t,$$

而

$$V_2 = \{x = (r_1, \dot{x}_{12}, r_2) \in \mathbb{R} \times \mathbb{R}^{n_{12}} \times \mathbb{R} | r_1 > 0, r_1 r_2 - x_{12} x_{12}' > 0\}.$$

所以

$$s_1 = r_1 > 0, \cdot \quad s_1 s_2 - y_{12} y_{12}' = r_1 r_2 - x_{12} x_{12}' > 0.$$

这证明了 $\exp \theta Y_{12}^{(t)} \in V_2$，即 $Y_{12}^{(t)} \in \text{aff}\,(V_2)$.

对 N 作归纳法. 设对所有秩小于 N 的正规锥 V_M，其中指标 $i < j$ 有 $1 \leq i < j \leq M$，使得 $S_M = (n_{ij})_{1 \leq i,j \leq M}$ 关于指标 (i, j) 适合条件 (Z)(见附录中的定义 1.9)，则 $Y_{ij}^{(t)} \in \text{aff}\,(V_M)$.

我们来考虑正规锥 V_N. 设 $S_N = (n_{ij})_{1 \leq i,j \leq N}$ 关于指标 $i < j$ 适合条件 (Z)(见附录中的定义 1.9)，其中 $1 \leq i < j \leq N$，又

$$V_N = \{x \in \mathbb{R}^n | C_1(x) > 0, \cdots, C_N(x) > 0\}.$$

(1) 设 $i > 1$. 记 $\exp \theta Y_{ij}^{(t)} : y = f(x, \theta)$. 引理 5.1.6 证明了

$$C_k(y) = P_j(a') C_k(x) P_j(a), \quad 1 \leq k < i,$$

其中 $a = (a_{11}, a_2, a_{22}, \cdots, a_N, a_{NN})$，$a_{ll} = 1$，$1 \leq l \leq N$. 又

$$a_l = 0, \; l \neq j, \quad a_j = (a_{1j}, \cdots, a_{j-1,j}),$$
$$a_{lj} = 0, \; l \neq i, \quad a_{ij} = \theta e_t.$$

所以证明了 $C_k(y) > 0$, $1 \le k < i$. 下面来证 $C_k(y) > 0$, $i \le k \le N$.
注意到 $C_i(x) > 0, \cdots; C_N(x) > 0$ 仅涉及到坐标

$$x = (r_i, x_{i+1}, r_{i+1}, \cdots, x_N, r_N), \quad x_k = (x_{ik}, \cdots, x_{k-1,k}),$$

其中 $i < k \le N$. 所以

$$V_{N-i+1} = \{x \mid C_i(x) > 0, \cdots, C_N(x) > 0\}$$

为正规锥，而 $(\exp \theta Y_{ij}^{(t)})(V_{N-i+1}) = V_{N-i+1}$, 它表达为

$$s_k = r_k, \ i \le k \le N, \ k \ne j, \ s_j = r_j + 2x_{ij}^{(t)}\theta + r_i\theta^2,$$
$$y_{pq} = x_{pq}, \ i \le p < q, \ p, q \ne j,$$
$$y_{pj} = x_{pj} + \theta \sum_s x_{ip}^{(s)} e_t A_{ip}^{sj}, \ i < p < j,$$
$$y_{ij} = x_{ij} + \theta r_i e_t,$$
$$y_{jp} = x_{jp} + \theta x_{ip} A_{ij}^{tp}, \ j < p.$$

由归纳法假设，$\exp \theta Y_{ij}^{(t)}$ 限制在 V_{N-i+1} 上属于 $\mathrm{Aff}\,(V_{N-i+1})$. 这
证明了 $C_i(y) > 0, \cdots, C_N(y) > 0$. 所以 $C_k(y) > 0, 1 \le k \le N$, 即
$\exp \theta Y_{ij}^{(t)} \in \mathrm{Aff}\,(V_N)$, 所以 $Y_{ij}^{(t)} \in \mathrm{aff}\,(V_N)$.

(2) 设 $i = 1 < j < N$. 今

$$T_k(x) = \begin{pmatrix} I & -r_N^{-1} \begin{pmatrix} x_{kN} \\ R_{k+1,N}^{(k)}(x) \\ \vdots \\ R_{N-1,N}^{(k)}(x) \end{pmatrix} \\ 0 & I \end{pmatrix},$$

有

$$T_k(x) C_j(x) T_k(x)' = \begin{pmatrix} C_k^{(N-1)}(z) & 0 \\ 0 & r_N I \end{pmatrix},$$

其中 $z = (t_1, z_2, t_2, \cdots, z_{N-1}, t_{N-1})$, $z_j = (z_{1j}, \cdots, z_{j-1,j})$.

$$C_k^{(N-1)}(z) = \begin{pmatrix} t_k & z_{k,k+1} & \cdots & z_{k,N-1} \\ z'_{k,k+1} & t_{k+1}I^{(n_{k,k+1})} & \cdots & R^{(k)}_{k+1,N-1}(z) \\ \vdots & \vdots & & \vdots \\ z'_{k,N-1} & R^{(k)}_{k+1,N-1}(z)' & \cdots & t_{N-1}I^{(n_{k,N-1})} \end{pmatrix},$$

其中 $k = 1, \cdots, N-1$. 于是作解析同构 σ: $z_{lN} = x_{lN}$, $1 \le l < N$, $t_N = r_N$,

$$t_l = r_l - r_N^{-1}x_{lN}x'_{lN}, \quad 1 \le l \le N,$$
$$z_{pq} = x_{pq} - r_N^{-1}\sum_s (x_{pN}A^{sN}_{pq}x'_{qN})e_s, \quad 1 \le p < q < N.$$

今 $C_k(x) > 0$ 推出 $C_k^{(N-1)}(z) > 0$, $1 \le k < N$. 反之, $C_k^{(N-1)}(z) > 0$, $r_n > 0$ 推出 $C_k(x) > 0$, $1 \le k \le N$. 所以

$$V_N = \{x \in \mathbb{R}^n \mid C_1^{(N-1)}(z) > 0, \cdots, C_{N-1}^{(N-1)}(z) > 0, C_N(x) > 0\}.$$

另一方面, 正规锥

$$V_{N-1} = \{z \in \mathbb{R}^{n'} \mid C_1^{(N-1)}(z) > 0, \cdots, C_{N-1}^{(N-1)}(z) > 0\}$$

的维数 $n' = n - \sum\limits_{j=1}^{N} n_{jN}$ 有如下性质: 记

$$\widetilde{Y}_{ij}^{(t)} = 2z_{ij}^{(t)}\frac{\partial}{\partial t_j} + t_i\frac{\partial}{\partial z_{ij}^{(t)}} + \sum_{p<i}\sum_s z_{pi}^{(s)}e_t(A_{pi}^{sj})'\frac{\partial'}{\partial z_{pj}}$$
$$+ \sum_{i<p<j}\sum_s z_{ip}^{(s)}e_t A_{ip}^{sj}\frac{\partial'}{\partial z_{pj}} + \sum_{j<p}z_{ip}A_{ij}^{tp}\frac{\partial'}{\partial z_{jp}},$$

有

$$\sigma_*(Y_{ij}^{(t)}) = \widetilde{Y}_{ij}^{(t)}.$$

今正规锥 V_{N-1} 对应的对称方阵 $\widetilde{S} = (n_{ij})_{1 \le i,j \le N-1}$ 仍关于指标 (i,j) 适合条件 (Z)(见附录中的定义 1.9). 由归纳法假设, $\widetilde{Y}_{ij}^{(t)} \in$ aff (V_{N-1}). 因此证明了 $Y_{ij}^{(t)} \in$ aff (V_N).

余下情形为：正规锥 V_N 对应的对称方阵 $S = (n_{ij})_{1 \le i,j \le N}$ 关于指标 $(1, N)$ 适合条件 (Z)(见附录中的定义 1.9). 设若存在 $l \in \{2, \cdots, N-1\}$ 使得 $n_{1l} = n_{lN} = n_{1N} > 0$. 由条件 (Z) 的定义可知，对称方阵 S 关于指标 $(1, l)$ 及 (l, N) 仍适合条件 (Z). 由归纳法假设，$Y_{1l}^{(s)}, Y_{lN}^{(t)} \in \text{aff}(V_N)$. 由直接计算便证明了

$$Y_{1N}^{(t)} = -\sum_{r,s} (e_t A_{1l}^{rN} e_s')[Y_{1l}^{(r)}, Y_{lN}^{(s)}] \in \text{aff}(V_N).$$

若 $n_{1l} = n_{lN} = 0$, $l = 1, \cdots, N-1$, 但是 $n_{1N} > 0$. 那么

$$C_1(x) = \begin{pmatrix} r_1 & x_{1N} \\ x_{1N}' & r_N I \end{pmatrix}, \quad C_j(x) = C_j^{(N-1)}(x), \quad C_N(x) = (r_N).$$

其中 $1 < j < N$, 因此

$$V_N = \{x \in \mathbb{R}^n \mid C_1(x) > 0, C_N(x) > 0; C_j^{(N-1)} > 0, \ 1 < j < N\}.$$

由于 $C_2^{(N-1)}(x) > 0, \cdots, C_{N-1}^{(N-1)}(x) > 0$ 定义了一个正规锥 V_{N-2}, 又 $C_1(x) > 0, C_N(x) > 0$ 定义了一个正规锥 V_2, 且 $V_N = V_2 \times V_{N-2}$ 为拓扑积. 另一方面，$\exp \theta Y_{1N}^{(t)}$ 可写为

$$(s_1, y_{1N}, s_N) = (r_1, x_{1N} + \theta r_1 e_t, r_N + 2\theta x_{1N}^{(t)} + \theta^2 r_1),$$
$$(s_2, y_3, s_3, \cdots, y_{N-1}, s_{N-1}) = (r_2, x_3, r_3, \cdots, x_{N-1}, r_{N-1}).$$

因此 $\exp \theta Y_{1N}^{(t)} \in \text{Aff}(V_N)$, 所以 $Y_{1N}^{(t)} \in \text{aff}(V_N)$. 至此完全证明了定理. 证完.

由定理 5.1.8, 5.1.3 及定理 3.2.16 我们有

定理 5.1.9 正规锥 V_N 的仿射自同构群 $\text{Aff}(V_N)$ 的单位连通分支由如下元素生成：

(1) 记 $W_N = \{a \in \mathbb{R}^n \mid a_{11} > 0, \cdots, a_{NN} > 0\}$, 子群

$$\{\sigma(a) \mid \forall a \in W_N\},$$

其中 $\sigma(a)$ 可表为

$$C_j(\sigma(a)x) = P_j(a)C_j(x)P_j(a)', \quad 1 \le j \le N.$$

(2) SO(V_N) 定义如下:

$$s_i = r_i, \quad 1 \le i \le n, \quad y_{ij} = x_{ij}O_{ij}, \quad 1 \le i < j \le N,$$

其中 $O_{ij} \in$ SO(n_{ij}), $1 \le i \le N$, 适合

$$O_{ik}A_{ij}^{tk}O_{jk}' = \sum_r (e_r O_{ij} e_t') A_{ij}^{rk}, \ 1 \le t \le n_{ij}, \ 1 \le i < j < k \le N.$$

(3) 存在指标 $i_1, \cdots, i_s$, 有 $1 \le i_1 < i_2 < \cdots < i_s \le N$, 使得对称方阵 S 关于指标 (i_p, i_q) 适合条件 (Z)(见附录中的定义 1.9), 这时,

$$n_{i_p j} = 0, \quad i_p \le j \le i_s, \quad j \ne i_p, \cdots, i_s.$$

又 V_N 有线性自同构 $\sigma_{i_p i_q}(\alpha_{i_p i_q})$, $\forall \alpha_{i_p i_q} \in \mathbb{R}^{n_{i_p i_q}}$, 它定义为

$$
\begin{aligned}
&s_k = r_k, \quad k \ne i_q, \\
&y_{pu} = x_{pu}, \quad p < u, \quad p, u \ne i_q, \\
&s_{i_q} = r_{i_q} + 2x_{i_p i_q} \alpha_{i_p i_q}' + r_{i_p} \alpha_{i_p i_q} \alpha_{i_p i_q}', \\
&y_{i_p i_q} = x_{i_p i_q} + r_{i_p} \alpha_{i_p i_q}, \\
&y_{l i_q} = x_{l i_q} + \sum_s x_{l i_p}^{(s)} \alpha_{i_p i_q} (A_{l i_p}^{s i_q})', \quad l < i_p, \\
&y_{l i_q} = x_{l i_q} + \sum_s x_{i_p l}^{(s)} \alpha_{i_p i_q} A_{i_p l}^{s i_q}, \quad i_p < l < i_q, \\
&y_{i_q l} = x_{i_q l} + \sum_s (\alpha_{i_p i_q} e_s') x_{i_p l} A_{i_p i_q}^{s l}, \quad i_q < l.
\end{aligned}
$$

关于仿射自同构群 Aff(V_N) 的分量代表元, 将在 §5.3 中求出.

§5.2　正规 Siegel 域的仿射自同构群

设 $D(V_N, F)$ 为 $\mathbb{C}^n \times \mathbb{C}^m$ 中正规 Siegel 域, 它由 N 矩阵组 $\{A_{ij}^{tk}, Q_{ij}^{(t)}\}$ 定义. 由定理 1.3.5 及定理 3.3.2 可知, 记 Aut$(D(V_N, F))$

为正规 Siegel 域的全纯自同构群, $\mathrm{aut}\,(D(V_N,F))$ 为它的李代数, 则 $\mathrm{aut}\,(D(V_N,F))$ 有子空间直接和分解:

$$\mathrm{aut}\,(D(V_N,F)) = L_{-2} + L_{-1} + L_0 + L_1 + L_2. \tag{5.2.1}$$

记 $\mathrm{Aff}\,(D(V_N,F))$ 为正规 Siegel 域 $D(V_N,F)$ 的仿射自同构群, $\mathrm{aff}\,(D(V_N,F))$ 为它的李代数, 则 $\mathrm{aff}\,(D(V_N,F))$ 有子空间直接和分解

$$\mathrm{aff}\,(D(V_N,F)) = L_{-2} + L_{-1} + L_0, \tag{5.2.2}$$

其中

$$L_{-2} = \{\alpha \frac{\partial'}{\partial z} \mid \forall \alpha \in \mathbb{R}^n\}, \tag{5.2.3}$$

$$L_{-1} = \{\beta \frac{\partial'}{\partial u} + 2\sqrt{-1}F(u,\beta)\frac{\partial'}{\partial z} \mid \forall \beta \in \mathbb{C}^m\}, \tag{5.2.4}$$

$$L_0 = \{zA\frac{\partial'}{\partial z} + uB\frac{\partial'}{\partial u}\}, \tag{5.2.5}$$

又 $xA\dfrac{\partial'}{\partial x} \in \mathrm{aff}\,(V_N)$, $B \in gl(m,\mathbb{C})$, 且任取 $u \in \mathbb{C}^m$ 有

$$F(uB,u) + F(u,uB) = F(u,u)A. \tag{5.2.6}$$

又单可递三角子群 $T(D(V_N,F))$ 的李代数

$$t(D(V_N,F)) = L_{-2} + L_{-1} + L_0', \tag{5.2.7}$$

其中 $L_0' = t(D(V_N,F)) \cap L_0$ 有基元

$$A_j = 2s_j\frac{\partial}{\partial s_j} + \sum_{p<j} z_{pj}\frac{\partial'}{\partial z_{pj}} + \sum_{j<p} z_{jp}\frac{\partial'}{\partial z_{jp}} + u_j\frac{\partial'}{\partial u_j}, \quad 1 \le j \le N, \tag{5.2.8}$$

$$X_{ij}^{(t)} = 2z_{ij}^{(t)}\frac{\partial}{\partial s_i} + s_j\frac{\partial}{\partial z_{ij}^{(t)}} + \sum_{p<i}\sum_s (z_{pj}A_{pi}^{sj}e_t')\frac{\partial}{\partial z_{pi}^{(s)}}$$

$$+ \sum_{i<p<j}\sum_s (e_t A_{ip}^{sj}z_{pj}')\frac{\partial}{\partial z_{ip}^{(s)}} + \sum_{j<p} z_{jp}(A_{ij}^{tp})'\frac{\partial'}{\partial z_{ip}} + u_j\overline{(Q_{ij}^t)}'\frac{\partial'}{\partial u_i}, \tag{5.2.9}$$

其中 $1 \leq t \leq n_{ij}$, $1 \leq i < j \leq N$.

所以为了决定李代数 $\mathrm{aff}\,(D(V_N, F))$, 只要决定子代数 L_0 中基元素就可以了. 我们有

定理 5.2.1 设 $D(V_N, F)$ 为 $\mathbb{C}^n \times \mathbb{C}^m$ 中正规 Siegel 域, 它由 N 矩阵组 $\{A_{ij}^{tk}, Q_{ij}^{(t)}\}$ 定义. 则李代数 $\mathrm{aff}\,(D(V_N, F))$ 的子代数 L_0 有子空间直接和分解

$$L_0 = (t(D(V_N, F)) \cap L_0) + \mathrm{o}\,(D(V_N, F)) + y(D(V_N, F)), \quad (5.2.10)$$

其中

$$L_0' = t(D(V_N, F)) \cap L_0$$

$$= \{A_j, \quad X_{ij}^{(t)}, \quad 1 \leq t \leq n_{ij}, 1 \leq i < j \leq N\}, \quad (5.2.11)$$

$$\mathrm{o}\,(D(V_N, F)) = \{\sum_{i<j} z_{ij} L_{ij} \frac{\partial'}{\partial z_{ij}} + \sum_i u_i K_i \frac{\partial'}{\partial u_i}\}, \quad (5.2.12)$$

其中 L_{ij} 为实斜对称方阵, K_i 为斜 Hermite 方阵, 它们适合条件

$$L_{ik} A_{ij}^{tk} - A_{ij}^{tk} L_{jk} = \sum_r (e_r L_{ij} e_t') A_{ij}^{rk}, \quad (5.2.13)$$

$$K_i Q_{ij}^{(t)} - Q_{ij}^{(t)} K_j = \sum_r (e_r L_{ij} e_t') Q_{ij}^{(r)}. \quad (5.2.14)$$

$y(D(V_N, F))$ 有基元

$$Z_{ij}^{(t)} = Y_{ij}^{(t)} + u_i Q_{ij}^{(t)} \frac{\partial'}{\partial u_j}, \quad 1 \leq t \leq n_{ij}, \quad (5.2.15)$$

其中 $Y_{ij}^{(t)}$ 由式 (5.1.49) 定义, 即

$$Y_{ij}^{(t)} = 2z_{ij}^{(t)} \frac{\partial}{\partial s_j} + s_i \frac{\partial}{\partial z_{ij}^{(t)}} + \sum_{p<i} \sum_s z_{pi}^{(s)} e_t (A_{pi}^{sj})' \frac{\partial'}{\partial z_{pj}}$$

$$+ \sum_{i<p<j} \sum_s z_{ip}^{(s)} e_t A_{ip}^{sj} \frac{\partial'}{\partial z_{pj}} + \sum_{j<p} z_{ip} A_{ij}^{tp} \frac{\partial'}{\partial z_{jp}}. \quad (5.2.16)$$

又 $Z_{ij}^{(t)} \in \text{aff}\,(D(V_N, F))$ 当且仅当实对称方阵 $S = (n_{ij})_{1 \le i < j \le N}$ 关于指标 (i, j) 适合条件 (Z)(见附录中的定义 1.9), 且当 $n_{il} \ne 0$, 有

$$m_i = m_l = m_j, \quad i < l < j. \tag{5.2.17}$$

证 今 $L_0 = \{zA\dfrac{\partial'}{\partial z} + uB\dfrac{\partial'}{\partial u}\}$ 适合条件 (5.2.5), (5.2.6). 由定理 5.1.8, 我们只需考虑 L_0 中如下形式的元素:

$$X = \sum_{i<j} z_{ij} L_{ij} \frac{\partial'}{\partial z_{ij}} + \sum_{i<j} \sum_t (\alpha_{ij} e_t') Y_{ij}^{(t)} + \sum_{ij} u_i K_{ij} \frac{\partial'}{\partial u_j},$$

其中 L_{ij} 为实斜对称方阵, 它适合条件 (5.2.13), K_{ij} 为 $m_i \times m_j$ 复矩阵, $\alpha_{ij} \in \mathbb{R}^{n_{ij}}$, 且 $\alpha \ne 0$ 时, 指标 (i, j) 关于对称方阵 $S = (n_{ij})$ 必须适合条件 (Z)(见附录中的定义 1.9), 即 $Y_{ij}^{(t)} \in \text{aff}\,(V_N)$.

熟知正规 Siegel 域 $D(V_N, F)$ 上有线性自同构

$$s_i \to \lambda_i^2 s_i,\ u_i \to \lambda_i u_i,\ 1 \le i \le N,\ z_{ij} \to \lambda_i \lambda_j z_{ij},\ 1 \le i < j \le N,$$

其中 $\lambda_1, \cdots, \lambda_N$ 为非零实参数. 因此

$$X \to \sum_{i<j} z_{ij} L_{ij} \frac{\partial'}{\partial z_{ij}} + \sum_{i<j} \lambda_i \lambda_j^{-1} \sum_t (\alpha_{ij} e_t') Y_{ij}^{(t)}$$
$$+ \sum \lambda_i \lambda_j^{-1} u_i K_{ij} \frac{\partial'}{\partial u_j} \in L_0.$$

这证明了 X 为 L_0 中下列三种形式的元素的和:

$$\sum_{i<j} z_{ij} L_{ij} \frac{\partial'}{\partial z_{ij}} + \sum_i u_i K_{ii} \frac{\partial'}{\partial u_i}; \tag{5.2.18}$$

$$Z_{ij}(\alpha_{ij}) = \sum_t (\alpha_{ij} e_t') Y_{ij}^{(t)} + u_i K_{ij} \frac{\partial'}{\partial u_j}, \quad i < j, \tag{5.2.19}$$

其中 $Y_{ij}^{(t)} \in \text{aff}\,(V_N)$, 且 $\alpha_{ij} = 0$ 蕴含 $K_{ij} = 0$;

$$u_i K_{ij} \frac{\partial'}{\partial u_j}, \quad i \ne j. \tag{5.2.20}$$

我们先来证形如 (5.2.20) 的元素为零. 事实上, 由于 $uB = (v_1, \cdots, v_N)$, $v_k \in \mathbb{C}^{mj}$, $v_k = 0$, $k \neq j$, $v_j = u_i K_{ij}$. 由式 (5.2.5) 及 (5.2.6) 有 $F(uB, u) + F(u, uB) = 0$. 这证明了 $v_j \overline{u}'_j + u_j \overline{v}'_j = 0$, 即 $u_i K_{ij} \overline{u}'_j + u_j \overline{K}'_{ij} \overline{u}'_i = 0$. 但是 $i \neq j$, 这证明了 $K_{ij} = 0$. 所以断言成立.

再来定形如 (5.2.18) 的元素. 今

$$\sum_{i<j} z_{ij} L_{ij} \frac{\partial'}{\partial z_{ij}} + \sum_i u_i K_{ii} \frac{\partial'}{\partial u_i} = zA \frac{\partial'}{\partial z} + uB \frac{\partial'}{\partial u},$$

而 $F(u, u)A = F(uB, u) + F(u, uB)$, 所以

$$(F(uB, u) + F(u, uB)) \frac{\partial'}{\partial z} = F(u, u)A \frac{\partial'}{\partial z} = \sum_{i<j} F_{ij}(u, u) L_{ij} \frac{\partial'}{\partial z_{ij}}.$$

于是 $\dfrac{\partial}{\partial s_i}$ 的系数为零, 即有

$$u_i K_{ii} \overline{u}'_i + u_i \overline{K}'_{ii} \overline{u}'_i = 0.$$

又 $\dfrac{\partial}{\partial z_{ij}^{(t)}}$ 的系数为 $F_{ij}^{(t)}(uB, u) + F_{ij}^{(t)}(u, uB) = F_{ij}(u, u) L_{ij} e'_t$. 今

$$F_{ij}^{(t)}(u, u) = \operatorname{Re} u_i Q_{ij}^{(t)} \overline{u}'_j = \frac{1}{2} u_i Q_{ij}^{(t)} \overline{u}'_j + \frac{1}{2} u_j \overline{Q_{ij}^{(t)}}' \overline{u}'_i,$$

所以

$$F_{ij}^{(t)}(u, v) = \frac{1}{2} u_i Q_{ij}^{(t)} \overline{v}'_j + \frac{1}{2} u_j \overline{Q_{ij}^{(t)}}' \overline{v}'_i.$$

今 $v = (v_1, \cdots, v_N)$, $v_j = u_j K_{jj}$, 所以有

$$\frac{1}{2} u_i K_{ii} Q_{ij}^{(t)} \overline{u}'_j + \frac{1}{2} u_j K_{jj} \overline{Q_{ij}^{(t)}}' \overline{u}'_i + \frac{1}{2} u_i Q_{ij}^{(t)} \overline{K_{jj}}' \overline{u}'_j + \frac{1}{2} u_j \overline{Q_{ij}^{(t)}}' \overline{K_{ii}}' \overline{u}'_i$$

$$= \frac{1}{2} \sum (u_i Q_{ij}^{(s)} \overline{u}'_j + u_j \overline{Q_{ij}^{(s)}}' \overline{u}'_i) e_s L_{ij} e'_t.$$

因此证明了

$$K_{ii} + \overline{K_{ii}}' = 0, \quad K_{ii}Q_{ij}^{(t)} - Q_{ij}^{(t)}K_{jj} = \sum(e_s L_{ij} e_t')Q_{ij}^s,$$

即式 (5.2.14) 成立. 这就定出了子空间 $\mathrm{o}(D(V_N, F))$.

现在设 $Y_{ij}^{(t)} \in \mathrm{aff}\,(V_N)$, 下面来决定形如 (5.2.19) 的元素:

$$Z_{ij}(\alpha_{ij}) = \sum_t (\alpha_{ij}e_t')Y_{ij}^{(t)} + u_i K_{ij}\frac{\partial'}{\partial u_j} = zA\frac{\partial'}{\partial z} + uB\frac{\partial'}{\partial u}.$$

记 $uB = v = (v_1, \cdots, v_N)$, $v_k = 0$, $k \neq j$, $v_j = u_i K_{ij}$. 今 $zA\dfrac{\partial'}{\partial z} = \sum_t(\alpha_{ij}e_t')Y_{ij}^{(t)}$, 而

$$F(u, u)A = F(uB, u) + F(u, uB) = F(v, u) + F(u, v).$$

利用 $zA\dfrac{\partial'}{\partial z} = \sum_t(\alpha_{ij}e_t')Y_{ij}^{(t)}$ 双方比较各项, 由直接计算 $\dfrac{\partial}{\partial s_k}$ 及 $s_i\dfrac{\partial}{\partial z_{ij}}$ 的系数, 则有

$$F_{jj}(v, u) + F_{jj}(u, v) = 2F_{ij}(u, u)\alpha_{ij}',$$
$$F_{ij}(v, u) + F_{ij}(u, v) = F_{ii}(u, u)\alpha_{ij}.$$

因此有

$$\sum_t(\alpha_{ij}e_t')(u_i Q_{ij}^{(t)}\overline{u}_j' + u_j\overline{Q_{ij}^{(t)}}'\overline{u}_i') = u_i K_{ij}\overline{u}_j' + u_j\overline{K_{ij}}'\overline{u}_i'.$$

这证明了

$$K_{ij} = \sum_t(\alpha_{ij}e_t')Q_{ij}^{(t)}.$$

又

$$u_i K_{ij}\overline{Q_{ij}^{(t)}}'\overline{u}_i' + u_i Q_{ij}^{(t)}\overline{K_{ij}}'\overline{u}_i' = 2\alpha_{ij}e_t' u_i \overline{u}_i',$$

所以

$$\sum_s(\alpha_{ij}e_s')(Q_{ij}^{(s)}\overline{Q_{ij}^{(t)}}' + Q_{ij}^{(t)}\overline{Q_{ij}^{(s)}}') = 2\alpha_{ij}e_t'.$$

已知

$$\sum_s (\alpha_{ij} e'_s)(\overline{Q_{ij}^{(s)}}' Q_{ij}^{(t)} + \overline{Q_{ij}^{(t)}}' Q_{ij}^{(s)}) = 2\alpha_{ij} e'_t$$

成立. 显然, 对一切 $\alpha_{ij} \in \mathbb{R}^{n_{ij}}$ 成立的充分且必要条件为

$$Q_{ij}^{(s)} \overline{Q_{ij}^{(t)}}' + Q_{ij}^{(t)} \overline{Q_{ij}^{(s)}}' = 2\delta_{st} I, \quad m_i = m_j.$$

再比较其他系数, 由直接计算有

$$Q_{pj}^{(u)} \overline{Q_{ij}^{(t)}}' = \sum_s (e_u A_{pi}^{sj} e'_t) Q_{pi}^{(s)}, \quad p < i,$$

$$Q_{ij}^{(t)} \overline{Q_{pj}^{(v)}}' = \sum_s (e_t A_{ip}^{sj} e'_v) Q_{ip}^{(s)}, \quad i < p < j,$$

$$Q_{ij}^{(t)} Q_{jp}^{(v)} = \sum_s (e_s A_{ij}^{tp} e'_v) Q_{ip}^{(s)}, \quad j < p.$$

这些由 $m_i = m_j$, 及 $Q_{ij}^{(s)} \overline{Q_{ij}^{(t)}}' + Q_{ij}^{(t)} \overline{Q_{ij}^{(s)}}' = 2\delta_{st} I$ 可直接推出.

再当 $n_{ij} > 0$, $Z_{ij}^{(t)} = Y_{ij}^{(t)} + u_i Q_{ij}^{(t)} \dfrac{\partial'}{\partial u_j} \in L_0$, 由

$$[X_{lj}^{(s)}, Z_{ij}^{(t)}] = \sum_r (e_t A_{il}^{rj} e'_s) Z_{il}^{(r)}, i < l < j, \tag{5.2.21}$$

$$[X_{il}^{(s)}, Z_{ij}^{(t)}] = -\sum_r (e_t A_{il}^{sj} e'_r) X_{lj}^{(r)}, i < l < j \tag{5.2.22}$$

可知, 当 $n_{il} > 0$ 时, 有 $Z_{il}^{(r)}, Z_{lj}^{(s)} \in L_0$. 因此 $m_i = m_l = m_j$. 至此完全证明了定理.

§5.3 正规 Siegel 域的全纯自同构群

为了决定子空间 L_1 和 L_2, 考虑由 N 矩阵组 $\{A_{ij}^{tk}, Q_{ij}^{(t)}\}$ 决定的正规 Siegel 域 $D(V_n, F)$ 及 $\mathbb{C}^n \times \mathbb{C}^m$ 上的多项式向量场:

$$X_{ij}(\alpha_{ij}) = 2z_{ij}\alpha'_{ij}\frac{\partial}{\partial s_i} + s_j\alpha_{ij}\frac{\partial'}{\partial z_{ij}} + \sum_{s;\ p<i} z_{pj}A^{sj}_{pi}\alpha'_{ij}\frac{\partial}{\partial z^{(s)}_{pi}}$$

$$+ \sum_{s;\ i<p<j} \alpha_{ij}A^{sj}_{ip}z'_{pj}\frac{\partial}{\partial z^{(s)}_{ip}} + \sum_{s;\ j<p} (\alpha_{ij}e'_s)z_{jp}(A^{sp}_{ij})'\frac{\partial'}{\partial z_{ip}}$$

$$+ \sum_s (\alpha_{ij}e'_s)u_j\overline{(Q^{(s)}_{ij})}'\frac{\partial'}{\partial u_i}, \qquad (5.3.1)$$

$$Z_{ij}(\beta_{ij}) = 2z_{ij}\beta'_{ij}\frac{\partial}{\partial s_j} + s_i\beta_{ij}\frac{\partial'}{\partial z_{ij}} + \sum_{s;\ p<i} z^{(s)}_{pi}\beta_{ij}(A^{sj}_{pi})'\frac{\partial'}{\partial z_{pj}}$$

$$+ \sum_{s;\ i<p<j} z^{(s)}_{ip}\beta_{tj}A^{sj}_{ip}\frac{\partial'}{\partial z_{pj}} + \sum_{s;\ j<p} (\beta_{ij}e'_s)z_{ip}A^{sp}_{ij}\frac{\partial'}{\partial z_{jp}}$$

$$+ \sum_s (\beta_{ij}e'_s)u_iQ^{(s)}_{ij}\frac{\partial'}{\partial u_j}, \qquad (5.3.2)$$

$$B_i = \frac{1}{2}s_i\left(A_i + u_i\frac{\partial'}{\partial u_i}\right) + \frac{1}{2}\sum_{l<i;\ s} z^{(s)}_{li}\left(X^{(s)}_{li} + u_i\overline{Q^{(s)}_{li}}'\frac{\partial'}{\partial u_l}\right)$$

$$+ \frac{1}{2}\sum_{i<l;\ s} z^{(s)}_{il}\left(Z^{(s)}_{il} + u_iQ^{(s)}_{il}\frac{\partial'}{\partial u_l}\right)$$

$$= \sum_{p<i} z_{pi}z'_{pi}\frac{\partial}{\partial s_p} + \sum_{i<p} (z_{ip}z'_{ip})\frac{\partial}{\partial s_p} + s_i\sum_{p<i} z_{pi}\frac{\partial'}{\partial z_{pi}} + s^2_i\frac{\partial}{\partial s_i}$$

$$+ s_iu_i\frac{\partial'}{\partial u_i} + s_i\sum_{i<p} z_{ip}\frac{\partial'}{\partial z_{ip}} + \sum_{k<p<i;\ s} z_{ki}A^{si}_{kp}z'_{pi}\frac{\partial}{\partial z^{(s)}_{kp}}$$

$$+ \sum_{k<i<p;\ s} z^{(s)}_{ki}z_{ip}(A^{sp}_{ki})'\frac{\partial'}{\partial x_{kp}} + \sum_{i<k<p;\ s} z^{(s)}_{ik}z_{ip}A^{sp}_{ik}\frac{\partial'}{\partial z_{kp}}$$

$$+ \sum_{p<i;\ s} z^{(s)}_{pi}u_i\overline{Q^{(s)}_{pi}}'\frac{\partial'}{\partial u_p} + \sum_{i<p;\ s} z^{(s)}_{ip}u_iQ^{(s)}_{ip}\frac{\partial'}{\partial u_p}, \qquad (5.3.3)$$

$$2T^{(t)}_{ij} = s_i\left(X_{ij}(e_t) + u_j\overline{(Q^{(t)}_{ij})}'\frac{\partial'}{\partial u_i}\right) + s_j\left(Z_{ij}(e_t) + u_iQ^{(t)}_{ij}\frac{\partial'}{\partial u_j}\right)$$

$$+(z_{ij}^{(t)} + \delta_{rt})(A_i + u_i\frac{\partial'}{\partial u_i}) + (z_{ij}^{(t)} - \delta_{rt})(A_j + u_j\frac{\partial'}{\partial u_j})$$

$$+\sum_{k<i}\sum_s(z_{kj}A_{ki}^{sj}e_t')(X_{ki}^{(s)} + u_i\overline{Q_{ki}^{(s)}}'\frac{\partial'}{\partial u_k})$$

$$+\sum_{k<i}\sum_s z_{ki}^{(s)}(e_r A_{ki}^{sj}e_t')(X_{kj}^{(r)} + u_j\overline{Q_{kj}^{(r)}}'\frac{\partial'}{\partial u_k})$$

$$+\sum_{i<k<j}\sum z_{ik}^{(s)}(e_t A_{ik}^{sj}e_r')(X_{kj}^{(r)} + u_j\overline{Q_{kj}^{(r)}}'\frac{\partial'}{\partial u_k})$$

$$+\sum_{i<k<j}\sum_s e_t A_{ik}^{sj}z_{kj}'(Z_{ik}^{(s)} + u_i Q_{ik}^{(s)}\frac{\partial'}{\partial u_k}) + \sum_s z_{ij}^{(s)}([X_{ij}^{(t)}, Z_{ij}^{(s)}])$$

$$+\sum_{j<k}\sum_s(e_s A_{ij}^{tk}z_{jk}')(Z_{ik}^{(s)} + u_i Q_{ik}^{(s)}\frac{\partial'}{\partial u_k})$$

$$+\sum_{j<k}\sum_s(z_{ik}A_{ij}^{tk}e_s')(Z_{jk}^{(s)} + u_j Q_{jk}^{(s)}\frac{\partial'}{\partial u_k}), \tag{5.3.4}$$

$$Z_i(\alpha_i) = \sum \mathrm{Re}\,(\alpha_i e_t')Y_i^{(t)} + \sum \mathrm{Im}\,(\alpha_i e_t')\tilde{Y}_i^{(s)}$$

$$= s_i\alpha_i\frac{\partial'}{\partial u_i} + \sum_{p<i;\,s} z_{pi}^{(s)}\alpha_i\overline{(Q_{pi}^{(s)})}'\frac{\partial'}{\partial u_p} + \sum_{i<p;\,s} z_{ip}^{(s)}\alpha_i Q_{ip}^{(s)}\frac{\partial'}{\partial u_p}$$

$$+2\sqrt{-1}u_i\overline{\alpha_i}'(s_i\frac{\partial}{\partial s_i} + u_i\frac{\partial'}{\partial u_i}) + \sqrt{-1}\sum_{p<i;\,s} u_p Q_{pi}^{(s)}\overline{\alpha_i}'X_{pi}^{(s)}$$

$$+\sqrt{-1}\sum_{i<p;\,s} u_p\overline{Q_{ip}^{(s)}}'\overline{\alpha_i}'Z_{ip}^{(s)} + \sqrt{-1}\sum_{i<p;\,r,s} u_i Q_{ip}^r\overline{Q_{ip}^{(s)}}'\overline{\alpha_i}'z_{ip}^{(s)}\frac{\partial}{\partial z_{ip}^r}$$

$$+\sqrt{-1}\sum_{p<i;\,r,s}(u_i\overline{Q_{pi}^{(r)}}'Q_{pi}^{(s)}\overline{\alpha_i}')z_{pi}^{(s)}\frac{\partial}{\partial z_{pi}^{(r)}}, \quad \alpha_i \in \mathbb{C}^{mi}. \tag{5.3.5}$$

$$[\frac{\partial}{\partial s_k}, A_j] = 2\delta_{jk}\frac{\partial}{\partial s_k},$$

$$[\frac{\partial}{\partial z_{kl}^{(t)}}, A_j] = (\delta_{jk} + \delta_{jl})\frac{\partial}{\partial z_{kl}^{(t)}}, \tag{5.3.6}$$

$$[\frac{\partial}{\partial s_k}, \sum_{i<j} X_{ij}(\alpha_{ij})] = \sum_{i=1}^{k-1} \alpha_{ik} \frac{\partial'}{\partial z_{ik}},$$

$$[\frac{\partial}{\partial s_k}, \sum_{i<j} Z_{ij}(\beta_{ij})] = \sum_{j=k+1}^{N} \beta_{kj} \frac{\partial'}{\partial z_{kj}}, \tag{5.3.7}$$

$$[\frac{\partial}{\partial z_{kl}^{(s)}}, \sum_{i<j} X_{ij}(\alpha_{ij})] = 2(\alpha_{kl} e_s') \frac{\partial}{\partial s_k} + \sum_{i<k} \sum_t (\alpha_{il} A_{ik}^{tl} e_s') \frac{\partial}{\partial z_{ik}^{(t)}}$$

$$+ \sum_{i<k} \sum_t (\alpha_{ik} e_t') e_s (A_{ik}^{tl})' \frac{\partial'}{\partial z_{il}} + \sum_{k<i<l} \sum_t (e_s A_{ki}^{tl} \alpha_{il}') \frac{\partial}{\partial z_{ki}^{(t)}}, \tag{5.3.8}$$

$$[\frac{\partial}{\partial z_{kl}^{(s)}}, \sum_{i<j} Z_{ij}(\beta_{ij})] = 2(\beta_{kl} e_s') \frac{\partial}{\partial s_l} + \sum_{k<j<l} \sum_t (\beta_{kj} e_t') e_s A_{kj}^{tl} \frac{\partial'}{\partial z_{jl}}$$

$$+ \sum_{l<j} \beta_{lj} (A_{kl}^{sj})' \frac{\partial'}{\partial z_{kj}} + \sum_{l<j} \beta_{kj} A_{kl}^{sj} \frac{\partial'}{\partial z_{lj}}. \tag{5.3.9}$$

由式 (5.1.14) 可知

$$Y_2 = p(z) \frac{\partial'}{\partial z} + q(z, u) \frac{\partial'}{\partial u} \in L_2 \tag{5.3.10}$$

当且仅当 $[Y_2, L_{-2}] \subset L_0$, 且 (5.1.16),(5.1.18) 成立, 其中 $p(z)$ 的分量关于 z 为二次齐次多项式, $q(z, u)$ 的分量关于 z 及 u 都分别为一次齐次多项式. 于是

$$[\frac{\partial}{\partial s_i}, Y_2] = 2W_i \in L_0, \quad [\frac{\partial}{\partial z_{kl}^{(s)}}, Y_2] = 2W_{kl}^{(s)} \in L_0. \tag{5.3.11}$$

因此

$$Y_2 = \sum s_i (W_i + W_i') + \sum z_{kl}^{(s)} (W_{kl}^{(s)} + (W_{kl}^{(s)})'), \tag{5.3.12}$$

其中 $W_i', (W_{ij}^{(s)})'$ 分别为 $W_i, W_{kl}^{(s)}$ 中形如 $* \frac{\partial'}{\partial u}$ 之项的和.

另一方面，注意到在第一类正规 Siegel 域的情形 $L_1 = 0$，所以我们先来计算 L_2，再来计算 L_1。为此，记

$$
W_i = \sum_j \lambda_{ij} A_j + \sum_{p<j} X_{pj}(\alpha_{pj}^{(i)}) + \sum_{p<j} Z_{pj}(\beta_{pj}^{(i)})
$$

$$
+ \sum_{p<j} z_{pj} L_{pj}^{(i)} \frac{\partial'}{\partial z_{pj}} + \sum_j u_j K_j^{(i)} \frac{\partial'}{\partial u_j}, \tag{5.3.13}
$$

$$
W_{ij}^{(t)} = \sum_k \lambda_{ijtk} A_k + \sum_{p<k} X_{pk}(\alpha_{ijt}^{(pk)}) + \sum_{p<k} Z_{pk}(\beta_{ijt}^{(pk)})
$$

$$
+ \sum_{p<k} z_{pk} L_{pk}^{(ijt)} \frac{\partial'}{\partial z_{pk}} + \sum_k u_k K_k^{(ijt)} \frac{\partial'}{\partial u_k}. \tag{5.3.14}
$$

它们都在 L_0 中，所以 $\beta_{pj}^{(i)}, \beta_{ijt}^{(pk)}$ 不等于零的条件为 $Z_{pj}^{(t)}, Z_{pk}^{(t)} \in L_0$。

将 (5.3.12) 代入 (5.3.11)，则有

$$
\sum_k s_k [\frac{\partial}{\partial s_i}, W_k - W_k'] + \sum z_{kl}^{(s)} [\frac{\partial}{\partial s_i}, W_{kl}^{(s)} - (W_{kl}^{(s)})'] = W_i - W_i',
$$
$$
\tag{5.3.15}
$$

$$
\sum s_i [\frac{\partial}{\partial z_{kl}^{(s)}}, W_i - W_i'] + \sum_{i<j} \sum z_{ij}^{(t)} [\frac{\partial}{\partial z_{kl}^{(s)}}, W_{ij}^{(t)} - (W_{ij}^{(t)})']
$$

$$
= W_{kl}^{(s)} - (W_{kl}^{(s)})'. \tag{5.3.16}
$$

由此可见，为了确定子空间 L_2，对其中元素 Y_2，如果不考虑形如 $*\frac{\partial'}{\partial u}$ 的项，则在第二类正规 Siegel 域中的计算和第一类正规 Siegel 域中的计算是完全相同的。而在第二类正规 Siegel 域中确定 W_i' 及 $(W_{ij}^{(s)})'$ 涉及到条件 (5.1.16),(5.1.18)。

下面我们先在第一类正规 Siegel 域 $D(V_N)$ 上计算 L_2，为此先证

引理 5.3.1 设 $D(V_N)$ 为第一类正规 Siegel 域，且式 (5.3.13)

和 (5.3.14) 为

$$W_i = \sum_j \lambda_{ij} A_j + \sum_{p<j} z_{pj} L_{pj}^{(i)} \frac{\partial'}{\partial z_{pj}}, \tag{5.3.17}$$

$$W_{ij}^{(t)} = X_{ij}(\alpha_{ijt}^{(ij)}) + Z_{ij}(\beta_{ijt}^{(ij)}). \tag{5.3.18}$$

记 $\lambda_{ii} = \lambda_i \in \mathbb{R}$, 则 $Y_2 = 2 \sum_{i=1}^{N} \lambda_i B_i \in L_2$, 其中 B_i 由式 (5.3.3) 定义.

证　由 (5.3.15) 及 (5.3.16) 有 $Y_2 \in L_2$ 的充分且必要条件为

$$W_i = \sum_k s_k [\frac{\partial}{\partial s_i}, W_k] + \sum z_{kl}^{(s)} [\frac{\partial}{\partial s_i}, W_{kl}^{(s)}]$$

$$= \sum_{j,k} \lambda_{kj} s_k [\frac{\partial}{\partial s_i}, A_j] + \sum z_{kl}^{(s)} [\frac{\partial}{\partial s_i}, X_{kl}(\alpha_{kls}^{(kl)}) + Z_{kl}(\beta_{kls}^{(kl)})], \tag{5.3.19}$$

$$W_{kl}^{(s)} = \sum_i s_i [\frac{\partial}{\partial z_{kl}^{(s)}}, W_i] + \sum_{i<j} \sum_t z_{ij}^{(t)} [\frac{\partial}{\partial z_{kl}^{(s)}}, W_{ij}^{(t)}]$$

$$= \sum_{i,j} \lambda_{ij} s_i [\frac{\partial}{\partial z_{kl}^{(s)}}, A_j] + \sum_i s_i e_s L_{kl}^{(i)} \frac{\partial'}{\partial z_{kl}}$$

$$+ \sum_{i<j} \sum_t z_{ij}^{(t)} [\frac{\partial}{\partial z_{kl}^{(s)}}, X_{ij}(\alpha_{ijt}^{(ij)}) + Z_{ij}(\beta_{ijt}^{(ij)})]. \tag{5.3.20}$$

由式 (5.3.6)—(5.3.9), 将式 (5.3.1),(5.3.2),(5.2.8) 代入式 (5.3.17)—(5.3.20), 两边比较系数, 所以对一切指标, 有

$$\lambda_{ki} = 0, \quad i \neq k, \quad L_{pj}^{(i)} = 0, \quad p, j \neq i,$$

$$L_{ki}^{(i)} = -\lambda_{ii} I + \sum_s e_s' \alpha_{kis}^{(ki)}, \quad k < i,$$

$$L_{il}^{(i)} = -\lambda_{ii} I + \sum_s e_s' \beta_{ils}^{(il)}, \quad i < l.$$

又

$$\alpha_{kls}^{(kl)} = \sum_t \alpha_{klt}^{(kl)} e_s' e_t, \quad \beta_{kls}^{(kl)} = \sum_t \beta_{klt}^{(kl)} e_s' e_t,$$

$$e_t A_{ij}^{rk} \alpha_{jks}^{(jk)\prime} = \alpha_{ikt}^{(ik)} A_{ij}^{rk} e_s', \quad \beta_{jks}^{(jk)} (A_{ij}^{tk})' = \sum_r \alpha_{ijt}^{(ij)} e_r' e_s (A_{ij}^{rk})',$$

$$\beta_{ikr} A_{ij}^{sk} = \sum_t \beta_{ijs}^{(ij)} e_t' e_r A_{ij}^{tk}, \quad 1 \leq i < j < k \leq N.$$

因此

$$\alpha_{ijs}^{(ij)} e_t' = \alpha_{ijt}^{(ij)} e_s', \quad \beta_{ijs}^{(ij)} e_t' = \beta_{ijt}^{(ij)} e_s'.$$

然而

$$\alpha_{ijs}^{(ij)} = e_s L_{ij}^{(j)} + \lambda_{jj} e_s, \quad \beta_{ijs}^{(ij)} = e_s L_{ij}^{(i)} + \lambda_{ii} e_s,$$

代入有 $L_{ij}^{(j)} = L_{ij}^{(j)\prime}, L_{ij}^{(i)} = L_{ij}^{(i)\prime}$. 由于 L_0 中元素的条件有 $L_{ij}^{(i)}, L_{ij}^{(j)}$ 斜对称，这证明了 $L_{ij}^{(i)} = L_{ij}^{(j)} = 0$, $1 \leq i < j \leq N$. 所以改记 $\lambda_{ii} = \lambda_i$, 则有

$$\lambda_{ij} = \delta_{ij} \lambda_i, \ i \neq j, \quad L_{ij}^{(i)} = 0, \quad i < j,$$

$$\alpha_{ijs}^{(ij)} = \lambda_j e_s, \quad \beta_{ijs}^{(ij)} = \lambda_i e_s, \quad i < j.$$

所以求出了式 (5.3.17),(5.3.18) 为

$$W_i = \lambda_i A_i, \quad W_{ij}^{(t)} = X_{ij}(\lambda_j e_t) + Z_{ij}(\lambda_i e_t) = \lambda_j X_{ij}^{(t)} + \lambda_i Z_{ij}^{(t)}.$$

由此可知

$$Y_2 = \sum \lambda_i s_i A_i + \sum z_{kl}^{(s)} (\lambda_l X_{kl}^{(s)} + \lambda_k Z_{kl}^{(s)})$$

$$= \sum \lambda_i (s_i A_i + \sum_{k<i} x_{ki}^{(s)} X_{ki}^{(s)} + \sum_{i<l} z_{il}^{(s)} Z_{il}^{(s)}) = 2 \sum \lambda_i B_i.$$

证完.

引理 5.3.2 设 $D(V_N)$ 为第一类正规 Siegel 域，且式 (5.3.13)，(5.3.14) 为

$$W_i = \sum_{p<j} X_{pj}(\alpha_{pj}^{(i)}) + \sum_{p<j} Z_{pj}(\beta_{pj}^{(i)}), \tag{5.3.21}$$

$$W_{ij}^{(t)} = \sum_k \lambda_{ijtk} A_k + \sum_{p<k;\ (p,k)\neq(i,j)} X_{pk}(\alpha_{ijt}^{(pk)})$$

$$+ \sum_{p<k;\ (p,k)\neq(i,j)} Z_{pk}(\beta_{ijt}^{(pk)}) + \sum_{p<k} z_{pk} L_{pk}^{(ijt)} \frac{\partial'}{\partial z_{pk}}. \qquad (5.3.22)$$

记 $\alpha_{ij}^{(i)} = \alpha_{ij}$, 则 $Y_2 = \sum_{i<j} \sum_t (\alpha_{ij} e_t') T_{ij}^{(t)} \in L_2$, 其中 $T_{ij}^{(t)}$ 由式 (5.3.4) 定义.

证　由式 (5.3.15),(5.3.16) 有 $Y_2 \in L_2$ 的充要条件为

$$W_i = \sum_k s_k [\frac{\partial}{\partial s_i}, W_k] + \sum z_{kl}^{(s)} [\frac{\partial}{\partial s_i}, W_{kl}^{(s)}]$$

$$= \sum_k \sum_{p<j} s_k [\frac{\partial}{\partial s_i}, X_{pj}(\alpha_{pj}^{(k)}) + Z_{pj}(\beta_{pj}^{(k)})]$$

$$+ \sum z_{kl}^{(s)} [\frac{\partial}{\partial s_i}, \sum_j \lambda_{klsj} A_j]$$

$$+ \sum z_{kl}^{(s)} [\frac{\partial}{\partial s_i}, \sum_{p<j;\ (p,j)\neq(k,l)} (X_{pj}(\alpha_{kls}^{(pj)}) + Z_{pj}(\beta_{kls}^{(pj)}))],$$

$$(5.3.23)$$

$$W_{kl}^{(s)} = \sum_i s_i [\frac{\partial}{\partial z_{kl}^{(s)}}, W_i] + \sum_{i<j} \sum_t z_{ij}^{(t)} [\frac{\partial}{\partial z_{kl}^{(s)}}, w_{ij}^{(t)}]. \qquad (5.3.24)$$

由式 (5.3.6)—(5.3.9), 将式 (5.3.1),(5.3.2),(5.2.8) 代入式 (5.3.21)—(5.3.24), 两边比较系数, 所以对一切指标, 有

$\lambda_{klsi} = 0,\ k, l \neq i,\ \lambda_{ilsi} = \alpha_{il}^{(i)} e_s',\ \lambda_{kisi} = \beta_{ki}^{(i)} e_s'$,

$\alpha_{pj}^{(i)} = \beta_{pj}^{(i)} = 0,\ p, j \neq i,\ \alpha_{pi}^{(i)} = 0,\ \beta_{ij}^{(i)} = 0,\ \alpha_{ij}^{(i)} = \beta_{ij}^{(j)}$,

$\alpha_{kls}^{(ki)} = \alpha_{lil}(A_{kl}^{si})',\ k < l < i,\ \alpha_{kls}^{(ki)} = \sum_t e_s A_{ki}^{tl} \alpha_{ili}' e_t,\ k < i < l$,

$\alpha_{kls}^{(li)} = \alpha_{kik} A_{kl}^{si},\ k < l < i,\ \beta_{kls}^{(ik)} = \sum_t \alpha_{ili} A_{ik}^{tl} e_s' e_t,\ i < k < l$,

$\beta_{kls}^{(il)} = \sum_t (\alpha_{kik} e_t') e_s A_{ki}^{tl},\ k < i < l$,

$\beta_{kls}^{(il)} = \sum_t (\alpha_{iki} e_t') e_s (A_{ik}^{tl})',\ i < k < l$,

其余 $\alpha_{kls}^{(pi)} = \beta_{kls}^{(pi)} = 0$. 所以

$$W_i = \sum_{i<j} X_{ij}(\alpha_{ij}) + \sum_{p<i} Z_{pi}(\alpha_{pi}),$$

代入式 (5.3.24), 有

$$W_{kl}^{(s)} = [\frac{\partial}{\partial z_{kl}^{(s)}}, \sum_{i<j}(\alpha_{ij}z_{ij}')(A_i + A_j) + \sum_{i<j}X_{ij}(\xi_{ij}) + \sum_{i<j}Z_{ij}(\eta_{ij})]$$

$$+ \sum_{i<j}\sum_{t} z_{ij}^{(t)}e_s L_{kl}^{(ijt)}\frac{\partial'}{\partial z_{kl}} - (\alpha_{kl}e_s')(A_k + A_l)$$

$$- \sum_{i<j}X_{ij}(\frac{\partial}{\partial z_{kl}^{(s)}}(\xi_{ij})) - \sum_{i<j}Z_{ij}(\frac{\partial}{\partial z_{kl}^{(s)}}(\eta_{ij})),$$

其中

$$\xi_{ij} = s_i\alpha_{ij} + \sum_{p<i}\sum_{t}(z_{pi}e_t')\alpha_{pj}A_{pi}^{tj}$$

$$+ \sum_{i<p<j}\sum_{t}(z_{ip}e_t')\alpha_{pj}(A_{ip}^{tj})' + \sum_{j<p}\sum_{t}(z_{ip}A_{ij}^{tp}\alpha_{jp}')e_t,$$

$$\eta_{ij} = s_j\alpha_{ij} + \sum_{p<i}\sum_{t}(\alpha_{pi}e_t')z_{pj}A_{pi}^{tj}$$

$$+ \sum_{i<p<j}\sum_{t}(\alpha_{ip}e_t')z_{pj}(A_{ip}^{tj})' + \sum_{j<p}\sum_{t}(\alpha_{ip}A_{ij}^{rp}z_{jp}')e_r.$$

由式 (5.3.6)—(5.3.9), 将式 (5.3.1),(5.3.2),(5.2.8) 代入式 (5.3.22) 和 (5.3.24), 两边比较系数, 所以对一切指标, 有

$$\sum_{k<l} z_{kl}L_{kl}^{(ijt)}\frac{\partial'}{\partial z_{kl}} = [X_{ij}(\alpha_{ij}), Z_{ij}^{(t)}] + (\alpha_{ij}e_t')(A_i - A_j).$$

所以证明了

$$Y_2 = \sum_{i<j}\sum_{s}(\alpha_{ij}e_s')T_{ij}^{(s)} \in L_2.$$

引理证完.

定理 5.3.3 设 $D(V_N)$ 为 $\mathbb{C}^n$ 中第一类正规 Siegel 域，它由实 N 矩阵组 $\{A_{ij}^{tk}\}$ 定义，则 $D(V_N)$ 的全纯自同构群 $\text{Aut}(D(V_N))$ 的李代数有子空间直接和分解

$$\text{aut}(D(V_N)) = L_{-2} + L_0 + L_2, \qquad (5.3.25)$$

其中 L_2 有基

$$B_{i_1}, \cdots, B_{i_s}, T_{i_u i_v}^{(t)}, \quad 1 \le t \le n_{i_u i_v}, \quad 1 \le u < v \le s, \qquad (5.3.26)$$

这里 $1 \le i_1 < \cdots < i_s \le N$. 又有下面必要且充分条件

$$Z_{i_u i_v}^{(t)} \in L_0, \quad 1 \le t \le n_{i_u i_v}, \quad 1 \le u < v \le s, \qquad (5.3.27)$$

当 $n_{i,i_v} \ne 0$, $i \ne i_1, \cdots, i_{v-1}, i < i_v$ 时，有

$$Z_{i i_v}^{(t)} \notin L_0, \qquad (5.3.28)$$

又有

$$n_{i_u i} = 0, \quad i_u < i, \quad i \ne i_{u+1}, \cdots, i_s. \qquad (5.3.29)$$

证 由定理 1.3.5, 对第一类正规 Siegel 域 $D(V_N)$, L_2 中元素可表为 $Y_2 = p(z)\dfrac{\partial'}{\partial z}$, 其中 $p(z)$ 的分量为 z 的二次齐次多项式，且充要条件为 $[L_{-2}, Y_2] \subset L_0$. 因此记

$$[\frac{\partial}{\partial s_i}, Y_2] = 2W_i \in L_0, \quad [\frac{\partial}{\partial z_{ij}^{(t)}}, Y_2] = 2W_{ij}^{(t)} \in L_0,$$

于是

$$Y_2 = \sum s_i W_i + \sum z_{ij}^{(t)} W_{ij}^{(t)}. \qquad (5.3.30)$$

再代回，有

$$\sum_i s_i [\frac{\partial}{\partial s_k}, W_i] + \sum_{i,j,t} z_{ij}^{(t)} [\frac{\partial}{\partial s_k}, W_{ij}^{(t)}] = W_k, \quad 1 \le k \le N, \qquad (5.3.31)$$

显然，任取非零实参数 $\lambda_1, \cdots, \lambda_n$，则 $D(V_N)$ 有线性自同构

$$s_i \to \lambda_i^2 s_i, \ 1 \le i \le N, \quad z_{ij} \to \lambda_i \lambda_j z_{ij}, \ 1 \le i < j \le N,$$

这时，

$$A_i \to A_i, \quad X_{ij}(\alpha_{ij}) \to \lambda_i^{-1} \lambda_j X_{ij}(\alpha_{ij}),$$

$$Z_{ij}(\beta_{ij}) \to \lambda_i \lambda_j^{-1} Z_{ij}(\beta_{ij}), \quad z_{ij} L_{ij} \frac{\partial'}{\partial z_{ij}} \to z_{ij} L_{ij} \frac{\partial'}{\partial z_{ij}},$$

所以由式 (5.3.13) 和 (5.3.14) 有

$$
\begin{aligned}
Y_2 &= \sum s_i W_i + \sum z_{ij}^{(t)} W_{ij}^{(t)} \\
&= \sum_i \sum_{p<j} \lambda_p^{-1} \lambda_j \lambda_i^2 s_i X_{pj}(\alpha_{pj}^{(i)}) + \sum_i \sum_{p<j} \lambda_p \lambda_j^{-1} \lambda_i^2 s_i Z_{pj}(\beta_{ij}^{(i)}) \\
&\quad + \sum_i \sum_{p<j} \lambda_i^2 s_i z_{pj} L_{pj}^{(i)} \frac{\partial'}{\partial z_{pj}} + \sum_{i<j} \sum_t \sum_k \lambda_{ijtk} \lambda_i \lambda_j z_{ij}^{(t)} A_k \\
&\quad + \sum_{i<j} \sum_t \sum_{p<k} \lambda_p^{-1} \lambda_k \lambda_i \lambda_j z_{ij}^{(t)} X_{pk}(\alpha_{ijt}^{(pk)}) + \sum_{i,j} \lambda_{ij} \lambda_i^2 s_i A_j \\
&\quad + \sum_{i<j} \sum_t \sum_{p<k} \lambda_p \lambda_k^{-1} \lambda_i \lambda_j z_{ij}^{(t)} Z_{pk}(\beta_{ijt}^{(pk)}) \\
&\quad + \sum_{i<j} \sum_t \sum_{p<k} \lambda_i \lambda_j z_{ij}^{(t)} z_{pk} L_{pk}^{(ijt)} \frac{\partial'}{\partial z_{pk}} \in L_2.
\end{aligned}
$$

考虑 ρ_i^2 的系数，它也必在 L_2 中. 由上式可知，系数为

$$
\begin{aligned}
Y_2^{(i)} &= \sum_j \lambda_{ij} s_i A_j + \sum_{p<j} s_i z_{pj} L_{pj}^{(i)} \frac{\partial'}{\partial z_{pj}} \\
&\quad + \sum_{p<i} \sum_t z_{pi}^{(t)} X_{pi}(\alpha_{pit}^{(pi)}) + \sum_{i<j} \sum_t z_{ij}^{(t)} Z_{ij}(\beta_{ijt}^{(ij)}) \in L_2.
\end{aligned}
$$

考虑 $\rho_i \rho_j$ 的系数，它也必在 L_2 中. 由上式可知，系数为

$$
\begin{aligned}
Y_2^{(ij)} &= s_i X_{ij}(\alpha_{ij}^{(i)}) + s_j z_{ij}(\beta_{ij}^{(j)}) + \sum_k \sum_t \lambda_{ijtk} z_{ij}^{(t)} A_k \\
&\quad + \sum_{p<i} \sum_t z_{pi}^{(t)} X_{pj}(\alpha_{pit}^{(pj)}) + \sum_{p<i} \sum_t z_{pj}^{(t)} X_{pi}(\alpha_{pjt}^{(pi)})
\end{aligned}
$$

$$+ \sum_{i<p<j} \sum_t z_{ip}^{(t)} X_{pj}(\alpha_{ipt}^{(pj)}) + \sum_{i<p<j} \sum_t z_{pj}^{(t)} Z_{ip}(\beta_{pjt}^{(ip)})$$

$$+ \sum_{j<p} \sum_t z_{ip}^{(t)} Z_{jp}(\beta_{ipt}^{(jp)}) + \sum_{j<p} \sum_t z_{jp}^{(t)} Z_{ip}(\beta_{ipt}^{(ip)})$$

$$+ \sum_{p<k} \sum_t z_{ij}^{(t)} z_{pk} L_{pk}^{(ijt)} \frac{\partial'}{\partial z_{pk}}.$$

因此

$$Y_2' = Y_2 - \sum_{i=1}^N Y_2^{(i)} - \sum_{1 \le i < j \le N} Y_2^{(ij)}$$

$$= \sum_{p<j} \sum_{i \ne p} s_i X_{pj}(\alpha_{pj}^{(i)}) + \sum_{p<j} \sum_{i \ne j} s_i Z_{pj}(\beta_{pj}^{(i)})$$

$$+ \sum_{p<k} \sum_{i,j \ne p,k} \sum_t z_{ij}^{(t)} (X_{pk}(\alpha_{ijt}^{(pk)}) + Z_{pk}(\beta_{ijt}^{(pk)})) \in L_2.$$

由引理 5.3.1 便证明了 $Y_2^{(i)} = \lambda_i B_i \in L_2$. 由引理 5.3.2 便证明了 $Y_2^{(ij)} = \sum_t (\alpha_{ij} e_t') T_{ij}^{(t)} \in L_2$. 下面讨论 $Y_2' \in L_2$. 这时,

$$W_i = \sum_{p<j} \sum_{p \ne i} X_{pj}(\alpha_{pj}^{(i)}) + \sum_{p<j} \sum_{j \ne i} Z_{pj}(\beta_{pj}^{(i)}),$$

$$W_{ij}^{(t)} = \sum_{p<k} \sum_{p \ne i,j} (X_{pk}(\alpha_{ijt}^{(pk)}) + Z_{pk}(\beta_{ijt}^{(pk)})).$$

由引理 5.3.2 可知 $W_i = 0, W_{ij}^{(t)} = 0$. 至此证明了 L_2 中可取这样的基, 它由一批 B_i 及一批 $T_{jk}^{(t)}$ 构成. 由式 (5.3.3) 可知, $B_i \in L_2$ 当且仅当 $Z_{il}^{(s)} \in L_0$, $l = i+1, \cdots, N$. 由式 (5.3.4) 可知, $T_{ij}^{(t)} \in L_2$ 当且仅当 $Z_{ik}^{(t)} \in L_0$, $k = i+1, \cdots, N$, $Z_{jk}^{(t)} \in L_0$, $k = j+1, \cdots, N$. 另一方面有

$$[X_{jk}^{(t)}, B_i] = \delta_{ij} T_{jk}^{(t)}, \quad [Z_{jk}^{(t)}, B_i] = \delta_{ik} T_{jk}^{(t)}, \tag{5.3.32}$$

$$[X_{ij}^{(s)}, T_{ij}^{(t)}] = 2\delta_{st} B_j, \quad [Z_{ij}^{(s)}, T_{ij}^{(t)}] = 2\delta_{st} B_i. \tag{5.3.33}$$

由此可知，当 $B_i \in L_2$，则 $T_{ij}^{(t)} \in L_2$，$j = i+1, \cdots, N$. 又若 $T_{ij}^{(t)} \in L_2$，则 $B_j \in L_2$，$Z_{ij}^{(s)} \in L_0$. 所以 $B_i \in L_2$，因此我们在 L_2 中取出所有 B_i 型元素，记作

$$B_{i_1}, B_{i_2}, \cdots, B_{is}, \quad 1 \le i_1, < \cdots < i_s \le N,$$

则所以 $T_{ij}^{(t)}$ 型元素只可能是

$$T_{i_u i_v}^{(t)}, \quad 1 \le t \le n_{i_u i_v}, \quad 1 \le u < v \le s,$$

且条件 (5.3.25)—(5.3.27) 成立. 反之，若条件 (5.3.27)—(5.3.29) 成立，上面讨论证明了 L_2 的基元恰为 (5.3.26). 定理证完.

由定理 5.3.3 可知，对第一类正规 Siegel 域 $D(V_N)$，则相应 $L_2 \ne 0$. 事实上，条件 (5.3.27)—(5.3.29) 证明了 $0 \ne B_N \in L_2$.

现在来考虑第二类正规 Siegel 域 $D(V_N)$. 记 $\mathrm{aut}\,(D(V_N, F))$ 为正规 Siegel 域 $D(V_N, F)$ 的全纯自同构群 $\mathrm{Aut}\,(D(V_N, F))$ 的李代数. 下面我们来决定

$$\mathrm{aut}\,(D(V_N, F)) = L_{-2} + L_{-1} + L_0 + L_1 + L_2.$$

为此先来确定子空间 L_2 的一组基，再来确定子空间 L_1 的一组基.

引理 5.3.4 设 $D(V_N, F)$ 是由 N 矩阵组 $\{A_{ij}^{tk}, Q_{ij}^{(t)}\}$ 定义的正规 Siegel 域，则在子空间 L_2 中可取基使得它们具有下面四种类型：

$$B_i + s_i \sum_j u_j K_{ij} \frac{\partial'}{\partial u_j}; \tag{5.3.34}$$

$$\sum_t a_{ij}^{(t)} T_{ij}^{(t)} + \sum_t z_{ij}^{(t)} \sum_k u_k K_k^{(ijt)} \frac{\partial'}{\partial u_k}; \tag{5.3.35}$$

$$s_i \sum_j u_j K_{ij} \frac{\partial'}{\partial u_j}; \quad \sum_t z_{ij}^{(t)} \sum_k u_k K_k^{(ijt)} \frac{\partial'}{\partial u_k},$$

其中 $K_{ij}, K_k^{(ijt)}$ 都是斜 Hermite 方阵，且

$$\sum_j u_j K_{ij} \frac{\partial'}{\partial u_j}, \quad \sum_k u_k K_k^{(ijt)} \frac{\partial'}{\partial u_k} \in L_0.$$

证 由式 (5.1.14)，若

$$Y_2 = \sum_{i=1}^n z^{(i)} z B_i \frac{\partial'}{\partial z} + \sum_{i=1}^n z^{(i)} u D_i \frac{\partial'}{\partial u} \in L_2,$$

则 $\sum_{i=1}^n z^{(i)} z B_i \frac{\partial'}{\partial z}$ 属于第一类正规 Siegel 域 $D(V_N)$ 的全纯自同构群 $\mathrm{Aut}\,(D(V_N))$ 的李代数 $\mathrm{aut}\,(D(V_N))$. 由定理 5.3.3 可知，存在指标 $1 \le i_1 < \cdots < i_s \le N$，且

$$Y_2 = \sum a_j B_{ij} + \sum a_{i_u i_v}^{(t)} T_{i_u i_v}^{(t)} + \sum_{i=1}^n z^{(i)} u D_i \frac{\partial'}{\partial u}.$$

已知 $[\frac{\partial}{\partial z^{(i)}}, B_j] \in L_0$, $[\frac{\partial}{\partial z^{(i)}}, T_{jk}^{(t)}] \in L_0$, 其中 $z = (z^{(1)}, \cdots, z^{(n)}) \in \mathbb{C}^n$, 所以由 $[\frac{\partial}{\partial z^{(i)}}, Y_2] \in L_0$ 有 $u D_i \frac{\partial'}{\partial u} \in L_0$. 由定理 5.2.1 可知

$$u D_i \frac{\partial'}{\partial u} = \sum_j u_j L_{ij} \frac{\partial'}{\partial u_j} \in L_0,$$

其中 L_{ij} 为斜 Hermite 方阵，且 $L_{ij} Q_{jk}^{(t)} = Q_{jk}^{(t)} L_{ik}$. 为方便起见，我们改记

$$Y_2 = \sum b_j B_j + \sum b_{ij}^{(t)} T_{ij}^{(t)}$$
$$+ \sum s_i \sum_j u_j K_{ij} \frac{\partial'}{\partial u_j} + \sum z_{ij}^{(t)} \sum_k u_k K_k^{(ijt)} \frac{\partial'}{\partial u_k}.$$

今域 $D(V_N, F)$ 有线性自同构：$s_i \to \lambda_i^2 s_i, z_{ij} \to \lambda_i \lambda_j z_{ij}, u_i \to \lambda_i u_i$, 其中 $\lambda_1, \cdots, \lambda_N$ 不等于零. 相应 $B_i \to \lambda_i^2 B_i, T_{ij}^{(t)} \to \lambda_i \lambda_j T_{ij}^{(t)}$,

所以

$$Y_2 \to \sum b_j \lambda_j^2 B_j + \sum b_{ij}^{(t)} \lambda_i \lambda_j T_{ij}^{(t)}$$
$$+ \sum \lambda_i^2 s_i \sum_j u_j K_{ij} \frac{\partial'}{\partial u_j} + \sum \lambda_i \lambda_j z_{ij}^{(t)} \sum_k u_k K_k^{(ijt)} \frac{\partial'}{\partial u_k}.$$

由于 $\lambda_1, \cdots, \lambda_N$ 可取任意非零实参数, 所以证明了引理. 证完.

引理 5.3.5　符号同上, 设若

$$s_i \sum_j u_j K_{ij} \frac{\partial'}{\partial u_j}, \quad \sum_t z_{ij}^{(t)} \sum_k u_k K_k^{(ijt)} \frac{\partial'}{\partial u_k} \in L_2.$$

则 $K_{ij} = 0, K_k^{(ijt)} = 0$ 对一切指标成立.

证　$s_i \sum_j u_j K_{ij} \frac{\partial'}{\partial u_j} \in L_2$, 则正规 Siegel 域有全纯自同构的单参数子群 $z \to z$, $u_j \to u_j \exp(\theta s_i K_{ij})$, $1 \le j \le N$, 其中 $\theta \in \mathbb{R}$. 今 $(z, u) \in D(V_N, F)$ 有 $\operatorname{Im}(s_j) - u_j \overline{u_j}' > 0$. 于是

$$\operatorname{Im}(s_j) - u_j(\exp \theta(s_i K_{ij} + \overline{s_i} \overline{K_{ij}}')) \overline{u}_j'$$
$$= \operatorname{Im}(s_j) - u_j(\exp 2\sqrt{-1}\theta(\operatorname{Im} s_i) K_{ij}) \overline{u}_j' > 0.$$

设若 $m_j > 0, K_{ij} \ne 0$. 在 $D(V_N, F)$ 中取定点 $z = x$, $u = v$, $\operatorname{Im} r_j - v_j \overline{v}_j' > 0$. 这推出 $\operatorname{Im}(r_j) > v_j(\exp 2\sqrt{-1}\theta(\operatorname{Im}(r_i)) K_{ij}) \overline{v}_j'$, $\forall \theta \in \mathbb{R}$. 注意到 $\sqrt{-1} K_{ij}$ 为 Hermite 方阵, 当 $K_{ij} \ne 0$ 便导出矛盾. 所以证明了 $K_{ij} = 0$. 同理可证当 $\sum_t z_{ij}^{(t)} \sum_k u_k K_k^{(ijt)} \frac{\partial'}{\partial u_k} \in L_2$, 则 $K_k^{(ijt)} = 0$. 引理证完.

引理 5.3.6　符号同引理 5.3.4. 则 $B_i + s_i \sum_j u_j K_{ij} \frac{\partial'}{\partial u_j} \in L_2$ 当且仅当 $Z_{ij}^{(t)} \in L_0, j = i+1, \cdots, N$, 且 $K_{ij} = 0, 1 \le j \le N$, 又

$$\sum_t (Q_{ji}^{(t)})'(e_u' e_v + e_v' e_u) Q_{ji}^{(t)} = 0, \quad 1 \le j < i, \tag{5.3.36}$$

$$\sum_t (Q_{ik}^{(t)})'(e'_u e_v + e'_v e_u)Q_{ik}^{(t)} = 0, \quad i < k \leq N, \tag{5.3.37}$$

对一切指标 u, v 成立.

证 令 $Y_2 = B_i + s_i \sum_j u_j K_{ij} \dfrac{\partial'}{\partial u_j}$ 中形如 $* \dfrac{\partial'}{\partial u_j}$ 的项的和为

$\sum_{j=1}^n z^{(j)} u D_j \dfrac{\partial'}{\partial u}$, 其中 $z = (z^{(1)}, \cdots, z^{(n)})$. 由式 (5.3.3) 可知

$$\sum_{j=1}^n z^{(j)} u D_j \frac{\partial'}{\partial u} = s_i u_i \frac{\partial'}{\partial u_i} + \sum_{l<i} \sum_s z_{li}^{(s)} u_i \overline{Q_{li}^{(s)}}' \frac{\partial'}{\partial u_l}$$

$$+ \sum_{i<l} \sum_s z_{il}^{(s)} u_i Q_{il}^{(s)} \frac{\partial'}{\partial u_l} + s_i \sum_j u_j K_{ij} \frac{\partial'}{\partial u_j}.$$

由式 (5.1.15)—(5.1.18) 可知, $Y_2 \in L_2$ 的必要且充分条件为

$$\mathrm{tr}\,(\mathrm{Im}\,D_j) = 0, \quad 1 \leq j \leq n,$$

即 $\sum_j \mathrm{tr}\, K_{ij} = 0$. 又对一切 $\alpha, \beta \in \mathbb{C}^m, L_0$ 中有

$$(F(\xi(z,\alpha),\beta) + F(\beta,\xi(\bar{z},\alpha)))\frac{\partial'}{\partial z}$$

$$+(\xi(F(u,\alpha),\beta) - \xi(F(u,\beta),\alpha) + \xi(F(\beta,\alpha),u))\frac{\partial'}{\partial u}, \tag{5.3.38}$$

其中

$$\xi(z,\alpha) = \sum z^{(i)} e'_i \alpha D_i$$

$$= s_i(u_i + \sum_j u_j K_{ij}) + \sum_{l<i} \sum_s z_{li}^{(s)} u_i \overline{Q_{li}^{(s)}}' + \sum_{i<l} \sum_s z_{il}^{(s)} u_i Q_{il}^{(s)}.$$

注意到

$$F(u,u) = (F_{11}(u,u), F_2(u,u), F_{22}(u,u), \cdots, F_N(u,u), F_{NN}(u,u)),$$
$$F_j(u,u) = (F_{1j}(u,u), \cdots, F_{j-1,j}(u,u)),$$
$$F_{ij}(u,u) = (F_{ij}^{(1)}(u,u), \cdots, F_{ij}^{(n_{ij})}(u,u)),$$

又

$$F_{ij}^{(t)}(u,u) = \operatorname{Re} u_i Q_{ij}^{(t)} \overline{u}_j' = \frac{1}{2}(u_i Q_{ij}^{(t)} \overline{u}_j' + u_j \overline{Q_{ij}^{(t)}}' \overline{u}_i').$$

于是

$$F_{ij}^{(t)}(\xi,\eta) = \frac{1}{2}(\xi_i Q_{ij}^{(t)} \overline{\eta}_j' + \xi_j \overline{Q_{ij}^{(t)}}' \overline{\eta}_i'),$$

其中 $\xi = (\xi_1, \cdots, \xi_N), \eta = (\eta_1, \cdots, \eta_N), \xi_i, \eta_i \in \mathbb{C}^{m_i}$. 于是记

$$\xi_k(z,u) = s_i u_k K_{ik} + \sum_s z_{ki}^{(s)} u_i \overline{Q_{ki}^{(s)}}', \quad k < i,$$

$$\xi_i(z,u) = s_i u_i(I + K_{ii}),$$

$$\xi_k(z,u) = s_i u_k K_{ik} + \sum_s z_{ik}^{(s)} u_i Q_{ik}^{(s)}, \quad i < k.$$

任取 $\alpha, \beta \in \mathbb{C}^m$. 记 $\alpha = (\alpha_1, \cdots, \alpha_N)$, $\beta = (\beta_1, \cdots, \beta_N)$, 其中 $\alpha_i, \beta_i \in \mathbb{C}^{m_i}$. 由式 (5.3.38) 推出 $K_{ij} = 0, j \neq i$.

又当 $\operatorname{Re}(\alpha_i Q_{ik}^{(s)} \overline{\beta}_k') \neq 0$ 时, $Z_{ik}^{(t)} \in L_0, 1 \leq t \leq n_{ik}$, 且推出必要且充分条件为

$$\sum_s Q_{ki}^{(s)} \overline{\beta}_i' \alpha_k Q_{ki}^{(s)} + \sum_s (\alpha_k Q_{ki}^{(s)} \overline{\beta}_i') Q_{ki}^{(s)} = 0, \quad k < i,$$

$$\sum_s Q_{ik}^{(s)} \overline{\alpha}_k' \beta_i Q_{ik}^{(s)} + \sum_s (\beta_i Q_{ik}^{(s)} \overline{\alpha}_k') Q_{ik}^{(s)} = 0, \quad i < k.$$

这两式经过改写立即可知, 它们等价于式 (5.3.36),(5.3.37). 证完.

引理 5.3.7 符号同引理 5.3.4, 则

$$Y_2 = T_{ij}^{(t)} + \sum_s z_{ij}^{(s)} \sum_k u_k K_k^{(ijs)} \frac{\partial'}{\partial u_k} \in L_2 \tag{5.3.39}$$

当且仅当 $B_i, B_j \in L_2$, 且 $K_k^{(ijs)} = 0$ 对一切指标成立.

证 记 B_i 及 $T_{ij}^{(t)}$ 的形如 $* \frac{\partial'}{\partial z}$ 的项的和为 $(B_i)'$ 及 $T_{ij}^{(t)})'$. 由 $Y_2 \in L_2$ 可知 $(T_{ij}^{(t)})' \in \operatorname{aut}(D(V_N))$. 由式 (5.3.30),(5.3.31) 可知

$(B_i)', (B_j)' \in \mathrm{aut}\,(D(V_N))$. 由引理 5.2.4—5.2.6 便证明了在李代数 $\mathrm{aut}\,(D(V_N, F))$ 中有

$$[X_{ij}^{(t)}, T_{ij}^{(t)} + \sum_s z_{ij}^{(s)} \sum_k u_k K_k^{(ijs)} \frac{\partial'}{\partial u_k}] = 2B_j \in L_2,$$

$$[Z_{ij}^{(t)}, T_{ij}^{(t)} + \sum_s z_{ij}^{(s)} \sum_k u_k K_k^{(ijs)} \frac{\partial'}{\partial u_k}] = 2B_i \in L_2.$$

因此 $B_i, B_j \in L_2$ 的全部条件对正规 Siegel 域 $D(V_N, F)$ 都必须适合. 这时, 由直接计算可知

$$[X_{ij}^{(t)}, B_i] = T_{ij}^{(t)} \in L_2, \quad [Z_{ij}^{(t)}, B_j] = T_{ij}^{(t)} \in L_2.$$

这证明了 $\sum_s z_{ij}^{(s)} \sum_k u_k K_k^{(ijs)} \frac{\partial'}{\partial u_k} = 0$, 且我们证明了 $T_{ij}^{(t)} \in L_2$ 当且仅当 $B_i, B_j \in L_2$. 证完.

定理 5.3.8 设 $D(V_N, F)$ 是 $\mathbb{C}^n \times \mathbb{C}^m$ 中正规 Siegel 域, 它由 N 矩阵组 $\{A_{ij}^{tk}, Q_{ij}^{(t)}\}$ 定义. 记 $\mathrm{aut}\,(D(V_N, F))$ 为全纯自同构群 $\mathrm{Aut}\,(D(V_N, F))$ 的李代数, 则 $\mathrm{aut}\,(D(V_N, F))$ 有子空间直接和分解

$$\mathrm{aut}\,(D(V_N, F)) = L_{-2} + L_{-1} + L_0 + L_1 + L_2,$$

其中 $\mathrm{aff}\,(D(V_N, F)) = L_{-2} + L_{-1} + L_0$ 由定理 5.2.1 给出. 而 $L_1 + L_2$ 有基如下: 存在指标 $i_1, i_2, \cdots, i_\rho$, 使得

$$1 \le i_1 < i_2 < \cdots < i_\rho \le N. \tag{5.3.40}$$

L_2 有基

$$B_{i_1}, \cdots, B_{i_\rho}, \quad T_{i_\sigma i_t}^{(t)}, \quad 1 \le t \le n_{i_\sigma i_\tau}, \quad 1 \le \sigma < \tau \le \rho.$$

L_1 有基 $Y_{i_\sigma}^{(t)}, \widetilde{Y}_{i_\sigma}^{(t)}, 1 \le t \le m_{i_\sigma}, 1 \le \sigma \le \rho$. 而必要且充分条件为: 指标 $1 \le i_1 < \cdots < i_\rho \le N$ 为适合下面条件的最大集. 这些条件是

$$Z_{i_\sigma i_\tau}^{(t)} \in L_0, 1 \le t \le n_{i_\sigma i_\tau}, 1 \le \sigma < \tau \le N, \tag{5.3.41}$$

当 $n_{ii_\sigma} \neq 0,\ i \neq i_1, \cdots, i_{\sigma-1}, i < i_\sigma$ 时, $\quad Z_{ii_\sigma}^{(t)} \notin L_0,$ $\qquad$ (5.3.42)

$$n_{i_\sigma i} = 0,\ i_\sigma < i, i \neq i_{\sigma+1}, \cdots, i_\rho, \qquad (5.3.43)$$

$$\sum_r (Q_{ii_\sigma}^{(r)})'(e_u'e_v + e_v'e_u)Q_{ii_\sigma}^{(r)} = 0, \qquad (5.3.44)$$

其中 $1 \leq u, v \leq m_i,\ 1 \leq i < i_\sigma$.

证 由引理 5.3.6, $B_i \in L_2$ 当且仅当 $Z_{ij}^{(t)} \in L_0, 1 \leq t \leq n_{ij}, j = i+1, \cdots, N$, 且

$$\sum_r (Q_{ji}^{(t)})'(e_u'e_v + e_v'e_u)Q_{ji}^{(t)} = 0, \quad 1 \leq j < i,$$
$$\sum_r (Q_{ik}^{(t)})'(e_u'e_v + e_v'e_u)Q_{ik}^{(t)} = 0, \quad i < k \leq N. \qquad (5.3.45)$$

由引理 5.3.7, $B_i,\ B_j \in L_2$ 当且仅当 $T_{ij}^{(t)} \in L_2,\ 1 \leq t \leq n_{ij}$. 因此存在 $1 \leq i_1 < \cdots < i_\rho \leq N$ 使得 L_2 有基

$$B_{i_1}, \cdots, B_{i_\rho}, \quad T_{i_\sigma i_\tau}^{(t)}, \quad 1 \leq t \leq n_{ij}, 1 \leq \sigma < \tau \leq \rho,$$

且 $Z_{i_\sigma j}^{(t)} \in L_0,\ 1 \leq t \leq n_{i_\sigma j},\ i_\sigma < j \leq N$, 这给出式 (5.3.41). 又

$$\sum_t (Q_{ji_\sigma}^{(t)})'(e_u'e_v + e_v'e_u)Q_{ji_\sigma}^{(t)} = 0, j < i_\sigma,$$
$$\sum_t (Q_{i_\sigma j}^{(t)})'(e_u'e_v + e_v'e_u)Q_{i_\sigma j}^{(t)} = 0, i_\sigma < j.$$

前一式给出 (5.3.44), 后一式中指标 j 取 $i_{\sigma+1}, \cdots, i_\rho$ 之一, 它包含在前一式中. 我们来证 $n_{i_\sigma j} = 0,\ j \neq i_{\sigma+1}, \cdots, i_\rho$.

事实上, 若存在 $j \neq i_{\sigma+1}, \cdots, i_\rho,\ i_\sigma < j$ 且 $n_{i_\sigma j} > 0$. 所以由 $[X_{i_\sigma j}^{(t)}, B_{i_\sigma}] = T_{i_\sigma j}^{(t)} \in L_2$. 由引理 5.3.7 有 $B_j \in L_2$. 由于 $B_{i_1}, \cdots, B_{i_\rho}$ 为 L_2 中所有 B_j 型元素. 这证明了 $j \in \{i_\sigma, \cdots, i_\rho\}$, 从而导出矛盾. 所以证明了 $n_{i_\sigma j} = 0,\ i_\sigma < j,\ j \neq i_{\sigma+1}, \cdots, i_\rho$, 即式 (5.3.43) 成立.

下面证式 (5.3.42) 成立. 今取 $i \neq i_1, \cdots, i_\sigma,\ i < i_\sigma$, 且 $n_{ii_\sigma} > 0$. 又 $Z_{ii_\sigma}^{(t)} \in L_0$. 由 $[Z_{ii_\sigma}^{(t)}, B_{i_\sigma}] = T_{ii_\sigma}^{(t)} \in L_2$, 由引理 5.3.7 可知 $B_i \in L_2$. 这和 $i \neq i_1, \cdots, i_\sigma,\ i < i_\sigma$ 矛盾.

至此证明了当在 L_2 中取出所有 B_j 型基元, 列为 $B_{i_1}, \cdots, B_{i_\rho}$, 则式 (5.3.41)—(5.3.44) 成立.

反之, 若指标集 $1 \le i_1 < \cdots < i_\rho \le N$ 为使得式 (5.3.41)—(5.3.44) 成立的最大集. 由式 (5.3.41) 及 (5.3.43),(5.3.44) 可知式 (5.3.45) 成立. 又 $Z_{i_\sigma j}^{(t)} \in L_0$, $i_\sigma < j$. 由引理 5.3.6 可知 $B_{i_1}, \cdots, B_{i_\rho} \in L_2$. 我们来证若 $B_j \in L_2$, 则 $j \in \{i_1, \cdots, i_\rho\}$. 事实上, 设若不然, 则存在 $i \ne i_1, \cdots, i_\rho$, 而 $B_i \in L_2$. 将指标重新编号, 便有 $B_{j_1}, \cdots, B_{j_{\rho+1}} \in L_2$. 因此证明了关于指标 $j_1, j_2, \cdots, j_{\rho+1}$, 则有条件 (5.3.41)—(5.3.44) 成立. 这和 $i_1, i_2, \cdots, i_\rho$ 为最大集矛盾. 所以证明了断言.

至此我们完全决定了子空间 L_2, 下面来决定子空间 L_1.

由式 (1.3.19) 可知, 多项式向量场

$$Y_1 = 2\sqrt{-1}F(u, \overline{z}A)\frac{\partial'}{\partial z} + zA\frac{\partial'}{\partial u} + \sum_{j=1}^{m}(uC_j u')e_j \frac{\partial'}{\partial u} \in L_1 \quad (5.3.46)$$

当且仅当 L_0 中有元素

$$Y_0 = (F(zA, \alpha) + F(\alpha, \overline{z}A))\frac{\partial'}{\partial z} - F(u, \alpha)A\frac{\partial'}{\partial u}$$
$$- \sqrt{-1}\sum_{j=1}^{m}(\alpha C_j u')e_j \frac{\partial'}{\partial u}, \quad \forall \alpha \in \mathbb{C}^m,$$

其中 A 为 $n \times m$ 复矩阵, C_j 为 $m \times m$ 复对称方阵.

上述条件可改写为对一切 $1 \le t \le m_i$, $1 \le i \le N$ 有

$$2F(e_i^{(t)}, \overline{z}A)\frac{\partial'}{\partial z} = \sum_j (a_j^{(it)} - \sqrt{-1}c_j^{(it)})(A_j - u_j \frac{\partial'}{\partial u_j})$$

$$+ \sum (a_{jks}^{(it)} - \sqrt{-1}c_{jks}^{(it)})(X_{jk}^{(s)} - u_k \overline{Q_{jk}^{(s)}}' \frac{\partial'}{\partial u_j})$$

$$+ \sum (b_{jks}^{(it)} - \sqrt{-1}d_{jks}^{(it)})(Z_{jk}^{(s)} - u_k Q_{jk}^s \frac{\partial'}{\partial u_k})$$

$$+ \sum_{j<k} z_{jk}(L_{jk}^{(it)} - \sqrt{-1}\widetilde{L}_{jk}^{(it)})\frac{\partial'}{\partial z_{jk}}), \qquad (5.3.47)$$

$$-2F(u, e_i^{(t)})A\frac{\partial'}{\partial u} = \sum_j (a_j^{(it)} + \sqrt{-1}c_j^{(it)})u_j\frac{\partial'}{\partial u_j}$$

$$+ \sum (a_{jks}^{(it)} + \sqrt{-1}c_{jks}^{(it)})u_k\overline{Q_{jk}^{(s)}}'\frac{\partial'}{\partial u_j}$$

$$+ \sum (b_{jks}^{(it)} + \sqrt{-1}d_{jks}^{(it)})u_j Q_{jk}^{(s)}\frac{\partial'}{\partial u_k}$$

$$+ \sum u_j (K_j^{(it)} + \sqrt{-1}\widetilde{K}_j^{(it)})\frac{\partial'}{\partial u_j}, \qquad (5.3.48)$$

$$-2\sqrt{-1}\sum(e_i^{(t)}C_j u')e_j\frac{\partial'}{\partial u} = \sum_j (a_j^{(it)} - \sqrt{-1}c_j^{(it)})u_j\frac{\partial'}{\partial u_j}$$

$$+ \sum (a_{jks}^{(it)} - \sqrt{-1}c_{jks}^{(it)})u_k\overline{Q_{jk}^{(s)}}'\frac{\partial'}{\partial u_j}$$

$$+ \sum (b_{jks}^{(it)} - \sqrt{-1}d_{jks}^{(it)})u_j Q_{jk}^{(s)}\frac{\partial'}{\partial u_k}$$

$$+ \sum u_j (K_j^{(it)} - \sqrt{-1}\widetilde{K}_j^{(it)})\frac{\partial'}{\partial u_j}, (5.3.49)$$

其中 $a_j^{(it)}, c_j^{(it)}, a_{jks}^{(it)}, c_{jks}^{(it)}, b_{jks}^{(it)}, d_{jks}^{(it)}$ 都是实数, $L_{jk}^{(it)}, \widetilde{L}_{jk}^{(it)}$ 为实斜对称方阵, $K_j^{(it)}, \widetilde{K}_j^{(it)}$ 为斜 Hermite 方阵.

注意到

$$F_{ii}(u, v) = u_i\overline{v_i'}, \quad F_{ij}^{(t)}(u, v) = \frac{1}{2}u_i Q_{ij}^{(t)}\overline{v_j'} + \frac{1}{2}u_j\overline{Q_{ij}^{(t)}}'\overline{v_i'}, \quad (5.3.50)$$

其中 $u = (u_1, \cdots, u_N)$, $v = (v_1, \cdots, v_N)$, $u_i, v_i \in \mathbb{C}^{mi}$. 令 $v = \overline{z}A$. 则由式 (5.3.47), 比较 $\frac{\partial}{\partial s_k}$ 的系数, 有

$$2\delta_{ik}e_i^{(t)}\overline{v_i'} = 2(a_k^{(it)} - \sqrt{-1}c_k^{(it)})s_k + 2\sum_{k<l}\sum_s (a_{kls}^{(it)} - \sqrt{-1}c_{kls}^{(it)})z_{kl}^{(s)}$$

$$+ 2\sum_{j<k}\sum_s (b_{jks}^{(it)} - \sqrt{-1}d_{jks}^{(it)})z_{jk}^{(s)}.$$

因此当 $k \neq i$, 有

$$a_k^{(it)} = c_k^{(it)} = 0, \quad a_{kls}^{(it)} = c_{kls}^{(it)} = 0, \quad b_{jks}^{(it)} = d_{jks}^{(it)} = 0. \quad (5.3.51)$$

记

$$\alpha_i = \sum_t (a_i^{(it)} + \sqrt{-1}c_i^{(it)})e_t, \ A_{ji} = (b_{jis}^{(it)} + \sqrt{-1}\,d_{jis}^{(it)}), \quad j < i,$$

$$B_{il} = (a_{ils}^{(it)} + \sqrt{-1}c_{ils}^{(it)}), \quad i < l,$$

$$(5.3.52)$$

其中 s 为行指标, t 为列指标, 所以 A_{ji} 及 B_{il} 分别为 $n_{ji} \times m_i$ 及 $n_{il} \times m_i$ 复矩阵. 而

$$v_i = \overline{s_i}\alpha_i + \sum_{j<i} \overline{z}_{ji}A_{ji} + \sum_{i<l} \overline{z}_{il}B_{il}. \quad (5.3.53)$$

又 $A_{ji} \neq 0$, 则 $Z_{ji}^{(t)} \in L_0$, $1 \leq t \leq n_{ji}$. 再从式 (5.3.47) 比较 $\dfrac{\partial'}{\partial z_{kl}}$ 的系数, 其中 $1 \leq k < l \leq N$. 于是等价条件为

$$L_{kl}^{(it)} = \widetilde{L}_{kl}^{(it)} = 0, \quad k, l \neq i. \quad (5.3.54)$$

又

$$A_{kl} = \sum_r e_r' \alpha_k Q_{kl}^{(r)}, \ B_{kl} = \sum_r e_r' \alpha_l \overline{Q_{kl}^{(r)}}', \quad (5.3.55)$$

其中 $1 \leq k < l \leq N$ 适合

$$L_{kl}^{(kt)} - \sqrt{-1}\widetilde{L}_{kl}^{(kt)} = -(\overline{\alpha_k}e_t')I + \sum_{r,s}(e_t Q_{kl}^{(s)} \overline{Q_{kl}^{(r)}}' \overline{\alpha}_k')e_r' e_s, \quad (5.3.56)$$

$$L_{kl}^{(lt)} - \sqrt{-1}\widetilde{L}_{kl}^{(lt)} = -(\overline{\alpha_l}e_t')I + \sum_{r,s}(e_t \overline{Q_{kl}^{(s)}}' Q_{kl}^{(r)} \overline{\alpha}_l')e_r' e_s, \quad (5.3.57)$$

$$Q_{pl}^{(t)} \overline{Q_{kl}^{(s)}}' = \sum_r e_t A_{pk}^{rl} e_s' Q_{pk}^{(r)}, \quad p < k < l, \ \text{当} \ Z_{kl}^{(s)} \in L_0. \quad (5.3.58)$$

显然，当 $Z_{kl}^{(s)} \in L_0$，则 $m_l = m_k$. 所以 $Q_{kl}^{(s)} \in U(m_k)$. 因此

$$\sum_r (e_t A_{pk}^{rl} e_s') Q_{pk}^{(r)} = \sum_r (e_t A_{pk}^{rl} e_s') Q_{pk}^{(r)} Q_{kl}^{(s)} \overline{Q_{kl}^{(s)}}'$$

$$= \sum_u (\sum_r (e_t A_{pk}^{rl} e_s')(e_u A_{pk}^{rl} e_s')) Q_{pl}^{(u)} \overline{Q_{kl}^{(s)}}'.$$

由 $Z_{kl}^{(s)} \in L_0$ 可知，对称方阵 $S = (n_{uv})$ 关于指标 (k, l) 适合条件 (Z)(见附录中的定义 1.9). 所以 $n_{pl} = n_{pk}$, $p < k < l$. 而 $R_{kl}^{(p)}(e_s) = \sum_{v=1}^{n_{pk}} e_v' e_s (A_{pk}^{vl})'$ 为 $n_{pk} \times n_{pl}$ 实方阵，有

$$R_{kl}^{(p)}(e_s) R_{kl}^{(p)}(e_s)' = \sum_{v,w} e_v' e_s (A_{pk}^{vl})' A_{pk}^{wl} e_s' e_w = I,$$

所以 $R_{kl}^{(p)}(e_s) \in O(n_{pk})$, 即

$$R_{kl}^{(p)}(e_s)' R_{kl}^{(p)}(e_s)' = \sum A_{pk}^{rl} e_s' e_s (A_{pk}^{rl})' = I.$$

这证明了 $\sum_r (e_t A_{pk}^{rl} e_s') Q_{pk}^{(r)} = Q_{pl}^{(t)} \overline{Q_{kl}^{(s)}}'$, 即式 (5.3.58) 成立.

另一方面，

$$v_j = \overline{s_j} \alpha_j + \sum_{p<j} \sum_r \overline{z^{(r)}}_{pj} \alpha_p Q_{pj}^{(r)} + \sum_{j<p} \sum_r \overline{z^{(r)}}_{jp} \alpha_p \overline{Q_{jp}^{(r)}}', \quad (5.3.59)$$

而式 (5.3.48),(5.3.49) 可分别写为

$$-2F(u, e_i^{(t)}) A \frac{\partial'}{\partial u} = (\alpha_i e_t') u_i \frac{\partial'}{\partial u_i} + \sum_{i<p;\, s} \alpha_p \overline{Q_{ip}^{(s)}}' e_t' u_p \overline{Q_{ip}^{(s)}}' \frac{\partial}{\partial u_i}$$

$$+ \sum_{p<i;\, s} \alpha_p (Q_{pi}^{(s)})' e_t' u_p Q_{pi}^{(s)} \frac{\partial}{\partial u_i} + \sum_j u_j (K_j^{(it)} + \sqrt{-1} \tilde{K}_j^{(it)}) \frac{\partial'}{\partial u_j},$$

$$(5.3.60)$$

$$-2\sqrt{-1}\sum(e_i^{(t)}C_j u')e_j\frac{\partial'}{\partial u}$$

$$=(\overline{\alpha_i}e_t')u_i\frac{\partial'}{\partial u_i}+\sum_{i<p}\sum_s e_t Q_{ip}^{(s)}\overline{\alpha}_p' u_p\overline{Q_{ip}^{(s)}}'\frac{\partial'}{\partial u_i}$$

$$+\sum_{p<i}\sum_s e_t\overline{Q_{pi}^{(s)}}'\overline{\alpha}_p' u_p Q_{pi}^{(s)}\frac{\partial'}{\partial u_i}+\sum_j u_j(K_j^{(it)}-\sqrt{-1}\widetilde{K}_j^{(it)})\frac{\partial'}{\partial u_j},$$

$$\tag{5.3.61}$$

这里 $K_j^{(it)},\widetilde{K}_j^{(it)}$ 都是斜 Hermite 方阵，所以

$$K_j^{(it)}-\sqrt{-1}\widetilde{K}_j^{(it)}=-\overline{(K_j^{(it)}+\sqrt{-1}\widetilde{K}_j^{(it)})}'.$$

比较式 (5.3.60) 的两边，有

$$K_i^{(it)}+\sqrt{-1}\widetilde{K}_i^{(it)}=-2e_t'\alpha_i-(\alpha_i e_t')I,$$

$$K_j^{(it)}+\sqrt{-1}\widetilde{K}_j^{(it)}=-\sum_r Q_{ji}^{(r)}e_t'\alpha_i\overline{Q_{ji}^{(r)}}',\quad j<i,$$

$$K_j^{(it)}+\sqrt{-1}\widetilde{K}_j^{(it)}=-\sum_r\overline{Q_{ij}^{(r)}}'e_t'\alpha_i Q_{ij}^{(r)},\quad i<j,$$

又有

$$\sum_r(Q_{pi}^{(r)})'(e_u'e_v+e_v'e_u)Q_{pi}^{(r)}=0,\quad p<i,\tag{5.3.62}$$

$$\sum_r Q_{ip}^{(r)}(e_u'e_v+e_v'e_u)(Q_{ip}^{(r)})'=0.\quad i<p.\tag{5.3.63}$$

于是我们求出 L_1 中一般元素 Y_1 的表达式 (5.3.46) 为

$$2\sqrt{-1}\sum u_i^{(t)}F(e_i^{(t)},\overline{z}A)\frac{\partial'}{\partial z}+zA\frac{\partial}{\partial u}+\sum(u_i^{(t)}e_i^{(t)}C_j u')e_j\frac{\partial'}{\partial u}$$

$$=\sum_i Z_i(\alpha_i),\quad\forall\alpha_i\in\mathbb{C}^{m_i},\tag{5.3.64}$$

其中 $Z_i(\alpha_i)$ 由式 (5.3.5) 定义. 作正规 Siegel 域 $D(V_N,F)$ 的线性自同构

$$s_i\to\lambda_i^2 s_i,\quad z_{ij}\to\lambda_i\lambda_j z_{ij},\quad u_i\to\lambda_i u_i,$$

其中 $\lambda_1, \cdots, \lambda_N$ 为非零实参数, 于是有 $Z_i(\alpha_i) \to \lambda_i Z_i(\alpha_i)$. 因此证明了子空间 L_1 的基元可取作形如 $Y_i^{(t)}, \widetilde{Y}_i^{(t)}$, $1 \le t \le m_i$ 的元素, 这时, 存在条件为 $Z_{ip}^{(t)} \in L_0$, $p = i+1, \cdots, N$ 以及式 (5.3.62),(5.3.63).

最后, 为了证明定理, 我们来证当 $m_{i_\sigma} \ne 0, L_1$ 恰有基元

$$Y_{i_\sigma}^{(t)}, \widetilde{Y}_{i_\sigma}^{(t)}, \quad 1 \le t \le n_{i_\sigma}, 1 \le \sigma \le \rho.$$

事实上, 由

$$[P_{i_\sigma}^{(t)}, B_{i_\sigma}] = Y_{i_\sigma}^{(t)}, \quad [\widetilde{P}_{i_\sigma}^{(t)} B_{i_\sigma}] = -\widetilde{Y}_{i_\sigma}^{(t)},$$

因此证明了 $Y_{i_\sigma}^{(t)}, \widetilde{Y}_{i_\sigma}^{(t)} \in L_1$, $1 \le t \le m_{i_\sigma}$. 反之, 若 $Y_i^{(t)}, \widetilde{Y}_i^{(t)} \in L_1$, $1 \le t \le m_i$, 则由 $[Y_i^{(t)}, \widetilde{Y}_i^{(t)}] = B_i$ 可知 $B_i \in L_2$, 这证明了 $i \in \{i_1, \cdots, i_\rho\}$. 因此证明了断言. 定理证完.

推论 1 符号同定理 5.3.8, 则子空间 $L_0 = 0$ 当且仅当 $L_2 = 0$.

证 事实上, 若 $L_1 \ne 0$. 由定理 5.3.8 的证明可知, 存在 $0 \ne Z_i(\alpha_i) \in L_1$. 而

$$[Z_i(\alpha_i), [Z_i(\alpha_i), \sqrt{-1}u\frac{\partial'}{\partial u}]] = (\alpha_i \overline{\alpha'_i}) B_i.$$

这证明了 $L_2 \ne 0$. 反之, 若 $L_2 \ne 0$, 由 $B_i \ne L_2$, 有 $[P_i^{(t)}, B_i] = 2Y_i^{(t)} \in L_1$. 这证明了 $L_1 \ne 0$. 证完.

推论 2 符号同定理 5.3.8, 则

$$\dim L_1 = 2\sum_{\sigma=1}^{\rho} m_{i_\sigma} \le 2m, \quad \dim L_2 = \sum_{1 \le \sigma \le t \le \rho} n_{i_\sigma i_\tau} \le n.$$

推论 3 符号同定理 5.3.8, 则正规 Siegel 域 $D(V_N, F)$ 的迷向子群 $\mathrm{Iso}_{(\sqrt{-1}v_0, 0)}(D(V_N, F))$ 的李代数 $\mathrm{iso}_{(\sqrt{-1}v_0, 0)}(D(V_N, F))$ 有子空间直接和:

$$\mathrm{iso}_{(\sqrt{-1}v_0, 0)}(D(V_N, F)) = o(D(V_N, F)) + \widetilde{y}(D(V_N, F)) + \widetilde{L}_1 + \widetilde{L}_2,$$

而

$$o(D(V_N,F)) = \{\sum_{i<j} z_{ij}L_{ij}\frac{\partial'}{\partial z_{ij}} + \sum_i u_iK_i\frac{\partial'}{\partial u_i}\},$$

其中 L_{ij} 为 $n_{ij} \times n_{ij}$ 实斜对称方阵，有条件

$$L_{ik}A_{ij}^{tk} - A_{ij}^{tk}L_{jk}' = \sum_r (e_rL_{ij}e_t')A_{ij}^{rk},$$

K_i 为斜 Hermite 方阵，有条件

$$K_iQ_{ij}^{(t)} - Q_{ij}^{(t)}K_j = \sum_r (e_rL_{ij}e_t')Q_{ij}^{(r)},$$

$\widetilde{y}(D(V_N,F))$ 有基 $Z_{ij}^{(t)} - \sqrt{-1}\dfrac{\partial}{\partial z_{ij}^{(t)}}$, $1 \le t \le n_{ij}$, 这里 $Z_{ij}^{(t)} \in L_0$.

$$\widetilde{L}_1 = < Y_{i_\sigma}^{(t)} - \widetilde{P}_{i_\sigma}^{(t)}, \widetilde{Y}_{i_\sigma}^{(t)} + P_{i_\sigma}^{(t)}, 1 \le t \le m_{i_\sigma}, 1 \le \sigma \le \rho >,$$

$$\widetilde{L}_2 = < B_{i_\sigma} + \frac{\partial}{\partial s_{i_\sigma}}, T_{i_\sigma i_\tau}^{(t)} + 2\frac{\partial}{\partial z_{i_\sigma i_\tau}^{(t)}},$$

$$1 \le t \le n_{i_\sigma i_\tau}, 1 \le \sigma < \tau \le \rho > .$$

§5.4 有界域实现的原点迷向子群

设 D 为有界域，$K(z,\bar{z})$ 为 D 的 Bergman 核函数. 记 Aut (D) 为域 D 的全纯自同构群，aut (D) 为 Aut (D) 的李代数. 设域 D 的 Bergman 度量为 $h = dzT(z,\bar{z})\overline{dz}'$, 其中 $T(z,\bar{z}) = (\dfrac{\partial^2 \log K(z,\bar{z})}{\partial z_i \partial \bar{z}_j})$. 由引理 1.2.6, $X = \xi(z)\dfrac{\partial'}{\partial z} = \sum_i \xi_i(z)\dfrac{\partial}{\partial z_i} \in$ aut (D) 当且仅当

$$\sum_i \xi_i(z)\frac{\partial \log K(z,\bar{z})}{\partial z_i} + \sum_i \overline{\xi_i(z)}\frac{\partial \log K(z,\bar{z})}{\partial \bar{z}_i}$$

$$+ \sum_i \frac{\partial \xi_i(z)}{\partial z_i} + \sum_i \overline{\frac{\partial \xi_i(z)}{\partial z_i}} = 0. \tag{5.4.1}$$

为方便起见, 对域 D 中固定点 z_0, 记

$$\partial_\tau f(\tau) = \operatorname{grad}_\tau f(\tau)|_{\tau=z_0} = (\frac{\partial f(\tau)}{\partial \tau_1}|_{\tau=0}, \cdots, \frac{\partial f(\tau)}{\partial \tau_n}|_{\tau=0}). \quad (5.4.2)$$

对式 (5.4.1) 求关于 $\overline{z}_j$ 的偏导数, 再令 $\overline{z} = \overline{z}_0$, 因此有

$$\sum_i \xi_i(z) \frac{\partial^2 \log K(z,\overline{z})}{\partial z_i \partial \overline{z}_j}|_{\overline{z}=\overline{z}_0} + \sum_i (\overline{\frac{\partial \xi_i(z)}{\partial z_j}} \frac{\partial \log K(z,\overline{z})}{\partial \overline{z}_i})|_{\overline{z}=\overline{z}_0}$$

$$+ \sum_i \overline{\xi_i(z_0)} \frac{\partial^2 \log K(z,\overline{z})}{\partial \overline{z}_i \partial \overline{z}_j}|_{\overline{z}=\overline{z}_0} + \sum_i \overline{\frac{\partial^2 \xi_i(z)}{\partial z_i \partial z_j}}|_{z=z_0} = 0.$$

引进 $n \times n$ 矩阵

$$\overline{A} = (-\frac{\partial \xi_i(z)}{\partial z_j}|_{z=z_0}),$$

$$F(z) = (\frac{\partial^2 \log K(z_0,\overline{z})}{\partial \overline{z}_i \partial \overline{z}_j}|_{\overline{z}=\overline{z}_0} - \frac{\partial^2 \log K(z,\overline{z})}{\partial \overline{z}_j \partial \overline{z}_j}|_{\overline{z}=\overline{z}_0}), \qquad (5.4.3)$$

则 A 为 n 阶常数复方阵, $F(z)$ 为 n 阶复对称方阵, 它关于 z 全纯, 且 $F(z_0) = 0$. 这时, 有

$$\xi(z)T(z,\overline{z}_0) - [\partial_{\overline{z}} \log K(z,\overline{z}))A$$

$$- \overline{\xi(z_0)}F(z) + \overline{\xi(z_0)}(\frac{\partial^2 \log K(z_0,\overline{z})}{\partial \overline{z}_i \partial \overline{z}_j})]|_{\overline{z}=\overline{z}_0} + \eta = 0,$$

其中 $\eta = (\eta, \cdots, \eta_n)$, $\overline{\eta}_j = \sum_i \frac{\partial^2 \xi_i(z)}{\partial z_i \partial z_j}|_{z=z_0}$.

用 $z = z_0$ 代入, 有

$$\xi(z_0)T(z_0,\overline{z}_0) - (\partial_{\overline{z}} \log K(z_0,\overline{z}))A$$

$$+ \overline{\xi(z_0)}(\frac{\partial^2 \log K(z_0,\overline{z})}{\partial \overline{z}_i \partial \overline{z}_j})|_{\overline{z}=\overline{z}_0} + \eta = 0.$$

两式相减, 便证明了

引理 5.4.1 符号同上, 任取 $\xi(z)\dfrac{\partial'}{\partial z} \in \operatorname{aut}(D)$, 则

$$\xi(z) = [\xi(z_0)T(z_0, \overline{z}_0) + \overline{\xi(z_0)}F(z)$$

$$+(\text{grad}_{\,\overline{z}}\log\frac{K(z, \overline{z})}{K(z_0, \overline{z})})A]T(z, \overline{z}_0)^{-1}. \tag{5.4.4}$$

特别记 $\text{Iso}_0(D)$ 为点 z_0 的迷向子群, $\text{iso}_0(D)$ 为 $\text{Iso}_0(D)$ 的李代数, 则由 $\xi(z)\dfrac{\partial'}{\partial z} \in \text{iso}_0(D)$ 有

$$\xi(z) = (\partial_{\overline{z}}\log\frac{K(z, \overline{z})}{K(z_0, \overline{z})})AT(z, \overline{z}_0)^{-1}. \tag{5.4.5}$$

另一方面, 由 §4.2 可知 σ:

$$w = (\partial_{\overline{z}}\log\frac{K(z, \overline{z})}{K(z_0, \overline{z})})T(z_0, \overline{z}_0)^{-\frac{1}{2}} \tag{5.4.6}$$

为域 D 上的 Bergman 映射, 我们有

引理 5.4.2 记 $K(z, \overline{z})$ 为 $\mathbb{C}^n$ 中域 D 上的 Bergman 核函数. 设域 D 上的 Bergman 映射 σ 为全纯同构, 则域 $\sigma(D)$ 上的 Bergman 核函数为

$$K_1(w, \overline{w}) = K(z, \overline{z})\det T(z, \overline{z}_0)^{-1}\det T(z_0, \overline{z})^{-1}\det T(z_0.\overline{z}_0), \tag{5.4.7}$$

Bergman 度量方阵为

$$T_1(w, \overline{w}) = T(z_0, \overline{z}_0)^{\frac{1}{2}}T(z, \overline{z}_0)^{-1}T(z, \overline{z})T(z_0, \overline{z})^{-1}T(z_0, \overline{z}_0)^{\frac{1}{2}}. \tag{5.4.8}$$

又有 $T_1(w, 0) = T_1(0, \overline{w}) = I$. 又域 $\sigma(D)$ 上的 Bergman 映射为恒等映射.

证 今 $\sigma(z_0) = 0$, 所以域 $\sigma(D)$ 包含原点. 熟知 Bergman 映射 σ 的 Jacobian 矩阵 $\dfrac{\partial w}{\partial z} = T(z, \overline{z}_0)T(z_0, \overline{z}_0)^{-\frac{1}{2}}$. 又 Bergman 核函数

$$K_1(w, \overline{w}) = K(z, \overline{z})|\det\frac{\partial w}{\partial z}|^{-2},$$

因此证明了式 (5.4.7) 成立. 又 Bergman 度量方阵

$$T_1(w, \overline{w}) = (\frac{\partial w}{\partial z})^{-1} T(z, \overline{z}) (\overline{\frac{\partial w}{\partial z}}')^{-1},$$

因此证明了式 (5.4.8) 成立. 特别我们有 $T_1(0, \overline{w}) = T_1(w, 0) = I$.

最后, 有

$$\frac{\partial(\log K_1(w, \overline{w}) - \log K_1(0, \overline{w}))}{\partial \overline{w}_j}\big|_{\overline{w}=0}$$

$$= \sum_k \frac{\partial(\log K_1(w, \overline{w}) - \log K_1(0, \overline{w}))}{\partial \overline{z}_k}\big|_{\overline{z}=\overline{z}_0} \overline{\left(\frac{\partial z_k}{\partial w_j}\big|_{z=z_0}\right)}$$

$$= \sum_k \frac{\partial(\log K(z, \overline{z}) - \log K(z_0, \overline{z}))}{\partial \overline{z}_k}\big|_{\overline{z}=\overline{z}_0} e_k T(z_0, \overline{z}_0)^{-\frac{1}{2}} = \sigma(z) = w.$$

这证明了域 $\sigma(D)$ 的 Bergman 映射为恒等映射. 证完.

由引理 5.4.1 及引理 5.4.2, 我们有

引理 5.4.3 设 D 为 $\mathbb{C}^n$ 中有界域, σ 为域 D 上的 Bergman 映射. 设 σ 为全纯同构, 记域 $D_1 = \sigma(D)$ 的 Bergman 核函数为 $K_1(w, \overline{w})$, 域 D_1 上的全纯同构群为 $\mathrm{Aut}\,(D_1)$, 其李代数为 $\mathrm{aut}\,(D_1)$. 任取 $X = \eta(w)\dfrac{\partial'}{\partial w} \in \mathrm{aut}\,(D_1)$, 则

$$\eta(w) = \eta(0) + \overline{\eta(0)}F_1(w) + wA_1, \tag{5.4.9}$$

其中 $F_1(w)$ 是由 w 的全纯函数构成的复对称方阵. 又当 $\eta(w)\dfrac{\partial'}{\partial w} \in \mathrm{iso}_0(D_1)$, 则

$$\eta(w) = wA_1, \quad \overline{A}_1' + A_1 = 0, \tag{5.4.10}$$

其中 $A_1 = T(z_0, \overline{z}_0)^{-\frac{1}{2}} A T(z_0, \overline{z}_0)^{\frac{1}{2}}$.

证 今任取 $\xi(z)\dfrac{\partial'}{\partial z} \in \mathrm{aut}\,(D)$, 则 $\xi(z)\dfrac{\partial w}{\partial z}\dfrac{\partial'}{\partial w} \in \mathrm{aut}\,(D_1)$. 今

由式 (5.4.4), 有

$$\eta(w) = \xi(z)\frac{\partial w}{\partial z} = [\xi(z_0)T(z_0,\overline{z}_0) + \overline{\xi(z_0)}F(z)$$
$$+ (\operatorname{grad}_{\overline{z}}\log\frac{K(z,\overline{z})}{K(z_0,\overline{z})})A]T(z_0,\overline{z}_0)^{-\frac{1}{2}}.$$

记 Bergman 映射 $\sigma: w = (\operatorname{grad}_{\overline{z}}\log\frac{K(z,\overline{z})}{K(z_0,\overline{z})})T(z_0,\overline{z}_0)^{-\frac{1}{2}}$ 的逆为 $\sigma^{-1}: z = f(w)$. 由 $\sigma(z_0) = 0$ 有 $\sigma^{-1}(0) = z_0$, 即 $f(0) = z_0$. 记 $F(z) = F_0(w)$, 则 $F_0(0) = F(z_0) = 0$. 又

$$\eta(w) = \xi(z_0)T(z_0,\overline{z}_0)^{\frac{1}{2}} + \overline{\xi(z_0)}F_0(w)T(z_0,\overline{z}_0)^{-\frac{1}{2}}$$
$$+ wT(z_0,\overline{z}_0)^{\frac{1}{2}}AT(z_0,\overline{z}_0)^{-\frac{1}{2}},$$

而 $\eta(0) = \xi(z_0)T(z_0,\overline{z}_0)^{\frac{1}{2}}$, 所以

$$\eta(w) = \eta(0) + \overline{\eta(0)}F_1(w) + wA_1,$$

其中

$$F_1(w) = T(z_0,\overline{z}_0)^{-\frac{1}{2}}F_0(w)T(z_0,\overline{z}_0)^{-\frac{1}{2}},$$
$$A_1 = T(z_0,\overline{z}_0)^{\frac{1}{2}}AT(z_0,\overline{z}_0)^{-\frac{1}{2}}.$$

特别, 当 $\xi(z)\frac{\partial'}{\partial z} \in \operatorname{iso}_0(D)$, 即 $\xi(z_0) = 0$, 则 $\eta(0) = 0$, 所以 $\eta(w)\frac{\partial'}{\partial w} \in \operatorname{iso}_0(D_1)$, 又 $\eta(w) = wA_1$. 今

$$\exp\eta(w)\frac{\partial'}{\partial w} = \exp wA_1\frac{\partial'}{\partial w}$$

决定的单参数子群可写为 $\widetilde{w} = w\exp\theta A_1, \forall\theta \in \mathbb{R}$, 所以证明了 $\operatorname{Iso}_0(D_1) \subset \operatorname{GL}(n,\mathbb{C})$. 另一方面, 由

$$T_1(\widetilde{w},\overline{\widetilde{w}}) = (\frac{\partial\widetilde{w}}{\partial w})^{-1}T_1(w,\overline{w})(\overline{\frac{\partial\widetilde{w}}{\partial w}})^{'-1},$$

所以有

$$T_1(w\exp\theta A_1, \overline{w}\exp\theta\overline{A_1}) = (\exp\theta A_1)^{-1}T_1(w,\overline{w})(\exp\theta\overline{A}_1')^{-1}.$$

双方取 $w = 0$, 由 $T_1(0,0) = I$ 可知 $\exp\theta A_1 \in U(n)$, 所以 A_1 为斜 Hermite 方阵. 证完.

为了选取一个合适的从域 D 到域 $\sigma(D)$ 的 Bergman 映射, 使得便于从李代数 $\mathrm{iso}(D)$ 出发计算出李代数 $\mathrm{iso}(\sigma(D))$. 我们引进线性同构 $\sigma': w \to wT(z_0, \overline{z}_0)^{\frac{1}{2}}$, 于是 $\sigma_0 = \sigma' \circ \sigma$ 为

$$w = \partial_{\overline{z}} \log \frac{K(z, \overline{z})}{K(z_0, \overline{z})} = \mathrm{grad}_{\overline{z}} \log \frac{K(z, \overline{z})}{K(z_0, \overline{z})}\big|_{\overline{z} = \overline{z}_0}. \tag{5.4.11}$$

它仍为 Bergman 映射, 所以当 σ 为域 D 上的全纯同构时, σ_0 是域 D 上的全纯同构. 我们有

引理 5.4.4 符号同上. 设域 D 上的 Bergman 映射 σ_0 为全纯同构. 则域 $\sigma_0(D)$ 的关于原点的迷向子群 $\mathrm{Iso}(\sigma_0(D))$ 的李代数 $\mathrm{iso}(\sigma_0(D))$ 中元素

$$(\sigma_0)_*(\xi(z)\frac{\partial'}{\partial z}) = wA\frac{\partial'}{\partial w} = -\sum w_i \overline{\frac{\partial \xi_i(z)}{\partial z_j}\Big|_{\overline{z}}} \frac{\partial}{\partial w_j}, \tag{5.4.12}$$

现在回到正规 Siegel 域 $D(V_N, F)$. 在 §4.2 中我们证明了正规 Siegel 域 $D(V_N, F)$ 上的 Bergman 映射 σ 为全纯同构, 且 $D_1 = \sigma_0(D(V_N, F))$ 为齐性有界域. 由引理 5.4.4 可知, 齐性有界域 $D_1 = \sigma(D(V_N, F))$ 上的原点迷向子群 $\mathrm{Iso}(D_1)$ 为线性群的紧子群.

在 §5.3, 我们求出了正规 Siegel 域 $D(V_N, F)$ 的全纯自同构群 $\mathrm{Aut}(D(V_N, F))$ 的李代数 $\mathrm{aut}(D(V_N, F))$. 它有子空间直接和分解

$$\mathrm{aut}(D(V_N, F)) = t(D(V_N, F)) + \mathrm{iso}(D(V_N, F)), \tag{5.4.13}$$

其中 $\mathrm{iso}(D(V_N, F))$ 为 $D(V_N, F)$ 中固定点 $(\sqrt{-1}v_0, 0)$ 的迷向子群 $\mathrm{Iso}(D(V_N, F))$ 的李代数. 它有如下的基:

$$\sum_{i<j} z_{ij} L_{ij} \frac{\partial'}{\partial z_{ij}} + \sum_i u_i K_i \frac{\partial'}{\partial u_i}, \tag{5.4.14}$$

其中 L_{ij} 为实斜对称方阵, K_i 为斜 Hermite 方阵, 又

$$L_{ik} A_{ij}^{tk} - A_{ij}^{tk} L_{jk} = \sum_r (e_r L_{ij} e_t') A_{ij}^{rk}, \tag{5.4.15}$$

$$K_i Q_{ij}^{(t)} - Q_{ij}^{(t)} K_j = \sum_r (e_r L_{ij} e_t') Q_{ij}^{(r)}, \qquad (5.4.16)$$

$$Z_{ij}^{(t)} - X_{ij}^{(t)}, \quad 1 \le t \le n_{ij}, \qquad (5.4.17)$$

其中对称方阵 $S = (n_{kl})$ 关于指标 (i,j) 适合条件 (Z)(见附录中的定义 1.9).

存在最大指标集, $1 \le i_1 < i_2 < \cdots, < i_\rho \le N$, 使得 $n_{i_r l} = 0$ 当且仅当 $l \ne i_{\tau+1}, \cdots, i_\rho$. 又 $Z_{l i_\tau}^{(t)} - X_{l i_\tau}^{(t)} \in \text{iso}\,(D(V_N, F))$ 当且仅当 $l = i_1, \cdots, i_{\tau-1}$. 再

$$\sum_t Q_{l i_\tau}^{(t)} (e_u' e_v + e_v' e_u)(Q_{l i_\tau}^{(t)})' = 0, \quad 1 \le l < i_\tau. \qquad (5.4.18)$$

这时, $\text{iso}\,(D(V_N, F))$ 有基

$$B_i + \frac{\partial}{\partial s_i}, \quad i = i_1, \cdots, i_\rho, \qquad (5.4.19)$$

$$T_{ij}^{(t)} + \frac{\partial}{\partial z_{ij}^{(t)}}, \quad 1 \le t \le n_{ij}, \ i < j, \quad i,j \in \{i_1, \cdots, i_\rho\}, \qquad (5.4.20)$$

$$Y_i^{(t)} - \widetilde{P}_i, \quad 1 \le t \le m_i, \ i = i_1, \cdots, i_\rho, \qquad (5.4.21)$$

$$\widetilde{Y}_i^{(t)} + P_i^{(t)}, \quad 1 \le t \le m_i, \ i = i_1, \cdots, i_\rho, \qquad (5.4.22)$$

其中

$$B_i = \frac{1}{2} s_i \left(A_i + u_i \frac{\partial'}{\partial u_i} \right) + \frac{1}{2} \sum_{l < i} \sum_s z_{li}^{(s)} \left(X_{li}^{(s)} + u_i \overline{Q_{li}^{(s)}}' \frac{\partial'}{\partial u_l} \right)$$

$$+ \frac{1}{2} \sum_{i < l} \sum_s z_{il}^{(s)} \left(Z_{il}^{(s)} + u_i Q_{il}^{(s)} \frac{\partial'}{\partial u_l} \right), \qquad (5.4.23)$$

$$T_{ij}^{(t)} = [X_{ij}^{(t)}, B_i], \qquad (5.4.24)$$

$$Y_i^{(t)} = [P_i^{(t)}, B_i], \qquad (5.4.25)$$

$$\widetilde{Y}_i^{(t)} = \left[Y_i^{(t)}, \sqrt{-1}\, u_i \frac{\partial'}{\partial u} \right]. \qquad (5.4.26)$$

今正规 Siegel 域 $D(V_N, F)$ 中点 (z, u) 记作

$$z = (s_1, z_2, s_2, \cdots, z_N, s_N), \quad z_j = (z_{1j}, \cdots, z_{j-1,j}),$$
$$z_{ij} = (z_{ij}^{(1)}, \cdots, z_{ij}^{(n_{ij})}), \quad u = (u_1, \cdots, u_N), \tag{5.4.27}$$
$$u_j = (u_j^{(1)}, \cdots, u_j^{(m_j)}).$$

齐性有界域 $D_1 = \sigma(D(V_N, F))$ 中点 (x, v) 记作

$$x = (r_1, x_2, r_2, \cdots, x_N, r_N), \quad x_j = (x_{1j}, \cdots, x_{j-1,j}),$$
$$x_{ij} = (x_{ij}^{(1)}, \cdots, x_{ij}^{(n_{ij})}), \quad v = (v_1, \cdots, v_N), \tag{5.4.28}$$
$$v_j = (v_j^{(1)}, \cdots, v_j^{(m_j)}).$$

为确切起见, 我们记李代数 $\mathrm{aut}(D(V_N, F))$ 中元素 A_i, $X_{ij}^{(t)}$, $Z_{ij}^{(t)}$, $P_i^{(t)}$, $\widetilde{P}_i^{(t)}$ 分别为

$$A_i(z, u), \; X_{ij}^{(t)}(z, u), \; Z_{ij}^{(t)}(z, u), \; P_i^{(t)}(z, u), \; \widetilde{P}_i^{(t)}(z, u).$$

由引理 5.4.4, 任取

$$X = \sum \xi_i(z, u) \frac{\partial}{\partial s_i} + \sum \xi_{ij}^{(t)}(z, u) \frac{\partial}{\partial z_{ij}^{(t)}}$$

$$+ \sum \xi_i^{(t)}(z, u) \frac{\partial}{\partial u_i^{(t)}} \in \mathrm{iso}(D(V_N, F)), \tag{5.4.29}$$

只要改记 $\dfrac{\partial}{\partial s_i}$, $\dfrac{\partial}{\partial z_{ij}^{(t)}}$, $\dfrac{\partial}{\partial u_i^{(t)}}$ 分别为 r_i, $x_{ij}^{(t)}$, $v_i^{(t)}$, 再对函数 $\overline{\xi_i(z, u)}$, $-\overline{\xi_{ij}^{(t)}(z, u)}$, $-\overline{\xi_i^{(t)}(z, u)}$ 求偏导数 $\dfrac{\partial}{\partial \overline{s}_p}$, $\dfrac{\partial}{\partial \overline{z_{pq}^{(s)}}}$, $\dfrac{\partial}{\partial \overline{u_p^{(s)}}}$, 然后取 $\overline{z} = -\sqrt{-1} v_0$, $\overline{u} = 0$, 则分别得到 $\dfrac{\partial}{\partial r_p}$, $\dfrac{\partial}{\partial x_{pq}^{(s)}}$, $\dfrac{\partial}{\partial v_p^{(s)}}$ 的系数. 因此对向量场 $B_i, T_{ij}^{(t)}, Y_i^{(t)}, \widetilde{Y}_i^{(t)}$, 由于它们都是二次齐次多项式构成的向量场, 所以不含 $s_1, \cdots, s_N$ 的项, 在用式 (5.4.4) 计算时都为零. 另一方面, 对线性向量场 $(z, u) B(\frac{\partial}{\partial z}, \frac{\partial}{\partial u})'$, 则

$$\sigma_*\left((z, u) B\left(\frac{\partial}{\partial z}, \frac{\partial}{\partial u}\right)'\right) = -(x, v) \overline{B}'\left(\frac{\partial}{\partial x}, \frac{\partial}{\partial v}\right)'.$$

于是立即有

定理 5.4.5 设 $D(V_N, F)$ 是由 N 矩阵组 $\{A_{ij}^{tk}, Q_{ij}^{(t)}\}$ 决定的正规 Siegel 域，σ_0 为正规 Siegel 域 $D(V_N, F)$ 上的 Bergman 映射，即

$$\sigma_0 : (x, v) = \operatorname{grad}_{(\overline{z}, \overline{u})} \log \frac{K(z, u; \overline{z}, \overline{u})}{K(\sqrt{-1}v_0, 0; \overline{z}, \overline{u})}\Big|_{\overline{z}=-\sqrt{-1}v_0, \overline{u}=0}.$$

$$(5.4.30)$$

作 σ_0，再作线性同构

$$\sigma_0' : r_i \to 2r_i, \quad x_{ij} \to x_{ij}, \quad v_i \to v_i,$$

则 $\sigma_0' \circ \sigma_0$ 诱导了李代数 $\mathrm{iso}\,(D(V_N, F))$ 中基元素的像为

$$\sigma_* (\sum z_{ij} L_{ij} \frac{\partial'}{\partial z_{ij}} + \sum u_i K_i \frac{\partial'}{\partial u_i}) = \sum x_{ij} L_{ij} \frac{\partial'}{\partial x_{ij}} + \sum v_i K_i \frac{\partial'}{\partial v_i},$$

$$(5.4.31)$$

$$\sigma_* (Z_{ij}^{(t)}(z, u) - X_{ij}^{(t)}(z, u)) = Z_{ij}^{(t)}(x, v) - X_{ij}^{(t)}(x, v), \qquad (5.4.32)$$

$$\sigma_* (B_i + \frac{\partial}{\partial s_i}) = \sqrt{-1} A_i(x, v), \qquad (5.4.33)$$

$$\sigma_* (T_{ij}^{(t)} + \frac{\partial}{\partial z_{ij}^{(t)}}) = \sqrt{-1}(X_{ij}^{(t)}(x, v) + Z_{ij}^{(t)}(x, v)), \qquad (5.4.34)$$

$$\sigma_* (\sum (\operatorname{Re}(\alpha_i e_t'))(Y_i^{(t)} - \widetilde{P}_i^{(t)}) + \sum \operatorname{Im}(\alpha_i e_t')(\widetilde{Y}_i^{(t)} + P_i^{(t)}))$$
$$= -v_i \overline{\alpha}_i' \frac{\partial}{\partial s_i} - \sum_{p<i} \sum_s v_p Q_{pi}^{(s)} \overline{\alpha}_i' \frac{\partial}{\partial x_{pi}^{(s)}} - \sum_{i<p} \sum_s v_p \overline{Q_{ip}^{(s)}}' \overline{\alpha}_i' \frac{\partial}{\partial x_{ip}^{(s)}}$$
$$+ 2r_i \alpha_i \frac{\partial}{\partial v_i} + \sum_{p<i} \sum_s x_{pi}^{(s)} \alpha_i \overline{Q_{pi}^{(s)}}' \frac{\partial'}{\partial v_p} + \sum_{i<p} \sum_s x_{ip}^{(s)} \alpha_i Q_{ip}^{(s)} \frac{\partial'}{\partial v_p},$$

$$(5.4.35)$$

其中 $\alpha_i \in \mathbb{C}^{mi}$，又 $A_i(z, u)$，$X_{ij}^{(t)}(z, u)$，$Z_{ij}^{(t)}(z, u)$ 分别是用坐标 (z, u) 表示的 $A_i, X_{ij}^{(t)}, Z_{ij}^{(t)}$（见式 (5.2.8),(5.2.9), (5.2.15),(5.2.16)）。

由定理 5.4.1，我们很快就可以写出域 $\sigma(D(V_N, F))$ 的原点迷向子群 $\mathrm{Iso}\,(D(V_N, F))$ 的生成元集.

第六章　　对称正规 Siegel 域

关于对称有界域的分类是 É.Cartan 1935 年发表的著名工作. 他从定义出发，先证明对称有界域为齐性有界域，它的全纯自同构群为实半单李群，固定点迷向子群为最大紧子群，于是对称有界域是 Riemann 对称空间. 由于 É.Cartan 已给出 Riemann 对称空间的完全分类. 利用分类表，便给出了对称有界域分类 (即写成旁集空间 G/K). 进一步，É.Cartan 给出了四大类标准域 (华罗庚称它为典型域)，它们是 $\mathfrak{R}_I(n,m) : Z = (z_{ij})$ 为独立自变量构成的 $n \times m$ 复矩阵，$I - Z\overline{Z}' > 0$. $\mathfrak{R}_{II}(n), \mathfrak{R}_{III}(n)$ 为 $\mathfrak{R}_I(n,n)$ 的子域，定义为

$$\mathfrak{R}_{II}(n) \subset \mathfrak{R}_I(n,n), \quad Z' = Z, \quad \mathfrak{R}_{III}(n) \subset \mathfrak{R}_I(n,n), \quad Z' = -Z.$$

$\mathfrak{R}_{IV}(n)$ 定义为

$$\mathfrak{R}_{IV}(n) = \{\, z \in \mathbb{C}^n \mid |zz'| < 1,\ 1 + |zz'|^2 - 2z\overline{z}' > 0\}.$$

但是 É.Cartan 并未给出余下的两个例外典型域 (它们分别在 $\mathbb{C}^{16}$ 及 $\mathbb{C}^{27}$ 中) 的实现.

在这一章我们从齐性有界域全纯等价于正规 Siegel 域出发，将问题化为给出对称正规 Siegel 域的完全分类. 正因为如此，我们分别给出了例外典型域在 $\mathbb{C}^{16}$ 及 $\mathbb{C}^{27}$ 中的实现.

§6.1　对称有界域和对称正规 Siegel 域

设 D 为 $\mathbb{C}^n$ 中有界域，$\mathrm{Aut}\,(D)$ 为有界域 D 上的全纯自同构群. D 称为对称有界域，如果任取点 $p \in D$, 则存在 $\sigma_p \in \mathrm{Aut}\,(D)$, 使得

(1) σ_p 以点 p 为孤立不动点;

(2) $\sigma_p^2 = \mathrm{id}$.

这时, σ_p 称为点 p 的对称变换.

引理 6.1.1 对称有界域为齐性有界域.

证 设 D 为 $\mathbb{C}^n$ 中对称有界域, 记 $K(z, \bar z)$ 为域 D 的 Bergman 核函数, 则

$$ds^2 = dz T(z, \bar z)\overline{dz}' = \sum_{i,j=1}^n \frac{\partial^2 \log K(z, \bar z)}{\partial z_i \partial \bar z_j} dz_i \otimes \overline{dz_j}$$

为域 D 上的 Kähler 度量, 等度量变换群为全纯自同构群 $\mathrm{Aut}\,(D)$.

熟知任取点 $a \in D$, 存在以点 a 为球心的测地球, 半经为 r. 记测地球为 $G(a, r) \subset D$, 则边界 $\partial G(a, r)$ 中任一点 x, 存在以点 a 和 x 为端点的测地线, 整个落在 $G(a, r)$ 中, 且长度为 r.

在对称有界域 D 中任取两点 p, q, 作简单连续曲线 Γ, 任取 $a \in \Gamma$, 存在测地球 $G(a, \varepsilon_a) \subset D$. 显然, $\Gamma \subset \cup_{a \in \Gamma}(a, \varepsilon_a)$. 由 Γ 紧, 所以存在有限个点 $a_i, 0 \le i. \le s$, 使得 $a_0 = p, a_s = q$. 又 $G(a_i, \varepsilon_{a_i}) = G_i, 0 \le i \le s$ 有 $G_i \cap G_{i+1} \ne \phi$. 在 $G_i \cap G_{i+1}$ 中任取一点 $b_i, 0 \le i < s$, 则有点列

$$p = a_0, b_0, a_1, \cdots, a_{s-1}, b_{s-1}, a_s = q,$$

而相邻两点有测地线相联. 这证明了任取 $p, q \in \Gamma$, 则存在点列 $c_0 = p, c_1, \cdots, c_t = q$, 使得点 c_i 和点 c_{i+1} 间有测地线相联. 在此测地线中取中点 d_i, 考虑点 d_i 的对称变换. $\sigma_{d_i} \in \mathrm{Aut}\,(D)$, 则 $\sigma_{d_i}(c_i) = c_{i+1}$. 所以可连续作用有限次全纯自同构将点 p 映为点 q. 这证明了对称有界域为齐性有界域. 证完.

由引理 6.1.1 及第三章, 对称有界域全纯等价于某一类正规 Siegel 域. 注意到对称有界域的定义在全纯同构下不改变, 所以证明了对称有界域全纯等价于对称正规 Siegel 域.

下面我们考虑对称正规 Siegel 域的完全分类.

由第四章可知，对称正规 Siegel 域上的 Bergman 映射 τ:

$$w = \operatorname{grad}_{\overline{z}} \log \frac{K(z, \overline{z})}{K(z_0, \overline{z})}\Big|_{\overline{z}=\overline{z}_0} T(z_0, \overline{z}_0)^{-\frac{1}{2}}$$

为全纯同构. 这里为了方便起见，我们不用第一类 Siegel 域及第二类 Siegel 域的坐标表达式，统一用 z 来表达所讨论的域的坐标. 又 z_0 为正规 Siegel 域 D 中固定点. 由引理 5.4.3, 记 $D_0 = \tau(D)$, aut (D_0) 为全纯自同构群 Aut (D_0) 的李代数，则 aut (D_0) 中元素可表为

$$X = (\alpha + \overline{\alpha}F(w) + wA)\frac{\partial'}{\partial w},$$

其中 $\alpha \in \mathbb{C}^n$, $F(w)$ 为 $n \times n$ 复对称方阵，元素为域 D_0 上的全纯函数，又 A 为 $n \times n$ 复方阵. 特别，域 D_0 包含原点，且记 iso (D_0) 为原点迷向子群 Iso (D_0) 的李代数，则 $X \in$ iso (D_0) 时，$\alpha = 0, A$ 为斜 Hermite 方阵.

另一方面，记 $K_0(w, \overline{w})$ 为域 D_0 的 Bergman 核函数，$T_0(w, \overline{w})$ 为域 D_0 的 Bergman 度量方阵. 由引理 5.4.2 可知

$$T_0(w, 0) = T_0(0, \overline{w}) = I.$$

对域 D_0 用引理 5.4.1, 所以记

$$F(w) = (f_{ij}(w)), \tag{6.1.1}$$

则有

$$f_{ij}(w) = -\frac{\partial^2 (\log K_0(w, \overline{w}) - \log K_0(0, \overline{w}))}{\partial \overline{w}_i \partial \overline{w}_j}\Big|_{\overline{w}=0}. \tag{6.1.2}$$

引理 6.1.2 符号同上. 设 $\widetilde{w} = wU$ 为域 D_0 的全纯自同构，则有 $U \in \mathrm{U}(n)$, 且

$$F(wU) = U'F(w)U. \tag{6.1.3}$$

证 今对 Bergman 核函数 $K_0(w, \overline{w})$ 有

$$K_0(w, \overline{w}) = \left|\det \frac{\partial \widetilde{w}}{\partial w}\right|^2 K_0(\widetilde{w}, \overline{\widetilde{w}}),$$

即有

$$K_0(w, \overline{w}) = \left| \det U \right|^2 K_0(wU, \overline{w}\overline{U}).$$

于是

$$f_{ij}(wU) = f_{ij}(\widetilde{w}) = -\frac{\partial^2 (\log K_0(\widetilde{w}, \overline{\widetilde{w}}) - \log K_0(0, \overline{\widetilde{w}}))}{\partial \overline{\widetilde{w}_i} \partial \overline{\widetilde{w}_j}} \bigg|_{\overline{\widetilde{w}}=0}.$$

今

$$\log K_0(\widetilde{w}, \overline{\widetilde{w}}) = \log K_0(w, \overline{w}) + \log \det U + \log \det \overline{U},$$

所以

$$\frac{\partial \log K_0(\widetilde{w}, \widetilde{w})}{\partial \overline{\widetilde{w}_i}} = \sum \frac{\partial \log K_0(w, \overline{w})}{\partial \overline{w}_p} \frac{\overline{\partial w_p}}{\partial \widetilde{w}_i},$$

$$\frac{\partial^2 \log K_0(\widetilde{w}, \overline{\widetilde{w}})}{\partial \overline{\widetilde{w}_i} \partial \overline{\widetilde{w}_j}} = \sum \frac{\partial^2 \log K_0(w, \overline{w})}{\partial \overline{w}_p \partial \overline{w}_q} \frac{\overline{\partial w_p}}{\partial \widetilde{w}_i} \frac{\overline{\partial w_q}}{\partial \widetilde{w}_j}.$$

因此

$$F(wU) = F(\widetilde{w}) = \frac{\overline{\partial w}}{\partial \widetilde{w}} F(w) \left(\frac{\overline{\partial w}}{\partial \widetilde{w}} \right)'.$$

今 $\dfrac{\partial \widetilde{w}}{\partial w} = U$ 为常数方阵，所以证明了

$$\overline{U} F(wU) \overline{U}' = F(w).$$

另一方面，由 $T_0(0, 0) = I$，所以 $U \in U(n)$. 证完.

引理 6.1.3 符号同上. 对域 D_0 的全纯自同构 $w = zU$，若

$$X = (\alpha + \overline{\alpha} F(w) + wA) \frac{\partial'}{\partial w} \in \text{aut}(D_0), \tag{6.1.4}$$

则

$$Y = (\alpha U + \overline{\alpha} \overline{U} F(w) + w\widetilde{A}) \frac{\partial'}{\partial w} \in \text{aut}(D_0), \tag{6.1.5}$$

其中 $\widetilde{A} = \overline{U}' A U$.

证　今

$$X = (\alpha + \overline{\alpha}F(w) + wA)\frac{\partial'}{\partial w} = (\alpha + \overline{\alpha}\,\overline{U}F(\widetilde{w})\overline{U}' + \widetilde{w}U^{-1}A)U\frac{\partial'}{\partial \widetilde{w}},$$

这证明了 $Y \in \mathrm{aut}\,(D_0)$. 证完.

今 D_0 为对称有界域, 且包含原点. 由引理 6.1.1 的证明可知, 域 D_0 的全纯自同构群 $\mathrm{Aut}\,(D_0)$ 由域 D_0 上的所有对称生成. 记 G 为域 D_0 的最大连通全纯自同构群, 则 G 在域 D_0 上可递, 且 G 中有对称变换 σ', 它以域 D_0 中点 q 为弧立不动点. 今存在 $\tau \in G, \tau(0) = q$, 则 $\tau^{-1}\sigma'\tau = \sigma \in G$, 且 σ 是以原点为弧立不动点的对称变换.

另一方面, 由于域 D_0 的全纯自同构群的原点迷向子群的李代数由形如 $wA\dfrac{\partial'}{\partial w}$ 的元素构成, 其中 A 为斜 Hermite 方阵, 所以原点迷向子群的单位分支为线性酉群的紧子群. 因此原点的对称变换 σ 可表为

$$\widetilde{w} = wU,$$

其中 U 为酉方阵. 由于 $\sigma^2 = id$, 所以 $U^2 = I$, 即 U 的特征根 λ_0 有 $\lambda_0^2 = 1$, 因此 $\lambda_0 = \pm 1$. 所以存在非异复方阵 P 使得

$$U = P \begin{pmatrix} I^{(r)} & 0 \\ 0 & -I^{(n-r)} \end{pmatrix} P^{-1}.$$

再由对称变换 σ 以原点为弧立不动点, 立即推出 $r = 0$, 即 $U = -I$. 所以证明了

引理 6.1.4　符号同上. 对称有界域 D_0 的原点对称变换唯一存在, 记作 σ, 则 σ 的坐标表达式为

$$\widetilde{w} = -w. \tag{6.1.6}$$

由此有

引理 6.1.5　符号同上. 则 $f_{ij}(w)$ 为无常数项的偶函数, $1 \le i, j \le n$.

证　显然，$f_{ij}(0) = 0$. 由引理 6.1.2, 取 $U = -I$, 有

$$f_{ij}(-w) = f_{ij}(w), \quad 1 \le i, j \le n.$$

这证明了断言. 证完.

引理 6.1.6　符号同上. 记 $\mathrm{aut}\,(D_0)$ 为对称有界域 D_0 的全纯自同构群 $\mathrm{Aut}\,(D_0)$ 的李代数 $\mathrm{aut}\,(D_0)$, 则 $\mathrm{aut}\,(D_0)$ 有基

$$\begin{aligned}
X_i &= e_i(I + F(w))\frac{\partial'}{\partial w}, \\
Y_i &= \sqrt{-1}e_i(I - F(w))\frac{\partial'}{\partial w}, \quad 1 \le i \le n,
\end{aligned} \tag{6.1.7}$$

$$Z_\alpha = wK_\alpha\frac{\partial'}{\partial w}, \ \alpha = 1, 2, \cdots, s, \tag{6.1.8}$$

其中 $K_1, \cdots, K_s$ 为斜 Hermite 方阵.

证　由引理 6.1.3, 任取 $X = (\alpha + \overline{\alpha}F(w) + wA)\dfrac{\partial'}{\partial w} \in \mathrm{aut}\,(D_0)$, 则 $\sigma_*(X)Y = (-\alpha - \overline{\alpha}F(w) + wA)\dfrac{\partial'}{\partial w} \in \mathrm{aut}\,(D_0)$. 这证明了 $(\alpha + \overline{\alpha}F(w))\dfrac{\partial'}{\partial w}$, $wA\dfrac{\partial'}{\partial w} \in \mathrm{aut}\,(D_0)$. 所以我们在 $\mathrm{iso}\,(D_0)$ 中取基 $Z_\alpha = wK_\alpha\dfrac{\partial'}{\partial w}, 1 \le \alpha \le s$. 在 $\mathrm{aut}\,(D_0)$ 中取

$$\widetilde{X_i} = (\alpha_i + \overline{\alpha}_i F(w))\frac{\partial'}{\partial w}, \ 1 \le i \le 2n,$$

使得 $\widetilde{X_i}, 1 \le i \le 2n, Z_\alpha, 1 \le \alpha \le s$ 构成 $\mathrm{aut}\,(D_0)$ 的一组基, 其中 $\alpha_1, \cdots, \alpha_{2n}$ 为 $\mathbb{C}^n$ 中 $2n$ 个非零向量, 它们实线性无关. 事实上, 若存在实数 $\lambda_1, \cdots, \lambda_{2n}$, 使得 $\sum \lambda_i \alpha_i = 0$, 则有 $\sum \lambda_i \widetilde{X}_i = 0$. 这证明了 $\lambda_1 = \cdots = \lambda_{2n} = 0$. 所以断言成立. 记 $\alpha_i = \beta_i + \sqrt{-1}\xi_i$, 其中 $\beta_i, \xi_i \in \mathbb{R}^n$, 则由 $\alpha_1, \cdots, \alpha_{2n}$ 实线性无关可推出 $2n \times 2n$ 实方阵

$$P = \begin{pmatrix} \beta_1 & \xi_1 \\ \vdots & \vdots \\ \beta_{2n} & \xi_{2n} \end{pmatrix}$$

非异. 记 $P^{-1} = (p_{jk})$, 则有

$$\sum_{k=1}^{2n} p_{jk}\beta_k = e_j, \ \sum_{k=1}^{2n} p_{n+j,k}\beta_k = 0, \ 1 \le j \le n,$$

$$\sum_{k=1}^{2n} p_{jk}\xi_k = 0, \ \sum_{k=1}^{2n} p_{n+j,k}\xi_k = e_j, \ 1 \le j \le n,$$

其中 $e_j \in \mathbb{R}^n$, 其第 j 个分量为 1, 其余分量为零, $1 \le j \le n$.
记

$$X_j = \sum_{k=1}^{2n} p_{jk}\widetilde{X}_k, \quad Y_j = \sum_{k=1}^{2n} p_{n+j,k}\widetilde{X}_k, \quad 1 \le j \le n$$

便证明了引理. 证完.

今记 $w = (w_1, \cdots, w_n) \in \mathbb{C}^n$, $F(w) = (f_{ij}(w))$, 于是

$$e_i F(w) = (f_{i1}(w), \cdots, f_{in}(w)).$$

所以

$$[X_i, X_j] = \sum_{p=1}^{n}[(\frac{\partial f_{jp}}{\partial w_i} - \frac{\partial f_{ip}}{\partial w_j}) + \sum_{q=1}^{n}(f_{iq}\frac{\partial f_{jp}}{\partial w_q} - f_{jq}\frac{\partial f_{ip}}{\partial w_q})]\frac{\partial}{\partial w_p},$$

$$[Y_i, Y_j] = \sum_{p=1}^{n}[(\frac{\partial f_{jp}}{\partial w_i} - \frac{\partial f_{ip}}{\partial w_j}) - \sum_{q=1}^{n}(f_{iq}\frac{\partial f_{jp}}{\partial w_q} - f_{jq}\frac{\partial f_{ip}}{\partial w_q})]\frac{\partial}{\partial w_p}.$$

由引理 6.1.5 可知 $[X_i, X_j], [Y_i, Y_j] \in \mathrm{iso}\,(D_0)$. 这证明了

$$[X_i, X_j] = \sum_{\alpha=1}^{s} C_{ij}^{(\alpha)} Z_\alpha, \quad [Y_i, Y_j] = \sum_{\alpha=1}^{s} \widetilde{C}_{ij}^{(\alpha)} Z_\alpha.$$

注意到 $f_{pq}(w)$ 为 w 的常数项为零的偶函数, 所以证明了

$$\widetilde{C}_{ij}^{(\alpha)} = C_{ij}^{(\alpha)}, \ \forall i, j, \alpha.$$

因此有

$$[X_i, X_j] = [Y_i, Y_j], \tag{6.1.9}$$

于是

$$\sum_{q=1}^{n}(f_{iq}\frac{\partial f_{jp}}{\partial w_q} - f_{jq}\frac{\partial f_{ip}}{\partial w_q}) = 0, \quad \forall i,j,p.$$

由此推出

$$[X_i, Y_j] = -\sqrt{-1}\sum_{p=1}^{n}(\frac{\partial f_{ip}}{\partial w_j} + \frac{\partial f_{jp}}{\partial w_i})\frac{\partial}{\partial w_p} = [X_j, Y_i]. \quad (6.1.10)$$

因此有

$$[X_i, Y_j] = [X_j, Y_i] = \sum_{\alpha=1}^{m} d_{ij}^{(\alpha)} Z_\alpha, \quad \forall i,j. \quad (6.1.11)$$

由

$$\sum_p(\frac{\partial f_{ip}}{\partial w_j} - \frac{\partial f_{jp}}{\partial w_i})\frac{\partial}{\partial w_p} = -\sum_\alpha C_{ij}^{(\alpha)} w K_\alpha \frac{\partial'}{\partial w},$$

$$\sum_p(\frac{\partial f_{ip}}{\partial w_j} + \frac{\partial f_{jp}}{\partial w_i})\frac{\partial}{\partial w_p} = \sqrt{-1}\sum_\alpha d_{ij}^{(\alpha)} w K_\alpha \frac{\partial'}{\partial w},$$

便证明了 f_{ip} 为 w 的二次齐次多项式. 所以可写成

$$f_{ij}(w) = w S_{ij} w', \quad (6.1.12)$$

其中 S_{ij} 为 $n \times n$ 复对称常数方阵.

为了确切地算出对称方阵 S_{ij}, 引进复数

$$\xi_{ij}^{(\alpha)} = C_{ij}^{(\alpha)} + \sqrt{-1} d_{ij}^{(\alpha)}, \quad (6.1.13)$$

于是有 $n \times n$ 常数方阵

$$L_\alpha = (\xi_{ij}^{(\alpha)}), \quad 1 \le \alpha \le s. \quad (6.1.14)$$

由 $C_{ij}^{(\alpha)} = -C_{ji}^{(\alpha)}$, $d_{ij}^{(\alpha)} = d_{ji}^{(\alpha)}$, 所以 L_α 为斜 Hermite 方阵.

引理 6.1.7 符号同上. 我们有

$$\sum_{i=1}^{n}[X_i, Y_i] = 2\sqrt{-1}w\frac{\partial'}{\partial w},$$

$$\sum_{\alpha} K_\alpha \mathrm{tr}\, L_\alpha = -2I. \tag{6.1.15}$$

$$\mathrm{grad}_{\overline{w}}\log K_0(w, \overline{w}) = -(w + \overline{w}F(w))(I - \overline{F(w)}F(w))^{-1}. \tag{6.1.16}$$

证 令

$$\sum_{i=1}^{n}[X_i, Y_i] = \sum_{i=1}^{n}\sum_{\alpha=1}^{m} d_{ii}^{(\alpha)} Z_\alpha.$$

由于 $C_{ii}^{(\alpha)} = 0$, 所以 $\xi_{ii}^{(\alpha)} = \sqrt{-1}d_{ii}^{(\alpha)}$, 即 $-\sqrt{-1}\sum_{i=1}^{n}\xi_{ii}^{(\alpha)} = \sum_{i=1}^{n}d_{ii}^{(\alpha)}$.
这证明了

$$\sum_{i=1}^{n}[X_i, Y_i] = w\sum_{\alpha=1}^{m}(-\sqrt{-1}\mathrm{tr}\, L_\alpha)K_\alpha\frac{\partial'}{\partial w} = wK\frac{\partial'}{\partial w}.$$

记域 D_0 的 Bergman 核函数为 $K_0(w, \overline{w})$. 将引理 1.2.6 用于
$X_1, \cdots, X_n$ 及 $Y_1, \cdots, Y_n$, 有

$$\sum_k(\delta_{ik} + f_{ik}(w))\frac{\partial\log K_0(w, \overline{w})}{\partial w_k} + \sum_k(\delta_{ik} + \overline{f_{ik}(w)})\frac{\partial\log K_0(w, \overline{w})}{\partial\overline{w}_k}$$

$$= -\sum_k\left(\frac{\partial f_{ik}(w)}{\partial w_k} + \overline{\frac{\partial f_{ik}(w)}{\partial w_k}}\right),$$

$$\sum_k(\delta_{ik} - f_{ik}(w))\frac{\partial\log K_0(w, \overline{w})}{\partial w_k} - \sum_k(\delta_{ik} - \overline{f_{ik}(w)})\frac{\partial\log K_0(w, \overline{w})}{\partial\overline{w}_k}$$

$$= \sum_k\left(\frac{\partial f_{ik}(w)}{\partial w_k} - \overline{\frac{\partial f_{ik}(w)}{\partial w_k}}\right).$$

两式相减, 有

$$\sum_k f_{ik}(w)\frac{\partial\log K_0(w, \overline{w})}{\partial w_k} + \frac{\partial\log K_0(w, \overline{w})}{\partial\overline{w}_i} + \sum_k\frac{\partial f_{ik}(w)}{\partial w_k} = 0.$$

因此得到

$$\frac{\partial \log K_0(w, \overline{w})}{\partial \overline{w}_i} = -\sum_k f_{ik}(w) \frac{\partial \log K_0(w, \overline{w})}{\partial w_k} - \sum_k \frac{\partial f_{ik}(w)}{\partial w_k}.$$

代回有

$$\sum_k (\delta_{ik} + f_{ik}(w) - \sum_p (\delta_{ip} + \overline{f_{ip}(w)} f_{pk}(w))) \frac{\partial \log K_0(w, \overline{w})}{\partial w_k}$$

$$= \sum_{k,p} \overline{f_{ik}(w)} \frac{\partial f_{kp}(w)}{\partial w_p} - \sum \overline{\frac{\partial f_{ik}(w)}{\partial w_k}}. \tag{6.1.17}$$

今已知

$$\sum_{i=1}^n [X_i, Y_i] = wK \frac{\partial'}{\partial w},$$

其中 $K = -\sqrt{-1} \sum_{\alpha=1}^m (\operatorname{tr} L_\alpha) K_\alpha$ 为斜 Hermite 方阵, 即有

$$-2\sqrt{-1} \sum_{i,p=1}^n \frac{\partial f_{ip}(w)}{\partial w_i} \frac{\partial}{\partial w_p} = wK \frac{\partial'}{\partial w},$$

而 $f_{ip}(w) = f_{pi}(w)$, 所以

$$wK = -2\sqrt{-1} \left(\sum_{i=1}^n \frac{\partial f_{1i}(w)}{\partial w_i}, \cdots, \sum_{i=1}^n \frac{\partial f_{ni}(w)}{\partial w_i} \right).$$

将式 (6.1.17) 写成矩阵形式, 则有

$$-2\sqrt{-1}(I - \overline{F(w)}F(w))(\operatorname{grad}_w \log K_0(w, \overline{w}))' = \overline{F(w)} K'w' + K\overline{w}'.$$

由引理 5.4.2, 域 D_0 上的 Bergman 映射为恒等映射, 又域 D_0 的 Bergman 度量方阵 $T_0(w, \overline{w})$ 有 $T_0(0, 0) = I$. 所以证明了

$$\operatorname{grad}_{\overline{w}}(\log K_0(w, \overline{w}) - \log K_0(0, \overline{w}))|_{\overline{w}=0} = w.$$

今

$$\mathrm{grad}\,_{\overline{w}}\log K_0(w,\overline{w})|_{\overline{w}=0}$$
$$=\frac{\sqrt{-1}}{2}(\overline{w}\overline{K}F(w)+w\overline{K}')(I-\overline{F(w)}F(w))^{-1}|_{\overline{w}=0}$$
$$=-(\sqrt{-1}/2)wK,$$

所以

$$w=\mathrm{grad}\,_{\overline{w}}(\log K_0(w,\overline{w})-\log K_0(0,\overline{w}))|_{\overline{w}=0}=-(\sqrt{-1}/2)wK.$$

这证明了 $K=2\sqrt{-1}I$. 所以

$$\sum_{i=1}^n[X_i,Y_i]=2\sqrt{-1}w\frac{\partial'}{\partial w}\in\mathrm{aut}\,(D_0).$$

又

$$\mathrm{grad}\,_w\log K_0(w,\overline{w})=-(w\overline{F(w)}+\overline{w})(I-F(w)\overline{F(w)})^{-1}.$$

引理证完.

定理 6.1.8 正规 Siegel 域 $D(V_N,F)$ 为对称正规 Siegel 域当且仅当在 Bergman 映射作用下, $D(V_N,F)$ 映为关于原点的有界圆型域 D_0.

证 引理 6.1.7 证明了齐性有界域 D_0 为关于原点的圆型域. 反之, 若域 D_0 关于原点为圆型域, 所以关于原点有对称变换 $w=-z$, 即存在关于原点的对称变换. 由域 D_0 齐性, 所以域 D_0 中点点都有对称变换, 即域 D_0 是对称的. 由于对称域在全纯同构下仍映为对称域, 所以相应正规 Siegel 域对称. 定理证完.

定理 6.1.9 正规 Siegel 域 $D(V_N,F)$ 为对称正规 Siegel 域当且仅当其全纯自同构群 $\mathrm{Aut}\,(D(V_N,F))$ 为实半单李群, 这时, 它的迷向子群为最大紧子群.

证 由李群理论可知, 实李群半单当且仅当其李代数半单. 今考虑对称有界域 D_0. 前面已证李代数 $\mathrm{aut}\,(D_0)$ 有基

$$X_i=e_i(I+F(w))\frac{\partial'}{\partial w},$$

$$Y_i = \sqrt{-1}e_i(I - F(w))\frac{\partial'}{\partial w}, \quad 1 \le i \le n,$$

$$Z_\alpha = wK_\alpha\frac{\partial'}{\partial w}, \quad 1 \le \alpha \le s,$$

其中 $Z_1, \cdots, Z_s$ 为 $\mathfrak{K} = \mathrm{iso}\,(D_0)$ 的基. 记由 $X_1, \cdots, X_n, Y_1, \cdots, Y_n$ 生成的子空间为 $\mathfrak{P}$. 我们来证空间直接和分解

$$\mathrm{aut}\,(D_0) = \mathfrak{K} + \mathfrak{P}$$

为实半单李代数的 Cartan 分解. 为此我们要计算乘法表及 Killing 型.

上面我们已经证明了

$$f_{ij}(w) = f_{ji}(w) = wS_{ij}w', \, 1 \le i, j \le n,$$

其中 S_{ij} 为 $n \times n$ 复对称方阵, 又有

$$\sum_p (f_{ip}(w)\frac{\partial f_{jq}(w)}{\partial w_p} - f_{jp}(w)\frac{\partial f_{iq}(w)}{\partial w_p}) = 0, \, \forall i, j, q,$$

且

$$[X_i, X_j] = [Y_i, Y_j]$$
$$= \sum_p (\frac{\partial f_{jp}}{\partial w_i} - \frac{\partial f_{ip}}{\partial w_j})\frac{\partial}{\partial w_p} = \sum_\alpha e_i(\mathrm{Re}\,(L_\alpha))e_j' Z_\alpha,$$
$$[X_i, Y_j] = [X_j, Y_i]$$
$$= \frac{1}{\sqrt{-1}}\sum_p (\frac{\partial f_{jp}}{\partial w_i} + \frac{\partial f_{ip}}{\partial w_j})\frac{\partial}{\partial w_p} = \sum_\alpha e_i(\mathrm{Im}\,(L_\alpha))e_j' Z_\alpha,$$

其中 L_α, K_α 为斜 Hermite 方阵, 又 $Z_\alpha = wK_\alpha\frac{\partial'}{\partial w}$.

今由

$$2\sum_p \frac{\partial f_{jp}(w)}{\partial w_i}\frac{\partial}{\partial w_p} = \sum_\alpha (e_i L_\alpha e_j')Z_\alpha,$$

即

$$\frac{\partial f_{ij}}{\partial w_p} = \frac{1}{2} \sum_\alpha (e_p L_\alpha e_j') w K_\alpha e_i'.$$

这证明了

$$\sum_\alpha (e_p L_\alpha e_i') e_q K_\alpha e_j' = \sum_\alpha (e_p L_\alpha e_j') e_q K_\alpha e_i' = \sum_\alpha (e_q L_\alpha e_j') e_p K_\alpha e_i'$$

对一切指标成立. 所以有

$$\sum_\alpha K_\alpha' e_q' e_p L_\alpha = \sum_\alpha K_\alpha' e_p' e_q L_\alpha = \sum_\alpha L_\alpha' e_p' e_q K_\alpha.$$

又有

$$F(w) = \frac{1}{4} \sum_\alpha K_\alpha' w' w L_\alpha.$$

今 $\mathrm{iso}\,(D_0)$ 为紧李代数, 所以我们可取李代数 $\mathrm{iso}\,(D_0)$ 中适合条件

$$[Z_\alpha, Z_\beta] = \sum C_{\alpha\beta}^{(\gamma)} Z_\gamma$$

的基, 其中 $C_{\alpha\beta}^{(\gamma)} \in \mathbb{R}$, 又

$$C_{\alpha\beta}^{(\gamma)} + C_{\alpha\gamma}^{(\beta)} = 0, \ \forall \alpha, \beta, \gamma.$$

再记斜 Hermite 方阵 $K_\alpha = (a_{ij}^{(\alpha)} + \sqrt{-1} b_{ij}^{(\alpha)})$, 其中

$$a_{ij}^{(\alpha)} = -a_{ji}^{(\alpha)}, \quad b_{ij}^{(\alpha)} = b_{ji}^{(\alpha)} \in \mathbb{R},$$

则

$$\begin{aligned}
[X_j, Z_\alpha] = &\sum_k (a_{jk}^{(\alpha)} + \sqrt{-1} b_{jk}^{(\alpha)}) \frac{\partial}{\partial w_k} \\
&+ \sum_{k,l} f_{jk}(w)(a_{kl}^{(\alpha)} + \sqrt{-1} b_{kl}^{(\alpha)}) \frac{\partial}{\partial w_l} \\
&- \sum_{p,k,l} w_p (a_{pl}^{(\alpha)} + \sqrt{-1} b_{pl}^{(\alpha)}) \frac{\partial f_{jk}(w)}{\partial w_l} \frac{\partial}{\partial w_k}.
\end{aligned}$$

注意到 $f_{ij}(w)$ 为二次齐次多项式，所以必须有

$$[X_j, Z_\alpha] = \sum_k a_{jk}^{(\alpha)} X_k + \sum_k b_{jk}^{(\alpha)} Y_k,$$

又

$$[Y_j, Z_\alpha] = \sqrt{-1} \sum_k (a_{jk}^{(\alpha)} + \sqrt{-1} b_{jk}^{(\alpha)}) \frac{\partial}{\partial w_k}$$

$$- \sqrt{-1} \sum_{k,l} f_{jk}(w)(a_{kl}^{(\alpha)} + \sqrt{-1} b_{kl}^{(\alpha)}) \frac{\partial}{\partial w_l}$$

$$+ \sqrt{-1} \sum_{p,k,l} w_p (a_{pl}^{(\alpha)} + \sqrt{-1} b_{pl}^{(\alpha)}) \frac{\partial f_{jk}(w)}{\partial w_l} \frac{\partial}{\partial w_k}.$$

因此有

$$[Y_j, Z_\alpha] = - \sum_k b_{jk}^{(\alpha)} X_k + \sum_k a_{jk}^{(\alpha)} Y_k.$$

由上面乘法表可知

$$[\mathfrak{K}, \mathfrak{K}] \subset \mathfrak{K}, \ [\mathfrak{K}, \mathfrak{P}] \subset \mathfrak{P}, \ [\mathfrak{P}, \mathfrak{P}] \subset \mathfrak{K}.$$

于是李代数 $\mathrm{aut}\,(D_0)$ 的 Killing 型 $B(x, y)$ 有

$$B(\mathfrak{K}, \mathfrak{P}) = 0.$$

为了计算 Killing 型 B 在 $\mathfrak{K}$ 上负定，在 $\mathfrak{P}$ 上正定 (因此 $\mathrm{aut}\,(D_0) = \mathfrak{K} + \mathfrak{P}$ 为 Cartan 分解，且 $\mathrm{aut}\,(D_0)$ 实半单)，记 $\mathrm{aut}\,(D_0)^C$ 中元素

$$X_j^* = \frac{1}{2}(X_j - \sqrt{-1} Y_j) = \frac{\partial}{\partial w_j}, \ Y_j^* = \frac{1}{2}(X_j + \sqrt{-1} Y_j) = e_j F(w) \frac{\partial'}{\partial w},$$

于是有

$$[X_j^*, X_k^*] = [Y_j^*, Y_k^*] = 0,$$

$$[X_j^*, Y_k^*] = \sum_p \frac{\partial f_{kp}(w)}{\partial w_j} \frac{\partial}{\partial w_p} = \frac{1}{2} \sum e_j L_\alpha e_k' Z_\alpha,$$

$$[X_j^*, Z_\alpha] = \sum k_{jk}^{(\alpha)} X_k - \sqrt{-1} \sum k_{jk}^{(\alpha)} Y_k = 2 \sum k_{jk}^{(\alpha)} X_j^*,$$

$$[Y_j^*, Z_\alpha] = 2 \sum \overline{k_{jk}^{(\alpha)}} Y_k^*,$$

$$[Z_\alpha, Z_\beta] = \sum C^{(\gamma)}_{\alpha\beta} Z_\gamma,$$

其中 $k^{(\alpha)}_{jk} = a^{(\alpha)}_{jk} + \sqrt{-1} b^{(\alpha)}_{jk}$.

今

$$[[X^*_i, Y^*_j], X^*_k] = \frac{1}{2} \sum_\alpha e_i L_\alpha e'_j [Z_\alpha, X^*_k] = -\sum_{\alpha,l} (e_i L_\alpha e'_j) k^{(\alpha)}_{kl} X^*_l,$$

$$[[X^*_k, X^*_i], Y^*_j] = 0,$$

$$[[Y^*_j, X^*_k], X^*_i] = \sum_\alpha \sum_l (e_k L_\alpha e'_j) k^{(\alpha)}_{il} X^*_l.$$

由 Jacobi 恒等式, 有

$$\sum_\alpha (e_i L_\alpha e'_j) k^{(\alpha)}_{kl} = \sum_\alpha (e_k L_\alpha e'_j) k^{(\alpha)}_{il} = \sum_\alpha (e_i L_\alpha e'_l) k^{(\alpha)}_{kj}.$$

事实上,

$$\sum_\alpha (e_i L_\alpha e'_j) k^{(\alpha)}_{kl} = \sum_\alpha (e_j \overline{L_\alpha} e'_i) \overline{k^{(\alpha)}_{lk}} = \sum_\alpha (e_l \overline{L_\alpha} e'_i) \overline{k^{(\alpha)}_{jk}}$$

$$= \sum_\alpha (e_i L_\alpha e'_l) k^{(\alpha)}_{kj},$$

这证明了断言.

由乘法表直接计算 Killing 型, 有

$$\begin{aligned}
B(X_j, X_k) &= \sum_\alpha \sum_l [e_k (\operatorname{Re} L_\alpha) e'_l a^{(\alpha)}_{jl} + e_k (\operatorname{Im} L_\alpha) e'_l b^{(\alpha)}_{jl} \\
&\qquad + a^{(\alpha)}_{kl} e_j (\operatorname{Re} L_\alpha) e'_l + b^{(\alpha)}_{kl} e_j (\operatorname{Im} L_\alpha) e'_l] \\
&= -2 \sum_\alpha (k^{(\alpha)}_{jk} + k^{(\alpha)}_{kj}) \operatorname{tr} L_\alpha + 4\delta_{jk},
\end{aligned}$$

$$B(Y_j, Y_k) = 4\delta_{jk}, \quad B(X_j, Y_k) = 0.$$

这证明了 Killing 型 $B(x,y)$ 在子空间 $\mathfrak{P}$ 上正定. 又

$$B(Z_\alpha, Z_\beta) = 2 \sum_{p,l=1}^n (a^{(\beta)}_{lp} a^{(\alpha)}_{pl} - b^{(\beta)}_{lp} b^{(\alpha)}_{pl}) + \sum_{\delta,\gamma=1}^s C^{(\delta)}_{\beta\gamma} C^{(\gamma)}_{\alpha\delta}$$

$$= -2 \sum_{p,l=1}^{n} k_{lp}^{(\alpha)} \overline{k_{lp}^{(\beta)}} - \sum_{\delta,\gamma=1}^{s} C_{\beta\gamma}^{(\delta)} C_{\alpha\gamma}^{(\delta)}.$$

这证明了 Killing 型 $B(x,y)$ 在子空间 $\mathfrak{K}$ 上负定. 至此证明了

$$\mathrm{aut}\,(D_0) = \mathfrak{K} + \mathfrak{P}$$

为 Cartan 分解, 且 Killing 型 $B(x,y)$ 在李代数 $\mathrm{aut}\,(D_0)$ 上非退化, 即李代数 $\mathrm{aut}\,(D_0)$ 实半单李代数.

反之, 若正规 Siegel 域 $D(V_N, F)$ 的全纯自同构群是半单李群, 由引理 1.3.3, 根基 $S = 0$. 由式 (1.3.16) 有

$$\dim L_1 = 2m, \quad \dim L_2 = n.$$

这证明了 $B_i \in \mathrm{aut}\,(D(V_N, F))$, $1 \le i \le N$. 由定理 5.4.5 的式 (5.4.33), 所以域 $\sigma(D_0)$ 的全纯自同构群 $\mathrm{Aut}\,(\sigma(D_0))$ 的李代数 $\mathrm{aut}\,(\sigma(D_0))$ 中有元素

$$\sigma_*(\sum(B_i + \frac{\partial}{\partial s_i})) + \sqrt{-1}v\frac{\partial'}{\partial v}$$
$$= \sqrt{-1}\sum A_i(x,v) + \sqrt{-1}v\frac{\partial'}{\partial v} = \sum \sqrt{-1}(x,v)(\frac{\partial}{\partial x}, \frac{\partial}{\partial v})'.$$

这证明了域 $\sigma(D_0)$ 为圆型域. 由于 σ 为线性同构, 所以域 D_0 为关于原点的圆型域, 但是域 D_0 齐性, 所以 D_0 为对称有界域. 这证明了正规 Siegel 域 $D(V_N, F)$ 为对称正规 Siegel 域.

最后, 由于 $\mathrm{aut}\,(D(V_N, F))$ 有 Cartan 分解

$$\mathrm{aut}\,(D(V_N, F)) = \mathrm{iso}\,(D(V_N, F)) + \mathfrak{P}.$$

所以迷向子群 $\mathrm{Iso}\,(D(V_N, F))$ 为最大紧子群, 且迷向子群的李代数 $\mathrm{iso}\,(D_0)$ 为最大紧子代数. 定理证完.

推论 设 $D(V_N, F)$ 为 $\mathbb{C}^n \times \mathbb{C}^m$ 中对称正规 Siegel 域, 则

$$\dim L_1 = 2m, \ \dim L_2 = n.$$

证 由引理 1.3.3, 由 $\mathrm{aut}\,(D(V_N, F))$ 实半单, 所以根基 $S = 0$. 由式 (1.3.16) 便证明了推论. 证完.

定理 6.1.10 设 $D(V_N, F)$ 为 $\mathbb{C}^n \times \mathbb{C}^m$ 中对称正规 Siegel 域. 记 $\mathrm{aut}\,(D(V_N, F))$ 为全纯自同构群 $\mathrm{Aut}\,(D(V_N, F))$ 的李代数, 则

$$L_{-2} = \{\alpha \frac{\partial'}{\partial z} \mid \forall \alpha \in \mathbb{R}^n\},$$

$$L_{-1} = \{\beta \frac{\partial'}{\partial u} + 2\sqrt{-1} F(u, \beta) \frac{\partial'}{\partial z} \mid \forall \beta \in \mathbb{C}^m\},$$

$$L_0 = \{A_i, \ 1 \leq i \leq N, \ X_{ij}^{(t)}, Z_{ij}^{(t)}, \ 1 \leq t \leq n_{ij}, 1 \leq i < j \leq N,$$
$$\sum z_{ij} L_{ij} \frac{\partial'}{\partial z_{ij}} + \sum u_i K_i \frac{\partial'}{\partial u_i}\},$$

其中

$$L_{ik} A_{ij}^{tk} - A_{ij}^{tk} L_{jk} = \sum_r (e_r L_{ij} e_t') A_{ij}^{rk},$$

$$K_i Q_{ij}^{(t)} - Q_{ij}^{(t)} K_j = \sum_r (e_r L_{ij} e_t') Q_{ij}^{(r)},$$

又

$$L_1 = \{Y_i^{(t)}, \widetilde{Y}_i^{(t)}, \ 1 \leq t \leq m_i, \ 1 \leq i \leq N\},$$

$$L_2 = \{B_i, \ 1 \leq i \leq N, \ T_{ij}^{(t)}, \ 1 \leq t \leq n_{ij}, \ 1 \leq i < j \leq N\}.$$

证 由定理 6.1.9 的推论, 便证明了 L_1 及 L_2 如定理所述. 由 $T_{ij}^{(t)} \in \mathrm{aut}\,(D(V_N, F))$ 可知 $Z_{ij}^{(t)} \in \mathrm{aut}\,(D(V_N, F))$. 至此证明了定理.

在第三章已经证明了正规 Siegel 域为不可分解正规 Siegel 域的拓扑积. 下面先来证明对称正规 Siegel 域的不可分解因子仍为对称正规 Siegel 域. 显然, 对两个正规 Siegel 域的拓扑积, 分别对每个作 Bergman 映射, 拼在一起便为拓扑积上的 Bergman 映射. 所以正规 Siegel 域 $D(V_N, F)$ 可分解当且仅当齐性有界域 D_0 可分解, 且分解为齐性有界域的拓扑积.

引理 6.1.11 设 $\mathfrak{D}_0'$ 及 $\mathfrak{D}_0''$ 分别为对称正规 Siegel 域 $D(V, F)$ 在 Bergman 映射下的像. 设 $\mathfrak{D}_0' \times \mathfrak{D}_0''$ 为对称有界域, 则 $\mathfrak{D}_0'$, $\mathfrak{D}_0''$ 分别也是对称有界域.

证　记 $\mathrm{iso}\,(\mathcal{D}_0'),\mathrm{iso}\,(\mathcal{D}_0''),\mathrm{iso}\,(\mathcal{D}_0'\times\mathcal{D}_0'')$ 分别为齐性有界域 $\mathcal{D}_0',\mathcal{D}_0'',\mathcal{D}_0'\times\mathcal{D}_0''$ 的原点迷向子群的李代数. $\mathcal{D}_0',\mathcal{D}_0''$ 及 $\mathcal{D}_0'\times\mathcal{D}_0''$ 中点坐标分别记作 $x,y,z=(x,y)$. 于是 $\mathrm{iso}\,(\mathcal{D}_0'\times\mathcal{D}_0'')$ 中元形如 $xK_1\dfrac{\partial'}{\partial x}+yK_2\dfrac{\partial'}{\partial y}$, 其中 $xK_1\dfrac{\partial'}{\partial x}\in\mathrm{iso}\,(\mathcal{D}_0')$, $yK_2\dfrac{\partial'}{\partial y}\in\mathrm{iso}\,(\mathcal{D}_0'')$. 由定理 6.1.8, 域 $D_0=\mathcal{D}_0'\times\mathcal{D}_0''$ 为圆型域, 即 $\sqrt{-1}w\dfrac{\partial'}{\partial w}=\sqrt{-1}x\dfrac{\partial'}{\partial x}+\sqrt{-1}y\dfrac{\partial'}{\partial y}\in\mathrm{iso}\,(D_0)$. 因此

$$\sqrt{-1}x\frac{\partial'}{\partial x}\in\mathrm{iso}\,(\mathcal{D}_0'),\quad \sqrt{-1}y\frac{\partial'}{\partial y}\in\mathrm{iso}\,(\mathcal{D}_0'').$$

这证明了域 $\mathcal{D}_0',\mathcal{D}_0''$ 都是圆型域, 所以域 $\mathcal{D}_0',\mathcal{D}_0''$ 都是对称有界域. 至此证明了引理.

由引理 6.1.11, 所以对称正规 Siegel 域的分类化为不可分解对称正规 Siegel 域的分类.

引理 6.1.12　设 $D(V_N,F)$ 为不可分解对称正规 Siegel 域, 且 $N\geq 2$, 则存在自然数 ρ 及非负整数 τ, 使得

$$n_{ij}=\rho,\ 1\leq i<j\leq N,\ m_i=\tau,\ 1\leq i\leq N,$$

其中 $\rho\in\{1,2,4,8\}$.

证　由条件 $N\geq 2$. 我们来证 $n_{ij}>0,1\leq i<j\leq N$. 事实上, 由正规 Siegel 域不可分解, 所以存在 $1,2,\cdots,N$ 的排列 $i_1i_2\cdots i_N$, 使得 $n_{i_ji_{j+1}}>0,1\leq j<N$.

任取 $i<j$, $i,j\in\{1,2,\cdots,N\}$, 因此唯一存在 $i_p=i,i_q=j$. 当 $|q-p|=1$, 则 $n_{ij}=n_{i_pi_{p+1}}=n_{i_{p+1}i_p}>0$.

当 $|q-p|=2$. 为方便起见, 无妨设 $i_p<i_{p+2}$. 若 $i_p<i_{p+1}<i_{p+2}$, 由于 N 矩阵组的定义条件, 所以 $n_{i_pi_{p+1}}n_{i_{p+1}i_{p+2}}>0$, 因此可知 $n_{i_pi_{p+2}}=n_{ij}>0$. 若 $i_p<i_{p+2}<i_{p+1}$, 由 $Z_{i_pi_{p+1}}^{(t)}\in\mathrm{aut}\,(D(V_N,F))$, 且 $n_{i_pi_{p+1}}>0$. 所以 $n_{i_pi_{p+2}}=n_{i_{p+2}i_{p+1}}>0$, 即推出 $n_{ij}>0$. 若 $i_{p+1}<i_p<i_{p+2}$, 由 $Z_{i_{p+1}i_{p+2}}^{(t)}\in\mathrm{aut}\,(D(V_N,F))$, 且

$n_{i_{p+1},i_{p+2}} > 0.$ 所以由 $n_{i_p i_{p+2}} = n_{i_{p+2} i_p} > 0$ 可知 $n_{ij} > 0.$ 所以各种情形都推出 $n_{ij} > 0.$

对 $|q - p|$ 作归纳法便证明了 $n_{ij} > 0, 1 \leq i < j \leq N.$

由 $Z_{ij}^{(t)} \in \text{aff}\,(D(V_N, F))$ 的条件立即可知

$$n_{ij} = \rho > 0, 1 \leq i < j \leq N.$$

由附录定理 3.4 可知 $\rho \in \{1, 2, 4, 8\}.$

当 $D(V_N, F)$ 为第二类正规 Siegel 域时，由

$$Z_{ij}^{(t)} \in \text{aff}\,(D(V_N, F)), \quad 1 \leq i < j \leq N$$

的条件立即可知 $m_1 = \cdots = m_N = \tau > 0.$ 引理证完.

最后，显然有

引理 6.1.13 设正规锥 V_N 由实 N 矩阵组 $\{A_{ij}^{tk}\}$ 定义. 设 $n_{ij} > 0, 1 \leq i < j \leq N,$ 则

$$V_N = \{x \in \mathbb{R}^n \mid C_1(x) > 0\}.$$

引理 6.1.14 设 $D(V_N, F)$ 是正规 Siegel 域. 它由 N 矩阵组 $\{A_{ij}^{tk}, Q_{ij}^{(t)}\}$ 定义. 设 $n_{ij} > 0, 1 \leq i < j \leq N,$ 则

$$D(V_N, F) = \{(z, u) \in \mathbb{C}^n \times \mathbb{C}^m \mid \text{Im}\, C_1(z) - \text{Re}\, R_1(u)\overline{R_1(u)}' > 0\}.$$

§6.2 不可分解对称正规 Siegel 域的分类

由引理 6.1.12, 第一类对称正规 Siegel 域如果不可分解, 则有 $N = 1; N = 2; N \geq 3, n_{ij} \in \{1, 2, 4, 8\}, 1 \leq i < j \leq N.$ 对第二类对称正规 Siegel 域, 如果它不可分解, 还要加上条件 $m_1 = \cdots = m_N > 0,$ 且因为 $Z_{ij}^{(t)} \in \text{aff}\,(D(V_N, F)), 1 \leq t \leq \rho, 1 \leq i < j \leq N,$ 所以有条件

$$\sum_t Q_{ij}^{(t)}(e_u' e_v + e_v' e_u)(Q_{ij}^{(t)})' = 0, \quad \forall i, j, u, v.$$

下面我们给出不可分解对称正规 Siegel 域的标准域. 这包含了 É.Cartan 未能有效定出的例外典型域.

下面先来定第一类对称正规 Siegel 域.

(1) $N = 1$,

$$D(V_1) = \{z \in \mathbb{C} | \mathrm{Im}\, z > 0\}. \tag{6.2.1}$$

(2) $N = 2$,

$$D(V_2) = \{(s_1, z_2, s_2) \in \mathbb{C}^{2+n_{12}} \mid \mathrm{Im}\, s_1 > 0, \mathrm{Im} \begin{pmatrix} s_1 & z_2 \\ z_2' & s_2 I \end{pmatrix} > 0\}. \tag{6.2.2}$$

(3) $N \geq 3, n_{12} = n_{13} = n_{23} = 8$.

由附录的定理 3.4 的 (4) 可知, 当 $N = 3$, 我们可取标准域为

$$D(V_3) = \{z = (s_1, z_{12}, s_2, z_{13}, z_{23}, s_3), s_i \in \mathbb{C}, z_{ij} \in \mathbb{C}^8 \mid$$

$$\mathrm{Im} \begin{pmatrix} s_1 & z_{12} & z_{13} \\ z_{12}' & s_2 I & R(z_{23}) \\ z_{13}' & R(z_{23})' & s_3 I \end{pmatrix} > 0\}, \tag{6.2.3}$$

其中 $z_{23} = (x_1, \cdots, x_8)$, $R(z_{23}) = \sum_{r=1}^{8} e_r' z_{23} P_r'$ 为

$$\begin{pmatrix} x_1 & x_2 & x_3 & x_4 & x_5 & x_6 & x_7 & x_8 \\ -x_2 & x_1 & x_4 & -x_3 & x_6 & -x_5 & -x_8 & x_7 \\ -x_3 & -x_4 & x_1 & x_2 & x_7 & x_8 & -x_5 & -x_6 \\ -x_4 & x_3 & -x_2 & x_1 & x_8 & -x_7 & x_6 & -x_5 \\ -x_5 & -x_6 & -x_7 & -x_8 & x_1 & x_2 & x_3 & x_4 \\ -x_6 & x_5 & -x_8 & x_7 & -x_2 & x_1 & -x_4 & x_3 \\ -x_7 & x_8 & x_5 & -x_6 & -x_3 & x_4 & x_1 & -x_8 \\ -x_8 & -x_7 & x_6 & x_5 & -x_4 & -x_3 & x_2 & x_1 \end{pmatrix}. \tag{6.2.4}$$

当 $N > 3$, 我们来证明不存在这种第一类正规 Siegel 域. 事实上, 设 $N = 4, n_{ij} = 8, 1 \leq i < j \leq 4$, 在等价意义下无妨设

$$A_{12}^{t3} = P_t, \quad A_{12}^{t4} = P_t, \quad A_{13}^{14} = I.$$

由 $A_{12}^{t4}A_{23}^{s4} = \sum_r (e_r A_{12}^{t3} e_s') A_{13}^{r4}$, 即有

$$P_t A_{23}^{s4} = \sum_r (e_r P_t e_s') A_{13}^{r4}.$$

取 $s = 1$, 由于 $P_t e_1' = e_t$, 所以有 $P_t A_{23}^{14} = A_{13}^{t4}$. 取 t=1, 有 $A_{23}^{s4} = A_{13}^{s4}$. 由于 $A_{13}^{14} = I$, 所以 $A_{23}^{14} = I$. 这推出 $A_{13}^{t4} = P_t$, 于是 $A_{23}^{t4} = P_t$, 且有

$$P_t P_s = \sum_r (e_r P_t e_s') P_r.$$

取 $t = 5, s = 6$ 便证明了此等式不成立. 所以当 $N = 4$ 时, 这种情形不出现. 由 N 矩阵组的定义可知, 当 $N \geq 4$ 时, 情形 $n_{ij} = 8, 1 \leq i < j \leq N$ 也不出现. 至此证明了断言.

余下讨论当 $N \geq 3, n_{ij} = \rho \in \{1,2,4\}$ 的情形.

(4) $n_{ij} = 1, 1 \leq i < j \leq N$. 于是 $A_{ij}^{1k} = 1$. 因此

$$D(V_N) = \{z \in \mathbb{C}^{\frac{N(N+1)}{2}} \mid \operatorname{Im} Z > 0\}, \tag{6.2.5}$$

其中 Z 是由 $\dfrac{n(n+1)}{2}$ 个独立复变量构成的复对称方阵.

(5) $n_{ij} = 2, 1 \leq i < j \leq N$.

利用 N 矩阵组的定义条件不难证明在等价意义下可取

$$A_{ij}^{1k} = I^{(2)}, \quad A_{ij}^{2k} = \begin{pmatrix} 0 & -1 \\ 1 & 0 \end{pmatrix}. \tag{6.2.6}$$

记

$$R(x,y) = \sum_{r=1}^2 e_r' z_{ij} P_r' = \begin{pmatrix} x & y \\ -y & x \end{pmatrix}, \tag{6.2.7}$$

则

$$D(V_N) = \{z \in \mathbb{C}^{N^2} \mid \operatorname{Im} C_1(z) > 0\}, \tag{6.2.8}$$

其中

$$C_1(z) = \begin{pmatrix} s_1 & z_{12} & \cdots & z_{1N} \\ z'_{12} & s_2 I & \cdots & R(z_{2N}) \\ \vdots & \vdots & & \vdots \\ z'_{1N} & R(z_{2N})' & \cdots & s_N I \end{pmatrix}. \tag{6.2.9}$$

(6) $n_{ij} = 4$, $1 \leq i < j \leq N$.

今第一类正规 Siegel 域 $D(V_N)$ 由 N 矩阵组 $\{A_{ij}^{tk}, 1 \leq t \leq 4, 1 \leq i < j < k \leq N\}$ 定义. 由附录定理 3.2, 在等价关系

$$A_{ij}^{tk} \to O_{ik} A_{ij}^{tk} O'_{ij}, \quad \forall O_{ij} \in O(4)$$

下无妨取

$$A_{12}^{tk} = T_t, \ 1 \leq t \leq 4,$$

其中

$$T_1 = \begin{pmatrix} 1 & 0 & 0 & 0 \\ 0 & 1 & 0 & 0 \\ 0 & 0 & 1 & 0 \\ 0 & 0 & 0 & 1 \end{pmatrix}, \ T_2 = \begin{pmatrix} 0 & -1 & 0 & 0 \\ 1 & 0 & 0 & 0 \\ 0 & 0 & 0 & 1 \\ 0 & 0 & -1 & 0 \end{pmatrix},$$

$$T_3 = \begin{pmatrix} 0 & -I \\ I & 0 \end{pmatrix}, \ T_4 = \begin{pmatrix} 0 & 0 & 0 & -1 \\ 0 & 0 & 1 & 0 \\ 0 & -1 & 0 & 0 \\ 1 & 0 & 0 & 0 \end{pmatrix}. \tag{6.2.10}$$

且无妨取

$$A_{1j}^{1k} = I, \quad 1 < j < k \leq N.$$

今

$$A_{12}^{tk} A_{2j}^{sk} = \sum_r (e_r A_{12}^{tj} e'_s) A_{1j}^{rk},$$

取 $t = 1$, 有 $A_{2j}^{sk} = A_{1j}^{sk}$, 取 $s = 1$, 有 $T_t A_{2j}^{1k} = A_{1j}^{tk}$. 今 $A_{2j}^{1k} = A_{1j}^{1k} = I$, 所以证明了

$$A_{ij}^{tk} = A_{2j}^{tk} = T_t.$$

于是不难用归纳法证明

$$A_{ij}^{tk} = T_{t}, \quad 1 \le i < j < k \le N, \quad 1 \le t \le 4.$$

记 $x = (x_1, x_2, x_3, x_4) \in \mathbb{C}^4$，则

$$R(x) = \sum e_r' x T_r' = \begin{pmatrix} x_1 & x_2 & x_3 & x_4 \\ -x_2 & x_1 & x_4 & -x_3 \\ -x_3 & -x_4 & x_1 & x_2 \\ -x_4 & x_3 & -x_2 & x_1 \end{pmatrix}. \qquad (6.2.11)$$

因此当 $n_{ij} = 4, 1 \le i < j \le N$ 时，标准域为

$$D(V_N) = \{z \in \mathbb{C}^{N(2N-1)} \mid \operatorname{Im} C_1(z) > 0\}, \qquad (6.2.12)$$

其中

$$C_1(z) = \begin{pmatrix} s_1 & z_{12} & \cdots & z_{1N} \\ z_{12}' & s_2 I & \cdots & R(z_{2N}) \\ \vdots & \vdots & & \vdots \\ z_{1N} & R(z_{2N})' & \cdots & s_N I \end{pmatrix}. \qquad (6.2.13)$$

上面求出了不可分解的第一类对称 Siegel 域的标准域. 由第三章可知，它们互相不全纯等价.

下面考虑不可分解的第二类对称 Siegel 域的标准域. 实际上，我们只要在上面六种标准域上构造第二类对称 Siegel 域就行了. 为此首先证明.

引理 6.2.1 n 个 m 阶复方阵 $Q_1, \cdots, Q_n$ 适合

$$\overline{Q}_j' Q_k + \overline{Q}_k' Q_j = 2\delta_{jk} I, \quad 1 \le j, k \le n, \qquad (6.2.14)$$

$$\sum_{j=1}^{n} Q_j'(e_u' e_v + e_v' e_u) Q_j = 0, \quad 1 \le u, v \le m \qquad (6.2.15)$$

当且仅当存在 m 阶酉方阵 U, V 使得 $R_j = U Q_j V, 1 \le j, \le n$，其中

(1)　$m = 0$;

(2)　$n = 2$, m 任意,　$R_1 = I, R_2 = \sqrt{-1}I$;

(3)　$n = 4, m = 2$,

$$R_1 = \begin{pmatrix} 1 & 0 \\ 0 & 1 \end{pmatrix}, \quad R_2 = \begin{pmatrix} \sqrt{-1} & 0 \\ 0 & -\sqrt{-1} \end{pmatrix},$$

$$R_3 = \begin{pmatrix} 0 & 1 \\ -1 & 0 \end{pmatrix}, \quad R_4 = \begin{pmatrix} 0 & \sqrt{-1} \\ \sqrt{-1} & 0 \end{pmatrix};$$

(4)　$n = 6, m = 4$,

$$R_1 = I^{(4)}, \quad R_2 = \sqrt{-1} \begin{pmatrix} I^{(2)} & 0 \\ 0 & -I^{(2)} \end{pmatrix},$$

$$R_3 = \begin{pmatrix} 0 & I^{(2)} \\ -I^{(2)} & 0 \end{pmatrix}, \quad R_4 = \sqrt{-1} \begin{pmatrix} 0 & 0 & 1 & 0 \\ 0 & 0 & 0 & -1 \\ 1 & 0 & 0 & 0 \\ 0 & -1 & 0 & 0 \end{pmatrix},$$

$$R_5 = \begin{pmatrix} 0 & 0 & 0 & 1 \\ 0 & 0 & -1 & 0 \\ 0 & 1 & 0 & 0 \\ -1 & 0 & 0 & 0 \end{pmatrix}, \quad R_6 = \sqrt{-1} \begin{pmatrix} 0 & 0 & 0 & 1 \\ 0 & 0 & 1 & 0 \\ 0 & 1 & 0 & 0 \\ 1 & 0 & 0 & 0 \end{pmatrix}.$$

证　　由附录的定理 2.1, 无妨取 $Q_j = R_j, 1 \leq j \leq n$, 其中 $R_1, \cdots, R_n$ 由式 (2.5),(2.6) 定义. 现在加上条件

$$\sum_{j=1}^{n} R_j'(e_u' e_v + e_v' e_u) R_j = 0,\ 1 \leq u, v \leq m,$$

令

$$\widetilde{R_j} = \sum_{i=1}^{n} e_i' e_j R_i,\ 1 \leq j \leq m,$$

则 $\widetilde{R_1}\cdots,\widetilde{R_m}$ 为 $n\times m$ 矩阵, 适合

$$\tilde{R}'_i\widetilde{R}_j + \tilde{R}'_j\widetilde{R}_i = 0, \quad 1 \le i,j \le m.$$

计算 $\widetilde{R_1}$. 当 n 为奇数时, 推不出 $\tilde{R}'_1\widetilde{R_1} = 0$, 所以证明了 n 为偶数. 注意到 $m = 2^{[\frac{n-1}{2}]}M$, 由直接计算便证明了引理. 证完.

由第一类不可分解对称 Siegel 域的结果可知, 当情形 (i) $n_{ij} = 2, 1 \le i < j \le N$, 或情形 (ii) $n_{ij} = 4, 1 \le i < j \le N$ 时, 将情形 $N = 2$ 并入情形 (5),(6). 我们有

(1) $N = 1$,

$$D(V_1,F) = \{(z,u) \in \mathbb{C} \times \mathbb{C}^m \mid \operatorname{Im} z - u\bar{u}' > 0\}. \qquad (6.2.16)$$

它全纯同构于复超球.

(2) $N = 2$,

$$D(V_N,F) = \{(s_1, z_{12}, s_2, u_1, u_2)$$

$$\in \mathbb{C} \times \mathbb{C}^{n_{12}} \times \mathbb{C} \times \mathbb{C}^{m_1} \times \mathbb{C}^{m_2} \mid \operatorname{Im} \begin{pmatrix} z_1 & z_{12} \\ z'_{12} & z_2 I \end{pmatrix}$$

$$-\operatorname{Re} \begin{pmatrix} u_1 \\ \sum e'_r u_2 \overline{Q^{(r)}_{12}}' \end{pmatrix} \overline{\begin{pmatrix} u_1 \\ \sum e'_r u_2 \overline{Q^{(r)}_{12}}' \end{pmatrix}}' > 0\}, \quad (6.2.17)$$

其中 $n_{12} > 0$, $m_1 = m_2 > 0$, 且 $n_{12} \ne 2, 4$.

由引理 6.2.1, 则有 $n_{12} = 6, m_1 = m_2 = 4$, 又 $Q^{(t)}_{12} = R_t, 1 \le t \le 6$.

(3) $N = 3, n_{12} = n_{13} = n_{23} = 8$.

我们来证不存在第二类对称 Siegel 域 $D(V_3,F)$. 事实上, 若存在 $Q^{(t)}_{ij}$, $1 \le t \le 8, 1 \le i < j \le 3$, 则有

$$\sum_t (Q^{(t)}_{ij})'(e'_u e_v + e'_v e_u)Q^{(t)}_{ij} = 0,$$

其中 $1 \leq i < j \leq 3$, $1 \leq u, v \leq m_1 = m_2 = m_3$. 由引理 6.2.1 可知这种情形不出现. 同理有

(4)　$N \geq 2, n_{ij} = 1, 1 \leq i < j \leq N$. 这时，不存在第二类对称 Siegel 域 $D(V_N, F)$.

另一方面，由引理 6.2.1，有

(5)　$N \geq 2, n_{ij} = 2, 1 \leq i < j \leq N$.

我们无妨取

$$Q_{12}^{(1)} = I, \quad Q_{12}^{(2)} = \sqrt{-1}I, \quad Q_{ij}^{(1)} = I.$$

我们来证 $Q_{ij}^{(2)} = \sqrt{-1}I$. 事实上，

$$Q_{12}^{(1)} Q_{2j}^{(2)} = e_1 A_{12}^{1j} e_2' Q_{1j}^{(1)} + e_2 A_{12}^{1j} e_2' Q_{1j}^{(2)} = Q_{1j}^{(2)},$$

即有 $Q_{2j}^{(2)} = Q_{1j}^{(2)}$　又

$$Q_{12}^{(2)} Q_{2j}^{(1)} = e_1 A_{12}^{2j} e' Q_{1j}^{(1)} + e_1 A_{12}^{2j} e_2' Q_{1j}^{(2)} = \sqrt{-1}I.$$

这证明了 $Q_{1j}^{(2)} = Q_{2j}^{(2)} = \sqrt{-1}I$. 由归纳法可证 $Q_{ij}^{(2)} = \sqrt{-1}I$. 所以

$$Q_{ij}^{(1)} = I, \quad Q_{ij}^{(2)} = \sqrt{-1}I, \quad 1 \leq i < j \leq N.$$

而标准域 $D(V_N, F)$ 为

$$\left\{ (z, u) \in \mathbb{C}^n \times \mathbb{C}^m \,\middle|\, \operatorname{Im} \begin{pmatrix} s_1 & z_{12} & \cdots & z_{1N} \\ z_{12}' & s_2 I & \cdots & R(z_{2N}) \\ \vdots & \vdots & & \vdots \\ z_{1N}' & R(z_{2N})' & \cdots & s_N I \end{pmatrix} \right.$$

$$\left. -\operatorname{Re} \begin{pmatrix} u_1 \\ \tilde{R}(u_2) \\ \vdots \\ \tilde{R}(u_N) \end{pmatrix} \overline{\begin{pmatrix} u \\ \tilde{R}(u_2) \\ \vdots \\ \tilde{R}(u_N) \end{pmatrix}}' > 0 \right\}, \tag{6.2.18}$$

其中

$$R(x) = \sum e_r' x P_r' = \begin{pmatrix} x_1 & x_2 \\ -x_2 & x_1 \end{pmatrix},$$
$$\tilde{R}(y) = \sum e_r' y \overline{(Q_{12}^{(r)})}' = \begin{pmatrix} y \\ -\sqrt{-1}y \end{pmatrix},$$

(6.2.19)

这里, $x = (x_1, x_2) \in \mathbb{C}^2$, $y \in \mathbb{C}$.

(6) $N \geq 2, n_{ij} = 4, 1 \leq i < j \leq N$.

和 (5) 一样可证 $m_1 = \cdots = m_N = 2$,

$$Q_{ij}^{(t)} = R_t, \quad 1 \leq t \leq 4, \quad 1 \leq i < j \leq N.$$

而标准域为式 (6.2.18), 其中 $x = (x_1, x_2, x_3, x_4) \in \mathbb{C}^4, y = (y_1, y_2)$,

$$R(x) = \sum e_r' x T_r' = \begin{pmatrix} x_1 & x_2 & x_3 & x_4 \\ -x_2 & x_1 & x_4 & -x_3 \\ -x_3 & -x_4 & x_1 & x_2 \\ -x_4 & x_3 & -x_2 & x_1 \end{pmatrix},$$

(6.2.20)

$$\tilde{R}(y) = \sum e_r' y \overline{R}_r' = \begin{pmatrix} y_1 & y_2 \\ -\sqrt{-1}y_1 & \sqrt{-1}y_2 \\ y_2 & -y_1 \\ -\sqrt{-1}y_2 & -\sqrt{-1}y_1 \end{pmatrix}.$$

(6.2.21)

至此我们解决了不可分解对称 Siegel 域的实现. 由于自然数 N 及自然数 $n_{ij} = \rho, 1 \leq i < j \leq N, m_i = \tau, 1 \leq i \leq N$ 为正规 Siegel 域在全纯同构下的不变量, 所以上面给出的不可分解对称 Siegel 域的标准域互相间不等价. 这就完全解决了对称 Siegel 域 的完全分类, 从而解决了对称有界域的完全分类.

§6.3 对称有界域的 Cartan 实现

上面一节我们给出了不可分解对称 Siegel 域的实现. 下面我们给出 Cartan 实现. 为此我们先写出相应正规锥的另一种表达式, 再写出不可分解对称正规 Siegel 域的另一种表达式, 作 Cayley 变换, 便得到 Cartan 的有界域实现. 实际上, Cayley 变换是 Bergman 映射的相应表达式. 从这个角度, 由于我们证明了正规 Siegel 域上的 Bergman 映射为全纯同构, 所以 Bergman 映射是 Cayley 变换的推广.

首先, 我们适当改变上一节中标准域的次序. 因此考虑下面一些正规锥:

(1) $N = 1$.

$$V_1 = \{r_1 \in \mathbb{R} \mid r_1 > 0\}; \tag{6.3.1}$$

(2) $N = 2$.

$$V_2 = \{\, x = (r_1, x_2, r_2) \in \mathbb{R} \times \mathbb{R}^{n_{12}} \times \mathbb{R} \mid$$
$$r_1 > 0,\ r_1 r_2 - x_{12} x_{12}' > 0 \,\}; \tag{6.3.2}$$

(3) $N = 3$.

$$V_3 = \{x = (r_1, x_2, r_2, x_{13}, x_{23}, r_3) \in \mathbb{R} \times \mathbb{R}^8 \times \mathbb{R} \times \mathbb{R}^8 \times \mathbb{R}^8 \times \mathbb{R} \mid$$

$$C_1(x) = \begin{pmatrix} r_1 & x_{12} & x_{13} \\ x_{12}' & r_2 I & R(x_{23}) \\ x_{13}' & R(x_{23})' & r_3 I \end{pmatrix} > 0 \,\}, \tag{6.3.3}$$

其中 $R(x_{23})$ 由式 (6.2.4) 定义.

(4) 正规锥 $V(1, 1, \cdots, 1)$.
取 $n_{ij} = 1, 1 \le i < j \le N, A_{ij}^{1k} = 1, 1 \le i < j < k \le N$,

$$V(1, \cdots, 1) = \{x \in R^{\frac{N(N+1)}{2}} \mid C_1(x) = (x_{ij}) > 0\}, \tag{6.3.4}$$

其中 $x = (x_{11}, x_{12}, x_{22}, \cdots, x_{1N}, \cdots, x_{N-1,N}, x_{NN})$, $r_j = x_{jj}$, $1 \leq j \leq N$, $C_1(x)$ 是 $\dfrac{N(N+1)}{2}$ 个独立实变量 $x_{ij}, 1 \leq i \leq j \leq N$ 构成的 $N \times N$ 对称方阵.

(5) 正规锥 $V(2, 2, \cdots, 2)$.

取 $n_{ij} = 2, 1 \leq i < j \leq N, A_{ij}^{1k} = I, A_{ij}^{2k} = \begin{pmatrix} 0 & -1 \\ 1 & 0 \end{pmatrix}, 1 \leq i < j < k \leq N,$

$$V(2, \cdots, 2) = \{x \in R^{N^2} \mid C_1(x) > 0\}, \tag{6.3.5}$$

其中 $x = (x_{11}, x_{12}, x_{22}, \cdots, x_{1N}, \cdots, x_{N-1,N}, x_{NN})$, $r_j = x_{jj}$, $1 \leq j \leq N$,

$$C_1(x) = \begin{pmatrix} r_1 & x_{12} & \cdots & x_{1N} \\ x_{12}' & r_2 & \cdots & R(x_{2N}) \\ \vdots & \vdots & & \vdots \\ x_{1N}' & R(x_{2N})' & \cdots & r_N \end{pmatrix}, \tag{6.3.6}$$

而 $R(x_{ij})$ 由式 (6.2.9) 定义.

记 $x_{jk} = (x_{jk}^{(1)}, x_{jk}^{(2)})$, $z_{jk} = x_{jk}^{(1)} + \sqrt{-1}x_{jk}^{(2)}$, $1 \leq j < k \leq N$,

$$U = \mathrm{diag}\left(\sqrt{2}, \frac{1}{\sqrt{2}}\begin{pmatrix} 1 & -\sqrt{-1} \\ 1 & \sqrt{-1} \end{pmatrix}, \cdots, \frac{1}{\sqrt{2}}\begin{pmatrix} 1 & -\sqrt{-1} \\ 1 & \sqrt{-1} \end{pmatrix}\right),$$

则

$$UC_1(x)\overline{U}' = \begin{pmatrix} 2r_1 & z_{12} & \overline{z}_{12} & \cdots & z_{1N} & \overline{z}_{1N} \\ \overline{z}_{12} & r_2 & 0 & \cdots & z_{2N} & 0 \\ z_{12} & 0 & r_2 & \cdots & 0 & \overline{z}_{2N} \\ \vdots & \vdots & \vdots & & \vdots & \vdots \\ \overline{z}_{1N} & \overline{z}_{2N} & 0 & \cdots & r_N & 0 \\ z_{1N} & 0 & z_{2N} & \cdots & 0 & r_N \end{pmatrix}. \tag{6.3.7}$$

记

$$H(x) = \begin{pmatrix} r_1 & z_{12} & \cdots & z_{1N} \\ \overline{z}_{12} & r_2 & \cdots & z_{2N} \\ \vdots & \vdots & \ddots & \vdots \\ \overline{z}_{1N} & \overline{z}_{2N} & \cdots & r_N \end{pmatrix} = \begin{pmatrix} r_1 & \alpha \\ \overline{\alpha}' & H_1 \end{pmatrix} \qquad (6.3.8)$$

为 $N \times N$ Hermite 矩阵，易证 $C_1(x) > 0$ 当且仅当

$$\widetilde{H} = \begin{pmatrix} 2r_1 & \alpha & \overline{\alpha} \\ \overline{\alpha}' & H_1 & 0 \\ \alpha' & 0 & \overline{H}_1 \end{pmatrix} > 0,$$

即

$$\begin{pmatrix} 1 & -\sigma H_1^{-1} & -\overline{\alpha}\overline{H}_1^1 \\ 0 & I & 0 \\ 0 & 0 & I \end{pmatrix} \widetilde{H} \begin{pmatrix} 1 & -\alpha H_1^{-1} & -\overline{\alpha}\overline{H}_1^1 \\ 0 & I & 0 \\ 0 & 0 & I \end{pmatrix}'$$

$$= \begin{pmatrix} h_{11} & 0 & 0 \\ 0 & H_1 & 0 \\ 0 & 0 & \overline{H}_1 \end{pmatrix} > 0,$$

其中 $h_{11} = 2r_1 - \alpha H_1^{-1}\overline{\alpha}' - \overline{\alpha}\overline{H}_1^{-1}\alpha'$. 但是 $\alpha H_1^{-1}\overline{\alpha}' = (\alpha H_1^{-1}\overline{\alpha}')' = \overline{\alpha}\overline{H}_1^{-1}\alpha'$, 因此

$$r_1 - \alpha H_1^{-1}\overline{\alpha}' > 0, \quad H_1 > 0,$$

所以 $H(x) > 0$. 这证明了

$$V(2, \cdots, 2) = \{H(x) > 0\}, \qquad (6.3.9)$$

其中 $H(x) = (h_{ij})$ 是 $N \times N$ Hermite 方阵，它有 N^2 个独立实变量 $h_{11}, \cdots, h_{NN}, \mathrm{Re}\,(h_{ij}), \mathrm{Im}\,(h_{ij}), \mathrm{Re}\,(h_{ij}), \mathrm{Im}\,(h_{ij}), 1 \le i < j \le N$.

(6) 正规锥 $V(4, \cdots, 4)$.

取 $n_{ij} = 4, 1 \le i < j \le N, A_{ij}^{tk} = T_t, 1 \le t \le 4$, 其中 T_1, T_2, T_3, T_4 由式 (6.2.10) 定义. 正规锥

$$V(4, \cdots, 4) = \{x \in R^{2N^2-N} \mid C_1(x) > 0\}, \qquad (6.3.10)$$

其中

$$C_1(x) = \begin{pmatrix} r_1 & x_{12} & \cdots & x_{1N} \\ x_{12}' & r_2 I^{(4)} & \cdots & R(x_{2N}) \\ \vdots & \vdots & & \vdots \\ x_{1N}' & R(x_{2N})' & \cdots & r_N I \end{pmatrix}, \tag{6.3.11}$$

其中 $x = (x_{11}, x_{12}, x_{22}, \cdots, x_{1N}, \cdots, x_{N-1,N}, x_{NN})$, $r_j = x_{jj}$, $1 \leq j \leq N$, 而 $R(x_{ij})$ 由式 (6.2.11) 定义. 记

$$x_{jk} = (x_{jk}^{(1)}, x_{jk}^{(2)}, x_{jk}^{(3)}, x_{jk}^{(4)}), z_{jk} = (x_{jk}^{(1)} + \sqrt{-1} x_{jk}^{(3)}, x_{jk}^{(2)} + \sqrt{-1} x_{jk}^{(4)}),$$

$$U = \operatorname{diag}(\sqrt{2}, U_1, \cdots, U_1), \quad U_1 = \frac{1}{\sqrt{2}} \begin{pmatrix} I & -\sqrt{-1}I \\ I & \sqrt{-1}I \end{pmatrix},$$

其中 I 为 2×2 单位矩阵. 于是 $U C_1(x) \overline{U}'$ 为

$$\begin{pmatrix} 2r_1 & z_{12} & \overline{z}_{12} & \cdots & z_{1N} & \overline{z}_{1N} \\ \overline{z}_{12}' & r_2 I & 0 & \cdots & \begin{pmatrix} z_{2N} \\ \overline{z}_{2N} J \end{pmatrix} & 0 \\ z_{12}' & 0 & r_2 I & \cdots & 0 & \begin{pmatrix} \overline{z}_{2N} \\ z_{2N} J \end{pmatrix} \\ \vdots & \vdots & \vdots & & \vdots & \vdots \\ \overline{z}_{1N}' & (\overline{z}_{2N}', -J\overline{z}_{2N}') & 0 & \cdots & r_N I & 0 \\ z_{1N}' & 0 & (z_{2N}', -J\overline{z}_{2N}') & \cdots & 0 & r_N I \end{pmatrix}.$$

其中

$$J = \begin{pmatrix} 0 & 1 \\ -1 & 0 \end{pmatrix}.$$

令 $\alpha = (z_{12}, \cdots, z_{1N})$,

$$H_1(x) = \begin{pmatrix} r_2 I & \begin{pmatrix} z_{23} \\ \overline{z}_{23} J \end{pmatrix} & \cdots & \begin{pmatrix} z_{2N} \\ \overline{z}_{2N} J \end{pmatrix} \\ (\overline{z}_{23}', -J z_{23}') & r_3 I & \cdots & \begin{pmatrix} z_{3N} \\ \overline{z}_{3N} J \end{pmatrix} \\ \vdots & \vdots & & \vdots \\ (\overline{z}_{2N}', -J z_{2N}') & (\overline{z}_{3N}', -J z_{3N}') & \cdots & r_N I \end{pmatrix}.$$

令 $J_0 = \text{diag}\,(J, \cdots, J)$，则

$$J_0 H_1(x) J_0' = \overline{H_1(x)}.$$

显然，$C_1(x) > 0$ 当且仅当

$$\begin{pmatrix} 2r_1 & \alpha & \overline{\alpha} \\ \overline{\alpha}' & H_1 & 0 \\ \alpha' & 0 & \overline{H_1} \end{pmatrix} > 0,$$

其中 $H_1 = \overline{H}_1'$. 相似于 (5)，我们能证 $\begin{pmatrix} r_1 & \alpha \\ \overline{\alpha}' & H_1 \end{pmatrix} > 0$. 这时，我们考虑

$$H_2 = \begin{pmatrix} r_1 & \alpha & 0 \\ \overline{\alpha}' & H_1 & (\alpha J_0)' \\ 0 & \overline{\alpha J_0} & 0 \end{pmatrix}.$$

我们有

$$\begin{pmatrix} 1 & 0 & 0 \\ 0 & I & 0 \\ 0 & -\overline{\alpha J_0} H_1^{-1} & 1 \end{pmatrix} H_2 \begin{pmatrix} 1 & 0 & 0 \\ 0 & I & 0 \\ 0 & -\overline{\alpha J_0} H_1^{-1} & 1 \end{pmatrix}'$$

$$= \begin{pmatrix} r_1 & 0 & \alpha H_1^{-1} J_0 \alpha' \\ \overline{\alpha}' & H_1 & 0 \\ -\overline{\alpha} J_0 H_1 \overline{\alpha}' & 0 & r_1 + \overline{\alpha} J_0 H_1^{-1} J_0 \alpha' \end{pmatrix},$$

其中

$$\alpha H_1^{-1} J_0 \alpha' = -\alpha (J_0 H_1)^{-1} \alpha' = -\alpha (\overline{H}_1 J_0)^{-1} \alpha' = -\alpha H_1^{-1} J_0 \alpha',$$

即 $\alpha H_1^{-1} J_0 \alpha' = 0$. 另一方面，

$$r_1 + \overline{\alpha} J_0 H_1^{-1} J_0 \alpha' = r_1 - \overline{\alpha} (J_0 H_1 J_0')^{-1} \alpha' = r_1 - \alpha H_1^{-1} \overline{\alpha}'.$$

因此 $H_2 > 0$ 当且仅当 $\begin{pmatrix} r_1 & \alpha \\ \overline{\alpha}' & H_1 \end{pmatrix} > 0$. 所以 $C_1(x) > 0$ 当且仅当 $H_2 > 0$.

记 $z_{ij} = (u_{ij}, v_{ij}) \in \mathbb{C}^2$, $1 \le i < j \le N$,

$$H(x) = \begin{pmatrix} r_1 & u_{12} & \cdots & u_{1N} \\ \overline{u_{12}} & r_2 & \cdots & u_{2N} \\ \vdots & \vdots & & \vdots \\ \overline{u_{1N}} & \overline{u_{2N}} & \cdots & r_N \end{pmatrix} \qquad (6.3.12)$$

是 $N \times N$ Hermite 矩阵,

$$L(x) = \begin{pmatrix} 0 & v_{12} & \cdots & v_{1N} \\ -v_{12} & 0 & \cdots & v_{2N} \\ \vdots & \vdots & & \vdots \\ -v_{1N} & -v_{2N} & \cdots & 0 \end{pmatrix} \qquad (6.3.13)$$

是 $N \times N$ 复斜对称矩阵, 于是 $H_2 > 0$ 当且仅当

$$Q(x) = \begin{pmatrix} H(x) & L(x) \\ -\overline{L(x)} & \overline{H(x)} \end{pmatrix} > 0, \qquad (6.3.14)$$

其中 $u_{ij} = x_{ij}^{(1)} + \sqrt{-1}x_{ij}^{(3)}$, $v_{ij} = x_{ij}^{(2)} + \sqrt{-1}x_{ij}^{(4)}$. 它等价于

$$Q(x) = \overline{Q(x)}' > 0, \quad J_1 Q(x) J_1' = Q(x)', \qquad (6.3.15)$$

其中

$$J_1 = \begin{pmatrix} 0 & I \\ -I & 0 \end{pmatrix}, \qquad (6.3.16)$$

且 $Q(x)$ 为 $2N \times 2N$ 复矩阵, 使得

$$V(4, \cdots, 4) = \{Q(x) > 0\}, \qquad (6.3.17)$$

这里 $r_1, \cdots, r_N, \operatorname{Re} u_{ij}, \operatorname{Im} u_{ij}, \operatorname{Re} v_{ij}, \operatorname{Im} v_{ij}, 1 \le i < j \le N$ 都是独立实变量.

典型域有四大类和两个例外典型域. 下面我们给出四大类典型域的 É.Cartan 实现, 下一节我们给出例外典型域的实现.

(1)　$R_I(N, N + m_0)$

取正规锥 $V(2,2,\cdots,2)$ 及 $m_1 = \cdots = m_N = m_0 \geq 0$, 取 $Q_{jk}^1 = I, Q_{jk}^2 = -\sqrt{-1}I,\ 1 \leq j < k \leq N$,

$$F_{jj}(u,u) = u_j\overline{u}_j',\ F_{ij}(u,u) = (\mathrm{Re}\,(u_i\overline{u}_j'), \mathrm{Im}\,(u_i\overline{u}_j')),$$

则 $R_I(N, N+m_0)$ 定义为

$$H(x) = \begin{pmatrix} r_1 & x_{12} & \cdots & x_{1N} \\ \overline{x}_{12} & r_2 & \cdots & x_{2N} \\ \vdots & \vdots & & \vdots \\ \overline{x}_{1N} & \overline{x}_{2N} & \cdots & r_N \end{pmatrix} > 0,$$

其中

$$r_j = \mathrm{Im}\,s_j - u_j\overline{u}_j',$$
$$x_{ij} = \mathrm{Im}\,y_{ij}^{(1)} - \mathrm{Re}\,(u_i\overline{u}_j') + \sqrt{-1}(\mathrm{Im}\,y_{ij}^{(2)} - \mathrm{Im}\,(u_i\overline{u}_j')).$$

因此 $R_I(N, N+m_0)$ 定义为

$$\frac{1}{2\sqrt{-1}}(Z - \overline{Z}') - U\overline{U}' > 0, \tag{6.3.18}$$

其中 Z 和 U 分别为 $N \times N$ 和 $N \times m_0$ 复矩阵. 记作

$$Z = \begin{pmatrix} z_{11} & \cdots & z_{1N} \\ \vdots & & \vdots \\ z_{N1} & \cdots & z_{NN} \end{pmatrix}, U = \begin{pmatrix} u_1 \\ \vdots \\ u_N \end{pmatrix}, \tag{6.3.19}$$

这里 $z_{jj} = s_j, 1 \leq j \leq N$; $z_{ij} = y_{ij}^{(1)} + \sqrt{-1}y_{ij}^{(2)}$, $z_{ji} = y_{ij}^{(1)} - \sqrt{-1}y_{ij}^{(2)}$, $1 \leq i < j \leq N$ 为独立复变量.

全纯同构

$$Z = \sqrt{-1}(I+W)(I-W)^{-1},\ U = (I-W)^{-1}V \tag{6.3.20}$$

将域 $R_I(N, N+m_0)$ 映为域

$$I - P\overline{P}^1 > 0, \tag{6.3.21}$$

其中 $P = (W\ V)$ 为 $N \times (N + m_0)$ 复矩阵.

(2) $R_{II}(N)$

取正规锥 $V(1, 1, \cdots, 1)$ 及 $m_1 = \cdots = m_N = 0, R_{II}(N)$ 定义为

$$\frac{1}{2\sqrt{-1}}(Z - \overline{Z}') > 0, \tag{6.3.22}$$

其中

$$Z = \begin{pmatrix} z_{11} & \cdots & z_{1N} \\ \vdots & & \vdots \\ z_{N1} & \cdots & z_{NN} \end{pmatrix}, \ z_{ij} = z_{ji}, \ 1 \le i \le j \le N, \tag{6.3.23}$$

且 $z_{11}, \cdots, z_{1N}, \cdots, z_{NN}$ 全是独立复变量.

用全纯同构

$$Z = \sqrt{-1}(I + W)(1 - W)^{-1} \tag{6.3.24}$$

可将域 $R_{II}(N)$ 映为域

$$I - P\overline{P}' > 0, \ P = P', \tag{6.3.25}$$

其中 P 为 $N \times N$ 复对称方阵.

(3) $R_{III}(p)$

取正规锥 $V(4, 4, \cdots, 4)$ 及 $m_1 = \cdots = m_N = m_0,$

$$Q_{jk}^{(1)} = \begin{pmatrix} I_1 & 0 \\ 0 & I_1 \end{pmatrix}, \quad Q_{jk}^{(2)} = \sqrt{-1} \begin{pmatrix} I_1 & 0 \\ 0 & -I_1 \end{pmatrix},$$

$$Q_{jk}^{(3)} = \begin{pmatrix} 0 & I_1 \\ -I_1 & 0 \end{pmatrix}, \quad Q_{jk}^{(4)} = \sqrt{-1} \begin{pmatrix} 0 & -I_1 \\ -I_1 & 0 \end{pmatrix}, \tag{6.3.26}$$

其中 $1 \le j < k \le N$, I_1 为 $\frac{m_0}{2} \times \frac{m_0}{2}$ 单位方阵, 又 $m_0 = 0$ 或 $m_0 = 2$. 记

$$p = \begin{cases} 2N, & \text{当} \quad m_0 = 0, \\ 2N + 1, & \text{当} \quad m_0 = 2. \end{cases} \tag{6.3.27}$$

记

$$F_{jj}(u,u) = u_j\bar{u}_j',$$

$$F_{ij}(u,u) = \left(\mathrm{Re}\,(u_i\bar{u}_j'),\mathrm{Im}\,u_i\begin{pmatrix} -I_1 & 0 \\ 0 & I_1 \end{pmatrix}\bar{u}_j',\right.$$

$$\left.\mathrm{Re}\,u_i\begin{pmatrix} 0 & I_1 \\ -I_1 & 0 \end{pmatrix}\bar{u}_j',\mathrm{Im}\,u_i\begin{pmatrix} 0 & I_1 \\ I_1 & 0 \end{pmatrix}\bar{u}_j'\right),$$

则 $R_{III}(p)$ 定义为

$$Q(x) = \begin{pmatrix} H(x) & L(x) \\ -\overline{L(x)} & \overline{H(x)} \end{pmatrix} > 0,\quad H(x) = \begin{pmatrix} r_1 & \cdots & u_{1N} \\ \vdots & & \vdots \\ \overline{u}_{1N} & \cdots & r_N \end{pmatrix},$$

$$L(x) = \begin{pmatrix} 0 & v_{12} & \cdots & v_{1N} \\ -v_{12} & 0 & \cdots & v_{2N} \\ \vdots & \vdots & & \vdots \\ -v_{1N} & -v_{2N} & \cdots & 0 \end{pmatrix},$$

且

$$z = (s_1, y_2, s_2, \cdots, y_N, s_N),$$

$$y_j = (y_{1j}, \cdots, y_{j-1,j}),$$

$$y_{ij} = (y_{ij}^{(1)}, y_{ij}^{(2)}, y_{ij}^{(3)}, y_{ij}^{(4)}),\quad 1 \le i < j \le N,$$

$$u_{ij} = \mathrm{Im}\,y_{ij}^{(1)} + \sqrt{-1}y_{ij}^{(3)}$$

$$-\mathrm{Re}\,u_i\bar{u}_j' - \sqrt{-1}\mathrm{Re}\,u_i\begin{pmatrix} 0 & I_1 \\ -I_1 & 0 \end{pmatrix}\bar{u}_j',$$

$$v_{ij} = \mathrm{Im}\,y_{ij}^{(2)} + \sqrt{-1}y_{ij}^{(4)}$$

$$-\mathrm{Im}\,u_i\begin{pmatrix} -I_1 & 0 \\ 0 & I_0 \end{pmatrix}\overline{u}_j' - \sqrt{-1}\mathrm{Im}\,u_i\begin{pmatrix} 0 & I_1 \\ I_1 & 0 \end{pmatrix}\bar{u}_j',$$

$$u = (u_1, \cdots, u_N),\quad r_i = \mathrm{Im}\,s_i - u_i\bar{u}_i',\quad 1 \le i \le N.$$

当 $m_0 = 0, p = 2N$ 时，有

$$u_{ij} = \frac{1}{2\sqrt{-1}}(y_{ij}^{(1)} + \sqrt{-1}y_{ij}^{(3)}) - \frac{1}{2\sqrt{-1}}\overline{(y_{ij}^{(1)} - \sqrt{-1}y_{ij}^{(3)})},$$

$$v_{ij} = \frac{1}{2\sqrt{-1}}(y_{ij}^{(2)} + \sqrt{-1}y_{ij}^{(4)}) - \frac{1}{2\sqrt{-1}}\overline{(y_{ij}^{(2)} - \sqrt{-1}y_{ij}^{(4)})}.$$

令

$$-p_{ji} = p_{ij} = y_{ij}^{(2)} + \sqrt{-1}y_{ij}^{(4)}, \quad -q_{ji} = q_{ij} = -y_{ij}^{(2)} + \sqrt{-1}y_{ij}^{(4)},$$
$$z_{ij} = y_{ij}^{(1)} + \sqrt{-1}y_{ij}^{(3)}, \quad z_{ji} = y_{ij}^{(1)} - \sqrt{-1}y_{ij}^{(3)}, \quad z_{ii} = s_i,$$

其中 $1 \le i < j \le N$，所以

$$H(z) = \frac{1}{2\sqrt{-1}}(T - \overline{T}'), \quad L(z) = \frac{1}{2\sqrt{-1}}(L_1 + \overline{L_2}),$$

其中

$$T = \begin{pmatrix} z_{11} & \cdots & z_{1N} \\ \vdots & & \vdots \\ z_{N1} & \cdots & z_{NN} \end{pmatrix}, \quad L_1 = \begin{pmatrix} p_{11} & \cdots & p_{1N} \\ \vdots & & \vdots \\ p_{N1} & \cdots & p_{NN} \end{pmatrix},$$

$$L_2 = \begin{pmatrix} q_{11} & \cdots & q_{1N} \\ \vdots & & \vdots \\ q_{N1} & \cdots & q_{NN} \end{pmatrix}. \tag{6.3.28}$$

因此

$$\frac{1}{2\sqrt{-1}}\left(\begin{pmatrix} T & L_1 \\ L_2 & T' \end{pmatrix} - \overline{\begin{pmatrix} T & L_1 \\ L_2 & T' \end{pmatrix}}'\right) > 0, \tag{6.3.29}$$

即

$$\frac{1}{2\sqrt{-1}}(W - \overline{W}') > 0, \quad W = \begin{pmatrix} T & L_1 \\ L_2 & T' \end{pmatrix}, \tag{6.3.30}$$

其中 W 为 $p \times p$ 复矩阵, 有

$$J_0 W J_0' = W', \quad J_0 = \begin{pmatrix} 0 & I \\ -I & 0 \end{pmatrix}, \tag{6.3.31}$$

而 W 中不同元素为独立复变量.

用 Cayley 变换

$$W = \sqrt{-1}(I - J_0 Z)(I + J_0 Z)^{-1}, \tag{6.3.32}$$

则 $\dfrac{1}{2\sqrt{-1}}(W - \overline{W}') > 0$, $J_0 W J_0' = W'$ 等价于

$$R_{III}(p): \quad I - Z\overline{Z}' > 0, Z' = -Z. \tag{6.3.33}$$

当 $m_0 = 2, p = 2N + 1$, 我们有

$$u_i = (v_i, w_i) \in \mathbb{C}^2, \quad 1 \le i \le N.$$

记

$$a_i = v_i - \sqrt{-1}w_i, \ b_i = v_i + \sqrt{-1}w_i, \ 1 \le i \le N,$$

则

$$u_{ij} = \frac{1}{2\sqrt{-1}}(z_{ij} - \overline{z_{ji}}) - \frac{1}{2}(a_i \overline{a}_j + b_j \overline{b_i}),$$

$$v_{ij} = \frac{1}{2\sqrt{-1}}(p_{ij} + q_{ji}) - \frac{\sqrt{-1}}{2}(a_i \overline{b}_j - a_j \overline{b_i}).$$

因此

$$H(z) = \frac{1}{2\sqrt{-1}}(T - \overline{T}') - \frac{1}{2}\alpha'\overline{\alpha} - \frac{1}{2}\overline{\beta}'\beta,$$

$$L(z) = \frac{1}{2\sqrt{-1}}(L_1 + \overline{L}_2) - \frac{\sqrt{-1}}{2}(\alpha'\overline{\beta} - \overline{\beta}'\alpha),$$

其中 $U = \begin{pmatrix} \alpha' \\ -\sqrt{-1}\beta' \end{pmatrix}$, $\alpha = (a_1, \cdots, a_N), \beta = (b_1, \cdots, b_N)$. 所以

如果 $W = \begin{pmatrix} T & L_1 \\ L_2 & T' \end{pmatrix}$, 则

$$\frac{1}{2\sqrt{-1}}(w - \overline{w}') - \frac{1}{2}U\overline{U}' - \frac{1}{2}J_0'\overline{U}U'J_0 > 0, \tag{6.3.34}$$

$$J_0 W = W'J_0,$$

其中 W 及 U 中不同元素全是独立复变量. 现在记

$$Q = \begin{pmatrix} I & 0 & U & W \\ 0 & I & 0 & -U'J_0 \end{pmatrix},$$

则

$$Q \begin{pmatrix} 0 & 0 & 0 & \sqrt{-1}I \\ 0 & I & 0 & 0 \\ 0 & 0 & -I & 0 \\ -\sqrt{-1}I & 0 & 0 & 0 \end{pmatrix} \overline{Q}'$$

$$= \begin{pmatrix} \frac{1}{\sqrt{-1}}(W - \overline{W}') - U\overline{U}' & \sqrt{-1}J_0\overline{U} \\ \sqrt{-1}U'J_0 & I \end{pmatrix} > 0$$

当且仅当 $\dfrac{1}{2\sqrt{-1}}(W - \overline{W}') - \dfrac{1}{2}U\overline{U}' - \dfrac{1}{2}J_0'\overline{U}U'J_0 > 0$, 且

$$Q \begin{pmatrix} 0 & 0 & 0 & J_0 \\ 0 & 0 & I & 0 \\ 0 & I & 0 & 0 \\ -J_0 & 0 & 0 & 0 \end{pmatrix} Q' = \begin{pmatrix} J_0W' - WJ_0 & 0 \\ 0 & 0 \end{pmatrix} = 0$$

当且仅当 $J_0W' = WJ_0$. 由于

$$P = \begin{pmatrix} \frac{1}{\sqrt{2}}I & 0 & 0 & \frac{\sqrt{-1}}{\sqrt{2}}I \\ 0 & 1 & 0 & 0 \\ 0 & 0 & 1 & 0 \\ -\frac{\sqrt{-1}}{\sqrt{2}}J_0 & 0 & 0 & -\frac{1}{\sqrt{2}}J_0 \end{pmatrix} \in U(2p),$$

所以

$$X = \begin{pmatrix} I & 0 & U & W \\ 0 & 1 & 0 & -U'J_0 \end{pmatrix} \overline{P}' = (W_1, W_0),$$

其中

$$W_1^{-1} = \begin{pmatrix} \sqrt{2}(I - \sqrt{-1}W)^{-1} & 0 \\ -\sqrt{-1}U'J_0(I - \sqrt{-1}W)^{-1} & 1 \end{pmatrix},$$

$$W_0 = \begin{pmatrix} U & -\dfrac{\sqrt{-1}}{\sqrt{2}}(I + \sqrt{-1}W)J_0 \\ 0 & \dfrac{1}{\sqrt{2}}U' \end{pmatrix}.$$

且式 (6.3.34) 等价于

$$(W_1, W_0)\begin{pmatrix} I & 0 \\ 0 & -I \end{pmatrix}\overline{(W_1, W_0)}' = W_1\overline{W}_1' - W_0\overline{W}_0' > 0,$$

$$(W_1, W_0)\begin{pmatrix} & & & -I \\ & & 1 & \\ & 1 & & \\ -I & & & \end{pmatrix}(W_1, W_0)'$$

$$= W_0\begin{pmatrix} 0 & 1 \\ -I & 0 \end{pmatrix}W_1' - W_1\begin{pmatrix} 0 & 1 \\ -I & 0 \end{pmatrix}W_0' = 0.$$

因此 $p \times p$ 复矩阵 W_1 非异且上面条件为

$$I - (W_1^{-1}W_0)\overline{(W_1^{-1}W_0)}' > 0,$$

$$(W_1^{-1}W_0)\begin{pmatrix} 0 & I \\ -I & 0 \end{pmatrix} = \begin{pmatrix} 0 & I \\ -I & 0 \end{pmatrix}(W_1^{-1}W_0)',$$

其中

$$W_1^{-1}W_0 =$$

$$\begin{pmatrix} \sqrt{2}(I - \sqrt{-1}W)^{-1}U & -\sqrt{-1}(I - \sqrt{-1}W)^{-1}(I + \sqrt{-1}W)J_0 \\ 0 & \sqrt{2}U'(I - \sqrt{-1}W')^{-1} \end{pmatrix}.$$

令 σ:

$$\begin{cases} Z_1 = \sqrt{-1}(I - \sqrt{-1}W)^{-1}(I + \sqrt{-1}W)J_0, \\ V = \sqrt{2}(I - \sqrt{-1}W)^{-1}U, \end{cases} \tag{6.3.35}$$

则 σ^{-1} 为

$$\begin{cases} W = -(I - \sqrt{-1}Z_1J_0)(\sqrt{-1}I - Z_1J_0)^{-1}, \\ U = \sqrt{-2}(\sqrt{-1}I - Z_1J_0)^{-1}V, \end{cases} \tag{6.3.36}$$

所以 σ 为全纯同构. 我们有

$$W_1^{-1}W_0 = \begin{pmatrix} V & -Z_1 \\ 0 & V' \end{pmatrix},$$

且

$$\begin{pmatrix} I - Z_1\overline{Z}_1' - V\overline{V}' & Z_1\overline{V} \\ V'\overline{Z}_1' & I - \overline{V}'V \end{pmatrix} > 0, Z_1 + Z_1' = 0.$$

所以当 $p = 2N + 1, m_0 = 2$ 时, 第三类典型域为

$$R_{III}(p): \quad I - Z\overline{Z}' > 0, Z + Z' = 0, Z = \begin{pmatrix} Z_1 & V \\ -V' & 0 \end{pmatrix}. \quad (6.3.37)$$

(4) $R_{IV}(n)$

取 $N = 2, n = 2 + n_{12}, m_1 = m_2 = 0, R_{IV}(n) = D(V_2)$ 定义为

$$\{(s_1, y, s_2) \in \mathbb{C} \times \mathbb{C}^{n_{12}} \times \mathbb{C} \mid \operatorname{Im} \begin{pmatrix} s_1 & y \\ y' & s_2I \end{pmatrix} > 0\},$$

即

$$\operatorname{Im}(s_1) > 0, \ \operatorname{Im}(s_1)\operatorname{Im}(s_2) - \operatorname{Im}(y)\operatorname{Im}(y)' > 0. \quad (6.3.38)$$

给定全纯同构 σ^{-1}:

$$\begin{cases} w_1 = \sqrt{-1} + \triangle^{-1}(s_1 + s_2 + 2\sqrt{-1}), \\ w_2 = \sqrt{-1}\,\triangle^{-1}\,(s_1 - s_2), \\ z = 2\sqrt{-1}\,\triangle^{-1}\,y, \end{cases} \quad (6.3.39)$$

其中 $w = (w_1, z, w_2)$, 且

$$\triangle = (s_1 + \sqrt{-1})(s_2 + \sqrt{-1}) - yy', \quad (6.3.40)$$

则 (6.3.39) 的逆映射为 σ:

$$\begin{cases} s_1 = -\sqrt{-1} + 2\,\triangle_0^{-1}\,(w_1 - \sqrt{-1}w_2 - \sqrt{-1}), \\ s_2 = -\sqrt{-1} + 2\,\triangle_0^{-1}\,(w_1 + \sqrt{-1}w_2 - \sqrt{-1}), \\ y = -2\sqrt{-1}\,\triangle_0^{-1}\,z, \end{cases} \quad (6.3.41)$$

其中

$$\triangle_0 = (w_1 - \sqrt{-1}w_2 - \sqrt{-1})(w_1 + \sqrt{-1}w_2 - \sqrt{-1}) + zz'$$
$$= ww' - 2\sqrt{-1}w_1 - 1, \tag{6.3.42}$$

所以 $\triangle\triangle_0 = 4$. 由直接计算有 $\sigma(D(V_2))$ 为

$$I + |ww'|^2 - 2w\overline{w}' > 0, \qquad 1 > |ww'|. \tag{6.3.43}$$

§6.4　例外对称有界域的实现

由 §6.2 可知，例外对称正规 Siegel 域分别为

(1)　$R_V(16)$.

$$\{ (s_1, y, s_2, u_1, u_2) \in \mathbb{C} \times \mathbb{C}^6 \times \mathbb{C} \times \mathbb{C}^4 \times \mathbb{C}^4 \mid$$
$$a_{11} > 0, a_{11}a_{22} - |a_{12}|^2 > 0 \}, \tag{6.4.1}$$

其中 $y = (y_1, \cdots, y_6) \in \mathbb{C}^6$, 且 $Q_t = R_t$, $t = 1, \cdots, 6$ 由引理 6.2.1 的 (3) 定义,

$$a_{11} = \mathrm{Im}\,(s_1) - u_1\overline{u}_1',$$
$$a_{12} = \mathrm{Im}\,z_{12} - \sum \mathrm{Re}\,(u_1 Q_j \overline{u}_2')e_j,$$
$$a_{22} = \mathrm{Im}\,(s_2) - u_2\overline{u}_2'.$$

(2)　$R_{VI}(27)$.
取

$$n_{12} = n_{13} = n_{23} = 8,$$
$$A_{12}^{t3} = P_t, \ 1 \le t \le 8,$$

其中

$$y_{23} = (y_1, \cdots, y_8) \in \mathbb{C}^8, \quad R_{23}^{(1)}(y_{23}) = \sum_t e_t' y_{23} P_t'$$

由式 (6.2.4) 定义. 于是 R_{VI} 定义为

$$\{\, z = (s_1, y_{12}, s_2, y_{13}, y_{23}, s_3) \in \mathbb{C} \times \mathbb{C}^8 \times \mathbb{C} \times \mathbb{C}^8 \times \mathbb{C}^8 \times \mathbb{C} \mid$$

$$\text{Im} \begin{pmatrix} s_1 & y_{12} & y_{13} \\ y_{12}' & s_2 I^{(8)} & R_{23}^{(1)}(y_{23}) \\ y_{13}' & R_{23}^{(1)}(y_{23})' & s_3 I^{(8)} \end{pmatrix} > 0 \,\}. \tag{6.4.2}$$

现在考虑例外对称正规 Siegel 域 R_V 及 R_{VI} 的 Bergman 映射, 域 R_V 及 R_{VI} 在 Bergman 映射下的全纯同构像为 $\mathfrak{R}_V(16)$ 及 $\mathfrak{R}_{VI}(27)$. 由于在 §4.2 已证明了域 $\mathfrak{R}_V(16)$ 及 $\mathfrak{R}_{VI}(27)$ 为齐性有界域, 所以这些实现也是例外对称有界域的实现, 即例外典型域的实现.

为此我们先用前面给出的一般公式来导出域 $\mathfrak{R}_V$ 及 $\mathfrak{R}_{VI}$ 的 Bergman 核函数.

今对 $R_V(16)$, 有

$$N = 2, \quad n_{12} = 6, \quad m_1 = m_2 = 6.$$

由定理 4.1.3 的式 (4.1.26), 有

$$n_1 + n_1' = n_2 + n_2' = 8.$$

由式 (4.1.27) 有

$$\mu_1 = -(n_1 + n_1' + m_1) = -12,$$
$$\mu_2 + 6\mu_1 = -(n_2 + n_2' + m_2) = -12,$$

所以

$$\mu_1 = -12, \quad \mu = 60.$$

由式 (4.1.26), 所以域 $R_V(16)$ 的 Bergman 核函数为

$$K(z, u; \overline{z}, \overline{u}) = c_0 \prod_{j=1}^{2} \det \left(\text{Im}\,(C_j(z)) - \text{Re}\,(R_j(u)\overline{R_j(u)}') \right)^{\mu_j},$$

其中

$$C_1(z) = \begin{pmatrix} s_1 & z_{12} \\ z'_{12} & s_2 I \end{pmatrix}, \quad C_2(z) = (s_2),$$

$$R_1(u) = \begin{pmatrix} u_1 \\ \sum e'_r u_2 \overline{Q}'_r \end{pmatrix}, \quad R_2(u) = (u_2),$$

(6.4.3)

于是 Bergman 核函数

$$K(z, u; \overline{z}, \overline{u}) = c_0 \det \begin{pmatrix} a_{11} & a_{12} \\ a'_{12} & a_{22} I \end{pmatrix}^{-12} \det (\operatorname{Im} s_2 - u_2 \overline{u}'_2)^{60},$$

其中

$$a_{11} = \operatorname{Im} s_1 - u_1 \overline{u_1}', \ a_{22} = \operatorname{Im} s_2 - u_2 \overline{u_2}',$$

$$a_{12} = \operatorname{Im} z_{12} - \sum_{j=1}^{6} \operatorname{Re} (u_1 Q_j \overline{u}'_2) e_j.$$

(6.4.4)

因此记

$y = z_{12},$

$$\triangle(z, u; \overline{z}, \overline{u}) = \left(\frac{s_1 - \overline{s}_1}{2\sqrt{-1}} - u_1 \overline{u}'_1\right)\left(\frac{s_2 - \overline{s}_2}{2\sqrt{-1}} - u_2 \overline{u}'_2\right)$$

$$- \sum_{j=1}^{6} \left(\frac{y_j - \overline{y}_j}{2\sqrt{-1}} - \frac{1}{2} u_1 Q_j \overline{u}'_2 - \frac{1}{2} u_2 \overline{Q}'_j \overline{u}'_1\right)^2,$$

(6.4.5)

$$\triangle = -4 \triangle (z, u; -\sqrt{-1} v_0, 0) = (s_1 + \sqrt{-1})(s_2 + \sqrt{-1}) - yy', \text{(6.4.6)}$$

则有

$$K(z, u; \overline{z}, \overline{u}) = c_0 \triangle (z, u; \overline{z}, \overline{u})^{-12},$$

(6.4.7)

其中 c_0 为正实常数. 所以有

$$\overline{d} \log K(z, u; \overline{z}, \overline{u})|_{\overline{z} = -\sqrt{-1} v_0, \overline{u} = 0}$$

$$= 12 \triangle^{-1} (s_2 + \sqrt{-1}) \overline{d s_1} + 12 \triangle^{-1} (s_1 + \sqrt{-1}) \overline{d s_2}$$

$$- 24 \triangle^{-1} y \overline{d y'} + 24\sqrt{-1} \triangle^{-1} ((s_2 + \sqrt{-1}) u_1 - \sum y_j u_2 \overline{Q}'_j) \overline{d u'_1}$$

$$+ 24\sqrt{-1} \triangle^{-1} ((s_1 + \sqrt{-1}) u_2 - \sum y_j u_1 Q_j) \overline{d u'_2}.$$

这证明了 Bergman 映射

$$w = \operatorname{grad}_{(\overline{z},\overline{u})} \log \frac{K(z,u;\overline{z},\overline{u})}{K(\sqrt{-1}v_0,0;\overline{z},\overline{u})}\Big|_{\overline{z}=-\sqrt{-1}v_0,\overline{u}=0}$$

可写为

$$
\begin{aligned}
r_1 &= 12\triangle^{-1}(s_2+\sqrt{-1})+6\sqrt{-1}, \quad x = -24\triangle^{-1}y, \\
r_2 &= 12\triangle^{-1}(s_1+\sqrt{-1})+6\sqrt{-1}, \\
v_1 &= 24\sqrt{-1}\triangle^{-1}((s_2+\sqrt{-1})u_1 - \sum y_j u_2 \overline{Q}'_j), \\
v_2 &= 24\sqrt{-1}\triangle^{-1}((s_1+\sqrt{-1})u_2 - \sum y_j u_1 Q_j),
\end{aligned}
\tag{6.4.8}
$$

其中 $y = (y_1,\cdots,y_6)$.

再作线性同构

$$s_1 \to \frac{1}{6}s_1, \ s_2 \to \frac{1}{6}s_2, \ y \to \frac{1}{12}y, \ u_1 \to \frac{\sqrt{-1}}{12\sqrt{2}}u_1, \ u_2 \to \frac{\sqrt{-1}}{12\sqrt{2}}u_2.$$

$$\tag{6.4.9}$$

于是我们有新的 Bergman 映射, 仍记作 σ, 它表为

$$
\begin{aligned}
r_1 &= \sqrt{-1}+2\triangle^{-1}(s_2+\sqrt{-1}), \\
x &= -2\triangle^{-1}y, \\
r_2 &= \sqrt{-1}+2\triangle^{-1}(s_1+\sqrt{-1}), \\
v_1 &= -\sqrt{2}\triangle^{-1}((s_2+\sqrt{-1})u_1 - \sum y_j u_2 \overline{Q}'_j), \\
v_2 &= -\sqrt{2}\triangle^{-1}((s_1+\sqrt{-1})u_2 - \sum y_j u_1 Q_j).
\end{aligned}
\tag{6.4.10}
$$

记

$$\nabla = (r_1-\sqrt{-1})(r_2-\sqrt{-1})-xx', \tag{6.4.11}$$

则有

$$\triangle\nabla = 4. \tag{6.4.12}$$

且全纯同构 σ 的逆 σ^{-1} 为

$$
\begin{aligned}
&s_1 = -\sqrt{-1} + 2\,\nabla^{-1}\,(r_2 - \sqrt{-1}),\\
&s_2 = -\sqrt{-1} + 2\,\nabla^{-1}\,(r_1 - \sqrt{-1}),\\
&y = -2\,\nabla^{-1}\,x,\\
&u_1 = -\sqrt{2}\,\nabla^{-1}\,((r_2 - \sqrt{-1})v_1 - \sum x_j v_2 \overline{Q}'_j),\\
&u_2 = -\sqrt{2}\,\nabla^{-1}\,((r_1 - \sqrt{-1})v_2 - \sum x_j v_1 Q_j).
\end{aligned}
\tag{6.4.13}
$$

记

$$
J = \begin{pmatrix} 0 & -I \\ I & 0 \end{pmatrix}.
$$

我们有

定理 6.4.1 例外对称正规 Siegel 域 $R_V(16)$ 在 Bergman 映射 σ 作用下映为 $\mathbb{C}^{16}$ 中对称有界域 $\mathfrak{R}_V(16) = \sigma(R_V(16))$:

$$
\{(r_1, x, r_2, v_1, v_2) \in \mathbb{C} \times \mathbb{C}^6 \times \mathbb{C} \times \mathbb{C}^8 \times \mathbb{C}^8 \mid \zeta > 0,\ 1 + \xi - \eta > 0\},
\tag{6.4.14}
$$

其中

$$
\begin{aligned}
\xi = &\mid r_1 r_2 - xx' \mid^2 + 2 \mid r_1 v_2 - \sum x_j v_1 Q_j \mid^2 \\
&+ 2 \mid r_2 v_1 - \sum x_j v_2 \overline{Q}'_j \mid^2 + 4|v_1 J v_2'|^2,
\end{aligned}
\tag{6.4.15}
$$

$$
\eta = |r_1|^2 + |r_2|^2 + 2x\overline{x}' + 2v_1 \overline{v}'_1 + 2v_2 \overline{v}'_2,
\tag{6.4.16}
$$

$$
\begin{aligned}
\zeta = &|r_1 - \sqrt{-1}|^2 - |r_1 r_2 - \sqrt{-1}r_1 - xx'|^2 \\
&- 2|r_2 v_1 - \sqrt{-1}v_1 - \sum x_j v_2 \overline{Q}'_1|^2,
\end{aligned}
\tag{6.4.17}
$$

它关于原点为圆型域.

证 令

$$
f_1 = \mathrm{Im}\,(s_1)\mathrm{Im}\,(s_2) - \mathrm{Im}\,(y)\mathrm{Im}\,(y)',
$$

$$
f_2 = u_1 \overline{u}'_1 \mathrm{Im}\,(s_2) + u_2 \overline{u}'_2 \mathrm{Im}\,(s_1) - 2\sum_{j=1}^{6} (\mathrm{Im}\,y_j)\mathrm{Re}\,u_1 Q_j \overline{u}'_2,
$$

$$f_3 = (u_1 \overline{u}_1')(u_2 \overline{u}_2') - \sum_{j=1}^{6} \operatorname{Re}(u_1 Q_j \overline{u}_2')^2,$$

$$f_4 = \operatorname{Im}(s_1) - u_1 \overline{u}_1',$$

由直接计算，有

$$f_1 = |\nabla|^{-2}(|r_1 r_2 - xx'|^2 - |r_1|^2 - |r_2|^2 - 2xx' + 1),$$

$$f_2 = 2|\nabla|^{-2}(v_1 \overline{v}_1' + v_2 \overline{v}_2'$$

$$- |r_1 v_2 - \sum x_j v_1 Q_j|^2 - |r_2 v_1 - \sum x_j v_2 \overline{Q}_j'|^2),$$

$$f_3 = |u_1 J u_2'|^2 = 4|\nabla|^{-2}|v_1 J v_2'|^2,$$

$$f_4 = |\nabla|^{-2}(|r_2 - \sqrt{-1}|^2 - |r_1(r_2 - \sqrt{-1}) - xx'|^2$$

$$- 2|(r_2 - \sqrt{-1})v_1 - \sum x_j v_2 \overline{Q}_j'|^2).$$

而

$$R_V(16) = \{(s_1, y_2, s_2, u_1, u_2) \mid f_1 + f_3 - f_2 > 0, f_4 > 0\},$$

于是

$$\sigma(R_V(16)) = \{(r_1, x, r_2, v_1, v_2) \mid \xi > 0, 1 + \xi - \eta > 0\}.$$

这证明了定理. 证完.

对 $R_{VI}(27)$, 有

$$N = 3, n_{12} = n_{13} = n_{23} = 8.$$

同理

$$n_1 + n_1' = n_2 + n_2' = n_3 + n_3' = 18.$$

于是

$$\mu_1 = -18, \mu_2 = 126, \mu_3 = -882.$$

因此域 $R_{VI}(27)$ 的 Bergman 核函数为

$$K(z, \overline{z}) = c_0 \det \operatorname{Im} \begin{pmatrix} s_1 & y_{12} & y_{13} \\ y_{12}' & s_2 I & R(y_{12}) \\ y_{13}' & R(y_{23})' & s_3 I \end{pmatrix}^{-18}$$

$$\det \operatorname{Im} \begin{pmatrix} s_2 & y_{23} \\ y'_{23} & s_3 I \end{pmatrix}^{126} (\operatorname{Im} s_3)^{-882} = c_0 \triangle (\operatorname{Im}(z))^{-18}, \quad (6.4.18)$$

其中 c_0 为正实数, 又

$$\triangle(z) = s_1 s_2 s_3 - s_1 y_{23} y'_{23} - s_2 y_{13} y'_{13} - s_3 y_{12} y'_{12} + 2 y_{12} R(y_{23}) y'_{13}, \tag{6.4.19}$$

$$R(y_{23}) = R_{23}^{(1)}(y_{23}) = \sum e'_r y_{23} P'_r. \tag{6.4.20}$$

这时, 域 $R_{VI}(27)$ 又可表为

$$R_{VI}(27) = \{ z = (s_1, y_{12}, s_2, y_{13}, y_{23}, s_3) \mid$$
$$\operatorname{Im}(s_3) > 0, \operatorname{Im}(s_2) \operatorname{Im}(s_3) - \operatorname{Im}(y_{23}) \operatorname{Im}(y_{23})' > 0, \triangle(\operatorname{Im}(z)) > 0 \}. \tag{6.4.21}$$

由直接计算可知, Bergman 映射 σ:

$$w = \operatorname{grad}_{\overline{z}} \log \frac{K(z, \overline{z})}{K(\sqrt{-1} v_0, \overline{z})} |_{\overline{z} = -\sqrt{-1} v_0} D,$$

其中 $D = \operatorname{diag}(1, \frac{1}{2} I, 1, \frac{1}{2} I, \frac{1}{2} I, 1)$, 则 σ 可表为

$$r_1 = \sqrt{-1} + 2\triangle(z + \sqrt{-1} v_0)^{-1} ((s_2 + \sqrt{-1})(s_3 + \sqrt{-1}) - y_{23} y'_{23}),$$
$$r_2 = \sqrt{-1} + 2\triangle(z + \sqrt{-1} v_0)^{-1} ((s_1 + \sqrt{-1})(s_3 + \sqrt{-1}) - y_{13} y'_{13}),$$
$$r_3 = \sqrt{-1} + 2\triangle(z + \sqrt{-1} v_0)^{-1} ((s_1 + \sqrt{-1})(s_2 + \sqrt{-1}) - y_{12} y'_{12}),$$
$$x_{12} = -2\triangle(z + \sqrt{-1} v_0)^{-1} ((s_3 + \sqrt{-1}) y_{12} - y_{13} R(y_{23})'),$$
$$x_{13} = -2\triangle(z + \sqrt{-1} v_0)^{-1} ((s_2 + \sqrt{-1}) y_{13} - y_{12} R(y_{23})),$$
$$x_{23} = -2\triangle(z + \sqrt{-1} v_0)^{-1} ((s_1 + \sqrt{-1}) y_{23} - \sum (y_{12} e'_s) y_{13} P_s). \tag{6.4.22}$$

由直接计算可知, σ^{-1} 具有相同形式, 只是 $\sqrt{-1}$ 改为 $-\sqrt{-1}$. 又有

$$\triangle(x - \sqrt{-1} v_0) \triangle(z + \sqrt{-1} v_0) = 8. \tag{6.4.23}$$

由直接计算, 所以有

$$Z(x) = \sqrt{-1}I + 2(\sqrt{-1}I + C_1(z))^{-1} = C_1(x) + (r_1 - \sqrt{-1})^{-1}D(x),$$

其中

$$D(x) = \begin{pmatrix} 0 & 0 \\ 0 & D_1(x) \end{pmatrix},$$

$D_1(x)$ 为

$$\begin{pmatrix} x'_{12}x_{12} - x_{12}x'_{12}I & x'_{12}x_{13} - \sum(x_{12}e'_s)R(x_{13}P_s) \\ x'_{13}x_{12} - \sum(x_{12}e'_s)R(x_{13}P_s)' & x'_{13}x_{13} - x_{13}x'_{13}I \end{pmatrix}.$$

定理 6.4.2　符号同上. 第六类例外对称正规 Siegel 域 R_{VI} 在 Bergman 映射 σ 作用下映为对称有界域

$$\mathfrak{R}_{VI}(27) = \sigma(R_{VI}(27)) = \{x \in \mathbb{C}^{27} | I - Z(x)\overline{Z(x)}' > 0\}, \quad (6.4.24)$$

它关于原点为圆型域.

证　今

$$\begin{aligned} C_1(z) &= 2(Z(x) - \sqrt{-1}I)^{-1} - \sqrt{-1}I \\ &= -\sqrt{-1}(Z(x) + \sqrt{-1}I)(Z(x) - \sqrt{-1}I)^{-1}, \end{aligned}$$

然而 $\operatorname{Im} C_1(z) > 0$, 且

$$\begin{aligned} \operatorname{Im} C_1(z) &= \frac{1}{2\sqrt{-1}}(C_1(z) - \overline{C_1(z)}') \\ &= -\frac{1}{2}(Z(x) - \sqrt{-1}I)^{-1}(Z(x) + \sqrt{-1}I) \\ &\quad - \frac{1}{2}(\overline{Z(x)}' - \sqrt{-1}I)(\overline{Z(x)}' + \sqrt{-1}I)^{-1} \\ &= -\frac{1}{2}(Z(x) - \sqrt{-1}I)^{-1}[(Z(x) + \sqrt{-1}I)(\overline{Z(x)}' + \sqrt{-1}I) \\ &\quad + (Z(x) - \sqrt{-1}I)(\overline{Z(x)}' - \sqrt{-1}I)](\overline{Z(x)}' + \sqrt{-1}I)^{-1} \\ &= (Z(x) - \sqrt{-1}I)^{-1}(I - Z(x)\overline{Z(x)}')(\overline{Z(x)}' + \sqrt{-1}I)^{-1}. \end{aligned}$$

于是 $I - Z(x)\overline{Z(x)}' > 0$. 由 §6.1 可知, 域 $\sigma(R_{VI}(27))$ 为关于原点的圆型域, 且为对称有界域. 定理证完.

第七章　　Cauchy 核和形式 Poisson 核

熟知在多复变数函数论中 Cauchy 型积分不唯一. 在这一章, 我们考虑 Cauchy–Szegö 积分. 进一步由 Cauchy–Szegö 积分引进形式 Poisson 积分, 且证明当正规 Siegel 域不可分解时, 形式 Poisson 核为 Poisson 核的必要且充分条件为正规 Siegel 域是对称正规 Siegel 域.

§7.1　正规 Siegel 域的 Cauchy–Szegö 核

定义 7.1.1　设 D 为 $\mathbb{C}^n$ 中域, $S(D)$ 为域 D 的 Silov 边界. 设 $S(D)$ 有实解析参数表示 $\xi = q(t)$, 其中 $t = (t_1, \cdots, t_m), m = \dim_R S(D)$.

当 $z \in D, \xi \in S(D) \cup D$ 时, 设函数 $S(z, \overline{\xi})$ 关于 z 全纯, 关于 $\overline{\xi}$ 也全纯. 函数 $S(z, \overline{\xi})$ 称为 Cauchy–Szegö 核, 如果它适合
(1)

$$S(z, \overline{\xi}) \in L^2(S(D)), \quad \forall z \in D; \tag{7.1.1}$$

(2)　设 g 在 $D \cup \partial D$ 上连续. 在 D 上全纯, 则有 Cauchy–Szegö 积分公式

$$g(z) = \int_{S(D)} S(z, \overline{\xi}) g(\xi) dt. \tag{7.1.2}$$

由定义可知, 任取域 D 上的全纯自同构 σ, 如果 σ 能解析开拓到域 D 的边界 ∂D, 则有 Cauchy–Szegö 积分

$$g(\sigma(z)) = \int_{S(D)} S(z, \overline{\xi}) g(\sigma(\xi)) dt.$$

设 $\xi = q(t)$ 为 Silov 边界的实参数表示, 则由于 $\sigma(S(D)) = S(D)$, 所以有 $\sigma(\xi) = \sigma(q(t))$, 因此 $\sigma(\xi) = \sigma(q(t)) = q(\widetilde{\sigma}(t))$. 这导出实参数变换 $t \to \widetilde{\sigma}(t)$, 其 Jacobian 为 $\dfrac{\partial \widetilde{\sigma}(t)}{\partial t}$, 所以

$$\widetilde{\sigma}^*(dt) = |\det \frac{\partial \widetilde{\sigma}(t)}{\partial t}| dt.$$

因此有

$$g(\sigma(z)) = \int_{S(D)} S(\sigma(z), \overline{\xi}) g(\xi) dt$$

$$= \int_{S(D)} S(\sigma(z), \overline{\sigma(\xi)}) g(\sigma(\xi)) |\det \frac{\partial \widetilde{\sigma}(t)}{\partial t}| dt.$$

这证明了

$$\int_{S(D)} (S(\sigma(z), \overline{\sigma(\xi)}) |\det \frac{\partial \widetilde{\sigma}(t)}{\partial t}| - S(z, \overline{\xi})) g(\sigma(\xi)) dt = 0$$

对所有适合条件的函数 g 成立. 如果 $h(t) = \det \dfrac{\partial \widetilde{\sigma}(t)}{\partial t}$ 只依赖于 $\overline{\xi}$, 则可以推出

$$S(\sigma(z), \overline{\sigma(\xi)}) |\det \frac{\partial \widetilde{\sigma}(t)}{\partial t}| = S(z, \overline{\xi}), \ \forall \, z \in D, \ \xi \in S(D). \qquad (7.1.3)$$

现在考虑 $\mathbb{C}^n \times \mathbb{C}^m$ 中正规 Siegel 域 $D(V_N, F)$, 它由 N 矩阵组 $\{A_{ij}^{tk}, Q_{ij}^{(t)}\}$ 定义. 已知 $D(V_N, F)$ 有单可递仿射自同构群 $T(D(V_N, F))$. 另一方面, Silov 边界 $S(D(V_N, F))$ 有实参数表示

$$t = (\operatorname{Re} \xi, \operatorname{Re} \eta, \operatorname{Im} \eta), \qquad (7.1.4)$$

而

$$\operatorname{Im}(\xi) = F(\eta, \eta) \quad \forall \eta \in \mathbb{C}^m, \qquad (7.1.5)$$

由于我们寻找的 Cauchy–Szegö 核在 $D \times \overline{(D \cup \partial D)}$ 上全纯, 这里 $\overline{D_1} = \{z \in \mathbb{C}^n \mid \overline{z} \in D_1\}$. 所以必须有

$$S(\sigma(z, u); \overline{\sigma(\xi, \eta)}) |\det \frac{\partial \widetilde{\sigma}(t)}{\partial t}| = S(z, u; \overline{\xi}, \overline{\eta}), \qquad (7.1.6)$$

其中 $(z,u) \in D(V_N, F)$, $(\xi, \eta) \in S(D(V, F))$. 易证这等价于

$$S(\sigma(z,u); \overline{\sigma(z,u)}) |\det \frac{\partial \widetilde{\sigma}(t)}{\partial t}| = S(z,u; \overline{z}, \overline{u}), \qquad (7.1.7)$$

其中 $\det \dfrac{\partial \widetilde{\sigma}(t)}{\partial t}$ 的 t 取 $t = (\mathrm{Re}\,(\xi), \mathrm{Re}\,(\eta), \mathrm{Im}\,(\eta))$, ξ, η 分别取 $\xi = z$, $\eta = u$.

已知域 $D(V_N, F)$ 中单可递仿射变换群 $T(D(V_N, F))$ 定义为

$$\sigma: \begin{aligned} z &\to (z - 2\sqrt{-1}F(u,\beta) + \sqrt{-1}F(\beta,\beta) + \mathrm{Re}\,(\alpha))A, \\ u &\to (u - \beta)B, \end{aligned} \qquad (7.1.8)$$

其中 $\alpha \in \mathbb{R}^n$, $\beta \in \mathbb{C}^m$, $A \in \mathrm{Aff}\,(V_N)$, $B \in GL(m, \mathbb{C})$, 使得

$$F(uB, uB) = F(u,u)A, \quad \forall u \in \mathbb{C}^m. \qquad (7.1.9)$$

由于 $\sigma(S(D(V_N, F))) = S(D(V_N, F))$, 于是取

$$t = (\mathrm{Re}\,\xi, \mathrm{Re}\,\eta, \mathrm{Im}\,\eta).$$

因此

$$dt = d\mathrm{Re}\,(\xi) \wedge d\mathrm{Re}\,(\eta) \wedge d(\mathrm{Im}\,\eta)$$

$$= \left(\frac{\sqrt{-1}}{2}\right)^m d\mathrm{Re}\,(\xi) \wedge d\eta \wedge \overline{d\eta}. \qquad (7.1.10)$$

记 $\sigma(\xi, \eta) = (\lambda, \mu)$, 则

$$\sigma^*(dt) = \left(\frac{\sqrt{-1}}{2}\right)^m d\mathrm{Re}\,\lambda \wedge d\mu \wedge \overline{d\mu}, \qquad (7.1.11)$$

且 Jacobian 为

$$\begin{pmatrix} \dfrac{\partial \mathrm{Re}\,\lambda}{\partial \mathrm{Re}\,\xi} & \dfrac{\partial \mu}{\partial \mathrm{Re}\,\xi} & \dfrac{\partial \overline{\mu}}{\partial \mathrm{Re}\,\xi} \\[2mm] \dfrac{\partial \mathrm{Re}\,\lambda}{\partial \eta} & \dfrac{\partial \mu}{\partial \eta} & \dfrac{\partial \overline{\mu}}{\partial \eta} \\[2mm] \dfrac{\partial \mathrm{Re}\,\lambda}{\partial \overline{\eta}} & \dfrac{\partial \mu}{\partial \overline{\eta}} & \dfrac{\partial \overline{\mu}}{\partial \overline{\eta}} \end{pmatrix} = \begin{pmatrix} A & 0 & 0 \\ F & B & 0 \\ G & 0 & \overline{B} \end{pmatrix},$$

所以

$$\sigma^*(dt) = (\det A)|\det B|^2 dt.$$

而 Cauchy–Szegö 核若存在，则必有

$$S(\sigma(z,u); \overline{\sigma(z,u)}) = S(z,u; \overline{z}, \overline{u})|\det A||\det B|^2. \qquad (7.1.12)$$

又显然，

$$\overline{S(z,u; \overline{\xi}, \overline{\eta})} = S(\xi, \eta; \overline{z}, \overline{u}). \qquad (7.1.13)$$

引理 7.1.2 设 $S(D(V_N, F))$ 为正规 Siegel 域 $D(V_N, F)$ 的 Silov 边界，若 $D(V_N, F)$ 上有 Cauchy–Szegö 核存在，则必为

$$S(z,u; \overline{\xi}, \overline{\eta}) = c_0 \prod_{j=1}^{N} \det C_j \big(\frac{1}{2\sqrt{-1}}(z - \overline{\xi}) - F(u, \eta)\big)^{\lambda_j}, \qquad (7.1.14)$$

其中

$$\sum_{i=1}^{j} \lambda_i n_{ij} = -\frac{1}{2}(n_j + n_j' + 2m_j), \quad 1 \le j \le N, \qquad (7.1.15)$$

这里 $n_j = \sum_{i=1}^{j} n_{ij}$, $n_j' = \sum_{i=j}^{N} n_{ij}$, 又

$$c_0 = \big(\int_{S(D(V_N, F))} \prod_{j=1}^{N} \det C_j \big(\frac{1}{2\sqrt{-1}}(\sqrt{-1}v_0 - \overline{\xi})\big)^{\lambda_j} dt\big)^{-1}. \qquad (7.1.16)$$

所以必唯一，且适合

$$\overline{S(z,u; \overline{\xi}, \overline{\eta})} = S(\xi, \eta; \overline{z}, \overline{u}). \qquad (7.1.17)$$

证 任取 $(z_0, u_0) \in D(V_N, F), \sigma(z_0, u_0) = (\sqrt{-1}v_0, 0)$, 即 σ 为

$$z \to (z - 2\sqrt{-1}F(u, u_0) + \sqrt{-1}F(u_0, u_0) - \mathrm{Re}\,(z_0))A,$$
$$u \to (u - u_0)B,$$

其中 $z \to zA, u \to uB$ 可表为

$$C_j(zA) = P_j(a)C_j(z)P_j(a)', \quad R_j(uB) = P_j(a)R_j(u),$$

而

$$P_j(a) = \begin{pmatrix} a_{jj} & a_{j,j+1} & \cdots & a_{jN} \\ & a_{j+1,j+1}I & \cdots & R_{j+1,N}^{(j)}(a_{j+1,N}) \\ & & \ddots & \vdots \\ & & & a_{NN}I \end{pmatrix}.$$

取 $z = z_0, u = u_0$，有

$$v_0 = (\operatorname{Im} z_0 - F(u_0, u_0))A,$$

于是

$$\begin{aligned} I = C_j(v_0) &= C_j((\operatorname{Im} z_0 - F(u_0, u_0))A) \\ &= P_j(a)C_j(\operatorname{Im} z_0 - F(u_0, u_0))P_j(a)', \end{aligned}$$

即

$$C_j(\operatorname{Im}(z_0) - F(u_0, u_0)) = p_j(a)^{-1}(p_j(a)')^{-1}.$$

所以

$$\det C_j(\operatorname{Im}(z_0) - F(u_0, u_0)) = a_{jj}^{-2}a_{j+1,j+1}^{-2n_{j,j+1}} \cdots a_{NN}^{-2n_{jN}},$$

即

$$\log \det C_j(\operatorname{Im}(z_0) - F(u_0, u_0)) = -2\sum_{k=j}^{N} n_{jk} \log a_{kk}.$$

记 $(\lambda_1, \cdots, \lambda_N)$ 适合式 (7.1.15). 所以

$$\sum_{j=1}^{N} \lambda_j \log \det C_j(\operatorname{Im}(z_0) - F(u_0, u_0))$$

$$= -2\sum_{j=1}^{N}\sum_{k=j}^{N} \lambda_j n_{jk} \log a_{kk} = -2\sum_{k=1}^{N}(\sum_{j=1}^{k} \lambda_j n_{jk}) \log a_{kk}$$

$$= \sum_{k=1}^{N}(n_k + n_k' + 2m_k) \log a_{kk},$$

即

$$\prod_{j=1}^{N} \det C_j(\operatorname{Im} z_0 - F(u_0, u_0))^{\lambda_j} = \prod_{k=1}^{N} a_{kk}^{n_k + n'_k + 2m_k}.$$

下面求 zA 及 uB 的表达式. 由 $R_j(uB) = P_j(a)R_j(u)$ 可知

$$(uB)_j = a_{jj}u_j + a_{j,j+1}R_{j+1}^{(j)}(u) + \cdots + a_{jN}R_N^{(j)}(u), j = 1, 2, \cdots, N.$$

所以

$$\det B = \prod_{j=1}^{N} a_{jj}^{m_j}, \quad \det A = \prod_{j=1}^{N} a_{jj}^{n_j + n'_j}.$$

因此

$$S(\sqrt{-1}v_0, 0; -\sqrt{-1}v_0, 0) \prod_{j=1}^{N} a_{jj}^{n_j + n'_j + 2m_j} = S(z_0, u_0; \overline{z_0}, \overline{u_0}).$$

但是

$$\prod_{j=1}^{N} a_{jj}^{n_j + n'_j + 2m_j} = \prod_{j=1}^{N} \det C_j(\operatorname{Im} z_0 - F(u_0, u_0))^{\lambda_j},$$

所以证明了

$$S(z, u; \overline{\xi}, \overline{\eta}) = c_0 \prod_{j=1}^{N} \det C_j\left(\frac{1}{2\sqrt{-1}}(z - \overline{\xi}) - F(u, \eta)\right)^{\lambda_j}.$$

如引理所述, 今若 $S(z, u; \overline{\xi}, \overline{\eta})$ 为 Cauchy–Szegö 核, 则必须有

$$\int_{S(D(V_N, F))} S(z, u; \overline{\xi}, \overline{\eta})dt = 1, \quad \forall (z, u) \in D(V_N, F).$$

取 $z = \sqrt{-1}v_0, u = 0$, 有

$$c_0 \int_{S(D(V_N, F))} \prod_{j=1}^{N} \det C_j\left(\frac{1}{2\sqrt{-1}}(\sqrt{-1}v_0 - \overline{\xi})\right)^{\lambda_j} dt = 1.$$

这证明了式 (7.1.16) 成立.

余下证 $S(z, y; \overline{\xi}, \overline{\eta})$ 在 $D(V_N, F) \times \overline{D(V_N, F) \cup \partial D(V_N, F)}$ 上全纯. 事实上, 函数

$$\prod_{j=1}^{N} \det C_j \left(\frac{1}{2\sqrt{-1}} (z - \overline{\xi}) - F(u, \eta) \right)^{\lambda_j}$$

为有理分式. 为了证它全纯, 只要证明无极点, 即分母无零点. 这化为证

$$C_j \left(\frac{1}{2\sqrt{-1}} (z - \overline{\xi}) - F(u, \overline{\eta}) \right)$$

非异. 事实上, $C_j \left(\frac{1}{2\sqrt{-1}} z - \frac{1}{2\sqrt{-1}} \overline{\xi} - F(u, \overline{\eta}) \right)$ 为复对称方阵. 先来考查它的实部, 有

$$2\mathrm{Re}\, C_j \left(\frac{1}{2\sqrt{-1}} z - \frac{1}{2\sqrt{-1}} \overline{\xi} - F(u, \eta) \right)$$
$$= C_j \left(\frac{1}{2\sqrt{-1}} z - \frac{1}{2\sqrt{-1}} \overline{\xi} - F(u, \eta) - \frac{1}{2\sqrt{-1}} \overline{z} + \frac{1}{2\sqrt{-1}} \xi - F(\eta, u) \right)$$
$$= C_j \left(\mathrm{Im}\, z - F(u, u) \right) + C_j \left(\mathrm{Im}\, \xi - F(\eta, \eta) \right)$$
$$\quad + \mathrm{Re}\, R_j (u - \eta) \overline{R_j (u - \eta)}'.$$

当 $(\xi, \eta) \in D(V_N, F) \cup \partial D(V_N, F)$, 则 $\mathrm{Im}\, \xi - F(\eta, \eta) \in V \cup \partial V$, 所以 $C_j(\mathrm{Im}\, \xi - F(\eta, \eta)) \geq 0$. 显然, $R_j(u - \eta) \overline{R_j(u - \eta)}' \geq 0$, 所以 $\mathrm{Re}\, R_j(u - \eta) \overline{R_j(u - \eta)}' \geq 0$. 又当 $(z, u) \in D(V_N, F)$ 有 $C_j(\mathrm{Im}\, z - F(u, u)) > 0$. 这证明了

$$\mathrm{Re}\, C_j \left(\frac{1}{2\sqrt{-1}} (z - \overline{\xi}) - F(u, \eta) \right) > 0.$$

记 $C_j \left(\frac{1}{2\sqrt{1}} (z - \overline{\xi}) - F(u, \eta) \right) = S_j + \sqrt{-1} \widetilde{S_j}$, 其中 $S_j, \widetilde{S_j}$ 实对称. 所以证明了 $S_j > 0$. 因此存在实非异方阵 P, 使得 $P S_j P' = I$, 今 $P \widetilde{S_j} P'$ 实对称, 所以存在实正交方阵 O, 使得

$$(OP) S_1 (OP)' = I, \quad (OP) \widetilde{S_j} (OP)' = \mathrm{diag}\,(\mu_1, \cdots).$$

因此 $\det(S_j + \sqrt{-1}\widetilde{S}_j) = (\det P)^{-2} \prod(1 + \sqrt{-1}\mu_j) \neq 0$. 这证明了 $C_j\left(\dfrac{1}{2\sqrt{-1}}(z - \overline{\xi}) - F(u,\eta)\right)$ 非异，所以 $S(z,y;\overline{\xi},\overline{\eta})$ 在 $D(V_N,F) \times$ $\overline{D(V_N,F) \cup \partial D(V_N,F)}$ 上全纯.

又因函数乘积 $\prod_{j=1}^{N} C_j\left(\dfrac{1}{2\sqrt{-1}}(z - \overline{\xi}) - F(u,\eta)\right)^{\lambda_j}$ 的共轭为乘积 $\prod_{j=1}^{N} C_j\left(\dfrac{1}{2\sqrt{-1}}(\xi - \overline{z}) - F(\eta,u)\right)^{\lambda_j}$. 因此 $\overline{S(z,u;\overline{\xi},\overline{\eta})} = S(\xi,\eta;\overline{z},\overline{u})$ 关于 $(\xi,\eta) \in D(V_N,F) \cup \partial D(V_N,F)$ 全纯. 至此证明了引理. 证完.

定理 7.1.3(Gindikin) 设 $S(D(V_N,F))$ 为 $\mathbb{C}^{n+m}$ 中正规 Siegel 域 $D(V_N,F)$ 的 Silov 边界，则存在 Cauchy–Szegö 核 $S(z,u;\overline{\xi},\overline{\eta})$.

上面定理的证明，实际上是要证任取在 $D(V_N,F)$ 上全纯，在 $D(V_N,F) \cup S(D(V_N,F))$ 上连续的函数 f 有

$$f(z,u) = \int_{S(D(V_N,F))} S(z,u;\overline{\xi},\overline{\eta})f(\xi,\eta)dt,$$

这里

$$S(z,u;\overline{\xi},\overline{\eta}) = c_0 \prod_{j=1}^{N} \det C_j\left(\frac{1}{2\sqrt{-1}}(z - \overline{\xi}) - F(u,\eta)\right)^{\lambda_j}.$$

因此要证任取 Silov 边界 $S(D(V_N,F))$ 上的连续函数 $f(\xi,\eta)$，证明含参数 $(z,u) \in D(V_N,F)$ 的积分

$$\int_{S(D(V_N,F))} S(z,u;\overline{\xi},\overline{\eta})f(\xi,\eta)dt$$

有意义，且关于参数 $(z,u) \in D(V_N,F)$ 是全纯的. 记此积分为 $f(z,u)$，再证明任取 Silov 边界 $S(D(V_N,F))$ 中任一点 (ξ_0,η_0)，则

$$\lim_{D(V_N,F) \ni (z,u) \to (\xi_0,\eta_0)} f(z,u) = f(\xi_0,\eta_0).$$

即函数 $f(z,u)$ 在 $D(V_N,F) \cup S(D(V_N,F))$ 上连续.

由于是对具体的函数 $S(z,u;\overline{\xi},\overline{\eta})$ 来证明，因此证明比较复杂. 详见 Gindikin 原文. 在此略去. 另一方面，由于 Silov 边界 $S(D(V_N,F)) \neq \partial D(V_N,F)$，因此 Leray 积分不可以推出 Cauchy-Szegö 积分. 原因在于 Leray 积分 $\int_D f(\xi)\Omega_1 \wedge \Omega_2$ 中 $f(\xi)\Omega_1 \wedge \Omega_2$ 的系数是在 ∂D 上定义的函数.

§7.2　正规 Siegel 域的形式 Poisson 核

定理 7.2.1　设 $K(z,\overline{z})$ 为 $\mathbb{C}^n$ 中有界域 D 的 Bergman 核函数，则域 D 关于 Bergman 度量

$$ds^2 = \sum \frac{\partial^2 \log K(z,\overline{z})}{\partial z_i \partial \overline{z_j}} dz_i \otimes \overline{dz_j} = dz\, T(z,\overline{z}) \overline{dz}' \tag{7.2.1}$$

的 Laplace–Beltrami 算子为

$$\triangle = \operatorname{tr} T(z,\overline{z})^{-1} \frac{\partial^2}{\partial z' \partial \overline{z}} = \sum h^{ij}(z,\overline{z}) \frac{\partial^2}{\partial z_i \partial z_j}, \tag{7.2.2}$$

其中

$$T(z,\overline{z}) = (h_{ij}(z,\overline{z})) = \left(\frac{\partial^2 \log K(z,\overline{z})}{\partial z_i \partial \overline{z_j}} \right) \tag{7.2.3}$$

为 Bergman 度量方阵，又

$$T(z,\overline{z})^{-1} = (h^{ij}(z,\overline{z})). \tag{7.2.4}$$

证　记

$$x = (\operatorname{Re}(z), \operatorname{Im}(z)) = (\tfrac{1}{2}(z+\overline{z}), \frac{1}{2\sqrt{-1}}(z-\overline{z})),$$

则

$$dx = (1/2)(dz, \overline{dz})U,$$

其中

$$U = \frac{1}{2} \begin{pmatrix} I^{(n)} & -\sqrt{-1}I \\ I & \sqrt{-1}I \end{pmatrix} \in \mathrm{U}(2n).$$

于是 Bergman 度量

$$ds^2 = dzT(z,\overline{z})\overline{dz}' = \frac{1}{2}(dz,\overline{dz})\begin{pmatrix} 0 & T \\ T & 0 \end{pmatrix}(dz,\overline{dz})'$$

有 $ds^2 = dxG(x)dx'$, 其中

$$G(x) = \overline{U}'\begin{pmatrix} 0 & T \\ T & 0 \end{pmatrix}\overline{U} = (g_{ij}),$$

$$G(x)^{-1} = (g^{ij}) = U'\begin{pmatrix} 0 & \overline{T}^{-1} \\ T^{-1} & 0 \end{pmatrix}U.$$

由微分几何可知, 关于 Riemann 度量

$$ds^2 = dxG(x)dx'$$

的 Laplace–Beltrami 算子为

$$\triangle = \frac{1}{4}(\det G(x))^{-\frac{1}{2}}\sum_{k=1}^{2n}\frac{\partial}{\partial x_k}\Big(\sum_{i=1}^{2n}(\det G(x))^{\frac{1}{2}}g^{ik}(x)\frac{\partial}{\partial x_i}\Big).$$

由于

$$\det G(x) = (\det\overline{U})^2(-1)^{n^2}|\det T(z,\overline{z})|^2 = (\det T)^2,$$

又由 $\det T > 0$ 及 $\dfrac{\partial}{\partial x} = \sqrt{2}\big(\dfrac{\partial}{\partial z}, \dfrac{\partial}{\partial\overline{z}}\big)\overline{U}$. 于是

$$\triangle = \frac{1}{2}(\det T)^{-1}\big(\frac{\partial}{\partial z}, \frac{\partial}{\partial\overline{z}}\big)\Big((\det)T\begin{pmatrix} 0 & \overline{T}^{-1} \\ T^{-1} & 0 \end{pmatrix}\big(\frac{\partial}{\partial z}, \frac{\partial}{\partial\overline{z}}\big)'\Big)$$

$$= \operatorname{tr}T(z,\overline{z})^{-1}\frac{\partial^2}{\partial z'\partial\overline{z}} + (\det T)^{-1}\operatorname{Re}\Big(\frac{\partial}{\partial z}(\det T)\overline{T}^{-1}\Big)\frac{\partial'}{\partial\overline{z}}.$$

因此为了证明 $\triangle = \operatorname{tr}T^{-1}\dfrac{\partial^2}{\partial z'\partial\overline{z}}$, 只要证明 $\dfrac{\partial}{\partial z}\Big((\det T)\overline{T}^{-1}\Big) = 0$

就够了. 事实上,

$$(\det T)^{-1}\left(\frac{\partial}{\partial z}\left((\det T)\overline{T}^{-1}\right)\right)\frac{\partial'}{\partial \overline{z}}$$

$$= (\det T)^{-1}\sum_{i,j=1}^{n}\left(\frac{\partial}{\partial z_i}(\det T)h^{ji}\right)\frac{\partial}{\partial \overline{z}_j}$$

$$= \sum \frac{\partial h^{ji}}{\partial z_i}\frac{\partial}{\partial \overline{z}_j} + \sum_{i,j}\frac{\partial \log(\det T)}{\partial z_i}h^{ji}\frac{\partial}{\partial \overline{z}_j}$$

$$= -\sum_{i,j,p,q}h^{jp}\frac{\partial h_{pq}}{\partial z_i}h^{qi}\frac{\partial}{\partial \overline{z}_j} + \sum_{i,j}h^{ji}\left(\operatorname{tr}T^{-1}\frac{\partial T}{\partial z_i}\right)\frac{\partial}{\partial \overline{z}_j}$$

$$= -\sum_{i,j,p,q}h^{jp}h^{qi}\frac{\partial^3 \log K(z,\overline{z})}{\partial z_i \partial z_p \overline{\partial z_q}}\frac{\partial}{\partial \overline{z}_j} + \sum_{i,j,p,q}h^{ji}h^{pq}\frac{\partial h_{qp}}{\partial z_i}\frac{\partial}{\partial \overline{z}_j}$$

$$= -\sum_{i,j,p,q}h^{jp}h^{qi}\frac{\partial h_{iq}}{\partial z_p}\frac{\partial}{\partial \overline{z}_q} + \sum_{i,j,p,q}h^{ji}h^{pq}\frac{\partial h_{qp}}{\partial z_i}\frac{\partial}{\partial \overline{z}_j} = 0,$$

因此证明了断言. 证完.

定义 7.2.2　记 $\triangle$ 为有界域 D 上关于 Bergman 度量 ds^2 的 Laplace–Beltrami 算子. 域 D 上的实二阶连续可微函数 $f(z,\overline{z})$ 称为关于 Laplace–Beltrami 算子 $\triangle$ 的调和函数, 简称为调和函数, 如果它适合微分方程

$$\triangle f = 0. \tag{7.2.5}$$

对域 D 上的全纯自同构群 $\operatorname{Aut}(D)$ 中任一元素 $\sigma: w = f(z)$, Bergman 度量方阵有

$$\frac{\partial w}{\partial z}T(w,\overline{w})\overline{\frac{\partial w}{\partial z}}' = T(z,\overline{z}) \tag{7.2.6}$$

及

$$\frac{\partial^2}{\partial z'\partial \overline{z}} = \frac{\partial w}{\partial z}\frac{\partial^2}{\partial w'\partial \overline{w}}\overline{\frac{\partial w}{\partial z}}',$$

其中

$$\frac{\partial^2}{\partial z' \partial \overline{z}} = \begin{pmatrix} \dfrac{\partial^2}{\partial z_1 \partial \overline{z}_1} & \cdots & \dfrac{\partial^2}{\partial z_1 \partial \overline{z}_n} \\ \vdots & & \vdots \\ \dfrac{\partial^2}{\partial z_n \partial \overline{z}_1} & \cdots & \dfrac{\partial^2}{\partial z_n \partial \overline{z}_n} \end{pmatrix}, \tag{7.2.7}$$

于是

$$\triangle_z = \operatorname{tr} T(z, \overline{z})^{-1} \frac{\partial^2}{\partial z' \partial \overline{z}} = \operatorname{tr} T(w, \overline{w})^{-1} \frac{\partial^2}{\partial w' \partial \overline{w}} = \triangle_w. \tag{7.2.8}$$

这证明了有界域 D 上关于 Bergman 度量的 Laplace–Beltrami 算子在全纯自同构群 $\operatorname{Aut}(D)$ 作用下不变.

在域 D 上的所有调和函数构成的集合为线性空间 $B(D)$.

今 $\sigma \in \operatorname{Aut}(D), \sigma: w = f(z)$. 任取函数 $F(z, \overline{z})$, 于是有函数 $\widetilde{F}(w, \overline{w}) = \widetilde{F}(f(z), \overline{f(z)}) = F(z, \overline{z})$. 由 $F \in B(D)$, 即 $\triangle_z F(z, \overline{z}) = 0$, 则有 $\triangle_w F(z, \overline{z}) = \triangle_w \widetilde{F}(w, \overline{w}) = 0$. 这证明了 $F(z, \overline{z}) \in B(D)$, 则 $\widetilde{F}(w, \overline{w}) \in B(D)$. 在调和函数空间 $B(D)$ 上引进映射 $F \to \widetilde{F}$. 实际上, 此映射为 σ^*, 它是线性空间 $B(D)$ 上的线性同构, 即有 $\sigma^*(B(D)) = B(D)$.

利用线性同构 σ^*, 在 D 为齐性有界域时, 为了验证函数 $F \in B(D)$ 为调和函数, 问题化为计算如下关系: 任取 D 中固定点 z_0, 则

$$\operatorname{tr} T(z_0, \overline{z}_0)^{-1} \frac{\partial^2 F(\sigma^{-1}(z), \sigma^{-1}(z))}{\partial z' \partial \overline{z}}\Big|_{z=z_0, \overline{z}=\overline{z}_0} = 0, \tag{7.2.9}$$

其中 σ 为全纯自同构, 它将域 D 中点 z_1 映为固定点 z_0.

熟知调和函数论中一个重要问题是给了域 D 的 Silov 边界 $S(D)$, 考虑实解析子流形 $S(D)$ 上的连续且平方可积函数类:

$$C(S(D)) \cap L^2(S(D), \mu),$$

其中可积的含义为对实解析子流形 $\mathfrak{M}$ 上的一个确定的测度 μ 而言. 且考虑 Laplace–Beltrami 方程

$$\triangle f = 0 \tag{7.2.10}$$

的 Dirichlet 问题, 即给定边值 $f(\xi)$, $\forall \xi \in S(D)$, 是否有适合 Laplace–Beltrami 方程 (7.2.10) 的解 F 使得

$$\lim_{z \to \xi} F(z) = f(\xi), \forall \xi \in S(D).$$

现在给出 Poisson 核的定义.

定义 7.2.3　实值函数 $P(z, \overline{\xi}), \forall z \in D, \xi \in S(D)$ 称为域 D 上的 Poisson 核函数, 如果它适合下面条件:

(1)　$P(z, \overline{\xi}) > 0, \forall z \in D, \xi \in S(D)$.

(2)　记 $P(z, \overline{\xi})$ 为关于 z 及 $\overline{\xi}$ 的域 $D \times \overline{D}$ 上的全纯函数, 其中 $\overline{D}$ 记作 D 的共轭点集, 即 $\overline{D} = \{\overline{z} | z \in D\}$. 又关于 $\mathrm{Re}\,\xi, \mathrm{Im}\,\xi$ 为 $D \cup S(D)$ 上的实解析函数.

(3)　$\triangle_z P(z, \overline{\xi}) = 0$, $\quad \forall z \in D$, $\quad \xi \in S(D)$.

(4)　任取 $f(\xi) \in C(S(D)) \cap L^2(S(D), \mu)$, 则

$$f(z) = \int_{S(D)} P(z, \overline{\xi}) f(\xi) \mu(\xi)$$

为域 D 上的调和函数, 且 $\lim_{z \to \xi} f(z) = f(\xi), \forall \xi \in S(D)$.

今任取 $\sigma \in \mathrm{Aut}\,(D)$, 如果 σ 可开拓到域 D 的 Silov 边界 $S(D)$ 上为实解析自同构, 则有 Poisson 积分

$$\begin{aligned}
f(z) &= \int_{S(D)} P(z, \overline{\xi}) f(\xi) \mu(\xi) \\
&= \int_{S(D)} P(z, \overline{\sigma(\xi)}) f(\sigma(\xi)) J_\sigma \mu(\xi),
\end{aligned}$$

其中 J_σ 为 σ 关于测度 $\mu(\xi)$ 的 Jacobi 行列式, 因此有

$$\begin{aligned}
(\sigma^* f)(z) = f(\sigma(z)) &= \int_{S(D)} P(\sigma(z), \overline{\sigma(\xi)}) f(\sigma(\xi)) |J_\sigma| \mu(\xi) \\
&= \int_{S(D)} P(z, \overline{\xi}) f(\sigma(\xi)) \mu(\xi),
\end{aligned}$$

这证明了

$$\int_{S(D)} (P(\sigma(z), \overline{\sigma(\xi)})|J_\sigma| - P(z, \overline{\xi}))f(\sigma(\xi)))\mu(\xi) = 0. \qquad (7.2.11)$$

如果

$$P(\sigma(z), \overline{\sigma(\xi)})|J_\sigma| - P(z, \overline{\xi}) \in C(S(D)) \cap L^2(S(D), \mu), \ \forall z \in D,$$

取

$$f(\sigma(\xi)) = P(\sigma(z), \overline{\sigma(\xi)})|J_\sigma| - P(z, \overline{\xi}).$$

因此 $f(\sigma(\xi)) = P(\sigma(z), \overline{\sigma(\xi)})|J_\sigma| - P(z, \overline{\xi})$ 关于 ξ 在 $\mathfrak{M}$ 上几乎处处等于零. 由 Poisson 核的定义条件 (2), 有 $P(\sigma(z), \overline{\sigma(\xi)})|J_\sigma| = P(z, \overline{\xi})$. 因此我们证明了

引理 7.2.4 设 D 为 $\mathbb{C}^n$ 中有界域, 且 $\sigma \in \mathrm{Aut}(D)$ 诱导了 Silov 边界 $S(D)$ 上的实解析自同构 σ, 使得 σ 关于测度 μ 的 Jacobian 行列式 J_σ 属于 $C(S(D)) \cap L^2(S(D))$. 若在有界域 D 上有关于 Laplace–Beltrami 算子的 Poisson 核 $P(z, \overline{\xi})$, 则有

$$P(\sigma(z), \overline{\sigma(\xi)})|J_\sigma| = P(z, \overline{\xi}), \quad \forall z \in D, \xi \in S(D). \qquad (7.2.12)$$

若 D 为齐性有界域, 且 $\mathrm{Aut}(D)$ 限制在 Silov 边界 $S(D)$ 上可递, 则差一个正实常数, 式 (7.2.12) 唯一决定 Poisson 核.

另一方面, 若 D 为 $\mathbb{C}^n$ 中有界域, $S(D)$ 为它的 Silov 边界. 若域 D 有 Cauchy–Szegö 核 $S(z, \overline{\xi})$, 于是任取 $f(\xi) \in C(S(D)) \cap L^2(S(D), \mu)$, 则

$$f(z) = \int_{S(D)} S(z, \overline{\xi})f(\xi)\mu(\xi)$$

在域 D 上全纯, 取 $g(\xi) = S(\xi, \overline{z})f(\xi)$, 代入有

$$S(z, \overline{z})f(z) = \int_{S(D)} S(z, \overline{\xi})S(\xi, \overline{z})f(\xi)\mu(\xi).$$

由于 Cauchy–Szegö 核 $S(z, \overline{\xi})$ 有

$$\overline{S(z, \overline{\xi})} = S(\xi, \overline{z}),$$

所以有

$$S(z, \overline{z})f(z) = \int_{S(D)} |S(z, \overline{\xi})|^2 f(\xi)\mu(\xi),$$

即有

$$f(z) = \int_{S(D)} \frac{|S(z, \overline{\xi})|^2}{S(z, \overline{z})} f(\xi)\mu(\xi).$$

记

$$P(z, \overline{\xi}) = \frac{|S(z, \overline{\xi})|^2}{S(z, \overline{z})},$$

则 $f(\xi) \in C(S(D)) \cap L^2(S(D), \mu)$ 在 Silov 边界 $S(D)$ 上有积分表达式

$$f(z) = \int_{S(D)} P(z, \overline{\xi})f(\xi)\mu(\xi).$$

定义 7.2.5 设 D 为 $\mathbb{C}^n$ 中有界域, 设 D 上有 Cauchy–Szegö 核 $S(z, \overline{\xi})$, 则函数

$$P(z, \xi) = \frac{|S(z, \overline{\xi})|^2}{S(z, \overline{z})}, \quad \forall z \in D, \xi \in S(D) \tag{7.2.13}$$

称为域 D 的形式 Poisson 核.

$$f(z) = \int_{S(D)} P(z, \overline{\xi})f(\xi)\mu(\xi) \tag{7.2.14}$$

称为域 D 的形式 Poisson 积分.

用定义 7.2.3 来检验形式 Poisson 核是否为 Poisson 核, 这需要验证定义 7.2.3 的条件 (3). 另一方面, 注意到 Cauchy–Szegö 核 $S(z, \overline{\xi})$ 有关系

$$S(\sigma(z), \overline{\sigma(\xi)})J_\sigma = S(z, \overline{\xi}), \tag{7.2.15}$$

这里 J_σ 为关于测度 μ 的 Jacobian 行列式, 它是 Silov 边界 $S(D)$ 上的实解析函数, 所以记作 $J_\sigma(\xi)$. 由式 (7.2.13) 有

$$P(\sigma(z), \sigma(\xi)) = P(z, \xi)|J_\sigma(\xi)|^{-2} J_\sigma(z). \tag{7.2.16}$$

在 $J_\sigma(z) = |J_\sigma(\xi)|$ 时, 式 (7.2.16) 改为式 (7.2.12).

§7.3　Vagi–Stein 猜想

华罗庚在 1958 年证明了四大类典型域的形式 Poisson 核为 Poisson 核, 且得出了 Poisson 核的明显表达式. 在 1965 年, Koranyi 用半单李群的工具, 证明了在对称有界域时, 形式 Poisson 核为 Poisson 核. 1976 年, Vagi 提出如下猜想: 设 D 为齐性有界域, 形式 Poisson 核为 Poisson 核当仅且当域对称. 其实在 1965 年, 陆汝钤已在一个具体的非对称齐性 Siegel 域的情形, 证明了它的形式 Poisson 核不是 Poisson 核. 在这一节, 我们给出 Vagi 猜想的肯定答案.

现在考虑正规 Siegel 域 $D(V_N, F)$. 由 §7.1 可知, $D(V_N, F)$ 有 Cauchy–Szegö 核

$$S(z, u; \bar{\xi}, \bar{\eta}) = c_0 \Pi_{j=1}^N \det C_j \left(\frac{1}{2\sqrt{-1}} (z - \bar{\xi}) - F(u, \eta) \right)^{\lambda_j}, \tag{7.3.1}$$

其中

$$\sum_{i=1}^j \lambda_i n_{ij} = -\frac{1}{2}(n_j + n_j' + 2m_j), \quad 1 \le j \le N. \tag{7.3.2}$$

于是形式 Poisson 核为

$$P(z, u; \bar{\xi}, \bar{\eta}) = c_0 \frac{\prod_{j=1}^N |\det C_j \left(\frac{1}{2\sqrt{-1}} (z - \bar{\xi}) - F(u, \eta) \right)|^{2\lambda_j}}{\prod_{j=1}^N \det C_j (\operatorname{Im}(z) - F(u, u))^{\lambda_j}}. \tag{7.3.3}$$

下面，我们先来计算 $\triangle_{(z,u)}P(z,u;\bar{\xi},\bar{\eta})$. 为了判断什么时候 $\triangle_{(z,u)}P(z,u;\bar{\xi},\bar{\eta})=0,\forall(\xi,\eta)\in D(V_N,F)$, 由 Laplace–Beltrami 方程的不变性 (见式 (7.2.8)), 我们只要计算

$$\mathrm{tr}\, T(\sqrt{-1}v_0,0;-\sqrt{-1}v_0,0)^{-1}\frac{\partial^2 P(z,u,\bar{\xi},\bar{\eta})}{\partial(z,u)'\overline{\partial(z,u)}}|_{z=\sqrt{-1}v_0,u=0} \quad (7.3.4)$$

就够了, 其中 $\sigma\in T(D(V_N,F))$ 使得 $\sigma(z,u)=(\sqrt{-1}v_0,0)$.

今记

$$\psi_j=n_j+n_j'+m_j,\quad \rho_j=\psi_j+m_j=-2\sum_{i=1}^{j}\lambda_j n_{ij},$$

有

$$T(\sqrt{-1}v_0,0;-\sqrt{-1}v_0,0)=\mathrm{diag}\,(\frac{1}{4}\psi_1,\frac{1}{2}\psi_1 I^{(n_{12})}\frac{1}{4}\psi_2,\cdots,$$

$$\frac{1}{2}\psi_1 I^{(n_{1N})},\cdots,\frac{1}{2}\psi_{N-1}I^{(n_{N-1,N})},\frac{1}{4}\psi_N,\psi_1 I^{(m_1)},\cdots,\psi_N I^{(m_N)}).$$

所以

$$\triangle|_{(\sqrt{-1}v_0,0)}=4\sum_{i=1}^{N}\psi_i^{-1}\frac{\partial^2}{\partial s_i\partial\overline{s_i}}|.+2\sum_{1\le i<j\le N}\sum\psi_i^{-1}\frac{\partial^2}{\partial z_{ij}^{(t)}\overline{\partial z_{ij}^{(t)}}}|.$$

$$+\sum_{i=1}^{N}\sum\psi_i^{-1}\frac{\partial^2}{\partial u_i^{(t)}\overline{\partial u_i^{(t)}}}|.\,,$$

其中 $|.$ 表示取 $z=\sqrt{-1}v_0,u=0,\bar{z}=-\sqrt{-1}v_0,\bar{u}=0$.

利用

$$\frac{\partial^2\log f(z.\bar{z})}{\partial z_i\partial\overline{z_i}}=-\frac{1}{f^2}\frac{\partial f}{\partial z_i}\frac{\partial f}{\partial\overline{z_i}}+\frac{1}{f}\cdot\frac{\partial^2 f}{\partial x_i\partial\overline{x_i}},$$

$$\frac{\partial^2 P}{\partial s_i\partial\overline{s_i}}=\Big(\frac{\partial^2\log P}{\partial s_i\partial\overline{s_i}}+|\frac{\partial\log P}{\partial s_i}|^2\Big)P,$$

$$\frac{\partial^2 P}{\partial z_{ik}^{(t)}\overline{\partial z_{ik}^{(t)}}}=\Big(\frac{\partial^2\log P}{\partial z_{ik}^{(t)}\overline{\partial z_{ik}^{(t)}}}+|\frac{\partial\log P}{\partial z_{ik}^{(t)}}|^2\Big)P,$$

$$\frac{\partial^2 P}{\partial u_i^{(t)} \partial \overline{u_i^{(t)}}} = \left(\frac{\partial^2 \log P}{\partial u_i^{(t)} \partial \overline{u_i^{(t)}}} + \Big| \frac{\partial \log P}{\partial u_i^{(t)}} \Big|^2 \right) P,$$

其中

$$\alpha = \frac{1}{2\sqrt{-1}}(z - \bar{\xi}) - F(u, \eta), \quad \beta = \frac{1}{2\sqrt{-1}}(z - \bar{z}) - F(u, u),$$

$$\log P(z, u; \bar{\xi}, \bar{\eta}) = \log c_0 + \sum_{j=1}^{N} \lambda_j \log \det C_j(\alpha)$$

$$+ \sum_{j=1}^{N} \lambda_j (\log \det C_j(\overline{\alpha}) - \log \det C_j(\beta)),$$

则

$$2\sqrt{-1} \frac{\partial \log P}{\partial s_i} = \sum_{j=1}^{N} \lambda_j \operatorname{tr} \left(C_j(\alpha)^{-1} C_j(e_{ii}) - C_j(\beta)^{-1} C_j(e_{ii}) \right),$$

$$2\sqrt{-1} \frac{\partial \log P}{\partial z_{ik}^{(t)}} = \sum_{j=1}^{N} \lambda_j \operatorname{tr} \left(C_j(\alpha)^{-1} C_j(e_{ik}^{(t)}) - C_j(\beta)^{-1} C_j(e_{ik}^{(t)}) \right),$$

$$2\frac{\partial \log P}{\partial u_i^{(t)}} = -\sum_{j=1}^{N} \lambda_j \operatorname{tr} C_j(\alpha)^{-1} \left(R_j(e_j^{(t)}) \overline{R_j'(\eta)}' + \overline{R_j(\eta)} R_j(e_i^{(t)})' \right)$$

$$+ \sum_{j=1}^{N} \lambda_j \operatorname{tr} C_j(\beta)^{-1} \left(R_j(e_j^{(t)}) \overline{R_j'(u)}' + \overline{R_j(u)} R_j(e_i^{(t)})' \right),$$

又

$$4\frac{\partial^2 \log P}{\partial s_i \partial \overline{s_i}} = \sum_{j=1}^{N} \lambda_j \operatorname{tr} C_j(\beta)^{-1} C_j(e_{ii}) C_j(\beta)^{-1} C_j(e_{ii}),$$

$$4\frac{\partial^2 \log P}{\partial z_{ik}^{(t)} \partial \overline{z_{ik}^{(t)}}} = \sum_{j=1}^{N} \lambda_j \operatorname{tr} C_j(\beta)^{-1} C_j(e_{ik}^{(t)}) C_j(\beta)^{-1} C_j(e_{ik}^{(t)}),$$

$$4\frac{\partial^2 \log P}{\partial u_i^{(t)} \partial \overline{u_i^{(t)}}} = \sum_{j=1}^{N} \lambda_j \operatorname{tr} C_j(\beta)^{-1} \left(R_j(u) \overline{R_j(e_i^{(t)})}' + \overline{R_j(e_i^{(t)})} R_j(u)' \right)$$

$$C_j(\beta)^{-1}\big(R_j(e_i^{(t)})\overline{R_j(u)}' + \overline{R_j(u)}R_j(e_i^{(t)})'\big)$$
$$+ 2\sum_{j=1}^{N}\lambda_j\operatorname{tr} C_j(\beta)^{-1}\big(R_j(e_i^{(t)})\overline{R_j(e_i^{(t)})}' + \overline{R_j(e_i^{(t)})}R_j(e_i^{(t)})'\big).$$

取 $z = \sqrt{-1}v_0, \bar{z} = -\sqrt{-1}v_0, u = 0, \bar{u} = 0$, 则

$$\alpha = \frac{1}{2}(v_0 + \sqrt{-1}\xi), \quad \beta = v_0,$$

所以

$$\frac{\partial^2 \log P}{\partial s_i \partial \overline{s_i}}\bigg|_{\cdot} = \frac{1}{4}\sum \lambda_j n_{ji} = -\frac{\rho_i}{8},$$

$$\frac{\partial^2 \log P}{\partial z_{ik}^{(t)} \partial \overline{z_{ik}^{(t)}}}\bigg|_{\cdot} = \frac{1}{2}\sum \lambda_j \operatorname{tr} R_{ik}^{(j)}(e_t)R_{ik}^{(j)}(e_t)' = -\frac{\rho_i}{4},$$

$$\frac{\partial^2 \log P}{\partial u_i^{(t)} \partial \overline{u_i^{(t)}}}\bigg|_{\cdot} = \sum \lambda_j \operatorname{tr} R_j(e_i^{(t)})\overline{R_j(e_i^{(t)})}'$$

$$= \sum \lambda_j \operatorname{tr} \overline{R_i^{(j)}(e_t)}R_i^{(j)}(e_t)' = \sum n_{ji}\lambda_j = -\frac{\rho_i}{2}.$$

又取 $x = v_0 + F(\eta,\eta) + \sqrt{-1}\zeta$, $\quad \forall \zeta \in \mathbb{R}^n, \eta \in \mathbb{C}^m$, 则

$$\sqrt{-1}\frac{\partial \log P}{\partial s_i}\bigg|_{\cdot} = \sum_{j \le i} \lambda_j \operatorname{tr} C_j(x)^{-1}C_j(e_{ii}) + \frac{\rho_i}{4},$$

$$\sqrt{-1}\frac{\partial \log P}{\partial z_{ik}^{(t)}}\bigg|_{\cdot} = \sum_{j \le i} \lambda_j \operatorname{tr} C_j(x)^{-1}C_j(e_{ik}^{(t)}),$$

$$\sqrt{-1}\frac{\partial \log P}{\partial u_i^{(t)}}\bigg|_{\cdot} = -2\sqrt{-1}\sum_{j \le i} \lambda_j \operatorname{tr} C_j(x)^{-1}R_j(e_i^{(t)})\overline{R_j(\eta)}',$$

且

$$\frac{\partial^2 P}{\partial s_i \partial \overline{s_i}}\bigg|_{\cdot}$$

$$= c_0 \Big| \prod_{j=1}^{N} \det C_j\Big(\frac{x}{2}\Big)^{\lambda_j}\Big|^2 \Big(\Big| \sum_{j \le i} \lambda_j \operatorname{tr} C_j(x)^{-1}C_j(e_{ii}) + \frac{\rho_i}{4}\Big|^2 - \frac{\rho_i}{8}\Big),$$

$$\frac{\partial^2 P}{\partial z_{ik}^{(t)} \partial \overline{z_{ik}^{(t)}}}\bigg|.$$

$$= c_0 |\prod_{j=1}^{N} \det C_j(\frac{x}{2})^{\lambda_j}|^2 (|\sum_{j \leq i} \lambda_j \operatorname{tr} C_j(x)^{-1} C_j(e_{ik}^{(t)})|^2 - \frac{\rho_i}{4}),$$

$$\frac{\partial^2 P}{\partial u_i^{(t)} \partial \overline{u_i^{(t)}}}\bigg|.$$

$$= c_0 |\prod_{j=1}^{N} \det C_j(\frac{x}{2})^{\lambda_j}|^2 (4|\sum_{j \leq i} \lambda_j \operatorname{tr} C_j(x)^{-1} R_j(e_i^{(t)}) \overline{R_j(\eta)}'|^2 - \frac{\rho_i}{2}).$$

若 $\triangle P = 0$, 则有 $\triangle P|. = 0$. 因此

$$4 \sum \psi_i^{-1} \frac{\partial^2 P}{\partial s_i \overline{\partial s_i}}\bigg|. + 2 \sum_{i<k} \sum_{t} \psi_i^{-1} \frac{\partial^2 P}{\partial z_{ik}^{(t)} \partial \overline{z_{ik}^{(t)}}}\bigg|.$$

$$+ \sum_i \sum_t \psi_i^{-1} \frac{\partial^2 P}{\partial u_i^{(t)} \partial \overline{u_i^{(t)}}}\bigg|. = 0.$$

所以令

$$Q = -\frac{1}{2} \sum \frac{\rho_i(n_i' + m_i)}{\psi_i}$$

$$+ 4 \sum \psi_i^{-1} \bigg| \sum_{j \leq i} \lambda_j \operatorname{tr} C_j(x)^{-1} C_j(e_{ii}) + \frac{\rho_i}{4} \bigg|^2$$

$$+ 2 \sum \psi_i^{-1} \bigg| \sum_{j \leq i} \lambda_j \operatorname{tr} C_j(x)^{-1} C_j(e_{ik}^{(t)}) \bigg|^2$$

$$+ 4 \sum \psi_i^{-1} \bigg| \sum_{j \leq i} \lambda_j \operatorname{tr} C_j(x)^{-1} R_j(e_i^{(t)}) \overline{R_j(\eta)}' \bigg|^2, \tag{7.3.5}$$

则 $\triangle P = 0$ 蕴含 $Q \equiv 0, \forall x \in \mathbb{R}^n, \eta \in \mathbb{C}^m$.

引理 7.3.1 设 $D(V_N, F)$ 为由 N 矩阵组 $\{A_{ij}^{tk}, Q_{ij}^{(t)}\}$ 定义的正规 Siegel 域. 当 $N = 1$ 时, 有 $Q = 0$.

证　今 $x = 1 + \eta\overline{\eta}' + \sqrt{-1}\zeta$, $C_1(x)^{-1} = x^{-1}$, $\psi = 2 + m$, 因此

$$Q = -(1+m)^2(2+m)^{-1} + 4(1+m)^2(2+m)^{-1}$$
$$[|x|^{-2}\eta\overline{\eta}' + |x|^{-2} + \frac{1}{4} - \frac{1}{2}(x^{-1} + \overline{x}^{-1})] = 0.$$

证完.

引理 7.3.2　设 $D(V_N, F)$ 为由 N 矩阵组 $\{A_{ij}^{ik}, Q_{ij}^{(t)}\}$ 定义的正规 Siegel 域, 且设 $D(V_N, F)$ 不可分解, 即存在 $1, 2, \cdots, N$ 的排列 $i_1 i_2 \cdots i_N$, 使得 $n_{i_1 i_2} n_{i_2 i_3} \cdots n_{i_{N-1} i_N} \neq 0$.

设 $N \geq 2$, 且形式 Poisson 核适合 Laplace-Beltrami 方程, 则有

$$\psi = \psi_1 = \cdots = \psi_N, \ m = m_1 = \cdots = m_N, \ \rho = \rho_1 = \cdots = \rho_N. \tag{7.3.6}$$

证　今 $N \geq 2$. 任意取定指标 $1 \leq a < b \leq N$, 使得 $n_{ab} > 0$. 取 $\eta = 0$, $\zeta = \sum_t \zeta_{ab}^{(t)} e_{ab}^{(t)}$, 于是 $x = v_0 + \sqrt{-1}\zeta = v_0 + \sqrt{-1}\sum_t \zeta_{ab}^{(t)} e_{ab}^{(t)}$. 而

$$C_j(x) = I, \quad a < j,$$

$$C_j(x) = \mathrm{diag}\,(I, \begin{pmatrix} I & 0 & \sqrt{-1}R_{ab}^{(j)}(\zeta_{ab}) \\ 0 & I & 0 \\ \sqrt{-1}R_{ab}^{(j)}(\zeta_{ab})' & 0 & I \end{pmatrix}, I),$$

其中 $j \leq a$. 于是当 $a < j$ 时, 有 $C_j(x)^{-1} = I$, 当 $j \leq a$ 时, 有

$$C_j(x)^{-1} = \mathrm{diag}\,(I, \begin{pmatrix} \triangle^{-1}I^{(n_{ja})} & 0 & -Z_{13} \\ 0 & I & 0 \\ -Z_{13}' & 0 & I - Z_{33} \end{pmatrix}, I),$$

其中 $\triangle = (1 + |\zeta_{ab}|^2)$,

$$Z_{13} = \sqrt{-1}\,\triangle^{-1} R_{ab}^{(j)}(\zeta_{ab}), \ Z_{33} = \triangle^{-1} R_{ab}^{(j)}(\zeta_{ab})' R_{ab}^{(j)}(\zeta_{ab}).$$

所以有

$$\operatorname{tr} C_j(x)^{-1} C_j(e_{ii}) = n_{ji}, \quad i \neq a, b,$$
$$\operatorname{tr} C_j(x)^{-1} C_j(e_{aa}) = \triangle^{-1} n_{ja},$$
$$\operatorname{tr} C_j(x)^{-1} C_j(e_{bb}) = n_{jb} - \triangle^{-1} |\zeta_{ab}|^2 n_{ja},$$
$$\operatorname{tr} C_j(x)^{-1} C_j(e_{ik}^{(t)}) = 0, \quad (i,k) \neq (a,b),$$
$$\operatorname{tr} C_j(x)^{-1} C_j(e_{ab}^{(t)}) = -2\sqrt{-1}\, \triangle^{-1} \zeta_{ab}^{(t)} n_{ja},$$

其中 $j \leq a$. 因此

$$Q = -\frac{1}{2} \sum \psi_i^{-1} \rho_i (n_i' + m_i) + \frac{1}{4} \sum_{i \neq a,b} \psi_i^{-1} \rho_i^2 + 2\psi_a^{-1} \rho_a^2 |\triangle|^{-2} |\zeta_{ab}|^2$$

$$+ \psi_a^{-1} \rho_a^2 (\triangle^{-1} - \frac{1}{2})^2 + \psi_b^{-1} | - \frac{\rho_b}{2} + \rho_a \triangle^{-1} |\zeta_{ab}|^2|^2$$

$$= \frac{1}{4} \sum \psi_i^{-1} \rho_i (n_i - n_i') + \psi_b^{-1} \rho_a^2 |\zeta_{ab}|^2 \triangle^{-2} [\frac{\psi_b}{\psi_a} - \frac{\rho_b}{\rho_a}$$

$$+ |\zeta_{ab}|^2 - \frac{\rho_b}{\rho_a} |\zeta_{ab}|^2] = 0.$$

这证明了 $\sum \psi_i^{-1} \rho_i (n_i - n_i') = 0$, $\psi_b \rho_a = \psi_a \rho_b$, $\rho_a = \rho_b$. 由 $\psi_a > 0$ 可知 $\psi_a = \psi_b$, $m_a = m_b$, $\rho_a = \rho_b$.

今正规 Siegel 域 $D(V_N, F)$ 不可分解, 即存在 $1, 2, \cdots, N$ 的排列 $i_1 i_2 \cdots i_N$ 使得 $n_{i_1 i_2} n_{i_2 i_3} \cdots n_{i_{N-1} i_N} > 0$. 于是依次取 $(a,b) = (i_j, i_{j+1})$ 便证明了引理. 证完.

定理 7.3.3 设 $D(V_N, F)$ 是由 N 矩阵组 $\{A_{ij}^{tk}, Q_{ij}^{(t)}\}$ 定义的正规 Siegel 域, 且设正规 Siegel 域 $D(V_N, F)$ 不可分解. 设域 $D(V_N, F)$ 上的形式 Poisson 核适合 Laplace-Beltrami 方程, 则正规 Siegel 域 $D(V_N, F)$ 对称.

证 设正规 Siegel 域 $D(V_N, F)$ 不可分解. 由引理 7.3.2 的式 (7.3.6) 可知 $\psi = \psi_i$, $m = m_i$, $\rho = \rho_i$. 今设 $N \geq 2$, 且正规 Siegel 域不可分解. 由

$$x = v_0 + F(\eta, \eta) + \sqrt{-1}\zeta, \quad \zeta \in \mathbb{R}^n, \eta \in \mathbb{C}^m,$$

有

$$C_j(x)^{-1} = I + C_j(F(\eta, \eta) + \sqrt{-1}\zeta)^{-1}.$$

$C_j(x)^{-1}$ 在 $\eta = 0, \zeta = 0$ 附近可展成绝对一致收敛幂级数

$$C_j(x)^{-1} = I - C_j(F(\eta,\eta) + \sqrt{-1}\zeta) + C_j(F(\eta,\eta) + \sqrt{-1}\zeta)^2 - \cdots.$$

代入 Q 的表达式中, 取 $\eta = 0$, 考虑关于 ζ 的次数 ≤ 4 的项. 若 $\triangle P = 0$, 则必须有 $Q = 0$, 于是 Q 的次数 ≤ 4 的项的总和必须为零. 记 Q 的次数不超过 4 的项为 $Q_0 + Q_2 + Q_4$, 其中 $4Q_0 = 2(\rho/\psi)\sum(n_i - n_i') = 0$

$$
\begin{aligned}
Q_2 = {}& 2(\rho/\psi)\sum \lambda_j \operatorname{tr} C_j(\zeta)^2 C_j(e_{ii}) \\
& + 4\sum \psi_i^{-1}(\sum \lambda_j \operatorname{tr} C_j(\zeta)C_j(e_{ii}))^2 \\
& + 2\sum \psi_i^{-1}(\sum \lambda_j \operatorname{tr} C_j(\zeta)C_j(e_{ik}^{(t)}))^2, \\
Q_4 = {}& 4\sum \psi_i^{-1}(\sum \lambda_j \operatorname{tr} C_j(\zeta)^2 C_j(e_{ii}))^2 \\
& - 2(\rho/\psi)\sum_{j \leq i} \lambda_j \operatorname{tr} C_j(\zeta)^4 C_j(e_{ii}) \\
& - 8\sum \psi_i^{-1}\sum \lambda_j \operatorname{tr} C_j(\zeta)C_j(e_{ii})\sum \lambda_j \operatorname{tr} C_j(\zeta)^3 C_j(e_{ii}) \\
& + 2\sum \psi_i^{-1}(\sum \lambda_j \operatorname{tr} C_j(\zeta)^2 C_j(e_{ik}^{(t)}))^2 \\
& - 4\sum \psi_i^{-1}\sum \lambda_j \operatorname{tr} C_j(\zeta)C_j(e_{ik}^{(t)})\sum \lambda_j \operatorname{tr} C_j(\zeta)^3 C_j(e_{ik}^{(t)}).
\end{aligned}
$$

由于设 $\triangle P = 0$, 所以 $Q_2 = 0, Q_4 = 0$.

为了计算 Q_2 及 Q_4, 我们要给出下面一些计算. 记

$$
C_j(\zeta)^2 = \begin{pmatrix} C_{jj}^{(j)} & \cdots & C_{jN}^{(j)} \\ \vdots & & \vdots \\ (C_{jN}^{(j)})' & \cdots & C_{NN}^{(j)} \end{pmatrix},
$$

则有

$$
C_{jj}^{(j)} = \zeta_{jj}^2 + \sum_{j<k} |\zeta_{jk}|^2,
$$

$$
C_{ii}^{(j)} = \zeta_{ji}'\zeta_{ji} + \sum_{j<k<i}\sum A_{jk}^{ri}\zeta_{ki}'\zeta_{ki}(A_{jk}^{ri})' + (\zeta_{ii}^2 + \sum_{i<k}|\zeta_{ik}|^2)I^{(n_{ji})},
$$

$$C_{jk}^{(j)} = (\zeta_{jj} + \zeta_{kk})\zeta_{jk} + \sum_{j<l<k}\sum \zeta_{jl}^{(r)}\zeta_{lk}(A_{jl}^{rk})' + \sum_{k<l}\sum \zeta_{jl}A_{jk}^{rl}\zeta_{kl}'e_r,$$

$$C_{ik}^{(j)} = (\zeta_{ii} + \zeta_{kk})\sum e_r'\zeta_{ik}(A_{ji}^{rk})' + \sum_{j<l<i}\sum A_{jl}^{ri}\zeta_{li}'\zeta_{lk}(A_{jl}^{rk})'$$

$$+ \zeta_{ji}'\zeta_{jk} + \sum_{i<l<k}\sum e_s A_{ji}^{rl}\zeta_{il}'e_r'\zeta_{lk}(A_{jl}^{sk})'$$

$$+ \sum_{k<l}\sum \zeta_{il}A_{ik}^{tl}\zeta_{kl}'e_r'e_t(A_{ji}^{rk})',$$

其中 $j < i < k$. 于是

$$\sum_{j\leq i} \lambda_j \operatorname{tr} C_j(\zeta)C_j(e_{ii}) = -\frac{\rho}{2}\zeta_{ii},$$

$$\sum_{j\leq i} \lambda_j \operatorname{tr} C_j(\zeta)C_j(e_{ik}^{(t)}) = -\rho\zeta_{ik}^{(t)},$$

$$\sum_{j\leq i} \lambda_j \operatorname{tr} C_j(\zeta)^2 C_j(e_{ii}) = \sum \lambda_j \operatorname{tr} C_{ii}^{(j)}$$

$$= -\frac{1}{2}\rho(\sum_{k<i}|\zeta_{ki}|^2 + \zeta_{ii}^2 + \sum_{i<k}|\zeta_{ik}|^2),$$

$$\sum_{j\leq i<k} \lambda_j \operatorname{tr} C_j(\zeta)^2 C_j(e_{ik}^{(t)}) = 2\sum \lambda_j \operatorname{tr} C_{ik}^{(j)}R_{ik}^{(j)}(e_r)'$$

$$= -\rho[(\zeta_{ii} + \zeta_{kk})\zeta_{ik}^{(t)} + \sum_{l<i}\sum \zeta_{li}^{(r)}\zeta_{lk}A_{li}^{rk}e_t'$$

$$+ \sum_{i<l<k}\sum \zeta_{il}^{(r)}e_t A_{il}^{rk}s_{lk}' + \sum_{k<l}\zeta_{il}A_{ik}^{tl}\zeta_{kl}'].$$

因此利用引理 7.3.2 立即有 $Q_2 = 0$. 由引理 7.3.2 及

$$\sum_{j\leq i\leq N} C_j(e_{ii}) = I,$$

有

$$-8\sum \psi^{-1}\sum \lambda_j \operatorname{tr} C_j(\zeta)C_j(e_{ii})\sum \lambda_j \operatorname{tr} C_j(\zeta)^3 C_j(e_{ii})$$

$$-4\sum \psi^{-1}\sum \lambda_j \operatorname{tr} C_j(\zeta)C_j(e_{ik}^{(t)})\sum \lambda_j \operatorname{tr} C_j(\zeta)^3 C_j(e_{ik}^{(t)})$$

$$= 4(\rho/\psi^2) \sum \lambda_j \operatorname{tr} C_j(\zeta)^3 C_j(\sum \zeta_{ii} e_{ii})$$
$$+ 4(\rho/\psi^2) \sum \lambda_j \operatorname{tr} C_j(\zeta)^3 C_j(\sum_{i<k} \sum_t \zeta_{ik}^{(t)} e_{ik}^{(t)})$$
$$= 4(\rho^2/\psi) \sum \lambda_j \operatorname{tr} C_j(\zeta)^4.$$

因此

$$\psi Q_4 = 4 \sum_i (\sum_{j\le i} \lambda_j \operatorname{tr} C_j(\zeta)^2 C_j(e_{ii}))^2 + 2\rho^2 \sum \lambda_j \operatorname{tr} C_j(\zeta)^4$$
$$+ 2 \sum (\sum_{j\le i<k} \sum_t \lambda_j \operatorname{tr} C_j(\zeta)^2 C_j(e_{ik}^{(t)}))^2.$$

为此要计算

$$\sum \lambda_j \operatorname{tr} C_j(\zeta)^4 = \sum_{j\le i} \lambda_j \operatorname{tr} C_{ii}^{(j)} (C_{ii}^{(j)})'$$
$$+ 2 \sum_{j<i} \lambda_j \operatorname{tr} C_{ji}^{(j)} (C_{ji}^{(j)})' + 2 \sum_{j<i<k} \lambda_j \operatorname{tr} C_{ik}^{(j)} (C_{ik}^{(j)})'.$$

取 $\zeta_{11} = \cdots = \zeta_{NN} = 0$, 只考虑出现 $\zeta_{ab}, \zeta_{ac}, \zeta_{bc}$ 的坐标之项, 这里 $1 \le a < b < c \le N$. 当 $N = 2$ 只考虑出现一种 ζ_{ab} 的项. 反复利用 N 矩阵组 $\{A_{ij}^{tk}\}$ 的定义关系式, 于是有

$$\operatorname{tr} C_{jj}^j (C_{jj}^j)' = (\sum_{j<l} |\zeta_{jl}|^2)^2,$$
$$\operatorname{tr} C_{ii}^j (C_{ii}^j)' = n_{ji}(\sum_{i<k} |\zeta_{ik}|^2)^2 + 2 \sum_{j\le p<i<k} n_{jp} |\zeta_{pi}|^2 |\zeta_{ik}|^2$$
$$+ \sum_{j\le k<i} n_{jk} |\zeta_{ki}|^4 + 2 \sum_{j\le k<p<i} \sum_r n_{jk} (\zeta_{ki} A_{kp}^{ri} \zeta_{pi}')^2,$$
$$\operatorname{tr} C_{ji}^{(j)} (C_{ji}^{(j)})' = \sum_{j<p<i} |\zeta_{jp}|^2 |\zeta_{pi}|^2 + \sum_{i<l} \sum_r (\zeta_{jl} A_{ji}^{rl} \zeta_{il}')^2,$$
$$\operatorname{tr} C_{ik}^{(j)} (C_{ik}^{(j)})' = \sum_{j\le l<i<k} n_{jl} |\zeta_{li}|^2 |\zeta_{lk}|^2 + \sum_{i<l<k} n_{ji} |\zeta_{il}|^2 |\zeta_{lk}|^2$$
$$+ \sum_{k<l} n_{ji} \sum_r (\zeta_{il} A_{ik}^{rl} \zeta_{kl}')^2.$$

其中 $j < i < k$. 所以由 $\psi = \psi_j$ 有

$$\sum \lambda_j \operatorname{tr} C_j(\zeta)^4 = -\frac{\psi}{2}[\sum_{i<j}|\zeta_{ij}|^4 + \sum_i (\sum_{i<j}|\zeta_{ij}|^2)^2$$
$$+ 4\sum_{i<j<k}|\zeta_{ij}|^2|\zeta_{jk}|^2 + 2\sum_{i<j<k}|\zeta_{ij}|^2|\zeta_{ik}|^2$$
$$+ 4\sum_{i<j<k}\sum_r (\zeta_{ik}A_{ij}^{rk}\zeta_{jk}')^2].$$

因此

$$\psi\rho^{-2}Q_4 = 2\sum_{i<j<k}|\zeta_{ik}|^2|\zeta_{jk}|^2 + 2\sum_{i<j<k}\sum_{r,s}\zeta_{ij}^r\zeta_{ij}^s\zeta_{ik}A_{ij}^{rk}A_{ij}^{sk'}\zeta_{ik}'$$
$$- 2\sum_{i<j<k}\sum(\zeta_{ik}A_{ij}^{rk}\zeta_{jk}')^2 - 2\sum_{i<j<k}|\zeta_{ij}|^2|\zeta_{ik}|^2$$
$$= 2|\zeta_{ac}|^2|\zeta_{bc}|^2 + 2\sum_{r,s}\zeta_{ab}^r\zeta_{ab}^s\zeta_{ac}A_{ab}^{rc}A_{ab}^{sc'}\zeta_{ac}'$$
$$- 2\sum(\zeta_{ac}A_{ab}^{rc}\zeta_{bc}')^2 - 2|\zeta_{ab}|^2|\zeta_{ac}|^2.$$

设 $N \geq 3$. 由于 $\zeta_{ab}, \zeta_{ac}, \zeta_{bc}$ 为独立自变量，所以 $Q_4 = 0$ 蕴含

$$|\zeta_{ac}|^2|\zeta_{bc}|^2 = \sum(\zeta_{ac}A_{ab}^{rc}\zeta_{bc}')^2,$$
$$|\zeta_{ab}|^2|\zeta_{ac}|^2 = \sum_{r,s}\zeta_{ab}^r\zeta_{ab}^s\zeta_{ac}A_{ab}^{rc}A_{ab}^{sc'}\zeta_{ac}'.$$

因此当 $n_{ik}n_{jk} > 0$ 推出 $n_{ij} > 0$, 当 $n_{ij}n_{jk} > 0$ 推出 $n_{ik} > 0$, 当 $n_{ij}n_{ik} > 0$ 推出 $n_{jk} > 0$. 又有

$$\sum_t A_{ij}^{tk}(e_u'e_v + e_v'e_u)(A_{ij}^{tk})' = 2\delta_{vu}I^{(n_{ik})}.$$

双方求迹，有 $n_{ik} = n_{ij}$. 所以

$$A_{ij}^{rk}(A_{ij}^{sk})' + A_{ij}^{sk}(A_{ij}^{rk})' = 2\delta_{sr}I^{(n_{ik})}.$$

因此当 $n_{ik}n_{jk} \neq 0$ 推出 $n_{ij} > 0, n_{ik} = n_{jk}$. 当 $n_{ij}n_{ik} \neq 0$ 推出 $n_{jk} \neq 0, n_{ik} = n_{jk}$. 因此 $n_{ij}n_{ik}n_{jk} > 0$ 推出 $n_{ij} = n_{ik} = n_{jk}$. 由于 $n_{i_1 i_2} \cdots n_{i_{N-1} i_N} > 0$, 所以任取 $1 \leq j < k \leq N$, 有 $n_{i_j i_k} > 0$. 这证明了 $n_{ij} > 0, 1 \leq i < j \leq N$, $\psi_i = \psi_j$. 由于 $\rho_i = \rho_j$, 所以有 $m_i = m_j$. 于是证明了

$$n_{ij} = \rho_0 > 0, \ 1 \leq i < j \leq N, \quad m_i = \tau_0, \ 1 \leq i \leq N. \qquad (7.3.7)$$

因此若正规 Siegel 域 $D(V_N, F)$ 适合定理条件, 则式 (7.3.7) 成立. 下面我们来证明正规 Siegel 域 $D(V_N, F)$ 为对称 Siegel 域. 由式 (7.3.7), 有

(1) $N = 1$;

(2) $N = 2, \quad m_1 = \cdots = m_N = \tau$;

(3) $N \geq 3$,

$$n_{ij} = \rho_0 > 0, \quad 1 \leq i < j \leq N, \quad m_1 = \cdots = m_N = \tau_0.$$

由 §6.2, 为了证正规 Siegel 域 $D(V_N, F)$ 对称, 只要证

$$\sum_{s=1}^{\lambda_0} Q_{ij}^{(s)} (e_u' e_v + e_v' e_u)(Q_{ij}^{(s)})' = 0, 1 \leq u, v \leq n_{ij}, 1 \leq i < j \leq N$$

$$(7.3.8)$$

就够了. 为此取定指标 $1 \leq a < b \leq N$, 取 $\zeta = \zeta_a e_{aa}, \zeta_a \in \mathbb{R}$, $\eta = \sum \eta_a^{(t)} e_a^{(t)} + \sum \eta_b^{(s)} e_b^{(s)}, \eta_a^{(t)}, \eta_b^{(s)} \in \mathbb{C}$. 记 $\eta_a = (\eta_a^{(1)}, \cdots, \eta_a^{(\tau_0)})$, $\eta_b = (\eta_b^{(1)}, \cdots, \eta_b^{(\tau_0)})$, 于是

$$F(\eta, \eta) = F_{aa} e_{aa} + F_{bb} e_{bb} + \sum_t F_{ab}^{(t)} e_{ab}^{(t)},$$

其中

$$F_{aa} = \eta_a \overline{\eta}_a', \ F_{bb} = \eta_b \overline{\eta}_b', \ F_{ab}^{(t)} = \mathrm{Re}\,(\eta_a Q_{ab}^{(t)} \overline{\eta}_b').$$

于是 $F_{ab} = \sum F_{ab}^{(t)} e_{ab}^{(t)}$. 又取

$$x = v_0 + F(\eta, \eta) + \sqrt{-1}\zeta$$
$$= v_0 + (F_{aa} + \sqrt{-1}\zeta_a)e_{aa} + F_{bb}e_{bb} + \sum_t F_{ab}^{(t)} e_{ab}^{(t)},$$

所以

$$C_j(x) = I + (F_{aa} + \sqrt{-1}\zeta_a)C_j(e_{aa}) + F_{bb}C_j(e_{bb}) + \sum_t F_{ab}^{(t)} C_j(e_{ab}^{(t)}).$$

于是

$$C_j(x) = I, \ b < j, \ C_j(x) = \mathrm{diag}\,(I, F_{bb}I^{(n_{jb})}, I), \ a < j \leq b.$$

当 $j \leq a$,

$$C_j(x) = \\ \mathrm{diag}\,(I, \begin{pmatrix} (1 + F_{aa} + \sqrt{-1}\zeta_a)I^{(n_{ja})} & 0 & R_{ab}^{(j)}(F_{ab}) \\ 0 & I & 0 \\ R_{ab}^{(j)}(F_{ab})' & 0 & (1 + F_{bb})I^{(n_{jb})} \end{pmatrix}, I).$$

因此由 $R_{ab}^{(j)}(F_{ab})R_{ab}^{(j)}(F_{ab})' = |F_{ab}|^2 I^{(n_{ja})}$ 有

$$C_j(x)^{-1} = I, \quad b < j,$$
$$C_j(x)^{-1} = \mathrm{diag}\,(I, (1 + F_{bb})^{-1}I^{(n_{jb})}, I), a < j \leq b,$$
$$C_j(x)^{-1} = \mathrm{diag}\,(I, A_j(x), I),$$

其中

$$A_j(x) = \begin{pmatrix} A_{11} & 0 & A_{13} \\ 0 & I & 0 \\ A_{13}' & 0 & A_{33} \end{pmatrix},$$

$$A_{11} = \triangle^{-1}(1 + F_{bb})I^{(n_{ja})},$$
$$A_{13} = -\triangle^{-1} R_{ab}^{(j)}(F_{ab}),$$
$$A_{33} = (1 + F_{bb})I^{(n_{jb})} + (1 + F_{bb})^{-1} \triangle^{-1} R_{ab}^{(j)}(F_{ab})' R_{ab}^{(j)}(F_{ab}),$$
$$\triangle = (1 + F_{aa} + \sqrt{-1}\zeta_a)(1 + F_{bb}) - |F_{ab}|^2.$$

因此

$$\sum \lambda_j \operatorname{tr} C_j(x)C_j(e_{ii}) = -\frac{1}{2}\rho, \ i \neq a, b,$$

$$\sum \lambda_j \operatorname{tr} C_j(x)C_j(\dot{e}_{aa}) = -\frac{1}{2}\rho \triangle^{-1}(1+F_{bb}),$$

$$\sum \lambda_j \operatorname{tr} C_j(x)C_j(e_{bb}) = -\frac{\rho}{2}(1+F_{aa}+\sqrt{-1}\zeta_a)\triangle^{-1},$$

$$\sum \lambda_j \operatorname{tr} C_j(x)C_j(e_{ik}^{(t)}) = 0, \ (i,k) \neq (a,b),$$

$$\sum \lambda_j \operatorname{tr} C_j(x)C_j(e_{ab}^{(t)}) = \rho \triangle^{-1} F_{ab}^{(t)},$$

$$\sum \lambda_j \operatorname{tr} C_j(x)C_j(e_i^{(t)})\overline{R_j(\eta)}' = 0, \ i \neq a, b,$$

$$\sum \lambda_j \operatorname{tr} C_j(x)R_j(e_a^{(t)})\overline{R_j(\eta)}'$$
$$= \frac{\rho}{2}\triangle^{-1}\left(\sum F_{ab}^{(r)}e_t Q_{ab}^{(r)}\overline{\eta}_b' - (F_{bb}+1)\overline{\eta}_a e_t'\right),$$

$$\sum \lambda_j \operatorname{tr} C_j(x)R_j(e_b^{(t)})\overline{R_j(\eta)}'$$
$$= \frac{\rho}{2}\triangle^{-1}\left(\sum F_{ab}^{(r)}\overline{\eta}_a\overline{Q}_{ab}^{(r)}e_t' - (1+F_{aa}+\sqrt{-1}\zeta_a)\overline{\eta}_b e_t'\right).$$

代入 Q 中, 有

$$\psi\rho^{-2}Q = -\frac{1}{2}\sum \rho^{-1}(n_i'+m_i) + \frac{1}{4}N + |\frac{1}{2} - \triangle^{-1}(1+|\eta_b|^2)|^2$$
$$+ |\frac{1}{2} - \triangle^{-1}(1+|\eta_a|^2+\sqrt{-1}\zeta_{aa})|^2 + 2|\triangle|^{-2}F_{ab}\overline{F_{ab}}'$$
$$+ |\triangle|^{-2}|\sum F_{ab}^{(r)}\overline{\eta}_b(Q_{ab}^{(r)})' - (1+|\eta_b|^2)\overline{\eta}_a|^2$$
$$+ |\triangle|^{-2}|\sum F_{ab}^{(r)}\overline{\eta}_a\overline{Q}_{ab}^{(r)} - (1+|\eta_a|^2+\sqrt{-1}\zeta_a)\overline{\eta}_b|^2.$$

因此利用 $m_a = m_b$ 有 $Q_{ab}^{(r)}\overline{Q}_{ab}^{(s)}' + Q_{ab}^{(s)}\overline{(Q_{ab}^{(r)})}' = 2\delta_{rs}I$, 所以

$$Q = \zeta_a\left(\sqrt{-1}\sum(\eta_b\overline{Q}_{ab}^{(s)}'\overline{\eta}_a' - \eta_a Q_{ab}^{(s)}\overline{\eta}_b')F_{ab}^{(s)} = 0.$$

由于 ζ_a 和 $\eta_a, \eta_b, \eta_{ab}$ 都是独立自变量, 又 $F_{ab}^{(s)} = \operatorname{Re}(\eta_a Q_{ab}^{(s)}\overline{\eta}_b')$, 因此有 $\sum\limits_s \left(\eta_a Q_{ab}^{(s)}\overline{\eta}_b'\right)^2 = 0$. 这证明了式 (7.2.8) 成立. 至此完全证明了定理.

在下面，我们证明对称有界域的形式 Poisson 核为 Poisson 核. 我们对标准域一类一类地证明. 由于在四大类典型域的情形，华罗庚证明了形式 Poisson 核必为 Poisson 核，下面只需要对例外典型域进行讨论.

先讨论 $R_V(16)$. 由 §6.4 的式 (6.4.7) 可知，$R_V(16)$ 的 Bergman 核函数为

$$K(z, u; \overline{z}, \overline{u}) = C_0 \triangle (z, u; \overline{z}, \overline{u})^{-12},$$

其中

$$\triangle((z, u; \overline{z}, \overline{u}) = \left(\frac{s_1 - \overline{s}_1}{2\sqrt{-1}} - u_1 \overline{u}_1' \right) \left(\frac{s_2 - s_2}{2\sqrt{-1}} - u_2 \overline{u}_2' \right)$$
$$- \sum_{j=1}^{6} \left(\frac{y_j - \overline{y}_j}{2\sqrt{-1}} - \frac{1}{2} u_1 Q_j \overline{u}_2' - \frac{1}{2} u_2 \overline{Q}_j' \overline{u}_1' \right)^2.$$

而 Bergman 度量

$$ds^2 = (dz, du)T(z, u; \overline{z}, \overline{u})\overline{(dz, du)}' = d\overline{d} \log K(z, u; \overline{z}, \overline{u})$$
$$= -12(\triangle^{-1} d\overline{d} \triangle - \triangle^{-2} d \triangle \overline{d\triangle}).$$

将 $\triangle$ 代入，用

$$\sum_j Q_j'(e_u' e_v + e_v' e_u)Q_j = 0, \quad \overline{Q}_j' Q_k + \overline{Q}_k' Q_j = 2\delta_{jk}I$$

便可写出 ds^2 的明显公式.

利用公式 (7.1.14)，我们来求 $R_V(16)$ 的 Cauchy–Szegö 核. 首先，由式 (7.1.15) 有

$$\lambda_1 n_{11} = -\frac{1}{2}(n_1 + n_1' + 2m_1), \quad \lambda_1 n_{12} + \lambda_2 n_{22} = \frac{1}{2}(n_2 + n_2' + 2m_2),$$

其中 $n_{12} = 6, m_1 = m_2 = 4, n_1 + n_1' = n_2 + n_2' = 8$, 所以 $\lambda_1 = -8, \lambda_2 = 40$. 代入式 (7.1.14)，求出 Cauchy–Szegö 核为

$$S(z, u; \overline{\xi}, \overline{\eta}) = c_0 \det C_1 \left(\frac{1}{2\sqrt{-1}} (z - \overline{\xi}) - F(u, \eta) \right)^{-8}$$
$$\det C_2 \left(\frac{1}{2\sqrt{-1}} (z - \overline{\xi}) - F(u, \eta) \right)^{40}.$$

今记

$$a = (s_1, y, s_2), \; y = (y_1, \cdots, y_6) \in \mathbb{C}^6, \; u = (u_1, u_2), \; u_1, u_2 \in \mathbb{C}^4,$$
$$\xi = (\xi_1, \zeta, \xi_2), \; \xi_1, \xi_2 \in \mathbb{C}, \; \zeta = (\zeta_1, \cdots, \zeta_6) \in \mathbb{C}^6,$$
$$\eta = (\eta_1, \eta_2), \; \eta_1, \eta_2 \in \mathbb{C}^4,$$

于是

$$\det C_1(z) = \det \begin{pmatrix} s_1 & y \\ y' & s_2 I^{(6)} \end{pmatrix} = s_2^5 (s_1 s_2 - yy'),$$
$$\det C_2(z) = s_2,$$

因此 $\det C_1(z)^{-8} \det C_2(z)^{40} = (s_1 s_2 - yy')^{-8}$.

这证明了

定理 7.3.4 例外对称正规 Siegel 域 $R_V(16)$ 的 Cauchy–Szegö 核 $S(z, u; \overline{\xi}, \overline{\eta})$ 为

$$c_0 \Big[\big(\frac{1}{2\sqrt{-1}} (s_1 - \overline{\xi}_1) - u_1 \overline{\eta}'_1 \big) \big(\frac{1}{2\sqrt{-1}} (s_2 - \overline{\xi}_2) - u_2 \overline{\eta}'_2 \big)$$
$$- \sum_{j=1}^{6} \big(\frac{1}{2\sqrt{-1}} (y_j - \overline{\zeta}_j) - \frac{1}{2} u_1 Q_j \overline{\zeta}'_2 - \frac{1}{2} u_2 \overline{Q}'_j \overline{\zeta}'_1 \big)^2 \Big]^{-8}.$$

形式 Poisson 核 $P(z, u; \overline{\xi}, \overline{\eta})$ 为

$$c_0 \Big| \big(\frac{1}{2\sqrt{-1}} (s_1 - \overline{\xi}_1) - u_1 \overline{\eta}'_1 \big) \big(\frac{1}{2\sqrt{-1}} (s_2 - \overline{\xi}_2) - u_2 \overline{\eta}'_2 \big)$$
$$- \sum_{j=1}^{6} \big(\frac{1}{2\sqrt{-1}} (y_j - \overline{\zeta}_j) - \frac{1}{2} u_1 Q_j \overline{\eta}'_2 - \frac{1}{2} u_2 \overline{Q}'_j \overline{\eta}'_1 \big)^2 \Big|^{-16}$$
$$\Big| (\operatorname{Im} s_1 - u_1 \overline{u}'_1)(\operatorname{Im} s_2 - u_2 \overline{u}'_2) - \sum_j (\operatorname{Im} y_j - \operatorname{Re} u_1 Q_j \overline{u}'_2)^2 \Big|^8,$$

其中 c_0 为正常数.

下面来证明域 $R_V(16)$ 的形式 Poisson 核为 Poisson 核.

定理 7.3.5 例外对称正规 Siegel 域 $R_V(16)$ 的形式 Poisson 核 $P(z, u; \overline{\xi}, \overline{\eta})$ 适合 Laplace–Beltrami 方程 $\triangle_{(z,u)} P(z, u; \overline{\xi}, \overline{\eta}) = 0, \forall (\xi, \eta) \in S(R_V(16))$.

证　　由式 (7.3.5)，为了证 $\triangle_{(z,u)}P(z,u;\overline{\xi},\overline{\eta})=0$ 只要证

$$Q = -\frac{1}{2}(n_1+n_1'+2m_1)\psi_1^{-1}(n_1'+m_1)$$

$$-\frac{1}{2}(n_2+n_2'+2m_2)\psi_2^{-1}(n_2'+m_2)$$

$$+4\psi_1^{-1}\left|\lambda_1\mathrm{tr}\,C_1(x)^{-1}C_1(e_{11})+\frac{n_1+n_1'+2m_1}{4}\right|^2$$

$$+4\psi_2^{-1}\left|\lambda_1\mathrm{tr}\,C_1(x)^{-1}C_1(e_{22})\right.$$

$$+\lambda_2\mathrm{tr}\,C_2(x)^{-1}C_2(e_{22})+\left.\frac{n_2+n_2'+2m_2}{4}\right|^2$$

$$+2\psi_1^{-1}\sum_t\left|\lambda_1\mathrm{tr}\,C_1(x)^{-1}C_1(e_{12}^{(t)})\right|^2$$

$$+4\psi_1^{-1}\sum_t\left|\lambda_1\mathrm{tr}\,C_1(x)^{-1}R_1(e_1^{(t)})\overline{R_1(\eta)}'\right|^2$$

$$+4\psi_2^{-1}\sum_t\left|\lambda_1\mathrm{tr}\,C_1(x)^{-1}R_1(e_2^{(t)})\overline{R_1(\eta)}'\right.$$

$$+\lambda_2\mathrm{tr}\,C_2(x)^{-1}R_2(e_2^{(t)})\overline{R_2(\eta)}'\Big|^2=0,$$

其中

$$x = v_0 + F(\eta,\eta)+\sqrt{-1}\zeta,$$
$$\zeta = (r_1,x_2,r_2),\ r_1,r_2\in\mathbb{R},\ x_2\in\mathbb{R}^6,$$
$$\eta = (\eta_1,\eta_2),\ \eta_1,\eta_2\in\mathbb{C}^4,$$
$$F = (\eta_1\overline{\eta}_1',F_{12},\eta_2\overline{\eta}_2'),\ F_{12}=\sum_{j=1}^8\mathrm{Re}\,(\eta_1Q_j\overline{\eta}_2')e_j.$$

令

$$f_1 = 1+\zeta_1\overline{\zeta}_1'-\sqrt{-1}r_1,\ f_2=1+\zeta_2\overline{\zeta}_2'-\sqrt{-1}r_2,\ y=F_{12}(\eta,\eta)-\sqrt{-1}x_2,$$

则有 $x=(f_1,y,f_2)$，而

$$C_1(x)^{-1} = (f_1f_2-yy')^{-1}\begin{pmatrix} f_2 & -y \\ -y' & f_3 \end{pmatrix},$$

$$f_3 = f_2^{-1}(f_1f_2-yy')+f_2^{-1}y'y,$$

$$C_2(x)^{-1} = f_2^{-1}.$$

所以

$$3|f_1 f_2 - yy'|^2 Q = -32|f_1 f_2 - yy'|^2 + 16|f_1 f_2 - yy' - 2f_1|^2$$
$$+ 16|f_1 f_2 - yy' - 2f_2|^2 + 128 y\overline{y}'$$
$$+ 64 \sum_t |\sum_s (\mu_1 Q_s e_t') y_s - f_1 y_2 e_t'|^2$$
$$+ 64 \sum_t |\sum_s (\mu_2 \overline{Q}_s' e_t') y_s - f_2 y_1 e_t'|^2.$$

因为 $\sum_l Q_l (e_s' e_t + e_t' e_s)(Q_l)' = 0$，所以 $2 e_t' e_s - \sum_q Q_l \overline{Q}_q' e_t' e_s \overline{Q}_l Q_q'$ 斜对称，这推出

$$(2\eta_1 \overline{\eta}_1') \eta_1 Q_l = \sum_q (\eta_1 Q_l \overline{Q}_q' \overline{\eta}_1') \eta_1 Q_q,$$
$$(2\eta_2 \overline{\eta}_2') \eta_2 \overline{Q}_l' = \sum_q (\eta_2 \overline{Q}_l' Q_q \overline{\eta}_2') \eta_2 \overline{Q}_q'.$$

但是 $F_{12} F_{12}' = \dfrac{1}{2} \sum_l |\eta_1 Q_l \overline{\eta}_2'|^2$，所以由直接计算证明了 $|f_1 f_2 - yy'|^2 Q = 0$，即 $Q = 0$. 引理证完.

再讨论 $R_{VI}(27)$. 由 §6.4 的式 (6.4.18)，所以域 $R_{VI}(27)$ 的 Bergman 核函数为

$$K(z, \overline{z}) = c_0 \triangle (\mathrm{Im}\, z)^{-18},$$

其中 c_0 为正常数. 又

$$\triangle(z) = s_1 s_2 s_3 - s_1 y_{23} y_{23}'$$
$$- s_2 y_{13} y_{13}' - s_3 y_{12} y_{12}' + 2 y_{12} R(y_{23}) y_{13}',$$
$$R(y_{23}) = \sum_r e_r' y_{23} P_r'.$$

而 Bergman 度量

$$ds^2 = dz T(z, \overline{z}) \overline{dz}' = -18 \triangle^{-2} (\triangle d\overline{d} \triangle - d \triangle \overline{d\triangle}).$$

将 △ 代入, 用 $P'_r P_s + P'_s P_r = 2\delta_{sr} I$ 便可写出明显公式.

利用公式 (7.1.4), 我们来求域 $R_{VI}(27)$ 的 Cauchy-Szegö 核. 首先, 由式 (7.1.15) 有

$$\lambda_1 n_{11} = -\frac{1}{2}(n_1 + n'_1), \qquad \lambda_1 n_{12} + \lambda_2 n_{22} = -\frac{1}{2}(n_2 + n'_2),$$

$$\lambda_1 n_{13} + \lambda_2 n_{23} + \lambda_3 n_{33} = -\frac{1}{2}(n_3 + n'_3),$$

其中

$$n_{11} = n_{22} = n_{33} = 1, \qquad n_{12} = n_{13} = n_{23} = 8,$$
$$n_1 + n'_1 = n_2 + n'_2 = n_3 + n'_3 = 18.$$

所以

$$\lambda_1 = -9, \lambda_2 = 63, \lambda_3 = -441.$$

代入式 (7.1.14), 求出 Cauchy-Szegö 核为

$$S(z, \bar{\xi}) = c_0 \det C_1 \left(\frac{1}{2\sqrt{-1}}(z - \bar{\xi})\right)^{-9} \det C_2 \left(\frac{1}{2\sqrt{-1}}(z - \bar{\xi})\right)^{63}$$

$$\det C_3 \left(\frac{1}{2\sqrt{-1}}(z - \bar{\xi})\right)^{-441}$$

记

$$z = (s_1, z_{12}, s_2, z_{13}, z_{23}, s_3), \quad s_1, s_2, s_3 \in \mathbb{C}, \ z_{ij} \in \mathbb{C}^8,$$
$$\xi = (\xi_1, \xi_{12}, \xi_2, \xi_{13}, \xi_{23}, \xi_3), \quad \xi_1, \xi_2, \xi_3 \in \mathbb{C}, \ \xi_{ij} \in \mathbb{C}^8,$$

其中 $1 \leq i < j \leq 3$. 于是

$$\det C_1(z) = \det \begin{pmatrix} s_1 & z_{12} & z_{13} \\ z'_{12} & s_2 I & R(z_{23}) \\ z'_{13} & R(z_{23})' & s_3 I \end{pmatrix}$$

$$= \triangle(z)(s_2 s_3 - z_{23} z'_{23})^7,$$

$$\det C_2(z) = s_3^7 (s_2 s_3 - z_{23} z'_{23}),$$

$$\det C_3(z) = s_3.$$

所以取 $x = \dfrac{1}{2\sqrt{-1}}(z - \bar{\xi})$, 则

$$\det C_1(x)^{-9}\det C_2(x)^{63}\det C_3(x)^{-441} = \triangle(x)^{-9}.$$

这证明了

定理 7.3.6 例外对称正规 Siegel 域 $R_{VI}(27)$ 的 Cauchy-Szegö 核为

$$S(z, \bar{\xi}) = c_0 \triangle \left(\frac{1}{2\sqrt{-1}}(z - \bar{\xi})\right)^{-9},$$

形式 Poisson 核为

$$P(z, \bar{\xi}) = c_0 \left| \triangle \left(\frac{1}{2\sqrt{-1}}(z - \bar{\xi})\right)\right|^{-18} \triangle (\mathrm{Im}\,(z))^9,$$

其中 c_0 为正常数.

下面来证明域 $R_{VI}(27)$ 的形式 Poisson 核为 Poisson 核.

定理 7.3.7 例外对称正规 Siegel 域 $R_{VI}(27)$ 的形式 Poisson 核 $P(z, \bar{z})$ 适合 Laplace–Beltrami 方程

$$\triangle_z P(z, \bar{\xi}) = 0, \quad \forall \xi \in S\big(R_{VI}(27)\big).$$

证 由式 (7.3.5). 为了证 $\triangle_z P(z, \bar{\xi}) = 0$, 只要证

$$Q = -\frac{1}{2}\sum_{i=1}^{3} n_i \psi_i^{-1} n_1' + 4\psi_1^{-1}\left|\lambda_1 \mathrm{tr}\, C_1(x)^{-1}C_1(e_{11}) + \frac{n_1 + n_1'}{4}\right|^2$$

$$+ 4\psi_2^{-1}\left|\lambda_1 \mathrm{tr}\, C_1(x)^{-1}C_1(e_{22}) + \lambda_2 \mathrm{tr}\, C_2(x)^{-1}C_2(e_{22}) + \frac{n_2 + n_2'}{4}\right|^2$$

$$+ 4\psi_3^{-1}\left|\lambda_1 \mathrm{tr}\, C_1(x)^{-1}C_1(e_{33}) + \lambda_2 \mathrm{tr}\, C_2(x)^{-1}C_2(e_{33})\right.$$

$$\left. + \lambda_3 \mathrm{tr}\, C_3(x)^{-1}C_3(e_{33}) + \frac{n_3 + n_3'}{4}\right|^2$$

$$+ 2\psi_1^{-1}\sum_t \left|\lambda_1 \mathrm{tr}\, C_1(x)^{-1}C_1(e_{12}^{(t)})\right|^2$$

$$+ 2\psi_1^{-1}\sum_t \left|\lambda_1 \mathrm{tr}\, C_1(x)^{-1}C_1(e_{13}^{(t)})\right|^2$$

$$+ 2\psi_2^{-1}\sum_t \left|\lambda_1 \mathrm{tr}\, C_1(x)^{-1}C_1(e_{23}^{(t)}) + \lambda_2 \mathrm{tr}\, C_2(x)^{-1}C_2(e_{23}^{(t)})\right|^2 = 0,$$

其中

$$x = v_0 + \sqrt{-1}\zeta, \quad \zeta = (r_1, x_{12}, r_2, x_{13}, x_{23}, r_3),$$
$$r_1, r_2, r_3 \in \mathbb{R}, \; x_{ij} \in \mathbb{R}, \; 1 \le i < j \le 3.$$

而 $\psi_i = n_i + n_i', 1 \le i \le 3$, 又

$$C_1(x)^{-1} = \begin{pmatrix} r_1 & x_{12} & x_{13} \\ x_{12}' & r_2 I & R(x_{23}) \\ x_{13}' & R(x_{23})' & r_3 I \end{pmatrix}^{-1}$$
$$= \begin{pmatrix} \triangle_{23} & x_{13}R(x_{23})' - r_3 x_{12} & x_{12}R(x_{23}) - r_2 x_{13} \\ R(x_{23})x_{13}' - r_3 x_{12}' & A_{22} & A_{23} \\ R(x_{23})'x_{12}' - r_2 x_{13}' & A_{23}' & A_{33} \end{pmatrix},$$

其中

$$A_{22} = \triangle_{23}^{-1}\left(\alpha r_3 I + r_3^2 x_{12}' x_{12} + R(x_{23})x_{13}' x_{13} R_{23}(x_{23})' \right.$$
$$\left. - r_3 R(x_{23})x_{13}' x_{12} - r_3 x_{12}' x_{13} R(x_{23})' \right),$$
$$A_{33} = \triangle_{23}^{-1}\left(\alpha r_2 I + r_2^2 x_{13}' x_{13} + R(x_{23})' x_{12}' x_{12} R(x_{23}) \right.$$
$$\left. - r_2 R(x_{23})' x_{12}' x_{13} - r_2 x_{13}' x_{12} R(x_{23}) \right),$$

$$A_{23} = \triangle_{23}^{-1}\left(-\alpha R(x_{23}) + r_2 r_3 x_{12}' x_{13} + R(x_{23})x_{13}' x_{12} R(x_{23}) \right.$$
$$\left. - r_3 x_{12}' x_{12} R(x_{23}) - r_2 R(x_{23})x_{13}' x_{13} \right),$$

$$\triangle_{ij} = r_i r_j - x_{ij} x_{ij}', \quad 1 \le i < j \le 3,$$

$$\alpha = r_1 \triangle_{23} + r_2 \triangle_{13} + r_3 \triangle_{12} - 2r_1 r_2 r_3 + 2x_{12}R(x_{23})x_{13}',$$

$$C_2(x)^{-1} = \begin{pmatrix} r_2 & x_{23} \\ x_{23}' & r_3 I \end{pmatrix}^{-1}$$
$$= \triangle_{23}^{-1}\begin{pmatrix} r_3 & x_{23} \\ -x_{23}' & r_3^{-1}(\triangle_{23}I + x_{23}' x_{23}) \end{pmatrix},$$

$$C_3(x)^{-1} = (r_3)^{-1} = (r_3^{-1}).$$

代入 Q 的表达式, 由直接计算可证 $Q = 0$. 定理证完.

第八章　　方型域及对偶方型域的分类

在第六章，我们证明了不可分解对称正规 Siegel 域适合的必要且充分条件为

$$n_{ij} = \rho > 0, \quad 1 \le i < j \le N, \quad m_i = \tau \ge 0, \quad 1 \le i \le N,$$

且

$$\sum_r Q_{ij}^r (e_u' e_v + e_v' e_u)(Q_{ij}^r)' = 0, \quad 1 \le i < j \le N, 1 \le u, v \le \tau.$$

作为推广，我们给出如下定义

定义 8.1.1　正规 Siegel 域称为方型域，如果

$$n_{1j} = n_{2j} = \cdots = n_{j-1,j} = \sigma_j > 0, \quad 2 \le j \le N,$$

称为对偶方型域，如果

$$n_{i,i+1} = n_{i,i+2} = \cdots = n_{iN} = \rho_i > 0, \quad 1 \le j < N.$$

由定义可知，我们的条件实际上是加在正规锥 V_N 上的. 为此引进

定义 8.1.2　正规锥 V_N 称为方型锥，如果

$$n_{1j} = n_{2j} = \cdots = n_{j-1,j} = \sigma_j > 0, \quad 2 \le j \le N,$$

称为对偶方型锥，如果

$$n_{i,i+1} = n_{i,i+2} = \cdots = n_{iN} = \sigma_i > 0, \quad 2 \le i \le N.$$

这章的目的是给出方型域及对偶方型域的分类. 为此，我们先给出方型锥及对偶方型锥在线性等价下的分类. 这实际上是第一类正规 Siegel 域情形方型域及对偶方型域的分类.

当然, 为了将对偶方型域的分类问题化为方型域的分类问题. 我们先给出方型锥和对偶方型锥的密切关系.

§8.1 对偶正规锥和正规锥间关系

记 V 为 R^n 中开凸锥, 它以原点为顶点, 且不包含整条直线. 熟知, V 的对偶锥定义为

$$V^* = \{\, f \in \mathbb{R}^n \mid fx' > 0, \ \forall\, x \in \overline{V} - \{0\} \,\}, \qquad (8.1.1)$$

其中 $\overline{V}$ 为 V 的闭包. 这时, V^* 仍为 R^n 中开凸锥, 它仍以原点为顶点, 且不包含整条直线.

记

$$\varphi(x) = \int_{V^*} \exp{(-xu')}du, \quad \forall\, x \in V. \qquad (8.1.2)$$

显然有

引理 8.1.3

$$(V^*)^* = V. \qquad (8.1.3)$$

引理 8.1.4 $\varphi(x) = \varphi(x^1, \cdots, x^n)$ 为 V 上的正值解析函数,

$$ds^2 = \sum_{i,j=1}^{n} \frac{\partial^2 \log \varphi(x)}{\partial x^i \partial x^j} dx^i \otimes dx^j \qquad (8.1.4)$$

为 V 上的 Riemann 度量.

证 今

$$\frac{\partial \log \varphi(x)}{\partial x^i} = -\int_{V^*} u^i \exp{(-xu')}du \Big(\int_{V^*} \exp{(-xu')}du\Big)^{-1},$$

于是

$$\Big(\int_{V^*} \exp{(-xu')}du\Big)^2 \frac{\partial^2 \log \varphi(x)}{\partial x^i \partial x^j}$$

$$= \int_{V^*} u^i u^j \exp\left(-xu'\right) du \int_{V^*} \exp\left(-xu'\right) du$$
$$- \int_{V^*} u^i \exp\left(-xu'\right) du \int_{V^*} u^j \exp\left(-xu'\right) du.$$

因此由 Cauchy 不等式有

$$ds^2 = \left(\int_V^* \exp\left(-xu'\right) du \right)^{-1} \int_{V^*} (udx')^2 \exp\left(-xu'\right) du$$
$$- \left(\int_V^* \exp\left(-xu'\right) du \right)^{-2} \left(\int_{V^*} udx' \exp\left(-xu'\right) du \right)^2 > 0,$$

即 ds^2 为 Riemann 度量. 证完.

为方便起见, 对 $\mathbb{R}^n$ 上的线性映射 $y = xA$, 我们也用 A 来表示.

引理 8.1.5 设 $y = xP$ 为线性同构, 它将 V 映为

$$VP = \{xP \mid \forall x \in V\}, \tag{8.1.5}$$

则

$$(VP)^* = V^*(P^{-1})'. \tag{8.1.6}$$

又 V 和 $\widetilde{V}$ 线性等价当且仅当 V^* 和 $\widetilde{V}^*$ 线性等价.

证 $(VP)^* = \{\ f \in R^n \mid fy' > 0, \ \forall\ y \in \overline{(VP)} - \{0\}\ \}$. 显然, $\overline{(VP)} = \overline{V}P$, 于是 $y \in \overline{(VP)} - \{0\}$ 当且仅当 $x = yP^{-1} \in \overline{V} - \{0\}$. 因此

$$(VP)^* = \{f \in \mathbb{R}^n \mid f(xP)' > 0, \forall x \in \overline{V} - \{0\}\}$$
$$= \{f \in \mathbb{R}^n \mid (fP')x' > 0, \forall x \in \overline{V} - \{0\}\}$$
$$= \{f \in \mathbb{R}^n \mid fP' \in V^*\} = (V^*)(P^{-1})'.$$

证完.

引理 8.1.6

$$\text{Aff}(V^*) = \text{Åff}(V)', \tag{8.1.7}$$

其中 $\text{Aff}(V)' = \{\ A' \mid \forall\ A \in \text{Aff}(V)\ \}$.

证　由引理 8.1.3 和引理 8.1.5，$\sigma:\ y = xA$ 在 Aff (V) 中当且仅当 $\tau:\ y = x(A')^{-1}$ 在 Aff (V^*) 中. 而 $A \in$ Aff (V) 当且仅当 $A^{-1} \in$ Aff (V). 所以证明了引理. 证完.

推论　记实李群 Aff (V) 及 Aff (V^*) 的李代数分别为 aff (V) 及 aff (V^*)，则 $xA\dfrac{\partial'}{\partial x} \in$ aff (V) 当且仅当 $xA'\dfrac{\partial'}{\partial x} \in$ aff (V^*).

引理 8.1.7　设 $\xi:\ y = xP$ 为 $\mathbb{R}^n$ 的线性同构，则

$$\text{Aff}\,(VP) = P^{-1}\text{Aff}\,(V)P. \tag{8.1.8}$$

证　设 $\sigma:\ y = xA$ 为 Aff (V) 中元，$\tau:\ v = uB$ 为 Aff (VP) 中元. 若 $\xi \otimes \sigma = \tau \otimes \xi$，则有 $B = P^{-1}AP$. 因此不难证明引理. 证完.

引理 8.1.8　锥 V 上有解析映射 σ:

$$x^* = -\text{grad}_x \log \varphi(x). \tag{8.1.9}$$

它将锥 V 映入锥 V^*，且局部一一. 又有

$$\varphi(xA) = (\det A)^{-1}\varphi(x), \quad \forall\ y = xA \in \text{Aff}\,(x); \tag{8.1.10}$$

$$(xA)^* = x^*(A')^{-1}, \forall\ y = xA \in \text{Aff}\,(V); \tag{8.1.11}$$

记

$$\varphi^*(f) = \int_V \exp\,(-fx')dx, \forall\ f \in V^*, \tag{8.1.12}$$

则当 V 在 Aff (V) 下可递时，有

$$\varphi(x)\varphi^*(x^*) = \text{const.}. \tag{8.1.13}$$

证　由引理 8.1.4 可知，映射 $\sigma:\ x^* = -\text{grad}_x \log \varphi(x)$ 的 Jacobian 非异，所以解析映射 σ 局部一一.

今由

$$x^* = \int_{V^*} u\exp\,(-xu')du\left(\int_{V^*} \exp\,(-xu')du\right)^{-1}$$

有

$$x^* y' > 0, \quad \forall y \in \overline{V} - \{0\}.$$

这证明了 $x^* \in V^*$. 再

$$\varphi(x) = \int_{V^*} \exp\left(-xu'\right) du.$$

于是由 $v = uA'$ 在 $\mathrm{Aff}\,(V^*)$ 中可知

$$\varphi(xA) = \int_{V^*} \exp\left(-xAu'\right) du = \int_{V^*} \exp\left(-x(uA')'\right) du$$
$$= \int_{V^*} \det A^{-1} \exp\left(-xv'\right) dv = \det A^{-1} \varphi(x).$$

这证明了式 (8.1.10) 成立. 又

$$\begin{aligned}
(xA)^* = y^* &= -\mathrm{grad}_y \log \varphi(y) \\
&= -(\mathrm{grad}_x \log \varphi(y))(A')^{-1} \\
&= -(\mathrm{grad}_x \log(\det A)^{-1} \varphi(x))(A')^{-1} \\
&= -(\mathrm{grad}_x \log \varphi(x))(A')^{-1} = x^*(A')^{-1},
\end{aligned}$$

便证明了式 (8.1.11) 成立.

最后, 在 V 中取定一元素 x_0. 任取 $x \in V$, 则存在 $A \in \mathrm{Aff}\,(V)$ 使得 $x_0 A = x$. 而

$$\varphi(x)\varphi^*(x^*) = \varphi(x_0 A)\varphi^*((x_0 A)^*) = \varphi(x_0 A)\varphi^*(x_0^*(A')^{-1})$$
$$= (\det A)^{-1} \varphi(x_0)(\det A^{-1})^{-1} \varphi^*(x_0^*) = \varphi(x_0)\varphi^*(x_0^*) = \mathrm{const}..$$

便证明了式 (8.1.13) 成立. 证完.

现在来考虑正规锥 V_N 的对偶锥 V_N^*.

引理 8.1.9 设 V_N 为正规锥, $\varphi_N(x) = \prod_{j=1}^N \triangle_j(x)^{\nu_j}$ 定义如定理 5.1.1 的式 (5.1.33), 其中 $\triangle_j(x) = \det C_j(x)$, $2\sum_{j=1}^k \nu_j n_{jk} = -(n_k + n_k')$. 则 V_N 上的解析映射

$$\sigma: x^* = -\mathrm{grad} \log \varphi_N(x)$$

为 V_N 上的解析同构, 且 $x^* x' = n = \dim V_N$, $\forall\, x \in V_N$.

证 定义映射 σ_1:

$$r_i = \widetilde{r}_i + \sum_{l=i+1}^{N} (\widetilde{r}_l)^{-1} \widetilde{x}_{il} \widetilde{x}'_{il},$$

$$x_{ij} = \widetilde{x}_{ij} + \sum_{l=j+1}^{N} \sum_{s} (\widetilde{r}_l)^{-1} \widetilde{x_{il}^{(s)}} \widetilde{x}_{jl} (A_{ij}^{sl})'.$$

由引理 3.2.8 的式 (3.2.44) 可知, 它是解析同胚. 它将

$$P_N = \{\, \widetilde{x} = (\widetilde{r}_1, \widetilde{x}_2, \widetilde{r}_2, \cdots, \widetilde{x}_N, \widetilde{r}_N) \in \mathbb{R}^n \mid \widetilde{r}_1 > 0, \cdots, \widetilde{r}_N > 0 \,\}$$

映为 V_N.

引进映射 σ_3, 它定义为

$$r_i^* = \frac{1}{2}(n_i + n_i') s_i + \frac{1}{2} \sum_{l=1}^{i-1} (n_l + n_l') s_l^{-1} y_{li} y_{li}',$$

$$x_{ij}^* = (n_i + n_i') y_{ij} + \sum_{l=1}^{i-1} \sum_{t} (n_l + n_l') s_l^{-1} y_{li}^{(t)} y_{lj} A_{li}^{tj},$$

再引进映射 σ_2, 它定义为

$$s_i = \widetilde{r}_i^{-1},$$
$$y_{ij} = -(\widetilde{r}_i \widetilde{r}_j)^{-1} \widetilde{x}_{ij}$$
$$+ \sum_{l=2}^{j-2} (-1)^l \sum_{i < i_1 < \cdots < i_{l-1} < j} (\widetilde{r}_i \widetilde{r}_{i_1} \cdots \widetilde{r}_{i_{l-1}} \widetilde{r}_j)^{-1}$$
$$\sum_{p_1} \cdots \sum_{p_l} \widetilde{x}_{ii_1}^{(p_1)} \widetilde{x}_{i_1 i_2}^{(p_2)} \cdots \widetilde{x}_{i_{l-2} i_{l-1}}^{(p_{l-1})} \widetilde{x}_{i_{l-1} j}^{(p_l)} (A_{ii_1}^{p_1 j} A_{i_1 i_2}^{p_2 j} \cdots A_{i_{l-2} i_{l-1}}^{p_{l-1} j})',$$

其中

$$x^* = (r_1^*, x_2^*, r_2^*, \cdots, x_N^*, r_N^*),\ x_j^* = (x_{1j}^*, \cdots, x_{j-1,j}^*),$$
$$y = (s_1, y_2, s_2, \cdots, y_N, s_N),\ y_j = (y_{1j}, \cdots, y_{j-1,j}).$$

于是由 §3.2,

$$C_j(x) = P_j(\widetilde{x})Q_j(\widetilde{x})^{-1}P_j(\widetilde{x})',$$
$$Q_j(y) = Q_j(\widetilde{x})^{-1},$$
$$P_j(y) = P_j(\widetilde{x})^{-1}.$$

这证明了 σ_2 为解析同胚, 且 σ_2^{-1} 和 σ_2 的表达式完全相同. 和引理 3.2.9 一样可证 σ_3 为解析同胚. 因此 σ_1, σ_2, σ_3 为解析同胚, 所以 $\sigma_3\sigma_2\sigma_1^{-1}$ 为解析同胚, 且 $\sigma_3\sigma_2\sigma_1^{-1} : x \to x^*$ 有

$$\frac{1}{2}((n_i + n_i')s_i + \frac{1}{2}\sum_{l=1}^{i-1}(n_l + n_l'))s_l^{-1}y_{li}y_{li}'$$

$$= -\sum_{j=1}^{N}\nu_j\operatorname{tr} P_j(y)'Q_j(y)^{-1}P_j(y)C_j(e_{ii})$$

$$= -\sum_{j=1}^{N}\nu_j\operatorname{tr}(P_j(\widetilde{x})')^{-1}Q_j(\widetilde{x})P_j(\widetilde{x})^{-1}C_j(e_{ii})$$

$$= -\sum_{j=1}^{N}\nu_j\operatorname{tr} C_j(x)^{-1}C_j(e_{ii}) = -\frac{\partial}{\partial r_i}\log\varphi_N(x) = r_i^*, \quad 1 \le i \le N,$$

$$(n_i + n_i')y_{ij}^{(t)} + \sum_{l<i}(n_l + n_l')s_l^{-1}\sum_s y_{li}^{(s)}y_{lk}A_{li}^{sk}e_t'$$

$$= -\sum_{j=1}^{N}\nu_k\operatorname{tr} P_k(y)'Q_k(y)^{-1}P_k(y)C_k(e_{ij}^{(t)})$$

$$= -\sum_{j=1}^{N}\nu_k\operatorname{tr} C_k(x)^{-1}C_k(e_{ij}^{(t)})$$

$$= -\frac{\partial\log\varphi_N(x)}{\partial x_{ij}^{(t)}} = (x_{ij}^{(t)})^*, \quad 1 \le t \le n_{ij}, 1 \le i < j \le N.$$

这证明了 $\sigma = \sigma_3\sigma_2\sigma_1^{-1}$, 所以 σ 为解析同胚.

最后证 $x^*x = \dim V_N$, $\forall\ x$. 事实上, 已知 $\operatorname{Aff}(V_N)$ 在 V_N 上可递, 又 $v_0 = (1, 0, 1, \cdots, 0, 1) \in V_N$. 因此任取 $x \in V_N$, 存在

$A \in \text{Aff}(V_N)$, 使得 $v_0 = xA$. 今由引理 8.1.8 的式 (8.1.11) 可知

$$v_0^* v_0' = (xA)^*(xA)' = x^*(A^{-1})'A'x' = x^*x'.$$

所以证明了 $x^*x' = v_0^* v_0'$, $\forall\, x \in V_N$. 今由式 (5.1.33) 有

$$v_0^* = -(\text{grad} \log \varphi_N(x))_{x=v_0} = (\text{grad} \sum v_j \log \det C_j(x))_{x=v_0}.$$

由于

$$\frac{\partial \sum \nu_j \log \det C_j(x)}{\partial r_i} = \sum \nu_j \text{tr}\, C_j(x)^{-1} C_j(e_{ii}),$$

$$\frac{\partial \sum \nu_j \log \det C_j(x)}{\partial x_{ij}^{(t)}} = \sum \nu_j \text{tr}\, C_j(x)^{-1} C_j(e_{ij}^{(t)}),$$

所以 $v_0^* = (\frac{1}{2}(n_1 + n_1'), 0, \frac{1}{2}(n_2 + n_2'), \cdots, 0, \frac{1}{2}(n_N + n_N'))$, 即 $v_0^* v_0 = \frac{1}{2} \sum_{j=1}^N (n_j + n_j') = n$. 证完.

引理 8.1.10 符号同上, $\varphi_N(x) = c\varphi(x)$, 其中 c 为正常数. 于是 $\sigma(V_N) \subset V_N^*$.

证 由引理 8.1.8 的式 (8.1.10),

$$\varphi_N(x)\varphi(x)^{-1} = \varphi_N(xA)\varphi(xA)^{-1}, \ \forall\, A \in \text{Aff}(V_N).$$

但是 V_N 在 $\text{Aff}(V_N)$ 下可递, 所以

$$\varphi_N(x)\varphi(x)^{-1} = \varphi_N(v_0)\varphi(v_0)^{-1} = c$$

为正常数. 由引理 8.1.8, $\sigma(V_N) \subset V_N^*$. 证完.

引理 8.1.11 $(x^*)^* = x$, $\forall\, x \in V_N$.

证 由引理 8.1.8 的式 (8.1.13), $\varphi(x)\varphi^*(x^*)^* = \text{const.}$. 于是 $\frac{\partial(\log \varphi(x) + \log \varphi^*(x^*))}{\partial(x^i)^*} = 0$. 又由 $(x^*)^* = -\text{grad} \log \varphi^*(x^*)$, 于是记 $x = (x_1, \cdots, x_n)$,

$$(x^*)_i^* = -\frac{\partial \log \varphi^*(x^*)}{\partial(x_i)^*} = \frac{\partial \log \varphi(x)}{\partial(x_i)^*}$$

$$= \sum \frac{\partial \log \varphi(x)}{\partial x_j} \frac{\partial x_j}{\partial(x_i)^*} = -\sum (x_j)^* \frac{\partial x_j}{\partial(x_i)^*}.$$

但是由引理 8.1.9, $x^*x' = n$, 即 $\sum (x_i)^* x_i = n$. 因此 $\sum (x_j)^* \dfrac{\partial x_j}{\partial (x_i)^*} + x_i = 0$. 代入有 $(x^*)_i^* = x_i$, 即 $(x^*)^* = x$. 证完.

引理 8.1.12 引理 8.1.9 给出的映射 σ 为 V_N 到 V_N^* 上的解析同胚, 且 $\mathrm{Aff}(V_N^*)$ 在 V_N^* 上可递.

证 先证 $\mathrm{Aff}(V_N^*) = \mathrm{Aff}(V_N)'$ 在 $\sigma(V_N^*)$ 上可递. 事实上, $v_0 \in V_N \cap V_N^*$. 今任取 $x_0 \in V_N$, 则存在 $A \in \mathrm{Aff}(V_N)$, 使得 $x_0 = v_0 A$. 由引理 8.1.8 的式 (8.1.11),

$$x_0^* = (v_0 A)^* = v_0^* (A^{-1})' = v_0 (A^{-1})'.$$

这证明了 $\sigma(V_N)$ 中任一元能经过 $\mathrm{Aff}(V_N^*)$ 中元素作用为 v_0. 因此 $\sigma(V_N)$ 在 $\mathrm{Aff}(V_N^*)$ 下可递. 所以为了证明 V_N^* 在 $\mathrm{Aff}(V_N^*)$ 下可递, 只要证 $\sigma(V_N) = V_N^*$. 今任取 $y_0 \in V_N^*$, 则 $x_0 = y_0^* \in V_N$, 而 $x_0^* = (y_0^*)^* = y_0$. 这证明了 $y_0 \in \sigma(V_N)$, 即 $\sigma(V_N) = V_N^*$. 证完.

下面给出 V_N^* 在线性等价下的表达式.

引理 8.1.13 设正规锥 V_N 由 N 矩阵组 $\{ A_{ij}^{tk} \}$ 所定义. 记

$$\tilde{n}_{ij} = n_{N+1-j, N+1-i}, \quad 1 \le i < j \le N,$$

$\tilde{n}_{ik} \times \tilde{n}_{jk}$ 实矩阵

$$B_{ij}^{tk} = \sum_{p=1}^{\tilde{n}_{jk}} A_{N+1-k, N+1-j}^{p, N+1-i} e_t' e_p, \quad 1 \le t \le \tilde{n}_{ij}.$$

则矩阵组 $\{ Q_{ij}^{tk} \}$ 为实 N 矩阵组. 我们称由矩阵组 $\{ B_{ij}^{tk} \}$ 定义的正规锥 $\tilde{V}_N$ 为 V_N 的伴随锥.

引理 8.1.14 正规锥 V_N 的伴随锥 $\tilde{V}_N$ 的伴随锥 $\widetilde{(\tilde{V}_N)}$ 为 V_N.

证 今 $\tilde{\tilde{n}}_{ij} = \tilde{n}_{N+1-j, N+1-i} = n_{ij}$, $1 \le i < j \le N$. 又

$$C_{ij}^{tk} = \sum_p B_{N+1-k, N+1-j}^{p, N+1-i} e_t' e_p = \sum_{p,q} A_{ij}^{qk} e_p' e_q e_t' e_p = A_{ij}^{tk}.$$

证完.

记 $x = (x_1, x_2, r_2, \cdots, x_N, r_N) \in \mathbb{R}^n$, $x_j = (x_{1j}, \cdots, x_{j-1,j})$, $A_{ij}^{(k)} = \sum_t x_{ij}^{(t)} A_{ij}^{tk}$, $1 \le i < j < k \le N$,

$$\widetilde{C}_j(x) = \begin{pmatrix} r_1 I^{(n_{1j})} & A_{12}^{(j)} & \cdots & A_{1,j-1}^{(j)} & x_{1j}' \\ (A_{12}^{(j)})' & r_2 I^{(n_{2j})} & \cdots & A_{2,j-1}^{(j)} & x_{2j}' \\ \vdots & \vdots & & \vdots & \vdots \\ (A_{1,j-1}^{(j)})' & (A_{2,j-1}^{(j)})' & \cdots & r_{j-1} I^{(n_{j-1,j})} & x_{j-1,j}' \\ x_{1j} & x_{2j} & \cdots & x_{j-1,j} & r_j I \end{pmatrix},$$

其中 $1 \le j \le N$, 则有

定理 8.1.15 设正规锥 V_N 由 N 矩阵组 $\{A_{ij}^{tk}\}$ 所定义, 则 V_N 的伴随锥 $\widetilde{V}_N$ 在映射

$$\widetilde{r}_i = r_{N+1-i}, \quad \widetilde{x}_{ij} = x_{N+1-j, N+1-i}$$

下线性同构于

$$\{\, \widetilde{x} \in \mathbb{R}^n \ \mid \ \widetilde{C}_1(\widetilde{x}) > 0, \cdots, \widetilde{C}_N(\widetilde{x}) > 0 \,\}.$$

证 今 $\widetilde{V}_N$ 由实 N 矩阵组 $\{B_{ij}^{tk}\}$ 定义. 记

$$R_{jk}^{(i)}(x_{jk}) = \sum_t e_t' x_{jk} (B_{ij}^{tk})' = (A_{N+1-k, N+1-j}^{N+1-i})',$$

则 $\widetilde{V}_N$ 有 $C_i(x) > 0$, $1 \le i \le N$, 其中

$$C_i(x) = \begin{pmatrix} r_i & x_{i,i+1} & \cdots & x_{iN} \\ x_{i,i+1}' & r_{i+1} I & \cdots & R_{i+1,N}^{(i)}(x) \\ \vdots & \vdots & & \vdots \\ x_{iN}' & R_{i+1,N}^{(i)}(x)' & \cdots & r_N I \end{pmatrix}$$

$$= \begin{pmatrix} r_i & x_{i,i+1} & \cdots & x_{iN} \\ x_{i,i+1}' & r_{i+1} I & \cdots & (A_{1,N-i}^{(N+1-i)})' \\ \vdots & \vdots & & \vdots \\ x_{iN}' & A_{1,N-i}^{(N+1-i)} & \cdots & r_N I \end{pmatrix}.$$

令

$$
P = \begin{pmatrix}
0 & 0 & \cdots & I^{(n_{iN})} \\
\vdots & \vdots & & \vdots \\
0 & I^{(n_{i,i+1})} & \cdots & 0 \\
1 & 0 & \cdots & 0
\end{pmatrix},
$$

用 $\tilde{r}_i = r_{N+1-i}$, $\tilde{x}_{ij} = x_{N+1-j,N+1-i}$ 代入 $PC_i(x)P'$, 则证明了 $PC_i(x)P' = \tilde{C}_i(\tilde{x})$, $1 \le i \le N$. 证完.

定理 8.1.16 正规锥 V_N 的对偶锥 V_N^* 在线性同构

$$
\eta: \quad r_i \to \tilde{r}_i = 2r_{N+1-i}, \quad x_{ij} \to \tilde{x}_{ij} = x_{N+1-j,N+1-i}
$$

下映为 V_N 的伴随锥 $\tilde{V}_N$. 又正规锥 $V_N^{(1)}$ 和 $V_N^{(2)}$ 互相线性等价当且仅当其伴随锥 $\tilde{V}_N^{(1)}$ 和 $\tilde{V}_N^{(2)}$ 互相线性等价.

证 由 §5.1 可知, 记 Aff (V_N) 为正规锥 V_N 的仿射自同构群, 则其李代数 aff (V_N) 有基

$$
A_j = 2r_j \frac{\partial}{\partial r_j} + \sum_{p<j} x_{pj} \frac{\partial'}{\partial x_{pj}} + \sum_{j<p} x_{jp} \frac{\partial'}{\partial x_{jp}}, \ 1 \le j \le N,
$$

$$
X_{ij}^{(t)} = 2x_{ij}^{(t)} \frac{\partial}{\partial r_i} + r_j \frac{\partial}{\partial x_{ij}^{(t)}} + \sum_{p<i} \sum_s (x_{pj} A_{pi}^{sj} e_t') \frac{\partial}{\partial x_{pi}^{(s)}}
$$

$$
+ \sum_{i<p<j} \sum_s (e_t A_{ip}^{sj} x_{pj}') \frac{\partial}{\partial x_{ip}^{(s)}} + \sum_{j<p} x_{jp} (A_{ij}^{tp})' \frac{\partial'}{\partial x_{ip}},
$$

$$
1 \le t \le n_{ij}, \quad 1 \le i < j \le N,
$$

$$
\sum x_{ij} L_{ij} \frac{\partial'}{\partial x_{ij}}, \ L_{ik} A_{ij}^{tk} - A_{ij}^{tk} L_{jk} = \sum_r (e_r L_{ij} e_t') A_{ij}^{rk},
$$

以及适当条件下还有

$$
Y_{ij}^{(t)} = 2x_{ij}^{(t)} \frac{\partial}{\partial r_j} + r_i \frac{\partial}{\partial x_{ij}^{(t)}} + \sum_{p<i} \sum_s x_{pi}^{(s)} e_t (A_{pi}^{sj})' \frac{\partial'}{\partial x_{pj}}
$$

$$
+ \sum_{i<p<j} \sum_s x_{ip}^{(s)} e_t A_{ip}^{sj} \frac{\partial'}{\partial x_{pj}} + \sum_{j<p} x_{ip} A_{ij}^{tp} \frac{\partial'}{\partial x_{jp}}.
$$

由引理 8.1.6,Aff (V_N^*) 有基

$$A_i^* = 2r_i\frac{\partial}{\partial r_i} + \sum_{j<i} x_{ji}\frac{\partial'}{\partial x_{ji}} + \sum_{i<j} x_{ij}\frac{\partial'}{\partial x_{ij}}, \quad 1 \le i \le N,$$

$$(X_{ij}^{(t)})^* = 2r_i\frac{\partial}{\partial x_{ij}^{(t)}} + x_{ij}^{(t)}\frac{\partial}{\partial r_j} + \sum_{l<j}\sum_s x_{li}^{(s)}e_t(A_{li}^{sj})'\frac{\partial'}{\partial x_{lj}}$$

$$+ \sum_{i<l<j}\sum_s x_{il}^{(s)}e_t A_{il}^{sj}\frac{\partial'}{\partial x_{lj}} + \sum_{j<l} x_{il}A_{ij}^{tl}\frac{\partial'}{\partial x_{jl}},$$

$$1 \le t \le n_{ij}, 1 \le i < j \le N,$$

$$L^* = \sum_{i<j} x_{ij}L_{ij}\frac{\partial'}{\partial x_{ij}}, \quad L_{ik}A_{ij}^{tk} - A_{ij}^{tk}L_{jk} = \sum_r (e_r L_{ij} e_t')A_{ij}^{rk},$$

以及当 $Y_{ij}^{(t)} \in$ aff (V_N) 时, 有

$$(Y_{ij}^{(t)})^* = 2r_j\frac{\partial}{\partial x_{ij}^{(t)}} + x_{ij}^{(t)}\frac{\partial}{\partial r_i} + \sum_{l<i}\sum_s x_{lj}A_{li}^{sj}e_t'\frac{\partial}{\partial x_{li}^{(s)}}$$

$$+ \sum_{i<l<j}\sum_s e_t A_{il}^{sj}x_{lj}'\frac{\partial}{\partial x_{il}^{(s)}} + \sum_{j<l} x_{jl}(A_{ij}^{tl})'\frac{\partial'}{\partial x_{il}}.$$

作线性同构 τ, 它定义为

$$r_i \to \widetilde{r}_i = r_{N+1-i}, \ x_{ij} \to \widetilde{x}_{ij} = x_{N+1-j,N+1-i}.$$

记 $\tau(V_N^*) = W_N$, 则 W_N 仍是以原点为顶点, 且不包含整条直线的线性齐性开凸锥, 且有 aff $(W_N) =$ aff $(\widetilde{V}_N)$. 这证明了 Aff $(W_N) =$ Aff $(\widetilde{V}_N)$. 因为

$$v_0 \in V_N \cap V_N^* \cup W_N,$$

且

$$\text{Aff}\,(W_N)(v_0) = \text{Aff}\,(\widetilde{V}_N)(v_0) = \widetilde{V}_N.$$

又由引理 8.1.12 可知, V_N^* 线性可递, 由于在线性同构下线性齐性性不变, 而且 $\tau(V_N^*) = W_N$. 这证明了 W_N 线性可递. 于是

$$\text{Aff}\,(W_N)(v_0) = W_N,$$

即 $W_N = \tilde{V}_N$. 定理证完.

定义 8.1.17 设 V 为 $\mathbb{R}^n$ 中以原点为顶点的开凸锥, V^* 为其对偶锥, V 称为自对偶的, 如果 $V^* = V$.

定理 8.1.18 设 V 是不可分解自对偶锥, 以原点为顶点且不包含整条直线. 设 V 线性齐性, 则 V 线性同构于以实 N 矩阵组 $\{A_{ij}^{tk}\}$ 定义的正规锥, 其中

$$n_{ij} = \rho \in \{1, 2, 4, 8\}, \quad 1 \le i < j \le N.$$

确切地说为下面五种锥之一:

(1) $V(1, \cdots, 1)$;

(2) $V(2, \cdots, 2)$;

(3) $V(4, \cdots, 4)$;

(4) V_2;

(5) $V(8, 8)$.

证 已知存在线性同构 $y = xP$, 使得 $V = V_N P$. 今 $V^* = V$, 所以 $(V_N P)^* = V_N P$. 由引理 8.1.5, $(V_N P)^* = V_N^*(P^{-1})'$, 所以 $V_N^* = V_N P P'$, 即存在正定对称方阵 P_0 使得 $V_N^* = V_N P_0$.

今

$$X_{ij}^{(t)} = 2x_{ij}^{(t)}\frac{\partial}{\partial r_i} + r_j \frac{\partial}{\partial x_{ij}^{(t)}} + \sum_{p<i}\sum_s (x_{pj}A_{pi}^{sj}e_t')\frac{\partial}{\partial x_{pi}^{(s)}}$$
$$+ \sum_{i<p<j}\sum_s (e_t A_{ip}^{sj}x_{pj}')\frac{\partial}{\partial x_{ip}^{(s)}} + \sum_{j<p} x_{jp}(A_{ij}^{tp})'\frac{\partial'}{\partial x_{ip}},$$

又由于 §3.2 的讨论可知, 我们可以选取线性同构 $y = xP$, 它可表为 $r_i \to r_i, 1 \le i \le N, x_{ij} \to x_{ij}P_{ij}, 1 \le i < j \le N$. 所以线性同构 $y = xP_0$ 表为 $s_i = r_i, 1 \le i \le N, y_{ij} = x_{ij}S_{ij}, 1 \le i < j \le N,$

其中 S_{ij} 为正定对称方阵. 因此 $\mathrm{aff}\,(V_N^*)$ 中有元素

$$2y_{ij}S_{ij}^{-1}e_t'\frac{\partial}{\partial s_i} + s_je_tS_{ij}\frac{\partial'}{\partial y_{ij}} + \sum_{p<i}\sum_s y_{pj}S_{pj}^{-1}A_{pi}^{sj}e_t'e_sS_{pi}\frac{\partial'}{\partial y_{pi}}$$

$$+ \sum_{i<p<j}\sum_s e_tA_{ip}^{tj}S_{pj}^{-1}y_{pj}'e_sS_{ip}\frac{\partial'}{\partial x_{ip}} + \sum_{j<p} y_{jp}S_{jp}^{-1}(A_{ij}^{tp})'S_{ip}\frac{\partial'}{\partial y_{ip}}.$$

它必须为 A_i^*, $1 \leq i \leq N$, $(X_{ij}^{(t)})^*$, $1 \leq t \leq n_{ij}$, $1 \leq i < j \leq N$, L^*, 以及一些 $(Y_{ij}^{(t)})^*$ 的线性组合. 这证明了 $Y_{ij}^{(t)} \in \mathrm{aff}\,(V_N)$, $1 \leq t \leq n_{ij}$, $1 \leq i < j \leq N$. 今 V_N 不可分解, 和第六章一样讨论, 立即有

(1)　V_1;

(2)　$V_2 = \{\,(r_1, x_{12}, r_2) \in \mathbb{R} \times \mathbb{R}^{n_{12}} \times \mathbb{R} \mid r_1 > 0,\ r_1r_2 - x_{12}x_{12}' > 0\,\}$;

(3)　$N \geq 3$, $n_{ij} = \rho \in \{\,1, 2, 4, 8\,\}$,

且当 $\rho = 8$ 时, 只有 $N = 3$.

所以证明了若 V 为自对偶锥, 则 V 线性同构于定理叙述中给出的五种锥之一.

反之, 若正规锥 V_N 为定理叙述中给出的五种锥之一, 则易证 V_N 和它的伴随锥线性同构. 从而易证它线性同构于某个自对偶锥. 定理证完.

这个定理也告诉我们不可分解对称正规 Siegel 域为自对偶锥上的齐性 Siegel 域.

§8.2　方型锥的分类

定义 8.2.1　正规锥 V_N 称为方型锥, 如果

$$n_{1j} = n_{2j} = \cdots = n_{j-1,j} = \sigma_j > 0, \quad j = 2, 3, \cdots, N. \tag{8.2.1}$$

这时, V_N 改记为 $V(\sigma_2, \sigma_3, \cdots, \sigma_N)$.

任取 $O_{ij} \in \mathrm{O}\,(n_{ij})$, 则线性同构

$$r_i \to r_i,\ 1 \leq i \leq N,\ x_{ij} \to x_{ij}O_{ij},\ 1 \leq i < j \leq N \tag{8.2.2}$$

将正规锥 V_N 映为正规锥. 自然将方型锥映为方型锥. 记 V_N 由实矩阵组 $\{A_{ij}^{tk}\}$ 所定义, 则在线性同构 (8.2.2) 下映为由实矩阵组 $\{B_{ij}^{tk}\}$ 所定义的方型锥, 其中

$$B_{ij}^{tk} = \sum_{r=1}^{\sigma_j} (e_r O_{ij} e_t') O_{ik}' A_{ij}^{rk} O_{jk}. \tag{8.2.3}$$

在这一节, 我们给出方型锥 (8.2.1) 在线性等价下的分类. 上面讨论将这问题化为如下的矩阵问题: σ_k 阶实方阵 A_{ij}^{tk}, $1 \leq t \leq \sigma_j$, $1 \leq i < j < k \leq N$ 适合条件

$$(A_{ij}^{sk})' A_{ij}^{tk} + (A_{ij}^{tk})' A_{ij}^{sk} = 2\delta_{st} I, \tag{8.2.4}$$

$$A_{ij}^{sk} A_{jl}^{tk} = \sum_{r=1}^{\sigma_j} (e_r A_{ij}^{sl} e_t') A_{il}^{rk}. \tag{8.2.5}$$

求矩阵组 A_{ij}^{tk}, $1 \leq t \leq \sigma_j$, $1 \leq i < j < k \leq N$ 在等价关系 (8.2.3) 下的标准形.

由附录的定理 3.3 我们来证

引理 8.2.2 设 $N = 4$, 则标准方型锥为

(1) $\sigma_2 = 1$, $A_{12}^{13} = 1$, $A_{12}^{14} = 1$, $A_{13}^{t4} = A_{23}^{t4} = P_t^*$, $1 \leq t \leq \sigma_3$, 其中 $P_1^*, \cdots, P_{\sigma_3}^*$ 为 σ_4 阶实方阵, 为附录的定理 3.3 给出的标准形.

(2) $\sigma_2 = \sigma_3 = 2$, $A_{ij}^{1k} = I$, $A_{ij}^{2k} = \begin{pmatrix} 0 & -I \\ I & 0 \end{pmatrix}$, $1 \leq i < j < k \leq 4$.

(3) $\sigma_2 = 2$, $\sigma_3 = 4$, $A_{12}^{1k} = I$, $A_{12}^{2k} = \begin{pmatrix} 0 & -I \\ I & 0 \end{pmatrix}$, $k = 3, 4$, $A_{13}^{t4} = A_{23}^{t4} = T_t$, $1 \leq t \leq 4$, 其中

$$T_1 = I, \quad T_2 = \begin{pmatrix} 0 & -I & 0 & 0 \\ I & 0 & 0 & 0 \\ 0 & 0 & 0 & I \\ 0 & 0 & -I & 0 \end{pmatrix},$$

$$T_3 = \begin{pmatrix} 0 & -I \\ I & 0 \end{pmatrix}, \quad T_4 = \begin{pmatrix} 0 & 0 & 0 & -I \\ 0 & 0 & I & 0 \\ 0 & -I & 0 & 0 \\ I & 0 & 0 & 0 \end{pmatrix}.$$

(4)　$\sigma_2 = 3, \sigma_3 = 4, A_{12}^{1k} = I, A_{13}^{t4} = A_{23}^{t4} = T_k, 1 \le t \le 4,$

$$A_{12}^{2k} = \begin{pmatrix} 0 & -I & 0 & 0 \\ I & 0 & 0 & 0 \\ 0 & 0 & 0 & I \\ 0 & 0 & -I & 0 \end{pmatrix}, \quad A_{12}^{3k} = \begin{pmatrix} 0 & -I \\ I & 0 \end{pmatrix}.$$

(5)　$\sigma_2 = \sigma_3 = 4, A_{12}^{t3} = T_t^{(4)}, A_{ij}^{t4} = T_t^{(\sigma_4)}, 1 \le t \le 4, 1 \le i < j \le 3.$

证　今 $A_{12}^{t3}, 1 \le t \le \sigma_2$ 为 σ_3 阶方阵，$A_{12}^{t4}, 1 \le t \le \sigma_2$ 为 σ_4 阶方阵，$A_{13}^{t4}, A_{23}^{t4}, 1 \le t \le \sigma_3$ 为 σ_4 阶方阵. 取 $O_{12} = I$, 于是存在 $O_{13}, O_{23} \in O(\sigma_3)$, 使得 $O_{13}' A_{12}^{t3} O_{23}$ 为标准形 $P_t, 1 \le t \le \sigma_2$. 因此无妨设 $A_{12}^{t3} = P_t, 1 \le t \le \sigma_2$. 这时, 取 $O_{12} = I, O_{13} = O_{23} = I$, 则存在 $O_{14}, O_{34} \in O(\sigma_4)$, 使得 $O_{14}' A_{13}^{t4} O_{34}$ 为标准形 $P_t^*, 1 \le t \le \sigma_3$. 由式 (8.2.4)，$A_{12}^{14} \in O(\sigma_4)$. 取 $O_{24} = (A_{12}^{14})'$, 作 $O_{14}' A_{12}^{t4} O_{24}, O_{24}' A_{23}^{t4} O_{34}$, 于是无妨设 $A_{12}^{14} = I, A_{13}^{t4} = P_t^*, 1 \le t \le \sigma_3$. 由式 (8.2.5),

$$A_{12}^{s4} = \sum_{r=1}^{\sigma_3} (e_r P_s e_t') P_r^* (A_{23}^{t4})', \quad 1 \le s \le \sigma_2, 1 \le t \le \sigma_3.$$

取 $s = 1$, 由 $P_1 = I$ 有 $A_{23}^{t4} = A_{13}^{t4} = P_t^*, 1 \le t \le \sigma_3$. 于是上式变为

$$A_{12}^{s4} = \sum_{r=1}^{\sigma_3} (e_r P_s e_t') P_r^* (P_t^*)'.$$

设 $\sigma_2 = 1$, 便证明了 (1). 设 $\sigma_2 \ge 2$, 所以有 $A_{12}^{13} = I, A_{12}^{23} = \begin{pmatrix} 0 & -I \\ I & 0 \end{pmatrix}$, 因此 σ_3 为偶数. 取 $s = 2$, 有

$$A_{12}^{24} = \sum_{r=1}^{\sigma_3} \left(e_r \begin{pmatrix} 0 & -I \\ I & 0 \end{pmatrix} e_t' \right) P_r^* (P_t^*)'.$$

这证明了

$$P^*_{\frac{\sigma_3}{2}+k} = P^*_{\frac{\sigma_3}{2}+1} P^*_k, \quad k = 2, \cdots, \frac{\sigma_3}{2}.$$

今若 $\sigma_3 = 4j$, $j > 1$, 则 $2j + 2 < \sigma_3$. 当 $k = 2$, 有 $P^*_{2j+2} = P^*_{2j+1} P^*_2$. 由附录的定理 3.3,

$$P^*_{2j+1} = \begin{pmatrix} B_1 R_{2j-1} & 0 \\ 0 & -B_1 R_{2j-1} \end{pmatrix},$$

$$P^*_{2j+2} = \begin{pmatrix} 0 & -\sqrt{-1} B_1 R_{2j} \\ -\sqrt{-1} B_1 R_{2j} & 0 \end{pmatrix}, \quad P^*_2 = \begin{pmatrix} 0 & -I \\ I & 0 \end{pmatrix},$$

这证明了 $R_{2j-1} = \sqrt{-1} R_{2j}$, 所以导出矛盾. 因此只有 $j = 1$, 即 $\sigma_3 = 4$. 这时, $R_2 = -\sqrt{-1} R_1 = -\sqrt{-1} I$, 于是 $p = 0$, (p 的定义见附录的定理 3.3).

今若 $\sigma_3 = 4j - 2$, $j > 1$, 则 $2j + 1 \leq \sigma_3$. 当 $k = 2$, 同理有 $P^*_{2j+1} = P^*_{2j} P^*_2$, 所以 $R_{2j-1} = -\sqrt{-1} R_{2j-2}$, 这又导出矛盾. 因此只有 $j = 1$, 即 $\sigma_3 = 2$. 至此证明了当 $\sigma_2 \geq 2$, 则 $\sigma_3 = 2$ 或 $\sigma_3 = 4$, 在后一情形 $R_2 = -\sqrt{-1} R_1$, 即 $p = 0$.

另一方面, $\sigma_2 \geq 2$, 若 $\sigma_3 = 2$, 则有

$$P_1 = \begin{pmatrix} 1 & 0 \\ 0 & 1 \end{pmatrix}, P_2 = \begin{pmatrix} 0 & -1 \\ 1 & 0 \end{pmatrix}, \cdots.$$

这证明了 $\sigma_2 = 2$. 因此

$$A^{13}_{12} = \begin{pmatrix} 1 & 0 \\ 0 & 1 \end{pmatrix}, \quad A^{23}_{12} = \begin{pmatrix} 0 & -1 \\ 1 & 0 \end{pmatrix},$$

$$A^{14}_{13} = A^{14}_{23} = I, \quad A^{24}_{13} = A^{24}_{23} = \begin{pmatrix} 0 & -I \\ I & 0 \end{pmatrix}.$$

而 $A^{14}_{12} = I$, $A^{24}_{12} A^{t4}_{23} = \sum_{r=1}^{2} (e_r A^{23}_{12} e'_t) A^{r4}_{13}$, $t = 1, 2$. 取 $t = 1$, 有 $A^{24}_{12} = A^{24}_{13}$. 这证明了

$$A^{14}_{ij} = I, \quad A^{24}_{ij} = \begin{pmatrix} 0 & -I \\ I & 0 \end{pmatrix}, \quad 1 \leq i < j \leq 3.$$

所以 (2) 成立.

设 $\sigma_2 \geq 2$, $\sigma_3 = 4$. 无妨取 $A_{12}^{t3} = P_t$, $1 \leq t \leq \sigma_2$. 由 P_t 为四阶方阵可知 $\sigma_2 = 2, 3, 4$.

当 $\sigma_2 = 2$, $\sigma_3 = 4$, 记

$$T_1 = I, \quad T_2 = \begin{pmatrix} 0 & -I & 0 & 0 \\ I & 0 & 0 & 0 \\ 0 & 0 & 0 & I \\ 0 & 0 & -I & 0 \end{pmatrix},$$

$$T_3 = \begin{pmatrix} 0 & -I \\ I & 0 \end{pmatrix}, \quad T_4 = \begin{pmatrix} 0 & 0 & 0 & -I \\ 0 & 0 & I & 0 \\ 0 & -I & 0 & 0 \\ I & 0 & 0 & 0 \end{pmatrix}.$$

和上面一样讨论有 $A_{13}^{t4} = A_{23}^{t4} = P_t^*$, $1 \leq t \leq 4$, 其中 $P_1^* = T_1$, $P_2^* = T_3$, $P_3^* = T_2$, $P_4^* = -T_4$. 取 $O_{12} = I$, $O_{13} = O_{23} = I$, $O_{14} = O_{24} = O_{34}$,

$$O_{14} = \frac{1}{2} \begin{pmatrix} 1 & 0 & 0 & 1 \\ 0 & -1 & 1 & 0 \\ 0 & 1 & 1 & 0 \\ 1 & 0 & 0 & -1 \end{pmatrix}.$$

由附录的定理 3.3 可知, 无妨取

$$A_{12}^{13} = I, \quad A_{12}^{23} = \begin{pmatrix} 0 & -I \\ I & 0 \end{pmatrix}, \quad A_{13}^{t4} = A_{13}^{t4} = T_t, \quad 1 \leq t \leq 4.$$

今

$$A_{12}^{14} = I, \quad A_{12}^{24} = \sum_{r=1}^{4} (e_r \begin{pmatrix} 0 & -I \\ I & 0 \end{pmatrix} e_t') T_r T_t' = T_3.$$

这证明了 (3) 成立.

当 $\sigma_2 = 3$, $\sigma_3 = 4$ 时, 和附录的定理 3.2 一样证明, 于是无妨

取

$$A_{12}^{13} = I, \quad A_{12}^{23} = \begin{pmatrix} 0 & -1 & 0 & 0 \\ 1 & 0 & 0 & 0 \\ 0 & 0 & 0 & 1 \\ 0 & 0 & -1 & 0 \end{pmatrix}, \quad A_{12}^{33} = \begin{pmatrix} 0 & -I \\ I & 0 \end{pmatrix}.$$

而且 $A_{13}^{t4} = A_{23}^{t4} = T_t,\ 1 \le t \le 4$. 又

$$A_{12}^{14} = I,$$

$$A_{12}^{24} = \sum (e_r \begin{pmatrix} 0 & -1 & 0 & 0 \\ 1 & 0 & 0 & 0 \\ 0 & 0 & 0 & 1 \\ 0 & 0 & -1 & 0 \end{pmatrix} e_t') T_r T_t' = T_2,$$

$$A_{12}^{34} = \sum (e_r \begin{pmatrix} 0 & -I \\ I & 0 \end{pmatrix} e_t') T_r T_t' = T_3.$$

所以证明了 (4) 成立.

最后, 当 $\sigma_2 = \sigma_3 = 4$. 由附录的定理 3.4, 无妨取 $A_{12}^{t3} = T_t,\ 1 \le t \le 4$, 且 $A_{13}^{t4} = A_{23}^{t4} = T_t^{(\sigma_4)},\ 1 \le t \le 4$, $A_{12}^{14} = I$. 又

$$A_{12}^{s4} = \sum (e_r T_s e_t') T_r T_t' = T_s,\ 1 \le s \le 4.$$

至此证明了 (5) 成立. 证完.

引理 8.2.3 设 $V(\sigma_2, \sigma_3, \cdots, \sigma_N)$ 为方型锥, 则只可能为 $N = 1$ 或 $N = 2$, 或 $N = 3$, 以及当 $N \ge 4$, 有下面三种情形:

(i) $\sigma_2 = \cdots = \sigma_{N-2} = 1,\quad \sigma_N \ge \sigma_{N-1} \ge 1$.

(ii) $\sigma_2 = \cdots = \sigma_\xi = 1,\quad \sigma_{\xi+1} = \cdots = \sigma_{\xi+\eta} = 2,\quad \sigma_{\xi+\eta+1} = \cdots = \sigma_{N-1} = 4$, 其中 $1 \le \xi \le N - 3$, $\eta \ge 0$. 又当 $\xi + \eta = N - 1$ 时, $\sigma_N \ge 2$; 当 $\eta = 0$ 时, $\sigma_N \ge 4$.

(iii) $\sigma_2 = \cdots = \sigma_\xi = 1,\ \sigma_{\xi+1} = 3,\ \sigma_{\xi+2} = \cdots = \sigma_{N-1} = 4$, $\sigma_N \ge 4$, 其中 $1 \le \xi \le N - 3$.

证　设 $\{A_{ij}^{tk}\}$ 为定义方型锥 $V(\sigma_2, \sigma_3, \cdots, \sigma_N)$ 的实矩阵组. 任取 $4 \leq M \leq N$, 考虑子集合

$$\{\, A_{ij}^{tk}, 1 \leq t \leq \sigma_j, M-3 \leq i < j < k \leq M \,\}.$$

显然, 它定义了方型锥 $V(\sigma_{M-2}, \sigma_{M-1}, \sigma_M)$. 由引理 8.2.2, 它只能是 $(1, \sigma_{M-1}, \sigma_M), (2, 2, \sigma_M), (2, 4, \sigma_M), (3, 4, \sigma_M), (4, 4, \sigma_M)$ 之一. 这证明了 $(\sigma_2, \sigma_3, \cdots, \sigma_N)$ 中任意相邻的三个数必为上面五种情形之一. 容易证明它组成引理中的三种情形. 证完.

定理 8.2.4　方型锥在线性等价 (8.2.2) 下的标准锥为下面方型锥.

(1)　$N = 1, V_1 = \{\, r_1 \in \mathbb{R} \mid r_1 > 0 \,\}.$

(2)　$N = 2, V(\sigma_2) = \{\, (r_1, x_{12}, r_2) \in \mathbb{R} \mid \begin{pmatrix} r_1 & x_{12} \\ x_{12}' & r_2 I \end{pmatrix} > 0 \,\}.$

(3)　$N \geq 3, V(1, \cdots, 1, \sigma_{N-1}, \sigma_N),$

$$A_{ij}^{1k} = I, \quad 1 \leq i < j < k \leq N,$$
$$A_{i,N-1}^{tN} = P_t, \quad 1 \leq t \leq \sigma_{N-1}, \ 1 \leq i \leq N-2,$$

其中 $P_1, \cdots, P_{\sigma_{N-1}}$ 为 σ_N 阶实方阵, 是附录的定理 3.3 给出的标准形.

(4)　$N \geq 4, V(\overbrace{1, \cdots, 1}^{\xi-1}, \overbrace{2, \cdots, 2}^{\eta}, \overbrace{4, \cdots, 4}^{\zeta}, \sigma_N),$
其中 $\xi + \eta + \zeta + 1 = N, \eta, \zeta \geq 0, 1 \leq \xi \leq N-3$. 当 $\zeta = 0$ 时, $\sigma_N \geq 2$, 当 $\zeta > 0$ 时, $\sigma_N \geq 4$.

$$A_{ij}^{1k} = I, \qquad\qquad 1 \leq i < j < k \leq N,$$
$$A_{ij}^{2k} = \begin{pmatrix} 0 & -I \\ I & 0 \end{pmatrix}, \ i < j < k, \xi + 1 \leq j \leq \xi + \eta,$$
$$A_{ij}^{tk} = T_t, \qquad\qquad 1 \leq t \leq 4, \ i < j < k, \xi + \eta + 1 \leq j \leq N-1.$$

(5) $\quad N \geq 4$, $V(\overbrace{1,\cdots,1}^{\xi-1},3,\overbrace{4,\cdots,4}^{\zeta},\sigma_N)$,
其中 $\xi + \zeta + 2 = N$, $\xi, \zeta > 1$, $\sigma_N \geq 4$.

$$A_{ij}^{1k} = I, \quad 1 \leq i < j < k \leq N,$$
$$A_{ij}^{tk} = T_4, \quad i < j < k, \quad \xi + 1 \leq j \leq N-1,$$

当 $j = \xi + 1$ 时, $t = 1, 2, 3$; 当 $j = \xi + 2, \cdots, N-1$ 时, $t = 1, 2, 3, 4$.

证 由定理 8.2.4 及引理 8.2.3, 我们只需证 $N \geq 4$ 的情形. 当 $N = 4$, 此即引理 8.2.2. 当 $N > 4$, 用归纳法. 于是在等价关系 (8.2.3) 下无妨设 A_{ij}^{tk}, 在 $1 \leq t \leq \sigma_j$, $1 \leq i < j < k \leq N-1$ 时, 为如定理所述的标准形. 现在考虑 A_{ij}^{tN}, $1 \leq t \leq \sigma_j$, $1 \leq i < j \leq N-1$. 由式 (8.2.5),

$$A_{ij}^{sN} A_{jl}^{tN} = \sum_r (e_r A_{ij}^{sl} e_t') A_{il}^{rN}, \quad 1 \leq i < j < l < N.$$

由 $A_{ij}^{1l} = I$, $1 \leq i < j < l \leq N-1$, 所以取 $s = 1$, 有

$$A_{ij}^{1N} A_{jl}^{tN} = A_{il}^{tN}, \quad 1 \leq i < j < l < N.$$

由式 $(8.2.4)$, $A_{ij}^{sN} \in \mathrm{O}(\sigma_N)$, 于是存在 O_{iN}, $1 \leq i \leq N-1$ 使得在情形 (3) 时, $O_{1N}' A_{1,N-1}^{tN} O_{N-1,N}$ 为附录的定理 3.3 给出的标准形 P_t, $1 \leq t \leq \sigma_{N-1}$, 且 $O_{1N}' A_{1j}^{1N} O_{jN} = I$, $2 \leq j \leq N-2$. 因此在情形 (4),(5) 时, $O_{1N}' A_{1,N-1}^{tN} O_{N-1,N}$ 为附录的定理 3.4 给出的标准形 T_t, $1 \leq t \leq 4$, 且 $O_{1N}' A_{1j}^{1N} O_{jN} = I$, $2 \leq j \leq N-2$. 因此无妨设 $A_{1j}^{1N} = I$, $1 < j < N$. 于是由 $A_{1j}^{1N} A_{jl}^{tN} = A_{1l}^{tN}$ 有 $A_{jl}^{tN} = A_{1l}^{tN}$, $1 \leq t \leq \sigma_l$, $1 < j < l < N$. 所以

$$A_{1l}^{tN} = A_{2l}^{tN} = \cdots = A_{l-1,l}^{tN}, \qquad 2 \leq l < N.$$

(i) 情形 $V(1,\cdots,1,\sigma_{N-1},\sigma_N)$.

无妨设 $A_{1,N-1}^{tN} = P_t$, 于是 $A_{i,N-1}^{tN} = P_t$, $1 \leq i \leq N-2$. 又无妨设 $A_{1j}^{1N} = I$, $j = 2, \cdots, N-2$, 所以 $A_{ij}^{1N} = I$, $1 \leq i < j \leq N-2$. 因此在情形 $V(1,\cdots,1,\sigma_{N-1},\sigma_N)$ 时, 证明了定理.

(ii) 对于余下两种情形，无妨设 $A_{1,N-1}^{tN} = T_t$，于是 $A_{i,N-1}^{tN} = T_t$，$1 \leq i \leq N-2$. 又无妨设 $A_{1j}^{1N} = I$，$j = 2, \cdots, N-2$，所以 $A_{ij}^{1N} = I$，$1 \leq i < j \leq N-2$. 又

$$A_{ij}^{sN} = \sum_r (e_r A_{ij}^{sl} e_t') A_{il}^{rN} (A_{jl}^{tN})', \quad 1 \leq s \leq \sigma_j, 1 \leq i < j \leq N-2,$$

取 $l = N-1$，即有

$$A_{ij}^{sN} = \sum_r (e_r A_{ij}^{s,N-1} e_t') T_r T_t'.$$

当 $\sigma_j = 1$ 时，$A_{ij}^{1N} = I$；当 $\sigma_j = 2$ 时，$A_{ij}^{2,N-1} = \begin{pmatrix} 0 & -I \\ I & 0 \end{pmatrix}$. 于是可证 $A_{ij}^{2N} = \begin{pmatrix} 0 & -I \\ I & 0 \end{pmatrix}$. 当 $\sigma_j = 3, 4$ 时，依次可证 $A_{ij}^{sN} = T_s$. 定理证完.

至此完全给出了分类，且由此可知，全系不变量为 $\sigma_2, \cdots, \sigma_N$，且在 $N \geq 3$，$V(1, \cdots, 1, \sigma_{N-1}, \sigma_N)$ 时，当 σ_{N-1} 为偶数，则还有一个不变量 p. 这个正整数由附录中的定理 3.3 所定义.

定理 8.2.5 标准方型锥的表达式为

$$V_1 = \{ r_1 \in \mathbb{R}^{2+\sigma_2} \mid r_1 > 0 \},$$

$$V(\sigma_2) = \left\{ (r_1, x_{12}, r_2) \in \mathbb{R} \mid \begin{pmatrix} r_1 & x_{12} \\ x_{12}' & r_2 I \end{pmatrix} > 0 \right\},$$

$N \geq 3$，$V_N = V(1, \cdots, 1, \sigma_{N-1}, \sigma_N)$，$1 \leq \sigma_{N-1} \leq \sigma_N$ 为

$$\begin{pmatrix} S & P \\ P' & \begin{pmatrix} r_{N-1} I^{(\sigma_{N-1})} & \sum\limits_t e_t' x_{N-1,N} P_t' \\ \sum\limits_t P_t x_{N-1,N}' e_t & r_N I^{(\sigma_N)} \end{pmatrix} \end{pmatrix} > 0,$$

其中 S 为 $N-2$ 阶实对称方阵，P 为 $(N-2) \times (\sigma_{N-1} + \sigma_N)$ 实矩阵，$P_1, \cdots, P_{\sigma_{N-1}}$ 为 σ_N 标准形，由附录中定理 3.3 给出.

$N \geq 4$, $V_N = V(1, \cdots, 1, 2, \cdots, 2, 4, \cdots, 4, \sigma_N)$，其中 $\sigma_2 = \cdots = \sigma_\xi = 1$，$\sigma_{\xi+1} = \cdots = \sigma_{\xi+\eta} = 2$，$\sigma_{\xi+\eta+1} = \cdots = \sigma_{\xi+\eta+\zeta} = 4$，$\xi + \eta + \zeta = N - 1$，$N - 3 \geq \xi \geq 1$，$\eta, \zeta \geq 0$. 当 $\zeta > 0$ 时，$\sigma_N \geq 4$. V_N 可写为

$$\begin{pmatrix} H & T_2 \\ \overline{T}'_2 & H_1 \end{pmatrix} > 0, \quad S > \mathrm{Re}\,(T, T_1) \begin{pmatrix} H & T_2 \\ \overline{T}'_2 & H_1 \end{pmatrix}^{-1} \overline{(T, T_1)}'.$$

特别，当 $\xi = 1$，则又可改写为

$$\begin{pmatrix} S & T & T_1 \\ \overline{T}' & H & T_2 \\ \overline{T}'_1 & \overline{T}'_2 & H_1 \end{pmatrix} > 0,$$

其中 S 为 ξ 阶实对称方阵，H 为 η 阶 Hermite 方阵，H_1 为 $2\zeta + \dfrac{\sigma_N}{2}$ 阶 Hermite 方阵，且 $H_1 J = J \overline{H}_1$，其中

$$J = \mathrm{diag}\left(\begin{pmatrix} 0 & 1 \\ -1 & 0 \end{pmatrix}, \cdots, \begin{pmatrix} 0 & 1 \\ -1 & 0 \end{pmatrix}, \begin{pmatrix} 0 & I \\ -I & 0 \end{pmatrix}\right).$$

又 T, T_1, T_2 为相应的复矩阵. 当 $\zeta = 0$ 时，$\sigma_N \geq 2$. V_N 可写为

$$H > 0, \quad S > \mathrm{Re}\, T H^{-1} \overline{T}'.$$

特别当 $\xi = 1$，则上式等价于

$$\begin{pmatrix} S & T \\ \overline{T}' & H \end{pmatrix} > 0.$$

$N \geq 4$，$V_N = V(1, \cdots, 1, 3, 4, \cdots, 4, \sigma_N)$，其中 $\sigma_2 = \cdots = \sigma_\xi = 1$，$\sigma_{\xi+2} = \cdots = \sigma_{N-1} = 4$，$\sigma_N \geq 4$，$1 \leq \xi \leq N - 3$. V_N 可写为

$$\begin{pmatrix} r & v \\ \overline{v}' & H_1 \end{pmatrix} > 0,$$

$$\begin{pmatrix} S & b \\ b' & r \end{pmatrix} - 2\mathrm{Re} \begin{pmatrix} u & T_1 \\ 0 & \overline{v}J \end{pmatrix} \begin{pmatrix} r & v \\ \overline{v}' & H_1 \end{pmatrix}^{-1} \overline{\begin{pmatrix} u & T_1 \\ 0 & \overline{v}J \end{pmatrix}}' > 0,$$

其中 $r \in \mathbb{R}$, v 为 $2(N-2-\xi) + \dfrac{\sigma_N}{2}$ 维复向量, H_1 为 $2(N-2-\xi) + \dfrac{\sigma_N}{2}$ 阶 Hermite 方阵, 适合条件 $H_1 J = J\overline{H}_1$, $b' \in R^\xi$, 又 T_1 为 $\xi \times (2(N-2-\xi) + \dfrac{\sigma_N}{2})$ 复矩阵.

证 由定理 8.2.4, 我们考虑如下情形

$$V(1, \cdots, 1, 2, \cdots, 2, 4, \cdots, 4, \sigma_N).$$

于是

$$C_1(x) = \begin{pmatrix} S^{(\xi)} & U & V \\ U' & A^{(2\eta)} & C \\ V' & C' & B \end{pmatrix},$$

其中 A 按 2 行列分块, 对角块形如 aI, 非对角块形如 L, 其中 $L = \begin{pmatrix} a & b \\ -b & a \end{pmatrix}$; C 按 2 行, $4, \cdots, 4, \sigma_N$ 列分块, 每块形如 L; B 按 $4, \cdots, 4, \sigma_N$ 行列分块, 则对角块形如 $aI^{(4)}$, 上三角非对角块形如

$$\begin{pmatrix} a & b & c & d \\ -b & a & d & -c \\ -c & -d & a & b \\ -d & c & -b & a \end{pmatrix}.$$

取

$$J_0 = \mathrm{diag}\,(I^{(\xi)}, \frac{1}{\sqrt{2}} \begin{pmatrix} I & -\sqrt{-1}I \\ I & \sqrt{-1}I \end{pmatrix}, \cdots, \frac{1}{\sqrt{2}} \begin{pmatrix} I & -\sqrt{-1}I \\ I & \sqrt{-1}I \end{pmatrix}),$$

分块方式和上面相同, 于是 A, C 中每块变为

$$\left(\frac{1}{\sqrt{2}} \begin{pmatrix} 1 & -\sqrt{-1} \\ 1 & \sqrt{-1} \end{pmatrix}\right) \begin{pmatrix} a & b \\ -b & a \end{pmatrix} \overline{\left(\frac{1}{\sqrt{2}} \begin{pmatrix} 1 & -\sqrt{-1} \\ 1 & \sqrt{-1} \end{pmatrix}\right)}'$$

$$= \begin{pmatrix} a + \sqrt{-1}b & 0 \\ 0 & a - \sqrt{-1}b \end{pmatrix},$$

而 B 中每块变为

$$\left(\frac{1}{\sqrt{2}}\begin{pmatrix} 1 & -\sqrt{-1} \\ 1 & \sqrt{-1} \end{pmatrix}\right)\begin{pmatrix} a & b & c & d \\ -b & a & d & -c \\ -c & -d & a & b \\ -d & c & -b & a \end{pmatrix}$$

$$\overline{\left(\frac{1}{\sqrt{2}}\begin{pmatrix} 1 & -\sqrt{-1} \\ 1 & \sqrt{-1} \end{pmatrix}\right)}{}' = \begin{pmatrix} u & v & 0 & 0 \\ -\overline{v} & \overline{u} & 0 & 0 \\ 0 & 0 & \overline{u} & \overline{v} \\ 0 & 0 & -v & u \end{pmatrix}$$

经过整理可知, $C_1(x) > 0$ 当且仅当

$$\begin{pmatrix} S & T & T_1 & \overline{T} & \overline{T}_1 \\ \overline{T}' & H & T_2 & 0 & 0 \\ \overline{T}'_1 & \overline{T}'_2 & H_1 & 0 & 0 \\ T' & 0 & 0 & \overline{H} & \overline{T}_2 \\ T'_1 & 0 & 0 & T'_2 & \overline{H}_1 \end{pmatrix} > 0.$$

这证明了当 $\zeta > 0$ 时, 定理成立. 当 $\zeta = 0$ 时, 同理可证定理成立. 最后, 若 $\xi = 1$, 则 $(T, T_1)\begin{pmatrix} H & T_2 \\ \overline{T}'_2 & H_1 \end{pmatrix}^{-1}\overline{(T, T_1)}'$ 为实数, 这证明了断言成立.

考虑情形 $V(1, \cdots, 1, 3, 4, \cdots, 4, \sigma_N)$, 则

$$C_1(x) \overset{\cdot}{=} \begin{pmatrix} S & \alpha & U \\ \alpha' & r_{\xi+1}I^{(3)} & V \\ U' & V' & B \end{pmatrix}.$$

它们按 $\xi, 3, 4(N-\xi-2)+\sigma_N$ 行列分块, 其中 B 同上面情形, 而 $V = (A_1, \cdots, A_{N-\xi-1})$, 其中 A_j 形如

$$A_j = \begin{pmatrix} a & b & c & d \\ -b & a & d & -c \\ -c & -d & a & b \end{pmatrix}.$$

作

$$\frac{1}{\sqrt{2}}\begin{pmatrix} 1 & 0 & -\sqrt{-1} \\ 0 & 1 & 0 \\ 1 & 0 & \sqrt{-1} \end{pmatrix}\begin{pmatrix} a & b & c & d \\ -b & a & d & -c \\ -c & -d & a & b \end{pmatrix}$$

$$\overline{\begin{pmatrix} I & -\sqrt{-1}I \\ I & \sqrt{-1} \end{pmatrix}}' = \begin{pmatrix} u & v & 0 & 0 \\ -\overline{v} & \overline{u} & -v & u \\ 0 & 0 & \overline{u} & \overline{v} \end{pmatrix},$$

其中 u, v 为复变数. 今任取 $\alpha = (efg)$, 则

$$\alpha\Big(\frac{1}{\sqrt{2}}\overline{\begin{pmatrix} 1 & 0 & -\sqrt{-1} \\ 0 & 1 & 0 \\ 1 & 0 & \sqrt{-1} \end{pmatrix}}'\Big) = (wf\overline{w}),$$

其中 $w = \dfrac{1}{\sqrt{2}}(e + \sqrt{-1}g)$. 于是经过适当整理便可证 $C_1(x) > 0$ 当且仅当

$$\begin{pmatrix} \begin{pmatrix} S & b \\ b' & r_{\xi+1} \end{pmatrix} & \begin{pmatrix} u & T_1 \\ 0 & \overline{v}J \end{pmatrix} & \overline{\begin{pmatrix} u & T_1 \\ 0 & \overline{v}J \end{pmatrix}} \\ \overline{\begin{pmatrix} u & T_1 \\ 0 & \overline{v}J \end{pmatrix}}' & \begin{pmatrix} r_{\xi+1} & v \\ \overline{v}' & H_1 \end{pmatrix} & 0 \\ \begin{pmatrix} u & T_1 \\ 0 & \overline{v}J \end{pmatrix}' & 0 & \overline{\begin{pmatrix} r_{\xi+1} & v \\ \overline{v}' & H_1 \end{pmatrix}}' \end{pmatrix} > 0.$$

因此证明了定理. 证完.

由此立即有

定理 8.2.6 方型锥上的第一类 Siegel 域全纯等价于标准方型锥上的第一类 Siegel 域, 其全系全纯不变量即方型锥的全系仿射不变量.

关于标准方型锥上的第一类 Siegel 域的最大全纯自同构群, 我们按各种标准域分别计算, 也已求出. 由于篇幅限制, 在此从略.

§8.3　对偶方型锥的分类

由 §8.2 可知，设正规锥 V_N 由实 N 矩阵组 $\{ A_{ij}^{tk}, 1 \leq t \leq n_{ij}, 1 \leq i < j \leq N \}$ 定义，则 V_N 的对偶锥线性等价于 V_N 的伴随锥 $\widetilde{V}_N$. 它定义为正规锥 $\widetilde{V}_N$，由实 N 矩阵组 $\{ B_{ij}^{tk}, 1 \leq t \leq \widetilde{n}_{ij}, 1 \leq i < j \leq N \}$ 定义，其中

$$\widetilde{n}_{ij} = n_{N+1-j, N+1-i}, \quad 1 \leq i < j \leq N,$$

又

$$B_{ij}^{tk} = \sum A_{N+1-k, N+1-j}^{s, N+1-i} e_t' e_s, \ 1 \leq i < j < k \leq N,$$

它是 $\widetilde{n}_{ik} \times \widetilde{n}_{jk}$ 实矩阵.

为了给出对偶方型锥的分类，只要给出方型锥的伴随锥的分类就够了.

引理 8.3.1 V_N 为方型锥当且仅当 V_N 的伴随锥为对偶方型锥.

证 设 V_N 为方型锥，即

$$n_{1i} = n_{2i} = \cdots = n_{i-1, i} = \rho_i > 0, \qquad 2 \leq i \leq N.$$

于是 V_N 的伴随方型锥有

$$\widetilde{n}_{ij} = n_{N+1-j, N+1-i} = \rho_{N+1-i} = \sigma_i, \qquad 1 \leq i < N,$$

即有

$$\widetilde{n}_{i,i+1} = \widetilde{n}_{i,i+2} = \cdots = \widetilde{n}_{iN} = \rho_{N+1-i} = \sigma_i, \quad 1 \leq i \leq N.$$

所以 V_N 的伴随锥 $\widetilde{V}_N$ 为对偶方型锥. 反之一样可证. 证完.

因此，由定理 8.1.15 及定理 8.2.5, 立即有

定理 8.3.2 对偶方型锥的标准锥为下面七种情形之一.

(1) $\widetilde{V}_1 = \{\, r_1 \in \mathbb{R} \mid r_1 > 0 \,\}$;

(2) $\widetilde{V}_2 = \{\, (r_1, x_{12}, r_2) \in \mathbb{R} \times \mathbb{R}^{n_{12}} \times \mathbb{R} \mid r_2 > 0,\ r_1 r_2 - x_{12} x'_{12} > 0 \,\}$;

(3) $\sigma_2 \le \sigma_3$,

$$\widetilde{V}(\sigma_3, \sigma_2) = \{\ (r_1, x_{12}, r_2, x_{13}, x_{23}, r_3)|$$

$$\begin{pmatrix} r_1 I^{(\sigma_3)} & \sum_t x_{12}^{(t)} P_t & x'_{13} \\ \sum_t x_{12}^{(t)} P'_t & r_2 I^{(\sigma_2)} & x'_{23} \\ x_{13} & x_{23} & r_3 \end{pmatrix} > 0\ \},$$

其中 $P_1, \cdots, P_{\sigma_2}$ 为 σ_3 阶标准方阵组 (见附录).

(4) $\widetilde{V}(\sigma_N, 1, \cdots, 1)$, $\sigma_N > 1$,

$$S^{(N-1)} > 0,\ r_N - \sum_{i=1}^{\sigma_N} \alpha_i S^{-1} \alpha'_i > 0,\ \forall\ r_N > 0,\ \alpha_i \in \mathbb{R}^{N-1}.$$

(5) $\widetilde{V}(\sigma_N, \sigma_{N-1}, 1, \cdots, 1)$, $\sigma_N \ge \sigma_{N-1} > 1$,

$$\begin{pmatrix} r_1 I & \cdots & x_{1,N-2} I & P_{1,N-1} & x'_{1N} \\ \vdots & & \vdots & \vdots & \\ x_{1,N-2} I & \cdots & r_{N-2} I & P_{N-2,N-1} & x'_{N-2,N} \\ P'_{1,N-1} & \cdots & P'_{N-2,N-1} & r_{N-1} I & x'_{N-1,N} \\ x_{1N} & \cdots & x_{N-2,N} & x_{N-1,N} & r_N \end{pmatrix} > 0,$$

其中 $I = I^{(\sigma_N)}$, $P_1, \cdots, P_{\sigma_{N-1}}$ 为 σ_N 阶标准方阵组,

$$P_{ij} = \sum_t x_{ij}^{(t)} P_t.$$

(6) $\widetilde{V}(\sigma_N, 4, \cdots, 4, 2, \cdots, 2, 1, \cdots, 1)$,

其中条件和 $V(1, \cdots, 1, 2, \cdots, 2, 4, \cdots, 4, \sigma_N)$ 相同:

$$
\begin{pmatrix}
A_0^{(\frac{\xi \sigma_N}{2})} & B_0 & C_0 & \bar{\delta}_1' \\
\bar{B}_0' & D_0^{(\frac{\eta \sigma_N}{2})} & E_0 & \bar{\delta}_2' \\
\bar{C}_0' & \bar{E}_0' & F_0^{(\frac{\zeta \sigma_N}{2})} & \bar{\delta}_3' \\
\delta_1 & \delta_2 & \delta_3 & r_N
\end{pmatrix} > 0,
$$

其中 $\delta_1, \delta_2, \delta_3$ 为复向量, 又有如下 Kronecker 乘积表示

$$
A_0 = A_2 \otimes I^{(\frac{\sigma_N}{2})}, \quad B_0 = B_2 \otimes I^{(\frac{\sigma_N}{4})}, \quad D_0 = D_2 \otimes I^{(\frac{\sigma_N}{4})},
$$
$$
C_0 = C_2 \otimes I^{(\frac{\sigma_N}{4})}, \quad E_0 = E_2 \otimes I^{(\frac{\sigma_N}{4})}, \quad F_0 = F_2 \otimes I^{(\frac{\sigma_N}{4})},
$$

而 B_2, D_2, C_2, E_2, F_2 都按 2 行列分块, 则 B_2, D_2 的一般块形如 $\begin{pmatrix} a & \sqrt{-1}b \\ \sqrt{-1}b & a \end{pmatrix}$, 其中 a, b 为实数. 对 D_2, 对角块相应的 $b = 0$. 又 C_2, E_2, F_2 的一般块形如 $\begin{pmatrix} a & b \\ -\bar{b} & a \end{pmatrix}$, 其中 a, b 为复数.

(7) $\widetilde{V}(\sigma_n, 4, \cdots, 4, 3, 1, \cdots, 1)$,

其中条件和 $V(1, \cdots, 1, 3, 4, \cdots, 4, \sigma_N)$ 相同.

$$
\begin{pmatrix}
A_1^{(\frac{\xi \sigma_N}{2})} & B_0 & C_0 & \bar{\delta}_1' \\
\bar{B}_0' & D_0 & E_0 & \bar{\delta}_2' \\
\bar{C}_0' & \bar{E}_0' & F_0^{(\frac{\zeta \sigma_N}{2})} & \bar{\delta}_3' \\
\delta_1 & \delta_2 & \delta_3 & r_N
\end{pmatrix} > 0,
$$

其中 $\delta_1, \delta_2, \delta_3$ 为复向量, 又有如下 Kronecker 乘积表示:

$$
A_0 = A_2 \otimes I^{(\frac{\sigma_N}{2})}, \quad D_0 = r_{\xi+1} I, \quad B_0 = \begin{pmatrix} a & -\bar{b} \\ b & a \end{pmatrix},
$$
$$
C_0 = C_2 \otimes I^{(\frac{\sigma_N}{4})}, \quad E_0 = E_2 \otimes I^{(\frac{\sigma_N}{4})}, \quad F_0 = F_2 \otimes I^{(\frac{\sigma_N}{4})},
$$

其中 $a \in \mathbb{R}$, $b \in \mathbb{C}$, C_2, E_2, F_2 和情形 (6) 相同.

证 下面只对情形 (6) 和 (7) 给出证明.

(6) $\quad \widetilde{V}(\sigma_N, 4, \cdots, 4, 2, \cdots, 2, 1, \cdots, 1)$.

这个锥能表为正定实对称方阵

$$
\begin{pmatrix}
A^{(\xi\sigma_N)} & B & C & q_1' \\
B' & D^{(\eta\sigma_N)} & E & q_2' \\
C' & E' & F^{(\zeta\sigma_N)} & q_3' \\
q_1 & q_2 & q_3 & r_N
\end{pmatrix} > 0,
$$

其中 A, B, C, D, E, F 为分块矩阵, 都按照 σ_N 行列分块, 于是有如下的 Kronecker 乘积表示:

$$
A = A_1 \otimes I^{(\sigma_N)}, \quad B = B_1 \otimes I^{(\frac{\sigma_N}{2})}, \quad D = D_1 \otimes I^{(\frac{\sigma_N}{2})},
$$
$$
C = C_1 \otimes I^{(\frac{\sigma_N}{4})}, \quad E = E_1 \otimes I^{(\frac{\sigma_N}{4})}, \quad F = F_1 \otimes I^{(\frac{\sigma_N}{4})},
$$

其中 $B_1 = (B_{ij})$, $C_1 = (C_{ij})$, $D_1 = (D_{ij})$,

$$
B_{ij} = \begin{pmatrix} a_{ij} & -b_{ij} \\ b_{ij} & a_{ij} \end{pmatrix}, \quad C_{ij} = \begin{pmatrix} p_{ij} & -q_{ij} & -r_{ij} & -s_{ij} \\ q_{ij} & p_{ij} & s_{ij} & -r_{ij} \\ r_{ij} & -s_{ij} & p_{ij} & q_{ij} \\ s_{ij} & r_{ij} & -q_{ij} & p_{ij} \end{pmatrix},
$$

$$
D_{ii} = c_{ii} I^{(2)}, \quad D_{ij} = \begin{pmatrix} c_{ij} & -d_{ij} \\ d_{ij} & c_{ij} \end{pmatrix}, \quad i \neq j.
$$

又 E_1, F_1 和 C_1 具有相同形式. 记

$$
P_0 = \begin{pmatrix} I^{(\frac{\sigma_N}{2})} & \sqrt{-1}\begin{pmatrix} 0 & I \\ I & 0 \end{pmatrix} \\ I & -\sqrt{-1}\begin{pmatrix} 0 & I \\ I & 0 \end{pmatrix} \end{pmatrix}, \quad Q_0 = \begin{pmatrix} I & -\sqrt{-1}I \\ I & \sqrt{-1}I \end{pmatrix}.
$$

当 $\zeta > 0$ 时, 取

$$
U = (1/\sqrt{2}) \mathrm{diag}\,(P_0, \cdots, P_0, 2);
$$

当 $\zeta = 0$ 时, 取

$$U = (1/\sqrt{2})\mathrm{diag}(Q_0, \cdots, Q_0, 2),$$

经计算便证明了断言.

(7) $\widetilde{V}(\sigma_N, 4, \cdots, 4, 3, 1, \cdots, 1)$.

这个锥可表为正定实对称方阵

$$\begin{pmatrix} A^{(\xi\sigma_N)} & B & C & q_1' \\ B' & D^{(\sigma_N)} & E & q_2' \\ C' & E' & F^{(\zeta\sigma_N)} & q_3' \\ q_1 & q_2 & q_3 & r_N \end{pmatrix} > 0,$$

其中

$$B = \begin{pmatrix} a & -b & -c & 0 \\ b & a & 0 & -c \\ c & 0 & a & b \\ 0 & c & -b & a \end{pmatrix} \otimes I^{(\frac{\sigma_N}{4})}, \quad D = r_{\xi+1}I^{(\sigma_N)},$$

其他 A, C, E, F 如同情形 (6), 又 q_1, q_2, q_3 为实向量. 今 $\zeta > 0$, 和 (6) 一样取酉方阵 U 作用, 便证明了断言. 证完.

由此立即有

定理 8.3.3 对偶方型锥上的第一类 Siegel 域全纯等价于标准对偶方型锥上的第一类 Siegel 域, 它的全系不变量为相应对偶方型锥的全系仿射不变量.

关于标准对偶方型锥上的第一类 Siegel 域的最大全纯自同构群. 由第五章的结果, 且按各种标准域分别计算, 也已求出. 由于篇幅限制, 在此从略.

最后考虑不可分解自对偶锥. 由定理 8.1.18 可知, 它仿射等价于如下的正规锥

$$n_{ij} = \rho > 0, \quad 1 \le i < j \le N.$$

所以它是方型锥，也是对偶方型锥，自然包含在这两种锥的分类表中．

§8.4 方型域的分类

定义 8.4.1 设 $\mathbb{C}^n \times \mathbb{C}^m$ 中正规 Siegel 域 $D(V_N, F)$ 由 N 矩阵组 $\{A_{ij}^{tk}, Q_{ij}^{(t)}\}$ 定义，如果

$$n_{1i} = n_{2i} = \cdots n_{i-1,i} = \sigma_i > 0, \quad 2 \leq i \leq N,$$

且

$$m_1 = \cdots = m_N = \sigma_0 \geq 0,$$

则 $D(V_N, F)$ 称为方型的．而全纯同构于方型正规 Siegel 域的域称为方型域．

广义的定义为

定义 8.4.2 设 $\mathbb{C}^n \times \mathbb{C}^m$ 中正规 Siegel 域 $D(V_N, F)$ 中正规锥 V_N 为方型锥，则 $D(V_N, F)$ 称为广义方型的，而全纯等价于广义方型正规 Siegel 域的域，称为广义方型域．

在这一节，我们给出方型域的完全分类．对广义方型域，则给出部分分类．由于 §8.2 给出了方型锥上的第一类 Siegel 域的分类，所以这节只考虑第二类 Siegel 域的情形．即设

$$m_1 = \cdots = m_N = \sigma_0 > 0.$$

定理 8.4.3 第二类方型正规 Siegel 域在全纯等价下的标准域为

(1) $N = 1$,

$$D(V_1, F) = \{\, (r, u) \in \mathbb{C} \times \mathbb{C}^\rho \mid \mathrm{Im}\,(r) - u\overline{u}' > 0 \,\}.$$

(2) $N = 2$,

$$D(V(\sigma_2), F) = \{(s, z_{12}, s_2, u_1, u_2) \in \mathbb{C} \times \mathbb{C}^{\sigma_2} \times \mathbb{C} \times \mathbb{C}^{\sigma_0} \times \mathbb{C}^{\sigma_0} \mid$$

$$\mathrm{Im} \begin{pmatrix} s_1 & z_{12} \\ z_{12}' & s_2 I \end{pmatrix} - \mathrm{Re} \begin{pmatrix} u_1 \\ R(u_2) \end{pmatrix} \overline{\begin{pmatrix} u_1 \\ R(u_2) \end{pmatrix}}' > 0 \},$$

其中

$$R(u_2) = \sum_{r=1}^{\sigma_2} e'_r u_2 \overline{R}'_r.$$

(3) $N \geq 3$, $D(V(1, \cdots, 1, \sigma_{N-1}, \sigma_N), F)$,

其中

$$A_{ij}^{1k} = I, \quad 1 \leq i < j < k \leq N,$$
$$A_{i,N-1}^{tN} = P_t, \quad 1 \leq t \leq \sigma_{N-1}, \quad 1 \leq i < N-1,$$

又 $P_1, \cdots, P_{\sigma_{N-1}}$ 为附录中定理 3.3 中给出的标准形.

$$Q_{ij}^{(1)} = I, \ 1 \leq i < j \leq N,$$
$$Q_{i,N-1}^{(t)} = R_t, \ 1 \leq t \leq \sigma_{N-1}, \ 1 \leq i < N-1,$$
$$Q_{iN}^{(t)} = R_t, \ 1 \leq t \leq \sigma_N, \ 1 \leq i \leq N.$$

(4) $N \geq 4$, $D(V(\overbrace{1, \cdots, 1}^{\xi-1}, \overbrace{2, \cdots, 2}^{\eta}, \overbrace{4, \cdots, 4}^{\zeta}, \sigma_N), F)$,

其中

$$\xi + \eta + \zeta + 1 = N, \eta + \zeta \geq 0, 1 \leq \xi \leq N-3.$$

当 $\zeta = 0$ 时, $\sigma_N \geq 2$; 当 $\zeta > 0$ 时, $\sigma_N \geq 4$.

$$A_{ij}^{1k} = I, \ 1 \leq i < j < K \leq N,$$

$$A_{ij}^{2k} = \begin{pmatrix} 0 & -I \\ I & 0 \end{pmatrix}, \ i < j < k, \ \xi+1 \leq j \leq \xi+\eta,$$

$$A_{ij}^{tk} = T_t, \ 1 \leq t \leq 4, \ i < j < k, \ \xi+\eta+1 \leq j \leq N-1,$$

$$Q_{jk}^{(1)} = I, \ 1 \leq j < k \leq N,$$

$$Q_{jk}^{(2)} = \begin{pmatrix} \sqrt{-1}I & 0 \\ 0 & -\sqrt{-1}I \end{pmatrix}, \ 1 \leq j < k, \ \xi+1 \leq k \leq N-1,$$

$$Q_{jk}^{(3)} = \begin{pmatrix} 0 & I \\ -I & 0 \end{pmatrix}, \quad Q_{jk}^{(4)} = \begin{pmatrix} 0 & -\sqrt{-1}I \\ -\sqrt{-1}I & 0 \end{pmatrix},$$

$$1 \le j < k, \; \xi + \eta + 1 \le k \le N - 1,$$

$$Q_{jN}^{(t)} = R_t, \; 1 \le t \le \sigma_N, \; 1 \le j \le N - 1.$$

(5) $N \ge 4$, $D(V(\overbrace{1, \cdots, 1}^{\xi-1}, 3, \overbrace{4, \cdots, 4}^{\zeta}, \sigma_N))$,
其中 $\xi + \zeta + 2 = N$, ξ, $\zeta > 1$, $\sigma_N \ge 4$.

$$A_{ij}^{tk} = I, \quad 1 \le i < j < k \le N,$$
$$A_{ij}^{tk} = T_t, \quad i < j < k, \xi + 1 \le j \le N - 1,$$

其中当 $j = \xi + 1$ 时, $t = 1, 2, 3$; 当 $j = \xi + 2, \cdots, N - 1$ 时,
$t = 1, 2, 3, 4$.

$$Q_{jk}^{(1)} = I, \; 1 \le j < k \le N - 1,$$

$$Q_{jk}^{(2)} = \begin{pmatrix} \sqrt{-1}I & 0 \\ 0 & -\sqrt{-1}I \end{pmatrix}, \; 1 \le j < k, \; \xi + 1 \le k \le N - 1,$$

$$Q_{jk}^{(3)} = \begin{pmatrix} 0 & I \\ -I & 0 \end{pmatrix}, \; 1 \le j < k, \xi + 1 \le k \le N - 1,$$

$$Q_{jk}^{(4)} = \begin{pmatrix} 0 & -\sqrt{-1}I \\ -\sqrt{-1}I & 0 \end{pmatrix}, \; 1 \le j < k \, \xi + 2 \le k \le N - 1,$$

$$Q_{jN}^{(t)} = R_t, \; 1 \le t \le \sigma_N, \; 1 \le j < N.$$

上面给出的 T_t 为由附录的定理 3.4 给出的标准形, $R_1, \cdots, R_{\sigma_N}$
为由附录的定理 2.1 给出的标准形.

证 由于 $m_1 = \cdots = m_N = \sigma_0 > 0$, 所以 $Q_{ij}^{(t)}$, $1 \le t \le \sigma_j$, $1 \le i < j \le N$ 是 σ_0 阶复方阵. 有 $\overline{Q_{ij}^{(s)}}' Q_{ij}^{(t)} + \overline{Q_{ij}^{(t)}}' Q_{ij}^{(s)} = 2\delta_{st}I$. 今存在 σ_0 阶酉方阵, 使得

$$Q_{ij}^{(t)} \to \overline{U}_i' Q_{ij}^{(t)} U_j, \quad 1 \le t \le \sigma_j, \; 1 \le i < j \le N.$$

于是可取 $U_1, \cdots, U_N$, 使得 $\overline{U}_i' Q_{i,i+1}^{(1)} U_{i+1} = I$. 所以无妨取 $Q_{i,i+1}^{(1)} = I$. 今若 $\overline{U}_i' Q_{i,i+1}^{(1)} U_{i+1} = Q_{i,i+1}^{(1)}$, 则有 $U_1, \cdots, U_N = U \in \mathrm{U}(\sigma_0)$. 由于 $Q_{ij}^{(1)} Q_{jk}^{(1)} = \sum e_r A_{ij}^{1k} e_1' Q_{ik}^{(1)} = Q_{ik}^{(1)}$, 便证明了 $Q_{ij}^{(1)} = I$, $1 \le i < j \le N$. 今

$$Q_{ij}^{(r)} Q_{jk}^{(t)} = \sum_u (e_u A_{ij}^{rk} e_t') Q_{ik}^{(u)}.$$

取 $r = 1$, 有 $Q_{jk}^{(t)} = Q_{ik}^{(t)}$, 这证明了

$$Q_{1k}^{(t)} = Q_{2k}^{(t)}, \cdots, Q_{k-1,k}^{(t)} = Q_k^{(t)}.$$

取 $t = 1$, 有 $Q_{1j}^{(r)} = \sum_u e_u A_{1j}^{tk} e_1' Q_{1k}^{(u)}$. 今 $A_{ij}^{rk} e_1' = e_r$, 所以 $Q_{ij}^{(r)} = Q_{ik}^{(r)}$.

今存在 σ_0 阶酉方阵 U 使得 $\overline{U}' Q_N^{(t)} U = R_t$, $1 \le t \le \sigma_N$, 其中 $R_1, \cdots, R_{\sigma_N}$ 由附录的定理 2.1 给出. 至此证明了定理. 证完.

下面对广义方型正规 Siegel 域的一些特殊情形讨论.

显然, 若 $m_1, \cdots, m_N$ 中至少有一个等于零. 设若 $m_i = 0$. 由于任取 $i < j$, 则 $n_{ij} m_j = 0$. 但是 $n_{ij} > 0$. 所以证明了 $m_j = 0$, 即若 $m_i = 0$, 则推出 $m_i = m_{i+1} = \cdots = m_N = 0$. 所以存在 $\tau \in \{1, 2, \cdots, N\}$,

$$m_1 m_2 \cdots m_\tau > 0, \quad m_{\tau+1} = \cdots = m_N = 0.$$

注意到 $\overline{Q_{ij}^{(t)}}' Q_{ij}^{(t)} = I$, 所以 $m_i m_j > 0$ 时, 有 $m_i \ge m_j$, 即有

$$m_1 \ge m_2 \ge \cdots \ge m_\tau > 0 = m_{\tau+1} = \cdots = m_N.$$

情形 1) $m_1 = \cdots = m_\tau > 0 = m_{\tau+1} = \cdots = m_N$, $1 \le \tau < N$. 由定理 8.4.3 有

定理 8.4.4 设若 $1 \le \tau < N$,

$$m_1 = \cdots = m_\tau > 0 = m_{\tau+1} = \cdots = m_N,$$

则第二类广义方型正规 Siegel 域在全纯等价下的标准域为

(1) $\tau = 1$, 标准域为标准正规锥 $V = V(\sigma_2, \cdots, \sigma_N)$ 上的第二类 Siegel 域

$$\{(z, u) \in \mathbb{C}^n \times \mathbb{C}^{m_1} | \operatorname{Im}(z) - (u_1 \bar{u}_1', 0, \cdots, 0) \in V\}.$$

(2) $\tau = 2$, 标准域为标准正规锥 $V = V(\sigma_2, \cdots, \sigma_N)$ 上的第二类 Siegel 域

$$\{(z, u_1, u_2) \in \mathbb{C}^n \times \mathbb{C}^{m_1} \times \mathbb{C}^{m_2} \mid \operatorname{Im}(z) - F(u, u) \in V\},$$

其中

$$F(u, u) = (u_1 \bar{u}_1', \operatorname{Re}(u_1 R_1 \bar{u}_2'), \cdots, \operatorname{Re}(u_1 R_{\sigma_2} \bar{u}_2'), u_2 \bar{u}_2', 0, \cdots, 0),$$

其中 $R_1 \cdots R_{\sigma_2}$ 为附录中定理 2.1 给出的标准形.

(3) $(\sigma_2, \cdots, \sigma_{\tau-1}) = (1, \cdots, 1)$,

$$Q_{ij}^{(1)} = I, \quad 1 \le j < k \le \tau - 1,$$
$$Q_{j\tau}^{(t)} = R_t, \quad 1 \le t \le \sigma_\tau, 1 \le j \le \tau.$$

(4) $(\sigma_2, \cdots, \sigma_\tau) = (\overbrace{1, \cdots, 1}^{\xi-1}, \overbrace{2, \cdots, 2}^{\eta}, \overbrace{4, \cdots, 4}^{\zeta})$, $\zeta \ge 1$, $\eta + \zeta \ge 2$,

$$Q_{jk}^{(1)} = I, \quad 1 \le j < k \le \tau,$$

$$Q_{jk}^{(2)} = \sqrt{-1} \begin{pmatrix} I & 0 \\ 0 & -I \end{pmatrix}, \ \xi + 1 \le k \le \tau,$$

$$Q_{jk}^{(3)} = \begin{pmatrix} 0 & I_1 \\ -I_1 & 0 \end{pmatrix}, \quad Q_{jk}^{(4)} = \sqrt{-1} \begin{pmatrix} 0 & -I_1 \\ -I_1 & 0 \end{pmatrix},$$

其中 $\xi + \eta + 1 \le k \le \tau$.

(5) $(\sigma_2, \cdots, \sigma_\tau) = (\overbrace{1, \cdots, 1}^{\xi-1}, 3, \overbrace{4, \cdots, 4}^{\zeta}), \ \zeta \geq 1,$

$Q_{jk}^{(1)} = I, \ 1 \leq j \leq k \leq \tau,$

$Q_{jk}^{(2)} = \sqrt{-1} \begin{pmatrix} I & 0 \\ 0 & -I \end{pmatrix}, \ \xi + 1 \leq k \leq \tau,$

$Q_{jk}^{(3)} = \begin{pmatrix} 0 & I_1 \\ -I_1 & 0 \end{pmatrix}, \quad \xi + 1 \leq k \leq \tau,$

$Q_{jk}^{(4)} = \sqrt{-1} \begin{pmatrix} 0 & -I_1 \\ -I_1 & 0 \end{pmatrix}, \quad \xi + 2 \leq k \leq \tau.$

情形 2) $m_1 \geq \cdots \geq m_\tau > 0 \ m_{\tau+1} = \cdots = m_N.$ $\sigma_\tau \leq 2 \leq \tau$, $m_\tau < m_1$. 这时，所考虑的标准锥必须为 $V(\sigma_2, \cdots, \sigma_N)$，其中

$$(\sigma_2, \cdots, \sigma_\tau) = (\overbrace{1, \cdots, 1}^{\xi-1}, \overbrace{2, \cdots, 2}^{\tau-\xi}).$$

于是

$$A_{ij}^{1k} = I, \quad 1 \leq i < j < k \leq \tau,$$

$$A_{ij}^{2k} = \begin{pmatrix} 0 & -I \\ I & 0 \end{pmatrix}, \quad 1 \leq i < j < k \leq \tau, \ \xi + 1 \leq k \leq \tau.$$

现在来考虑 $Q_{ij}^{(1)}$. 由 $Q_{ij}^{(1)} Q_{jk}^{(1)} = \sum\limits_{r}(e_r A_{ij}^{1k} e_1') Q_{ik}^{(r)} = Q_{ik}^{(1)}$. 今存在 $U_1 \in U(m_1)$, $U_2 \in U(m_2)$ 使得 $\overline{U}_1' Q_{12}^{(1)} U_2 = \begin{pmatrix} 0 \\ I \end{pmatrix}$. 而 $Q_{12}^{(1)} Q_{23}^{(1)} = \begin{pmatrix} 0 \\ Q_{23}^{(1)} \end{pmatrix} = Q_{13}^{(1)}$. 若 $\overline{U}_1' \begin{pmatrix} 0 \\ I \end{pmatrix} U_2 = \begin{pmatrix} 0 \\ I \end{pmatrix}$, 则 $U_1 = \mathrm{diag}\,(U_1^{(m_1-m_2)}, U_2)$, 其中 U_2 任意，所以存在 U_2, U_3 使得 $\overline{U}_2' Q_{23}^{(1)} U_3 = \begin{pmatrix} 0 \\ I \end{pmatrix}$. 因此不难证明，存在 $U_i \in U(m_i)$, $1 \leq i \leq \tau$, 使得 $\overline{U}_i' Q_{ij}^{(1)} U_j = \begin{pmatrix} 0 \\ I \end{pmatrix}$. 所以无妨取

$$Q_{ij}^{(1)} = \begin{pmatrix} 0 \\ I \end{pmatrix}.$$

又若 $U_i \in U(m_i)$, $1 \le i \le \tau$, 且 $\overline{U}'_i Q^{(1)}_{ij} U_j = Q^{(1)}_{ij}$, 则有

$$U_i = \text{diag}\,(U^{(m_i - m_{i+1})}_{ii}, U^{(m_{i+1} - m_{i+2})}_{i,i+1}, \cdots, U^{(m_\tau)}_{i\tau}), \quad 1 \le i \le \tau.$$

今 $n_{ij} = 1, 1 \le i < j \le \xi$. 我们考虑 $n_{ij} = 2, 1 \le i < j \le \tau, \xi + 1 \le j \le \tau$. 相应有 $Q^{(2)}_{ij}$. 今

$$Q^{(r)}_{ij} Q^{(s)}_{j.k} = \sum_t (e_t A^{rk}_{ij} e'_s) Q^{(t)}_{ik}.$$

取 $r = 1, s = 2$, 由 $A^{1k}_{ij} = I$ 有 $\begin{pmatrix} 0 \\ I \end{pmatrix} Q^{(s)}_{jk} = Q^{(s)}_{ik}, 1 \le i < j < k \le \tau$. 所以 $Q^{(2)}_{ik} = \begin{pmatrix} 0 \\ Q^{(2)}_{jk} \end{pmatrix}$. 这证明了

$$Q^{(2)}_{ik} = \begin{pmatrix} 0 \\ Q^{(2)}_k \end{pmatrix}, \quad 1 \le i < k, \quad \xi + 1 \le k \le \tau,$$

其中 $Q_k = Q^{(2)}_{k-1,k}$ 的阶为 $m_{k-1} - m_k$. 取 $r = 2, s = 1$, 由 $A^{2k}_{ij} e'_1 = e'_2$, 有 $Q^{(2)}_{ij} \begin{pmatrix} 0 \\ I \end{pmatrix} = Q^{(2)}_{ik}$, 其中 I 为 $m_k \times m_k$ 单位方阵. 而

$$Q^{(2)}_{ij} = \begin{pmatrix} 0 \\ Q_j \end{pmatrix}, \quad Q^{(2)}_{ik} = \begin{pmatrix} 0 \\ Q_k \end{pmatrix}.$$

这证明了将 Q_j 按 $m_{j-1} - m_j, m_j - m_{j+1}, \cdots, m_{\tau-1} - m_\tau, m_\tau$ 行及 $m_j - m_{j+1}, \cdots, m_{\tau-1} - m_\tau, m_\tau$ 列分块, 则为

$$Q_j = \begin{pmatrix} A_{j-1,j} & 0 & \cdots & 0 \\ A_{jj} & A_{j,j+1} & & \\ A_{j+1,j} & A_{j+1,j+1} & \ddots & \\ \vdots & \vdots & \ddots & A_{\tau-1,\tau} \\ A_{\tau j} & A_{\tau,j+1} & \cdots & A_{\tau\tau} \end{pmatrix} = \begin{pmatrix} (A_{j-1,j}\ 0) \\ K_j \end{pmatrix},$$

其中 A_{pq} 为 $(m_p - m_{p+1}) \times (m_q - m_{q+1})$ 复矩阵, 这里 $m_{\tau+1} = 0$.

取 $r = s = 2$, 由 $A_{ij}^{2k} = \begin{pmatrix} 0 & -1 \\ 1 & 0 \end{pmatrix}$, 所以 $A_{ij}^{2k}e_2' = -e_1'$, 即有

$$Q_{ij}^{(2)}Q_{jk}^{(2)} = -Q_{ik}^{(1)} = \begin{pmatrix} 0 \\ -I \end{pmatrix},$$

即

$$\begin{pmatrix} 0 \\ Q_j \end{pmatrix}\begin{pmatrix} 0 \\ Q_k \end{pmatrix} = \begin{pmatrix} 0 \\ -I \end{pmatrix}.$$

所以有

$$Q_j\begin{pmatrix} 0 \\ Q_k \end{pmatrix} = \begin{pmatrix} 0 \\ -I \end{pmatrix}.$$

再由 $\overline{Q_{ij}^{(1)}}{}' Q_{ij}^{(2)} + \overline{Q_{ij}^{(2)}}{}' Q_{ij}^{(1)} = 0$, $\overline{Q_{ij}^{(2)}}{}' Q_{ij}^{(2)} = I$ 有

$$K_j + \overline{K}_j' = 0, \quad \overline{Q}_j' Q_j = I.$$

所以

$$Q_j = \begin{pmatrix} A_{j-1,j} & 0 & \cdots & & 0 \\ A_{jj} & A_{j,j+1} & & \ddots & \\ A_{j+1,j} & \ddots & & \ddots & \\ \vdots & \ddots & & \ddots & A_{\tau-1,\tau} \\ 0 & \cdots & A_{\tau,\tau-1} & & A_{\tau\tau} \end{pmatrix} = \begin{pmatrix} (A_{j-1,j}\ 0) \\ K_j \end{pmatrix},$$

其中 $A_{kk} + \overline{A}_{kk}' = 0$, $\overline{A}_{k,k+1}' = -A_{k+1,k}$, $j \le k \le \tau$.

$$\overline{K}_j' K_j = I - \begin{pmatrix} \overline{A}_{j-1,j}' A_{j-1,j} & 0 \\ 0 & 0 \end{pmatrix},$$

$$Q_{k-1}\begin{pmatrix} 0 \\ Q_k \end{pmatrix} = \begin{pmatrix} 0 \\ -I \end{pmatrix}.$$

另一方面, 等价关系为 $Q_j \to \overline{U}_{j-1}' Q_j U_j$, 即

$$A_{pq} \to \overline{U}_{j-1,p}' A_{pq} U_{jq}, \quad \xi + 1 \le p \le q \le \tau.$$

下面从 Q_τ 开始求标准形. 记

$$B_{kk}^{(j)} = \sqrt{-1} \begin{pmatrix} 0^{(p_j)} & 0 & 0 & 0 \\ 0 & \Lambda_k^{(q_j)} & 0 & 0 \\ 0 & 0 & I^{(u_j)} & 0 \\ 0 & 0 & 0 & -I^{(v_j)} \end{pmatrix}.$$

由附录的引理 2.4, 在等价意义下无妨取

$$A_{\tau-1,\tau} = \begin{pmatrix} 0 & 0 & 0 & 0 \\ I^{(p_\tau)} & 0 & 0 & 0 \\ 0 & (I-\Lambda_\tau^2)^{\frac{1}{2}} & 0 & 0 \end{pmatrix}, \quad A_{\tau\tau} = B_{\tau\tau}^{(\tau)},$$

其中

$$\Lambda_\tau = \mathrm{diag}\,(\lambda_{1\tau}, \cdots, \lambda_{q_\tau\tau}) \in \mathrm{GL}\,(q_\tau, \mathbb{R}),$$
$$0 < |\lambda_{1\tau}| < \cdots < |\lambda_{q_\tau\tau}| < 1, \quad p_\tau + q_\tau + u_\tau + v_\tau = m_\tau.$$

因此

$$K_{\tau-1} = \begin{pmatrix} A_{\tau-1,\tau-1} & A_{\tau-1,\tau} \\ -\overline{A}'_{\tau-1,\tau} & A_{\tau\tau} \end{pmatrix}, \quad L_{\tau-1} = \begin{pmatrix} A_{\tau-2,\tau-1} & 0 \end{pmatrix},$$

有

$$I = \begin{pmatrix} \overline{A}'_{\tau-2,\tau-1} A_{\tau-2,\tau-1} & 0 \\ 0 & 0 \end{pmatrix} - \begin{pmatrix} B_{11} & B_{12} \\ B_{21} & B_{22} \end{pmatrix},$$

其中

$$B_{11} = A_{\tau-1,\tau-1}^2 - A_{\tau-1,\tau}\overline{A}'_{\tau-1,\tau},$$
$$B_{21} = -\overline{A}'_{\tau-1,\tau} A_{\tau-1,\tau-1} - A_{\tau\tau}\overline{A}'_{\tau-1,\tau},$$
$$B_{12} = A_{\tau,\tau-1} A_{\tau-1,\tau} + A_{\tau-1,\tau}A_{\tau\tau},$$
$$B_{22} = A_{\tau\tau}^2 - \overline{A}'_{\tau-1,\tau} A_{\tau-1,\tau}.$$

由 $Q_{\tau-1}\begin{pmatrix} 0 \\ Q_\tau \end{pmatrix} = \begin{pmatrix} 0 \\ -I \end{pmatrix}$ 有 $A_{\tau-2,\tau-1}A_{\tau-1,\tau} = 0$. 所以

$$A_{\tau-1,\tau-1} = \begin{pmatrix} \alpha & & \\ & 0 & \\ & & -\sqrt{-1}\Lambda_\tau \end{pmatrix}, \quad A_{\tau-2,\tau-1} = \begin{pmatrix} \beta & 0 & 0 \end{pmatrix},$$

其中 $\overline{\beta}'\beta = I + \alpha\overline{\alpha}'$. 今

$$\overline{U}'_{j-1,\tau-1}A_{\tau-1,\tau}U_{j\tau} = A_{\tau-1,\tau}, \quad \overline{U}'_{j-1,\tau}A_{\tau\tau}U_{j\tau} = A_{\tau\tau},$$

所以

$$U_{j\tau} = \mathrm{diag}\,(W_{\tau 1}^{(p_\tau)}, W_{\tau 2}^{(q_\tau)}, W_{\tau 3}^{(u_\tau)}, W_{\tau 4}^{(v_\tau)}),$$

$$U_{j-1,\tau-1} = \mathrm{diag}\,(W_{\tau-1,1}, W_{\tau-1,2}^{(p_\tau)}, W_{\tau-1,3}^{(q_\tau)})$$

有 $W_{\tau-1,2} = W_{\tau 1}, W_{\tau-1,3} = (I - \Lambda_\tau^2)^{\frac{1}{2}}W_{\tau 2}(I - \Lambda_\tau^2)^{-\frac{1}{2}}$. 因此有 $\beta \to$
$\overline{U}'_{j-1,\tau-2}\beta W_{\tau-1,1} \quad \alpha \to \overline{W}'_{\tau-1,1}\alpha W_{\tau-1,1}$, 其中 $U_{j-1,\tau-2}, W_{\tau-1,1}$ 任
取. 因此在等价意义下无妨取

$$\alpha = B_{\tau-1,\tau-1}^{\tau-1},$$

$$\beta = \begin{pmatrix} 0 & 0 & 0 \\ I^{(p_{\tau-1})} & 0 & 0 \\ 0 & (I - \Lambda_{\tau-1}^2)^{\frac{1}{2}} & 0 \end{pmatrix}.$$

即

$$A_{\tau-1,\tau-1} = \begin{pmatrix} B_{\tau-1,\tau-1}^{(\tau-1)} & 0 & 0 \\ 0 & 0 & 0 \\ 0 & 0 & -\sqrt{-1}\Lambda_\tau \end{pmatrix},$$

$$A_{\tau-2,\tau-1} = \begin{pmatrix} 0 & 0 & 0 \\ I^{(p_{\tau-1})} & 0 & 0 \\ 0 & (I - \Lambda_{\tau-1}^2)^{\frac{1}{2}} & 0 \end{pmatrix}.$$

由归纳法可证

$$A_{k-1,k} = \begin{pmatrix} 0 & 0 & 0 \\ I^{(p_k)} & 0 & 0 \\ 0 & (I - \Lambda_k^2)^{\frac{1}{2}} & 0 \end{pmatrix}, \quad j \leq k < \tau,$$

$$A_{kk} = \begin{pmatrix} B_{kk}^{(k)} & 0 & 0 \\ 0 & 0 & 0 \\ 0 & 0 & -\sqrt{-1}\Lambda_{k+1} \end{pmatrix}, \quad j \leq k < \tau.$$

至此我们证明了

定理 8.4.5 广义方型正规 Siegel 域 $L(V(\sigma_2, \cdots, \sigma_N), F)$ 若有条件

$$\sigma_\tau \leq 2 \leq \tau, \quad m_\tau < m_1,$$
$$m_1 \geq m_2 \geq \cdots \geq m_\tau > 0 = m_{\tau+1} = \cdots = m_N,$$

且

$$(\sigma_2, \cdots, \sigma_\tau) = (\overbrace{1, \cdots, 1}^{\xi-1}, \overbrace{2, \cdots, 2}^{\tau-\xi}),$$

则在全纯等价下的标准域由下面 N 矩阵组定义:

$$A_{ij}^{1k} = I, \quad 1 \leq i < j < k \leq \tau,$$

$$A_{ij}^{2k} = \begin{pmatrix} 0 & -I \\ I & 0 \end{pmatrix}, \quad \xi+1 \leq k < l \leq \tau,$$

$$Q_{ij}^{(1)} = \begin{pmatrix} 0 \\ I \end{pmatrix}, \quad 1 \leq i < j \leq \tau,$$

$$Q_{ij}^{(2)} = \begin{pmatrix} 0 \\ Q_j \end{pmatrix}, \quad 1 \leq i < j \leq \tau, \quad \xi+1 \leq j \leq \tau,$$

其中 $\xi+1 \leq j \leq \tau$,

$$Q_j = \begin{pmatrix} A_{j-1,j} & & & & \\ A_{jj} & A_{j,j+1} & & & \\ -\overline{A}_{j,j+1}' & A_{j+1,j+1} & & \ddots & \\ & \ddots & \ddots & & A_{\tau-1,\tau} \\ & & -\overline{A}_{\tau-1,\tau}' & A_{\tau\tau} \end{pmatrix},$$

$$A_{jj} = \begin{pmatrix} B_{jj}^j & 0 & 0 \\ 0 & 0 & 0 \\ 0 & 0 & -\sqrt{-1}\Lambda_{j+1} \end{pmatrix}, \quad \xi+1 \leq j < \tau,$$

$$A_{j-1,j} = \begin{pmatrix} 0 & 0 & 0 & 0 \\ I^{(p_j)} & 0 & 0 & 0 \\ 0 & (I-\Lambda_j^2)^{\frac{1}{2}} & 0 & 0 \end{pmatrix}, \quad \xi+1 \leq j < \tau,$$

$$A_{\tau\tau} = B_{\tau\tau}^{\tau},$$

$$A_{\tau-1,\tau} = \begin{pmatrix} 0 & 0 & 0 & 0 \\ I^{(p_\tau)} & 0 & 0 & 0 \\ 0 & (I - \Lambda_\tau^2) & 0 & 0 \end{pmatrix}.$$

定理 8.4.5 告诉我们, 标准域含实参数, 所以互不全纯等价的标准域有连续统个.

关于其他条件下的标准域, 只有若干零星结果. 另一方面, 关于全纯自同构群, 利用第五章的结果, 也可以作出. 由于篇幅限制, 在此从略.

附录　N 矩阵组

在附录中，我们引进定义正规 Siegel 域所需要的 N 矩阵组. 定义 N 矩阵组的一种等价关系，并且在矩阵组中所有矩阵都是方阵的情形. 给出它的在等价关系下的标准形，在非方阵的情形，提出若干尚未解决的问题.

§1　N 矩阵组

给定自然数 N 以及非负整数构成的 $N \times N$ 对称方阵

$$S = \begin{pmatrix} n_{11} & n_{12} & \cdots & n_{1N} \\ n_{21} & n_{22} & \cdots & n_{2N} \\ \vdots & \vdots & & \vdots \\ n_{N1} & n_{N2} & \cdots & n_{NN} \end{pmatrix}, \tag{1.1}$$

其中

$$n_{ii} = 1, \quad 1 \le i \le N, \quad n_{ij} = n_{ji}, \quad 1 \le i, j \le N. \tag{1.2}$$

记

$$n_i = \sum_{j=1}^{i} n_{ji}, \quad n_i' = \sum_{j=i}^{N} n_{ij}, \quad 1 \le i \le N, \tag{1.3}$$

$$n = \sum_{1 \le i \le j \le N} n_{ij} = \frac{1}{2} \sum_{i=1}^{N} n_i. \tag{1.4}$$

设 $N \ge 3$. 任取指标 $1 \le t \le n_{ij}$, $1 \le i < j < k \le N$. 记 A_{ij}^{tk} 为 $n_{ik} \times n_{jk}$ 实矩阵，矩阵 A_{ij}^{tk} 的第 p 行，第 q 列元素可写成矩阵

相乘的形式:

$$e_p A_{ij}^{tk} e_q', \quad 1 \le p \le n_{ik}, \quad 1 \le q \le n_{jk}, \tag{1.5}$$

这里 $e_p \in \mathbb{R}^{n_{ik}}, e_q \in \mathbb{R}^{n_{jk}}$.

所有矩阵 A_{ij}^{tk} 构成一个矩阵集合:

$$\mathfrak{S}_N^R = \{A_{ij}^{tk}, 1 \le t \le n_{ij}, 1 \le i < j < k \le N\}. \tag{1.6}$$

定义 1.1 式 (1.6) 给出的实矩阵集合 $\mathfrak{S}_N^R$ 称为实 N 矩阵组, 如果它适合下面四个条件:

(1) 若 $i < k$, 且 $n_{ik} = 0$, 则

$$n_{ij} n_{jk} = 0, \quad \forall j \in \{i+1, \cdots, k-1\}. \tag{1.7}$$

(2) 对 $1 \le s, t \le n_{ij}, 1 \le i < j < k \le N$, 有

$$(A_{ij}^{sk})' A_{ij}^{tk} + (A_{ij}^{tk})' A_{ij}^{sk} = 2\delta_{st} I^{(n_{jk})}. \tag{1.8}$$

(3) 对 $1 \le s \le n_{ij}, 1 \le t \le n_{jl}, 1 \le i < j < l < k \le N$, 有

$$A_{ij}^{sk} A_{jl}^{tk} = \sum_{r=1}^{n_{il}} (e_r A_{ij}^{sl} e_t') A_{il}^{rk}. \tag{1.9}$$

(4) 对 $1 \le s \le n_{ij}, 1 \le t \le n_{il}, 1 \le i < j < l < k \le N$, 有

$$(A_{ij}^{sk})' A_{il}^{tk} = \sum_{r=1}^{n_{jl}} (e_t A_{ij}^{sl} e_r') A_{jl}^{rk}. \tag{1.10}$$

这里 δ_{st} 为 Kronecker 符号.

由实 N 矩阵组的定义关系, 我们有

引理 1.2 给定实 N 矩阵组 $\mathfrak{S}_N^R = \{A_{ij}^{tk}\}$. 相应的非负整数矩阵 S 中元适合条件

(1) 若 $1 \le i < k \le N$, 且 $n_{ik} = 0$, 则 $n_{ij} n_{jk} = 0, \forall j \in \{i+1, \cdots, k-1\}$.

(2) 若 $1 \leq i < j < k \leq N$, 且 $n_{ij}n_{ik}n_{jk} \neq 0$, 则

$$\max(n_{ij}, n_{jk}) \leq n_{ik}. \tag{1.11}$$

(3) 若 $1 \leq i < j < l < k \leq N$, 且 $n_{jl} = 0, n_{ij}n_{il}n_{ik}n_{jk}n_{lk} \neq 0$, 则有

$$\max(n_{ij} + n_{il}, n_{ij} + n_{lk}, n_{jk} + n_{il}, n_{jk} + n_{lk}) \leq n_{ik}. \tag{1.12}$$

证   先证 (2) 成立. 今由式 (1.8) 有 $(A_{ij}^{sk})'A_{ij}^{sk} = I$. 这证明了 $n_{ik} \geq n_{jk}$.

任取 $x \in \mathbb{R}^{n_{jk}}$, 作 $n_{ij} \times n_{ik}$ 实矩阵

$$R_{jk}^{(i)}(x) = \sum_{r=1}^{n_{ij}} e_r'x(A_{ij}^{rk})', \tag{1.13}$$

则由式 (1.8) 有

$$R_{jk}^{(i)}(x)R_{jk}^{(i)}(x)' = |x|^2 I^{(n_{ij})}. \tag{1.14}$$

这证明了 $n_{ij} \leq n_{ik}$. 所以证明了式 (1.11) 成立.

再证 (3) 成立. 由条件 $n_{jl} = 0$, 式 (1.10) 给出 $(A_{ij}^{sk})'A_{il}^{tk} = 0$. 因此 $n_{ik} \times (n_{jk} + n_{lk})$ 实矩阵 $(A_{ij}^{sk}, A_{il}^{tk})$ 有

$$(A_{ij}^{sk}, A_{il}^{tk})'(A_{ij}^{sk}, A_{il}^{tk}) = \begin{pmatrix} I & 0 \\ 0 & I \end{pmatrix}.$$

这证明了 $n_{ik} \geq n_{jk} + n_{lk}$.

又由式 (1.13) 可知, $R_{jk}^{(i)}(e_r)'$ 为 $n_{ik} \times n_{ij}$ 实矩阵. 于是 $n_{ik} \times (n_{ij} + n_{lk})$ 实矩阵 $(R_{jk}^{(i)}(e_r)', A_{il}^{tk})$ 有

$$(R_{jk}^{(i)}(e_r)', A_{il}^{tk})'(R_{jk}^{(i)}(e_r)', A_{il}^{tk}) = \begin{pmatrix} I & 0 \\ 0 & I \end{pmatrix}.$$

这证明了 $n_{ik} \geq n_{ij} + n_{lk}$.

又 $R_{lk}^{(i)}(e_r)'$ 为 $n_{ik} \times n_{il}$ 实矩阵. 于是 $n_{ik} \times (n_{il}+n_{jk})$ 实矩阵 $(R_{lk}^{(i)}(e_r)', A_{ij}^{tk})$ 有

$$(R_{lk}^{(i)}(e_r)', A_{ij}^{tk})'(R_{lk}^{(i)}(e_r)', A_{ij}^{tk}) = \begin{pmatrix} I & 0 \\ 0 & I \end{pmatrix}.$$

这证明了 $n_{ik} \geq n_{il}+n_{jk}$.

最后, 由 $R_{lk}^{(i)}(e_r)'$ 为 $n_{ik} \times n_{il}$ 实矩阵, $R_{jk}^{(i)}(e_s)'$ 为 $n_{ik} \times n_{ij}$ 实矩阵. 于是 $n_{ik} \times (n_{il}+n_{ij})$ 实矩阵 $(R_{lk}^{(i)}(e_t)', R_{jk}^{(i)}(e_s)')$ 有

$$(R_{lk}^{(i)}(e_t)', R_{jk}^{(i)}(e_s)')'(R_{lk}^{(i)}(e_t)', R_{jk}^{(i)}(e_s)') = \begin{pmatrix} I & 0 \\ 0 & I \end{pmatrix}.$$

这证明了 $n_{ik} \geq n_{il}+n_{ij}$. 因此式 (1.12) 成立.

定义 1.3 给定 $N \times N$ 非负数矩阵

$$S = \begin{pmatrix} n_{11} & n_{12} & \cdots & n_{1N} \\ n_{21} & n_{22} & \cdots & n_{2N} \\ \vdots & \vdots & \ddots & \vdots \\ n_{N1} & n_{N2} & \cdots & n_{NN} \end{pmatrix}, \tag{1.15}$$

其中 $n_{ii} = 1, 1 \leq i \leq N, n_{ij} = n_{ji}, 1 \leq i,j \leq N$. N 个数字 $1, 2, \cdots, N$ 的排列 $i_1 i_2 \cdots i_N$ 称为关于 S 的可容许排列, 如果任取 $1 \leq j < k \leq N$, 当 $i_k < i_j$ 时, 有 $n_{i_k i_j} = 0$.

定义 1.4 给定实 N 矩阵组

$$\mathfrak{S}_N^{(R)} = \{A_{ij}^{tk}\}, \quad \tilde{\mathfrak{S}}_M^{(R)} = \{B_{ij}^{tk}\}. \tag{1.16}$$

它们的阶数构成的非负矩阵分别记作 S 和 $\tilde{S}$. $\mathfrak{S}_N^{(R)}$ 和 $\tilde{\mathfrak{S}}_M^{(R)}$ 称为等价的, 如果

(1) $M = N$;

(2) 存在 $1, 2, \cdots, N$ 的关于 S 的可容许排列 $\sigma: i_1 i_2 \cdots i_N$, 使得

$$\tilde{n}_{jk} = n_{i_j i_k}, \quad 1 \leq j < k \leq N. \tag{1.17}$$

(3) 存在实正交方阵 $O_{ij} \in \mathrm{O}(n_{ij})$ 使得

$$B_{ij}^{sk} = \sum_t (e_t O_{\sigma(i)\sigma(j)} e_s') O_{\sigma(i)\sigma(k)}' A_{\sigma(i)\sigma(j)}^{t\sigma(k)} O_{\sigma(j)\sigma(k)}. \tag{1.18}$$

显然, 上面给出的是等价关系, 它将实 N 矩阵组映为实 N 矩阵组.

我们知道, 在最简单的情形, 即给定 $n \times m$ 实矩阵

$$A_1, A_2, \cdots, A_p.$$

它们适合条件

$$A_s' A_t + A_t' A_s = 2\delta_{st} I, \quad 1 \le s, t \le p.$$

于是可引进等价关系

$$A_s \to \sum_{r=1}^p (e_r O_1 e_s') O_2' A_r O_3 = B_s,$$

其中 $O_1 \in \mathrm{O}(p), O_2 \in \mathrm{O}(n), O_3 \in \mathrm{O}(m)$.

显然, 仍有

$$B_s' B_t + B_t' B_s = 2\delta_{st} I.$$

当 $m = n$ 时, 我们解决了上述矩阵组的分类问题. 当 $m \ne n$ 时, 必有 $m < n$. 当 $p = 2$ 时, 也解决了分类问题. 当 $n > m, p > 2$ 时, 这个问题没有解决.

下面引进 N 矩阵组的概念.

定义 1.5 给定实 N 矩阵组 $\mathfrak{S}_N^R = \{A_{ij}^{tk}, 1 \le t \le n_{ij}, 1 \le i < j < k \le N\}$, 其阶数构成的非负整数方阵记作 S. 给定 $m_i \times m_j$ 复矩阵 $Q_{ij}^{(t)}, 1 \le t \le n_{ij}, 1 \le i < j \le N$, 复矩阵集

$$\begin{aligned}\mathfrak{S}_N = \{ & A_{ij}^{tk} \in \mathfrak{S}_N^R, \quad 1 \le t \le n_{ij}, \quad 1 \le i < j < k \le N, \\ & Q_{ij}^{(t)}, \quad 1 \le t \le n_{ij}, \quad 1 \le i < j \le N \} \end{aligned} \tag{1.19}$$

称为 N 矩阵组, 如果除了实 N 矩阵组 $\mathfrak{S}_N^R$ 的条件外, 复矩阵 $Q_{ij}^{(t)}$ 还适合条件:

(1) 设若 $m_i = 0$, 则

$$n_{ij}m_j = 0, i+1 \le j \le N. \tag{1.20}$$

(2) 设 $1 \le s,t \le n_{ij}, 1 \le i < j \le N$, 有

$$\overline{(Q_{ij}^{(s)})}' Q_{ij}^{(t)} + \overline{(Q_{ij}^{(t)})}' Q_{ij}^{(s)} = 2\delta_{st}I^{(m_j)}. \tag{1.21}$$

(3) 设 $1 \le s \le n_{ij}, 1 \le t \le n_{jk}, 1 \le i < j < k \le N$, 有

$$Q_{ij}^{(s)} Q_{jk}^{(t)} = \sum_{r=1}^{n_{ik}} (e_r A_{ij}^{sk} e_t') Q_{ik}^{(r)}. \tag{1.22}$$

(4) 设 $1 \le s \le n_{ij}, 1 \le t \le n_{ik}, 1 \le i < j < k \le N$, 有

$$\overline{(Q_{ij}^{(s)})}' Q_{ik}^{(t)} = \sum_{r=1}^{n_{jk}} (e_t A_{ij}^{sk} e_r') Q_{jk}^r. \tag{1.23}$$

下面给出 N 矩阵组 $\mathfrak{S}_N = \{A_{ij}^{tk} \in \mathfrak{S}_N^R, Q_{ij}^{(t)}\}$ 和实 $(N+1)$ 矩阵组间关系.

给定 N 矩阵组

$$\mathfrak{S}_N = \{A_{ij}^{tk} \in \mathfrak{S}_N^R, Q_{ij}^{(t)}\}. \tag{1.24}$$

其中 $n_{i,N+1} = 2m_i$ 为偶数. 构作 $n_{i,N+1} \times n_{j,N+1}$ 实矩阵

$$A_{ij}^{t,N+1} = \begin{pmatrix} \mathrm{Re}\,(Q_{ij}^{(t)}) & \mathrm{Im}\,(Q_{ij}^{(t)}) \\ -\mathrm{Im}\,(Q_{ij}^{(t)}) & \mathrm{Re}\,(Q_{ij}^{(t)}) \end{pmatrix}, \tag{1.25}$$

其中 $1 \le t \le n_{ij}, 1 \le i < j \le N$. 取

$$U_i = \frac{1}{\sqrt{2}} \begin{pmatrix} I^{(m_i)} & -\sqrt{-1}I \\ I & \sqrt{-1}I \end{pmatrix} \in \mathrm{U}\,(n_{i,N+1}), \tag{1.26}$$

则有

$$U_i A_{ij}^{t,N+1} \overline{U_j}' = \begin{pmatrix} Q_{ij}^{(t)} & 0 \\ 0 & \overline{Q_{ij}^{(t)}} \end{pmatrix}. \tag{1.27}$$

用式 (1.27) 及条件 (1.20)—(1.23) 立即可以证明下面引理.

引理 1.6　设 N 矩阵 $\mathfrak{S}_N = \{A_{ij}^{tk} \in \mathfrak{S}_N^R, Q_{ij}^{(t)}\}$ 决定的 $N \times N$ 方阵为

$$S = \begin{pmatrix} n_{11} & n_{12} & \cdots & n_{1N} \\ n_{12} & n_{22} & \cdots & n_{2N} \\ \vdots & \vdots & & \vdots \\ n_{1N} & n_{2N} & \cdots & n_{NN} \end{pmatrix}. \tag{1.28}$$

对 N 个非负整数 $m_1, \cdots, m_N$. 取 $n_{i,N+1} = 2m_i, 1 \le i \le N$, 构作 $(N+1) \times (N+1)$ 方阵

$$S_0 = \begin{pmatrix} n_{11} & n_{12} & \cdots & n_{1N} & n_{1,N+1} \\ n_{12} & n_{22} & \cdots & n_{2N} & n_{2,N+1} \\ \vdots & \vdots & \ddots & \vdots & \vdots \\ n_{1N} & n_{2N} & & n_{NN} & n_{N,N+1} \\ n_{1,N+1} & n_{2,N+1} & \cdots & n_{N,N+1} & n_{N+1,N+1} \end{pmatrix}, \tag{1.29}$$

其中 $n_{N+1,N+1} = 1$. 令 $n_{i,N+1} \times n_{j,N+1}$ 实矩阵

$$A_{ij}^{t,N+1} = \begin{pmatrix} \operatorname{Re} Q_{ij}^{(t)} & \operatorname{Im} Q_{ij}^{(t)} \\ -\operatorname{Im} Q_{ij}^{(t)} & \operatorname{Re} Q_{ij}^{(t)} \end{pmatrix}, \ 1 \le t \le n_{ij}, \ 1 \le i < j \le N, \tag{1.30}$$

则 $\{A_{ij}^{tk}, 1 \le t \le n_{ij}, 1 \le i < j < k \le N+1\}$ 构成一个实 $(N+1)$ 矩阵组.

反之, 任给实 $(N+1)$ 矩阵组 $\mathfrak{S}_{N+1}^R = \{A_{ij}^{tk}, 1 \le t \le n_{ij}, 1 \le i < j < k \le N+1\}$, 如果 $n_{1,N+1}, \cdots, n_{N,N+1}$ 都是偶数. 记

$$n_{i,N+1} = 2m_i, \quad 1 \le i \le N. \tag{1.31}$$

当

$$U_i A_{ij}^{t,N+1} = A_{ij}^{t,N+1} U_j, \quad 1 \le t \le n_{ij}, \quad 1 \le i < j \le N$$

时, 将 $A_{ij}^{t,N+1}$ 按 m_i, m_i 行, 按 m_j, m_j 列分成四块, 记作

$$A_{ij}^{t,N+1} = \begin{pmatrix} B_{ij}^{(t)} & C_{ij}^{(t)} \\ -C_{ij}^{(t)} & B_{ij}^{(t)} \end{pmatrix}, \tag{1.32}$$

取

$$Q_{ij}^{(t)} = B_{ij}^{(t)} + \sqrt{-1}\,C_{ij}^{(t)},\tag{1.33}$$

则矩阵组 $\{A_{ij}^{tk} \in \mathfrak{S}_{N+1}^R, 1 \le t \le n_{ij}, 1 \le i < j < k \le N, Q_{ij}^{(t)}, 1 \le t \le n_{ij}, 1 \le i < j \le N\}$ 为 N 矩阵组.

利用引理 1.6 以及引理 1.2, 我们有

引理 1.7 给定 N 矩阵组 $\mathfrak{S}_N = \{A_{ij}^{tk} \in \mathfrak{S}_N^R, Q_{ij}^{(t)}\}$, 则相应的非负整数矩阵 (1.28) 和非负整数矩阵 (1.29) 适合条件

(1) 若 $1 \le i \le N$, 且 $m_i = 0$, 则 $n_{ij}m_j = 0, i+1 \le j \le N$.

(2) 若 $1 \le i < j \le N$, 且 $n_{ij}m_im_j \ne 0$, 则

$$\max(n_{ij}, 2m_j) \le 2m_i.\tag{1.34}$$

(3) 若 $1 \le i < j < k \le N$, 且 $n_{jk} = 0, n_{ij}n_{ik}m_im_jm_k \ne 0$, 则有

$$\max(n_{ij} + n_{ik}, n_{ij} + 2m_k, n_{ik} + 2m_j, 2m_j + 2m_k) \le 2m_i.\tag{1.35}$$

最后, 给出 N 矩阵组间的等价.

定义 1.8 给定两 N 矩阵组 $\mathfrak{S}_N = \{A_{ij}^{tk} \in \mathfrak{S}_N^{(R)}, Q_{ij}^{(t)}\}$, $\mathfrak{S}_M = \{B_{ij}^{tk} \in \widetilde{\mathfrak{S}}_M^{(R)}, \widetilde{Q}_{ij}^{(t)}\}$. 如果实 N 实矩阵组 $\mathfrak{S}_N^R$ 和 $\widetilde{\mathfrak{S}}_M^{(R)}$ 按定义 1.4 互相等价, 即有 $M = N$, 且存在 $1, 2, \cdots, N$ 的可容许排列 $\sigma: i_1 i_2 \cdots i_N$ 使得

$$B_{ij}^{sk} = \sum_{r=1}^{n_{ij}} (e_r O_{\sigma(i)\sigma(j)} e_s') O_{\sigma(i)\sigma(k)}' A_{\sigma(i)\sigma(j)}^{r\sigma(k)} O_{\sigma(j)\sigma(k)},\tag{1.36}$$

$$\widetilde{Q}_{ij}^{(s)} = \sum_{r=1}^{n_{ij}} (e_r O_{\sigma(i)\sigma(j)} e_s') \overline{U}_{\sigma(i)}' Q_{\sigma(i)\sigma(j)}^{(r)} U_{\sigma(j)},\tag{1.37}$$

其中 $U_p \in \mathrm{U}(m_p), 1 \le p \le N$, 则称 N 矩阵组 $\mathfrak{S}_N$ 和 $\widetilde{\mathfrak{S}}_M$ 互相等价.

显然，上面给出的是等价关系，它将 N 矩阵组映为 N 矩阵组. 同样，对复矩阵，在最简单情形，即给定 $n \times m$ 复矩阵

$$Q_1, Q_2, \cdots, Q_p,$$

它适合条件

$$\overline{Q}'_s Q_t + \overline{Q}'_t Q_s = 2\delta_{st} I, \quad 1 \le s, t \le p.$$

于是

$$Q_s \to \sum (e_s O_1 e'_t) \overline{U}'_1 Q_\tau U_2$$

为等价关系，其中 $O_1 \in \mathrm{O}(p), U_1 \in \mathrm{U}(n), U_2 \in \mathrm{U}(m)$.

为了第五章的需要，我们引进

定义 1.9 给定 $1 \le i < j \le N$. 设 $n_{ij} > 0, N \times N$ 对称方阵 S 称为关于指标 (i, j) 适合条件 (Z)，如果任取 $l \in \{i+1, \cdots, j-1\}$，只要 $(n_{il}, n_{lj}) \ne 0$，就有

$$\begin{aligned}
n_{il} &= n_{lj} = n_{ij}, \\
n_{pi} &= n_{pl} = n_{pj}, \ p < i, \\
n_{ip} &= n_{lp} = n_{jp}, \ j < p.
\end{aligned} \tag{1.38}$$

又当 $p \in \{i+1, \cdots, j-1\}$ 有

$$n_{ip} = n_{pl} = n_{pj}, \quad i < p < l, \quad n_{ip} = n_{lp} = n_{pj}, \quad l < p < j. \tag{1.39}$$

引理 1.10 设 $n_{ij} > 0$, 且矩阵 S 关于指标 (i, j) 适合条件 (Z)，则有

$$\begin{aligned}
\sum_u (A_{pi}^{uj})'(e'_s e_t + e'_t e_s) A_{pi}^{uj} &= 2\delta_{st} I^{(n_{ij})}, \\
\sum_u A_{pi}^{uj}(e'_s e_t + e'_t e_s)(A_{pi}^{uj})' &= 2\delta_{st} I^{(n_{pj})}, \ p < i,
\end{aligned} \tag{1.40}$$

$$\begin{aligned}
\sum_u (A_{ip}^{uj})'(e'_s e_t + e'_t e_s) A_{ip}^{uj} &= 2\delta_{st} I^{(n_{pj})}, \\
\sum_u A_{ip}^{uj}(e'_s e_t + e'_t e_s)(A_{ip}^{uj})' &= 2\delta_{st} I^{(n_{ij})}, \ i < p < j,
\end{aligned} \tag{1.41}$$

以及

$$A_{ij}^{rl}(A_{ij}^{sl})' + A_{ij}^{sl}(A_{ij}^{rl})' = 2\delta_{st}I, \tag{1.42}$$

$$A_{kl}^{sj}(A_{il}^{tj})' = \sum_r (e_s A_{ki}^{rl} e_t') A_{ki}^{rj}, \; k < i < l < j, \tag{1.43}$$

$$A_{kj}^{sp}(A_{ij}^{tp})' = \sum_r (e_s A_{ki}^{rj} e_t') A_{ki}^{rp}, \; k < i < j < p. \tag{1.44}$$

证　由 $n_{il} = n_{jl}, j < l$ 可知, 式 (1.42) 成立. 任取 $\alpha_{ij} \in \mathbb{R}^{n_{ij}}, \alpha_{ij}\alpha_{ij}' = 1$. 由于当 $p < i$, 有 $n_{pi} = n_{pj}$, 即 $R_{ij}^{(p)}(\alpha_{ij})$ 为 $n_{pi} \times n_{pi}$ 方阵. 而

$$R_{ij}^{(p)}(\alpha_{ij}) R_{ij}^{(p)}(\alpha_{ij})' = \sum e_u' \alpha_{ij} (A_{pi}^{uj})' A_{pi}^{vj} \alpha_{ij}' e_v = \alpha_{ij}\alpha_{ij}'I = I,$$

所以 $R_{ij}^{(p)}(\alpha_{ij}) \in O(n_{pi})$. 因此

$$I = R_{ij}^{(p)}(\alpha_{ij})' R_{ij}^{(p)}(\alpha_{ij}) = \sum A_{pi}^{uj} \alpha_{ij}' \alpha_{ij} (A_{pi}^{uj})'.$$

由 α_{ij} 任取, 所以 $\sum_u A_{pi}^{uj}(e_s' e_t + e_t' e_s)(A_{pi}^{uj})' = 2\delta_{st}I$. 于是

$$\sum_u e_v A_{pi}^{uj}(e_s' e_t + e_t' e_s)(A_{pi}^{uj})' e_w' = 2\delta_{st}\delta_{vw}.$$

这推出 $\sum e_r (A_{pi}^{uj})'(e_v' e_w + e_w' e_v) A_{pi}^{uj} e_t' = 2\delta_{st}\delta_{vw}$. 所以式 (1.40) 成立.

记 $B_{ip}^{(j)}(\alpha_{ij}) = \sum e_u' \alpha_{ij} A_{ip}^{uj}$. 当 $1 \le i < p < j \le N$ 有 $n_{ip} = n_{pj} = n_{ij}$, 所以由 $(A_{ip}^{uj})' A_{ip}^{vj} + (A_{ip}^{vj})' A_{ip}^{uj} = 2\delta_{uv}I$ 有

$$A_{ip}^{uj}[(A_{ip}^{uj})' A_{ip}^{vj} + (A_{ip}^{vj})' A_{ip}^{uj}](A_{ip}^{uj})' = 2\delta_{uv}I,$$

即

$$A_{ip}^{vj}(A_{ip}^{uj})' + A_{ip}^{uj}(A_{ip}^{vj})' = 2\delta_{uv}I.$$

因此

$$B_{ip}^{(j)}(\alpha_{ij}) B_{ip}^{(j)}(\alpha_{ij})' = \sum e_u' \alpha_{ij}(A_{ip}^{uj})(A_{ip}^{vj})' \alpha_{ij}' e_v = I,$$

即 $B_{ip}^{(j)}(\alpha_{ij}) \in O(n_{ip})$，所以

$$I = B_{ip}^{(j)}(\alpha_{ij})' B_{ip}^{(j)}(\alpha_{ij}) = \sum (A_{ip}^{uj})' \alpha_{ij}' \alpha_{ij} A_{ip}^{uj}.$$

这推出 $\sum A_{ip}^{uj} \alpha_{ij}' \alpha_{ij} (A_{ip}^{uj})' = I$. 所以式 (1.4) 成立.

下面证最后两式. 今取 $1 \le k < i < l < j \le N$，有

$$\sum_r (e_s A_{ki}^{rl} e_t') A_{ki}^{rj} A_{il}^{tj} = \sum_r (e_s A_{ki}^{rl} e_t') \sum_v (e_v A_{ki}^{rl} e_t') A_{kl}^{vj}$$

$$= \sum_{r,v} e_t (A_{ki}^{rl})' e_s' e_v A_{ki}^{rl} e_t' A_{kl}^{vj}.$$

由于 $n_{ki} = n_{kl}$，所以 $\sum_r e_r' e_t (A_{ki}^{rl})'$ 为 $n_{ki} \times n_{kl}$ 矩阵，即为方阵，所以是正交方阵. 因此 $\sum_r (A_{ki}^{rl})' (e_s' e_v + e_v' e_s) A_{ki}^{rl} = 2\delta_{sv} I$. 这证明了 $\sum_r e_t (A_{ki}^{rl})' e_s' e_v A_{ki}^{rl} e_t' = \delta_{sv}$. 所以 $\sum_r (e_s A_{ki}^{rl} e_t') A_{ki}^{rj} A_{il}^{tj} = A_{kl}^{sj}$. 由于 $A_{il}^{tj} \in O(n_{ij})$，便证明了式 (1.43) 成立.

又由 $A_{il}^{tp} \in O(n_{ip}), p > j$，而

$$\sum_r (e_s A_{ki}^{rj} e_t') A_{ki}^{rp} A_{ij}^{tp} = \sum_{r,u} e_s A_{ki}^{rj} e_t' e_u A_{ki}^{rj} e_t' A_{kj}^{up}.$$

由 $\sum_r e_t (A_{ki}^{rj})' e_s' e_u A_{ki}^{rj} e_t' = \delta_{su}$ 有 $\sum_r (e_s A_{ki}^{rj} e_t') A_{ki}^{rp} A_{ij}^{tp} = A_{kj}^{sp}$，所以式 (1.44) 成立. 证完.

§2 复矩阵组

记 $Q_1, \cdots, Q_n$ 为 $m \times r$ 复矩阵，适合条件

$$\overline{Q}_i' Q_j + \overline{Q}_j' Q_i = 2\delta_{ij} I, \quad 1 \le i, j \le n. \tag{2.1}$$

显然，$m \ge r$. 当 $r = m$ 时，它等价于条件

$$Q_i \overline{Q}_j' + Q_j \overline{Q}_i' = 2\delta_{ij} I, \quad 1 \le i, j \le n. \tag{2.2}$$

矩阵方程 (2.2) 称为复 Hurwitz 矩阵方程. 设

$$Q_i \rightarrow \sum_{j=1}^{n} (e_j O e_i') \overline{U}' Q_j V = \widetilde{Q}_i, \tag{2.3}$$

其中 $1 \le i \le n$, $\forall O \in O(n)$, $U \in U(m)$, $V \in U(r)$, 则我们称 $\{Q_1, \cdots, Q_n\}$ 和 $\{\widetilde{Q}_1, \cdots, \widetilde{Q}_n\}$ 互相等价. 显然, 条件 (2.1) 在等价关系 (2.3) 下不变. 下面给出等价下的标准形.

定理 2.1 设 n 个 m 阶复矩阵 $Q_1, \cdots, Q_n$ 适合条件 (2.1), 则存在自然数 M 使得

$$m = 2^{[\frac{n-1}{2}]} M, \tag{2.4}$$

其中 $[x]$ 表示实数 x 的整数部分. 记 I_j 为 $m_j = 2^{-j} m$ 阶单位方阵, $j = 1, 2, \cdots, [\frac{n-1}{2}]$, 则存在 $U, V \in U(m)$ 使得

$$\overline{U}' Q_j V = R_j, 1 \le j \le n,$$

其中

$$R_1 = I,$$

$$R_{2j} = \sqrt{-1} \begin{pmatrix} 0 & \cdots & \begin{pmatrix} I_j & 0 \\ 0 & -I_j \end{pmatrix} \\ \vdots & & \vdots \\ \begin{pmatrix} I_j & 0 \\ 0 & -I_j \end{pmatrix} & \cdots & 0 \end{pmatrix},$$

$$R_{2j+1} = \begin{pmatrix} 0 & \cdots & \begin{pmatrix} 0 & I_j \\ -I_j & 0 \end{pmatrix} \\ \vdots & & \vdots \\ \begin{pmatrix} 0 & I_j \\ -I_j & 0 \end{pmatrix} & \cdots & 0 \end{pmatrix}, \tag{2.5}$$

其中 $j = 1, 2, \cdots, [\frac{n-1}{2}]$. 当 n 为偶数时, 还有

$$R_n = \sqrt{-1} \begin{pmatrix} 0 & \cdots & R \\ \vdots & & \vdots \\ R & \cdots & 0 \end{pmatrix}, \tag{2.6}$$

其中 $R = \begin{pmatrix} I^{(p)} & 0 \\ 0 & -I^{(M-p)} \end{pmatrix}$, $p \in \{0, 1, 2, \cdots, M\}$. 于是当 n 为奇数, 则标准形 $R_1, \cdots, R_n$ 唯一; 当 n 为偶数, 则标准形有 $M+1$ 组, 相应 $p = 0, 1, \cdots, M$. 所以在酉相抵意义下全系不变量为非负整数 p.

证　显然, 在酉相抵下无妨设 $Q_1 = I$. 于是 $Q_2, \cdots, Q_n$ 斜 Hermite. 于是无妨设

$$Q_2 = \sqrt{-1} \begin{pmatrix} I^{(r)} & 0 \\ 0 & -I^{(s)} \end{pmatrix}.$$

当 $n = 1, 2$ 已证定理; 当 $n > 2$, 由 $\overline{Q}_2' Q_j + \overline{Q}_j' Q_2 = 0, j > 2$ 可知

$$Q_j = \begin{pmatrix} 0 & A_j \\ -\overline{A}_j' & 0 \end{pmatrix},$$

且

$$A_j \overline{A}_k' + A_k \overline{A}_j' = 2\delta_{jk} I^{(r)}, \quad \overline{A}_j' A_k + \overline{A}_k' A_j = 2\delta_{jk} I^{(s)}.$$

这证明了 $r = s = 2^{-1}m = m_1$. 另一方面, 若 $U, V \in \mathrm{U}(m)$, 且 $UQ_1V = Q_1, UQ_2V = Q_2$, 则 $U = V^{-1} = \mathrm{diag}\,(U_1^{(m_1)}, U_2^{(m_1)})$, 于是 $Q_j \to UQ_jV$ 变为 $A_j \to U_1 A_j \overline{U}_2'$. 对 m 作归纳法便证明了式 (2.4) 成立, 且标准形为 $R_1, R_2, \cdots, R_n$.

设 n 为偶数. 由直接计算可知

$$R_0 = R_1 \overline{R}_2' \cdots R_{n-1} \overline{R}_n' = (-\sqrt{-1})^{\frac{n}{2}} \mathrm{diag}\,(A, \cdots, A), \tag{2.7}$$

其中

$$A = \begin{pmatrix} I^{(p)} & 0 \\ 0 & -I^{(M-p)} \end{pmatrix}.$$

今若标准形 $R_1, R_2, \cdots, R_{n-1}, R_n$ 由 p 决定, 标准形 $R_1, R_2, \cdots, R_{n-1}, \widetilde{R}_n$ 由 $\widetilde{p}$ 决定, 于是

$$\widetilde{R}_0 = R_1 \overline{R}_2' \cdots R_{n-1} \overline{\widetilde{R}_n}' = (-\sqrt{-1})^{\frac{n}{2}} \mathrm{diag}\,(\widetilde{A}, \cdots, \widetilde{A}), \tag{2.8}$$

其中

$$\widetilde{A} = \begin{pmatrix} I^{(\widetilde{p})} & 0 \\ 0 & -I^{(M-\widetilde{p})} \end{pmatrix}.$$

如果它们酉相抵, 即存在 $U, V \in \mathrm{U}(m)$ 使得

$$R_i = UR_iV, 1 \le i \le n-1, \widetilde{R_n} = UR_nV,$$

于是

$$U(R_1\overline{R}'_2 \cdots R_{n-1}\overline{R}'_n)\overline{U}' = R_1\overline{R}'_2 \cdots R_{n-1}\overline{\widetilde{R}'_n}.$$

这证明了 R_0 和 $\widetilde{R_0}$ 酉相似, 所以 $\widetilde{p} = p$, 因此 $\widetilde{R_n} = R_n$. 这证明了适合条件 (1.1) 的复方阵组在酉相抵下的全系不变量为非负整数 p. 定理证完.

定理 2.2 符号同上. 适合条件 (2.1) 的 m 阶复方阵组 $Q_1, Q_2,$ $\cdots, Q_n$ 在等价关系 (2.3) 下的标准形为 $R_1, R_2, \cdots, R_n$, 其中当 n 为偶数时, $p \ge \dfrac{M}{2}$. 于是全系不变量为 $p \in \{[\dfrac{M+1}{2}], \cdots, M\}$.

证 由定理 2.1, 只要证明当 n 为偶数时, 定理成立. 符号同式 (2.7) 和式 (2.8). 如果存在 $O \in \mathrm{O}(n), U, V \in \mathrm{U}(m)$ 使得 $R_i = \sum\limits_{j=1}^{n}(e_jOe'_i)UR_jV, 1 \le i < n, \widetilde{R_n} = \sum\limits_{j=1}^{n}(e_jOe'_n)UR_jV$, 于是

$$R_1\overline{R}'_2 \cdots R_{n-1}\overline{\widetilde{R}'_n}$$
$$= \sum_{j_1,\cdots,j_n}^{n} (e_{j_1}Oe'_1) \cdots (e_{j_n}Oe'_n)\overline{U}'R_{j_1}\overline{R}'_{j_2} \cdots R_{j_{n-1}}\overline{R}'_{j_n}U.$$

取定 $i < k$, 由 $\sum\limits_{j_i=j_k=1}^{n}(e_{j_i}Oe'_i)(e_{j_k}Oe'_k) = \delta_{ik} = 0$ 以及

$$\overline{R}'_uR_v + \overline{R}'_vR_u = R_u\overline{R}'_v + R_v\overline{R}'_u = 2\delta_{uv}I,$$

依次讨论 $j_1, j_2, \cdots, j_n$ 不难证明

$$
\begin{aligned}
& R_1 \overline{R}_2' \cdots R_{n-1} \overline{\widetilde{R}_n}' \\
=\;& \sum_{j_1, \cdots, j_n\; \text{两两不等}} (e_{j_1} O e_1') \cdots (e_{j_n} O e_n')\ \ \overline{U}' R_{j_1} \overline{R}_{j_2}' \cdots R_{j_{n-1}} \overline{R}_{j_n}' U \\
=\;& (\det O) \overline{U}' R_1 \overline{R}_2' \cdots R_{n-1} \overline{R}_n' U.
\end{aligned}
$$

所以当 $\det O = 1$, 有 $\widetilde{p} = p$; 当 $\det O = -1$, 有 $\widetilde{p} = M - p$. 另一方面, 取

$$
O = \operatorname{diag}(1, \cdots, 1, -1), U = \overline{V}' = \operatorname{diag}(U_1, \cdots, U_1), U_1 \in \mathrm{U}(M).
$$

由式 (2.3) 有

$$
\widetilde{R}_n = -\overline{U}' R_n U.
$$

因此

$$
\begin{pmatrix} I^{(\widetilde{p})} & 0 \\ 0 & -I^{(M-\widetilde{p})} \end{pmatrix} = \overline{U}_1' \begin{pmatrix} -I^{(p)} & 0 \\ 0 & I^{(M-p)} \end{pmatrix} U_1,
$$

这证明了对应 p 及 $\widetilde{p} = M - p$ 的两组标准形互相等价, 所以在等价关系 (2.3) 下无妨设 $p \geq \dfrac{M}{2}$. 这时, 标准形唯一. 定理证完.

引理 2.3 当 $n = 1$ 时, 适合条件 (2.1) 的 $m \times n$ 复矩阵 Q_1 在等价关系 (2.3) 下的标准形为

$$
\begin{pmatrix} 0 \\ I^{(n)} \end{pmatrix}. \tag{2.9}
$$

引理 2.4 当 $n = 2$ 时, 适合条件 (2.1) 的 $m \times n$ 复矩阵偶 Q_1, Q_2 在等价关系 (2.3) 下的标准形为

$$
P_1 = \begin{pmatrix} 0 \\ I^{(r)} \end{pmatrix},
$$

$$P_2 = \begin{pmatrix} 0 & 0 & 0 & 0 \\ I^{(p)} & 0 & 0 & 0 \\ 0 & (I-\Lambda^2)^{\frac{1}{2}} & 0 & 0 \\ 0^{(p)} & 0 & 0 & 0 \\ 0 & \sqrt{-1}\Lambda^{(q)} & 0 & 0 \\ 0 & 0 & \sqrt{-1}I^{(u)} & 0 \\ 0 & 0 & 0 & -\sqrt{-1}I^{(v)} \end{pmatrix}, \qquad (2.10)$$

其中 $\Lambda = \mathrm{diag}\,(a_1, \cdots, a_q) \in \mathrm{GL}\,(q, \mathbb{R}), 0 < |a_i| < 1, 1 \le i \le q.$ 又 $p + q + u + v = r, 2p + 2q + u + v \le m, u \ge v.$ 当 $u > v$ 时，标准形唯一确定；当 $u = v$ 时，当且仅当 Λ 为 $-\Lambda$ 后互相等价.

证 无妨设 $Q_1 = \begin{pmatrix} 0 \\ I \end{pmatrix}.$ 记 $Q_2 = \begin{pmatrix} L \\ K \end{pmatrix}.$ 由 $\overline{Q}_1' Q_2 + \overline{Q}_2' Q_1 = 0$ 有 $K + \overline{K}' = 0$, 由 $\overline{Q}_2' Q_2 = I$ 有 $\overline{L}' L + \overline{K}' K = I.$ 今考虑 m 阶酉方阵 $U = \mathrm{diag}\,((\overline{U}_1')^{(m-r)}, V),$ 于是

$$\overline{U}' Q_1 V = Q_1, \quad \overline{U}' Q_2 V = \begin{pmatrix} U_1 L V \\ \overline{V}' K V \end{pmatrix}.$$

因此无妨设斜 Hermite 方阵 $K = \sqrt{-1}\mathrm{diag}\,(O^{(p)}, \Lambda^{(q)}, I^{(u)}, -I^{(v)})$, 其中 $\Lambda = \mathrm{diag}\,(a_1, \cdots, a_q)$ 为实方阵, $a_j \ne \pm 1, 0.$ 由 $\overline{L}' L = I - \overline{K}' K = \mathrm{diag}\,(I^{(p)}, I - \Lambda^2, 0, 0)$ 半正定, 所以 $I - \Lambda^2 > 0$, 这证明了 $0 < |a_j| < 1.$ 记

$$\Lambda = \mathrm{diag}\,(b_1 I^{(q_1)}, \cdots, b_s I^{(q_s)}), 1 > b_1 > \cdots > b_s > -1, b_j \ne 0.$$

将 L 的列按 $p, q_1, \cdots, q_s, u, v$ 分块, 则有 $L = (L_0, L_1, \cdots, L_s, 0, 0)$, 且 $\overline{L}_i' L_j = (1 - b_i^2)\delta_{ij} I$, 其中 $b_0 = 0.$ 取 r 阶酉方阵

$$V = \mathrm{diag}\,(V_0, V_1, \cdots, V_s, *, *),$$

分块方式和 L 的列相同, 于是 $\overline{V}' K V = K$, 而 $L \to U_1 L V$ 变为 $L_k \to U_1 L_k V_k, 0 \le k \le s.$ 利用 $\overline{L}_i' L_i = (1 - b_i^2)I, \overline{L}_i' L_j = 0, i \ne j$, 因此无妨取

$$L_0 = \begin{pmatrix} 0 \\ I^{(p)} \\ 0^{(q,p)} \end{pmatrix}, \quad L_j = \begin{pmatrix} 0 \\ \sqrt{1 - b_j^2} I^{(q_j)} \\ 0 \end{pmatrix}, \qquad 1 \le j \le s$$

便证明了

$$L = \begin{pmatrix} 0 & 0 & 0 & 0 \\ I^{(p)} & 0 & 0 & 0 \\ o^{(q,p)} & (I-\Lambda^2)^{\frac{1}{2}} & 0 & 0 \end{pmatrix}.$$

余下求两组同阶的标准形 (2.10) 和

$$\widetilde{P}_1 = \begin{pmatrix} 0 \\ I \end{pmatrix},$$

$$\widetilde{P}_2 = \begin{pmatrix} 0 & 0 & 0 & 0 \\ I^{(p_1)} & 0 & 0 & 0 \\ 0 & (I-\Lambda_1^2)^{\frac{1}{2}} & 0 & 0 \\ 0 & 0 & 0 & 0 \\ 0 & \sqrt{-1}\Lambda_1^{(q_1)} & 0 & 0 \\ 0 & 0 & \sqrt{-1}I^{(u_1)} & 0 \\ 0 & 0 & 0 & -\sqrt{-1}I^{(v_1)} \end{pmatrix} \quad (2.11)$$

互相等价，即有

$$\widetilde{P}_i = \sum_{j=1}^{2}(e_j O e_i')\overline{U}' P_j V, \quad O \in \mathrm{O}\,(2), \ U \in \mathrm{U}\,(m), \ V \in \mathrm{U}\,(r).$$

于是 $\overline{\widetilde{P}}_1' \widetilde{P}_2 = (\det O)\overline{V}'\overline{P}_1' P_2 V$, 即

$$\mathrm{diag}\,(0^{(p_1)}, \sqrt{-1}\Lambda_1^{(q_1)}, \sqrt{-1}I^{(u_1)}, -\sqrt{-1}I^{(v_1)})$$
$$= (\det O)\overline{V}'\mathrm{diag}\,(0^{(p)}, \sqrt{-1}\Lambda^{(q)}, \sqrt{-1}I^{(u)}, -\sqrt{-1}I^{(v)})V.$$

于是 $p_1 = p$, 又当 $\det O = 1$, $q_1 = q$, $\Lambda_1 = \Lambda$, $u_1 = u$, $v_1 = v$, 即有 $\widetilde{P}_1 = P_1$, $\widetilde{P}_2 = P_2$; 当 $\det O = -1$, $q_1 = q$,

$$\Lambda_1 = -\begin{pmatrix} 0 & \cdots & 1 \\ \vdots & & \vdots \\ 1 & \cdots & 0 \end{pmatrix} \Lambda \begin{pmatrix} 0 & \cdots & 1 \\ \vdots & & \vdots \\ 1 & \cdots & 0 \end{pmatrix},$$

其中 $u_1 = v$, $v_1 = u$. 反之，取 $O = \begin{pmatrix} 1 & 0 \\ 0 & -1 \end{pmatrix}$, 适当取 U, V 立即可证后一情形互相等价. 证完.

当 $m > r$, $n > 2$ 时, 适合条件 (2.1) 的复矩阵组 $Q_1, \cdots, Q_n$ 在等价关系 (2.3) 下的标准形问题并未解决, 甚至 m, r, n 的间的关系也不清楚.

§3   实矩阵组

设 $A_1, A_2, \cdots, A_n$ 为 $m \times r$ 实矩阵, 适合条件

$$A_i'A_j + A_j'A_i = 2\delta_{ij}I, \quad 1 \le i, j \le n. \tag{3.1}$$

显然, $m \ge r$. 当 $m = r$, 它等价于

$$A_iA_j' + A_jA_i' = 2\delta_{ij}I, \quad 1 \le i, j \le n. \tag{3.2}$$

矩阵方程 (3.2) 称为实 Hurwitz 矩阵方程. 设

$$A_i \to \widetilde{A}_i = \sum_{j=1}^{n}(e_jOe_i')O_1'A_jO_2, \tag{3.3}$$

其中 $1 \le i \le n \ \forall O \in \mathrm{O}(n)$, $O_1 \in \mathrm{O}(m)$, $O_2 \in \mathrm{O}(r)$, 则我们称 $\{A_1, \cdots, A_n\}$ 和 $\{\widetilde{A}_1, \cdots, \widetilde{A}_n\}$ 互相等价. 显然, 条件 (3.1) 在等价关系 (3.3) 下不变. 下面给出等价下的标准形.

引理 3.1   设 n 个 m 阶实方阵 $A_1, A_2, \cdots, A_n$ 适合条件 (3.1), 则存在 $O_1, O_2 \in \mathrm{O}(m)$ 使得

$$O_1'A_1O_2 = I_0^{(m)}, \quad O_1'A_2O_2 = \begin{pmatrix} 0 & -I_1 \\ I_1 & 0 \end{pmatrix},$$
$$O_1'A_jO_2 = \begin{pmatrix} X_{j-2} & Y_{j-2} \\ Y_{j-2} & -X_{j-2} \end{pmatrix}, \quad 3 \le j \le n,$$

其中 $Q_k = X_k + \sqrt{-1}Y_k$, $1 \le k \le n-2$ 为复斜对称方阵, 且适合条件 (2.1). 又若 $\widetilde{O}_1, \widetilde{O}_2 \in \mathrm{O}(m)$ 使得

$$\widetilde{O}_1'I\widetilde{O}_2 = I, \quad \widetilde{O}_1'\begin{pmatrix} 0 & -I_1 \\ I_1 & 0 \end{pmatrix}\widetilde{O}_2 = \begin{pmatrix} 0 & -I_1 \\ I_1 & 0 \end{pmatrix},$$

则

$$\tilde{O}_2 = \tilde{O}_1 = \begin{pmatrix} P & Q \\ -Q & P \end{pmatrix}$$

使得 $U = P - \sqrt{-1}Q \in \mathrm{U}(m_1)$, 其中 $m_1 = 2^{-1}m \in \mathbb{N}$, 而且 $O_1'A_jO_2 \to \tilde{O}_1'(O_1'A_jO_2)\tilde{O}_2$ 变为 $Q_k \to \overline{U}'Q_k\overline{U}$, $1 \le k \le n-2$.

证 显然, 无妨设 $A_1 = I_0$, 于是 $A_2, \cdots, A_n$ 为实斜对称方阵. 因此无妨设 $A_2 = \begin{pmatrix} 0 & -I_1 \\ I_1 & 0 \end{pmatrix}$, 其中 I_1 为 $2^{-1}m = m_1$ 单位方阵. 由 $A_2'A_j + A_j'A_2 = 0$, $j > 2$, 于是

$$A_j = \begin{pmatrix} X_{j-2} & Y_{j-2} \\ Y_{j-2} & -X_{j-2} \end{pmatrix},$$

且 $Q_j = X_j + \sqrt{-1}Y_j$, $j = 1, 2, \cdots, n-2$ 为复斜对称方阵. 又它们适合式 (2.1). 设若 $O_1, O_2 \in \mathrm{O}(m)$,

$$O_1'I_0O_2 = I_0, \quad O_1' \begin{pmatrix} 0 & -I_1 \\ I_1 & 0 \end{pmatrix} O_2 = \begin{pmatrix} 0 & -I_1 \\ I_1 & 0 \end{pmatrix},$$

则

$$O_2 = O_1 = \begin{pmatrix} P & Q \\ -Q & P \end{pmatrix}, \quad U = P - \sqrt{-1}Q \in \mathrm{U}(m_1),$$

又 $A_j \to O_1'A_jO_2$, $j > 2$ 变为 $Q_j \to \overline{U}'Q_j\overline{U}$, $1 \le j \le n$. 证完.

引理 3.2 设 $Q_1, \cdots, Q_{n_0}$ 为适合条件 (2.1) 的 m_1 阶复斜对称方阵, 则存在 $U \in \mathrm{U}(m_1)$ 使得

$$\overline{U}'Q_j\overline{U} = B_1R_j, \quad 1 \le j \le n_0,$$

且存在正整数 M, 使得

$$m_1 = 2^{[\frac{n_0-1}{2}]}M, \tag{3.4}$$

其中实正交方阵 B_1 定义为

$$B_l = \begin{pmatrix} T_l & 0 \\ 0 & -T_l \end{pmatrix}, \quad T_l = \begin{pmatrix} 0 & -B_{l+1} \\ B_{l+1} & 0 \end{pmatrix}, \quad l = 1, 2, \cdots, \tag{3.5}$$

其中当 $n_0 = 8k - 3$, $B_{2k} = I$; $n_0 = 8k - 2$, $B_{2k} = I$; $n_0 = 8k - 1$, $T_{2k} = I$; $n_0 = 8k$, $p = 2^{-1}M$, $T_{2k} = \begin{pmatrix} 0 & I \\ I & 0 \end{pmatrix}$; $n_0 = 8k + 1$, $B_{2k+1} = \begin{pmatrix} 0 & -I \\ I & 0 \end{pmatrix}$; $n_0 = 8k + 2$, $2|p$, $2|(M-p)$,

$$B_{2k+1} = \begin{pmatrix} \begin{pmatrix} 0 & -I \\ I & 0 \end{pmatrix}^{(p)} & 0 \\ 0 & \begin{pmatrix} 0 & -I \\ I & 0 \end{pmatrix}^{(M-p)} \end{pmatrix};$$

$n_0 = 8k + 3$, $B_{2k+2} = I$, $n_0 = 8k + 4$, $p = 2^{-1}M$, $B_{2k+2} = I$.

证　今

$$Q_i + Q_i' = 0, 1 \le i \le n_0, \overline{Q}_i' Q_j + \overline{Q}_j' Q_i = 2\delta_{ij}I, 1 \le i, j \le n_0.$$

考虑 $\overline{Q}_1' Q_i$, 它们是 m_1 阶复方阵，且 $\overline{Q}_1' Q_1 = I$,

$$\overline{(\overline{Q}_1' Q_i)}' (\overline{Q}_1' Q_j) + \overline{(\overline{Q}_1' Q_j)}' (\overline{Q}_1' Q_i) = 2\delta_{ij}I.$$

由定理 2.1 可知，式 (3.4) 成立．又证明了存在 $U \in \mathrm{U}(m_1)$ 使得 $\overline{U}' \overline{Q}_1' Q_i U = R_i, 1 \le i \le n_0$. 所以在酉相合 $Q_i \to \overline{U}' Q_i \overline{U}, 1 \le i \le n_0$ 下无妨设 $\overline{Q}_1' Q_i = R_i$, 即 $Q_i = Q_1 R_i, 1 \le i \le n_0$. 记 Q_1 为 B_1, 由 $Q_j + Q_j' = 0$ 有 $B_1 R_j - R_j' B_1 = 0$. 因此

$$B_1 R_{2j} = R_{2j} B_1, \quad B_1 R_{2j+1} + R_{2j+1} B_1 = 0, \quad . \; j = 1, 2, \cdots$$

分别取 $n_0 = 4k_0 + 1, 4k_0 + 2, 4k_0 + 3, 4k_0 + 4$, 由归纳法有

$$Q_1 = B_1, B_l = \begin{pmatrix} T_l & 0 \\ 0 & -T_l \end{pmatrix}, T_l = \begin{pmatrix} 0 & -B_{l+1} \\ B_{l+1} & 0 \end{pmatrix},$$

其中 $l = 1, 2, \cdots, k_0$. 当 $n_0 = 4k_0 + 2$ 时，

$$B_{k_0+1} = \begin{pmatrix} C_{k_0+1}^{(p)} & 0 \\ 0 & C_{k_0+1}^{(M-p)} \end{pmatrix};$$

当 $n_0 = 4k_0 + 3$ 时，

$$B_{k_0+1} = \begin{pmatrix} T_{k_0+1} & 0 \\ 0 & -T_{k_0+1} \end{pmatrix};$$

当 $n_0 = 4k + 4$ 时，

$$B_{k_0+1} = \begin{pmatrix} T_{k_0+1} & 0 \\ 0 & -T_{k_0+1} \end{pmatrix},$$

$$T_{k_0+1} = \begin{pmatrix} 0 & C_{k_0+2}^{(p,M-p)} \\ D_{k_0+2}^{(M-p,p)} & 0 \end{pmatrix}.$$

现在加上条件 $Q_1 + Q_1' = 0$, 于是

$$T_{2q+1}' = -T_{2q+1}, B_{2q}' = B_{2q}, T_{2q}' = T_{2q}, B_{2q+1}' = -B_{2q+1}.$$

由归纳法便证明了当 $n_0 = 8k - 3$ 时，B_{2k} 为对称酉方阵；当 $n_0 = 8k + 1$ 时，B_{2k+1} 为斜对称酉方阵；当 $n_0 = 8k - 2$ 时，

$$B_{2k} = \begin{pmatrix} C_{2k}^{(p)} & 0 \\ 0 & D_{2k}^{(M-p)} \end{pmatrix}$$

为对称酉方阵；当 $n_0 = 8k + 2$ 时，

$$B_{2k+1} = \begin{pmatrix} C_{2k+1}^{(p)} & 0 \\ 0 & D_{2k+1}^{(M-p)} \end{pmatrix}$$

为斜对称酉方阵；当 $n_0 = 8k - 1$ 时，T_{2k} 为对称酉方阵；当 $n_0 = 8k + 3$ 时，T_{2k+1} 为斜对称酉方阵；当 $n_0 = 8k$ 时，

$$T_{2k} = \begin{pmatrix} 0 & C_{2k}^{(p,M-p)} \\ D_{2k}^{(M-p,p)} & 0 \end{pmatrix}$$

为对称酉方阵；当 $n_0 = 8k + 4$ 时，

$$T_{2k+1} = \begin{pmatrix} 0 & C_{2k+1}^{(p,M-p)} \\ D_{2k+1}^{(M-p,p)} & 0 \end{pmatrix}$$

为斜对称方阵. 今作 $Q_1 \to \overline{U}' Q_1 \overline{U}, U \in \mathrm{U}(m_1)$, 使得

$$R_j = \overline{U}' R_j U, 1 \le j \le n_0.$$

于是这诱导了上面八种情形中的每种情形的最后一块方阵作酉相合. 利用对称及斜对称方阵在酉相合下的标准形 (见作者著的《代数学引论》, 1966 年上海科技出版社, 或《线性代数与矩阵论》, 1992 年高等教育出版社), 便证明了引理. 证完.

定理 3.3   设 $A_1, \cdots, A_n$ 为适合条件 (3.1) 的 m 阶实方阵, 则存在自然数 M 使得

$$m = 2^{[\frac{n-1}{2}]} M, \tag{3.6}$$

且它在等价关系 (3.3) 下的标准形为

$$P_1 = I, \quad P_2 = \begin{pmatrix} 0 & -I_1 \\ I_1 & 0 \end{pmatrix},$$

$$P_{2j+1} = \begin{pmatrix} B_1 R_{2j-1} & 0 \\ 0 & -B_1 R_{2j-1} \end{pmatrix}, \tag{3.7}$$

$$P_{2j+2} = \begin{pmatrix} 0 & -\sqrt{-1} B_1 R_{2j} \\ -\sqrt{-1} B_1 R_{2j} & 0 \end{pmatrix},$$

其中 $R_1, \cdots, R_{n-2}$ 为 $m_1 = 2^{-1} m$ 阶复方阵, 且为适合条件 (2.1) 的标准形. 又当 n 为奇数时, $j = 1, 2, \cdots, \dfrac{n-1}{2}$; 当 n 为偶数时, $j = 1, 2, \cdots, \dfrac{n-2}{2}$. m_1 阶方阵 B_1 定义为

$$B_l = \begin{pmatrix} T_l & 0 \\ 0 & -T_l \end{pmatrix}, T_l = \begin{pmatrix} 0 & -B_{l+1} \\ B_{l+1} & 0 \end{pmatrix}, l = 1, 2, \cdots,$$

其中当 $n = 8k-1$ 时, $B_{2k} = I$; 当 $n = 8k$ 时, $B_{2k} = I, p \ge 2^{-1} M$; 当 $n = 8k+5$ 时, $B_{2k+2} = I$; $n = 8k+1$ 时, $T_{2k} = I$; 当 $n = 8k+2$ 时, $p = 2^{-1} M$,

$$T_{2k} = \begin{pmatrix} 0 & I \\ I & 0 \end{pmatrix};$$

当 $n = 8k + 3$ 时，

$$B_{2k+1} = \begin{pmatrix} 0 & -I \\ I & 0 \end{pmatrix};$$

当 $n = 8k + 4$ 时，$p \geq 2^{-1}M$, $2|p$, $2|(M-p)$,

$$B_{2k+1} = \text{diag}\left(\begin{pmatrix} 0 & -I \\ I & 0 \end{pmatrix}^{(p)}, \begin{pmatrix} 0 & -I \\ I & 0 \end{pmatrix}^{(M-p)}\right);$$

当 $n = 8k + 6$ 时，$p = 2^{-1}M, B_{2k+2} = I.$

证 设 $n = n_0 + 2, m_1 = 2^{-1}m.$ 由式 (3.4) 可证式 (3.6) 成立. 由引理 3.1 及 3.2, 问题化为证明给定 n, m 及标准形 (3.7). 当 $n \neq 8k, 8k + 4$, 则标准形唯一. 当 $n = 8k$, 若另有一组标准形

$$A_1 = I, \quad A_2 = \begin{pmatrix} 0 & -I_1 \\ I_1 & 0 \end{pmatrix},$$

$$A_{2j+1} = \begin{pmatrix} \widetilde{B}_1 \widetilde{R}_{2j-1} & 0 \\ 0 & -\widetilde{B}_1 \widetilde{R}_{2j-1} \end{pmatrix}, \tag{3.8}$$

$$A_{2j+2} = \begin{pmatrix} 0 & -\sqrt{-1}\widetilde{B}_1 \widetilde{R}_{2j} \\ -\sqrt{-1}\widetilde{B}_1 \widetilde{R}_{2j} & 0 \end{pmatrix},$$

它由 $\widetilde{p}$ 决定. 如果它们等价, 即有 $O \in O(n), O_1, O_2 \in O(m)$, 使得 $A_i = \sum\limits_{j=1}^{n} (e_j O e_i')O_1' P_j O_2, 1 \leq i \leq n$, 由于 $B_1 R_j = (-1)^j R_j B_1$, $\widetilde{B}_1 \widetilde{R}_j = (-1)^j \widetilde{R}_j \widetilde{B}_1, B_1, \widetilde{B}_1 \in O(m_1), B_1' = -B_1, \widetilde{B}_1' = -\widetilde{B}_1, B_1^2 = \widetilde{B}_1^2 = -E$, 所以由

$$A_1 A_2' \cdots A_{n-1} A_n'$$
$$= \sum_{j_1, \cdots, j_n = 1}^{n} (e_{j_1} O e_1') \cdots (e_{j_n} O e_n') O_1'(P_{j_1} P_{j_2}' \cdots P_{j_{n-1}} P_{j_n}')O_1.$$

和定理 2.2 一样可证

$$A_1 A_2' \cdots A_{n-1} A_n' = (\det O)O_1' P_1 P_2' \cdots P_{n-1} P_n' O_1.$$

由直接计算有

$$(-\sqrt{-1})^{\frac{2-n}{2}} P_1 P_2' \cdots P_{n-1} P_n'$$

$$= \begin{pmatrix} R_1 \overline{R}_2' \cdots R_{n-3} \overline{R}_{n-2}' & 0 \\ 0 & R_1 \overline{R}_2' \cdots R_{n-3} \overline{R}_{n-2}' \end{pmatrix},$$

$$(-\sqrt{-1})^{\frac{2-n}{2}} A_1 A_2' \cdots A_{n-1} A_n'$$

$$= \begin{pmatrix} R_1 \overline{R}_2' \cdots R_{n-3} \widetilde{\overline{R}}_{n-2}' & 0 \\ 0 & R_1 \overline{R}_2' \cdots R_{n-3} \widetilde{\overline{R}}_{n-2}' \end{pmatrix}.$$

这证明了

$$\mathrm{diag}\,(I^{(\widetilde{p})}, -I^{(M-\widetilde{p})}, \cdots, I^{(\widetilde{p})}, -I^{(M-\widetilde{p})})$$
$$= (\det O) O_1' \mathrm{diag}\,(I^{(p)}, -I^{(M-p)}, \cdots, I^{(p)}, -I^{(M-p)}) O_1.$$

因此当 $\det O = 1, \widetilde{p} = p$; 当 $\det O = -1, \widetilde{p} = M - p$. 反之, 当 $\widetilde{p} = p$, 自然 $A_j = P_j, 1 \le j \le n$; 当 $\widetilde{p} = M - p$, 取 $O = \mathrm{diag}\,(1, \cdots, 1, -1)$, 和定理 2.2 一样可证 $\{P_1, \cdots, P_n\}$ 和 $\{A_1, \cdots, A_n\}$ 等价. 所以当 n 为偶数时, 我们对标准形总可设 $p \ge 2^{-1} M$, 这时, 标准形由 p 唯一决定. 当 $n = 8k + 4$ 时, 同理可证定理成立. 证完.

记

$$J_1 = \begin{pmatrix} 1 & 0 \\ 0 & -1 \end{pmatrix}, \quad J_2 = \begin{pmatrix} 0 & -1 \\ 1 & 0 \end{pmatrix}, \quad J_3 = \begin{pmatrix} 0 & 1 \\ 1 & 0 \end{pmatrix}.$$

我们有

定理 3.4 n 个 n 阶实方阵 $A_1, \cdots, A_n$ 如果适合条件 (3.1), 则 $n = 1, 2, 4, 8$, 且它在等价关系 (3.3) 下的标准形唯一, 它是

(1) $n = 1$, $P_1 = 1$;

(2) $n = 2$, $P_1 = I^{(2)}$, $P_2 = J_2$;

(3) $n = 4$,

$$P_1 = I^{(4)}, \quad P_2 = \begin{pmatrix} J_2 & 0 \\ 0 & -J_2 \end{pmatrix},$$

$$P_3 = \begin{pmatrix} 0 & -I_1 \\ I_1 & 0 \end{pmatrix}, \quad P_4 = \begin{pmatrix} 0 & J_2 \\ J_2 & 0 \end{pmatrix};$$

(4) $n = 8$, $\quad P_1 = I^{(8)}$,

$$P_2 = \text{diag}(J_2, -J_2, -J_2, J_2),$$

$$P_3 = \text{diag}\left(\begin{pmatrix} 0 & -I \\ I & 0 \end{pmatrix}, \begin{pmatrix} 0 & I \\ -I & 0 \end{pmatrix} \right),$$

$$P_4 = \text{diag}\left(\begin{pmatrix} 0 & J_2 \\ J_2 & 0 \end{pmatrix}, \begin{pmatrix} 0 & -J_2 \\ -J_2 & 0 \end{pmatrix} \right),$$

$$P_5 = \begin{pmatrix} 0 & -I \\ I & 0 \end{pmatrix}, \quad P_6 = \begin{pmatrix} 0 & 0 & J_2 & 0 \\ 0 & 0 & 0 & J_2 \\ J_2 & 0 & 0 & 0 \\ 0 & J_2 & 0 & 0 \end{pmatrix},$$

$$P_7 = \begin{pmatrix} 0 & 0 & 0 & -J_1 \\ 0 & 0 & J_1 & 0 \\ 0 & -J_1 & 0 & 0 \\ J_1 & 0 & 0 & 0 \end{pmatrix}, P_8 = \begin{pmatrix} 0 & 0 & 0 & -J_3 \\ 0 & 0 & J_3 & 0 \\ 0 & -J_3 & 0 & 0 \\ J_3 & 0 & 0 & 0 \end{pmatrix}.$$

证 令 $m = n$. 由式 (3.6), $n = 2^{[\frac{n-1}{2}]}M$. 由于当 $n > 8$ 时, $2^{[\frac{n-1}{2}]} > n$, 所以 $1 \leq n \leq 8$. 由直接计算可知 $n = 1, 2, 4, 8$. 由定理 3.3, 当 $n = 1, n = 2$ 定理成立. 当 $n = 4$, 标准形为

$$T_1 = \begin{pmatrix} E^{(2)} & 0 \\ 0 & E^{(2)} \end{pmatrix}, \quad T_2 = \begin{pmatrix} 0 & -E^{(2)} \\ E^{(2)} & 0 \end{pmatrix},$$

$$T_3 = \begin{pmatrix} J_2 & 0 \\ 0 & -J_2 \end{pmatrix}, \quad T_4 = \begin{pmatrix} 0 & -J_1 \\ -J_1 & 0 \end{pmatrix}.$$

取

$$O_0 = \text{diag}(1, 1, 1, -1), \quad O = \frac{1}{\sqrt{2}} \begin{pmatrix} J_1 & J_3 \\ J_3 & J_1 \end{pmatrix},$$

则 $P_i = \sum_{j=1}^{4}(e_j O_0 e_i')O'T_j O$, $1 \le i \le 4$, 所以证明了当 $n = 4$ 时, 定理成立. 当 $n = 8$ 时, 则标准形为

$$P_1 = T_1, \ P_2 = T_3, \ P_3 = -T_7, \ P_4 = T_5,$$
$$P_5 = T_2, \ P_6 = T_4, \ P_7 = T_8, \ P_8 = -T_6.$$

所以证明了当 $n = 8$ 时, 定理成立. 证完.

推论 1 n 个 n 阶实方阵 $A_1, \cdots, A_n$ 如果适合式 (3.1), 则有

$$\sum_{j=1}^{n} A_j'(e_u'e_v + e_v'e_u)A_j = \sum_{j=1}^{n} A_j(e_u'e_v + e_v'e_u)A_j' = 2\delta_{uv}I. \quad (3.9)$$

证 令

$$B_i = \sum e_j'e_i A_j', \quad C_i = \sum e_j'e_i A_j,$$

它们也是 n 阶方阵. 由于式 (3.1) 及式 (3.2) 成立, 于是 $\{B_1, \cdots, B_n\}$ 和 $\{C_1, \cdots, C_n\}$ 都适合式 (3.2), 因此都适合式 (3.1), 这证明了推论. 证完.

推论 2 设 $P_1, \cdots, P_n$ 为定理 3.4 给出的标准形, 则当 $n = 1, 2, 4$ 时, 有

$$P_i P_j = \sum_{l=1}^{n}(e_l P_i e_j')P_l, \quad 1 \le i, j \le n. \quad (3.10)$$

证 对 $n = 1, 2, 4, 8$ 有 $P_i e_1' = e_i', P_i e_i' = -e_1', P_i^2 = -I$, 当 $i > 1$ 时成立. 于是在 $n = 1, 2$, 时, 推论成立. 在 $n = 4$ 时, 显然, 可证当 $i = 1$ 或 $j = 1$ 或 $i = j$ 时, 推论成立. 在 $2 \le i, j \le 4, i \ne j$ 时, 只需直接计算 $P_2 P_3 = -P_4$ 便证明了推论. 证完.

引理 3.5 设 $n = 1$, 则适合条件 (3.1) 的矩阵 A_1 在等价关系 (3.3) 下的标准形为 $\begin{pmatrix} 0 \\ I \end{pmatrix}$.

引理 3.6 设 $n = 2$, 则适合条件 (3.1) 的矩阵组 $\{A_1, A_2\}$ 在等价关系 (3.3) 下的标准形为

$$
\begin{pmatrix} 0 \\ I \end{pmatrix}, \quad
\begin{pmatrix}
0 & 0 & 0 \\
I^{(p)} & 0 & 0 \\
0 & (I - KK')^{\frac{1}{2}} & 0 \\
0^{(p)} & 0 & 0 \\
0 & K & 0 \\
0 & 0 & \begin{pmatrix} 0 & -I^{(q_0)} \\ I^{(q_0)} & 0 \end{pmatrix}
\end{pmatrix},
$$

其中

$$
K = \mathrm{diag}\left(b_1 \begin{pmatrix} 0 & -I^{(q_1)} \\ I^{(q_1)} & 0 \end{pmatrix}, \cdots, b_s \begin{pmatrix} 0 & -I^{(q_s)} \\ I^{(q_s)} & 0 \end{pmatrix} \right),
$$

这里, $0 < b_1 < \cdots < b_s < 1$, $p + 2 \sum_{i=0}^{s} q_i = n$, $2p + 2q_0 + 4 \sum_{i=0}^{s} q_i \le m$, 且它在等价意义下唯一.

证 和引理 2.4 一样讨论可知

$$
L = (L_0^{(p)}, L_1^{(2q_1)}, \cdots, L_s^{(2q_s)}, 0),
$$

其中 $L_i' L_j = 0$, $i \ne j$, $L_i' L_i = (1 - b_i^2)I$, $b_0 = 0$. 于是 $0 < b_1 < \cdots < b_s < 1$, 且 $\left(\dfrac{1}{\sqrt{1 - b_0^2}} L_0, \cdots, \dfrac{1}{\sqrt{1 - b_s^2}} L_s \right)$ 的列向量为两两正交的单位向量, 于是可扩充为 $m - n$ 阶实正交方阵 O_0, 使得 $O_0' L = (I \; 0)$. 因此证明了引理.

在一般情形, 即当 $m > r, n > 2$ 时, 适合条件 (3.1) 的实矩阵 $A_1, \cdots, A_n$ 在等价关系 (3.3) 下的标准形尚未求出.

参 考 文 献

[1] Azukawa, K., Curvature operator of the Bergmann metric on a homogeneous bounded domains, Tohoku Math. J., (2), 37 (1985), 197–223.

[2] Bergman, S., Über die Kernfunktion eines Bereiches und ihr Verhalten am Rande I, J. Reine Angew. Math., 169 (1933), 1–42; 172 (1934), 89–128.

[3] Bergman, S., The Kernel Function and Conformal Mappings, Math. Surveys, No. 5, Amer. Math. Soc., New York, 1950.

[4] Borel, A., Kählerian coset spaces of semisimple Lie groups, Proc. Nat. Acad. Sci. U. S. A. , 40 (1954), 1147–1151.

[5] Borel, A., On the curvature tensor of the Hermitian symmetric manifolds, Ann. Math., 71 (1960), 508–521.

[6] Cartan, É., Sur les domaines bornes homogenes de L'espace de n variables complexes, Abh. Math. Sem. Hamburg, 11 (1935), 116–162.

[7] Cartan, H., Les fonctions de deux Variables complexes et le problme de la représen tation analytique, Jour. de Math., 10 (1931), 1–141.

[8] Cartan, H., Sur les transformations analytique des domaines cerclés et semi-cerclés bornés, Math. Annalen, 106 (1932), 540–573.

[9] Cartan, H., Sur les groupes de transformations analytiques, Act. Sci. Ind., Hermann, Paris, 1935.

[10] Chevally, C., Theory of Lie Groups, Vol. I. Princeton Univ. Press, Princeton, New Jersey, 1946.

[11] Chevally, C., Théorie des groupes de Lie, II, III. Hermann, Paris, 1951.

[12] D'Atei, J.E., The curvature of homgeneous Siegel domains, J. Differential Geometry 15 (1980), 61–70.

[13] D'Atri, J.E. & Dorfmeister, J., The biholomorphic curvature of quasisymmetric Siegel domains, J. Differential Geometry, 31 (1990), 73–99.

[14] Dorfmeister, J., Homogene Siegel Gebiete, Habilitationsschrift, Universitat Münster, 1978.

[15] Dorfmeister, J., Quasisymmetric Siegel domains and the automorphisms of homogeneous Siegel domains, Amer. J. Math., 102 (1980), 537–563.

[16] Drucker, D.S., Simplified descriptions of the exceptional bounded symmetric domains, Geom. Dedicata, 10 (1981), 1–29.

[17] Drucker, D.S., Holomorphic automorphisms of a nonsymmetric homogeneous bounded domain, Rend. Mat. , (7), 2 (1982), 475–497.

[18] Eckmann, B., Hurwitz-Radon matrices revisited, The Hilton Symposium 1993 (Montreal, PQ) CRM Proceedings and Lecture Notes, vol. 6, Amer. Math. Soc., Providence, RI, 1994, 23–35.

[19] Ezov, V.V. & Schmalz, A., Holomorphic automorphisms of quadrics, Math. Z., 216 (1994), 453–470.

[20] Gindikin, S.G., Analysis in homogeneous domains, Uspehi Mat. Nauk, 19 (1964), 3–92. Russian Math. Surveys, 19 (1964), 1–89.

[21] Gindikin,S.G.,Piatetski-Shapiro,I.I.,Vinberg,E.B., Homogeneous Kähler manifolds, in Geometry of Homogeneous Bound ed Domains, C.I.M.E. Edizioni Cremonese, Roma, 1967.

[22] Gong, S. Integrals of Cauchy type on the ball, International Press, 1993.

[23] Grauert, Analytischen Faserungen über holomorfvollst ändigen Räumen, Math. Ann. , 135, 263–273.

[24] Hano, J., On Kählerian homogeneous spaces of unimodular Lie groups, Amer. J. Math, 79 (1957), 885–900.

[25] Harish-Chandra., Representations of semisimple Lie groups, IV, V, VI, Amer. J. Math. , 77 (1955), 743–777, 78 (1956), 1–41, 564–628.

[26] Helgason, S., Differential Geometry and Symmetric Spaces, Academic Press,New York and London, 1962.

[27] Helgason, S. Differential Geometry, Lie Groups and Symmetric Spaces, Acad. Press, New York-San Francisco-London, 1978.

[28] Henkin, G.M. & Tumanov, A.E., Local characterization of holomorphic automorphisms of Siegel domains, Funkt. Analysis, 17 (1983), 49–61.

[29] Hirzebruch, U., Über eine Realisierung der Hermiteschen, symmetrischen Raume, Math. Z., 115 (1970), 371–382.

[30] Hua, L.K., Harmonic analysis of functions of several complex variables in the classical domains, Transl. Math. Mono. , Vol. 6, Amer. Math. Soc. Providence, 1963.

[31] Hua, L.K. & Look , K.H., Theory of harmonic functions in classical domains, Scientic Sinica, 8 (1959), 1031–1094.

[32] Hurwitz, Über die Komposition der Quadratischen Formen, Math. Annalen, 88 (1923), 1–25.

[33] Ise, M., Realization of irreducible bounded symmetric domain of type (V), (VI), Proc. Japan Acad. Sci. , 45 (1969), 233–237, 846–849.

[34] Ise, M., On canonical realizations of bounded symmetric domains as matrix spaces, Nagoya Math. J. , 42 (1971), 115–133.

[35] Ise, M., Bounded symmetric domains of exceptional type, J. Fac. Sci. Univ. Tokyo, 23 (1976), 75–105.

[36] Jaffee, H., Anti-holomorphic automorphisms of the execptional symmetric domains, J. Diff. Geom. , 13 (1978), 79–86.

[37] Kaneyuki, S., On the automorphism groups of homogeneous bounded domains, J. Fac. Sci, Univ. Tokyo, 14 (1967), 89–103.

[38] Kaneyuki, S., Homogeneous bounded domains and Siegel domains, Lect. Notes in Math. 241, Springer, 1971.

[39] Kaneyuki, S. & Sudo, M., On silóv boundedies of Siegel domains, J. Fac. Sci. Univ. Tokyo, 15 (1968), 131–146.

[40] Kaneyuki, S. & Tsuji, T., Classification of homogeneous bounded domains of lower dimension, Nagoya Math. J. , 53 (1974), 1–46.

[41] Kaup, W., Einige Bemerkungen über polynmiale Vektorfelder, Jordan Algebren und die Automorphismen von Siegelschen Debieten, Math. Ann. , 204 (1973), 131–144.

[42] Kaup, W., Matsushima, Y. & Ochiai, T., On the automorphisms and equivalences of generalized Siegel domains, Amer. J. Math. 92 (1970), 475–497.

[43] Kobayashi, S., Geometry of bounded domains, Trans. Amer. Math. Soc, . 92 (1959), 267–290.

[44] Kobayashi, S., On complete Bergman metrics, Proc. Amer. Math. Soc. , 13 (1962), 511–518.

[45] Kodama, K., On generalized Siegel domains, Osaka J. Math., 14 (1977), 227–252.

[46] Kodama, K., On the equivalence problem for a certain class of generalized Siegel domains, Mem . Fac. Ed. Akita Univ. , Nat. Sci. , 28 (1978), 575–596, Osaka J. Math. , 18 (1981), 481–489.

[47] Koecher, M., An elementary approach to bounded symmetric domains, Lect. Notes, Rice Univ., Houston, 1969.

[48] Koranyi, A., The Poisson integral for generalized half-planes and bounded symmetric domains, Ann. Math. , 82 (1965), 332–350.

[49] Koranyi, A., Analytic invariants of bounded symmetric domains, Proc. Amer. Math. Soc. , 19 (1968), 279–284.

[50] Koranyi, A., Poisson integrals and boundany components of symmetric spaces, Inv. Math., 34 (1976), 185–209.

[51] Koranyi, A. & Wolf, J.A., Realization of Hermatian symmetric spaces as generalized half-planes, Ann. Math. , 81 (1965), 265–288.

[52] Koszul, J.L., Sur la forme Hermitienne canonique des espaces homogenes complexes, Canada J. Math. , 7 (1955), 562–576.

[53] Koszul, J.L., Exposes sur les espaces homogenes symetriques, Soc. Math. Sao Paulo, 1959.

[54] Koszul, J.L., Domaines bornes homogenes et orbites de groupes de transformations affines, Bull. Soc. Math. France, 89 (1961), 515–533.

[55] Koszul, J.L., Ouverts convexes des espaces affines, Math. Zeitsch, 79 (1962), 254–259.

[56] Look , K.H. & Xu, Yichao (Hsu, I-Chau), A note on transitive domains, Acta Math. Sinica, 11 (1961), 11–23. Transl. Chinese Math. , 2 (1963), 11–26.

[57] Lu, R.Q., The harmonic function of a class of non-symmetric transitive domains, Acta Math. Sinica, 15 (1965), 614–650.

[58] Matsushima, Y., Sur les espaces homogenes Kaehlerians d'un group de Lie reductif, Nagoya Math. J., 11 (1957), 53–60.

[59] Matsushima, Y., On tube domains, Symmetric Spaces (ed. Boothby, W & Weiss G.) Marcel Dekker, New York, 1972, 255–270.

[60] Meschiari, M., The group of isometries of a homogeneous convex irreducible selfadjoint cone, Ann. Mat. Pure Appl.,132 (1983), 47–68.

[61] Meschiari, M., The isometry group of a self-adjoint irreducible homogeneous regular convex open cone, Atti Acad. Naz, Lincei Rend. CL Sci. Fis. Mat. Natur., 72 (8), (1982), (1983), 29–35.

[62] Mok, N. & Tsai, I.H., Rigidity of convex realizations of irreducible bounded symmetric domains of rank 2, to appear, 1990.

[63] Murakami, S., On automorphisms of Siegel domains, Lect. Notes in Math. , 286, Springer 1972.

[64] Nakajima, K., On Tanaka's imbeddings of Siegel domains, J. Math. Kyoto Univ., 14 (1974), 533–548.

[65] Nakajima, K., Some studies on Siegel domains, J. Math. Soc. Japan, 27 (1975), 54–75.

[66] Piatetski-Shapiro, I.I., On a problem proposed by É. Cartan, Dokl. Akad. Nauk SSSR, 124 (1959), 272–273.

[67] Piatetski-Shapiro, I.I., Geometry of Classical Domains and Theory of Automorphic Functions, Fizmatgiz, Moscow, 1961, Gordon and Breach, New York, 1969.(English transl.)

[68] Piatetski-Shapiro, I.I., On bounded homogeneous domains in n-dimensional complex space, Izv. Akad. Nauk SSSR Ser. Mat., 26 (1962), 107–124.

[69] Piatetski-Shapiro, I.I., The geometry and classification of bounded homogeneous domains, Uspehi Mat. Nauk , 20 (1965), 1–48.

[70] Piatetski-Shapiro, I.I., The structure of J algebras, Izv. Akad. Nauk SSSR Ser. Mat., 26 (1962), 453–484.

[71] Pinchuk, S.I., Homogenous domains with piecewise smooth boundaries, Mat. Zametki 32 (1982), 729–735, 750.

[72] Poincaré H., Les fonctions analytiques de deux variables et la représentation conforme, Rend. Circ. Math. Palermo, (1907), 185–220.

[73] Qiu, C. & Xu, Yichao, A class of circular domains D_λ in $\mathbb{C}^2$, preprint.

[74] Qiu, C. & Xu, Yichao, The curvatures of circular domain D_λ in $\mathbb{C}^2$, preprint.

[75] Qiu, C. & Xu, Yichao, Cauchy-Szegö integral of circular domains D_λ in $\mathbb{C}^2$, preprint.

[76] Roos, G., The Cauchy-Hua kernel of the 16-dimensional exceptional symmetric domain, C. R. Acad. Sci. Paris Ser. 1 Math . , 299 (1984), 77–80.

[77] Rothaus, O.S., The construction of homogeneous convex cones, Ann. Math., 83 (1966), 358–367, 87 (1968), 399.

[78] Rothaus, O.S., Automorphisms of Siegel domains, Trans. Amer. Math. Soc., 162 (1971), 351–382, Amer. J. Math., 101 (1979), 1167–1179.

[79] Satake, I., On classification of quasi-symmetric domains, Nagoya Math. J., 62 (1976), 1–12.

[80] Satake, I., Algebraic structures of symmetric domains, I, Shoten. Tokyo and Princeton Univ. Press, Princeton, NJ, 1980.

[81] Shima, H., A differential geometric characterization of homogeneous self-dual cones, Tsukuba J. Math., 6 (1982), 79–88.

[82] Shima, H., On invariant differential operators on bounded symmetric domains of type IV, Proc. Japan Acad. Ser. A Math. Sci., 58 (1982), 235–238.

[83] Siegel, C.L., Symplectic geometry, Amer. J. Math., 65 (1943), 1–86.

[84] Siu, Y.T., Strong rigidity of compact quotients of exceptional bounded symmetric domains, Duke Math. J., 48 (1981), 857–871.

[85] Sudo, M., A remark on Siegel domains of second kind, J. Fac. Sci. Univ. Tokyo, 22 (1975), 199–203.

[86] Sudo, M., On infinitesimal automorphisms of some nondegenerate Siegel domains, J. Fac. Sci. Univ. Tokyo, 22 (1975), 429–436.

[87] Takeuchi, M., On infinitesimal affine automorphisms of Siegel domains, Proc. Japan Acad., 45 (1969), 590–594.

[88] Takeuchi, M., Polynomial representations associated with symmetric bounded domains, Osaka J. Math., 10 (1973), 441–475.

[89] Takeuchi, M., On symmetric Siegel domains, Nagoya math. J., 59 (1975), 9–44.

[90] Tanaka, N., On infinitesimal automorphisms of Siegel domains, J. Math. Soc. Japan, 22 (1970), 180–212.

[91] Thullen, P., Zur den Abbildungen durch analytische Funktionen mehrerer Verän derlichen, Math. Annalen, 104 (1931), 244–259.

[92] Tsuji, T., On infinitesimal automorphisms and homogeneous Siegel domains over circular cones, Proc. Japan Acad., 49 (1973), 33–80.

[93] Tsuji, T., Classification of homogeneous Siegel domains of type II of dimension 9 and 10, Proc. Japan Acad., 49 (1973), 394–396.

[94] Tsuji, T., Siegel domains over self-dual cones and their automorphisms, Nagoya Math. J., 55 (1974), 33–80.

[95] Tsuji, T., A characterization of homogegeous self-dual cones, Tokyo J. Math., 5 (1982), 1–12.

[96] Tumanov, A.E., Finite dimensionality of the group of CR automorphisms of a standard CR manifold and characteristic holomorphic mappings of Siegel domains, USSR Izvestiya, 32(3), (1989), 655–622.

[97] Tumanov, A.E. & Khenkin, G.N., Local characterization of holomorphic automorphisms of Siegel domains, Funksional Anal. Prilozhen, 17 (1983), 49–61.

[98] Vagi, S., Harmonic analysis on Cartan and Siegel domains, Studies in Math. DePaul Univ., 13 (1976), 257–309.

[99] Vey, J., Sur la division des domaines de Siegel, Ann. Sci. Ecole Norm. Sup., 3 (1970), 479–506.

[100] Vey, J., Sur les automorphisms affines des ouverts convexes dans les espaces numeriques, C. R. Acad. Sci. Paris, 270 (1970), 249–251.

[101] Vinberg, E.B., The Morozov-Borel theorem for real Lie groups, Dokl. Akad. Nauk SSSR, 141 (1961), 270–273, Transl. Soviet Math. Dokl. 2 (1961), 1416–1419.

[102] Vinberg, E.B., The theory of convex homogeneous cones, Trudy Moskov. Mat. Obse. 12 (1963), 303–358, Transl. Moscow Math. Soc., 1963, 340–403.

[103] Vinberg, E.B., The structure of the group of automorphisms of a homgeneous convex cone, Trudy Moskov. Mat. Obsc., 13 (1964), Transl. Moscow Math. Soc., 1965, 63–93.

[104] Vinberg, E.B., Gindikin, S.G. & Piatetski-Shapiro, I.I., Classification and canonical realization of complex bounded homogeneous domains, Trudy Moskov. Mat. Obsc., 12 (1963), 359–388, Transl. Moscow Math. Soc., 12 (1963), 404–437.

[105] Wolf, J.A., On the classification of Hermitian symmetric spaces, J. Math. Mech., 31 (1964), 489–496.

[106] Wolf, J.A., Fine structure of hermitian symmetric spaces, Symmetric Spaces, (ed. Boothby, W. & Weiss, G.), Marcel Dekker, New York, 1972, 271–357.

[107] Wolf, J.A. & Koranyi, A., Generalized Cayley transformations of bounded symjetric domains, Amer. J. Math, 87 (1965), 899–939.

[108] Xu, Yichao, On the classification of symmetric schlicht domains in several complex variables, Shuxue Jinzhan, China, 8 (1965), 109–144.

[109] Xu, Yichao, On the automorphism group of the homgeneous bounded domains, Acta Math. Sinica, 19 (1976), 169–191.

[110] Xu, Yichao, On the isomorphism of homogeneous bounded domains, Acta Math. Sinica, 20 (1977), 248–266.

[111] Xu, Yichao, The Siegel domains of first kind associated with the cones of the square type, Acta Math. Sinica, 21 (1978), 1–17.

[112] Xu, Yichao, Classification of square type domains, Scientia Sinica, 22 (1979), 375–392.

[113] Xu, Yichao, On the Bergman kernel function of homogeneous bounded domains, Scientia Sinica, Special Issue, II (1979), 80–90.

[114] Xu, Yichao, A note on the homogeneous Siegel domains, Acta Math. Sinica, 24 (1981), 99–105.

[115] Xu, Yichao, Tube domains over cones with dual square type, Scientia Sinica, 24 (1981), 1475–1488.

[116] Xu, Yichao, On the invariant differential operators of order two over N-Siegal domains, Acta Math. Sinica, 25 (1982), 340–353.

[117] Xu, Yichao, Some results on the classification of homogeneous bounded domains, Proceedings of the 1980 Beijing symposium on differential geometry and differentisl equations, Vol. 3 (1982), 1621–1737. Gordan and Breach Science Publishers Inc.

[118] Xu, Yichao, The canonical realizational of homogeneous bounded domains, Scientia Sinica, 26 (1983), 25–34.

[119] Xu, Yichao, Classification of a class of homogeneous Kaehlerian manifolds, Scientia Sinica (series A), 29 (1986), 449–463.

[120] Xu, Yichao, On the classification of the homogenous bounded domains, Advances in Science of China Mathematics, Vol. 2 (1988), 105–137. Science press, Beijing , China and John Wiley & Sons, New York.

[121] Xu, Yichao, Exceptional Symmetric Classical Domains, I, Progress in Natural Science, 9 (1999), 330–339.

[122] Xu, Yichao, Exceptional Symmetric Classical Domains R_V, Scientia Sinica (series A), preprint.

[123] Xu, Yichao, Exceptional Symmetric Classical Domains R_{VI}, Scientia Sinica (series A), preprint.

[124] Xu, Yichao & Qiu C., Holomorphical bisectional curvatures of homogeneous bounded domains, preprint.

[125] Xu, Yichao & Wang, D., On the holomorphic automorphism group of the bounded domain with positive (m, p) circle type, Acta Math. Sinica, 13 (1963), 419–432.(Chinese)

[126] Xu, Yichao & Wang, D., On the classification of the bounded domains with semi-circle type in $\mathbb{C}^2$, Acta Math. Sinica, 23 (1980), 372–384.(Chinese)

[127] Xu, Yichao & Wu, Lanfang, The holomorphic sectional curvatures of homogeneous bounded domains, Kexue Tongbao, China, 28 (1983), 592–596.

[128] Zelow (Lundquist), R., On the geometry of some Siegel domains, Nagoya Math. J., 73 (1979), 175–195.

[129] Zelow (Lundquist), R., Curvature of quasi-symmetric Siegel domains, J. Diff. Geo., 14 (1979), 629–655.

[130] Zhong, J. Q., Dimensions of the ring of invariant operators on bounded homogeneous domains, Chinese Ann. Math., 1 (1980), 261–272.

名 词 索 引